USN 개론

남상엽 · 이경근 · 이윤덕 · 김호원 공저

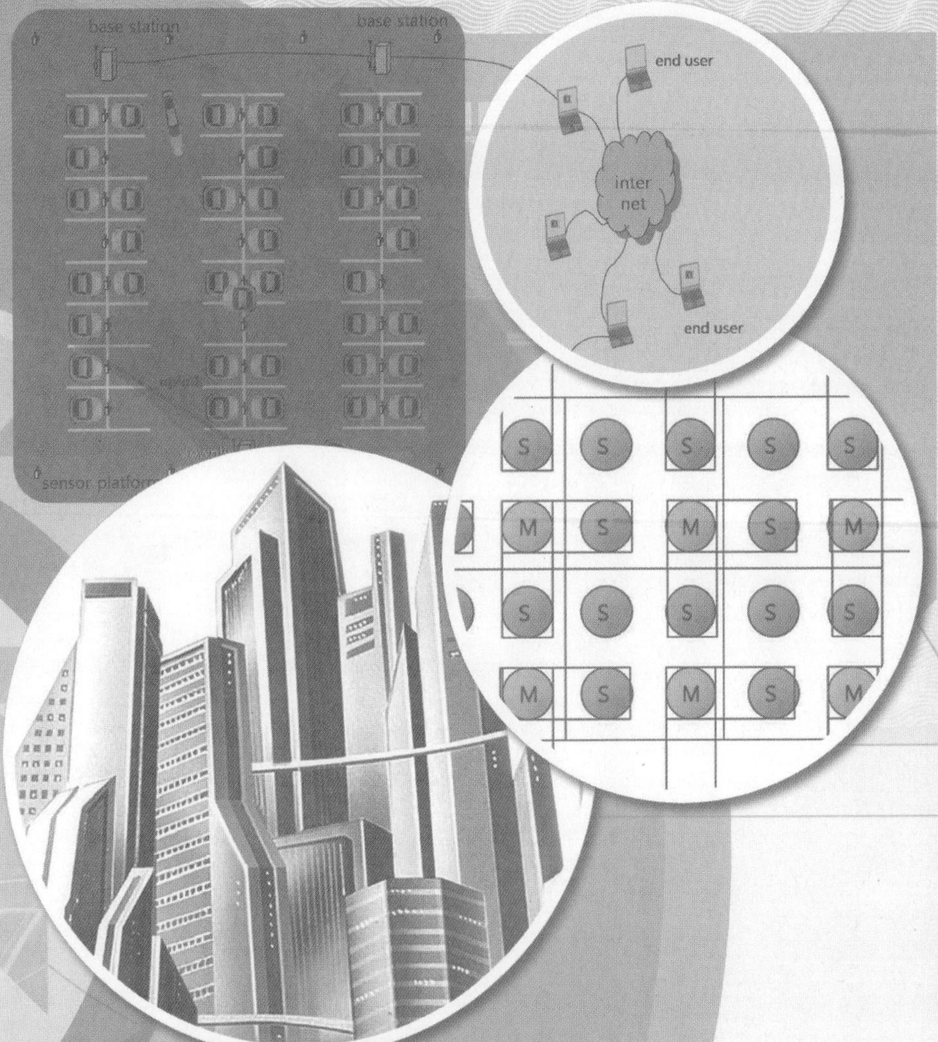

도서출판 상학당

미래의 유비쿼터스 사회에서 사람들은 어느 장소에서나 모바일 폰, PDA, 텔레매틱스 단말기 등 임의의 단말장치를 이용하고 유무선 통신망을 접속하여 그들이 원하는 모든 정보를 쉽게 접근할 수 있게 될 것이다. 이러한 유비쿼터스 사회가 성공적으로 실현되기 위해서는 사람들이 어느 곳(Any Place)에서 어떤 장비(Any Device)를 이용하여 모든 정보(Any Information)에 대한 접근을 할 수 있어야 한다.

유비쿼터스 혁명을 가져오는 원동력은 정보통신기술의 혁신이라고 볼 수 있다. 유비쿼터스 컴퓨팅을 구현하는 데 특히 중요시되는 기술의 컨버전스로 다섯 가지 핵심기술인 센서, 프로세서, 커뮤니케이션, 인터페이스, 보안이다.

환경을 스스로 인지하고 판단하기 위해서는 센서, 프로세서, 커뮤니케이션이라는 세 가지 기술이 결합되어야 하며, 자연스럽게 커뮤니케이션하기 위해서는 인터페이스 및 보안 기술이 필요하다. 이 때문에 이 다섯 가지 기술은 유비쿼터스 컴퓨팅 구현에 있어 핵심요소라고 할 수 있다.

유비쿼터스 센서 네트워크 기술은 새로운 컴퓨팅 패러다임인 유비쿼터스 컴퓨팅의 진입기술로 중요한 의미를 갖는다. 이런 새로운 컴퓨팅 패러다임의 기술이 성공적으로 발전하기 위하여 진입기술의 확산이 중요하다. 유비쿼터스 네트워크 기술군의 범위 안에 RFID, USN 및 AMI의 기술 발전과정을 볼 수 있다.

유비쿼터스 센서 네트워크(USN : Ubiquitous Sensor Network)란 '필요한 모든 곳에 전자태그를 부착하여 사물의 인식정보를 기본으로 주변의 환경정보(온도, 습도, 오염정보, 균열정보 등)까지 탐지하고, 이것을 실시간으로 네트워크에 연결하여 정보를 관리하는 것'을 말한다. 이것은 궁극적으로 모든 사물에 컴퓨팅 및 커뮤니케이션 기능을 부여하여 언제, 어디에서나, 모든 통신이 가능한 환경을 구현하기 위한 것이다.

USN 기술은 다가올 유비쿼터스 사회에서 사회적 기반 환경이 될 중요한 기술 중의 하나로서, 이를 통해 전반적인 산업구조 및 시장구조의 큰 변화를 주도할 기술이다. 그러나 USN 기술 하나로는 큰 변화를 주도하기에는 부족하다. 즉, 정부의 신성장 동력 인프라인 BcN, IPv6, USN의 통합이 이루어져야 한다. 기본적으로 센서 필드 안에 있는 센서 노드는 감지된 정보를 베이스 스테이션(기지국/0)으로 전달하고, 베이스 스테이션은 인터넷과 같은 기존의 네트워크를 통해 사용자에게 해당 정보를 제공한다.

유비쿼터스 센서 네트워크는 유비쿼터스 네트워크에 적용되는 범위로 실생활의 모든 분야에 적용할 수 있다. 스마트 홈, 물류/유통, ITS, 헬스케어, 국방, 환경, 로봇, 자동차, 공장자동화 등에 주로 응용한다.

Preface

USN이 기존의 Ad-Hoc 네트워크와 다른 가장 큰 특징은 배터리와 같이 제한된 자원을 갖는 센서 디바이스(센서+통신모듈+MCU+배터리)를 활용하여 서비스가 구현되어야 한다는 것이다. USN에서 사용되는 프로토콜인 ZigBee 기술은 IEEE 802.15.4를 활용하여 망계층 및 라우팅기술, 그리고 보안기술 및 응용계층 등의 상위계층 기술을 말한다.

이 교재에서 USN 시스템의 구현환경을 구축하기 위해서 하드웨어 부분과 소프트웨어 부분으로 구분할 수 있다. 하드웨어 부분은 모트를 사용하고 소프트웨어 부분은 TinyOS를 사용한다. 특히 USN의 운영체제인 TinyOS는 리눅스 환경에서 동작하도록 만들어졌다. 이 교재에서는 사용자의 편리를 위하여 윈도우 XP상에서 리눅스 플랫폼을 에뮬레이션할 수 있는 프로그램인 Cygwin을 통해 TinyOS가 동작하도록 구현환경을 구축하고자 한다. 여기에서 사용하는 TinyOS는 이벤트 발생에 의한 상태전이 방식을 채택한 상태 머신 기반의 프로그래밍 개념을 사용한 운영체제로서 제한된 메모리 공간의 효율적인 이용과 프로세싱의 동시성 등을 지원해 주는 운영체제이다. 이러한 유비쿼터스 시대에 기초적인 USN 시스템 기술력이 필요해짐에 따라 《유비쿼터스 센서 네트워크 개론》을 이론과 간단한 응용 중심으로 구성하여 발간하게 되었다.

특히 이 교재는 각 과정의 핵심적인 기본이론을 숙지하고 기초적인 USN 시스템 구성, 표준, 보안 및 환경설정을 이해를 통하여 이론을 검증 실습하는 데 주안점을 두었다.

또한 컴퓨터, 전자, 제어, 통신 분야 관련 학생 및 초보 개발자를 대상으로 한 USN 시스템에 대한 기본학습을 위한 교재로서, 처음 USN 시스템을 접하는 학생에게 쉽고 빠르게 접근할 수 있도록 하는 데 초점을 맞추어 편찬되었다.

따라서 USN 시스템 개발 및 환경구축에 대한 이론을 통해 USN 시스템의 작동원리에 대한 이해와 감각을 키우는 데 부족함이 없을 것이라 생각된다.

단지 전반적인 이해를 통하여 해당 USN 실습 타깃 시스템인 모트 키트를 통해 응용과 실습을 접목해 보면 보다 많은 이해 및 능력향상에 도움이 될 것으로 판단된다.

이 교재의 주요 구성은 다음과 같다.

제1장 유비쿼터스 센서 네트워크, 제2장 유비쿼터스 센서 네트워크 표준, 제3장 유비쿼터스 센서 네트워크 프로토콜, 제4장 유비쿼터스 센서 네트워크 운영체제, 제5장 유비쿼터스 센서 네트워크 미들웨어, 제6장 USN 정보보호 기술, 제7장 유비쿼터스 센서 네트워크 응용 , 제8장 유비쿼터스 센서 네트워크 구현으로 구성되어 있다.

끝으로 이 책을 집필하는 데 많은 도움을 주신 도서출판 상학당의 관계자 여러분에게 감사의 마음을 전한다. 또한 이 교재를 집필하면서 USN 관련 기존 도서를 출판하신 교수님들, 기존 USN 관계자 여러분 및 USN 관련 분야의 전문가의 조언과 자료제공에 대하여 깊이 감사드리며, 이 교재는 USN 관련 솔루션으로 보다 많은 USN 인력양성에 힘이 되어 주기 바란다.

저 자 씀

Contents

Contents

Contents

Contents

Contents

1장 유비쿼터스 센서 네트워크

1.1 유비쿼터스의 사회

미래의 유비쿼터스 사회에서 사람들은 어느 장소에서나 모바일 폰, PDA, 텔레매틱스 단말기 등의 임의의 단말장치를 이용하고 유무선 통신망을 접속하여 그들이 원하는 모든 정보를 쉽게 접근할 수 있게 될 것이다.

이러한 유비쿼터스 사회가 성공적으로 실현되기 위해서는 사람들이 어느 곳(Any Place)에서 어떤 장비(Any Device)를 이용하여 모든 정보(Any Information)에 대한 접근을 할 수 있어야 한다.

[그림 1-1] 유비쿼터스 사회

1 Any Place

'Any Place'는 유무선 통신기술의 진보를 통하여 사람들이 속해 있는 공간적인 제약으로 인하여 야기될 수 있는 문제들을 해결해야 함을 의미한다.

다시 말하면, 유무선 통합 통신망을 구축하기 위한 기술과 셀룰러 망, 무선 랜, DMB, DSRC 등의 다양한 무선 망들을 통합하기 위한 기술이 개발되어야 함을 의미한다.

사람들은 이러한 유무선 통신 통합기술을 이용함으로써 사무실, 가정, 차량과 같이 자신이 속한 장소에 관계없이 그리고 고속주행 차량, 지하도와 같이 어려운 통신여건에 관계없이 단절없는(seamless) 무선통신을 이용할 수 있게 되는데, 이러한 단절없는 무선통신기술은 유비쿼터스 컴퓨팅 환경구축의 기본이라고 할 수 있다.

WSN 기반 네트워크 기술은 WPAN(Wireless Personal Area Network)에 관한 표준 내용을 정의하고 있는 IEEE 802.15 사양을 기반으로 센서 네트워크 구현을 위하여 가장 적합한 통신기술에 대한 연구가 현재 진행되고 있다.

2 Any Device

Any Device 분야는 다양한 형태의 정보를 자유로이 접근하기 위한 사용자 단말기 플랫폼 기술과 주변 사물에 설치되어 새로운 차원의 정보를 제공하기 위한 센서노드 플랫폼 기술의 성공적인 개발을 의미한다.

WSN 환경에서 사용자는 기존의 모바일 폰, PDA 및 텔레매틱스 단말기 등의 다양한 단말기를 이용하여 센서노드와의 정보교환을 수행할 것으로 예측된다. 여기서 WSN 환경에서의 단말기들은 검색, 쇼핑, 엔터테인먼트, 텔레매틱스 등 그 고유 목적에서는 조금씩 차이가 있다 하더라도 무선통신을 이용하여 표준화된 방식으로 다양한 센서노드들과의 접속이 가능해야 한다. 즉, 표준 단말 플랫폼 기술의 개발이 필요함을 의미한다. 이외에도 Any Device 분야는 전원 유닛, 무선통신 유닛, 센싱 유닛, 그리고 컴퓨팅 유닛으로 구성된 센서노드 하드웨어와 이를 운영하기 위한 운영체제 등의 소프트웨어 플랫폼 기술 개발을 포함하고 있다.

3 Any Information

Any Information은 지금까지의 웹 서버와 같은 대용량의 정보센터 뿐만 아니라 주변 사물에 부착된 다양한 센서노드들로부터 실시간으로 정보를 효율적으로 수집할 수 있는 기술이 개발되어야 함을 의미한다.

다시 말하면, RFID, CCD 카메라, 속도감지기와 같은 현재의 센서보다 발전된 형태로 정보수집(센싱), 정보분석(컴퓨팅), 정보제공(무선통신) 기능을 내장하고 있는 스마트 센서 네트워크상에서 실시간으로 수집된 정보들을 효율적으로 상호 공유하고 분석하여 제공할 수 있는 센서 데이터베이스 기술개발이 필요함을 의미한다.

현재 센서 데이터베이스 분야에서는 스마트 센서 네트워크를 기반으로 각 센서노드들의 에너지 소모량은 최소화하면서 수집 정보들을 색인, 분석, 저장, 제공하기 위한 연구가 활발히 추진되고 있다.

1.2 유비쿼터스 컴퓨팅 핵심기술

유비쿼터스 혁명을 가져오는 원동력은 정보통신기술의 혁신이라고 볼 수 있다. 유비쿼터스 컴퓨팅을 구현하는 데 특히 중요시되는 [그림 1-2]처럼 기술의 컨버전스로 다섯 가지 핵심기술인 센서, 프로세서, 커뮤니케이션, 인터페이스, 보안이다.

환경을 스스로 인지하고 판단하기 위해서는 센서, 프로세서, 커뮤니케이션이라는 세 가지 기술이 결합되어야 하며, 자연스럽게 커뮤니케이션하기 위해서는 인터페이스 및 보안 기술이 필요하다. 이 때문에 이 다섯 가지 기술은 유비쿼터스 컴퓨팅 구현에 있어 핵심요소라고 할 수 있다.

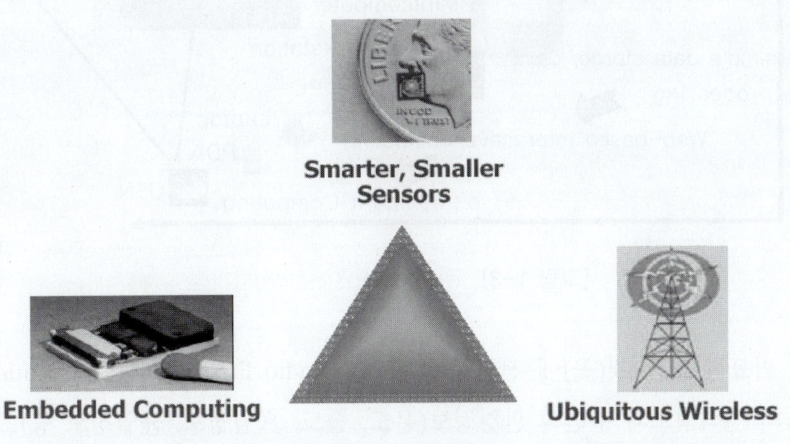

[그림 1-2] 기술의 컨버전스

1 센 서

외부의 변화를 감지하는 것으로서 유비쿼터스 컴퓨팅 환경에서 입력장치 역할을 하게 되고 센서는 시청각 정보는 물론 빛, 온도, 냄새 등 물리적·화학적 에너지를 전기신호로 바꾸는 역할을 하며, 유비쿼터스 컴퓨팅을 구성하는 가장 기본단위가 된다. 센서는 인터페이스 기술과 함께 기존 컴퓨팅 환경과 가장 크게 구분되는 기술이다. 기존 컴퓨팅에서는 인터페이스와 센서의 기능을 인간이 대신하는 형태이지만 유비쿼터스 컴퓨팅에서는 이것이 전자화되는 것이다. 예를 들어 현재는 사람이 '어둡다'라고 인지하고 나서 전등을 켜지만, 유비쿼터스 컴퓨팅에서는 센서가 어둡다는 것을 판단하여 자동으로 전등을 켜게 되고, 또 사용자가 침대에 누워 책을 보다가 잠이 드는 경우 센서가 사용자의 움직임, 시간 등을 감지해서 자동으로 불을 끄는 식이다.

센서가 널리 쓰이기 위해서는 소형화, 저가화, 저전력화가 필수 선결 조건이다. 그런데 최근 USN, 즉 Ubiquitous Sensor Network가 유비쿼터스 시대의 센서 네트워크로 급부상하고 있다.

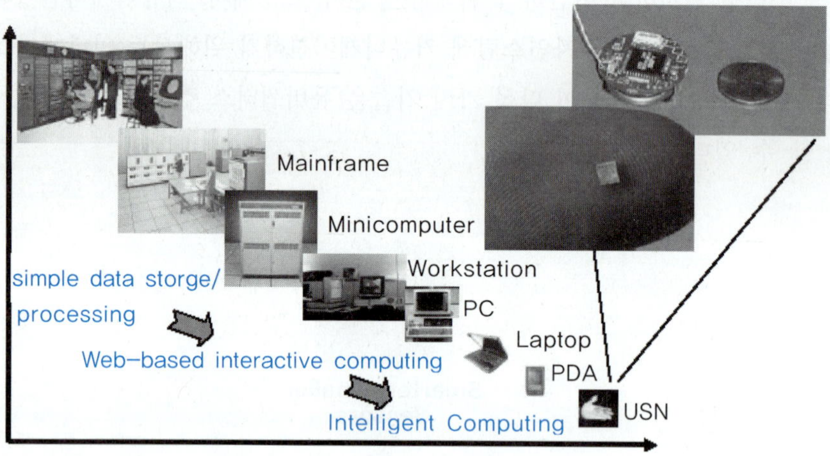

[그림 1-3] 유비쿼터스 컴퓨팅 진화과정

USN은 필요한 모든 것(곳)에 전자태그(RFID : Radio Frequency Identification)를 부착하여 사물의 인식정보와 주변의 환경정보(온도, 습도, 오염정보, 균열정보 등)를 탐지하여 실시간으로 네트워크에 연결하여 정보를 관리하는 것이다.

2 프로세서

프로세서는 센서를 통해 얻은 데이터를 분석하고 판단하는 역할이다. 프로세서가 유비쿼터스 컴퓨팅 환경에서 원활히 사용되기 위해서는 운영체제가 간단하고 실시간 처리가 가능해야 한다. 이러한 특성으로 인해 현재 Tiny OS, TRON, Nucleus 등의 RTOS 운영체제가 유비쿼터스 시대의 OS로 주목받고 있다.

3 커뮤니케이션

커뮤니케이션은 사용자와 사물, 사물과 사물간의 상호작용이나 의사소통을 위해서는 이를 지원할 수 있는 근거리 무선통신기술, 즉 커뮤니케이션 기능이 필수적이다. 유비쿼터스 시대에는 수많은 사물들이 유선으로 연결되는 것은 사실상 불가능할 것으로 보이기 때문에 근거리 무선통신기술인 지그비(ZigBee), 블루투스(Bluetooth), UWB(Ultra-Wide Band) 등의 기술이 대안으로 떠오르고 있다. 또한 시시각각 위치가 변하는 사물들을 동적으로 연결하기 위한 Ad-Hoc 네트워크 기술이 필요하게 되었다.

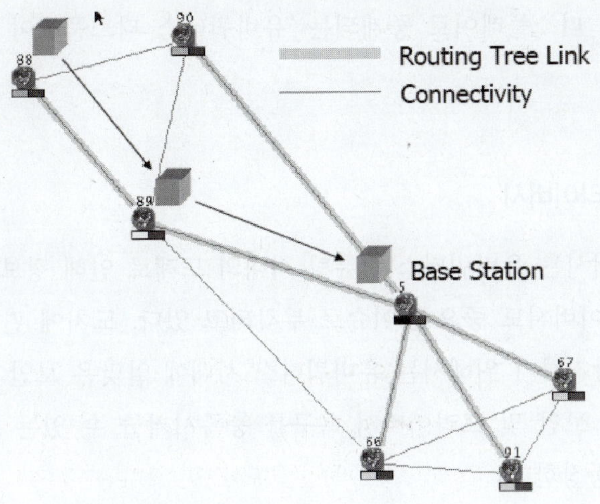

[그림 1-4] Ad-Hoc 네트워크

[그림 1-4]의 Ad-Hoc 네트워크는 이동단말들이 중계국과 단말의 기능을 동시에 수행하여 이동단말들만으로 네트워크를 구성하는 시스템으로서, 사막이나 네트워크 기반 인프라가 취약한 곳에서 효과적으로 네트워크를 확장할 수 있다.

아울러 모든 사물에 주소를 할당하기 위한 IPv6, 즉 Internet Protocol version 6의 확산도 필수선결과제 중 하나이다. 유비쿼터스 컴퓨팅 환경 아래에서는 정보단말기의 수가 폭발적으로 증가할 것이기 때문에 향후 IP 주소 수요 역시 큰 폭으로 증가할 것이다.

따라서 현재의 32비트 방식 IP 주소체계인 IPv4로는 수년 내에 전세계적인 IP 주소 고갈상태에 이를 것으로 보인다. 현재의 IPv4로는 약 43억개 정도의 IP 주소 할당이 가능한데, 폭발적으로 증가하는 컴퓨팅 디바이스수로 인한 IP 주소 수요증가에 턱없이 부족할 것이다.

따라서 128비트 방식의 차세대 주소체계인 IPv6 도입이 조속히 이루어질 필요하다. IPv6에서는 거의 무한대에 가까운 340간(澗)개의 주소를 확보할 수 있다. '간'은, 즉 2의 128승을 표시한다.

4 인터페이스

인터페이스, 즉 인간 친화적이고 지능화되어 있는 인터페이스는 유비쿼터스 컴퓨팅 구현에 핵심 관건이다. 정보이용 인터페이스 환경은 점차 '키보드, 마우스, 화면' 중심에서 '음성, 동작, 문자, 표정' 등으로 다양화하고 있다. 디스플레이도 사용자가 움직이면 화면정보가 주변의 디스플레이로 중계되는 '유비쿼터스 디스플레이 네트워크'로 발전할 것으로 예상된다.

5 보안 및 프라이버시

보안 및 프라이버시는 유비쿼터스 컴퓨팅 시대의 도래로 인해 정보가 도처에 존재함에 따라 보안 및 프라이버시도 중요한 이슈로 부각되고 있다. 도처에 편재된 정보의 분실 · 왜곡 · 도용 등을 방지하기 위해서는 유비쿼터스 시대에 알맞은 보안기술이 필요하다. 유비쿼터스 시대에는 보안 및 프라이버시 욕구를 충족시켜줄 수 있는 적절한 관련 기술개발이 핵심요소로 등장한다.

1.3 유비쿼터스 센서 네트워크

1 유비쿼터스 센서 네트워크의 기본개념

유비쿼터스 센서 네트워크(USN) 기술은 새로운 컴퓨팅 패러다임인 유비쿼터스 컴퓨팅의 진입기술로 중요한 의미를 갖는다. 이런 새로운 컴퓨팅 패러다임의 기술이 성공적으로 발전하기 위하여 진입기술의 확산이 중요하다. [그림 1-5]의 유비쿼터스 네트워크 기술군의 범위 안에 RFID, USN 및 AMI의 기술 발전과정을 볼 수 있다.

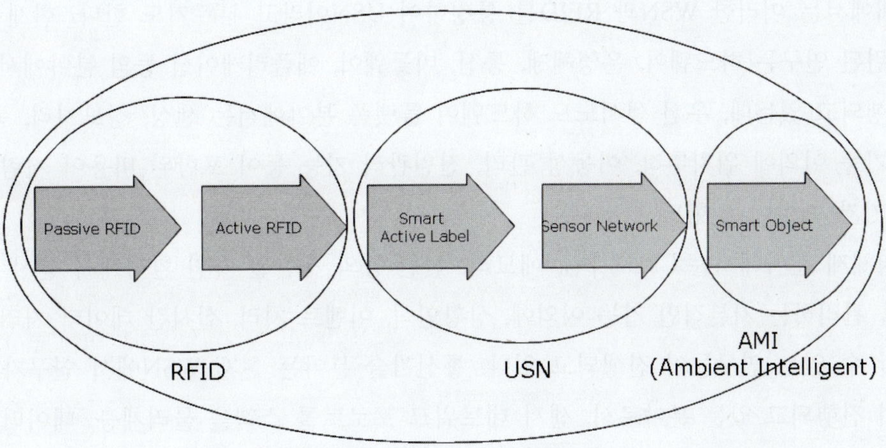

[그림 1-5] 유비쿼터스 센서 네트워크

센서 네트워크는 물리공간의 상태인 빛, 소리, 온도, 움직임 같은 물리적인 데이터를 센서노드에서 감지하고 측정하여 중앙의 기본 노드(base-station 혹은 sink)로 전달하는 센서노드들로 구성되는 네트워크이므로 멀티홉 무선 네트워크 형태의 다수의 분산 센서 노드들로 구성된다.

센서 네트워크는 통상적으로 특정 지역에 소형의 센서노드를 설치하여 주변정보 또는 특정 목적의 정보를 획득하고, 베이스 스테이션이 정보를 수집하여 이를 활용하기 위한 서비스 환경을 말한다. 센서 네트워크가 기존의 네트워크와 구분되는 점은 기본 목적이 상호간의 정보 전달보다는 자동화된 원격 정보의 수집에 있다는 것이다. 즉, 각 센서노드가 특정 목적을 위해 필요한 주변정보를 센싱하고, 센싱된 정보를 센서노드간의 무선 통신을 이용하여 특정 지점으로 자동화된 방식으로 전달함으로써, 사용자가 센서필드 주변의 정보를 원격으로 수집하여 활용할 수 있다는 것이다. 이러한 센서 네트워크의 전통적인 개념은 무선의 센서필드 개념을 중심으로 불특정 공간에 배포된 센서로부터 수집된 정보를 일괄적으로 활용하는 무선 센서 네트워크(WSN : Wireless Sensor Network)를 의미한다. 센서 네트워크의 장점은 낮은 사양의 하드웨어를 이용하여 무선 Ad-Hoc 네트워크를 구성할 수 있는 점이다.

예를 들어 지금까지 개발된 블루투스, 무선 랜 등의 무선 네트워크 기술들은 반드시 컴퓨터, PDA 같은 고급 컴퓨팅 장치를 필요로 하는데 센서 네크워크 노드는 독자적으로 네트워크를 구성한다. 이런 네트워크 구성의 용이성 때문에 유비쿼터스 컴퓨팅 환경의 기반기술로 사용될 수 있는 것이다.

국내에서는 이러한 WSN과 RFID를 통칭하여 USN이라고 부르기도 한다. 현재 WSN과 관련된 연구는 하드웨어, 운영체제, 통신, 미들웨어, 애플리케이션 등의 분야에서 활발히 진행되고 있는데, 우선 센서노드 하드웨어 플랫폼 분야에서는 센싱, 정보처리, 통신의 기본 기능 이외에 위치추적, 이동성 관리, 전원관리 기능 등이 포함된 비용이 저렴한 스마트 기기 개발이 진행되고 있다.

운영체제 분야에서는 CPU 자원, 메모리, 전원 등의 제한된 자원 환경에서 통신 및 시스템을 관리하는 기본적인 기능 이외에, 상황인식, 이벤트 처리, 실시간 데이터 처리 등을 수행할 수 있는 연구들이 진행되고 있다. 통신기술 분야는 현재 WSN에서 연구가 가장 활발히 진행되고 있는 분야로서, 센서 네트워크 프로토콜 스펙을 물리계층, 데이터 링크 계층, 네트워크 계층, 애플리케이션 계층으로 구분하여 센서노드의 에너지 소모와 관련된 연구들이 중점적으로 수행되고 있다. 미들웨어 분야에서는 저통신비용의 질의처리 방법, 이질적인 센서노드간의 상호운용 지원방법, 에이전트를 통한 보안/제어방법, 센서노드간의 시간 동기화 방법, 소프트웨어 원격 배포/갱신방법 등의 전반적인 연구들이 진행되고 있다.

센서 네트워크는 RFID/USN을 미래 유비쿼터스 사회의 신성장 동력 인프라의 하나로 선정하여 RFID/USN 핵심기술개발, 응용 서비스 모델 도출, 시범사업 수행에 많은 투자를 진행하고 있으며, 최근에는 건교부에서도 루프 검지기, 비컨, 영상 등을 이용한 고비용의 기존 교통정보 수집체계를 RFID/USN 기술을 이용한 새로운 교통정보 수집체계로 대체하기 위한 핵심 기술개발 및 시범사업을 추진하고 있다.

센서 네트워크에 사용되는 센서는 무인으로 동작되거나 사람이 접근하기 힘든 환경에서 동작하는 경우가 대부분이다. 또한 다량의 센서를 유포하여 센서 네트워크를 형성하는 경우가 많아 센서노드의 크기가 작고 가격이 저렴해야 하므로 노드의 소모전력량과 데이터 처리능력에 제한이 있게 된다. 이런 센서의 제약사항들과 센서 네트워크의 용도에 따라 네트워크에서 원활한 통신을 위해 충족되어야 할 설계 요구조건 및 적합한 라우팅 알고리즘이 다르게 된다.

센서 네트워크의 주요 네트워크 구조(토폴로지) 및 특징은 센서노드의 제한된 자원(배터리 등) 등으로 인해 대부분의 경우에 1홉(Hop)간의 통신이 아니라 멀티홉 라우팅을 통하여 산재해 있는 센서들간 통신이 이루어지게 되고, 최종적으로 싱크노드(Sink Node)를 통해 센서로부터 취득한 데이터를 취합하게 된다. 여기서 싱크노드는 센서 네트워크에서 이루어지는 센싱 정보를 위한 통신의 최종 목적지로서, 기존의 전통적인 유무선 네트워크와 센서 네트워크의 게이트웨이 역할을 한다.

IEEE 802.15.4는 2003년 표준화된 저속, 저전력의 PAN(Personal Area Network) 기술로서 센서 네트워크를 중요한 응용 분야로 고려하고 있다.

스타, 클러스터-트리, 그리고 메쉬 등 다양한 토폴로지를 지원하여 다양한 센서 네트워크 응용에 사용될 수 있으며, 무엇보다도 중요한 특징으로서 비컨을 사용하고 슈퍼프레임이라고 하는 프레임 구조를 가진다는 것인데, 슈퍼프레임은 비컨주기 동안 일정시간만 활성화(Active)되고, 나머지 시간은 비활성화(Inactive)됨으로써 배터리 기반의 센서노드의 전력소모를 최소화시킬 수 있다.

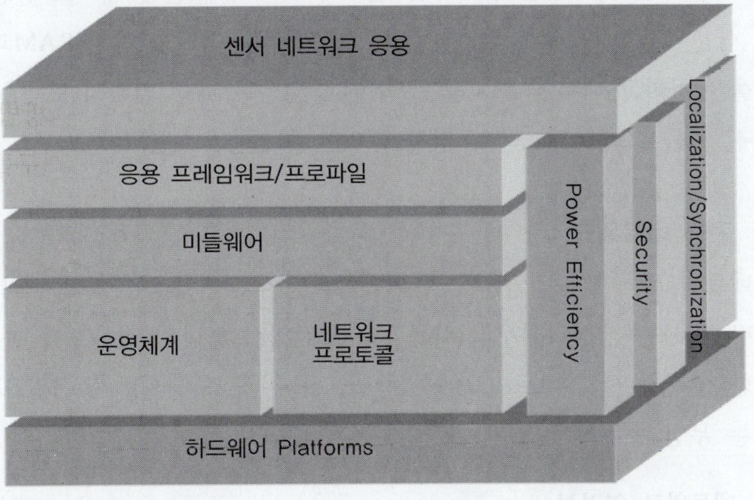

[그림 1-6] 센서노드의 소프트웨어 컴포넌트 구조

또한 ZigBee 컨소시엄에서는 유비쿼터스 컴퓨팅을 위한 IEEE 802.15.4 기반의 네트워크 및 응용계층의 규격을 제안하고 있고, 100여개 이상의 많은 참여 회사들이 직간접적으로 사업에 참여함으로써 기술 발전이 매우 빠르고, 다양한 응용기술이 개발될 것으로 보인다.

2 USN의 특징

1) 초소형 운영체제

유닉스(UNIX)같은 일반적인 운영체계는 50~100MHz의 속도로 Mbit RAM과 Gbit 이상의 보조기억 장치를 가지고 32비트 마이크로프로세서에서 동작한다. 그러나 무선 센서 네트워크에서 사용하는 운영체계는 적은 크기와 적은 전력소모를 갖추고 있다.

이에 대표적인 TinyOS는 제한적인 물리적인 자원을 가지고 동시처리를 조절할 수 있는 통합적인 시스템 제어기법에 필요한 기본기능을 제공한다. TinyOS는 태스크의 동시성을 지원한다. 단순한 큐를 기반으로 태스크 스케줄러는 사용자에게 태스크로 함수를 호출할 수 있도록 지원하며 인터럽트 처리 루틴과 연동되어 작은 크기의 스케줄러로 무선 네트워크 기능을 동작시키도록 지원한다.

2) 센서 네트워크 플랫폼

Mote와 TinyOS는 시스템들의 이슈를 연구하고 초기에 실제 테스트 응용을 배치하기 위해 널리 사용되고 있다. Mote의 마이크로컨트롤러는 적당한 양의 RAM과 프로그램을 위한 공간을 제공하고 내부에 ADC를 포함한다. 넓은 주파수 범위의 모뎀을 가지고 있고 무선 송수신 모듈은 네트워크를 구성하기 위한 연결성을 제공한다.

3) 자율 구성 네트워크

하나의 네트워크는 다른 노드들에 연결하는 다중의 링크들을 가지고 각각 많은 노드들을 구성한다. 정보는 생성지점부터 사용되는 지점까지 하나의 라우트를 통해 홉에서 홉으로 이동한다. 무선 센서 네트워크에서 각 노드들은 노드 근처에 통신링크들의 한 집합을 제공하는 무선 송수신기를 가지고 있다.

(1) 무선 네트워크 연결성

무선 센서 네트워크의 네트워크 기능은 계층을 나누어 처리하여 성능을 향상시킬 수 있다.

(2) 분산 네트워크 및 데이터 수집

센서 네트워크 사용자들은 노드들의 집합이 노드들의 동작을 통합하고 데이터 정보를 전송, 처리하는 것을 허용하는 프로토콜을 수행하기 위해 이러한 기초적인 통신 능력을 사용한다.

(3) 무선통신 에너지 절약

보통 하나의 노드를 수행하기 위해 가장 많은 에너지를 소모하는 동작인 통신은 반드시 여러 노드들간의 제한된 통신 영역의 공유를 위해 경쟁해야만 한다. 네트워크 스펙은 통신을 제거함에 의하거나 통신의 필요성이 없을 때 라디오 전원을 꺼놓고 에너지 사용을 최소화하기 위한 시도를 한다.

(4) 데이터 보호

고밀도의 네트워크, 실시간 처리, 네트워크 내의 데이터 처리는 대규모의 물리 구조 전체에서 무엇이 일어나고 있는지를 감지할 수 있는 능력에서 기존의 환경과는 많은 차이점을 가지고 있다.

4) 센서 네트워크/개발환경 관련 기술

3계층, 즉 Mote 계층, 서버 계층, 클라이언트 계층별 소프트웨어 해법이 있다. 소프트웨어는 특징적인 전개에서 사용한다.

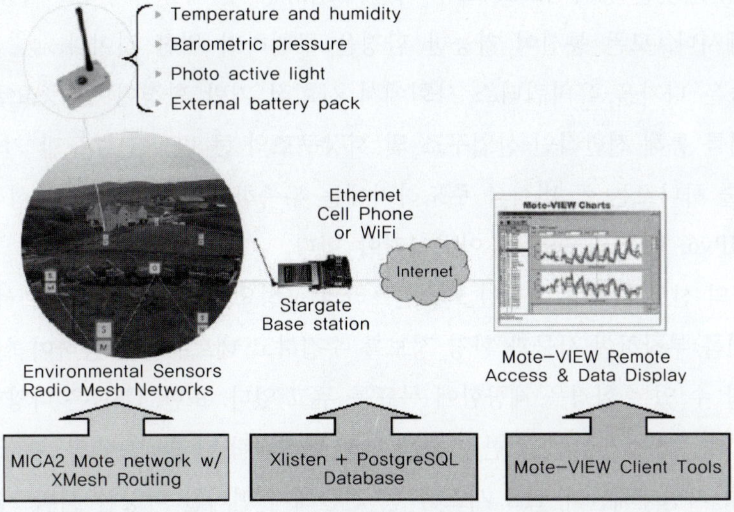

[그림 1-7] 응용 분야별 개발환경

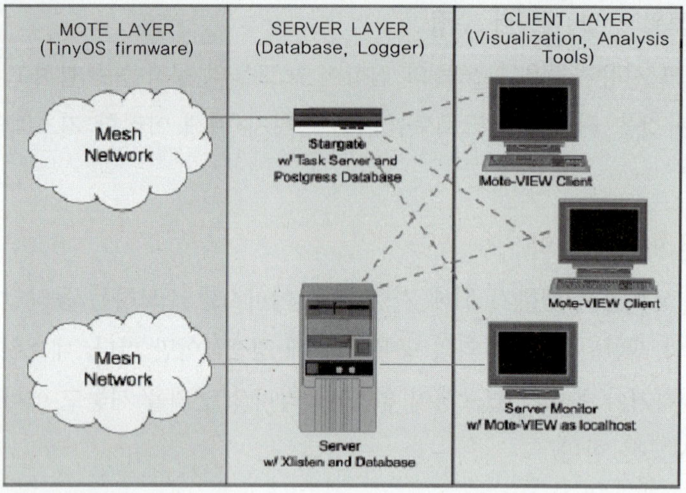

[그림 1-8] 센서 네트워크 시스템의 소프트웨어 구조

3 USN의 개요

최근 정보통신 환경에서는 음성 데이터, 영상 멀티미디어 등 모든 정보의 디지털화를 바탕으로 네트워크 기술의 적용 범위를 일반 생활의 영역으로 확장시켜 가고 있다.

유비쿼터스 센서 네트워크(USN : Ubiquitous Sensor Network)란 '필요한 모든 곳에 전자태그를 부착하여 사물의 인식정보를 기본으로 주변의 환경정보(온도, 습도, 오염정보, 균열정보 등)까지 탐지하고, 이것을 실시간으로 네트워크에 연결하여 정보를 관리하는 것'을 말한다. 이것은 궁극적으로 모든 사물에 컴퓨팅 및 커뮤니케이션 기능을 부여하여 언제, 어디에서나, 모든 통신이 가능한 환경을 구현하기 위한 것이다.

USN 기술은 다가올 유비쿼터스 사회에서 사회적 기반 환경이 될 중요한 기술 중의 하나로서, 이를 통해 전반적인 산업구조 및 시장구조의 큰 변화를 주도할 기술이다. 그러나 USN 기술 하나로는 큰 변화를 주도하기에는 부족하다. 즉, 정부의 신성장 동력 인프라인 BcN, IPv6, USN의 통합이 이루어져야 한다.

USN은 IT의 신성장 동력 핵심인 3대 인프라의 구성요소 중 하나로 모든 사물에 전자태그 또는 센서를 부착하여 사물과 환경 정보를 수집하고 네트워크를 통하여 실시간 정보를 구축·관리할 수 있는 환경을 제공함에 목표를 두고 있다. 또한, USN은 다양한 분야에 대한 자동화가 가능하게 하며, 이러한 기술을 통해 텔레매틱스, 홈네트워크, 재고관리, 환자관리, 동물관리, 자연재해관리, ITS 시스템 등 인간에게 편리한 다양한 서비스를 제공할 수 있다.

USN에 관련된 연구, 즉 센서 및 센서 네트워크에 대한 연구는 오래 전부터 계속되어 왔다. 국내에서뿐만 아니라 국외에서는 이미 WSN(Wireless Sensor Networks)이라는 이름으로 많은 연구가 진행되어 오고 있다.

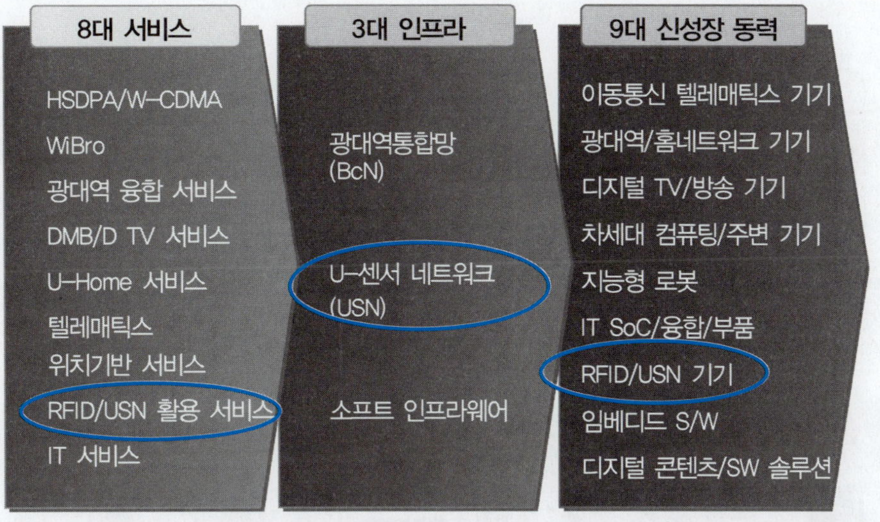

[그림 1-9] 신성장 동력의 서비스 및 인프라

USN 분야에 가장 대표적인 것으로 ZigBee Alliance를 꼽을 수 있다. ZigBee는 물리계층과 데이터 링크 계층을 IEEE 802.15.4 기반으로 네트워크 계층부터 상위계층을 구축한 저전력 센서 네트워크로 AA 배터리 두 개만으로 몇 달 동안의 수명을 유지할 정보로 전력효율이 높다. 또한 ZigBee는 블루투스보다 더 큰 PAN(Personal Area Network)을 구성할 수 있다.

USN은 5가지 기술이 합하여 형성된다.

- 브로드밴드(broadband)를 통하여 동영상을 이용하는 정보량이 풍부한 통신
- 모바일 단말기를 통한 '언제 어디서나'의 실현
- 상시접속에 의한 자연스러운 통신
- 배리어프리(barrier-free) 인터페이스로 어린이, 고령자, 장애인 모두 쉽게 이용
- IPv6를 채용하여 ID가 부여된 단말기수의 대폭적인 증가

USN은 5가지 요소가 맞물려 ① '브로드밴드'를 통해 유선 · 무선, 통신 · 방송을 불문한 다양한 네트워크상에서, ② 데스크톱 및 모바일 PC는 물론 휴대전화, PDA(Personal Digital Assistant), 카내비게이션 단말기, 정보가전 등 소위 '모바일' 정보통신 기기가 'IPv6'로

접속되어 ③ '상시접속'과 '배리어프리 인터페이스'에 의하여 지금과 비교하면 훨씬 더 자유롭고 쾌적한 콘텐츠를 양방향으로 이음매 없이 주고받는 환경을 창출할 수 있다.

[그림 1-10] USN의 개념은 어느 곳에서나 부착된 태그와 센서로부터 사물 및 환경정보를 감지/저장/가공/전달하여 인간생활에 폭넓게 활용하는 네트워크를 말한다.

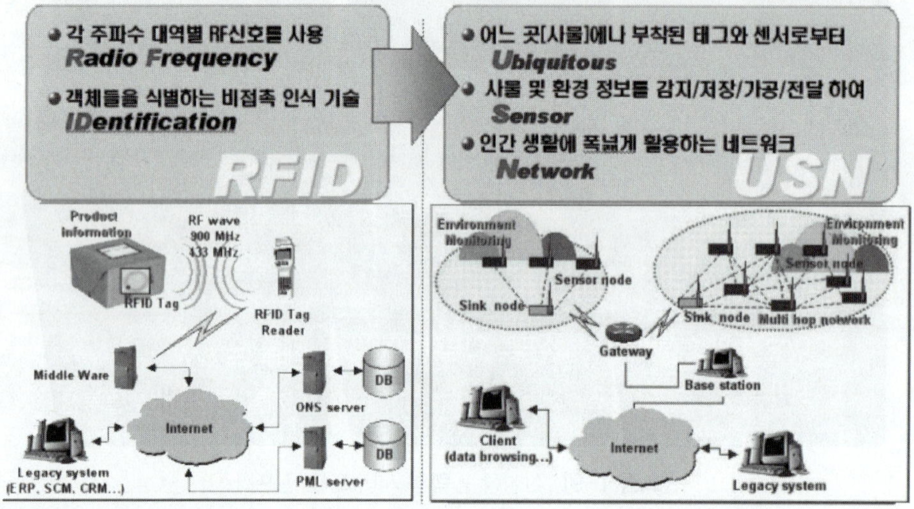

태그	수동형(Read/Write) 능동형(Battery : Long range)
리더	제품정보 인식
미들웨어	수집된 상품 정보 데이터 처리

센서노드	센서, 통신 모듈, 배터리 포함, 환경정보 센싱/전달
싱크노드	외부 네트워크 통신을 위한 중계 노드
USN 미들웨어	대량의 센서 데이터를 수집/필터링
USN 응용 플랫폼	다양한 산업 분야에 응용 서비스 제공을 위한 플랫폼

[그림 1-10] USN의 개념

[그림 1-11]은 USN의 구성을 센서노드, 서비스 플랫폼, 응용으로 구성되어 있다.

그 결과 브로드밴드가 가져오는 '유통 콘텐츠의 대용량화', 모바일, IPv6가 가져오는 '네트워크에 접속되는 기기의 증대', 상시접속, 배리어프리 인터페이스가 가져오는 '사용자와 네트워크 관계성의 다양화' 등의 변화가 일어난다. 이러한 변화는 각각 독립적으로 일어나는 것이 아니라 복합적, 상승적으로 일어나고 있다.

USN(Ubiquitous Sensor Network)이란 필요한 모든 것(곳)에 전자태그를 부착하고 이를 통하여 사물의 인식정보를 기본으로 주변의 환경정보(온도, 습도, 오염정보, 균열정보 등)까지 탐지하여 이를 실시간으로 네트워크에 연결하여 정보를 관리하는 것을 말하는 것으로 궁극적으로 모든 사물에 컴퓨팅 및 커뮤니케이션 기능을 부여하여 예외없이(Anytime), 어디든지(Anywhere), 무엇이든(Anything) 통신이 가능한 환경을 구현하기 위한 것이다. USN은 먼저 인식정보를 제공하는 전자태그를 중심으로 발전하고 이에 센싱 기능이 추가되고 이들간의 네트워크가 구축되는 형태로 발전하고 있다.

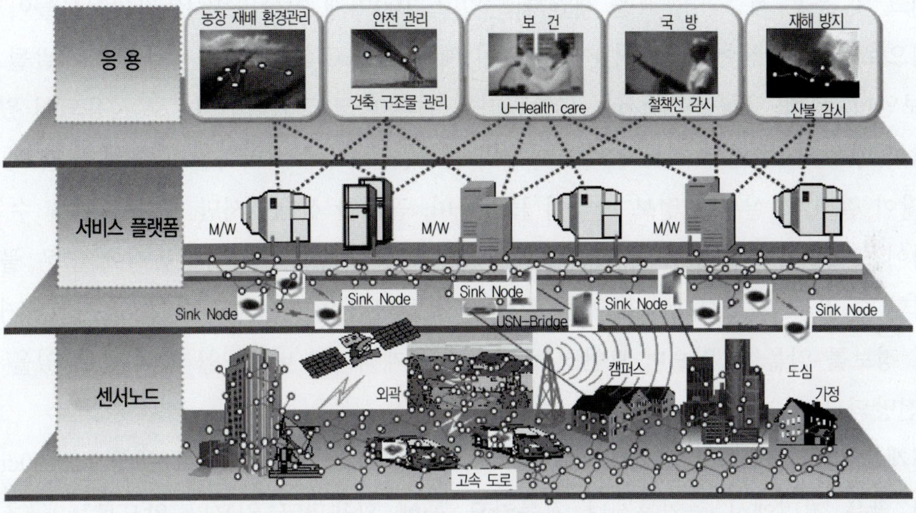

[그림 1-11] USN의 구성

센서 네트워크에 사용되는 센서는 무인으로 동작되거나 사람이 접근하기 힘든 환경에서 동작하는 경우가 대부분이다. 또한 다량의 센서를 유포하여 센서 네트워크를 형성하는 경우가 많아 센서노드의 크기가 작고 가격이 저렴해야 하므로 노드의 에너지양과 데이터 처리능력에 제한이 있게 된다. 이런 센서의 제약사항들과 센서 네트워크의 용도에 따라 네트워크에서 원활한 통신을 위해 충족되어야 할 설계 요구조건 및 적합한 라우팅 알고리즘이 다르게 된다. 센서 네트워크의 주요 네트워크 구조(Topology) 및 특징은 센서노드의 제한된 자원(배터리 등) 등으로 인해 대부분의 경우에 1홉(hop)간의 통신이 아니라 멀티홉 라우팅을 통하여 산재해 있는 센서들간 통신이 이루어지게 되고, 최종적으로 싱크노드(Sink Node)를 통해 센서로부터 취득한 데이터를 취합하게 된다. 여기서 싱크노드는 센서 네트워크에서 이루어지는 센싱 정보를 위한 통신의 최종 목적지로서, 기존의 전통적인 유무선 네트워크와 센서 네트워크의 게이트웨이 역할을 한다.

IEEE 802.15.4는 2003년 표준화된 저속, 저전력의 PAN(Personal Area Network) 기술로서 센서 네트워크를 중요한 응용 분야로 고려하고 있다. 스타, 클러스터 트리 그리고 메쉬 등 다양한 토폴로지를 지원하여 다양한 센서 네트워크 응용에 사용될 수 있으며, 무엇보다도 중요한 특징으로서 비컨을 사용하고 슈퍼프레임이라고 하는 프레임 구조를 가진다는 것인데, 슈퍼프레임은 비컨주기 동안 일정시간만 활성화(active)되고 나머지 시간은 비활성화(Inactive)됨으로써, 배터리 기반의 센서노드의 전력소모를 최소화시킬 수 있다. 또한 ZigBee 컨소시엄에서는 유비쿼터스 컴퓨팅을 위한 IEEE 802.15.4 기반의 네트워크 및 응용 계층의 규격을 제안하고 있고, 100여개 이상의 많은 참여회사들이 직간접적으로 사업에 참여함으로써 기술발전이 매우 빠르고, 다양한 응용기술이 개발될 것으로 보인다. 특히, 유통분야에서는 물품관리를 위해 바코드가 일반적으로 사용되어 왔으나 가격이 매우 싼 반면에 기본적으로 다량의 물품을 동시에 처리하는데 한계가 있고, 시간이 많이 걸리며, 실시간 정보 파악이 불가하며, 근접한 상태에서만 정보를 읽을 수 있는 단점이 있다. 이에 비해 전자태그(RFID) 가격은 다소 비싼 편이나 동시에 많은 물품을 처리할 수 있고, 식별시간이 짧으며, 실시간 정보 파악이 가능하고 수십 cm~수 m 거리에서도 정보를 읽을 수 있으며 보안성도 뛰어나 세계적으로 바코드를 대체할 수 있을 것으로 전망되고 있다.

현재 RFID는 저주파(125kHz) 및 고주파(13.56MHz)의 전자태그를 중심으로 60cm 이내의 짧은 거리에서 출입통제나 교통카드 등에 활용되고 있으나 앞으로는 극초단파(900MHz)와 마이크로파(2.4GHz)를 중심으로 인식거리가 늘어나고 가격이 저렴해지면서 유통, 물류, 환경감지, 교통 등 다양한 분야에 적용될 것이 예상된다. 나아가 현재의 단순 인식 기능에 센싱 기능이 추가되어 의료, 안전, 국방 분야 등으로 이용이 확대되면 본격적인 유비쿼터스 네트워크의 핵심기반으로 발전될 것으로 전망된다.

4 USN의 구성 및 특성

① 저가이며 공격받기 쉬운 많은 센서노드로 구성

- 10～100,000개의 노드
- 센서노드의 위치는 사전에 정해지지 않음
- 각 센서노드는 저가로 구현되어야 함
- 간섭 저항하는 노드를 구성하기 어려움

② 저전력 소비특성

- USN의 노드의 구조 및 특성은 소비전력에 크게 의존
- USN 토폴로지 및 동작특성 등은 소비전력에 크게 의존

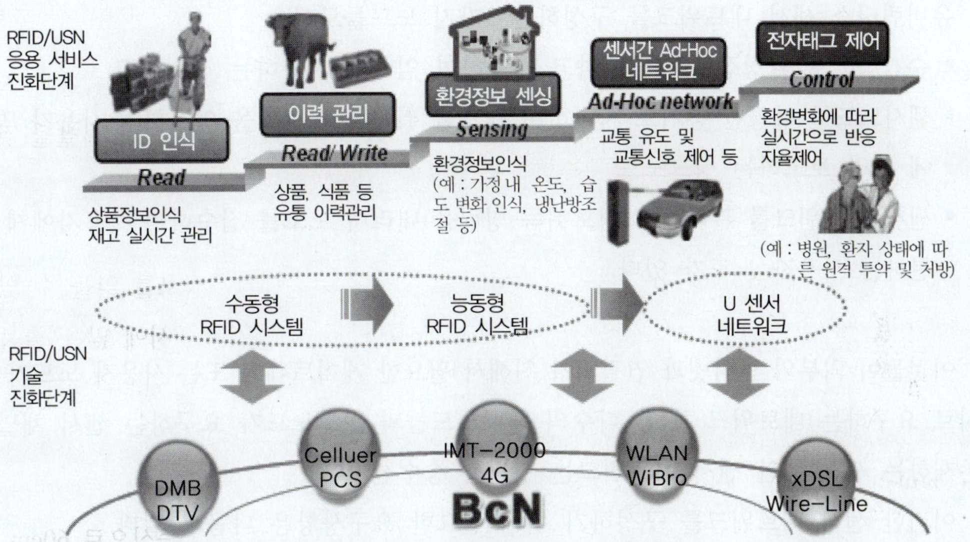

[그림 1-12] RFID/USN의 기술전망

③ 자가설정이 가능한 네트워크

- 수많은 노드 및 복잡한 네트워크 구성으로 인해 사전 구성이 어려움
- 센서노드의 실패 가능성 및 새로운 센서노드 추가시 USN 설정이 가능해야 함
- Ad-Hoc 네트워크 특성을 가짐

④ 보안 특성 및 협력적 특성

- 기존의 보안위협(도청, D.S 공격, 프라이버시 침해 문제) 및 USN만의 보안위협이 존재함
- 지엽적 동작들이 협력적으로 수행되어 어떤 원하는 동작을 수행하게 됨

5 USN의 구성

유비쿼터스 센서 네트워크의 궁극적인 목적은 모든 사물에 컴퓨팅 능력 및 무선통신 능력을 부여하여 '언제, 어디에서나' 사물들끼리 통신할 수 있는 유비쿼터스 환경을 구현하는 것이다.

유비쿼터스 센서 네트워크는 유비쿼터스 환경을 구성하는 초소형, 저가격, 초저전력 센서 소자의 무선통신 네트워크 기술을 말한다. 기본적으로 센서필드 안에 있는 센서노드는 감지된 정보를 베이스 스테이션(기지국/0)으로 전달하고, 베이스 스테이션은 인터넷과 같은 기존의 네트워크를 통해 사용자에게 해당 정보를 제공한다.

유비쿼터스 센서 네트워크를 구성하는 3가지 노드들로서

- 순간적으로 환경정보를 감지하고 변환하여 임시로 저장하는 센서노드
- 센서노드를 다양한 동기로 자극하여 정보를 취득하고 상황을 인지하며 사용자 명령에 따라 보고하는 싱크노드
- 센서 네트워크를 관리하고 정보취득 명령을 내리며 보고를 접수하여 사용자에게 표현하는 사용자 노드가 있다.

이것들이 외부의 인터넷과 연결되기 위해서 필요한 게이트웨이 또는 사용자 노드가 수시로 요구하는 네트워크 채널, 다수의 센서노드들과 싱크노드가 요구하는 센서 채널이 존재하는 시간 동안 센서 네트워크는 정보를 송수신한다.

이러한 센서 네트워크를 구성하기 위해 필요한 요구사항은 다음과 같다.

- 대규모 센서노드의 배치(수천 개나 수만 개의 센서노드 배치)
- 저전력 에너지 소모로 인한 센서노드 수명 최대화
- 네트워크 토폴리지 변화의 수용 및 자가구성(self-organization) 네트워크
- 제한된 병렬 처리능력과 하드웨어 제어구조

1) 센서노드 구성요소

센서노드는 USN을 구성하는 가장 기본적인 요소로 기존 RFID 기술에 비하여 가장 큰 장점은 센서로부터 주위 환경을 모니터링하면서 최적의 네트워크를 구성 및 기존의 유무선 통신기술을 이용하여 사용자가 원하는 네트워크 구성이 가능하다는 것이다.

센서노드의 구성은 주로 제어부(MCU), 무선통신부, 센서부 및 전원부로 구성되며, 현재 선보여지고 있는 응용 서비스에서의 센서노드는 다수의 노드를 광범위한 환경에서 분산 배치하여 이용되므로 노드의 전원을 자주 교환하는 것이 어렵기에 저전력 센서노드 개발이 요구된다.

또한 응용 서비스에 따라 노드의 설치 용이성이 고려되므로 센서노드의 소형화와 경량화가 필수적이다. [그림 1-13]은 센서노드의 기본 구성요소를 보인 것이다.

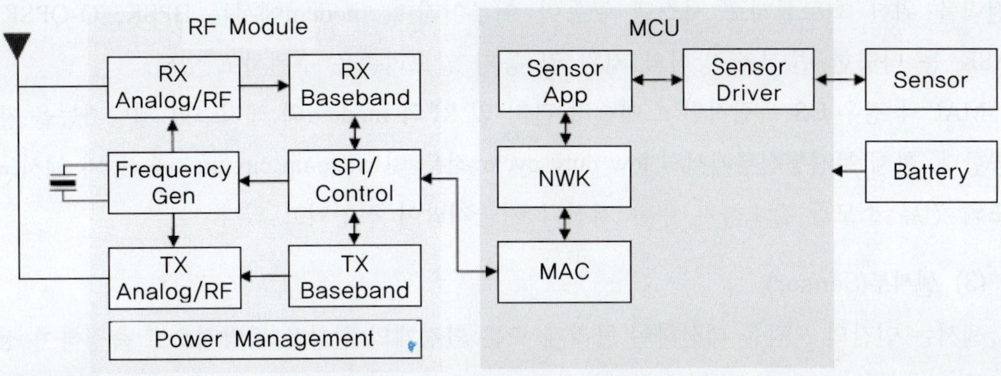

[그림 1-13] 센서노드 구성요소

(1) 제어부(MCU)

센서노드의 MCU는 노드에 부착된 센서의 데이터 처리 및 외부 인터페이스를 위한 SPI, UART, I2C 등의 주변장치, timer, power control 등으로 구성된다. 이러한 주변 인터페이스들은 MCU 부하를 최소화하도록 제공되어야 하며 대량의 데이터를 발생시키는 ADC/DAC 인터페이스 최적화를 지원해야 한다.

MCU는 센서노드에 부착된 센서의 종류 및 노드의 사용목적에 따라 다양한 성능의 MCU를 필요로 한다. 따라서, 사용되는 MCU 구조가 호환성을 유지하면서 탄력적인 구조를 가지고 있어야 하며, 기술의 소형화, 집적화에 따라 소형 메모리가 내장된 저전력 초소형 MCU를 이용하는 기술이 발달되고 있다.

기존에 사용된 8bit MCU에서 센싱된 단순 데이터를 인식 및 감지하는 것이 아닌 데이터 용량이 큰 영상정보의 처리, 음성신호 처리에 대한 분석을 가능하게 하기 위한 고성능 16~32bit의 저전력 MCU 개발이 이뤄지고 있으며, MCU와 무선통신부를 하나의 칩으로 구성하는 SoC 단일 칩 솔루션 개발로 전체 통합 칩의 크기 또한 계속 줄어들 것으로 예상된다.

(2) 무선통신부(RF/Modem/MAC)

무선통신부는 송수신 형태 및 주파수, 기능에 따라 다양한 형태로 이루어지고 있으며, IEEE 802.15.4-2006 표준과 ZigBee를 기반하여 제안된 주파수 대역은 868~868.8MHz 대역의 유럽 주파수 대역과 902~928MHz 대역의 북미 주파수 대역, 그리고 ISM 밴드로서 세계 공용으로 사용 가능한 2.45GHz 대역으로 구분하고 있다.

무선통신부의 RF는 direct conversion 또는 Low-IF 구조로 송수신 방식을 제안하여 저전력을 위한 회로설계로 시스템 구동이 이루어지며, modem에서는 BPSK, O-QPSK, ASK 등 다양한 변/복조 방식의 지원 및 동기 알고리즘을 구현하고 있다.

MAC의 경우 OS 독립적인 스케줄러 관리 및 RF와 modem의 레지스터 세팅기능을 제공한다. 현재 무선통신부에서의 low duty cycle 적용 및 wake-up circuit 기술 등의 센서노드의 전류 소모를 감소하기 위한 저전력 기술개발이 진행되고 있다.

(3) 센서부(Sensor)

센서는 인간의 오감을 대신하여 물리계 또는 환경계의 현상을 정량적으로 측정하여 정보를 검출하는 소자 및 시스템으로서 센서노드의 중요한 구성요소이다. 센서 네트워크의 다양한 응용 영역에 따라 일체식의 다양한 종류의 센서가 필요하므로 조도, 열, 습도, 가속도/지진강도, 음향, 지자기, 위치(GPS) 등과 같은 센서 중 선택적으로 센서노드에 장착할 수 있어야 하며 크기, 전력소모의 문제점과 다중 이종 센서를 집적할 수 있는 기술이 요구된다.

(4) 전원부(Battery)

배터리 기술은 센서노드에 장기적으로 안정적인 전력을 공급하여 소자의 원활한 구동을 가능하게 해주는 핵심부품 기술로, 초기 배터리 기술은 폐기 가능한 1차 전지가 주로 사용되었으나, 새로운 휴대통신 단말기의 수요 증가에 따라 1차 전지뿐만 아니라 자가충전 기능이 추가되는 형태의 태양전지나 무선 급전의 방식 등의 다양한 기술들이 소개되고 있다.

2) 국내외 센서노드 칩 기술동향

(1) 국내외 칩 기술동향

현재 센서노드의 구성 관련 칩은 크게 MCU, RF transceiver로 나눌 수 있으며, RF transceiver의 경우 SoC와 single-chip 형태로 상용화 제품이 출시되고 있다.

현재 센서노드의 상용 제품의 다수 칩은 IEEE 802.15.4-2006과 ZigBee를 표준으로 사용하고 있으며, 상용 제품의 대부분은 2.45GHz 주파수를 사용하고 유럽의 경우 868/915MHz 주파수를 부분적으로 사용하고 있다.

1 MCU

센서노드에 적용되는 저전력 MCU의 경우 Atmel, ARM, Microchip, TI 등에서 개발되고 있다. 기존 MCU 시장에서는 Microchip의 PIC 계열과 Intel의 8051 core가 많은 부분

사용되었으나, 최근에는 Atmel의 AVR ATmega 시리즈와 TI의 MSP 시리즈가 사용되고 있다. 센서노드 응용에 요구되는 고성능 MCU 성능과 복잡한 연산처리와 운영체제를 사용하기 위하여 SRAM, EEPROM, Flash Memory를 MCU에 내장하여 외부에 별도의 메모리가 필요 없도록 제품 개발이 이뤄지고 있다. 국내에서는 ETRI와 ADchips가 공동으로 USN용 고성능 32bit MCU 시제품을 개발하였으며, 이 칩은 메모리의 성능을 향상시켜 다양한 응용 서비스에 적용이 가능하리라 기대된다. [표 1-1]는 센서노드에 사용되고 있는 MCU의 상용 제품을 비교하였다.

[표 1-1] 상용화 MCU 비교

MCU	ETRI(32bit) TMA2560	Atmel(8bit) ATmega128	Atmel(8bit) ATmega 2560	Atmel(8bit) AT91SAM7S 256	MicroChips (8bit) FIC18F8722	MicroChips (8bit) dsPIC33FJ256GP710	TI(16bit) MSP430F1610	CoreRiver GC89C591A0
Max. OF	50MHz	16MHz	16MHz	55MHz	40MHz	40MHz	16MHz	40MHz
Flash	256KB	128KB	256KB	256KB	128KB	256KB	120KB	62KB
SRAM	64KB	8KB	8KB	64KB	4KB	32KB	10KB	2KB
EEPROM	4KB	4KB	4KB	No	12KB	No	No	2KB
ADC	4CH/10bit	8CH/10bit	8~16CH/10bit	8CH/10bit	16CH/10bit	32CH/10bit	8CH/10bit	8CH/10bit
DAC	1CH/10bit	No	No	No	No	Codec	12bit	No
Comparator	1CH	1CH	1CH	No	2CH	No	1CH	No

2 RF Transceiver

센서노드의 RF transceiver chip은 IEEE 802.15.4 표준과 ZigBee에 기반하여 SoC와 singlechip 구조에 따른 개발이 이루어지고 있다. SoC의 경우 RF, modem, MAC, MCU가 하나의 칩으로 결합된 구조로 전체적인 사이즈를 줄일 수 있으며, 인터페이스를 효율적으로 관리하기가 가능한 장점이 있으나 제작공정 및 기간, 비용문제의 해결이 필요하다. Single-chip의 경우 MCU를 제외한 나머지 블록을 하나의 칩으로 구현하거나 각 블록을 개별적으로 칩화하는 기술로 각 블록의 특성시험 및 활용성이 다양하나 인터페이스 통합의 문제점이 있다.

현재 IEEE 802.15.4-2006/2007 표준을 따르는 ISM대역의 2.45GHz RF transceiver 개발이 주를 이루며 대표적인 업체로는 TI의 CC 시리즈와 Jennic, Freescale, Nordic, Ember, Atmel, ZMD, Ubec 등의 업체가 있다. 국내에서는 Radiopuls, Phy-chips에서 기술

개발이 이루어지고 있다. [표 1-1]은 RF transceiver의 SoC 및 single-chip 기술에 따른 상용 제품을 비교한 자료이다.

(2) 국내외 센서노드 기술동향

① 국외 센서노드 기술동향

미국 버클리 대학에서는 MEMS 기술을 기반으로 하여 저가의 극소형 지능형 디지털 스마트 센서/통신 시스템을 개발하는 Smart Dust 프로젝트가 진행 중이며, UCLA/Rockwell Research Center가 수행한 WINS와 MIT의 uAMP 등에서 센서노드의 하드웨어 구조 및 구현 회로에 따른 전력소모 개선방안과 소프트웨어 구조 및 power management 방식에 따른 전력소모 개선 방법을 연구하고 있다. 카네기 멜론 대학에서는 센서노드에 초소형 스마트 안테나를 적용한 스마트 센서 DVB를 개발하였으며, 800MHz 대역의 스마트 센서 DVB는 2개의 안테나를 적용하여 SNR을 개선하였고, 신호수신시 신호의 RSSI를 측정하여 안테나를 선택하는 angle diversity 기법을 사용하였다. 주요 센서노드 개발품에는

[표 1-2] 상용화 RF Transceiver 기술 비교

RF Transceiver System on Chip	TI CC2420	TI CC2430	TI CC2450	Jennic JN5121	Ember EM250	Freescal MC13192	RadioPulse MG2400-F48
Microcontroller	–	8051 core	8051 core	32bit-RISC	32bit-XAP 2b	–	8051 core
Program memory(KB)	–	32/64/128	8/16/32	64	128	–	64
Dlrrp mode(μA)	1	0.9	0.5	〈1	1	1	9
Frequency(MHz)	2450	2450	2450	2450	2450	2450	2450
Data rate(kbps)	250	250	500	250	250	250	250
Sensitivity(dBm)	–94	–94	–100	–93	–97	–92	–99
Transmit power(dBm)	0	0	1	1	3	0	9
Rx current(mA)	19.7	27	22	〈50	29	37	26
Tx current(mA)	17.4	25	23	〈40	33	30	29
Crystal frequency(MHz)	16	32	26/48	16	24	16	16
Communication	SPI	8~14bit ADC	8~14bit ADC	12bit ADC	12bit ADC	SPI	4~10bit ADC
Structure	Single-chip	SoC	SoC	SoC	SoC	Single-chip	SoC

(a) Crossbow : MicaZ (b) Crossbow : TELOSB (c) Moteiv : Tmote Sky (d) Intel : iMote

[그림 1-14] 국외 상용화 센서노드 개발품

[표 1-3] Mote 시리즈 하드웨어 사양

Mote	RENE	DOT	MICA	MICA2	iMote	Telos	MICAz
Released	2000	2001	2002	2003	2003	2004	2004
Clock	4MHz	4MHz	4MHz	7MHz	12MHz	20MHz	7MHz
CPU	Atmel	Atmel	Atmel	Atmel	ARM	Motorola	Atmel
Flash (code, KB)	8	16	128	128	512	60	128
RAM(KB)	0.5	1	4	4	64	4	4
Radio (kBaud)	10	10	40	40	460	250	250
Radio Type	RFM	RFM	RFM	ChipCon	Zeevo BT	ZigBee	ZigBee

[그림 1-14]와 같이 Crossbow사의 Mica 시리즈, Moteiv의 Tmote Sky와 Intel의 iMote 등의 제품이 상용화되어 시장에 공급되고 있다. 일본에서는 NTT에서 센서 통신 분야의 안테나 어레이 시스템을 연구하고 있으며, VHF/UHF 대역에서 안테나 크기가 소형화됨에 따라 고효율 안테나 기법을 연구하고 millimeter 대역에서는 integrated 안테나 기법을 연구중에 있다.

② 국내 센서노드 기술동향

국내 센서노드 기술은 ETRI를 중심으로 KETI, 삼성, Radiopuls, 태광 E&C, ED, 하이버스, 옥타컴, 한백전자, Maxfo 등의 연구기관, 대기업 및 중소기업을 통해 서비스 목적에 따라 다양한 형태의 센서노드를 개발중에 있다. 국내의 경우 TI사의 CC 시리즈 및 국외 상용화칩을 사용하여 센서노드를 구현하고 있다.

(a) Radiopuls : LM2400 (b) ETRI : 32bit Sensor Node

[그림 1-15] 국내 센서노드 개발품

[그림 1-15]에서 보여지는 것과 같이 Radiopuls에서 독자 개발한 2.45GHz RF transceiver의 LM 2400제품을 선보였으며, [표 1-4]는 국내외 상용화 센서노드의 하드웨어 규격을 비교한 자료이다.

현재 센서노드의 저전력 연구에 대한 기술개발과 관련 기술력 확보를 위하여 국내 연구기관 및 관련 업체에서 적극적인 참여가 이루어지고 있다. 수신신호에 따라 멀티 밴드를 사용하거나 또는 센서노드의 전력소모를 줄이기 위한 저전력 방식으로 wake-up 회로 기술 등을 포함한 기술개발이 이루어지고 있다. ETRI는 국내 공동개발업체와 함께 센서노드의 저전력 기술 및 고성능 기술을 위하여 32bit MCU를 개발하여 이를 활용한 32bit 센서노드 시제품을 개발하였으며, 응용 서비스 기술로 [그림 1-16]에서 보여지는 바와 같이 센서노드에 마이크를 부착하여 음성인식 및 분석이 가능한 귀가 안전 서비스로 위험감지 인식 센서 네트워크 시스템과 열감지 센서 및 적외선 센서를 사용하여 산업현장의 화재 및 주변 모니터링 서비스가 가능한 산업현장 감시제어 시스템 시범을 보였다.

[표 1-4] 상용화 센서노드 하드웨어의 주요 규격

Mote	Mica	Mica2	MicaZ	Tmote Sky	iMote	LM2400
Clock(MHz)	4	7.37	7.37	8	12	16
CPU	ATmega103L	ATmega128L	ATmega128L	MSP430F	ARM7	8051 core
Program memory(KB)	128	128	128	48	512	128
Data rate(kbps)	40	38.4	250	250	723.2	250
RF module	TR1000	CC1000	CC2420	CC2420	Zeeo TC2001	MG2400-F48
Modulation	ASK	FSK	O-QPSK	O-QPSK	GFSK	QPSK
OS	Tiny OS	Tiny OS	Tiny OS	Tiny OS	Tiny OS	

(a) 위험감지 인식 서비스

(b) 산업현장 감시 제어

[그림 1-16] ETRI 센서노드 응용 서비스

6 USN의 기술요소

USN이 기존의 Ad-Hoc 네트워크와 다른 가장 큰 특징은 배터리와 같이 제한된 자원을 갖는 센서 디바이스(센서 + 통신모듈 + MCU + 배터리)를 활용하여 서비스가 구현되어야 한다는 것이다. USN 관련 주요 핵심기술들은 센서 디바이스의 수명을 증가시키고, 서비스 신뢰성을 확보하는데 중점을 두고 있다.

USN을 구성하는 주요 기술들은 다음과 같다.

① 센서노드 기술

센서노드는 센싱, 컴퓨팅, 무선통신 기능을 갖춘 초소형장치로서 노드간에서 자율적으로 네트워크를 형성하여 외부의 환경 정보를 획득, 처리 및 제어 기능을 수행하는 u-센서(유비쿼터스 센서) 네트워크의 핵심소자 기술이다.

센서 네트워크는 애드 혹(Ad-Hoc) 네트워크의 일종으로서 특정 목적을 위하여 센서노드들과 베이스 노드(싱크)로 형성된다.

- 베이스 노드에서는 연동된 네트워크에서 요구된 서비스를 관련 센서 네트워크로 전달하고, 센서노드는 서비스의 요구에 따라 또는 이미 설정한 조건의 이벤트발생에 따라 센싱된 정보를 베이스 노드로 전달한다.
- 전달되는 정보는 센싱된 Raw data 또는 주변 센서노드간의 협력에 의해 가공된 형태로 저전력을 소모하는 경로를 찾아 전달된다.
- 수집된 정보는 BcN 사용자의 요청에 대한 응답으로써 사용되거나 통계적 자료로 활용된다.

센서 네트워크는 접근이 용이하지 않은 지형이나 재해구조 응용에서와 같이 임의의 위치에 배치되기 때문에 노드들이 자동적으로 네트워크 구성할 수 있도록 자율배치 및 네트워크 구성 기술이 필수적이다.

수백 내지 수천 개의 다수 노드들에 의한 네트워크 구성, 노드의 높은 밀집성, 빈번한 네트워크 구조 변경, 제한된 에너지 및 컴퓨팅 자원, 점대 다중의 통신 형식 등 일반 Ad-Hoc 네트워크와는 다른 센서 네트워크의 특수한 조건과 요구사항 때문에 기존의 Wireless Ad-Hoc 네트워킹 기술들을 적용하기 어렵고 센서 네트워크의 특수상황에 맞는 라우팅, 동기화, 위치인식, MAC 등의 프로토콜이 필요하다.

센서노드들은 다양한 종류의 센서, 실행기(Actuator), 무선통신 칩 및 제어기를 가지며, 센서 네트워크는 센싱 정보와 실행기의 제어 정보를 센서노드들간에 분산하여 저장하거나 싱크노드로 무선 통신에 기반하여 전달하므로, 센서노드는 이들 정보를 제어하고 관리하여 전력소모를 줄이면서 효율적으로 사용자의 요구에 따라 전달하거나 처리할 수 있도록 배치, 운영, 통신할 수 있는 저전력형의 초소형 센서노드 기술개발이 필요하다.

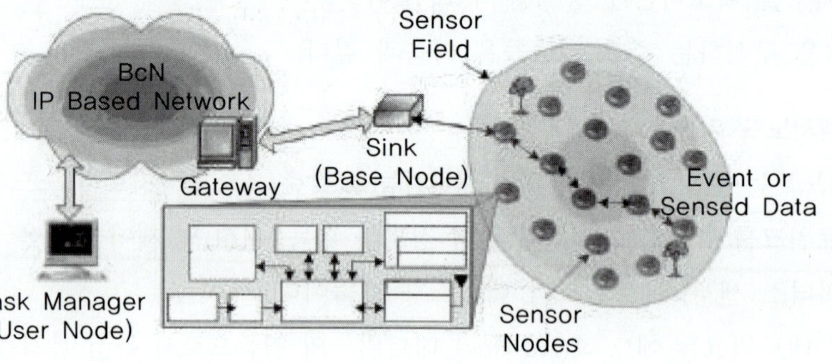

[그림 1-17] 센서 네트워크 기술 구성도

② 배터리 기술

배터리 기술은 센서노드에 장기적으로 안정적 전력을 공급하여 소자의 원활한 구동을 가능하게 해주는 핵심부품 기술이다. 1차 전지뿐만 아니라 자가 충전 기능이 추가되는 형태의 태양전지나 무선 급전 방식 등의 다양한 기술들이 소개되고 있다.

③ 센서 기술

센서는 인간의 오감(시각, 청각, 촉각, 후각, 미각)을 대신하여 물리계 또는 환경계의 현상을 정량적으로 측정하여 정보를 검출하는 소자 및 시스템으로서 센서노드의 중요한 구성요소이다. 센서 네트워크의 다양한 응용 영역에 따라 일체식의 다양한 종류의 센서가 필요하므로 조도, 열, 습도, 가속도/지진강도, 음향, 지자기, 위치(GPS) 등과 같은 센서 중 선택적으로 센서노드에 장착할 수 있어야 하며 다중 이종 센서를 집적할 수 있는 기술이 요구된다.

④ 저전력 기술

센서 네트워크의 전원은 교체가 불가능한 배터리에 의존하므로 저전력 기술 및 효과적인 전력소모 기술은 각 노드의 수명뿐만 아니라 전체 네트워크와의 수명과 직결, 시스템 차원의 저전력 기술이 중요하다. 저전력소모를 위한 H/W 설계방법 및 공정뿐만 아니라 통신방식, 프로토콜, 소프트웨어 개발시에도 에너지 소모를 줄여주는 방법으로 설계되어야 한다.

⑤ 운영체제 기술

센서노드에 탑재되는 운영체제는 프로세싱과 메모리자원이 매우 제한적인 환경에서 수행되는 초소형을 요구하는데 센서 네트워크 응용이 용이하도록 하드웨어와 상위 미들웨어와의 인터페이스가 효율적으로 설계되어야 한다.

위의 기술적 요소를 만족시키기 위해서는 다양한 RF 및 모뎀 기술, MAC 기술, 저전력 HW 및 MCU 기술, Link 계층 기술, Naming과 Addressing 기술, Time 동기화 기술, Localization 및 Positioning 기술, Topology Control, 라우팅 프로토콜 기술, QoS, 보안 등 다양한 기술의 적용 및 기술간의 최적화 기술이 필요하다.

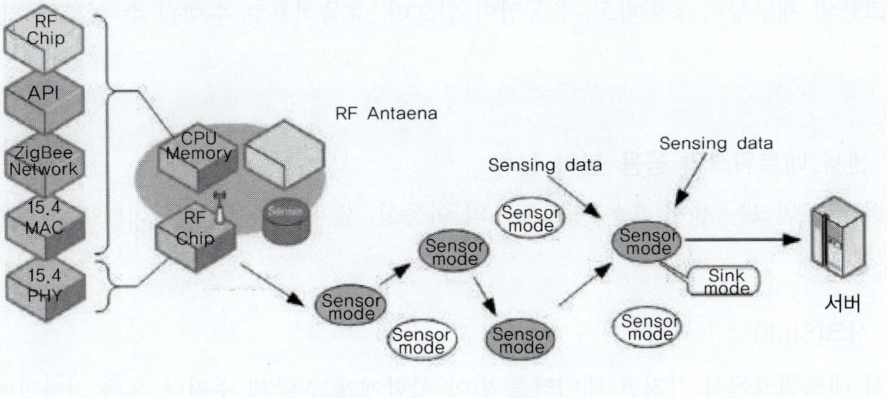

[그림 1-18] 센서망의 구성

1) 자가 재구성을 위한 요소기술

- 장거리 전송 제한
- 센서류의 모듈 추가 제한

• 짧은 가독거리, 높은 출력의 판독기 필요

센서 네트워크는 전력의 고갈, 노드의 이동성, 노드의 결합, 환경적인 장애 등으로 인하여 형상이 동적으로 변하며, 심한 경우 네트워크가 분할되기도 하므로 자가 재구성이 가능해야 한다. 센서 네트워크의 통신 프로토콜은 이러한 동적인 현상 변화가 있는 경우 Ad-Hoc 네트워크를 구성하는 저전력 요구 조건과 낮은 대역폭, 오류가 많은 채널 특성, 자원의 제약 등 센서노드의 능력을 고려하여 multi-hop Ad-Hoc 네트워크를 구성한다.

2) 데이터 중심의 주소 지원을 위한 요소기술

센서 네트워크는 무수히 많은 센서노드가 지역적으로 존재하고 응용의 특성으로 인해 노드 중심의 주소를 사용하는 것보다는 데이터 중심 주소를 사용한다. 즉 인터넷과 같은 전역적인 주소보다는 attribute 기반의 주소를 사용한다. 어떤 센서에 의해 감지된 쿼리보다는 어떤 지역에서 감지된 쿼리가 일반적이다.

3) 센서 응용 관리를 위한 요소기술

센서노드에 탑재된 응용 소프트웨어들을 정적인 것이 아니라 환경의 변화나 응용 분야의 확장, 그리고 현상을 탐지하기 위한 기능의 부가 등으로 동적으로 다운로드 및 수행이 가능해야 한다. 이러한 응용 프로그램의 변경은 간단한 파라미터의 제조로부터 전체 프로그램을 재작성하는 것까지 다양하며, 센서 네트워크를 위한 통합 소프트웨어는 이러한 프로그램의 재구성이 용이하고, 융통성이 있으며, 효율적으로 수행될 수 있도록 지원해야 한다.

4) 센서 네트워크의 응용 분야 분류

센서 네트워크는 센서 혹은 싱크노드의 이동성, 센서 배치방법, 데이터 발생형태에 따라 구분된다.

(1) 싱크(Sink)

센서 네트워크에서 감지한 데이터를 받아 사람에게 전달해 주거나 혹은 기반망에 연결되어 데이터를 전달해 주는 노드를 말한다.

(2) 이벤트(Event)

센서가 감지해야 할 사건을 이른다. 가까운 미래에 여러 분야에서 응용될 것으로 기대되는 센서노드는 감지(sensing), 데이터 처리(data processing), 통신을 할 수 있는 능력을 갖는다. 센서 네트워크에 사용되는 센서는 무인으로 동작되거나 사람이 접근하기 힘든 환경에서 동작하는 경우가 대부분이다. 또한 다량의 센서를 유포하여 센서 네트워크를 형성하는 경우가 많아 센서의 크기가 작고 가격이 저렴해야 하므로 노드의 배터리 에너지양과 데이터 처리 능력이 작게 된다. 이런 센서의 제약 사항들과 센서 네트워크의 용도에 따라 네트워크에서 원활한 통신을 위해 충족되어야 할 조건이 달라지게 된다. 따라서 센서 네트워크가 사용될 응용 분야에 따라 적합한 라우팅 알고리즘이 사용되어야 할 것으로 생각된다. 센서 네트워크의 응용 분야는 다음과 같은 특성에 따라 분류될 수 있다.

(3) 센서 혹은 싱크노드의 이동성

식물원의 온도나 습도 감지를 위한 경우 센서들은 건물 내부의 화분이나 선반에 부착되어 고정된 상태로 주위 환경을 감지하게 된다. 그러나 물속의 생태계 측정을 위하여 센서들을 물에 유포하는 경우나 적군 출현 감지를 위한 센서를 유포하고 차량이나 비행기에서 센서 네트워크로부터의 정보를 받는 경우 등은 센서노드와 싱크가 이동성을 갖게 된다.

(4) 센서 배치방법

사람의 출입이 어려운 지역에 다량의 센서를 설치하여 센서 네트워크 구축을 할 경우에는 센서의 무작위 유포가 불가피하다. 그러나 사전 계획하에 정해진 위치에 설치하여 위치정보나 노드의 정보를 요하는 센서 네트워크 구축에 사용될 수 있다.

(5) 데이터 발생 형태

센서 네트워크가 구축된 후 데이터가 발생하여 네트워크 내에 데이터 흐름이 생기게 된다. 이 데이터 흐름이 시작되는 형태가 이벤트를 감지한 센서노드에 의해 시작되거나 싱크노드가 센서 네트워크에게 요구(질문(query) 혹은 신청(Request))하여 시작될 수 있다. 또는 센서노드들이 싱크에게 주기적으로 데이터 전송을 하는 경우도 있을 것이다.

적군 출현 감지의 경우 적군 출현을 감지한 센서가 데이터를 만들어 보내기 시작하는 경우가 이벤트에 의한 데이터 발생의 예가 될 수 있고, 특정 지역의 온도를 감지하는 네트워크의 경우 센서노드들은 주위 온도를 지속적으로 감지하다가 싱크의 요구 발생시 데이터 흐름이 시작되거나 주기적으로 싱크노드의 요구 없이 데이터를 싱크노드에게 전송할 수 있다.

특성을 기준으로 USN 응용 분야를 다음의 네 가지로 나누어 보았다.

1 USN1의 사례응용

지진이 일어났거나 건물이 붕괴된 재앙발생 지역에 센서 네트워크를 응용하는 경우센서들과 싱크는 고정되어 있고 센서의 배치는 무작위로 이루어지게 된다. 또한 이벤트 발생에 의해 데이터 전송이 시작된다. 즉 무너진 건물더미 아래 사람들을 찾아내기 위해 소리나 온도를 감지할 수 있는 센서를 무작위로 설치한 후 인명구조에 이용할 수 있다.

2 USN2의 사례응용

원자력 발전소에서 방사능유출 가능 지역에 센서들을 설치하여 주기적으로 정보를 받아 관찰하는 예로, 계획된 위치에 배치된 고정 노드들이 싱크의 요구시 혹은 주기적으로 데이터를 발생하는 응용 분야이다.

3 USN3의 사례응용

사람이 접근하기 어려운 지역의 생태계 관찰처럼 이동 가능한 센서를 무작위로 배치하여 싱크가 원하는 데이터를 전송하는 응용 분야이다. 이때 센서의 이동성은 그다지 크지 않다. 화산발생 가능지역에 센서들을 무작위로 설치하고 주기적으로 감지된 데이터를 받아 관찰 가능한 응용 분야와 큰 사파리 공원에서 센서 네트워크를 이용한 동물 관찰을 예로 들 수 있다.

4 USN4의 사례응용

사전 계획 후에 이동성이 있는 물체에 배치된 센서노드로부터 필요한 데이터를 요청하여 전달받는 형태의 응용 분야가 여기에 속한다. UCLA에서 수행되는 Smart Kindergarten Project와 차량에 부착된 센서를 통해 교통량을 파악하는 것 등을 예로 들 수 있다.

➡ 응용 분야와 알고리즘

이 장에서는 센서 네트워크 라우팅 알고리즘이 만족해야 하는 특성을 응용 분야에 따라 살펴본다. 우선 센서 네트워크의 원활한 통신을 위해 만족해야 할 대표적인 요소들은 다음과 같다.

⇨ 시스템 라이프 타임

전체 센서노드들이 배터리 전량 소모로 인한 작동 불능 상태가 되어 네트워크가 동작 불능상태가 되기까지의 시간을 말한다.

⇨ 데이터 응답 대기시간

응용 분야에 따라 다르겠지만 긴급한 상황의 응용 분야나 도둑감지 시스템 혹은 군사작전시에 사용되는 분야에서는 응답시간이 짧아야 한다.

⇨ 토폴로지 변화와 주위 환경에 대한 강인성

센서노드가 자연환경과 함께 설치되는 경우 유실의 위험이 크고 배터리양이 적어 전량 소모에 의한 기능 상실 가능성이 크다. 또한 노드의 이동성이 있을 경우 잦은 토폴로지 변화의 가능성이 크므로 이에 대한 강인성을 지녀야 한다.

⇨ 노드수 증가에 따른 확장성

많은 센서노드를 설치해야 하는 응용 분야에서 센서노드들 사이의 전파 간섭현상 발생이나 싱크까지 수많은 노드를 거쳐 라우팅 경로가 설정되면 생기는 문제점 등에 강해야 한다.

① USN1

응용 분야의 예가 재앙발생 지역에서 촌각을 다투어 인명구조가 이뤄지는 상황인 경우가 많으므로 빠른 응답시간과 정확한 데이터 전송이 중요한 요소가 된다. 반면에 짧은 시간에 완료되는 작업의 경우는 시스템 라이프 타임의 고려는 그다지 중요하지 않다. 그러므로 각 센서노드의 전송 강도를 크게 하는 방법이나 경로설정 시간 없이 최단경로를 이용하는 방법, 멀티캐스트를 통해 토폴로지 변화에 따른 데이터 전송 실패를 방지할 수 있는 알고리즘이 요구된다.

② USN2

응용 분야에서는 센서들이 계획되어 설치되었기 때문에 기능을 상실한 센서노드의 교체가 가능한 경우에는 시스템 라이프 타임이 상대적으로 덜 중요할 것으로 예상된다. 또한 고정 노드이므로 기능 상실에 의한 것 외의 토폴로지 변화가 없으므로 토폴로지 변화에 대한 강인성 역시 크게 요구되지 않는다. 하지만 빠른 응답시간이 필요하므로 특히 주기적으로 모든 센서의 데이터를 전송해야 하는 경우에는 전송주기와 요구시간을 맞추는 시간계획이 매우 중요해진다.

③ USN3

주요 응용 분야는 사람이 접근하기 어려운 지역과 자연환경에 아주 밀접한 지역일 것이다. 따라서 자연환경에 의한 센서의 유실 가능성과 노드들의 이동성에 의한 토폴로지 변화가 생기므로 토폴로지 변화에 강해야 할 것으로 보인다. 시스템 라이프 타임 또한 길어야 한다. 반면에 대기시간에 대한 제약 사항은 상대적으로 작을 것으로 보인다. 그러므로 데이터 전송이 필요한 시기에 그 때의 토폴로지에 맞추어 새로운 경로를 설정하는 방법이나 라이프타임을 늘이기 위해 필요하지 않은 노드들을 수면모드로 하는 등의 전략이 사용될 수 있다.

④ USN4

노드가 큰 이동성을 가지므로 토폴로지 변화에 강해야 할 것이다. 즉 결정된 라우팅 경로를 전송기간 동안 유지하는 기법이 필요하다. 또는 경로를 설정한 후 데이터를 전송하는 방법보다 경로설정과 데이터 전송을 동시에 하는 방법 등이 더 유리할 것이다. 그러나 계획에 의한 센서 배치인 경우 상대적으로 노드수가 작은 경우가 많으므로 확장성에 대한 큰 제약은 없을 것으로 보인다.

7 Ad-Hoc 네트워크

센서 네트워크에서의 주요 이슈는 기기의 소형화, 센싱능력, 그룹관리, 안전하고 효율적인 라우팅이며 표준화를 위한 아이템으로는 그룹관리를 위한 키관리와 안전한 라우팅을 위한 전송 프로토콜 분야가 주요 이슈가 된다.

라우팅은 상황인지(context aware)라는 새로운 인자가 부가되어서 소규모 컴퓨팅 환경에서 어떻게 상황인지를 하여 이웃의 센서 기기의 오동작을 인식하여 우회루트 발견을 실시간적으로 처리할 수 있는 경량의 프로토콜 개발을 목표로 한다. 현재 각광받고 있는 표준은 저전력 저속 무선 네트워크 규격인 ZigBee이다.

이 규격은 Ad-Hoc 기반의 무선 링크 계층 기반 네트워크와 상위 응용과의 관계를 기술하고 있다. 그러나 P2P(Peer-to-Peer) 프로토콜로는 수많은 센서 기기들과의 통신을 완벽하게 관리한다는 것은 그 전제부터가 어려움에 부딪히게 된다. 만약 센서 기기의 수를 P2P 프로토콜이 관리할 수 있는 한계 수준 이하로 제한한다면 문제를 해결할 수 있지만 그 수보다 많은 센서 기기를 이용하는 환경이 전개가 된다면 네트워크 토폴로지에서부터 문제점을 발생하게 된다.

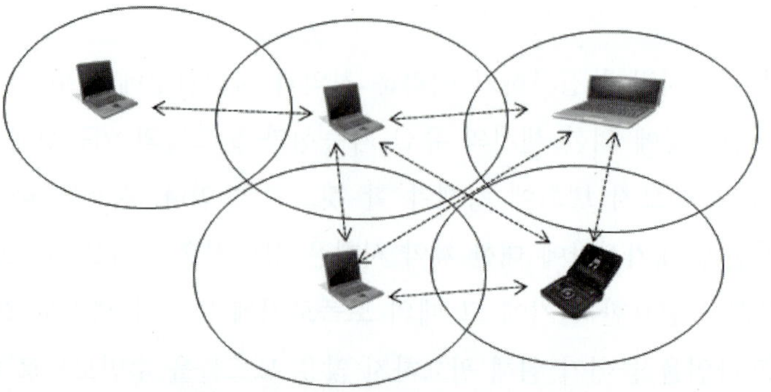

[그림 1-19] Ad-Hoc 네트워크 구성

이러한 관점에서 센서 네트워크와 Ad-Hoc 네트워크와의 차이점을 비교하면 다음과 같다.

- 센서 네트워크의 센서노드의 수가 Ad-Hoc 네트워크에서 사용하는 노드수의 수배가 될 수 있으며,
- 센서노드는 밀집되어 분포가 되며,
- 센서노드의 오동작을 허용하며,
- 센서 네트워크의 토폴로지는 매우 수시로 변화를 하며,
- 센서노드는 브로드캐스트 통신 환경을 사용하며,
- 전력, 컴퓨팅 능력과 그리고 메모리에 제한적이며,
- 센서의 개수와 오버헤드 때문에 센서노드는 글로벌 인식자(ID)를 갖지 않아야 할 것이다.

Ad-Hoc 네트워크는 AP가 없이 흩어져 있는 무선으로 통신이 가능한 노드들끼리 서로 통신하는 네트워크 구조이다. 이 구조에서는 중간에서 제어하는 노드가 없으므로 각 노드들은 자신이 가질 수 있는 정보를 최대한 활용하여 네트워크에서 통신이 가능하도록 라우팅해야 한다.

이러한 통신특성 때문에 센서 네트워크에서 노드들간의 무선통신은 Ad-Hoc 통신으로 이루어진다. 즉, Ad-Hoc 네트워크의 경우에는 이동단말들이 유선환경에 기반을 둔 기지국이나 AP를 중심으로 구성되는 인프라가 있는 네트워크와는 완전히 다르다.

즉, Ad-Hoc 네트워크로, 무선 센서 네트워크 시스템에서는 센서필드 안에 있는 센서노드들이 네트워크를 구성할 때 사용되는 네트워크 방식이다.

이러한 Ad-Hoc 네트워크는 다음과 같은 몇 가지의 주요한 특징을 가지고 있다.

- 유선 기반망 없이 무선이동 호스트로만 구성
- 각 호스트는 라우터의 역할 병행
- 유선망을 구성하기 어렵거나 단기간 사용에 적합
- 호스트의 이동에 제약이 없음
- 빠른 망구성과 비용의 저렴화
- 용도 – 긴급구조 상황, 전쟁, 착용가능 컴퓨팅(wearable computing)

8 Ad-Hoc 네트워크의 응용 분야

Ad-Hoc 네트워크의 응용 분야는 기존의 기반 통신시설을 배제한다. 그리고 순수한 이

동 Ad-Hoc 네트워크로만 구성할 수 있는 서비스에는 회의 및 그룹통신 서비스, 긴급구조 서비스, 그리고 군용통신 서비스 등이 있다.

다음은 미국의 표준연구원(NIST, http://www.antd.nist.gov/wahn.home.shtml)에서 요약한 무선 Ad-Hoc 센서 네트워크의 응용 분야이다.

- 적의 침투나 이동, 폭발과 같은 정보를 얻거나 감지하기 위한 군사용 센서 네트워크
- 화학적, 생물학적, 방사선, 핵과 같은 공격이나 물질을 감지하기 위한 센서 네트워크
- 평원, 숲, 대양에서의 환경적 변화를 모니터하거나 감지하기 위한 센서 네트워크
- 고속도로나 도시의 혼잡지역의 교통량을 모니터링하기 위한 무선 교통 센서 네트워크
- 쇼핑몰, 주차장, 주유소 등과 같은 곳의 안전을 위한 무선 감시 센서 네트워크
- 어느 곳이 비어 있고, 어느 곳에 주차되어 있는지를 결정하는 무선 주차 센서 네트워크

1.4 유비쿼터스 센서 네트워크의 주요 프로젝트 및 응용

1 USN의 주요 프로젝트

유비쿼터스 센서 네트워크는 유비쿼터스 네트워크에 적용되는 범위로 실생활의 모든 분야에 적용할 수 있다. 스마트 홈, 물류/유통, ITS, 헬스케어, 국방, 환경, 로봇, 자동차, 공장자동화 등에 주로 응용한다.

[표 1-5] USN의 주요 프로젝트

프로젝트명	주관 회사	주요 내용	관련 사이트
Future Store	Metro Group SAP, Intel 등	소비자의 구매 편리성을 증대하고 소매업 내부에서 발생하는 프로세서 향상	www.future-store.org
Smarts-Its	ETH(스위스) 칼스루헤대학(독일) VTT(핀란드) 랭커스터대학(영국) 등	일상 사물에 칩, 센서, 프로센서 등을 포함한 smart-its를 식재하여 위치, 시간 등에 따른 상태 변동을 감지할 수 있는 환경을 구축	www.smart-its.org
ParcelCall	EU에서 태그업체, 대학 등의 9개 컨소시엄	수·배송/물류 영역과 통신 네트워크 기술의 통합을 통한 새로운 기회의 발견 및 전 세계적인 지능추적 시스템 실현	www.eltrun.aueb.gr/mygrocer
Smart Dust	미국 국방성, 버클리대학	실리콘 mote라는 입방체안에 자율적인 센싱과 통신 플랫폼 능력을 갖추어 에너지 관리, 제품의 품질관리 및 유통경로 관리, 군사목적으로 이용	robotics.eecs.berkeley.edu/~pister/SmartDust

1) 스마트 유치원 프로젝트

미국 UCLA의 '스마트 유치원(smart kindergarten)' 프로젝트(http://nesl.ee.edu/ projects/smartkg)는 유비쿼터스 컴퓨팅과 센서 기반의 무선 네트워크를 통해 유치원이라는 물리 공간 속에서 유치원 원아들이 어떻게 학습하는지를 규명하기 위한 연구이다. 이 프로젝트는 원아들이 어떻게 말을 배우고, 장난감을 어떻게 활용하면서 학습하며, 원아들간 또는 원아들과 선생님간에 어떤 상호작용이 일어나고, 그것이 아동에게 어떤 영향을 미치는지를 분석하고 있다.

즉, 스마트 유치원 프로젝트에서의 무선 인식 기술을 활용하여 센서 네트워크 기술로 아이배지(iBadge)를 부착한 아동과 장난감의 이름과 위치를 실시간으로 파악하고, 상황인식(context awareness) 기술을 통해 원아들이 사용하는 언어인식, 상호작용 특성, 행동감지와 동태적인 변화도 추적했다.

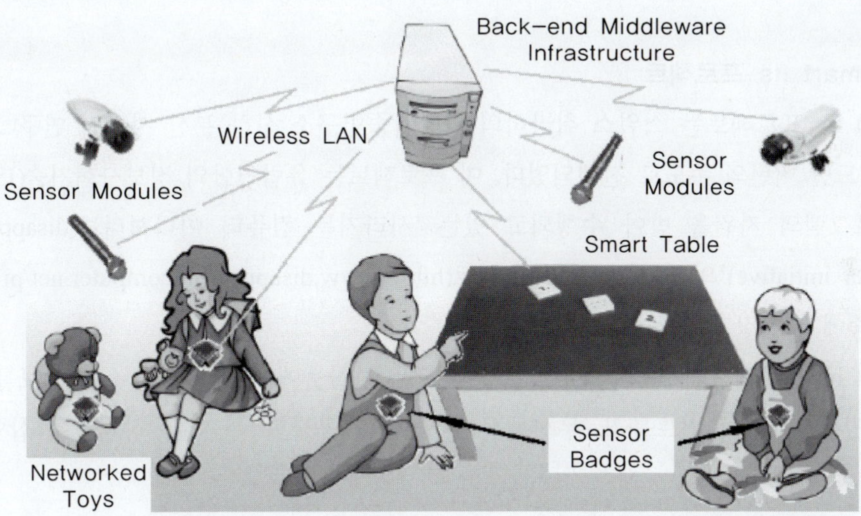

[그림 1-20] 스마트 유치원 프로젝트 구성

2) 스마트 더스트 프로젝트

미국 버클리대학에서 1999년부터 추진된 '지능화된 먼지(smart dust)' 프로젝트(http://robotics.eecs.berkeley.edu/~pister/SmartDust)는 공중에 뜰 정도로 미세한 입자에 컴퓨터, 센서, 태양전지 등을 쌓고 다수의 입자가 서로 통신하면서 자유도가 높은 센서를 만들고, 이를 이용하여 센서 네트워크를 구현하는 시스템이다. 먼지 크기의 매우 작은 센서들을 건물, 도로, 의복, 인체 등에 먼지처럼 뿌려서 주위의 온도, 습도, 가속도, 압력 등의 정보를 무선 네트워크로 감지 및 관리할 수 있다는 개념의 기술을 구현하려고 했다.

스마트 먼지는 크기가 1~2mm로 매우 작은 먼지이다. 또한 센서, 컴퓨팅 능력, 양방향 무선통신, 태양전지 등의 전력공급 장치를 갖춘 지능형 센서를 구현하려는 프로젝트 명칭으로, '스마트 먼지'라고도 한다. 스마트 먼지 또는 모트(motes)들은 데이터를 수집하고, 간단한 데이터 분석 등의 컴퓨팅을 수행하며, 무선통신으로 서로 30m 거리에서 정보를 교환한다. 그리고 여러 개의 먼지들이 주변의 무선 LAN, 블루투스, 초광대역(UWB) 모듈 등과 함께 상황에 따라 Ad-Hoc 네트워크를 구성하거나 코어 네트워크에 직접 연결될 수 있다. 또한 아주 작고 가볍기 때문에 공기 중에서 떠다닐 수도 있는데 주로 군사적인 용도로 응용되며, 일상생활 속에서도 응용할 수 있도록 고안되었다. UC 버클리대학의 Kris Pister 교수를 중심으로 Dust Networks(www.dustnetworks. com)를 설립하여 현재 1.2인치 × 1.1인치 크기의 초소형 센서노드인 '모트'를 사용했다. 현재는 이것을 빌딩 자동화, 공업용 모니터링, 안전 시스템에 응용하는 것을 목표로 상용화하고 있다.

3) Smart Its 프로젝트

Smart Its 프로젝트는 스위스 취리히의 연방기술연구소 산하 분산 시스템 연구 그룹에서 프리드만 머턴의 주도로 진행되었다. 이 프로젝트는 유럽연합의 정보사회기술(IST) 연구 프로그램의 지원을 받아 수행되고 있는 '사라지는 컴퓨터 이니셔티브(disappearing computer initiative)'의 16개 연구 프로젝트(http://www.disappearingcomputer.net/projects.html) 중에서 가장 대표적인 것이다.

Smart Its 프로젝트의 목적은 사람 주변의 모든 사물들에게 센서와 스스로 정보를 처리할 수 있는 마이크로컨트롤러, 무선통신 및 전력을 공급할 수 있는 장치들을 삽입하여

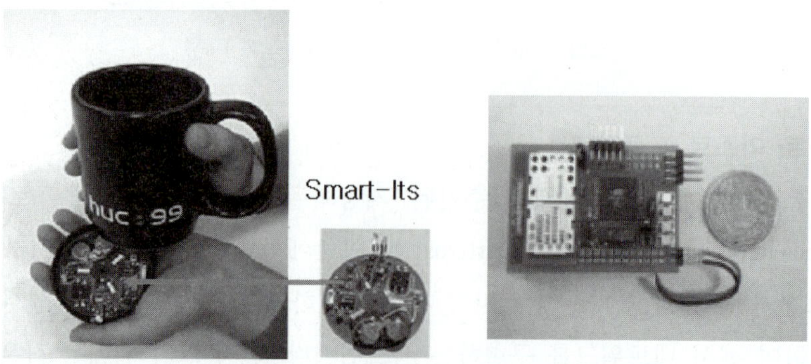

[그림 1-21] 스마트-이츠 프로젝트 구성

스마트 사물들 간의 협력상황을 인식시키고 활동하게 하는 것이다. 특히 사물들간의 의사소통과 관련하여 라벨처럼 부착할 수 있는 RFID 기술의 개발, 블루투스 무선통신 기반, 위치 및 안정성, 스마트 사물과 환경과의 상호작용 등에 관한 연구에 중점을 두고 있다.

4) Habitat Monitoring 프로젝트

인텔이 지원하고 있는 센서 네트워크의 대표적인 프로젝트인 'Habitat Monitoring on Great Duck Island'는 미국 메인주 앞바다의 작은 섬(great duck island)에서 서식하고 있는 바다제비의 생태를 원격지에서 모니터링할 수 있는 거대한 무선 센서 네트워크의 프로젝트 테스트베드로 구축되어 진행 중이다.

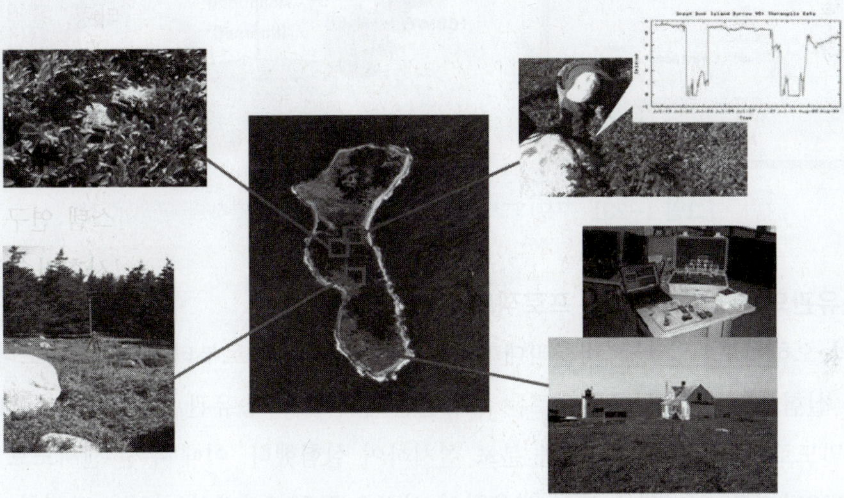

[그림 1-22] 해비테트 모니터링 프로젝트 구성

5) 교량의 안전도 모니터링 프로젝트

2004년부터 UC 버클리대학의 연구팀(http://www.cs.berkeley.edu/binetude/ ggb)은 미국 캘리포니아의 상징이라고 할 수 있는 금문교(golden gate bridge)의 구조의 안정성과 지진이 발생했을 때의 피해정도를 점검하고 있다. 또한 교통을 통제하기 위해 강풍에 의해 주 교각과 상판의 최대 흔들림 정도를 모니터링하기 위해 교량의 각 요소에 MEMS 가속도 센서와 무선 센서노드를 설치하여 센서 네트워크를 형성했다. 이것을 이용하여 실험하고 있는데, 이러한 센서 네트워크로 구조 안정성을 모니터링할 수 있다는 것을 실제로 증명하고 있다.

[그림 1-23]처럼 국내에서도 구포대교에 교통안전도 모니터링 프로젝트를 구성하였다.

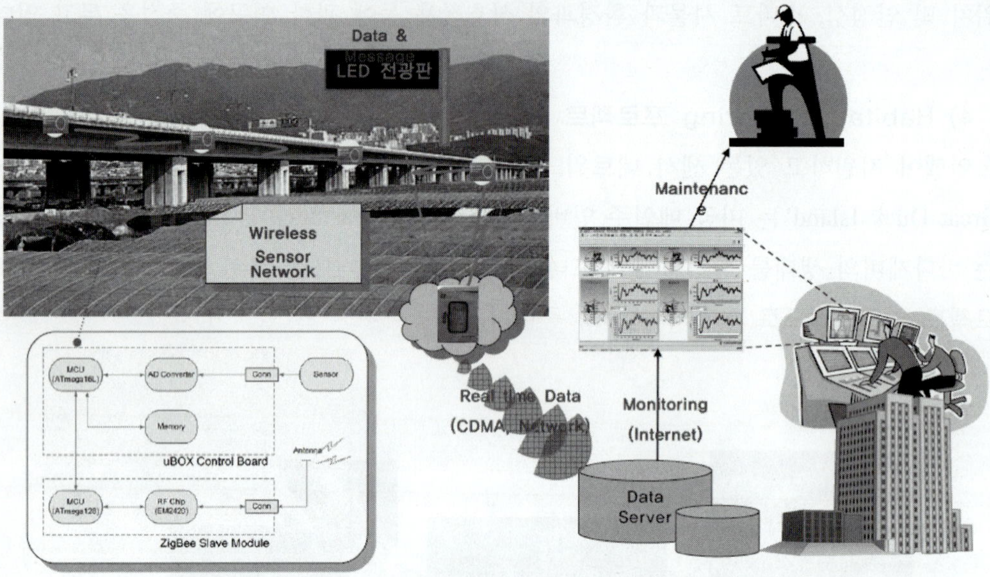

[그림 1-23] 구포대교 교통안전도 모니터링 프로젝트 구성

6) 송유관의 테러 모니터링 프로젝트

미국의 오하이오주와 UC 버클리대학팀은 송유관을 테러로부터 보호하고 모니터링하기 위한 실험으로 약 25km에 이르는 송유관을 중심으로 송유관 주변 500m를 400노드/km^2의 밀도로 총 1만 개의 노드를 분포 설치하여 실험했다. 이때 무선 센서노드 하나의 가격은 150달러로, 하나의 노드를 이용하여 사방으로 50m까지의 침입을 탐지할 수 있었다. 이 실험의 목표는 긴 파이프라인 구조에서 무선 센서노드로 Ad-Hoc 통신의 기능성을 테스트하는 것이었다.

7) 유비쿼터스 헬스케어 프로젝트

유비쿼터스 헬스케어와 관련된 대표적인 프로젝트는 유럽연합에서 추진하고 있는 Mobile Health 프로젝트와 하버드대학의 Code Blue 프로젝트가 유명하다. 이 밖에도 GMP Wireless Medicine과 Health Frontier, Nonin Medical 회사 등에서 무선통신 기법을 이용한 의료계측 시스템을 활발하게 개발하고 있다.

① MobiHealth 프로젝트

MobiHealth 프로젝트는 'mobile health care'를 의미한다. 이것은 EU로부터 '정보사회 기술' 프로그램의 일환으로 재정지원을 받으면서 EU 5개국으로부터 14개의 관련 기간이 컨소시엄의 형태로 참여하고 있다. 이러한 관련 기관들 중에는 병원, 의료 서비스 공급사, 대학, 모바일망 사업자, 모바일 기기사업자 등이 포함되어 있다.

이 프로젝트는 'MBU(Mobile Base Unit)'라고 부르는 중앙통제부, 센서 및 액추에이터(actuator)와 다양한 멀티미디어 장치들로 구성되어 있다. MBU는 센서 및 액추에이터와의 상호작용 기능, 계산(computation)과 통신기능을 갖는다. 또한 Native OS, java VM과 BAN ware로 구성된 BAN(Body Area Network) 운영체제(OS)도 MBU에서 기능을 제공받는다.

시스템의 동작은 MobiHealth BAN을 통해 측정한 ECG와 혈압에 대한 센서 정보를 MBU에 전달하면서 이루어지는데, 이러한 정보는 그대로 병원이나 건강센터에 전달된다. MobiHealth 시스템은 환자가 건강을 모니터링하는 동안에 일상생활에 전혀 불편함을 느끼지 않으면서 자유롭게 이동할 수 있도록 환자에게 꼭 필요하면서도 적합한 아주 가벼운 시스템으로 구성된다. 이 시스템은 환자에게 응급상황이 발생했을 때 빠르게 대응하면서 처치를 가능하게 하고, 환자의 상태나 질병의 진행상황을 연속적으로 모니터링할 수 있는 상황을 목표로 하고 있다.

② Code Blue 프로젝트

하버드대학에서 추진 중인 Code Blue 프로젝트는 센서 네트워크를 기반으로 하는 아주 대표적인 헬스케어 프로젝트이다. 이 프로젝트에는 하버드대학과 보스턴 메디컬센터뿐만 아니라 미국 국가과학재단, 건강연구소(national institutes of health), 미국방성, 선마이크로시스템즈, 마이크로소프트 등이 참가하고 있다. 이 프로젝트는 무선 센서 네트워크 기술을 의료영역까지 확장한 것으로, 병원에 오기 전과 병원에서의 응급처치 및 응급대처 상황, 발작 환자의 재활 등에 활용하기 위해 계획되었다. 즉 건강신호를 자동적·지속적으로 수집하고, 병원기록과 장기적인 관찰 등을 합쳐서 실시간 처치에 활용할 수 있게 지원하는 것이 목표이다.

Code Blue 프로젝트에서는 센서노드 플랫폼인 Mica2, MicaZ(Crossbow회사, 미국)와 Telos(Moteiv회사, 미국)를 기반으로 하는 초소형의 웨어러블 환경의 무선 plus oximeter와 2-lead EKG를 개발했다. 이 장치는 심전도, 혈중산소포화도(SpO_2)와 EKG 데이터를 측정할 수도 있고, 실시간으로 PC/PDA를 통해 센서 데이터를 디스플레이할 수도 있다.

[표 1-6] 센서노드 플랫폼의 주요 사양

시스템	주요 사양
저전력 마이크로컨트롤러	Atmel Atmega128L 또는 T1 MSP430
저전력 RF 모듈	Chipcon CC2420 compliant with IEEE 802.15.4, 2.4GHz
프로그래밍	TinyOS
배터리	2개의 AA 배터리로 동작수(수개월~수년)
센서 인터페이스	MicaZ와 Telos의 노드에 센서 인터페이스 부착

가속도 센서, 회전 센서, 근전도 센서 등이 부착되어 있어서 뇌졸중 등의 치명적인 발작증세가 나타났을 때 신속하게 대처할 수 있다. 즉, 착용이 가능한 초소형 맥파 산소포화도 메터와 2선 EKG 센서노드를 개발하고, 이들 소자를 이용해서 심장박동수, 산소포화도, EKG의 데이터를 약 100m 안에 위치한 PDA, 랩톱 컴퓨터, 구급차를 기반으로 하는 터미널로 전달하는 시스템을 구성했다.

이 데이터는 실시간으로 보여지거나 선병원 보호기록에도 저장된다. 센서 소자들은 응급상황의 위기신호에서는 경고를 발생하여 주위에 있는 구급의료진이나 준의료 종사자에게 그 신호를 전달할 수 있게 구성되었다. 여기에서 'Code Blue'는 이러한 무선 의료소자를 위한 '계량 가능한 소프트웨어 인프라스트럭처(infrastructure)'를 의미하는 약어이다. Code Blue 프로젝트에서 구현한 센서노드 플랫폼의 주요 사양은 [표 1-6]과 같다.

③ UbiMon 프로젝트

영국 런던의 임페리어대학에서 진행 중인 UbiMon은 'Ubiquitous Monitoring Environment for Wearable and Implantable Sensors'의 약어로, 환자와 관련된 착용하거나 이식된 센서로부터의 모바일 모니터링을 위한 프로젝트이다.

UbiMon 프로젝트는 부정맥 심장병을 가진 환자를 지속적으로 모니터링하고 관리하기 위한 시스템에 적용할 수 있다. 즉, 심장혈관 관련 질환은 처치방법과 진료기술이 크게 진보했어도 여전히 치명적이면서도 사망률이 매우 높은 질환으로 남아 있기 때문에 임상적으로 이러한 환자를 위해 자연적인 생리학 상태에서 연속적으로 모니터링하여 환자의 상태를 감지 및 예측할 수도 있는 것이다. 또한 수술 후의 환자에게 센서를 주입하여 환자를 관할하는 연구도 수행했다. UbiMon은 학제간의 컨소시엄의 형태로 수행되었는데, 연구에는 컴퓨팅, 전자공학, 생체공학, 의학에 관한 전문가들이 참여했다.

UbiMon 시스템은 크게 5부분, 즉 LPU(Local Process Unit) 또는 베이스 스테이션(기지국), 데이터 처리역할을 하는 중앙 서버, 환자의 데이터베이스부, 모니터링을 담당하는 워크스테이션으로 구성되어 있다.

BSN 노드는 이 프로젝트에서 사용하는 센서노드를 말한다. 이 노드는 기존의 센서노드의 기능과 같이 배터리를 장착한 초소형의 모듈로서 환자의 상태정보(ECG, SpO_2, 체온 등)를 모니터링한다.

BSN 노드에 장착된 ECG 센서 인터페이스에서 획득한 ECG에 대한 생체정보를 베이스스테이션 역할을 하는 PDA쪽으로 전송한다. 이 정보는 PDA뿐만 아니라 PC에서도 실시간으로 생체정보를 디스플레이할 수 있다. 이 연구를 위해 환자의 몸에 부착할 수 있는 BSN 노드는 크기가 $26mm^2$으로 아주 작다.

[표 1-7] UbiMon 프로젝트의 사양

시스템	주요 스펙	
마이크로컨트롤러	T1 MSP430	
저전력 RF 모듈	Chipcon CC2420 compliant with IEEE 802.15.4, 2.4GHz	
플래시 메모리	64KB+256B 플래시 메모리	
프로그래밍	TinyOS 기반 프로그래밍 지원	
전력소모	Active 모드	280μA at 1MHz 2.2V
	Idle 모드	1.6μA
	Sleep 모드	0.1μA
거 리	50m	
채 널	6개의 채널	

UbiMon 프로젝트에서는 BSN에 대한 연구가 활발하게 진행 중이다. 그리고 2004년에 처음 워크샵을 개최했고, 매년 워크샵 행사를 열었다. 또한 매년 BSN 플랫폼에 대한 강의도 개최하고 있다.

④ Smart Medical Home 프로젝트

아침에 일어나 화장실문을 여는 순간 손잡이에 장착된 센서는 혈압과 체온상태를 체크한다. 변기에 배설하는 소변을 통해 당뇨를 검사하고, 스마트거울에 부착된 센서를 통해 심장박동률을 체크한다. 이러한 검사결과는 주치의의 단말기에 전달되고, 주치의는 원격검진을 받아볼 것을 제안한다. 개인의료상담(PMA : Personal Medical Advisor) 시스템은 자연스럽게 대화할 수 있는 인터페이스를 제공한다. 환자의 데이터를 전달받은 의사, 간호사, 간병인은 처방전을 회신하거나 상황에 따라서는 가정방문도 할 수 있다.

로체스터대학의 미래건강센터는 완전한 개인건강 시스템(personal health system)을 개발하는 것이 목표이다. 가정의 공간을 그대로 본떠서 설계된 스마트 의료 홈은 5개의 방으로 이루어졌고, 적외선 센서와 컴퓨터, 바이오센서, 비디오 카메라 등으로 구성된다. 이 시스템을 이용하면 개인이 집에서 건강을 유지하면서 사전에 병을 찾아낼 수도 있고, 건강상태를 체크할 수도 있다. 또한 치밀한 사전 건강관리로 병을 미리 예방할 수도 있고, 자기 집에서 건강관리를 받을 수도 있다.

미래건강센터에서는 이 시스템을 통해 의료영상 저장 및 전송 시스템, 처방전 전달 시스템 및 전자의무기록 차트를 도입했다. 그리고 집에서 행동하는 여러 가지 모습, 걷는 모양, 행동 원형, 수면 포즈, 기타 일반 행위을 통해 컴퓨터로 자료를 수집하여 가장 먼저 혈압, 맥박 등 기본적인 건강을 측정한다.

스마트 의료 홈을 구성하는 개별사업 중에서 스마트 밴드 프로젝트(Smart Bandage Project)가 가장 두드러진다. 이 프로젝트는 초소형 센서(micro based sensor)를 이용하여 몸에 침투하거나 생성된 각종 유해 바이러스를 찾아낸다. 스마트 양말(Smart socks)은 혈압 센서가 포함된 직물로 만들어져서 양말을 신으면 혈압을 체크할 수 있다. 여기서 더 발전된 형태는 두통이 있을 때 어떤 약을 복용해야 하는지 거실에 달린 LCD를 통해 이야기하면 화면에 컴퓨터가 추천한 약이 나타나는 것이다.

이와 같이 스마트 의료 홈이 실현되면 거주하는 공간 자체가 자신의 건강까지 책임지는 장소로 변한다. 그래서 큰 병이 아니라면 특별히 병원을 찾을 일이 없는 것이다. 하지만 이러한 특화된 기술에도 불구하고 스마트 의료 홈은 아직까지 사생활보호 차원과 의료 서비스에 대한 가격 측정기준이 없어서 인프라를 구축하는 데 많은 시간이 필요하다. 바로 이러한 이유 때문에 유비쿼터스 기술은 이렇게 발전가능성이 무궁무진한 환경을 구축할 것으로 기대된다. 왜냐하면 유비쿼터스는 인간중심형 환경이기 때문이다.

5 Smart Toilet 프로젝트

일본의 거대 전자회사인 마쓰시타의 Smart Toilet 프로젝트는 센서와 마이크로칩을 장착한 변기에 앉으면 체중과 체지방, 당뇨수치 등을 자동으로 측정하여 매일 건강상태를 확인하고, 네트워크와 연결되어 건강과 식단에 대한 정보를 제공해주는 시스템이다.

이밖에도 헬스케어 관련 프로젝트에는 2000년 9월 미국 오레곤주 밀워키에 설립된 엘리트 케어(Elite Care) 프로젝트가 있다. 이 시설은 은퇴 후의 노년층이나 장애를 가진 노년층을 위한 시설로서 집단 노년층 거주지에서 거주자를 위한 지속적인 모니터링과 간호를 제공한다. 그리고 가족 포털 서비스를 이용하면 인터넷을 이용하여 어디에서든지 노인들의 건강상태를 모니터링할 수 있다.

⑥ 무선병원 프로젝트

무선병원(Wireless hospital) 시스템은 세계 최초로 핀란드에서 추진되고 있는 프로젝트이다. 이 프로젝트의 최종목적은 환자와 각종 계측장치 사이에 있는 '선'과 병원의 데이터베이스 시스템과 계측장치 사이에 있는 '선'을 없애는 것이 목표이다.

이러한 프로젝트의 목적은 환자가 자유롭게 움직여도 병원이나 병원 밖에서도 필요한 진단결과가 무선으로 병원 서버에 연결되어 DB로 저장되는 것이다. 그래서 의사나 간호사가 필요할 때마다 언제든지 PDA 등을 이용하여 환자의 데이터를 점검할 수 있다. 특히 병원 서버에 데이터 마이닝(data mining) 인공지능 소프트웨어를 설치해서 특정한 위험이 발생했을 때 환자와 의사, 간호사에게 메시지를 전달하는 것이 가능해진다.

무선병원 프로젝트는 핀란드의 수도 헬싱키로부터 북쪽으로 600km 떨어진 오울루 지역에서 대학-산업체-연구소-병원의 컨소시엄 형태로 추진되고 있다. 이 프로젝트는 오울루 지역에 무선병원 시스템을 적용할 파일롯 병원을 만들고 있다.

오울루 지역은 핀란드의 최고의 테크노파크인 오울루 테크노폴리스와 세계최대의 셀룰러폰 회사인 노키아가 있다. 또한 국정 연구기관인 VTT 일렉트로닉스와 핀란드 제 2의 대학인 오울루대학이 최고의 산학연 컨소시엄을 이루고 있는 지역이다. 무선병원 프로젝트는 크게 다음과 같이 나누어져 있다.

- 환자의 무선 모니터링 장치 및 시스템 개발
- 환자와 의료장비 사이의 무선 모니터링 인터페이스
- 병원 데이터 시스템 개발 분야

무선병원 프로젝트는 앞으로 무선 센서 기술과 유비쿼터스 컴퓨팅 기술의 발전에 따라 병원에서 24시간 환자를 관리해야 하는 시스템이 필요할 때 더 많이 이용할 것으로 예상된다. 또한 통합 데이터 자동관리 시스템의 필요성이 증가되고, 노령인구의 증가에 의한 '지능형 홈에서의 헬스케어' 기술 분야의 필요성에 따라 이러한 무선병원 기술은 전 세계적으로 더욱 크게 확대될 것이다. 한편 이 프로젝트에는 국내의 대학 연구팀이 공동 연구팀의 일원으로 참가하고 있다.

8) 입는 컴퓨터 프로젝트

영화 속에서나 볼 수 있었던 일들이 눈앞의 현실로 다가오고 있다. 1990년대에 들어 엄청난 속도로 발전해 온 컴퓨터가 이제는 '입는 컴퓨터(wearable computer)'로 거듭나면서 또 하나의 혁명을 예고하고 있다. 인간은 컴퓨터와 더욱 밀접한 관계를 유지하기 위해 책상에 올려놓은 모니터나 키보드가 아니라 스스로의 몸을 커뮤니케이션의 장소로 활용하려는 것이다.

입는 컴퓨터는 컴퓨터의 배터리와 CPU, OS 등을 초절전·초소형화하여 옷 속에 분리하여 장착한 상태에서 각종 컴퓨터의 기능을 수행할 수 있는 컴퓨터를 말한다. 각각의 독립적 기능을 수행할 수 있는 구성단위인 모듈별로 컴퓨터를 분해한 후 마치 안경이나 의복을 착용하는 것처럼 신체에 편하게 부착해서 첨단기술을 활용하는 것이다. 얼굴에는 모니터가 내장된 안경 등에는 배낭형태의 소형 컴퓨터, 허리에는 벨트전지, 머리에는 헤드 마운티드 디스플레이(HMD, 머리에 쓰고 화면을 볼 수 있는 디스플레이), 손목에는 터치패드나 키보드, 그리고 어깨에는 무선통신 모듈 등을 부착하여 컴퓨팅 시스템으로 온 몸을 무장하는 것이다.

매우 복잡한 비행기를 수리할 때는 입는 컴퓨터를 이용하여 실시간으로 원하는 부분의 매뉴얼을 읽거나 멀리 떨어져 있는 수리전문가의 도움을 받을 수 있다. 이밖에도 입는 컴퓨터는 비상통신 수단이 필요한 군인이나 경찰, 비상 의료기술자 및 환자, 소방수 등에게도 매우 유용하다. 그러므로 환자의 건강상태나 군인이나 경찰 같은 특수임무를 수행하는 사람들의 상황을 인지할 수 있는 착용형 컴퓨터는 반드시 상용화되어야 한다.

만약 개인이 착용하는 컴퓨터가 지리정보 시스템 등과 통합되어 운용된다면 개인적으로 처하는 심각한 상황을 같은 단체의 다른 멤버들이 쉽게 알 수 있다. 그래서 그들이 어떻게 위기상황에 대처할 것인가를 판단하는 데 큰 도움을 줄 수 있을 것이다.

특히 의료 분야에서 입는 컴퓨터에 대한 기술동향은 미국 피츠버그 소재 Body Media의 스마트 밴드(Smart band)를 예로 들 수 있다. 팔뚝의 위쪽 부분에 찰 수 있는 이 스마트 밴드는 사용자의 체온과 관련된 건강상태를 수집한다.

입는 컴퓨터 기술의 의료 분야 응용에서 사용되는 Life Shirt는 ECG, 혈압, 맥박 산소측정 등과 같은 환자의 상태를 모니터링할 수 있는 시스템이다.

입는 컴퓨터의 주요 프로젝트를 살펴보면 다음과 같다.

1 MIT의 입는 컴퓨터 프로젝트

1960년대부터 MIT에서 연구해 온 입는 컴퓨터가 1990년대부터 비약적으로 발전하면서 군사 및 항공 분야에서 상용화되었다는 것을 알 수 있다. 현재 입는 컴퓨터는 조지아 공과대학, 토론토대학 등 여러 대학과 소니, MS, IBM, HP, 에릭슨, 노키아 등의 기업으로부터 꾸준한 관심을 받고 있다.

2 MIT 공대의 스마트 칩이 내장된 Build-a-Bag 프로젝트

MIT 공대의 아주 작은 스마트 칩이 내장된 Build-a-Bag이다. 이 시스템은 전기전달체인 Velcro와 조립되어 하나의 가방에 들어간다. 스마트백은 지갑이나 우산을 깜빡 잊고 나가면 알려주고, 필요한 음악을 스카프에 업로딩해주는 시스템이다.

MIT의 MIThril은 조끼와 재킷 형태로 만들어진 옷으로, 이 옷에는 '3대'의 컴퓨터가 장착되어 있다. 하지만 이들 모두 신용카드 크기의 보드형태로 만들어져서 보통 옷과 전혀 구분할 수 없는 정도이다. 새끼손가락 크기의 액정화면을 사용한 표시장치는 안경에 붙일 수 있어서 안경을 쓰면 화면을 볼 수 있다. 심지어 자신의 감정까지 휴대폰으로 전송하여 볼 수 있게 하는 시스템도 개발되었다.

미국이나 유럽에서는 이미 수년전부터 스마트 웨어(입는 컴퓨터)와 관련된 연구개발 프로젝트를 대대적으로 추진해서 이미 상용화 단계에 이르렀다. 미국의 국방부나 우주항공국(NASA) 등에서는 엄청난 연구개발비를 투자하여 컴퓨터 기술과 특수의복 기술을 결합하는 연구를 수행하고 있다.

3 핀란드의 스노모빌용 옷 프로젝트

눈이 많이 오는 핀란드의 연구팀도 '입는 컴퓨터' 형태의 스노모빌용 옷을 개발했다. 이 옷에는 휴대폰, 위치추적 동작온도 센서, 전기전도도 센서, 가속도 센서(충돌 센서) 등이 스노모빌용 옷에 들어 있어서 움직일 경우 재킷이 자동으로 이것을 감지한다. 그래서 휴대폰의 문자 메시지 서비스를 이용해서 병원과 경찰에 스노모빌을 운전하는 사람의 위치와 심장상태, 주변의 날씨 등의 데이터를 보내 응급구조를 요청한다.

4 독일의 인피니온 '컴퓨터 내장형 카펫'과 '오디오 재킷' 프로젝트

독일의 인피니온도 '컴퓨터 내장형 카펫'과 '오디오 재킷'을 발표했다. 이 카펫은 원하지 않는 침입자의 움직임을 감지하면서 화재가 발생했을 때 출구로 탈출할 수 있게 길을 밝혀 준다.

5 국내의 입는 컴퓨터 프로젝트

삼성종합기술원에서 몇 년째 이 분야를 계속 연구하고 있고, 국내대학에서도 119 구급대원용 '패트롤 재킷'을 개발하여 상용화를 추진하고 있다. 산업 분야에서 입는 컴퓨터의 가장 커다란 장점은 핸드프리와 장소나 시간에 구애받지 않고 빠르게 데이터를 수집 및 액세스하는 것이다. 그래서 양손을 이용하여 작업하는 작업자에게 실시간으로 생산라인 상태나 기계 상태에 대한 정보를 제공하여 컨설팅할 수 있게 만든다. 또한 입는 컴퓨터는 복잡한 기계에 대한 수리나 운영 분야에도 효과적으로 이용할 수 있다.

2 USN 시스템의 응용

온도와 습도, 이동 특성, 빛, 압력, 소리, 객체의 유무, 물리적인 접촉, 속도, 방향 등과 같은 외부 환경정보를 원격으로 센싱하여 특정 목적에 활용하고 있다.

Great Duck Island 프로젝트와 같은 환경 모니터링 및 위치추적 등이 개발되고 있으며 최근 들어 지능형 환경인식으로 그 범위가 확대되고 있다.

Intel, Crossbow, moteIV, Microsoft 등 산업들도 개별적인 연구팀을 구축중이며 Millennial Net과 같은 벤처기업에서도 빌딩 및 공장자동화를 위한 센서 네트워크 기술을 개발하고 있다.

유럽이나 일본도 EYES 프로젝트나 TRON 프로젝트 같은 대규모 프로젝트를 통해 시스템 소프트웨어 및 요소 기술 그리고 응용들을 개발하고 있다.

센서 네트워크 응용 제품군은 생태 모니터링 프로젝트[Great Duck Island(UC Berkeley), CORIE(Oregon Graduate Institute), The Most Sensed Campus(CMU), REM (University of Western Australia)], 위치추적 프로젝트[Counter sniper System(Vanderbilt), RADAR(Microsoft), Cricket(MIT), Active Badge(AT&T), MoteTrack(Harvard), AHLOS (UCLA) 등, 지능형 환경인식 프로젝트[Smart Kindergarten(UCLA), Proactive Agriculture (Intel), Active Visitor Guidance System(USC), Surveillance System(Arkansas) 등], 기타 유비쿼터스 컴퓨팅 등 Smart Brick(UIUC), Structural Monitoring(USC), Cabled Ocean Observatories(University of Washington), Robomote(USC), HM of Highway bridges (UCSD)으로 구분할 수 있다.

– 환경 응용

- 시설물 안전 모니터링 및 관리, 도로 환경 모니터링 등
- 농업 응용 및 산불감시, 홍수감시 등
- 수해방지 및 감시, 오염 관리, 생태학 및 지구 물리학 응용 등

- 헬스 응용
  - 장애인 및 노약자, 어린이 모니터링, 인식 등
  - 인간의 건강상태 모니터링 등
- 홈 응용
  - 홈네트워크 응용
  - 스마트 빌딩 및 홈오토메이션 등
- 군사용
  - 휴전선 무인 감시 및 침입 탐지, 추적용 등

1) 시설물 안전 모니터링 및 관리 시스템

① 댐, 교량, 건물 등 대규모 시설물에 기울기 변화, 진동감지, 온도변화 등의 센서를 설치

② USN을 통해 관련 정보를 수집, 시설물의 균열, 붕괴를 조기진단 및 사전 관리

③ 긴급상황으로 판단시 재해관리 기관에 경보를 전달 재난을 방지

④ 대규모 시설물의 안전관리 및 USN을 이용하여 비용절감 및 다양한 응용 서비스 개발 가능

[그림 1-24] 시설물 안전 모니터링 및 관리 시스템

2) 산불 등 실시간 화재감시 시스템

① 산불 및 화재 발생 빈도가 높은 지역에 산불감지 센서가 부착된 센서노드를 설치

② 소방시스템과 연계 실시간 산불(화재) 발생을 모니터링 및 초기 진압 대응체제 구축

③ 산불 및 화재 발생에 신속히 대응함에 따라 이로 인한 재산 및 인적 손실 감소

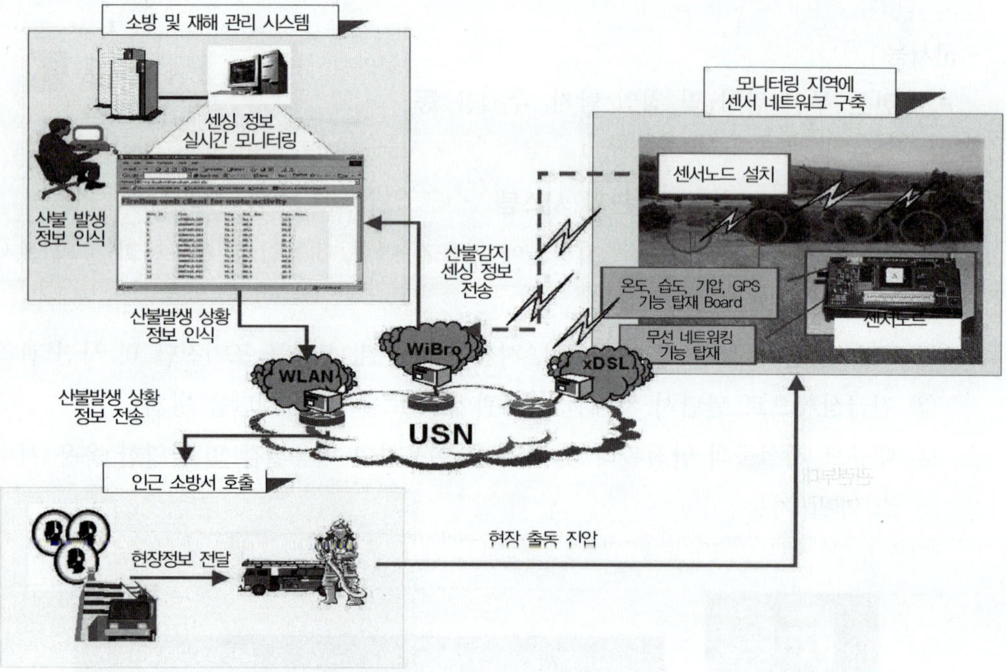

[그림 1-25] 산불 실시간 화재감시 시스템

3) 수해방지 및 감시 시스템

① 수해피해 다발 지역 인근 하천, 댐 등지에 강우량 및 유속, 유량 측정 센서노드를 설치 실시간 상태 모니터링

② 신속조치 및 시설제어를 통해 대규모 피해방지

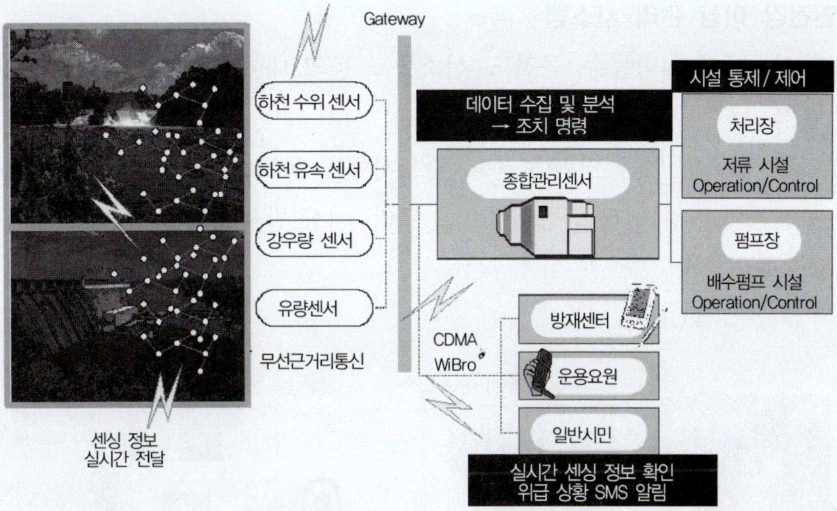

[그림 1-26] 수해방지 및 감시 시스템

4) 휴전선 무인 감시 시스템

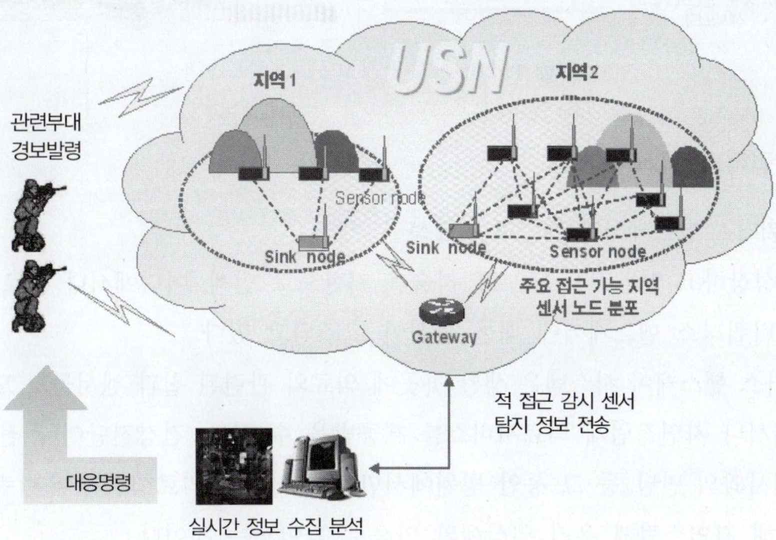

[그림 1-27] 휴전선 무인 감시 시스템

① 휴전선에 감시 및 정찰 기능을 수행하는 센서 설치, 적침투 조기발견, 신속하게 대응할 수 있는 시스템 구축

② USN을 이용한 군사지역 감시 관리를 통해 군의 주·야간 전투력 향상 및 각종 시설물에 대한 무인 감시 관리 영역으로의 발전 가능

5) 노인건강 이상 관리 시스템

① 노인들에게 심박동수, 근전도, 산소농도 등의 데이터를 수집할 수 있는 센서를 부착

② 관련 정보를 인근 병원/보건소, 간호사에게 통보하여 건강이상시 대응

③ 노인들의 건강 이상을 실시간으로 관리, 이상 발생시 신속한 대응 가능한 서비스 제공

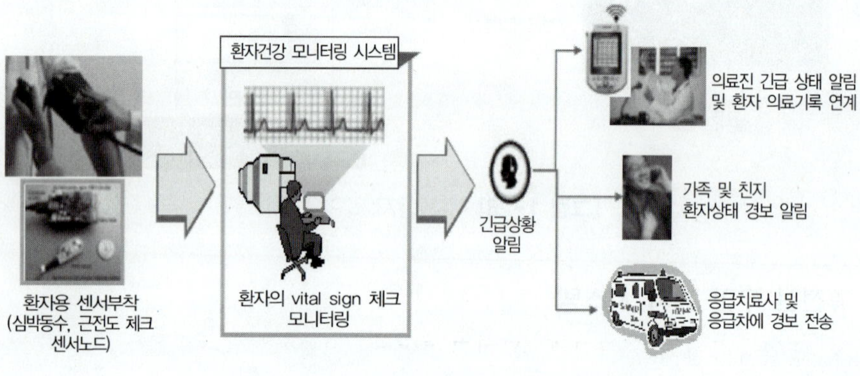

[그림 1-28] 노인건강 이상 관리 시스템

6) 유비쿼터스 헬스 시스템

1 유비쿼터스 헬스케어의 개념과 필요성

최근 급성장하고 있는 BT, NT, IT 기술을 기반으로 언제, 어디에서나 진료 및 상담이 가능한 유비쿼터스 헬스케어에 대한 관심이 고조되고 있다.

유비쿼터스 헬스케어 시스템은 생활 곳곳에 의료와 관련된 칩과 센서들의 도움으로 언제, 어디에서나 자연스럽게 의료서비스를 제공받을 수 있다. 건강진단이나 질병관리, 응급관리, 의사와의 만남 등 그 동안 병원에서만 이루어지던 의료행위가 유비쿼터스 헬스케어를 통해 자연스럽게 우리 일상생활 안으로 들어오는 것이다.

유비쿼터스 헬스케어 시스템의 개념은 기존의 생체계측기와 치료기기의 크기와 중량을 최소화하여 사용자가 항상 휴대하게 한 후 언제, 어디에서나 질병 및 건강을 모니터링하고, 위험상황을 미리 예측하여 통지할 수 있게 만든 시스템이다.

따라서 이 시스템을 이용하면 응급상황이 발생했을 때 자동으로 구조요청을 하고, 경우에 따라 치료까지 가능하다.

현재까지의 헬스케어 시스템들은 유선으로 연결된 시스템을 이용해서 건강을 진단했

다. 하지만 최근에는 기존의 유선방식과는 달리 사용자가 의식하지 않는 상황에서 건강상태를 모니터링하기 위해 모바일 기술을 기반으로 하고 있다. 즉, 유비쿼터스 컴퓨팅 기술과 헬스케어 기술을 접목한 유비쿼터스 헬스케어 기술이 크게 발전할 것이다.

현재의 의료 서비스는 특정 장소(병원)에 한정하여 의료진을 중심으로 대형의 실험실 장비를 이용한다. 하지만 앞으로 실현될 유비쿼터스 헬스케어 기술을 융합시켜 유비쿼터스 헬스케어로 발전할 것이다. 그래서 미래에는 언제, 어디에서나 무선 인터넷과 모바일 환경에서의 질병 및 건강상태를 모니터링하는 것이 가능해진다.

② 유비쿼터스 헬스케어 시스템

유비쿼터스 헬스케어 시스템은 크게 '센서노드'와 '베이스 스테이션', 그리고 생체정보를 디스플레이할 수 있는 'PC/PDA'로 구성된다.

환자의 몸에 부착된 센서노드에 대한 생체정보는 BAN(Body Area Network)를 통해 기지국으로 전달된다. 그리고 이렇게 전달된 생체정보는 인터넷이나 IEEE 802.11 무선 랜을 통해 PC나 PDA에 디스플레이된다. 환자의 몸에 부착된 센서(심전도, 혈압, 체온, 산소포화도 등)는 병원에서 무구속, 무자극 형태로 생체정보를 센싱하여 병원의 데이터베이스 서버로 전송된다. 그러면 병원의 의사나 간호사는 전송된 생체정보를 바탕으로 환자를 치료하는 것이다. 이러한 시스템을 구축하면 환자는 언제, 어디에서나 자신의 몸상태를 검진할 수 있다. 또한 수시로 건강상태를 체크해서 몸상태를 검진할 때 축적된 데이터를 바탕으로 이전의 건강상태 데이터까지 참고하여 좀더 정확하게 검진할 수 있다.

센서노드들간의 BAN은 센서노드들의 구성범위 인체로 한정된 초근거리망 통신기술을 기반으로 하는 센서 네트워크를 의미한다. 그리고 개인영역 통신망인 PAN(Personal Area Network)보다 더 작은 범위의 영역을 말한다. PAN은 대개 10m 안팎의 개인영역 안에 있는 정보기술 장치들간의 상호 통신을 말한다.

[표 1-8] 생체 센서의 종류

생체 신호	종 류
전기신호	심전도, 호흡, 체지방, 스트레스, 요실금
자기신호	심자도
호기가스	폐활량, CO_2, O_2
광학신호	SpO_2, 체온, 맥파, 체지방, 혈당, 레이저 치료
압력신호	혈압, 요실금
초음파신호	혈압, 요실금, 심음, 미용

유비쿼터스 헬스케어용으로 사용하는 생체 센서의 종류는 매우 다양하다. 그래서 심전도, 맥박, 체온, 혈압, 혈중 산소포화도 등 사용자의 몸상태에 대한 파라미터를 통해 예방 및 진단이 가능하다. 유비쿼터스 헬스케어를 위한 생체 센서의 종류는 [표 1-8]와 같다.

7) 스마트 오피스/빌딩 관리 시스템

① 쾌적한 환경, 효율적인 에너지 사용, 구조물의 안전 등과 관련된 정보를 수집

② 침입/화재와 같은 긴급 상황으로 판단시 관련 기관에 경보를 전달, 피해 미연방지

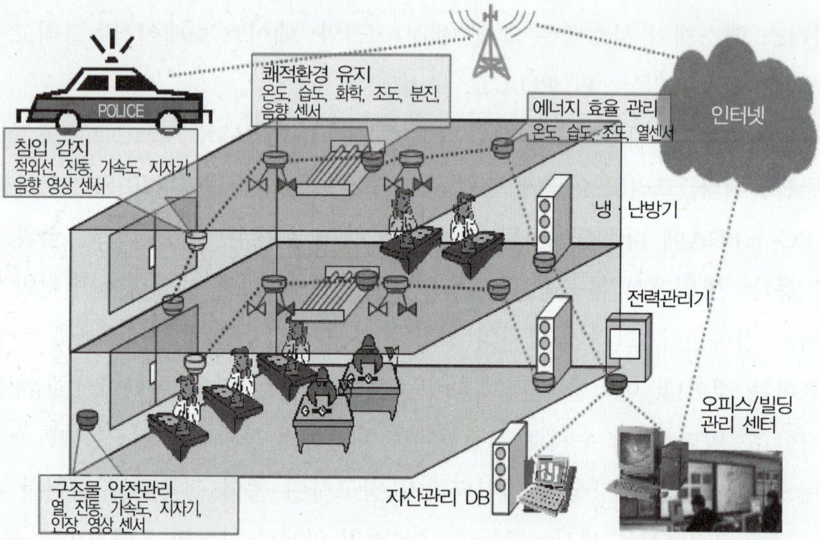

[그림 1-29] 스마트 오피스/빌딩 관리 시스템

8) 도로환경 모니터링 시스템

- 사고 다발지역 등지에 기상변동에 따른 도로 노면 상태 모니터링
- 도로상태 정보 실시간 확인 가능, 사고예방 및 제설작업 등 신속한 조치

1 텔레매틱스

이제 자동차를 운전하면서 인터넷에 접속도 하고 사무도 볼 수 있는 텔레매틱스(Telematics) 시대가 도래하고 있다.

텔레매틱스는 '통신'을 의미하는 'Telecommunication'과 '정보과학'을 의미하는 'Informatics'가 결합된 용어이다.

텔레매틱스는 위치정보와 무선통신망을 이용하여 자동차 운전자에게 교통을 안내하고,

긴급구조 정보와 원격차량 진단 서비스를 제공하며, 동승자에게 인터넷이나 영화 또는 게임 등 인포테인먼트(Infortainment) 서비스를 제공하는 '차량용 멀티미디어 서비스'를 말한다.

따라서 텔레매틱스 서비스가 실현되면 유·무선통신 및 방송망을 통해 자동차를 사무실과 가정에 이어 제3의 인터넷 공간(Connected car)으로 재구성할 수 있을 것이다. 그래서 이종(異種) 통신 및 방송망과 지능형 단말기를 통해 홈네트워크나 사무자동화 등과 연계하여 가정과 사무실에서 이용하는 서비스를 자동차에서도 이용할 수 있다.

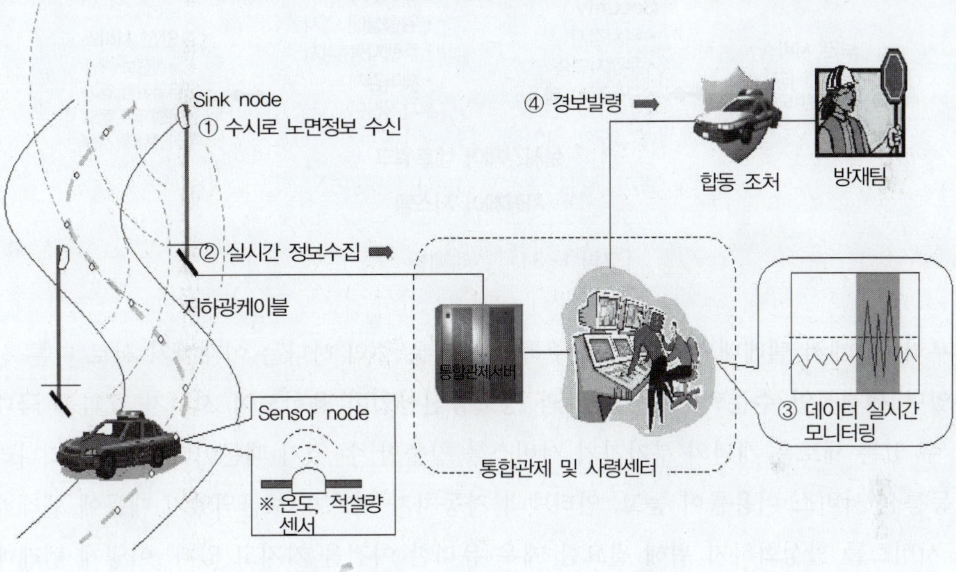

[그림 1-30] 도로환경 모니터링 시스템

텔레매틱스 시대에는 운전석에 앉아 인터넷과 비즈니스도 척척할 수 있다. 이 서비스가 본격화되면 시간과 장소에 구애받지 않고 비즈니스를 할 수 있어서 일상생활에서 자동차가 차지하는 비중이 더욱 커질 것으로 예상이 된다. 텔레매틱스는 자동차에서 인터넷 등 외부세계와 접속해 운전 외에도 다양한 작업을 할 수 있게 하므로 자동차를 더 이상 이동수단으로만 머물게 하지 않을 전망이다. 결국 '자동차의 사무실화'가 실현되는 것이다.

앞으로 내비게이션, PC 게임기, 인터넷, 전자메일, 차량고장진단, DVD 플레이어, MP3, CDP, 라디오, 텔레비전 등에 텔레매틱스 서비스를 이용할 전망이다.

최근에는 국내 기업들이 홈네트워크 기술과 텔레매틱스 기술을 조합해서 달리는 차에서 집 현관문이나 전등 등을 제어하는 기술을 개발하고 있다.

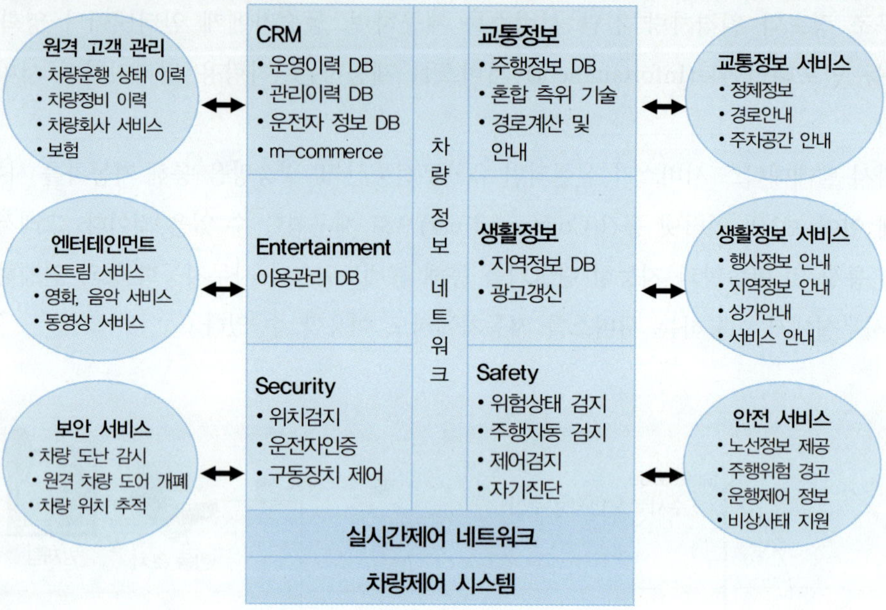

[그림 1-31] 텔레매틱스의 구성

우리나라에서 텔레매틱스가 크게 주목받는 이유 중의 하나는 이제까지 서로 다른 산업이었던 세계적인 수준의 자동차산업과 정보통신산업이 융합되어 시너지 효과를 극대화할 수 있는 새로운 개념의 부가가치 서비스를 창출할 수 있기 때문이다. 특히 우리나라는 이동통신 서비스 이용률이 높고, 인터넷과 자동차가 빠르게 보급되었기 때문에 텔레매틱스 서비스를 활성화하기 위해 필요한 매우 유리한 여건을 가지고 있다. 이렇게 텔레매틱스를 이용하면, 자동차산업의 경쟁력강화를 통한 새로운 마케팅 기회와 수익도 제공할 수 있다. 뿐만 아니라 성장정체 상태에 이른 이동통신 사업자에게 새로운 사업기회 및 발전가능성도 제공할 것으로 기대하고 있다.

② LBS를 응용한 표적 마케팅

위치기반 서비스(LBS : Location Based Service)는 이동 중인 사용자에게 위치와 관련된 정보를 제공하면서 부가가치를 창출할 수 있는 정보까지 제공하는 서비스이다.

LBS는 'L－커머스(Location-Based Commerce)'의 약자로서 휴대폰이나 PDA 등의 이동통신 단말기의 위치를 기반으로 개인의 위치정보를 이용해 광고하고, 현장에서 각종 상품을 구매하게 만드는 상거래를 말한다. 예를 들어 서울 종로의 한 식당에서는 LBS를 활용하여 12시 10분 전에 식당에서 500m 안에 있는 휴대폰 소지자에게 식당의 메뉴를 SMS로 보내는 광고를 할 수 있다.

LBS가 급속하게 확대되면서 이러한 서비스가 광고, 게임, 엔터테인먼트, 보안, 전자상거래 등에 걸쳐 산업 전반으로 크게 확산될 것이라고 전망되고 있다. 이러한 흐름 속에 모바일을 이용한 상거래인 M-커머스의 장점인 이동성과 특정한 장소, 특정한 시간대의 고객만 상대하는 1대 1마케팅을 충분히 활용할 수 있게 해 준다.

차를 몰고 직장으로 가던 중 특정 지역에 들어서자 휴대폰 배경화면이 갑자기 바뀌면서 그 지역 캐릭터와 함께 특산물이 소개된다. 그리고 휴대폰에 뜬 화면을 보여주면 구매할 때 쿠폰을 제시한 것처럼 할인을 받을 수 있다.

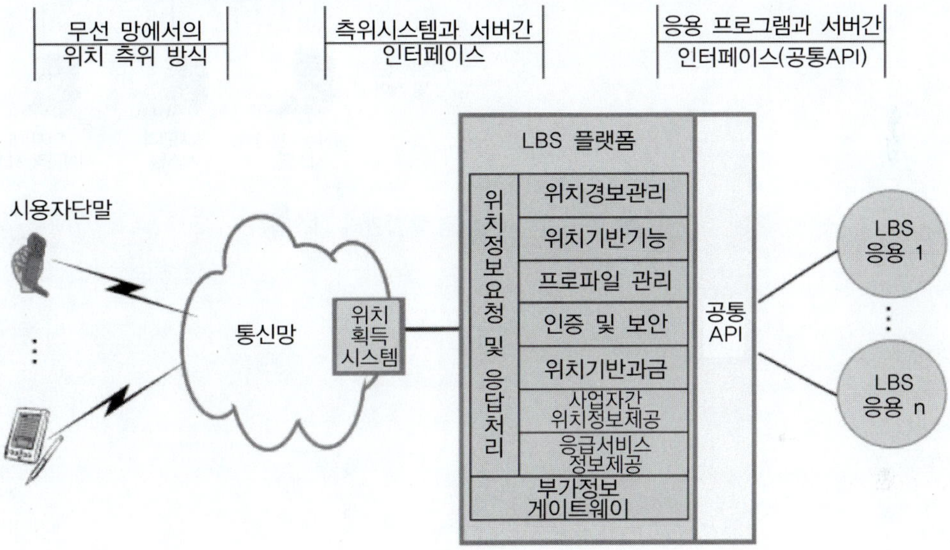

[그림 1-32] 위치기반 서비스의 구성

9) 도시환경 통합관리 시스템

① 아파트 단지나 빌딩의 상하수도, 가로등, 가로수, 기타 전기시설 등을 제어하는 센서노드를 설치하여 관리부서에서 실시간 모니터링 제어

② 에너지 절감 및 효율적인 단지 운영관리 가능

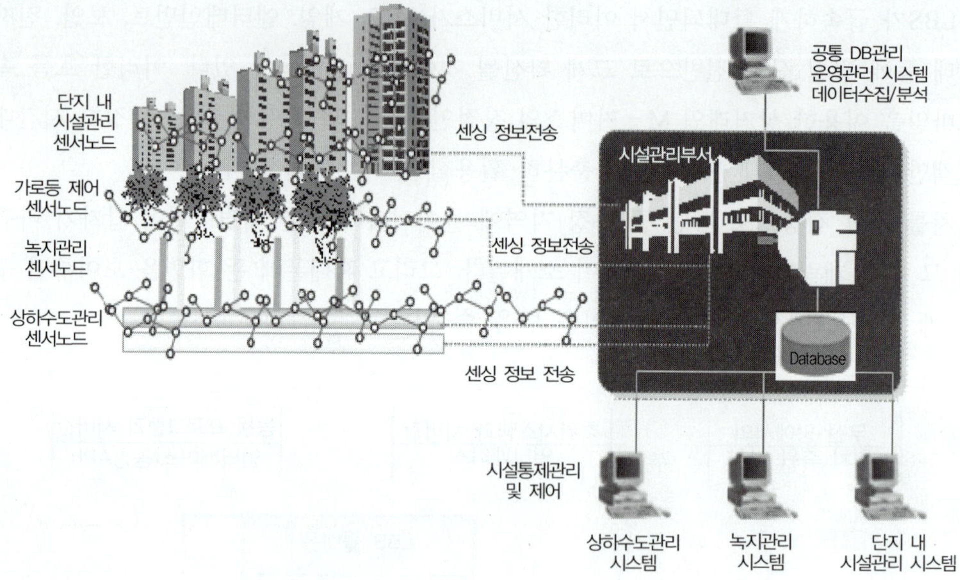

[그림 1-33] 도시환경 통합관리 시스템

2장 유비쿼터스 센서 네트워크 표준

2.1 유비쿼터스 센서 네트워크 표준화 동향

현재 국내외에서는 USN의 기반기술인 센서 네트워크에 대한 표준화 연구가 활발히 이루어지고 있다. 특히, IEEE(Institute of Electrical and Electronics Engineers)와 IETF (Internet Engineering Task Force) 등의 연구단체, 그리고 ZigBee Alliance와 같은 기업단체를 통해 센서 네트워크의 각 요소들에 대한 표준화가 이루어지고 있다.

1 IEEE 1451 워킹 그룹

1993년 9월, NIST(National Institute of Standards and Technology)와 IEEE의 기술위원회를 중심으로 스마트 센서 통신 인터페이스의 표준에 대한 논의가 이루어졌다. 그 후, 스마트 센서의 공통된 통신 인터페이스를 제정하기 위해 각각 다른 목적을 갖는 5개의 기술 워킹 그룹을 통해 표준 연구가 진행되었으며, 추후에 2개의 워킹 그룹이 추가되어 현재 7개의 워킹 그룹을 통해 표준 연구가 진행 중이다. 각 그룹의 목적은 [표 2-1]과 같다.

IEEE 1451 워킹 그룹은 1994년 '제 1회 IEEE/NIST 스마트 센서 인터페이스 표준화 워크샵'의 개최를 통해 표준화 활동을 시작하였으며, 'Sensors Expo'에서 그 성과를 발표하고 워크샵을 개최하는 등의 활발한 활동을 통해 센서 인터페이스의 표준화를 진행하였다. 그 결과, 1997년에 발표된 P1451.2 워킹 그룹의 'IEEE Std 1451.2-1997' 표준문서를 시작으로 각각의 그룹을 통해 표준문서가 작성되어 1999년에는 'IEEE Std 1451.1-1999', 2003년에 'IEEE-Std 1451.3-2003', 2004년에 'IEEE Std 1451.4-2004'가 각각 공개되었다. 현재, P1451.5, P1451.6 워킹 그룹에서 표준문서 작성을 진행하고 있다.

[표 2-1] IEEE 1451 워킹 그룹의 목적

구 분	목 적
P1451.0	네트워크 독립적인 지능형 변환기 객체 모델 정의
P1451.1	네트워크화된 지능형 변환기 및 각 모델을 대표하는 클래스의 소프트웨어 인터페이스를 위한 공통의 오브젝트 모델 정의 NCAP(Network Capable Application Processor) 정의
P1451.2	낮은 신호 대역폭을 요구하는 변환기의 인터페이스 정의 STIM(Smart Transducer Interface Module), TEDS(Transducer Electronic Data Sheet) 정의
P1451.3	분산형 멀티드롭 시스템을 위한 디지털 통신 방식 정의
P1451.4	아날로그와 디지털 형태의 신호로 통신할 수 있는 혼합 방식의 변환기 인터페이스 표준 정의
P1451.5	IEEE 802.11(WiFi), IEEE 802.15.1(Bluetooth), IEEE 802.15.4(ZigBee) 프로토콜을 물리계층으로 사용하는 무선 센서 인터페이스를 정의
P1451.6	멀티채널 모듈을 위한 CANopen 1 기반을 둔 네트워크 형성

2 IEEE 802.15 워킹 그룹

IEEE 802.15 워킹 그룹은 무선 개인영역 네트워크(Wireless Personal Area Networks, WPAN) 또는 단거리 무선 네트워크를 위한 표준을 제정하는 것을 목표로 한다.

WPAN은 PC, PDA, 셀룰러 폰 등의 무선 이동 기기간의 통신을 가능하게 하며, 다른 무선통신기술에 비해 에너지 소비가 낮고 저가이기 때문에 센서 네트워크에 도입되기에 적합한 통신기술로 부각되고 있다. 특히, IEEE 802.15.4 표준은 센서 네트워크에서 가장 적합한 통신기술로 인정받고 있으며, 현재 ZigBee와 6LoWPAN의 MAC(Medium Access Control)/PHY(Physical layer) 표준으로 사용되고 있다.

IEEE 802.15 TG1은 블루투스(Bluetooth) v1.1을 기반으로 WPAN을 구성한다. 2002년 6월, TG1에서는 표준문서 'IEEE Std 802.15.1-2002'를 발표하였으며, 2005년에는 'IEEE Std 802.15.1-2002'의 개정판인 'IEEE Std 802.15.1-2005'를 발표하였다. 표준은 블루투스의 하위 트랜스포트 계층인 L2CAP(Logical Link Control and Adaptation Protocol), LMP(Link Manager Protocol), 기저대역(baseband) 및 물리계층을 정의하며, 이동 기기들의 단거리 RF기반의 연결성을 제공한다. 또한, ISO 8802-2 LLC(Logical Link Control)를 위한 LLC/MAC 인터페이스를 포함하는 SAP(Service Access Point)를 정의한다.

[표 2-2] 통신기술 비교

	802.11b WLAN	802.15.1 블루투스	802.15.4 LR-WPAN
통신거리	100m 이내	10~100m	10m
데이터 전송률	2~11Mbps	1Mbps	250kbps
에너지 소비	보통	낮음	아주 낮음
크기	큼	작음	가장 작음
비용 및 복잡성	높음	보통	낮음

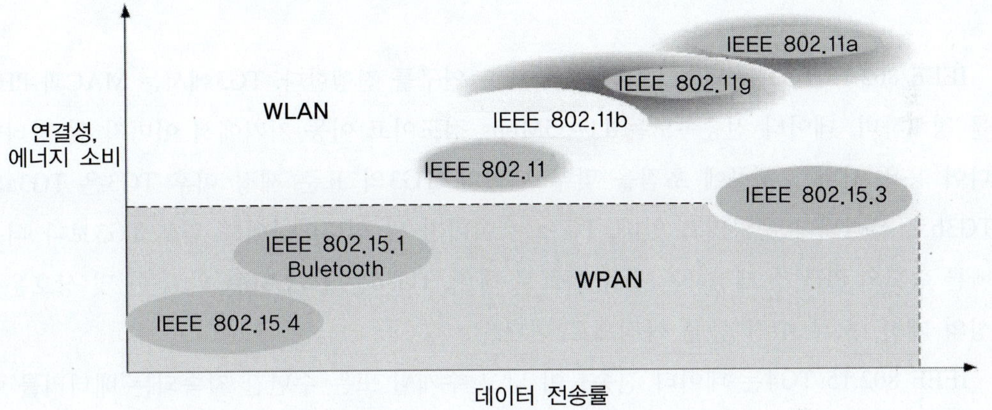

[그림 2-1] 통신기술에 따른 데이터 전송률, 연결성, 에너지 소비 비교

[그림 2-2]는 IEEE 802.15 워킹 그룹의 구성을 보여주고, [표 2-3]에는 각 그룹의 역할이 요약되어 있다.

IEEE 802.15 TG2는 WPAN과 WLAN(Wireless Local Area Networks)의 공존에 대한 연구를 수행한다. TG2에서는 WLAN과 WPAN의 상호 간섭을 정량화하기 위한 'Coexistence Model'과 WLAN과 WPAN의 공존을 용이하게 하는 'Coexistence Mechanism'을 개발하였으며, 2003년에 'IEEE Std 802.15.2-2003' 표준을 발표한 뒤 활동을 잠시 멈추고 있다.

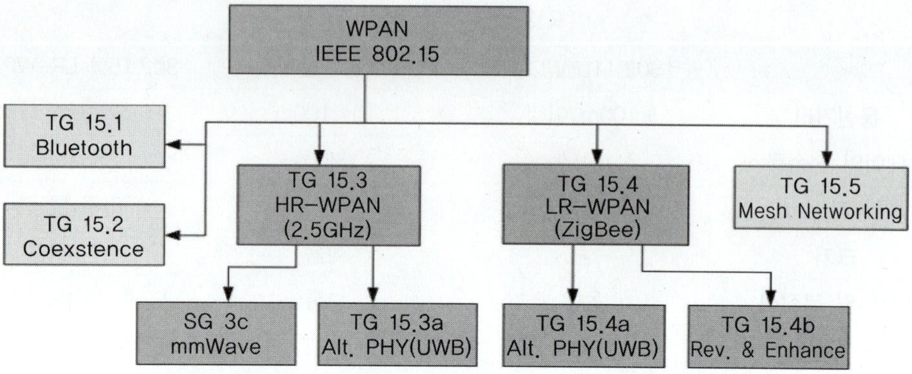

[그림 2-2] IEEE 802.15 워킹 그룹 구성

IEEE 802.15 TG3는 고속의 WPAN에 대한 연구를 진행한다. TG3에서는 MAC과 PHY를 정의하며, 데이터 전송속도는 11~55Mbps 정도이고 이동 기기에서 이미지 및 멀티미디어 응용 서비스 제공에 초점을 맞추고 있다. TG3의 표준 제정 이후 TG3은 TG3a와 TG3b로 분리되어 운영되고 있다. TG3a는 이미지 및 멀티미디어를 위해 TG3보다 더욱 빠른 속도의 PHY를 제정하는 것을 목표로 하며, TG3b는 TG3 MAC의 구현 및 상호운용성의 개선, 오류 수정 등을 목적으로 한다.

IEEE 802.15 TG4는 데이터 전송률이 낮고 수개월 또는 수년간 지속되는 배터리를 이용하는 저가의 장비를 위한 데이터 표준을 제정한다. TG4에서 정의한 MAC과 PHY는 ISM(Industrial Scientific and Medical) 밴드에서 동작하며 센서, 장난감, 스마트 뱃지, 무선 컨트롤러 등에 사용 가능할 것으로 예상된다. 2003년에 발표된 'IEEE Std 802.15.4-2003' 표준에 따르면 TG4의 MAC과 PHY는 250kbps 이하의 데이터 전송률을 지원하며, 2개의 주소 모드, 네트워크 설정 자동화, 낮은 에너지 소비 등의 특징을 갖는다.

TG4의 표준 제정 이후 TG4는 TG4a와 TG4b로 분리되어 운영되고 있다. TG4a에서는 TG4의 표준을 기반으로, 통신 능력뿐만 아니라 1미터 혹은 그 이상의 정확성을 갖는 위치 인식 능력, 높은 전송효율, 다양한 데이터 전송률을 제공하는 저가 및 저전력 PHY를 제정하는 것을 목적으로 한다. 또한, TG4b는 TG4에서 제정한 표준을 더욱 명확하게 하고, 불필요한 복잡성을 줄이는 등 좀더 명확한 IEEE 802.15.4 표준을 제공하는 것을 목적으로 한다.

IEEE 802.15 TG5는 WPAN의 메쉬 네트워킹(Mesh networking)을 위해 PHY와 MAC 계층에서 필수적으로 제공되어야 하는 메커니즘들을 정의하기 위한 그룹이다. 다른 그룹에 비해 늦게 구성되었으며 아직까지 특별한 성과는 보이지 않고 있다.

[표 2-3] IEEE 802.15 워킹 그룹 산하의 Task Group

구분	Task Group	업 무
IEEE 802.15	WPAN(TG1)	· 10미터 정도 근거리에서의 무선통신기술에 대한 표준 제정 · MAC & PHY 블루투스 규격 채용
	Coexistence(TG2)	· WPAN WLAN와의 전파간섭 축소 방법 연구
	High Rate(TG3)	· 20Mbps MAC 및 PHY 연구 · 2.4GHz ISM(11,22,33,44,55Mbps 메시지 전송)
	High Rate(TG3a) Alt. PHY UWB	· TG3 PHY 100Mbps 이상 고속화하기 위한 alternative PHY (UWB) 연구
	mmWave(SG3c)	· TG3a(60GHz) 활용한 초고속 alternative PHY 연구
	Low Rate(TG4) ZigBee	· 최대 전송속도 20~250Kbps MAC 및 PHY 연구 · 2.4GHz ISM, 868/915MHz Dual PHY
	Low Rate(TG4a) alt. PHY UWB	· UWB PHY 이용한 저속 위치인식 네트워킹 연구
	Mesh Networking (TG5)	· WPAN MAC 및 PHY 연구

[표 2-4] IEEE 802.15 워킹 그룹에서 제정한 표준 현황

그룹	문서 제목
IEEE 802.15.1	Part 15.1 : Wirelss Medium Access Control(MAC) and Physical Layer (PHY) Specifications for Wireless Personal Area Networks(WPANs)
IEEE 802.15.2	Part 15.2 : coexistence of wireless personal area networks with other wireless devices operating in unlicensed freqyencey bands
IEEE 802.15.3	Part 15.3 : wireless medium access control(MAM) and physical layer (PHY) specifications for high rate wireless personal area networks(WPANs)
IEEE 802.15.4	Part 15.4 : wireless medicum access control(MAC) and physical layer (PHY) specifications for low-rate wireless personal area networks(LR-WPANs)

3 ZigBee Alliance

ZigBee Alliance의 프로모터는 Chipcon, 필립스(Philips), 미쓰비시(Mitsubishi), 모토로라(Motorola), Honeywell, Freescale, Ember, 삼성으로 구성되어 있으며, 100개 이상의 참여 기업이 존재한다. 국내에서도 LG, TTA, 한국무선네트워크(korwin), 한국전자통신연구원(ETRI) 등 다수의 기업 및 연구단체가 참여기업으로 활동하고 있다. [그림 2-3]은 ZigBee Alliance의 프로모터(promoter) 기업들을 보여준다.

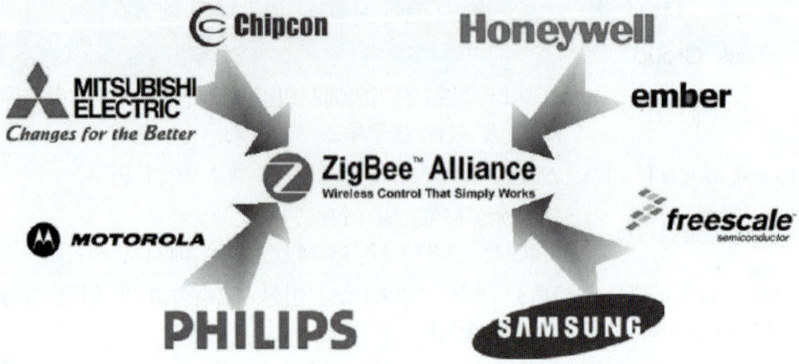

[그림 2-3] ZigBee Alliance 프로모터

ZigBee Alliance는 2003년 완성된 IEEE 802.15.4 표준을 기반으로 저전력 무선 네트워킹이 가능한 모니터링 및 제어(control) 제품을 위해 상위 프로토콜 표준을 정의하는 것을 목표로 한다. ZigBee는 단순 기능이 요구되는 초소형, 저전력, 저가격 시장에 적합한 기술로 우선 홈오토메이션(Home automation)과 같은 홈네트워크 분야에 적용에 초점을 맞추고 있으나 궁극적으로 다양한 분야에 적용시키는 것을 목적으로 하고 있다.

ZigBee Alliance는 ZigBee 네트워크를 구성하기 위해 [그림 2-4]와 같이 네트워크 계층, 응용 프로그램을 지원하기 위한 응용 지원 부계층(Application support sublayer), 응용 프레임워크(Application Framework), 보안 계층, ZDO(ZigBee Device Object) 등에 대한 표준화를 진행하여 2005년 6월에 ZigBee 표준 1.0 버전을 완성하여 공개하였다.

ZigBee는 IEEE 802.15.4 표준을 기반으로 하며 네트워크 계층에서 응용 계층까지 모든 계층을 정의하고 있다. ZigBee 스펙은 OSI(Open Systems Interconnection) 7계층 모델을 기반으로 한 계층적 구조를 가지고 있다. [그림 2-5]는 ZigBee 스펙의 계층적 구조에 대해 보여준다.

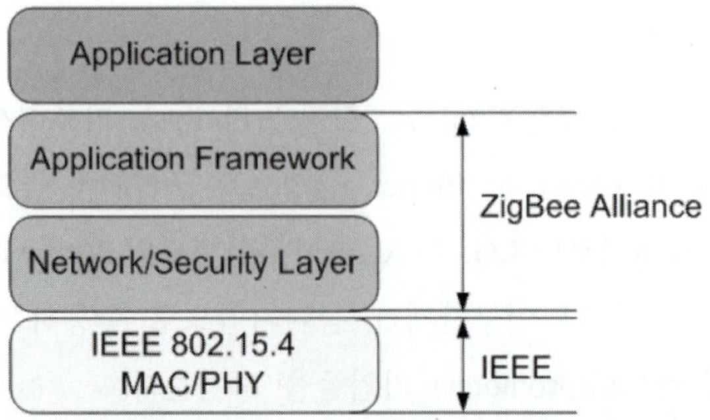

[그림 2-4] ZigBee Alliance 표준화 작업 범위

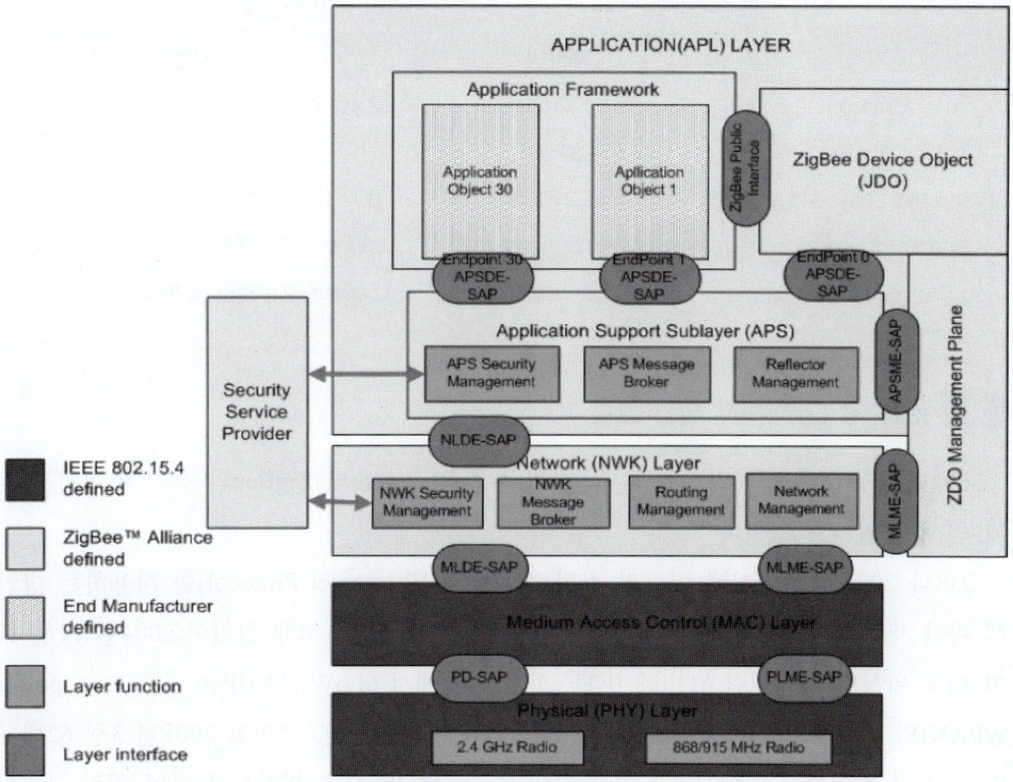

[그림 2-5] ZigBee 스펙 구조

ZigBee 네트워크 계층에서는 노드들이 네트워크에 접속하고 접속을 끊는 메커니즘과 보안이 적용된 데이터 프레임, 그리고 원하는 목적지까지 데이터 프레임을 전송하기 위해 경로를 찾는 라우팅 알고리즘과 프레임 전달 메커니즘 등이 정의되어 있다.

응용 지원 부계층에서는 두 개의 서로간의 장치를 연결하기 위한 바인딩 테이블 관리와 바인딩된 장치간에 메시지를 전송하기 위한 메커니즘이 정의되어 있다.

ZDO에는 네트워크에서 각 장치의 역할에 대한 정의와 바인딩에 대한 초기화와 바인딩이 되는 과정, 네트워크 장치간의 보안과 장치들이 제공하는 서비스를 발견하는 방법 등이 정의되어 있다.

ZigBee Alliance는 기업들이 주축이 된 만큼 표준 제정과 동시에 참여기업들에 의한 제품생산이 이루어지고 있다. [표 2-5]에 ZigBee Alliance의 주요 기업들이 개발한 제품들을 정리하였다.

[표 2-5] ZigBee Alliance 주요 기업들이 개발한 제품

기업	제품명	기능
Chipcon	CC2420	2.4GHz 802.15.4 시스템
CompXs	CS1540	단일 칩으로 구성된 802.15.4
Freescale Semiconductor	MC13193	802.15.4 2.4GHz 저전력 송수신기
Ember copporation	EmberZNet	ZigBee 프로토콜 스펙
[그림 2-6] wireless	Z-stack	ZigBee 프로토콜 스펙

4 IETF 6 LoWPAN 워킹 그룹

2004년까지 소형 장치의 통신을 위한 표준은 Bluetooth나 ZigBee와 같이 업계의 제휴에 의해 다뤄지고 있었다.

그러나 2004년 하반기에 이르러 소형 장치에서 IP(Internet Protocol)를 사용하는 방안에 관한 새로운 워킹 그룹에 많은 관심이 몰리기 시작했다. 이에 힘입어 2004년 11월 10일 미국 워싱턴에서 열린 61번째 IETF 정기 회의에서 6LoWPAN(IPv6 over Low power WPAN)의 첫 번째 BOF1)(Bird Of a Feather)가 시작되었다. 그리고 2005년 3월 62번째 IETF 정기 회의에서 인벤시스(Invensys)의 Geoff Mulligan을 의장으로 하여 워킹 그룹이 시작되었다.

6LoWPAN 워킹 그룹의 목적은 IEEE 802.15.4 MAC/PHY 상위 계층으로 IP 및 TCP/UDP 등의 기존 인터넷에서 사용하는 통신 프로토콜을 이용하는 환경에서의 IPv6 패킷 전송 방안을 결정하는 것이다.

6LoWPAN은 IPv6를 사용하기 때문에 기존에 구축된 인프라를 그대로 이용할 수 있다.

따라서 추가 비용이 절감될 뿐만 아니라 잘 알려지고 검증된 IP 기술들을 많은 수정없이 사용할 수 있다. 또한, IPv6의 큰 주소공간과 자동 주소설정과 같은 기능을 LoWPAN에 적용하는 데에 유리하다. 마찬가지로 IEEE 802.15.4를 기반으로 동작하는 ZigBee의 경우에도 IPv6를 적용하는 방안이 연구되고 있지만, 무겁고(64k) 비용이 많이 들며 복잡하여 6LoWPAN의 대안이 되지는 못할 것으로 내다보고 있다.

인텔(Intel)의 경우에도 처음에는 ZigBee Alliance에 참여하였지만 여러 가지 문제점들로 인해 ZigBee Alliance에서 나오게 되었다. 위와 같은 이유로 인해 최근 6LoWPAN에서 활동하고 있는 기업의 수가 증가하고 있다. 현재 국외의 마이크로소프트(Microsoft), 선 마이크로시스템즈(Sun Microsystems), 인텔 등과 국내의 삼성, 아주대학교, 한국전산

원 등의 기업 및 대학, 연구단체에서 적극적으로 참여하고 있다. 6LoWPAN 워킹 그룹이 표준화 작업을 수행하는 범위는 [그림 2-6]과 같다.

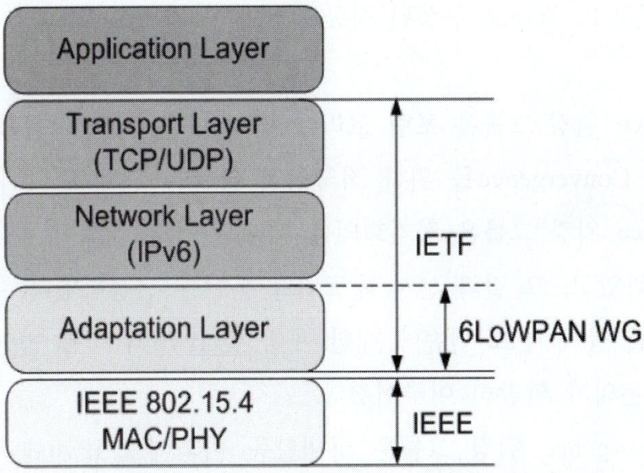

[그림 2-6] 6LoWPAN 워킹 그룹 작업 범위

현재 6LoWPAN 워킹 그룹에서는 6LoWPAN의 문제점 및 목표, IPv6 패킷 전송방법에 대해 2건의 워킹 그룹 드래프트(draft)가 작성되었다. 또한, 2005년 8월에 프랑스 파리에서 열린 63회 IETF 정기회의에서는 이웃 노드 발견(neighbor discovery), 기존 IP 네트워크와의 상호운용성(interoperability), 라우팅(routing), 서비스 발견(service discovery) 등의 분야에 대해 새로운 드래프트가 작성되어 제출되었다. 국내에서는 삼성전자와 아주대학교, 한국정보사회진흥원이 협력하여 드래프트를 작성하여 제출하였다.

5 IPv6 Convergence 워킹 그룹

IPv6 Convergence 워킹 그룹은 IPv6 포럼 코리아에서 IPv6를 이용한 컨버전스(convergence)에 관련된 활동을 추진하는 국내 워킹 그룹이다.

2005년 IPv6 포럼 코리아의 워킹그룹을 개편하며, IPv6 Convergence를 IPv6의 주요 이슈로 생각하여 IPv6 Convergence 워킹 그룹을 신설하게 되었다.

IPv6 Convergence 워킹 그룹은 분야에 대한 구분 없이 IPv6를 적용할 수 있는 영역을 찾아 이에 필요한 협력을 이끌어 내는 것을 목적으로 한다. 또한, 국내에 IPv6 기술을 조기에 도입하고 IPv6와 관련된 시장을 활성화시키는 것 또한 IPv6 Convergence 워킹 그룹이 추구하고 있는 목적이다. 궁극적으로 IPv6 Convergence 워킹 그룹은 관련 기관들의 협력 및 기술적 내용 이슈 등의 공유를 통해 워킹 그룹 차원의 가이드라인 또는 국내표준 문서 등을 작성하는 것을 목표로 하고 있다.

IPv6 Convergence 워킹 그룹은 이와 같은 목적을 바탕으로 2005년부터 활동을 시작하였으며, 산업체, 연구소, 학계로 구성된 정규 멤버들이 격월로 워킹 그룹 정기 회의를 갖고 있다.

IPv6 Convergence 워킹 그룹은 포럼 코리아 내의 다른 워킹 그룹들과의 정보 공유와 협력을 통해 IPv6 Convergence를 위한 적극적인 활동을 전개해 나가고 있다.

IPv6 Convergence 워킹 그룹은 정기회의를 통해 먼저 해결해야 할 IPv6 Convergence 이슈에 대해 논의하였고, 그 결과 센서 네트워크 분야를 선정하였다. 분야 선정 이후 전문가 초청 세미나를 통해 주요 이슈에 대한 개념 및 IPv6의 적용 방안, IPv6 적용 응용 프로그램에 대한 논의가 활발히 이루어졌다.

현재 IPv6 Convergence 워킹 그룹은 국내활동 이외에도 IPv6에 관련한 IETF 6Lo WPAN 워킹 그룹에 참여하여 센서 네트워크에 IPv6를 적용하는 방안에 대해 논의하고 있다.

아직까지 IPv6 Convergence 워킹 그룹에서 구체적인 표준화 문서작업은 시작되지 않았지만, IETF의 6LoWPAN 기반의 국내표준화 또는 워킹 그룹 차원의 국제 표준제안 등을 예정하고 있다. 현재 IPv6 Convergence 워킹 그룹은 6LoWPAN 정기회의에 주기적으로 참여하고, 6LoWPAN 관련 표준화 작업을 위해 6LoWPAN과 기존 네트워크의 상호운용성, 라우팅 방법, 서비스 발견 방법 분야에 대해 IETF 6LoWPAN 워킹 그룹과의 활동을 연계하고 표준안 문서작성에 노력을 가하고 있다.

2.2 유비쿼터스 센서 네트워크 표준의 개요

1 ZigBee의 개요

1) ZigBee의 정의

ZigBee란 IEEE 802.15.4 기반으로 저전력과 저가격을 목표하는 저속 근거리 개인 무선통신의 국제 표준 스펙이다. ZigBee는 전력소모가 적고 칩 가격이 저렴하고 통신의 안정성이 높아 최근 가장 급속한 발전을 하고 있는 기술이다.

ZigBee는 IEEE 802.15.4 표준의 물리 PHY와 매체접근제어 MAC 계층 위에 그 상위계층으로 네트워크(NWK)계층, 응용지원(APS)계층과 보안(Security) 및 응용(APL)을 규격화하였다.

ZigBee의 물리 PHY 계층은 간단한 구조이며, MAC 계층은 전력소비를 최소화할 수 있도록 연구되었다. ZigBee는 원격제어, 원격관리, 원격모니터링에 적합하고 가정자동화, 공장자동화, 산업자동화에 활발하게 적용될 전망이다.

- PHY : Physical
- MAC : Medium Access Control
- APS : Application Service
- APL : Application Layer

ZigBee 통신의 가장 중요한 특징이 무엇일까? 배터리 하나로 수년을 견딜 수 있고 시스템 구조가 간결하여 8비트 마이컴으로 구현이 가능하다. 물론 무선의 장점인 설치비용이 많이 드는 백본이나 인프라가 필요 없어 설치나 관리가 쉽다.

국내의 신성장 동력과 더불어 홈오토메이션과 유비쿼터스 센서 네트워크 환경구축에 중추적 역할을 담당할 신기술로 전망된다.

ZigBee는 모든 기능을 가진 팔방미인이 아니라 오직 무선감지와 제어 및 모니터링만을 강조한 무선통신 스펙으로 볼 수 있다.

ZigBee는 반경 75m 정도의 근거리에서 27개의 주파수 중에 하나를 선택하여 저속인 250Kbps로 데이터를 전송하며 최대 65,536개 네트워크를 연결할 수 있다. 기본적인 Star 네트워크 형태나 P2P(Peer-to-Peer) 네트워크 형태는 당연히 지원되고, ZigBee와 유사한 다른 무선 표준들이 지원하지 못하는 Mesh 네트워크 형태를 지원해서 복잡한 네트워크 형성도 가능하다. 그리고 ZigBee 표준을 따른 여러 가지 ZigBee 기기를 상호운용할 수 있는 센서 네트워크에 적합한 신기술로 전망된다. 이와 같은 ZigBee 특징은 다음과 같다.

- 무선통신(Wireless)
- 근거리 통신(75m)
- 저속통신(최대 250Kbps)
- 국제표준기반(ZigBee 연합)
- 저가격(하나의 가격이 $1 미만)
- 저전력(배터리 하나로 수년 지속)
- ZigBee는 IEEE 무선표준 중에서 전력소모가 최소

- 프로토콜 구조가 단순함
- 쉽게 설치 및 설정
- 시스템 제작 및 구성비용이 적게듬
- 안정성 보장
- 보안성 보장
- 대량노드를 지원함
- 많은 네트워크 노드를 수용함
- 광범위하게 센서 네트워크 설치가능
- Mesh 네트워크 형태 지원
- Mesh 네트워크 형태에서 자기치료기능
- 최적적용조건 : 가끔씩 저속 전송하는 경우
- 초기 칩 동작에는 30mA 정도의 낮은 전력
- 주파수는 2.4GHz, 868MHz, 915MHz
- IEEE 802.15.4의 PHY와 MAC 계층 위에 NWK와 APS 계층으로 구성
- ZigBee 기기는 전기능기기(FFD)와 축소기능기기(RFD)로 나눔
- 무선 감지와 제어 분야에서 많이 활용될 전망

ZigBee 기술을 이끄는 ZigBee 연합의 관계자들은 Bluetooth 지지업체들이 저지른 실수를 통해 귀중한 교훈을 얻었다고 한다.

현재 Bluetooth는 휴대폰과 휴대형 엔터테인먼트 기기를 위한 무선 헤드 셋 틈새 시장에서 만큼은 확실히 자리매김을 했다. 그러나 초창기 Bluetooth 지지자들은 운없게도 우아함의 덫에 빠져 기술이 시장에 적용되기도 전에 사장되는 상황에까지 몰리게 되었다.

결국 Bluetooth 기술의 보급을 확대할 시기를 놓치고 말았다. 여기서 ZigBee 연합측이 얻은 교훈은 모든 기기들이 무선화되는 이 시대에서 한 가지 표준으로 팔방미인이 되고자 하는 행위는 곧 실패로 이어지는 첩경이라는 점을 알게 되었다.

ZigBee는 여러 가지 기능을 가진 팔방미인격인 Bluetooth와는 대조적으로 오직 원격 감지, 감시, 제어, 모니터링의 응용에 초점을 맞추고 가격을 최대한 낮추고, 전력소모를 최소화하는 방향으로 설계되었다.

ZigBee는 저전력을 위한 여러 가지 기술들을 제공하고 있다. 기기를 사용하지 않을 때는 쉽게 휴면 상태에 들어갈 수 있고, 필요한 경우 빠르게 깨어나 네트워크에 연결된다.

ZigBee는 표준화된 규격이어서 자료제공이 원활하며 설계하기 쉽고, 따라서 개발기간도 단축할 수 있고, 개발비용 역시 다른 표준보다 적게 요구되고 네트워크의 형태도 다양할 뿐만 아니라 최대 6만개 이상을 연결할 수 있다.

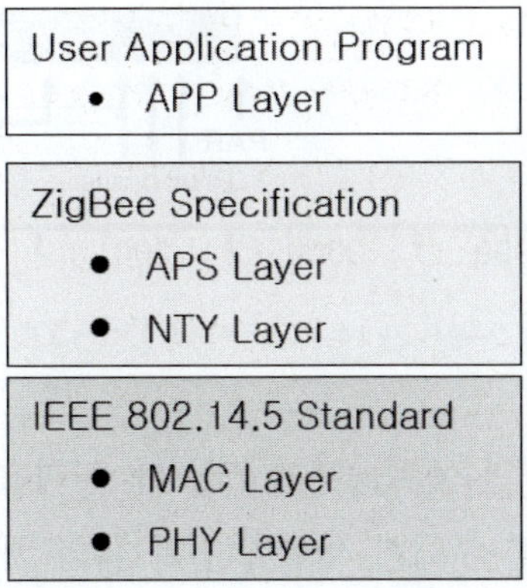

[그림 2-7] IEEE 802.15.4와 ZigBee의 계층구조

ZigBee 네트워크는 Mesh망이 지원되어 두루 넓게 센서노드를 설치하는 경우에 적합하다. 현재로서는 이 같은 특징을 갖는 유일한 솔루션이다. ZigBee 계층구조는 다음 그림처럼 IEEE 802.15.4는 물리계층인 PHY 계층과 데이터의 충돌방지 기술이 적용된 MAC 계층으로 구성된다. 이들 계층 위에 ZigBee는 네트워크(NWK) 계층과 응용지원(APS) 계층을 추가하였다.

2) ZigBee의 역사 및 명칭

IEEE 802.15.4와 ZigBee의 역사에 대한 잘 그려진 이정표가 있어서 소개한다.

ZigBee라는 어원은 Zigzag Bee에서 유래되었다. ZigBee 창안자들에 따르면 ZigBee는 IEEE 802.15.4 무선통신 표준을 기반으로 개발 되었으며, 꿀벌들이 꿀이 있는 곳의 위치와 거리를 서로 교신하기 위해 사용하는 지그 재그 춤을 본떠 ZigBee라고 지칭하게 되었다.

벌떼들은 한 마리의 여왕벌과 몇 수십 마리의 수벌과 수천에서 수만 마리의 일벌들이 한 통속에서 군집생활을 한다. 장래의 생존과 번성은 중요한 정보를 어떻게 연속적으로 모두에게 잘 통신하느냐에 달려 있다.

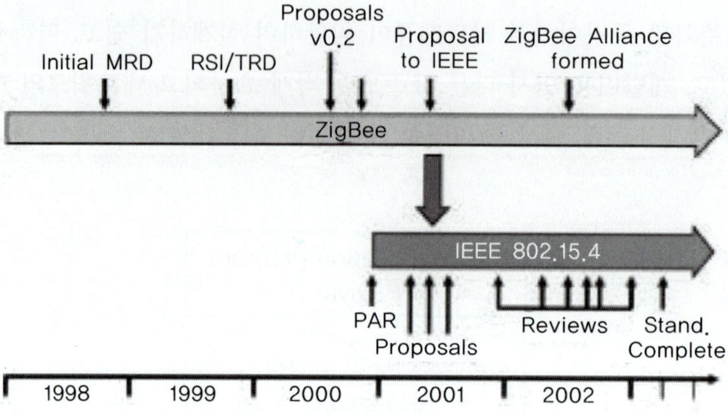

[그림 2-8] ZigBee와 IEEE 802.15.4의 역사

만약 새로운 꽃들을 발견하면 동료들에게 ZigBee 원리를 이용하여 통신을 한다고 한다. 벌은 ZigZag 패턴으로 춤을 추어서 새로 발견된 꽃의 위치와 거리와 방향을 알려주는데 이는 조용하면서도 막강한 무선의 전달 기술이라고 한다.

본능적으로 ZigBee 원리를 구현하는 벌들은 부지런히 정보를 교환하여 벌통의 생산성을 지속하면서 아기 벌들의 미래를 사랑스럽게 돌보고 있다.

무선 센서 네트워크 기술인 ZigBee는 센서에 적용하는 것을 목적으로 하지만 모든 센서를 포함하지는 않는다. 드물게 데이터를 보내는 경우 즉 1초에 한번 미만의 데이터를 전송하는 경우 효율이 높고 250bps의 저속통신 기기를 위한 신기술이다.

ZigBee가 저전력에 초점을 맞춘 까닭에는 몇 가지 이유가 있다.

무선 센서를 구현할 경우 신호를 전달하는 배선만 없애고 전력을 공급하는 전원 배선이 필요한 상태에서는 무선으로서 큰 의미가 없다. 따라서 ZigBee 센서는 배터리 구동방식이 될 수 밖에 없었다. 일반적으로 배터리 구동형 제품이 크기가 작다는 점을 감안하면 대부분의 ZigBee 센서는 크기가 작다. 그렇지만 배터리가 작아지면 많은 양의 에너지를 담을 수 없는 딜레마가 있다. 만족할 만한 배터리 수명을 얻기 위해서는 센서와 센서간의 통신회선에서 소모되는 전력을 줄여야 한다. 가장 간단한 방법은 듀티사이클을 최적화시키는 것인데, 센서의 경우 기기의 가동시간 비율을 최소화하는 방법이 이에 해당한다. 센서가 통신하고 있지 않을 때에는 절전 대기상태로 유지되어야 한다.

대부분의 센서는 2.4~2.48GHz 대역에서 250Kbps 802.15.4 데이터 전송률로 메시지를 수천 분의 1초로 생성한다.

902~928MHz와 868~870MHz에서 데이터 전송률은 각각 40Kbps와 20Kbps이다. 왜냐

하면 대기모드에서 데이터 전송모드로 전환하는데 약 15ms의 시간이 소요되기 때문이다.

따라서 센서는 평균 초당 1개의 메시지를 전송하는데 2.4GHz 대역에서 2% 이하의 듀티 사이클로 작동하며, 868MHz 및 915MHz 대역 사이에서는 이보다 조금 더 높다.

메시지 전송 빈도가 이보다 훨씬 더 낮은 센서도 많다. 이러한 센서는 듀티 사이클이 상당히 낮아 배터리 지속 시간이 배터리 보관수명과 거의 동일하기 때문에 알칼라인 배터리 하나로 최대 10년이 가능하다는 결론이 된다.

➡ 듀티 사이클이란?

1% 듀티 사이클인 경우 1% 신호를 보내면 99%는 쉬고 있는 경우로, 듀티 사이클이란 신호를 보내는 기간과 쉬는 기간의 비율이다.

3) ZigBee 스펙과 IEEE 802.15.4 표준의 관계

ZigBee 스펙은 IEEE 802.15.4-2003 표준을 골격으로 하였다. IEEE 802.15.4는 LW-PAN이라고도 하는데 저속 개인영역통신의 국제 표준이다.

IEEE는 전기전자 엔지니어 협회(Institute of Electrical and Electronics Engineers)의 머리글 문자로서 전세계 175개국에 36만 여명의 전문가 회원을 둔 국제단체이다. 이 단체에서 국제표준 제정도 담당하고 있다. 이 단체의 IEEE 803.15 연구회의 작업그룹 4(WG4)에서 2003년에 IEEE 802.15.4 표준을 완료하였고, 추가적인 표준화 작업이 진행 중이다.

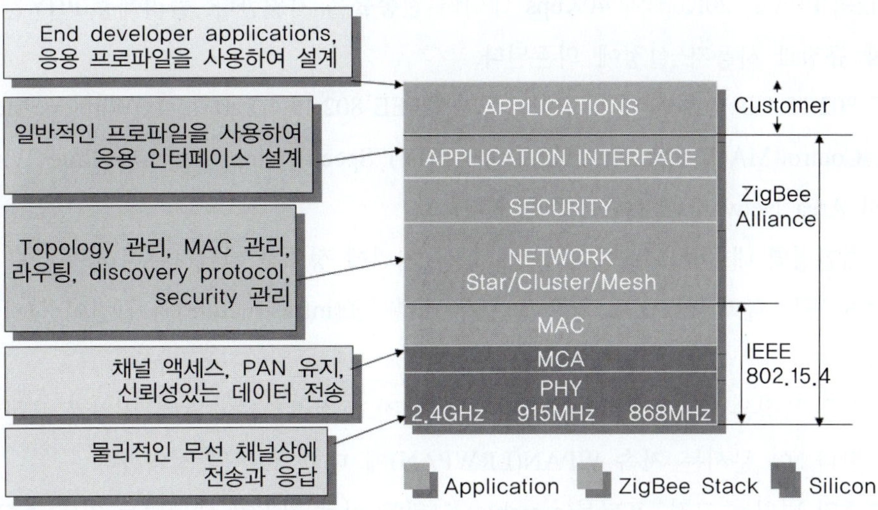

[그림 2-9] ZigBee와 IEEE 802.15.4의 관계

ZigBee 표준을 제정하기 위해 국제민간단체인 ZigBee 연합(Alliance)이 만들어졌고, 이 단체가 IEEE 802.15.4를 기반으로 표준 스펙을 제정한 것이 ZigBee 스펙(Specification)이다. ZigBee와 IEEE 802.15.4의 관계는 ZigBee가 IEEE 802.15.4를 모두 포함하고 있다.

ZigBee는 계층구조를 이루는데, 하위계층이 IEEE 802.15.4이며 상위계층이 ZigBee로 구성이 된다.

ZigBee와 IEEE 802.15.4의 관계는 다음과 같이 수식으로 만들어 볼 수 있다.

ZigBee 표준 = IEEE 802.15.4 + ZigBee 스펙

IEEE 802.15.4 = PHY + MAC

ZigBee 스펙 = NTW + APS + Security, ZDO

IEEE 802.15.4 표준은 개인영역 네트워크 PAN(personal area network)에서 무선으로 기기간에 통신을 하는 프로토콜을 정의한 것이다. 이 표준은 충돌방지를 위해 MAC 계층에서 매체접근제어로는 CSMA(carrier sense multiple access)를 사용한다. 매체접근방법은 경쟁기반(contention based)이다. 그렇지만 슈퍼프레임 구조 옵션을 사용하면 PAN 코디네이터에 의해서 시간이 긴급한 장치이거나 치명적인 데이터를 전송하는 기기에는 타임슬롯을 할당할 수 있다. Star 네트워크 형태와 Pear-to-pear 네트워크 형태를 지원한다. 이 표준은 2.4GHz와 868/915MHz로 두 개의 PHY를 정의하고 있다.

PHY에서는 직접 시퀀스 확산스펙트럼(DSSS : Direct Sequence Spread Spectrum)을 이용한다. 2.4GHz의 PHY는 공중파(over-the-air)로 전송속도 250Kbps까지 지원하고 868/915MHz의 PHY는 20Kbps와 40Kbps 데이터 전송률을 지원한다. 물리계층 PHY는 나라별 전파 규정과 사용자 설정에 의존된다.

IEEE 802.15.4 표준은 원래의 영어제목이 “IEEE 802.15.4 Part 15.4 : Wireless Medium Access Control(MAC) and Physical Layer(PHY) Specifications for Low-Rate Wireless Personal Area Networks(LR-WPANs)”이다.

무선 개인영역 네트워크는 상대적으로 짧은 거리에 정보를 전달하는데 사용된다. 무선랜(WLAN)과는 달리 WPAN을 통한 연결은 내부구조(infrastructure)와 관련이 적거나 거의 없다.

이와 같은 특징은 기기들을 넓은 범위에 걸쳐 작고 전력효율이 높은 저가로 구현할 수 있도록 한다. 이 문서는 저속 WPAN(LRWPAN)에 대한 표준을 정의한다.

이 표준의 범위는 고정, 포터블(portable) 그리고 이동 기기가 배터리를 거의 소모하지

않거나 적게 소모하는 10m의 개인작동영역(POS)안에서 작동하는 실제 저속 무선 연결 물리 PHY층과 MAC-sublayer의 표준을 정의한다.

이 표준 정의의 목적은 구조가 무척 간단하면서 저렴하게 저속 기기들끼리 무선으로 연결하기 위한 것이다. 데이터 전송속도는 최대 250Kbps이다. 이 정도의 속도이면 대화식 장난감의 경우에서나 이처럼 빠른 속도를 요구하지만, 실제 센서나 자동화는 대체로 20Kbps 또는 그 이하의 무선통신이 요구된다.

- 문서제목 : IEEE 802.15.4 Standards
- 문서번호 : IEEE Std 802.15.4™-2003
- 문서 무료 다운로드 : http://ieee802.org/15/pub/TG4.html
- 제정일자 : 2003년 10월 1일

4) ZigBee의 국제 규약들

참고로 ZigBee 기반의 제품들은 IEEE 802.15.4 표준을 준수하므로 다음의 국제표준들을 기반으로 하고 있다.

- FCC / ETSI / ARIB / Cofetal Certificate
- CSA / CSAus and cCSAus / C-Tick Mark
- EMC-MARK / GOST R MARK / VCCI / CCC MARK

5) ZigBee 응용 분야

ZigBee는 홈네트워크, 빌딩 및 산업 기기의 자동화, 컴퓨터 주변장치 연결, 가전제품 제어, 물류, 환경 모니터링, 군사, 보안, 재고관리, 동물관리, 자연재해관리, 지능형교통시스템(ITS), 텔레매틱스(Telemetric), 건강관리(Health Care)나 환자관리와 같은 휴먼 인터페이스(Human Interface) 등의 다양한 유비쿼터스 컴퓨팅 환경의 시장에 폭넓게 응용될 전망이다.

ZigBee가 무선 랜을 대체하는 신기술일까? 아니다. 그렇다면 ZigBee의 최적 응용 분야는 어떤 곳일까? 저속통신으로 처리가 가능하며 전송이 드물게 발생되는 전문용어로 듀티 사이클(duty cycle)이 낮은 곳에 적합하다. 따라서 디지털 홈구현, 빌딩자동화, 공장자동화 등의 유비쿼터스 환경의 구현에 적합하다.

홈오토메이션에서 출입문 개폐, 전등제어, TV 및 가전제품 조절을 하나의 리모컨으로 처리할 수 있고 집안의 냉난방 온도, 습도, 조도의 조절, 연기 및 화재감지 등에 최적이다.

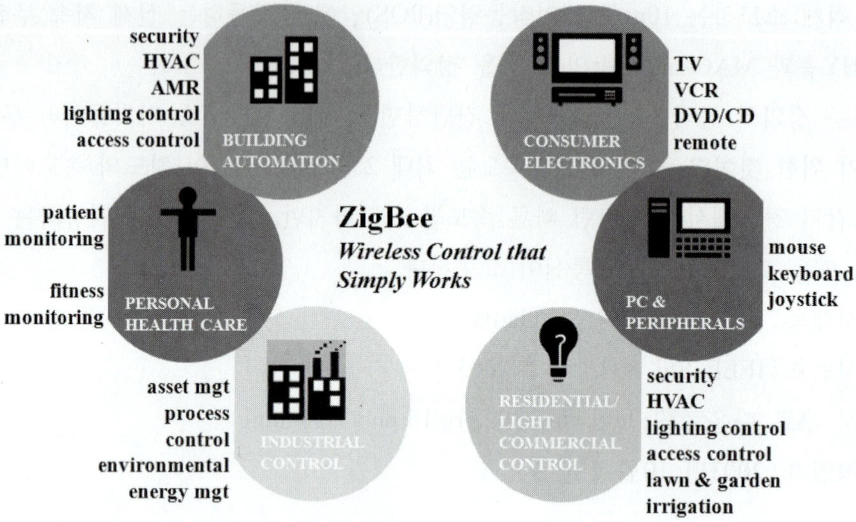

[그림 2-10] ZigBee의 응용 분야

관리적 측면에서 장점이 큰데, 고장 수리시 무선이므로 선로의 점검이 필요 없고, 기기만 확인해서 이상이 있다면 교체하면 된다. 이와 같이 전자기기들을 무선 센서 네트워크를 구성하여 중앙집중식으로 컴퓨터가 관리하여 에너지 활용과 비용의 최적제어를 구현할 수 있다. 홈오토메이션과 빌딩자동화 부분은 ZigBee 무선기술이 이미 적용되고 있다. 홈오토메이션의 대표적인 예로 강남의 팔래스 빌딩을 들 수 있다. 여기에는 많은 무선기술들이 적용되었다. 앞으로 만들어질 주상복합 건물에서 많은 제어부분에 ZigBee 기술이 적용될 전망이다.

생산공장의 시스템간 통신에도 ZigBee 기술 적용이 점차 확대될 전망이며 무인주차장, 자동창고, 자동온실, 환경감시 뿐만 아니라 병원에서 환자들에게 주렁주렁 달린 각종 측정 기기들의 유선을 ZigBee 무선으로 대치할 수 있는 최적의 근거리 무선통신기술이다. 그리고 ZigBee 표준을 따라 ZigBee 프로파일을 준수하여 개발된 기기들간에는 서로 통신할 수 있다. 기기들간에 네트워크를 구성하여 운용할 수 있는 상호운용성을 제공하는 것이 ZigBee 표준의 근본 취지이다. 예로서 가정의 전등제어, 가전제품, TV, 냉난방, 문의 개폐, 보안 등을 하나의 네트워크로 통합할 수 있다.

[그림 2-11]은 간단하게 ZigBee 기술을 전등제어에 적용한 구성도이다. 무선 스위치 1로는 전등 1, 2, 3을 제어하고, 스위치 2로는 4번을 제어하는 구성이다. 미국 가정의 전등은 대부분의 플러그에 꽂아 쓰는데, 최근 홈쇼핑으로 무선 스위치 세트를 $13에 구매를 하였다. 제어기에는 버튼이 3개 달려 있고 벽에 있는 플러그에 수신기를 꽂고 그 위에

전등을 연결하는 방식인데 활용해보니 편리하다. 4학년인 아들은 이 리모컨으로 마술을 한다며 손님이 올 때마다 주머니에 리모컨을 넣고 한꺼번에 전등 모두 끄기도 하고 차례대로 켜보기도 하면서 원격전등 리모컨으로 멋진 쇼를 연출하곤 하였다.

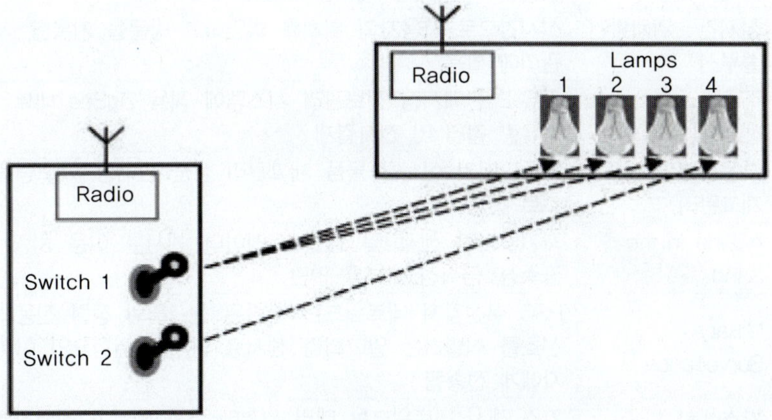

[그림 2-11] ZigBee를 이용한 전등제어의 예

ZigBee를 적용한 응용사례는 국내외에 걸쳐 다양하다. [표 2-6]은 ZigBee를 적용한 응용사례이다.

과거에는 무선 센서 및 네트워크를 각 업체별로 독자적으로 개발해 왔으나, 현재는 대부분의 업체들이 IEEE 802.15.4나 ZigBee를 기반으로 개발하고 있고, 급속히 시장에 확산되고 있다. 많은 업체들이 센서 네트워크 환경구축에 중점을 두고 있다.

[표 2-6]

분야	ZigBee 응용사례	응용내용
산업	원격감시 시스템	각기 다른 산업에서 에너지 비용의 절감을 위해 시작, 에너지 손실 추적 및 생산과정에서 가스사용 감시
	공장의 모니터링 적용	생산공장에 대한 모니터링 프로파일 작성 IPM(Industrial Plant Monitoring) 프로토타입 표준화 및 테스트, 공장관리 및 제품의 생산과정 제어
	원격검침	전력사용량 검침, 검침의 정확성이 높고 고객 서비스 개선, 사용통계 제공
홈오토메이션	HVAC 응용 ZigBee 프로파일	Heating Ventilation and Air Conditioning을 위한 응용 프로파일 작성 홈네트워크 환경에서 ZigBee 기반의 기술을 사용하기 위한 프레임워크 구축

분야	ZigBee 응용사례	응용내용
	홈오토메이션용 ZigBee SCP Bridge 시스템	SCP(Simple Control Protocol)는 ZigBee 네트워크간을 연결하기 위한 시스템의 구축이 목적
	디지털 홈네트워크	ZigBee 기술을 적용한 저비용 홈네트워크 구축 개인단말기(PDA)를 이용한 제어 각종 재해방지, 보안체계 구축
위치확인	실시간 위치확인 솔루션	실시간으로 사용자의 위치를 확인하고 방문을 기록함, 시설의 보안관리에 활용
물품관리	주유소 센서 네트워크	주유소 판매시점 정보관리 시스템에 적용 ZigBee 네트워크를 통한 주유량 검침 및 전자결재
	자동판매기 재고관리	자동판매기 실시간 물품 재고관리 상품 판매량, 재고량을 중앙관제소로 전송
국방외교	A Line in the Sand	자기탐지기 센서 및 임펄스 레이더 센서를 이용 차량 통과시 비금속성, 금속성 여부를 판단
	Military Surveillance	RSC 무선감지 네트워크는 분산된 센서들의 정렬 진동과 자성적인 신호를 식별하는 알고리즘 센서로 탐지된 위험요인 이미지는 관계자에게 전송됨
	가스센서 네트워크	가스 센서 네트워크는 테러 위협에 대응 빠르고 정확하게 도심영역에서 화학 공격을 감지 인명사고를 줄임
차량	UAV 센서 네트워크를 이용한 차량추적	길에 센서노드를 설치하여 지나가는 차량의 이동위치를 추적 수집된 위치정보는 센서 네트워크를 통해 전달, UAV가 장착된 센서노드를 이용하여 호스트로 전송
농축산	식물원의 실내와 환경관리 시스템	온도, 수분을 ZigBee를 이용하여 전송 센서는 태양열로 전력을 자동 충전
정보가전	Media Cup	일반적인 컵에 감지기능과 의사소통기능 장착 센서는 컵의 온도를 감지하고 다른 기기와 정보교환
과학기술	초음파 위치인식 시스템	두 개 이상의 물체에 부착된 Bat : 상호위치에 의해 물체의 방향을 계산하는 3차원 위치추적 시스템
방재재해	건축구조물 위험관리 및 모니터링	건물이나 다리 등의 건축구조물 상태 관리 및 실시간 모니터링을 목적으로 함. 스마트 dust Mote를 이용하여 실시간으로 스트리밍 데이터를 받아 필요한 보수 공사의 우선 순위를 알려 주도록 하는 목적
건강복지	RFID를 이용한 수감자 관리	교도소에서 RFID를 이용한 추적 시스템을 사용하여 탈출 및 폭력 발생을 미연에 감지
의료보건	Vital Sign Sensor	환자의 심장박동수나 산소포화 심전도를 감지 이상이 있는 경우 근접한 센서 네트워크로 전달, PDA 또는 랩탑에 수신한 신호는 근처의 보건소나 의사에게 위험신호를 보냄.
	세브란스 병원 유비쿼터스 시스템	디지털 진료 차트사용 환자의무기록을 통해 데이터베이스화함. 스마트 카드를 사용하여 행정절차 간소화함.
	HP의 병원 응용	Metro West 병원 및 BWH에서 실증실험(2005) 저전력의 초경량 기기로 이루어진 응용 병원 직원들에 대한 정보의 흐름관리를 개선
	자유로운 이동성 보조 프로젝트	일본정부의 Free Mobility Assistance Project 자유로운 모바일 서비스, 사용자의 위치측정 기능

2 ZigBee의 계층구조

ZigBee의 구조는 IEEE 802.15.4를 포함한 계층 스펙 구조를 가지고 있다. ZigBee의 스펙은 4개의 계층구조로 되어 있으며, PHY, MAC, NWK, APS로 나눈다. 이 중 물리(PHY)계층과 매체접근제어(MAC) 계층은 IEEE 802.15.4에서 정의된 것을 그대로 사용하며, 네트워크(NWK) 계층과 응용지원(APS) 계층을 ZigBee 연합에서 스펙으로 추가하였고, 그 위의 계층에 사용자 응용 프로그램이 위치된다.

IEEE 802.14.4 표준에서 정의하는 2개의 계층은 PHY/MAC 계층이며

- 물리 PHY 계층 - 무선(Radio Frequency)
- 매체접근제어 MAC 계층 - 충돌방지

ZigBee 연합에서 정의한 스펙은 NWK 계층과 APS 계층이다.

- 네트워크(NWK) 계층
- 응용지원 APS 계층

그리고 ZigBee 연합에서는 보안과 ZDO에 대해서도 표준화하였다.

- 보안 SSP(Security Service Provider)
- ZDO(ZigBee Device Object)

ZigBee 표준을 따르는 제조사에서는

- 응용(APL)계층에 대해 정의하고 프로그램하여 ZigBee 제품을 제작한다.
- 응용 프로파일을 활용하여 프로그램하여 상호호환성을 유지한다.

[표 2-7] ZigBee 스펙의 구조의 계층별 구분

계층	ZigBee 스펙의 계층 명칭	계층에 대한 관리
5	Application Layer(APL)	ZigBee 적용 제조회사
4	Application Support(APS) Layer	ZigBee Specification
3	Network(NWK) Layer	
2	Medium Access Control(MAC) Layer	IEEE 802.15.4 Standard
1	Physical(PHY) Layer-adio Frequency	

- 물리 PHY 계층 : IEEE802.15.4 PHY 물리계층은 직접 시퀀스(Direct sequence)를 사용하여 아날로그 회로 수준의 높은 결합을 제공해야 하고 저렴한 구현이 가능하도록 해야 한다.

- 매체접근제어 MAC 계층 : IEEE802.15.4 MAC 매체접근제어층은 쉽게 여러 가지 망 형태를 사용을 허가하여 많은 수의 기기를 연결할 수 있도록 해야 한다.
- 네트워크 NWK 계층 및 네트워크 응용지원 APS 계층 : 이 계층은 저전력으로 전송이 가능하며, 엄청난 수량의 노드를 제공하며 네트워크의 확장도 허락한다. 이 계층은 ZDO(ZigBee Device Object)를 포함하고, 사용자 정의 응용 프로파일과 응용지원 (APS) 부분계층을 포함한다.

응용지원 부분계층은 두 기기간에 통신할 때 테이블이 매칭되도록 하고, 어느 기기든 작동영역 내에 다른 기기를 찾고 구별할 수 있는 책임도 갖는다. 네트워크에서 기기의 특성(코디네이터, FFD 또는 RFD) 결정에 대한 책임과 바인딩(binding) 요청에 대해서 받음(commencing)과 회신(replying) 응답을 해야 하며, ZDO 내에서 기기가 휴면하는 사이의 안전한 관계를 보장해야 한다. 사용자 정의 응용이란 ZigBee 표준을 따르는 종단기기를 의미한다.

1) ZigBee와 ISO-OSI Layer 비교

IEEE 802 참조모델과 OSI 참조모델을 부분계층별로 비교하면 [그림 2-12]와 같다.

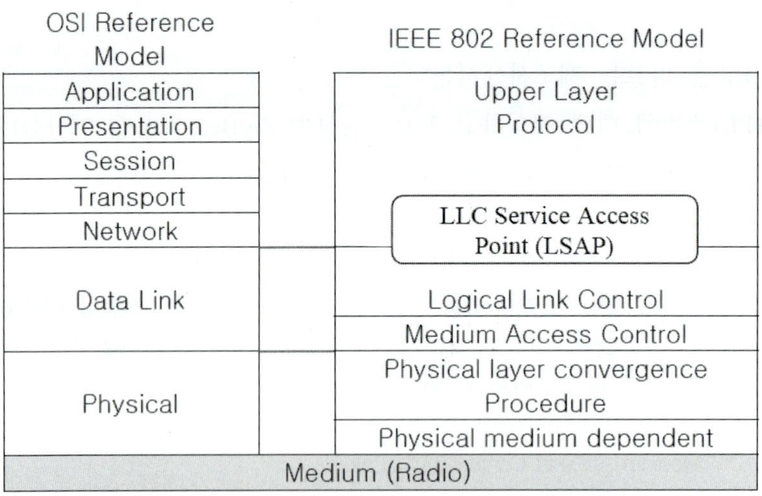

[그림 2-12] OSI 참조모델과 IEEE 802 참조모델의 비교

ZigBee의 네트워크(NWK) 계층구조와 7계층 ISO-OSI 모델과 간략화된 5계층 ISO-OSI 모델 및 IEEE 802.15.4 모델을 서로 부분계층별로 비교해 보자.

[표 2-8] ISO-OSI 모델과 ZigBee 계층 모델의 비교

Layer	7 Layer ISO-OSI Model	Simplified 5Layer ISO-OSI Model	ZigBee	IEEE 802.15.4 Model
7	Application	User Application	Application	Upper Layers
6	Presentation	Application Profile	Application Profile	
5	Session			
4	Transport		APS	
3	Network	Network	Network	
2	Data Link	Data Link	Logical Link Control (LLC)	Logical Link Control (LLC)
			Media Access Control(MAC)	Media Access Control(MAC)
1	Physical	Physical	Physical	Physical

2) ZigBee 주파수

ZigBee 규격을 따르는 제품들은 IEEE 802.15.4의 물리적인 무선 표준특성과 2.4GHz(전세계), 915MHz(미국), 868MHz(유럽)의 무허가 영역의 표준 물리계층 무선의 장점을 모두 가진다.

데이터의 전송은 2.4GHz에서 16채널, 915MHz에서 10채널 그리고 868MHz에서 한 채널로 모두 27개 중 한 채널을 선택할 수 있고, 전송률은 최대로 2.4GHz 대역에서 250Kbps까지 가능하다. 전송 거리는 출력과 환경에 따라 크게 다르지만 대체로 75m까지 가능하다.

- 전세계 : 2.4GHz ISM Band(250Kbps), CFR47 part 15
- 미국 : 915MHz(40Kbps) CFR47 part 15
- 유럽 : 868MHz(20Kbps), EN300 440
- 한국 : ZigBee용 주파수 확보를 위한 협의 중

[표 2-9] ZigBee의 주파수 대역

PHY	Frequency Band	Channel Numbering
868/915MHz	868~870MHz	0
	902~928MHz	1 to 10
2.4GHz	2.4~2.4835GHz	11 to 26

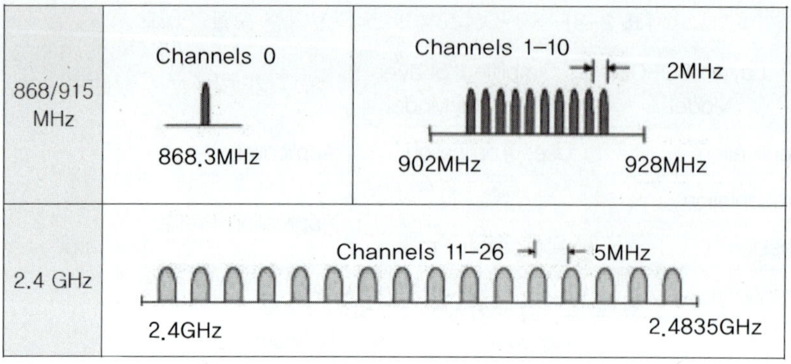

[그림 2-13] 주파수 대역별 채널

3) ZigBee 전송거리

- 전송거리 : 10~75m range, 75m/1mW(0dBm)이하, 30mA TX이다.
- 2.4GHz 하드웨어의 경우 전송거리는 실내에서 30m, 실외에서 100m 이상이다.
- ZigBee 모듈 제조업체마다 전송거리가 실제 다를 수 있다.

ZigBee에 대해서 자주 던지는 질문은 "전송거리가 얼마나 되는가"이다. 간단히 답하면 ZigBee의 전송거리는 10~100m이지만 사실 이 질문에 대한 답하기란 쉽지 않다. 정확한 답은 네트워크 대역이 2.4GHz인지 1GHz 미만인지 네트워크로 연결된 기기들이 실내에 있는지 실외에 있는지에 따라 크게 달라진다.

벽의 두께나 천정의 두께도 영향을 미친다. 또한 일반적인 전력에서 ZigBee 칩이 직접 지원하는 0dBm에서 동작하는지, 아니면 더 높은 전력에서 동작하는지도 영향을 준다. 최대값은 20dBm이지만 이 경우 ZigBee 칩 외부에는 별도의 증폭기가 필요하다.

가장 중요한 변수는 데이터가 목적지에 도달할 때까지 얼마나 많은 호핑(hopping)을 하는가이다. 여러 차례 라우터를 거치면 먼 곳까지 전송할 수 있다.

2.4GHz 대역은 868/915MHz 대역보다 더 높은 데이터 전송률을 제공한다.

이로 인해 ZMD(http://www.zmd.biz)와 같은 1GHz 미만의 주파수를 지지하는 단체에서는 이 대역이 간섭이 적고, 주파수가 낮을수록 신호흡수 및 반사문제가 덜 심각하기 때문에 낮은 주파수에서의 전송이 더 안정적이라고 말한다.

결과적으로 낮은 주파수를 사용하는 기기는 더 낮은 전력에서 동작을 할 수 있다. ZigBee 전송거리는 네트워크 대역과 이 네트워크에 연결된 기기들의 위치에 따라 달라질 수 있다.

4) 주파수 상호 공존성(Coexistence)

비허가 무선 영역인 2.4GHz 대역은 많은 기기(무선 랜 등)들이 활용되므로 간섭(interference)과 공존(coexistence)을 피할 수 없다. 이 대역에서 ZigBee의 안정적인 네트워크 접속이 가능할까?

이 상황에 대한 주파수 상호 공존성으로 인한 충돌에 대해서는 국내 및 IEEE에서 계속 연구를 진행하고 있다. 다행히도 2.4GHz 대역에서 5MHz 채널로 16개까지 접속할 수 있는데 일부는 IEEE 802.11 또는 Wi-Fi와는 중첩이 되지 않는다.

ZigBee는 IEEE 802.15.4에서 통합 정의된 CSMA-CA방법을 사용하는데, 이는 데이터의 자동 재전송 기술을 가지고 있어서 간섭을 줄일 수 있다.

ZigBee는 반드시 데이터를 전송하기 전에 채널 상태가 사용이 가능한지 IEEE 802.15.4의 한 부분인 CSMA(Carrier Sense Multiple Access) 방법으로 확인하므로 사용자들이 충돌을 피하는 방법을 안정적으로 만들 수 있다.

대체로 ZigBee 호환 기종은 전송빈도(duty cycle)가 적은 곳에 적용되어 아주 적은 패킷 데이터 유닛(unit)을 전송하므로 전송 실패 확률도 적다.

ZigBee는 상용 및 산업응용의 일상적인 적대적 RF 환경에서 사용하도록 설계되었지만, DSSS 기술을 적용하고 있어 충돌방지, 수신 에너지 감지, 링크의 양호 표시, 빈 채널 부여, 알림 메시지, 보안, 타임슬롯과 패킷의 양호도 보장을 지원한다.

- 모든 비허가 대역에서는 상호 간섭을 배제할 수 없다.
- IEEE 802.11과 802.15.2 위원회에서는 동시 존재(coexistence)에 대해서 연구하고 회피하는 방법이 언급되어 있고 이에 대해 연구하고 있다.
- ZigBee는 상호 공존성이 강하다.
  - 전송하기 전에 채널이 비어있는지 확인한다.
  - 알림신호(ACK)를 받지 않으면 데이터를 무시하고, 재시도 한다.

2.3 무선 네트워트 통신기술

1 무선 홈네트워크 통신기술

홈네트워크란 집안의 각종 정보기기 및 가전기기들을 상호 연결하여 양방향 서비스가 가능한 환경을 구축하여 홈엔터테인먼트, 자원관리, 원격진료 등 삶의 질향상에 도움을 줄 수 있는 방법이라고 할 수 있다. 양방향 DTV, 네트워크 게임 등의 즐거운 삶, 재난방지 침입탐지 등의 안전한 삶 그리고 정보가전과 생활기기의 제어들 통한 편리한 삶, 원격의료 상담과 지능형 건강관리 등의 윤택한 삶을 목표로 하고 있다.

2 무선 접속기술

홈네트워크 기술들 중에 ZigBee가 어느 부분에 속하는지 살펴보자.

홈네트워크 접속기술로는 유선과 무선으로 나눌 수 있는데, 유선에는 광케이블, 동축케이블 및 이더넷 케이블, 전화선, PLC 등이 있고 무선은 WLAN과 WPAN을 나누며 WLAN은 2.4GHz와 5GHz 대역으로, WPAN은 저속과 고속으로 나눌 수 있는데, 고속은 UWB, 저속은 ZigBee, Bluetooth, UWB 등이 있고, 바코드 대용으로 무선 RFID의 보급도 크게 늘어날 전망이다.

IEEE 802 기반의 무선통신 표준에 대한 전송속도와 전송거리에 대한 그림이 다음과 같다.

저속 및 근거리에 해당하는 ZigBee는 Bluetooth나 UWB과 구별되게 센서 네트워크나 홈네트워크 같은 무선통신에 각광을 받을 전망이다. 그림에서 가로축은 단위가 Mbps 이고 세로축은 거리를 나타낸다.

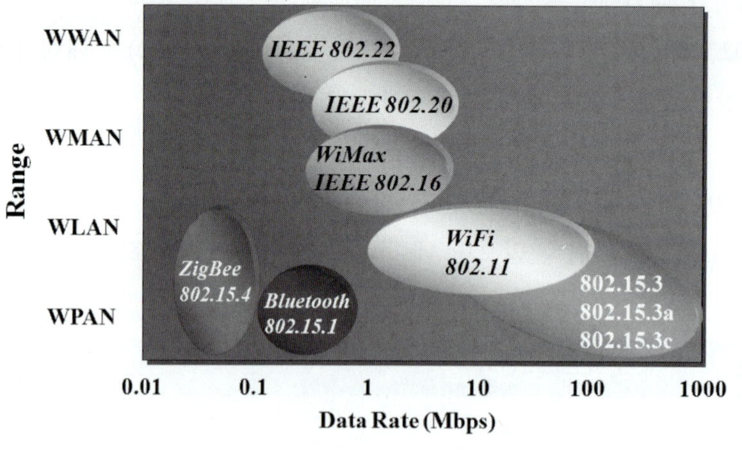

[그림 2-14] IEEE 802 무선공간의 표준

802 표준 대역의 무선공간(Wireless Space)은 다음과 같이 요약할 수 있다.

- WWAN(무선 광대역 통신망) : 2.5G/3G 무선 셀룰러 폰

- WMAN : 휴대용 무선 인터넷(DSL)
- WLAN(무선영역네트워크) : 무선 랜
  - 종류 : PC, 노트북, PDA 등의 단말
  - 적용 : 광대역 인터넷 접속 연결의 확장
- WPAN(무선개인영역네트워크) : 단거리 개인 무선
  - 종류 : ZigBee, UBW, Bluetooth
  - 적용 : PC 가전제품, 셋톱 박스 등 이동 통신 단말, 가정자동화, 가정, 오락

참고 WiMAX(Worldwide Interoperability for Microwave Access)는 인텔사가 휴대 인터넷의 기술 표준을 목표로 개발중인 기술 방식으로 건물 밖으로 인터넷 사용반경을 대폭 넓힐 수 있도록 기존의 무선 랜 802 11a/b/g 기술을 보완하는 것으로 이동시에 기지국과 기지국간 핸드오프를 보장하지 못하는 단점이 있다.

[표 2-10] 무선 접속기술의 분류

<table>
<tr><th>유선</th><th colspan="3">이더넷, 광케이블, 동축케이블, 전화선, PLC</th></tr>
<tr><td rowspan="4">무선</td><td colspan="2">WLAN</td><td>2.4GHz/5GHz WLAN</td></tr>
<tr><td rowspan="2">WPAN</td><td>고속</td><td>UWB</td></tr>
<tr><td>저속</td><td>Bluetooth, ZigBee, UWB</td></tr>
<tr><td colspan="3">RFID</td></tr>
</table>

[표 2-11] 무선 홈네트워크 기술들의 비교

방식	주파수대역	전송속도	전송거리	용도
WLAN	2.4G/5GHz	54M/600Mbps	50~100m	무선 인터넷
UBM	3.1~10.6GHz	200M/480Mbps	10m	HD A/V 전송
저속 UWB	3.1~10.6GHz	1Mbps	50m	가전기기제어 위치인식
Bluetooth	2.4GHz	1Mbps	10m	무선 헤드셋 음성전송
ZigBee	868/915MHz 2.4GHz	20/80Kbps 250Kbps	30m 100m	가전기기제어 원격 모니터링
RFID	125K/13.56MHz 400M/900MHz	30Kbps	5m 능동형100m	물류, 재고관리

1) WLAN(IEEE 802.11.a~n)

- 개요 : 초고속 무선 인터넷 서비스, 홈 및 오피스 네트워크, VoIP서비스

- 주파수 : IEEE802.11b : 2.4GHz
- 전송속도 : 11Mbps(1999)
- 주파수 : IEEE 802.11a : 5GHz
- 전송속도 : 54Mbps(2002)
- 전송거리 : 50~100m
- 기술동향 : KT 네스팟, 하나로 텔레콤 하나 포스윙에서 초고속 무선 인터넷

서비스 2006년 50만명 가입 월평균 15,000원 이용료, 1500여 개의 제품 출시하고 2008년 이후 MIMO 기술을 탑재하여 600Mbps까지 서비스가 가능한 802.11n 표준화에 삼성 및 ETRI가 참여 중이다.

2) UWB(IEEE 802.15.3a)

- 개요 : 넓은 대역 스펙트럼을 활용하여 낮은 전력으로 대용량의 정보를 전송하는 기술, PC와 프린터, HDTV 동영상을 PC저장, 디지털 카메라의 영상을 프린트
- 주파수 : 3.1~10.6GHz
- 전송속도 : 480Mbps
- 전송거리 : 10m 이내
- 기술동향 : UWB 통신용 주파수 분배를 추진(2006년), ETRI에서 MB OFDM 방식과 DS-CDMA 방식의 칩 셋을 개발하고, 20억 달러의 유선시장 대체효과가 있다.

3) 저속 UWB(IEEE 802.15.4a)

- 개요 : 초광대역 스펙트럼을 갖는 순간 펄스를 전송하여 물체의 정확한 위치와 거리를 추적하는 기술, 지하매설물 및 건물배관 확인, 차량충돌방지, 군사기술, 1m 이내의 정확도를 갖는 위치 및 거리 정보제공, 방해전파에 대해 견고하여 응용 분야가 다양하다.
- 주파수 : 3.1~10.6GHz
- 전송속도 : 1Kbps
- 전송거리 : 30m이내
- 기술동향 : 저속 UWB 주파수 분배방안 검토 중이고, 삼성전기 및 삼성 종기원이 표준화에 참여, 국제표준화가 최근에 완료되었다.

4) Bluetooth(IEEE 802.15.1)

- 개요 : 휴대용 장치간의 양방향 근거리 통신, 무선 헤드셋, 무선 키보드 및 마우스, 이동단말기간의 명함교환, 음성지원이 가능, 7개의 기기연결
- 주파수 : 2.4GHz
- 전송속도 : 64K~1Mbps
- 전송거리 : 10m 이내
- 기술동향 : 핸드폰 전용 헤드셋, 무선 홈씨어터, 모바일 프린팅 어댑터, ZigBee보다 비싼 것이 단점이고, 향후 2.4GHz 무선 랜과 Bluetooth를 통합한 듀얼 모드 출시가 예상된다.

2.4 ZigBee의 구조

1 IEEE 802.15.4

ZigBee는 아버지격인 IEEE 802.15.4 표준의 모든 것을 그대로 상속받았다.

IEEE 802.15 워킹 그룹은 무선개인영역 네트워크(WPAN : Wireless Personal Area Networks)로 근거리 무선 네트워크의 표준을 제정하는 국제모임이다.

개인영역 네트워크인 WPAN은 PC나 PDA 그리고 셀룰러 폰 등의 무선 이동기기간의 통신에 적합하고, 다른 무선통신기술에 비해 전력소비가 적고, 저렴하게 구현할 수 있어 유비쿼터스 및 센서 네트워크에 도입되기 적합한 통신 신기술로 부각되고 있다. 이 중에서 특히 IEEE 802.15.4 표준은 근거리 센서 네트워크에 적용하기 가장 적합한 통신기술로 인정받고 있다.

ZigBee에서는 IEEE의 LR-WPAN의 PHY 및 MAC을 하위계층의 표준으로 사용하고 있다. IEEE 802의 작업그룹 TG 4에서 연구중인 IEEE 802.15.4는 데이터 전송률이 낮고 배터리가 수년간 지속되는 저가의 제품을 위한 표준을 제정하는 그룹이다.

TG4에서 정의한 PHY와 MAC은 산업, 과학, 의료(ISM : industrial, scientific and medical)에서 동작하며 센서, 장난감, 스마트 뱃지, 무선제어기 등에 사용될 수 있다. 2003년에 제정된 "IEEE Std 802.15.4-2003" 표준에 기술된 MAC과 PHY는 250Kbps 이하의 데이터 전송률을 지원하며, 2개의 주소모드, 네트워크 설정 자동화, 낮은 전력소비 등의 특징을 갖는다. 표준제정 이후 TG4는 TG4a와 TG4b로 분리되어 운영되고 있다.

현재 표준화 중인 TG4a에서는 TG4의 표준을 기반으로 통신 능력뿐만 아니라 1미터

정도의 정확성을 갖는 위치인식 능력과 높은 전송효율 그리고 다양한 데이터 전송률을 제공하는 저가 및 저전력의 PHY의 제정이 목적이다.

또한, TG4b는 TG4에서 제정한 표준을 더욱 명확하게 하고 불필요한 복잡성을 줄이는 등 IEEE 802.15.4의 표준을 개선하는 것을 목적이다.

[표 2-12] IEEE 802 표준 작업그룹(task group)의 작업업무

구분	작업그룹	작업업무
IEEE 802.15	WPAN(TG1) Bluetooth	10m 정도 근거리에서의 무선통신기술에 대한 표준 제정, MAC과 PHY Bluetooth 규격 채용
	Coexistence(TG2)	WPAN WLAN 간의 전파간섭 축소 방법 연구
	High Rate(TG3)	20Mbps MAC 및 PHY 연구 2.4GHz ISM(11, 22, 33, 44, 55Mbps 까지 전송)
	High Rate(TG3a) Alt. PHY UWB	TG3 PHY 100Mbps 이상 고속화하기 위한 대체(alternative) PHY 연구
	mmWave(TG3c)	TG3a 60GHz 대역을 활용한 초고속 대체(alternative) PHY 연구
	Low Rate(TG4) ZigBee	최대전송속도 20~250Kbps MAC 및 PHY 연구 2.4GHz ISM, 868/915MHz Dual PHY
	Low Rate(TG4a) Alt. PHY UWB	UWB PHY를 이용한 저속 위치인식 네트워크 연구
	Mesh Networking (TG5)	WPAN Mesh 네트워크 형태 MAC 및 PHY 연구

[표 2-13] IEEE 802.15 표준팀에서 작성한 문서

작업그룹	문서 제목
IEEE 802.15.1	Part 15.1 : Wireless Medium Access Control(MAC) and Physical Layer(PHY) Specifications for Wireless Personal Area Networks(WPANs)
IEEE 802.15.2	Part 15.2 : Coexistence of Wireless Personal Area Networks with Other Wireless Devices Operating in Unlicensed Frequency Bands
IEEE 802.15.3	Part 15.3 : Wireless Medium Access Control(MAC) and Physical Layer(PHY) Specifications for High Rate Wireless Personal Area Networks(WPANs)

작업그룹	문서 제목
IEEE 802.15.4	Part 15.4 : Wireless Medium Access Control(MAC) and Physical Layer(PHY) Specifications for Low-rate Wireless Personal Area Networks(LR-WPANs)

2 ZigBee 스펙의 구조

ZigBee는 계층구조로 구성된다. 하위계층은 IEEE 802.15.4 중간은 ZigBee 그리고 상위계층은 OEM 회사들에서 정의한다.

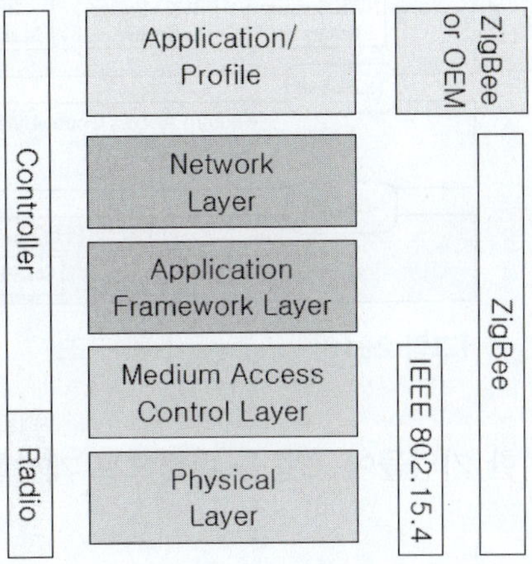

[그림 2-15] ZigBee의 계층구성

ZigBee 스펙은 OSI(Open Systems Interconnection) 7계층 모델을 기반으로 한 계층적 구조이다. ZigBee 스펙의 전체적인 내용은 [그림 2-16]과 같다.

ZigBee 네트워크(NWK) 계층에는 노드들이 네트워크에 접속하거나 끊는 방법과 보안이 적용된 데이터 프레임 그리고 원하는 목적지까지 데이터나 프레임을 전송하기 위한 경로를 찾는 라우팅 알고리즘과 프레임 전달방법 등이 정의되어 있다.

응용지원 부분(APS)계층은 두 개의 장치를 연결하기 위한 바인딩 테이블 관리와 바인딩된 장치간에 메시지를 전송하기 위한 방법을 정의한다.

ZDO는 네트워크에서 각 장치의 역할에 대한 정의와 바인딩에 대한 초기화와 바인딩되는 과정, 네트워크 장치간의 보안과 장치들이 제공하는 서비스를 발견하는 방법 등을 정의하고 있다.

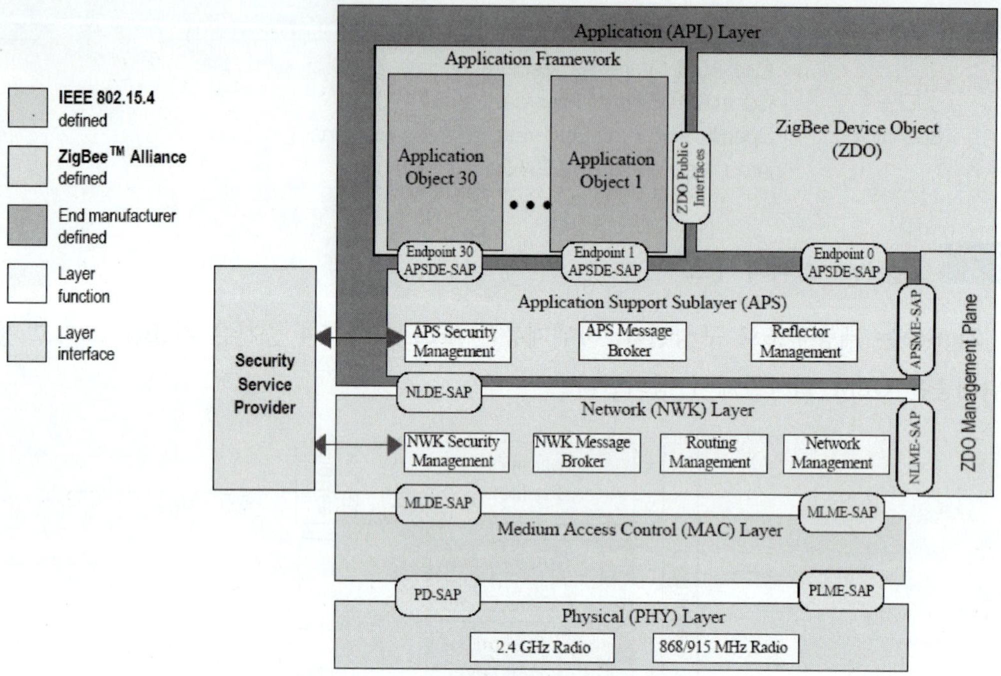

[그림 2-16] ZigBee 스펙 구조

ZigBee 표준 제정에 참여한 기업들이 표준을 바탕으로 개발한 제품은 [표 2-14]와 같다.

[표 2-14] ZigBee 표준 바탕의 제품들

기업명	제품명	기능
Chipcon	CC2420/2430	2.4GHz IEEE 802.15.4 시스템
CompXs	CX1540	단일 칩으로 구성된 IEEE 802.15.4
Freescale Semiconductor	MC13193	IEEE 802.15.4 2.4.GHz 저전력 송수신기
Ember corporation	EmberZNet	ZigBee 프로토콜 스펙
Figure 8 wireless	Z-stack	ZigBee 프로토콜 스펙
Radio Pulse	MANGO-1	IEEE 802.15.4 단일 칩
한국무선인터네트	KW-ZM-2420	ZigBee 프로토콜 스펙

3 ZigBee 기기의 구분

ZigBee 기기는 성능에 따라 전기능기기(FFD : Full Function Device), 축소기능기기(RFD : Reduced Function Device))의 두 가지로 나눌 수 있다.

FFD는 ZigBee 코디네이터, ZigBee 라우터, ZigBee 종단기기 중에 어떤 기기로도 사용될 수 있다. Star형, Peer to Peer형, Cluster-Tree 네트워크 형태를 모두 지원한다. ZigBee 기기는 기능에 따라 코디네이터, 라우터, 종단기기로 나눈다.

ZigBee 코디네이터는 각각의 네트워크마다 하나씩 존재하고 네트워크를 형성하는 기초가 된다. 코디네이터는 FFD로 구성이 되며, ZigBee 라우터로도 동작할 수도 있고, 네트워크 주소를 할당하는 역할을 한다.

ZigBee 라우터는 ZigBee 네트워크의 구성요소로 FFD이며, 멀티홉(Multi-Hop) 라우팅 메시지를 전달하는 역할을 한다.

RFD는 ZigBee 종단기기로 동작되며 Star망으로 제한되고, PAN 코디네이터 또는 라우터의 역할은 할 수 없고 아주 간단한 기능이 구현되어 있어 제한된 프로토콜 기능을 지원한다.

2장

1) 성능별 ZigBee 기기

ZigBee 기기를 성능별로 구분하면 전기능기기(FFD : Full function device)와 축소기능기기(RFD : Reduced function device)로 나눈다.

- FFD : 코디네이터, 라우터, 종단기기
- RFD : 종단기기

2) 기능별 ZigBee 기기

ZigBee 기기는 기능별로는 코디네이터(Coordinator), 라우터(Router), 종단기기(End Device)로 구분한다. 이와 같이 기기들을 구별하는 이유는 무엇일까? 구현 비용을 줄이기 위해서이다. 종단기기는 가장 많이 설치되는데 꼭 필요한 기능만 살리고 나머지는 모두 버려서 아주 값싸게 만들려는 목적이다.

① ZigBee 코디네이터(ZC)

단지 하나만의 ZigBee 코디네이터가 각 네트워크마다 있다. 다른 네트워크와 사이에 라우터처럼 동작하고 네트워크 Tree의 루트 역할을 한다. 네트워크에 대한 정보를 보관한다.

② ZigBee 라우터(ZR)

ZigBee 라우터는 FFD 기기 중에 하나로 다른 기기에서 데이터를 임시로 전송하는 라우터 역할을 한다. ZigBee 코디네이터 노드보다는 메모리가 적게 필요하고, 제작비용도 적게 든다. 모든 네트워크 형태에서 작동 가능하고, 필요한 경우 코디네이터로도 작동될 수 있다.

③ ZigBee 종단기기(ZED)

ZigBee 종단기기는 RFD 기기이며 네트워크에서 FFD인 코디네이터와 라우터와만 대화가 가능하다. 따라서 다른 기기들의 데이터를 전송하지는 못한다. 그러나 메모리가 훨씬 적게 필요해서 플래시메모리가 없거나 작은 ROM과 RAM만이 필요하다. FFD 기기보다 가격이 훨씬 저렴하다. 이 기기는 단지 네트워크 코디네이터나 라우터와 대화할 수 있고, 이것을 이용하여 간단한 Star망 형태를 구성할 수 있다.

[표 2-15] ZigBee 네트워크에서의 ZigBee 기기 형태

실제 기기 형태: 기기 HW의 복잡도와 기능에 따라 구분		논리적 디바이스 형태 : 네트워크에 배치될 때 구분		
		코디네이터	라우터	종단기기
		네트워크 형성 및 제어	데이터 라우팅 지원기능/ 다른 라우터 코디네이터 및 종단기기와 통신	단지 라우터나 코디네이터와 통신
전 기능 기기 FFD	모든 기능을 수행할 수 있는 메모리와 자원	Yes	Yes	Yes
축소기능 기기 RFD	적합한 기능을 수행할 적절한 메모리와 자원	No	No	No

4 ZigBee SoC의 구현 개념

ZigBee 스펙을 탑재할 시스템의 요구조건은 저전력으로 구현할 수 있도록 8/16비트 마이컴을 사용하고 소프트웨어의 스펙의 크기는 FFD의 경우 32Kbyte이하여야 하고 RFD는 4Kbyte이하여야 한다.

[그림 2-17]에서 왼쪽은 ZigBee는 계층구조를 나타내고, 오른쪽은 시스템온칩(SoC)을 구현하는 블록 다이어그램이다. 시스템온칩에서는 MAC, Data-Link, Network, Application

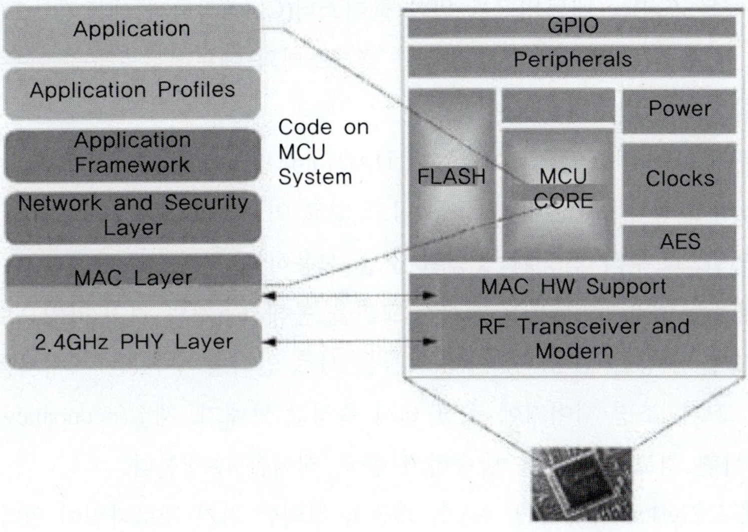

[그림 2-17] ZigBee 시스템온칩의 구현 개념

Interface를 MCU 코어에 내장하며 주변에 필요한 메모리와 클록 주변장치와의 통신을 위한 장치들이 필요하다.

- 8bit Microcontroller
- Full Protocol Stack : <32K
- Simple Node-only Stack : <4K
- Coordinators Require Extra RAM
  - Node-device Database
  - Transaction Table
  - Pairing Table

5 ZigBee 프로파일

ZigBee 프로파일(profile)도 ZigBee 연합에서 제정하는 표준 중에 하나인데 ZigBee 스펙에 따라 개발된 제품들끼리 상호 통신을 할 수 있도록 하기 위해 만들어지는 약속들이다. 따라서 ZigBee 프로파일은 ZigBee 스펙을 완전하게 포함하고 서로 다른 업체들간에 개발 호환성을 유지하기 위해 ZigBee 연합으로부터 인증을 받는 일련의 표준 규약이다. 그 종류로는 Home Automation, Building Automation, Industrial Automation 등에 대한 부분이 정의되어 있으며, 다양한 분야에 대한 프로파일이 현재 검토 및 개발 중에 있다.

각 프로파일에는 ZigBee 네트워크를 위한 클러스터(Cluster)들과 애트리뷰트(Attribute)들이 존재하고, 서로 다른 업체들간에 이러한 클러스터와 애트리뷰트들을 이용하여 메시지를 상호 교환하고 서비스를 받는다.

프로파일은 ZigBee의 근간을 이루는데 HA(Home Automation) 프로파일에는 전등을 켜고 끄는 등의 요청과 응답 메시지들을 담고 있고 이러한 프로파일에 정의된 각 타입들은 ZigBee 연합으로부터 인증된 공통된 값을 사용하고 있다.

홈 조명 제어를 예로 들면 제어 메시지 교환을 통해서 6개의 기기 타입으로 무선 홈오토메이션 응용을 구성할 수 있다. 이 기기들은 서로 인식할 수 있는 메지지를 교환을 통해 전등켜기, 끄기, 조명 제어기에 조명 센서 측정값 보내기, 재실(occupancy) 센서가 움직임을 감지하면 경고 메시지를 방송하기 등의 제어를 수행한다.

또 다른 예로 ZigBee 기기의 공통적인 작동을 정의한 기기 프로파일이 있다. 예를 들어 다른 네트워크 기기 및 이러한 기기가 제공하는 서비스들을 검색하고, 네트워크에 결합한 자율적인 기기의 기능에 의존적인 무선 네트워크가 있다. 이 기기 프로파일은 기기 및 서비스 검색을 지원한다.

ZigBee 플랫폼은 1GHz 미만 기기에도 적용 가능한 단일 칩 솔루션이다. ZMD44102의 경우 ZigBee 플랫폼은 왼쪽부분이다. 오른쪽 블록에는 응용 기능들이 내장된다.

ZigBee 스펙에는 ZigBee 관련 기기 제조업체가 프로파일을 만들 수 있도록 허용하기 때문에 독자적인 기능의 구현이 가능하다. 하지만 ZigBee 연합은 이러한 독자적인 기능이 네트워크내에서 다른 제조업체의 기기와 함께 작동하는 것을 방해해서는 안된다는 입장이다. 즉, 독자적인 프로파일로 구현된 ZigBee 기기라고 해도 다른 네트워크에서 기본적인 기능 수행이 가능해야 한다는 것이다.

ZigBee 기기의 플랫폼 영역에서는 RF 및 기본밴드(base band) 통신 기능을 구현할 수 있다. 지금은 다중 칩 ZigBee 플랫폼이 일반적이지만, 곧 대부분의 플랫폼은 단일 칩 구성이 일반화될 전망이다. 이는 모든 플랫폼에서 동일하게 설계하는 것이 아니라 여러 공급업체가 하나의 칩을 생산하는 것을 의미한다.

제조업체들의 플랫폼 칩 가격은 개당 $5 정도로 예상한다. 또 2.4GHz와 868/915MHz로 대역이 구분되며, 세부기능에 따라 제품의 차별화가 이뤄질 것이다. 아울러, ZigBee 칩들은 모든 기능들을 수행할 수 있어 특정응용에 제한적이지 않다. RF 기능 이외에도 이 칩들은 ZigBee 스펙을 저장하도록 덮어 쓰기가 가능한 비휘발성 플래시메모리와 프로세서를 내장하고 있다.

물론, 소프트웨어는 ZigBee에서 중심적인 역할을 수행한다. 소프트웨어의 업그레이드가 불가능하다면 소프트웨어에 종속적인 프로토콜의 구현을 완수할 수 없다. 하지만 무선환경에서의 이러한 업그레이드는 디자이너가 배포에 앞서 처리해야 하는 특수한 문제를 발생시킬 수 있다.

대규모 응용의 경우에는 응용 고유 기능을 ZigBee 플랫폼과 통합하는 것이 바람직한 방법이 될 수 있다. 이외에 응용 고유 기능은 보조(second) 칩을 이용해 구현할 수 있다. 예를 들어 플랫폼과 클락 크리스털 등의 추가적인 회로가 포함된 많은 ZigBee 플랫폼 모듈이 출시되거나 개발 중에 있다. 이 모듈은 최종 기기의 특정 응용을 프로토타이핑할 수 있는 특징적인 기능을 제공한다. 양산제품을 대상으로 하는 모듈에는 프로토타이핑 기능이 필요가 없다.

6 ZigBee 연합

ZigBee 표준화를 위해서 비영리 조직으로 ZigBee 연합(Alliance)이 결성되었다. 안정적인 데이터 전송을 위해 IEEE 802.15.4의 PHY 및 MAC 위에 상위 구조로 네트워크, 라우팅, 보안 등을 추가하여 ZigBee 스펙을 제정하였다. ZigBee 스펙을 기반으로 만든 ZigBee 프로파일은 서로 다른 생산자가 만든 기기들끼리 상호운용성과 호환성을 제공한다. ZigBee 연합은 다양한 응용 분야에 활용될 수 있도록 응용 프로파일의 정의와 개발에 역점을 두고 있다.

ZigBee 표준화를 위한 국제연합인 ZigBee 연합에는 세계적으로 우수한 기업들이 많이 참여하고 있으며 로고는 [그림 2-18]과 같다.

ZigBee™ Alliance
Wireless Control That Simply Works

[그림 2-18] ZigBee 연합 로고(http://www.zigbee.org)

ZigBee 연합은 저속 통신으로 배터리수명이 수년까지 갈 수 있는 표준 기술로 단순 기능이 요구되는 홈오토메이션과 같은 홈네트워크 분야 적용에 초점을 맞추고 있으나 다양한 분야로 확산하여 적용시키려고 한다.

ZigBee 연합은 ZigBee 네트워크를 구성하기 위한 네트워크(NWK) 계층(Network Layer)과 응용 프로그램을 지원하기 위한 응용지원 부분계층(Application Support Sublayer), 응용 프레임워크(Application Framework), 보안계층(Security Layer), ZDO(ZigBee Device Object) 등에 대한 ZigBee 표준 1.0 버전을 2005년 6월에 완성하였다. 이 ZigBee 스펙의 문서는 http://www.zigbee.org에서 무료로 다운받을 수 있다.

ZigBee 연합에는 세계 10대 반도체회사 중에 6여개의 회사가 참여하며 현재 많은 ZigBee 제품이 ZigBee 연합으로부터 공인 테스트를 거쳐 인증을 받았다.

ZigBee 연합의 마케팅(Marketing) 워킹 그룹에서는 ZigBee 시스템이 활용될 전체 서비스 모델을 정립하고 구체적인 응용 서비스 적용을 통한 시장 확대 방안 및 OEM을 위한 세부 규칙을 정의하는 작업을 주로 한다. 마케팅 워킹 그룹에서 작성한 대표적 문서에는 ZigBee 시스템이 핵심적으로 사용될 시장범위 및 구체적인 응용 분야에 대해 정리하고 있다. 구조 프레임워크(Architecture Framework) 워킹 그룹에서는 ZigBee 시스템의 응용 계층에서 사용될 프로파일에 대한 세부 정의를 주로 하는 작업그룹이다. 세부적인 프로파일의 기본 골격이 될 일반작동 프레임워크(General Operational Framework)가 작성되었고, 세부적인 프로파일로 현재 홈 제어(Home Control)의 근간이 될 빛 센서(Light Sensor) 및 제어(Controller), 액추에이터(Actuator)에 관련된 애트리뷰트(Attribute)의 정의가 완료된 상태이다. 한편 네트워크 워킹 그룹에서는 네트워크(NWK) 계층의 기능정의 및 수행방식에 대한 정의 및 응용부분계층(Application Sublayer)과의 인터페이스에 대한 작업을 추진하였다.

1) ZigBee 연합의 업무

ZigBee 연합은 근거리 양 방향성 저속 통신의 표준화를 위해 만들어진 국제모임이다. 이 연합의 목적은 무선통신 방식으로 국제표준 기반의 안정적이며, 저렴하며, 저전력으로 양방향 무선 네트워크를 구현하여, 제어와 모니터링 제품에 사용할 수 있도록 하는 것이다. 연합의 목표는 소비자가 무선 지능형 빌딩이나 일상 기기에 적용할 수 있는 유연성과 이동성 그리고 사용하기 쉽게 하는 것이다. ZigBee 기술이 많은 범위의 소비자시장, 산업과 상업시장 및 국가시장 등의 제품 및 응용에 폭넓게 임베디드될 전망이다. ZigBee는 현재 시장 호응도가 높고 많은 회사들이 제품을 생산하여 크게 성공적인 평가를 받고 있다. ZigBee 연합의 업무를 요약하면 다음과 같다.

- ZigBee 스펙의 제정 및 수정
- 네트워크, 보안 및 응용 소프트웨어 계층의 표준 정의
- 스펙에 따른 상호 연동성과 적합성 시험

- ZigBee 브랜드를 전세계시장에 홍보
- 기술혁신의 관리

ZigBee 연합의 구성도는 [그림 2-19]와 같다.

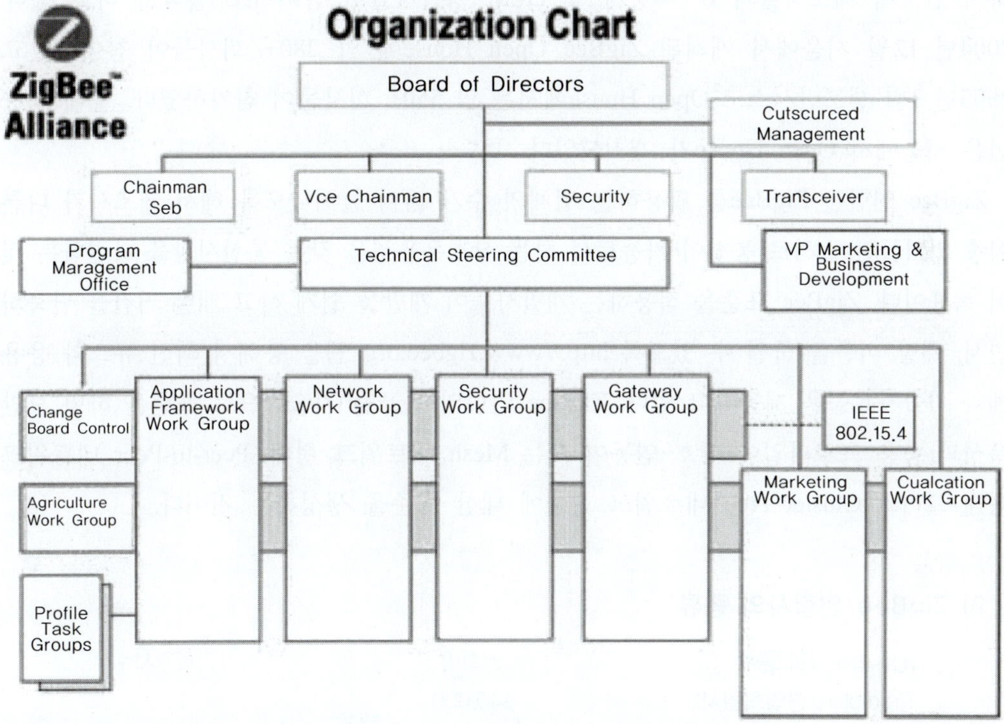

[그림 2-19] ZigBee 연합의 구성도

ZigBee 연합에 참여하는 회사들은 반도체 제조사, 기술제공자, OEM 생산자와 일반 사용자들이다. ZigBee 국제 표준화를 위해 만들어진 비영리 단체로 가입자 단체수가 점차 늘어나고 있다. 이 단체에 가입은 희망하는 업체 및 개인에게 자유롭게 열려 있다. 이 연합의 목적은 안정적이며, 가격경쟁력이 뛰어난 저속의 IEEE 802.15.4 표준을 기반으로 한 무선통신을 개발하는데 있다. 특히 저전력 응용에 대한 국제 표준을 만드는 것에 초점이 맞추어져 있다. 무선 제어와 관리를 위해 안정적이며 가격이 저렴하고 전력소모가 적은 무선 네트워크를 만들거나 응용하는데 관심이 있으면 연회비를 내고 참여신청을 할 수 있다.

회원사의 종류는 세 가지로 구분된다. 창립회원사(Promoters)는 연합을 이끌고, 참여회원사(Participants)는 표준화 회의에 참석하고, 모든 자료를 공유할 수 있다. 활용회원 사(Adopters)는 ZigBee 기술을 응용하여 제품을 만들거나 연구를 할 수 있다. 2006년 약 200여 회원사가 참여하고 있으며 회원사의 수가 계속 늘어나고 있다. 창립회원사들은 대부분 국제적으로 산업을 이끌어가는 리더 회사들이며, ZigBee 표준을 제정에 참여하고, ZigBee 규격의 제품을 만들고 있다. 창립회원사인 13개의 Promoters 그룹이 연합을 주도하며 반도체 제조사들과 IP 제공자 및 OEM 생산자들이 참여사로 활약을 하고 있다. 2004년 12월 서울에서 개최된 ZigBee Open House에 약 280+ 회사들이 참여하였고, 2005년 3월 샌프란시스코 Open House에서는 약 550+ 회사들이 참가하였다. 올해 2006년은 서울에서 Open House가 개최되었다.

ZigBee 연합은 ZigBee를 활용하는 업체의 수가 많이 늘어나도록 해서 제조사가 다른 이종 기기들간에 서로 통신이 가능토록 하는 상호운용성을 갖는 통신시장을 마련하는 것이 목표이다. ZigBee 표준을 적용하는 개발사들이 개발을 쉽게 하고 개발 기간을 단축하면서, 개발 비용을 줄일 수 있도록 http://www.zigbee.org 웹을 통해서 최신 뉴스와 응용 예와 기술자료들을 제공하고 있다. ZigBee 연합의 목표를 기술적으로 표현을 하면 보안 특성과 응용 프로파일이 상호 연동이 되는 Mesh 네트워크 형태, Peer-to-Peer 네트워크 형태 그리고 Cluster-Tree 네트워크 형태에 대한 표준을 생성하는 것이다.

2) ZigBee 연합사의 종류

회원사의 종류	연회비	가입회원사수
Promoters(창립회원사)	$40,000	11
Participants(참여회원사)	$9,500	118
Adopters(활용회원사)	$3,500	64

➡ ZigBee 연합 창립회원사

IBM	ember	freescale	Honeywell	HUAWEI	MITSUBISHI ELECTRIC	MOTOROLA
PHILIPS	SAMSUNG	Schneider Electric	SIEMENS	ST	TEXAS INSTRUMENTS	

[표 2-16] ZigBee 회원사의 종류별 권한 비교

ZigBee Alliance Member Benefits	Promoter *$40,000 USD/year	Participant $9,500 USD/year	Adopter $3,500 USD/year
Receive a seat on the Board of Directors	✔		
Ratify proposed specifications	✔		
Automatic Voting Rights in all work groups	✔		
Right of first refusal on Open House Platinum sponsorships	✔		
Two complimentary attendees at each quarterly meeting	✔		
Contribute input to requirements documents	✔	✔	
Contribute intellectual property (IP) to specification(s) and provide input into the specification evolution	✔	✔	
Gain early access to ZigBee specifications	✔	✔	
Receive access to final, approved ZigBee specification(s)	✔	✔	✔
Eligible as candidate for Technical Steering Committee	✔	✔	
Propose committees and work items	✔	✔	
Attend committee meetings	✔	✔	
Participate and vote in work groups	✔	✔	
Vote on proposed specifications	✔	✔	
Eligible to chair work groups	✔	✔	
Attend ZigBee Alliance quarterly meetings	✔	✔	
Attend Alliance interop events	✔	✔	✔
Attend Alliance workshops and developers conferences	✔	✔	✔
Participate in marketing events	✔	✔	
Participate in press-release development	✔	✔	
Administration of ZigBee logo for certified products	✔	✔	
Use ZigBee Alliance logo (within usage guidelines)	✔	✔	✔
Receive ZigBee Alliance marketing collateral	✔	✔	✔
Access ZigBee Alliance Members' Area web pages	✔	✔	
Access ZigBee Alliance Adopters Area web pages			✔
Access Alliance e-mail reflectors	✔	✔	
Access to Profile Task Groups email reflectors, teleconferences and documents	✔	✔	✔
Receive ZigBee Alliance Member Newsletter	✔	✔	✔

ZigBee 연합에 가입하면 어떤 혜택이 있을까? 가입회원사는 정보를 공유하므로, 개발 주기를 가속할 수 있고 향상된 제품과 산업 경쟁력을 가질 수 있다. 뿐만 아니라 ZigBee 회원들은 상호 운용될 수 있는 무선 네트워크의 새로운 시장을 만들거나 정의할 수 있다.

ZigBee 연합에 적극 참여함으로써 앞으로 표준화될 ZigBee 스펙 제정이나 수정에 영향력을 나타낼 수 있다. 회원들은 ZigBee 설계정보, 세부 개발, 상호운용 스펙과 다른 보

조 기술과 가능성들을 제공받을 수 있다. 추가적으로 스펙 정의를 도울 수 있고, 상호 운용될 수 있는 무선 제품과 네트워크를 제공하는 회원 회사로서 시장 주도에 참여할 수 있다.

7 ZigBee 표준화 범위

ZigBee 표준화 범위는 IEEE 802.15.4에서 표준화를 마친 PHY 계층과 MAC 계층의 상위 계층으로 NWK 계층(Network Layer)과 APL 계층(Application Layer)에 대한 표준을 제정하는 것이었다.

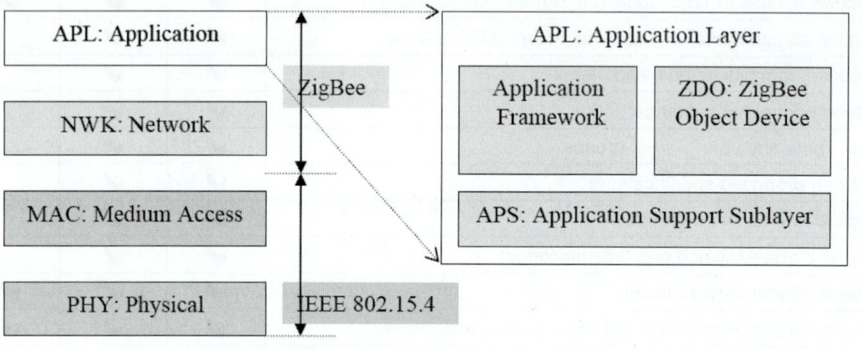

[그림 2-20] ZigBee의 표준화 범위

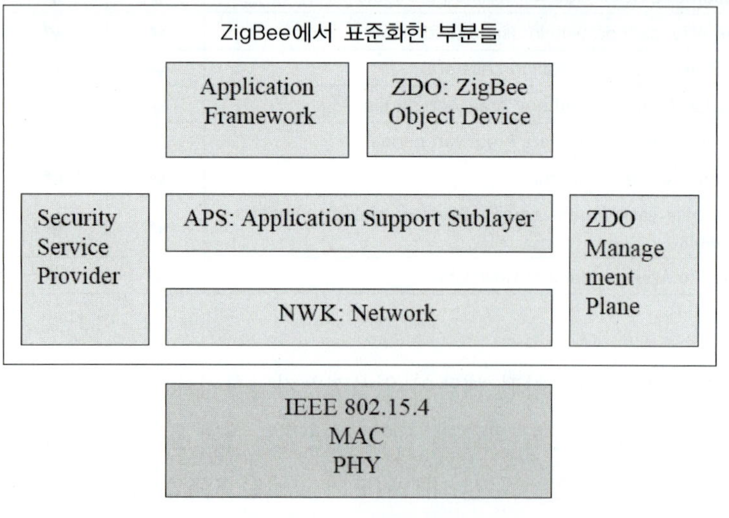

[그림 2-21] ZigBee 연합이 표준화한 모듈

응용계층인 APL은 네트워크(NWK) 계층을 지원하는 APS는 응용지원 계층이며, 응용 프레임워크와 ZDO로 구성된다. 여기에 보안을 추가하여 ZigBee 표준의 완전한 구성이 이루어진다.

IEEE 802.15.4 표준을 기반으로 해서 네트워크(NWK) 계층과 응용계층까지 정의하여 ZigBee 스펙을 구성한다.

1) ZigBee 표준화 내역

ZigBee를 표준화하는 과정에서 네트워크의 관점에서는 센싱과 제어에 대한 어떤 시장의 요구사항에 맞도록 표준화하였을까?

- 대형 네트워크(많은 기기가 넓게 퍼져 있는 경우)에서 네트워크가 자동으로 설정되며, 안정성있게 오래 작동되어야 한다. 1.5V 배터리 한 두 개로도 1년 이상 지속해야 한다.
- 기기 가격과 설치비가 저렴하고, 시스템이 복잡하지 않아야 하며, 크기도 작아야 한다.
- 데이터 전송속도가 높지 않고 서비스 질(QoS) 역시 크게 요구를 하지 않으며, 제조사가 서로 다른 경우에도 통신이 가능한 상호운용성이 보장되어야 한다.

위의 조건을 만족하는 기기를 제작할 수 있는 표준 프로토콜이 필요하였다.

여기에 맞춘 ZigBee 표준화 내역을 살펴보자.

- ZigBee 표준화는 ZigBee Alliance가 주도하고 있다.
- ZigBee 연합(Alliance)의 구성
  - 프로모터사(Promoter : 10여 개의 중요 정책결정 회원사)에 우리나라의 삼성이 포함
  - 현재 산업체에서 기술을 선도하는 약 200여개 회원사가 참여
  - 작업그룹은 Marketing, Architecture Frame, Networking, Qualification, Security로 5개로 나누어져 있다.
- IEEE 802.15.4를 기반으로 보안, 네트워크(NWK) 계층, 응용 하위계층, 마케팅 그리고 세부 프로파일에 대한 표준화를 진행하고 있다.

IEEE 802.15.4와 관련된 표준화 활동 내역은 4a, 4b, 5로 구분할 수 있다. 각각에 대한 내역들은 다음과 같다.

[표 2-17] IEEE 표준 및 활동내역

구분	활동내용
IEEE 802.15.4a	• IEEE 802.15.4의 PHY를 Pulse Radio로 대체 • 1m 이내의 정확도를 갖는 위치정보 제공 • 전송속도를1Kbps에서 1Mbps 향상 • 통신거리의 확장 • 저전력소모 • 2006년 규격 완료 예정
IEEE 802.15.4b	• IEEE 802.15.4 표준안의 모호성 해결 • 표준의 간소화 • 보안 키의 활용을 유연하도록 • 862~868MHz 대역의 새로운 채택 협의
IEEE 802.15.5	• Mesh 네트워크 형태를 지원하기 위한 15.4의 PHY 및 MAC 구조 보강 • 통신거리의 확장(출력, 수신감도는 그대로 유지) • 라우팅 기능의 신뢰성 보강 • 네트워크 구성의 편리성 보강 • 재전송 기능의 최소화로 배터리 동작 시간의 연장

2.5 ZigBee의 기술

ZigBee는 근거리 무선통신을 위한 네트워크에 활용되는데, 채널접근에는 CSMA-CA 기술을 사용하고 무선기술로는 DSSS를 활용한다. 어떤 기술이기에 저전력, 저비용, 근거리 통신이 가능할까? 칩 가격을 낮출 수 있는 이유는 무엇이며, 전력소모를 어떻게 줄일 수 있을까?

1 CSMA-CA

IEEE 802.15.4 MAC 부분계층은 CSMA-CA(Carrier Sense Multiple Access with Collision Avoidance) 알고리즘을 이용하여 채널에 접근한다. 이 방법은 사람들이 이야기하는 것과 유사한데 이야기하고 싶으면 먼저 다른 사람들이 이야기하는지 들어보고 아무도 이야기하지 않으면 말을 시작한다. 만약 누가 이야기를 하고 있으면 내 순서를 기다렸다가 다시 시도한다. CSMA-CA 채널 접속방법은 별도의 채널코딩 기법을 사용하지 않고, 확산(Spreading)과 PSK 모듈레이션만을 사용하는 전송구조이다. 따라서 근거리의 저속 무선통신에 한정된 용도로 낮은 가격으로 구현할 수 있다.

2 DSSS

IEEE 802.15.4 물리(PHY)계층은 DSSS 방법을 이용하여 무선으로 데이터를 보낸다. DSSS는 양쪽 모두가 알고 있는 슈도랜덤(pseudo random) 값인 +1이나 −1을 데이터에 곱해서 보낸다. 전송할 데이터를 4비트 단위로 잘라서, 4비트 데이터를 32비트로 구성된 16개 슈도랜덤 번호로 만든 심볼 중에 하나를 선택하여 보내는데 이 심볼은 32의비트로 된 슈도랜덤 번호가 나열된 각각이 유일한 시퀀스이다. DSSS는 Bluetooth나 IEEE 802.11에서 사용하는 주파수 호핑(Frequency Hopping) 방법보다 구현하기 간편하다.

3 저가격

저렴한 가격으로 ZigBee를 구성할 수 있는 이유는 SSSP 스펙트럼 확산기술을 기본으로 한 간이 변조방식을 채용하여 무선 송수신 회로의 구성을 단순화하였기 때문이다. 이 기술을 이용하여 칩을 만들면 $1 정도로도 가능하다.

4 저전력

ZigBee의 MAC 계층은 저전력소모를 위한 여러 가지 방법들이 제공된다.

- 슈퍼프레임 구조로 동작
- 데이터요청 프레임을 사용
- 백 오프 회수를 줄임
- 짧은 주소를 사용

이와 같은 기술을 활용해서 배터리 하나로도 수년을 견딜 수 있다.

5 ZigBee 네트워크

ZigBee 네트워크를 Star형, Cluster-Tree형, Mesh형으로 구분할 수 있다.

- Star형에서 노드는 PAN 코디네이터에게 모든 패킷을 전달하는 방식의 통신이 이루어지며, 네트워크 구성은 간단하지만 노드간의 경로가 하나만 존재하는 단점이 있다.
- Mesh형은 노드간 여러 개의 경로가 존재하고 하나의 경로가 실패하면 다른 경로로 전달할 수 있지만 구현이 복잡하고, 더 많은 메모리를 사용하며 전원을 항상 공급해야 한다.
- Cluster-Tree형은 부모노드(Parent Node)와 자식노드(Child Node)로 구성되어 자식노

드는 상위의 부모노드에게 패킷을 전달하고 부모노드는 자신의 자식노드 테이블을 검색한 후 일치한 테이블이 존재하면 해당 자식노드에게 전달하고 일치하지 않으면 트리 경로에 따라 코디네이터에게 패킷을 전달한다.

- Star 네트워크 형태
- Cluster-Tree 네트워크 형태
- Mesh 네트워크 형태

ZigBee는 제일 복잡한 Mesh 네트워크 형태를 지원하고 네트워크 안에서 하나의 기기를 코디네이터로 명하여 네트워크를 관리하는데, 송수신의 활동이 필요한 경우에만 휴면모드에 있는 노드들을 활동상태로 변경하는 방식으로 전력소모를 극소화할 수 있다.

1) ZigBee PAN의 운용

ZigBee가 네트워크를 구성하는 기본 단위를 PAN(Personal Area Network)이라고 한다. 하나의 PAN이 생성되어 운용되는 절차는 다음과 같다. 우선 각 기기들은 사용 가능한 통신채널을 알아내기 위해 명시된 채널 리스트를 스캐닝하는데, 이 스캐닝이 끝나고 중복되지 않는 PAN ID를 선택하면 전기능기기(FFD)에 의하여 PAN이 존재함을 알리는 비컨 프레임을 다른 기기에 전송해서 기기 발견(Discovery) 과정이 시작된다. 이 비컨 프레임을 수신한 기기들은 연합(Association) 과정에 의해서 PAN에 참여한다.

2) ZigBee 네트워크의 자기치료기능

코디네이터간의 통신이 가능하고 Mesh 네트워크 형태에서 특정 노드가 다른 모든 노드들을 인식하지 못할 때 이 노드를 경유하지 않고 다른 경로로 네트워크를 스스로 구성할 수 있다. ZigBee 네트워크의 이 기능을 자기(self) 치료의 기능이라 부른다.

6 ZigBee 센서노드

센서노드는 다음과 같이 구성된다.

- 초소형 프로세서(주로 8비트)
- 배터리(1.5V, 3.3V 또는 5V)
- RF
- 센서인터페이스

7 ZigBee 채널 접속방법

CSMA-CA 채널 접근방법을 ZigBee에서는 두 가지로 구분하여 사용하는데, "슬롯 없는 CSMA-CA" 방법과 "슬롯사용 CSMA-CA" 방법을 사용한다.

8 ZigBee 비컨

IEEE 802.15.4 표준은 결정적(deterministic) 지연을 확보해야 하는 경우를 대비해 허용오차 내에서 이를 보장할 수 있는 두 가지 메커니즘을 추가적으로 지원한다. 비컨(Beacon)은 특정 ZigBee 네트워크 형태에서 허용되는 특수한 메시지로 클라이언트 기기를 활성화시킨다. 응용 분야에 따라 처리지연 시간이 짧아야 하는 서비스에 적용할 수 있도록 IEEE 802.15.4 WPAN에는 선택적으로 슈퍼프레임 모드를 운용할 수 있다.

슈퍼프레임에서는 PAN 코디네이터로 불리는 지정된 네트워크 코디네이터가 사전에 예정된 간격으로 슈퍼프레임 비컨을 송신한다. 이 간격은 최소 15ms에서 최대 245초(sec) 범위이다. 두 개의 비컨간의 시간은 슈퍼프레임의 주기와 무관하게 16개의 동일한 타임 슬롯으로 나누어진다. 각각의 기기는 타임슬롯 동안 언제라도 데이터를 보낼 수 있으나, 다음 슈퍼프레임의 CAP(Contention Access Period)에서는 타임슬롯의 채널 접근은 경쟁을 하며 지정된 대역폭이나 낮은 처리 지연이 요구되는 단일기기에서는 CFP(Contention Free Period) 구간에 GTS(Guaranteed Time Slots)을 할당하여 경쟁 없이 채널을 접근함으로써 대역폭을 보장해 준다. 경쟁이 없이 할당되는 타임슬롯의 수는 관련 네트워크 기기들의 요구에 따라 가변적이다.

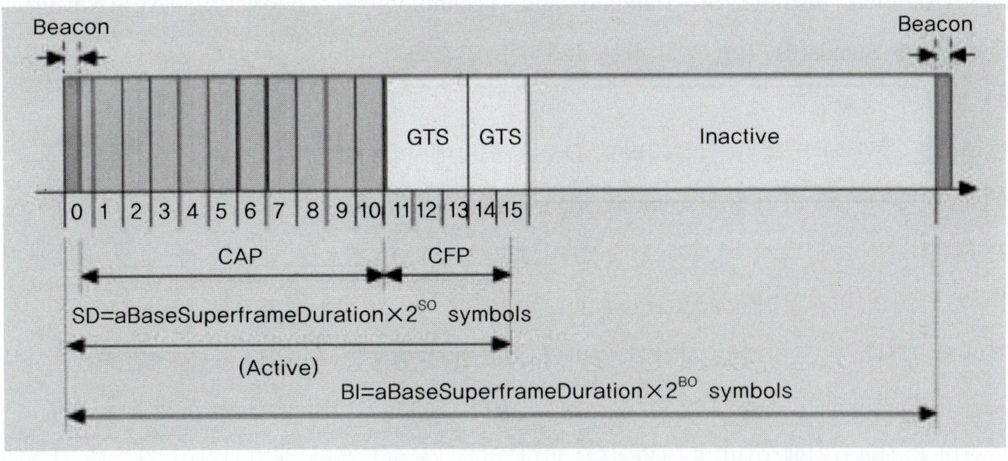

[그림 2-22] 슈퍼프레임 구조의 예

클라이언트 기기는 비컨의 대기시간을 15.38ms~252초 범위에서 설정이 가능하다. 비컨은 또 다른 종류의 특수 메시지인 슈퍼프레임(super frame)을 생성한다. 이 슈퍼프레임은 비컨간에 16 개의 타임슬롯을 제공하며, 지정된 기기는 비경쟁(contention-free) 네트워크 액세스를 수신한다.

ZigBee 연합은 손쉽게 작동할 수 있는 무선제어를 슬로건으로 내걸고 있다. 도입 초기에 나타나고 있는 징후들을 볼 때 ZigBee가 이에 걸맞은 솔루션이 될 것으로 믿는다. 하지만 무선 제어를 손쉽게 작동하려면 많은 노력과 기술이 필요하다. ZigBee 연합 웹사이트에서 무료로 다운받을 수 있는 ZigBee 스펙은 문서 분량만 426쪽에 달하며 8MB의 PDF 파일로 제공되고 있다.

그러나 여기서는 PHY와 MAC 스펙에 관한 정보가 없다. 이 내용을 포함하고 있는 IEEE 802.15.4-2003은 IEEE 웹에서 다운받을 수 있다. 이렇게 전력소모가 적고, 안정적인 저속 프로토콜인 ZigBee 기술을 쉽게 사용할 수 있도록 ZigBee 개발자들은 많은 노력을 투자했다. 무선통신 프로토콜 측면에서 잠재 고객들이 우려하고 있는 것은 데이터 보안의 문제이다.

예를 들어 외부인이 침입해 집 아래층의 자동 온도조절기를 찾아서 그 설정을 변경했다고 해서 얼마나 피해를 입힐 수 있겠느냐고 생각할지 모르겠지만, 산업 및 상용 응용에서 이 문제는 심각한 피해를 줄 수 있다. 뿐만 아니라 가정용 자동 온도조절기의 경우에도 수도관을 얼게 하는 등의 큰 피해를 입힐 수 있다. ZigBee의 DSSS 코딩은 일차적인 보안을 제공하며, 동시에 ZigBee는 신뢰할 수 있고 안전한 네트워크를 보장하기 위해 보안 툴 박스 접근방식을 함께 사용한다. 접근 제어 목록, 패킷 적시성(freshness) 타이머, NIST(National Institute of Standard and Technology)의 인증방법인 AES(Advanced Encryption Standard) 기반으로 하는 128비트 암호화가 데이터 전송과 ZigBee 네트워크의 보안을 강화한다.

데이터 전송에 방해가 있을지라도 DSSS 코딩에 의해 메시지 전송을 무사히 마칠 수 있으나, 송신기가 확인응답(Acknowledgement)을 받지 못하면 임의의 시간 동안 대기모드로 돌아간 후에 다시 메시지 전송을 시도한다. CSMA-CA를 사용할 때 발생하는 문제는 이 방식의 비결정적(nondeterministic) 지연이다. 즉 시스템 설계자는 미리 약속된 수신자에게 메시지가 도착하는 시간이 얼마나 소요될지 예측할 수 없다. 그렇지만 이 방식은 지금까지 일반적인 응용에서 잘 동작하고 있다. 이는 이더넷 속도가 현재보다 훨씬 더 느렸던 수십 년 전에 이미 증명되었다. 또한 허용 가능한 응답 대기시간이 길수록 시스템의 요구사항을 충족할 수 있는 확률도 높아진다.

9 ZigBee 패킷

ZigBee에서 데이터는 패킷으로 보내는데 대부분 135바이트 이하로 구성된다. IEEE 802.15.4의 물리계층을 이용해서는 한 번에 123바이트까지 원하는 어떤 데이터든지 보낼 수 있다. 그 나머지 12바이트 정보들은 우리가 볼 수 없는데, "이것은 패킷입니다, "이 패킷은 길이가 얼마랍니다" 그리고 FSC(Frame Sequence Check)라는 패킷 전달이 잘 되었는지 확인하는 내용도 들어 있다. 무선 데이터가 정확한지 FSC로 확인하고 만약 데이터가 잘못된 쓰레기 값인 경우 패킷을 버린다. 비컨을 사용하지 않는 경우 ZigBee MAC의 패킷은 데이터 패킷, MAC 명령어 패킷, 알림 패킷으로 구분한다.

ZigBee 보안 이 기종의 무선 네트워크 간의 상호연동 기술은 물론 관리적 측면에서의 기술과 통합 측면에서의 기술이 필요하므로 정보의 처리, 전달 및 저장을 안전하게 하기 위해서는 보안이 필요하다. 특히 개방된 환경인 무선 환경에서의 보안의 중요성은 더욱 중요하다. ZigBee 보안 스펙(Security Specification)에서 지원하는 보안의 종류는 다음과 같다.

- Access Control List : 리스트 테이블에 있는 기기만이 통신이 가능하다.
- Freshness Counter : 들어오거나 나가는 것을 셈하는 freshness counter를 사용하여 공격자로부터 오는 반복적인 패킷을 차단한다.
- Integrity Code : 어떤 공격자로 전달되는 패킷을 수정하는 것을 막기 위해 패킷의 마지막에 Integrity Code를 붙여 패킷의 무결성을 확인할 수 있다. 0, 32, 64, 128비트의 Integrity code를 지원하며 Integrity Code가 크면 메시지가 커지므로 적절한 것을 선택해서 사용해야 한다.
- Authentication-Network Key와 Link Key를 이용하여 네트워크 레벨과 기기 레벨로 인증을 지원하고 있다.
- Encryption-ZigBee는 128-비트 AES Encryption을 사용하고 Network Key와 Link Key를 이용하여 Network 레벨과 Device 레벨로 데이터를 암호화하여 패킷을 전송할 수 있다.

ZigBee에서는 다양한 보안 솔루션을 제공함으로써 타 유무선기술과 비교하여 홈네트워크 시스템에 적용하기에 부족함이 없을 것 같다.

SYNC	PHY HDR	MAC HDR	NWK HDR	APS HDR	Auxiliary HDR	Encrypted APS Payload	MIC

[그림 2-23] 보안을 포함한 ZigBee 프레임 구조

10 ZigBee 스펙 및 응용 프로파일

ZigBee 스펙은 전세계 비영리 조직인 ZigBee 연합을 중심으로 개발되고 있으며 각종 응용 분야에서 활용될 수 있도록 표준화된 응용 프로파일을 정의하고 있다.

- 네트워크(NWK) 계층 : 기기간 상호 연합, 데이터 전송과 재전송, 각종 네트워크 형태의 구성 등 기기간의 연결 관계를 명확하도록 한다.
- APS 계층 : 주로 상위계층과 네트워크(NWK) 계층간의 연결 통로 역할을 하며 스위치, 전등, 조명조절 등 주변 연결 장치들의 바인딩 정보를 정의하고 저장한다.
- 응용계층(APL) : 각 기기들의 정보를 무선으로 서로 주고 받을 수 있으며 주변 연결 장치들을 제어할 수 있다.

ZigBee 스펙의 메모리 크기는 전기능기기인 FFD의 경우 32Kbyte 이하이고 축소기능기기인 RFD의 경우 4Kbyte이하여야 한다.

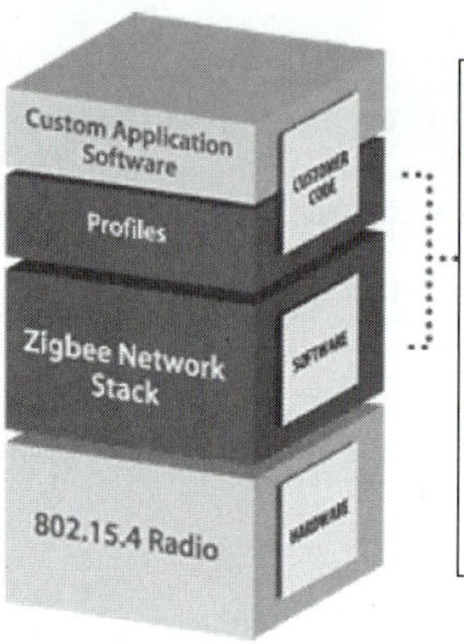

- Supports coordinator, router, end device functions
- Highly portable, supports a large range of microcontrollers
- Fully ZigBee-compliant software available
- Security & trust center options
- Conforms to complete ZigBee specification
- Application support (verification tools, development kits)

[그림 2-24] ZigBee 스펙과 프로파일

11 ZigBee 특징의 요약

1) 근거리 무선통신

- 유선에서 해방된 무선통신
- 근거리 통신에 적합

- 저속으로 250Kbps
- 데이터의 전송이 안정적

2) 국제 표준

- 구조가 간단함
- 기술개발이 쉬움
- 개발 가격이 저렴

3) 전력소모가 적음

- 휴면 모드를 쉽게 제공
- 낮은 전송 빈도의 경우 배터리수명이 다할 때까지 작동

4) 칩 가격이 저렴함

- 장래에 칩 하나에 $1 정도

5) 제품의 상호운용성이 보장

- 다른 회사의 제품들과 상호 연동
- 하나의 리모컨으로 모두 제어
- 전등제어, 가전제품, 냉난방기 등을 동시 제어

6) 다양한 주파수 대역제공

- 3개의 다른 주파수 밴드를 지원하고
- 소비자가 유연하게 자신의 요구에 맞는 최적의 밴드를 선택

7) 대량 노드를 지원

- 16비트 주소체계로
- 2^{16}=65,536개의 노드를 지원

8) 여러 네트워크 형태를 지원

- Star 망, Cluster tree 망, Mesh 망
- Mesh 네트워크 형태는 라우팅을 통해서 확장할 수 있음

9) 설치가 쉽고 안정적임

- Mesh 네트워크 형태에서 노드가 작동하지 않는 경우 다른 경로를 선택하는 자기 치료를 통해 네트워크의 신뢰를 높임
- ZigBee는 CCA(Clear Channel Assessment) 메커니즘을 제공하므로 동일 대역의 Wi-FiR와 같은 다른 무선 네트워크를 찾아보고 피할 수 있음
- 알림(ACK) 메시지는 데이터가 목적지에 잘 도착되었는지 확인하는 것을 도와 줌

10) 우수한 보안

- 다중 레벨(Multiple Levels)의 보안이 네트워크와 데이터를 안전하고 손상되지 않도록 보장

11) 활용온도

- −40 ~ +85도

12 ZigBee 주파수

1) ZigBee RF 특성

ZigBee에서 대표적으로 사용하는 주파수인 2.4GHz 영역 주파수의 일반적인 전달특성은 직접파와 반사파에 의존하며 회절에 의한 전파 전송이 잘 안 되는 특성이 있다. 다음 [표 2-18]은 2.5GHz 대역 ZigBee 모듈의 RF 규격이다.

[표 2-18] 2.5GHz 대역의 ZigBee 모듈의 RF 규격

구분	규격
변조방식	DSSS/O-QPSK
사용주파수	2400~2483.5MHz
최대송신속도	250Kbps
칩 비율(Chip rate)	2000Kchip/s
최대출력파워	10dBm
최저수신감도	-94dBm
채널수	16
채널간격	5MHz

통상적인 경우의 ZigBee 출력은 0dBm이며, 전파법규상 최대 10dBm까지 증폭이 가능하다.

2) ZigBee 무선파의 자유대역에서 전파

자유공간에서의 ZigBee의 무선파의 전파특성을 확인하기 위하여 거리별 수신레벨과 PER(Packet error rate)을 측정해 보면 송신지점에서 200m 떨어진 지점까지는 PER 0%이며, 이때의 평균 수신레벨은 −92dBm이며 200m 이후 지점부터의 수신레벨의 감소폭은 작아지나 패킷 에러율이 급상승한다.

3) 가정내의 전파환경

가정내의 무선전송 환경은 자유공간과는 달리 무선전송을 방해하는 여러 가지 장애물들로 가득하다. 고정된 장애물도 있고 이동하는 장애물들도 있는데, 고정된 장애물인 내부 벽의 투과손실은 10~30dB이며 벽의 종류, 두께, 콘크리트 내부 철재의 구조, 전파의 입사각 등에 의해 투과손실은 각각 다르게 나타난다. 같은 구조의 집에서도 무선전송 환경은 각각 다르므로 예측에 의한 무선망 설계는 실수로 이어질 수 있으며 이를 방지하기 위해서는 ZigBee 전용 패킷 툴과 같은 전파환경 측정장치를 사용하는 것이 바람직하다.

유동적인 장애물의 경우 사람의 이동, 문의 개폐, 가구 또는 가전제품의 재배치 등이 있다. 문의 개폐 상황에 따른 전파환경 변화에 대한 대책으로는 망설계시 모든 문을 닫고 설계하여 통신 안정성을 확보하는 방법이 있으나, 사람의 이동이나 가구 등의 재배치에 따른 환경변화에는 별 다른 대책이 없으므로 변화에 대응이 가능한 정도의 여분을 주어 네트워크의 안정성을 확보해야 한다.

가정내에서의 전파환경은 다른 무엇보다도 집안 내부 구조에 가장 큰 영향을 받은 것으로 확인되며 집의 크기에 의한 영향은 비교적 적다. 이러한 원인으로는 같은 구조의 50평형대와 30평형대의 아파트의 중심에서 가장자리까지의 거리 차이는 2~3m 차이 밖에 나지 않기 때문이다. 벽을 몇 개를 통과하는지, 벽의 두께 및 재질이 무엇인지, 반사파가 어떤 경로로 도달하는지 등이 가정 내 무선전송의 거리를 형성하는 주요 변수이다. 신축현장에서는 이러한 벽의 두께 및 벽 내부의 철근 구조 등을 비교적 알기 쉽고, 아파트의 경우 동일 크기에 같은 구조이므로 비교적 전송거리의 결정이 쉬우나, 단독주택과 같은 경우에는 설치자가 직접 측정에 의해 전송거리를 결정해야만 안정적인 통신을 보장받을 수 있다.

4) 주파수 간섭

ZigBee 홈네트워크 기기들은 가정내에서는 WLAN, Bluetooth와 같은 동일한 주파수 대역을 사용하는 기기들과 공존하면서 동작이 되어야 한다. 그러므로 이들간의 간격 또한 ZigBee 기술을 이용한 홈네트워크 방법에서는 중요한 요소로 작용한다. ZigBee가 채택한 PHY/MAC 규격인 IEEE 802.15.4는 주파수 대역으로 2.4GHz, 868MHz, 915MHz를 권고하고 있으며 현재 대부분의 ZigBee 기기들은 Bluetooth, WLAN 등이 사용하는 주파수 대역인 2.4GHz 대역의 칩을 사용하므로 이들 무선기술간의 간섭이 문제로 부각되고 있다. 이 간섭 문제를 적극적으로 해결하기 위해서 ZigBee 연합, IEEE 802.15.4 및 국내의 전파진흥협회의 ZigBee 주파수 연구반에서는 ZigBee 주파수 할당 및 용도 배분과 관련된 연구를 하고 있는데, 2.4GHz 뿐만 아니라 800MHz 및 900MHz 대역에 대해서도 ZigBee에 주파수를 할당하여 근본적으로 간섭을 피하려는 노력을 기울이고 있다.

800MHz 대역의 경우 기존 이동통신 사업자에게 할당된 주파수들간의 간섭문제로 할당이 불가능하며 900MHz 대역(908.5~914MHz) 역시 이미 RFID에 할당이 결정되어 있고, ZigBee가 RFID로의 간섭영향이 없음을 밝혔으나 RFID 표준 팀과의 구체적인 협의가 남아 있다. 908.5~914MHz 대역에 ZigBee를 할당하는 경우에도 기존의 IEEE 802.15.4를 적용하는 경우 단 2개의 채널만 확보할 수 있으므로 한국정보통신기술협회(TTA)의 PG304(WPAN 그룹)에서 900MHz에 대해서 한국 주파수 환경에 맞게 PHY와 IEEE 802.15.4의 MAC을 준용하는 한국형 900MHz ZigBee에 대한 연구를 하고 있다. 만약 900MHz에 대한 ZigBee 주파수가 할당되면 주파수 간섭에 대한 문제점뿐만 아니라 음영지역 발생 등의 문제점도 어느 정도 해결될 전망이다. 한국 ZigBee 포럼이 2005년 10월 발족되었는데 이 포럼의 활동을 통해 국내 ZigBee 시장이 더 빨리 활성화될 전망이다.

5) ZigBee 활용 주파수

IEEE 802.15.4는 868MHz, 915MHz 그리고 2.4GHz 대역에서 작동한다. 802.11은 2.4GHz 대역에서 무선 전화에 가장 많이 사용한다. 이 대역은 대부분의 국가에서 자유롭게 접근할 수 있다. 868MHz에는 하나의 채널이 제공되고, 915MHz에 2MHz씩 떨어져 있는 10개의 채널 그리고 2.4G에서 5MHz씩 간격을 가지는 16개의 채널을 선택할 수 있다.

(1) 주파수 대역 및 전송속도

- 전세계 : 2.4GHz ISM Band(250 Kbps), CFR47 part 15
- 미국 : 915MHz ISM Band(40Kbps), CFR47 part 15

- 유럽 : 868MHz(20Kbps), EN 300 440
- 일본 : 2.4GHz(250 Kbps), ARIB STD-T-66
- 한국 : 현재 ZigBee용 주파수 확보를 위한 연구 중

(2) **전송거리**

- 10~75m 범위, 75m/1mW(0dBm) 이하, 30mA TX임
- 2.4GHz 하드웨어의 경우 30m/실내, 100m 이상/실외

(3) **배터리** : 100~1,000일 이상의 수명을 유지 가능

6) 국내 주파수 분배

주파수 간섭 문제로 논란이 되던 ZigBee 주파수 문제도 곧 해결된 전망이다. 국내에서는 그 동안 2.4GHz 및 908.5~914MHz 대역에서 ZigBee 주파수를 분배하는 방안이 논의되어 왔다. 하지만 2.4GHz는 무선 랜 및 Bluetooth 의 상호간섭 문제가 되며 900MHz 대역도 이미 RFID에 할당되어 사용되고 있다. ZigBee 주파수 연구반을 이끌었던 ETRI의 디지털 홈 연구단 차세대 WPAN 연구팀에서는 900MHz 대역의 CT1, 공공통신, RFID 등과의 간섭현상을 분석한 결과 전체적으로 간섭현상이 없는 것으로 판단되어 RFID 주파수와의 공유가 가능할 전망으로 보고 있다. ETRI와 정부는 앞으로 공청회를 거쳐 주파수 심의위원회를 개최하여 ZigBee 주파수 분배를 확정할 계획이다.

미국에서는 915MHz를 ZigBee 주파수로 할당했으며 유럽은 868MHz, 일본은 2.4GHz에서 사용되고 있다.

13 ZigBee 개발방법

ZigBee 기술을 이용한 제품의 개발환경은 호스트컴퓨터, ZigBee 센서 모듈, 연결선, 배터리 및 개발용 소프트웨어들이 필요하다. 국내외의 여러 회사에서 개발하여 판매하는 개발키트를 구매하여 활용할 수 있고, 자신이 직접 ZigBee 센서모듈과 멀티링크를 구매하고, 배터리 케이스나 연결선을 스스로 제작하여 저렴하게 개발환경을 구성할 수 있다.

1) ZigBee 개발키트 기반

ZigBee 개발키트(EVK)는 ZigBee 연합에서 활동하고 있는 많은 업체들이 개발하여 판매하고 있다. 한 예로 Freescale사의 13193EVK를 활용하는 경우의 예이다.

- 제작사 : Freescale
- 제품명 : 13193EVK
- http://www.freescale.com/webapp/sps/site/prod_summary.jsp?code=13193EVK
- 금액 : $1405.60

[그림 2-25] Freescale사의 개발키트의 구성

- 다음은 ZigBee 관련 해외의 EVK 제품을 출시한 회사들의 리스트이다.
  Google의 검색에서 회사명을 검색하여 자세한 내용을 살펴볼 수 있다. 제품을 검색하려면 http://digikey.com에서 검색이 가능하다.
  - Cirrnet
  - Ember
  - Freescale Semiconductor
  - Helicomm, Inc
  - Jennic Ltd
  - MaxStream Inc.
  - Microchip
  - Renesas Technology America
  - Silicon Laboratories, Inc.

국내 ZigBee 개발키트 제조사들로는 레이디오 펄스사나 한국무선 인터네트사(코윈) 등이 있다.

- 레이디오 펄스사(http://www.radiopulse.co.kr/)에서 개발한
  - LIME(LM2400) http://www.radiopulse.co.kr/product/02-2.htm
- 한국무선 인터네트사(http://www.korwin.co.kr/kor/)에서 개발한
  - JN5121-EK000
    http://www.korwin.co.kr/kor/mbusi/mb_zb_10.asp

2) ZigBee 개발 툴을 직접 구성

개발키트를 구매하지 않고 개인이 간단하게 개발환경을 구성하려면 약 이십오만원 정도가 소요된다. 필요한 소프트웨어는 인터넷을 통해 다운받아 활용할 수 있다.

- ZigBee 모듈 : PAN802154($24) 3개
- USB Multilink : ($126)
- 배터리케이스 및 RS232C 커넥터 등은 자체 제작
- 추가 자료는 네이버의 ZigBee 카페 참조

3) ZigBee 개발을 위한 소프트웨어

ZigBee 개발에 필요한 소프트웨어들은 다음처럼 요약할 수 있다.

- SMAC(Source code and Sample Applications) : 무료
- IEEE 802.15.4 PHY/MAC(Object code)
- Z-Stack(ZigBee Protocol Stack and applications in object code)
  - ZigBee Stack and Z-Tools per seat license per processor F8-ZSTACK-STD $999 USD Updated
- Test Tools(802.15.4 Utilities)
- Embedded Boot loader

ZigBee 응용 프로그램을 작성하는 방법은 기능에 따라 크게 세 가지로 나눌 수 있다. 가장 간단하게 구현하는 방법은 하드웨어 장치에 SMAC 라이브러리를 활용하여 응용 프로그램을 작성하는 방법이다. IEEE 802.15.4의 MAC을 이용하여 다양한 기능을 부여할 수 있고, 가장 복잡하지만 ZigBee의 모든 기능을 포함시키려면 ZigBee 스펙을 포함하여야 한다.

SMAC은 무료로 다운하여 활용할 수 있으나 ZigBee 스펙은 구매하여 사용한다.

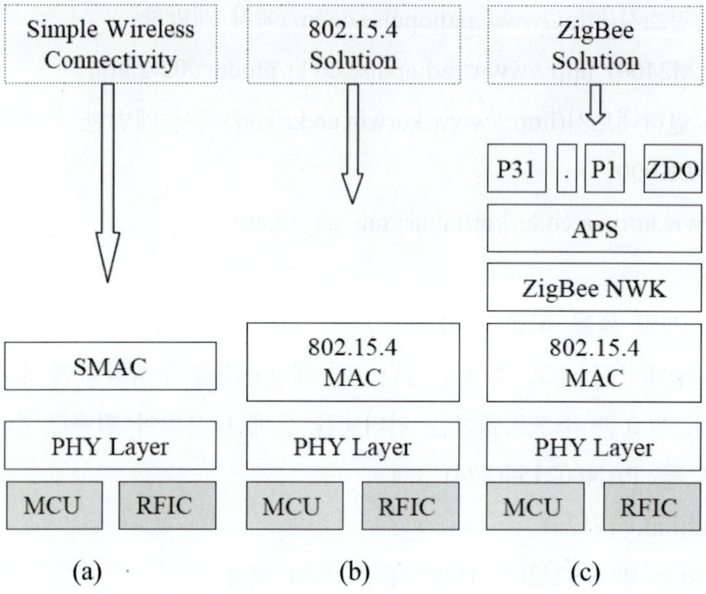

[그림 2-26] ZigBee 응용 구현을 위한 Software 개발 방법의 선택 (a) SMAC을 이용하는 간단한 방법, (b) IEEE 802.15.4 스펙을 이용하는 방법, (c) 가장 복잡하지만 모든 기능을 포함한 ZigBee 스펙을 이용하는 방법

14 ZigBee 업계동향

ZigBee와 관련된 기술동향들을 살펴보자. 미국, 일본, 유럽지역 세계 주요 정보통신 분야의 선두 기업들 대부분이 초소형, 초저가, 저전력 및 저속의 무선 칩 셋을 이용한 산업, 가전기기들간의 상호 네트워크를 적용하려는 시대에 적극대응하고 있다. 미국의 AT&T, IBM, MS, Intel 등의 정보통신 기업과 MIT의 미디어 Lab 등 학교나 연구소에서 무선 칩 셋을 이용한 유비쿼터스 컴퓨팅 기술개발에 적극적으로 나서고 있다.

ZigBee를 지원하는 칩 셋과 스펙(Stack) 개발동향을 살펴보면 Chipcon, Ember, Freescale, Atmel, CompXs, ZMD, Motorola 및 Philips semiconductor 등에서 칩 셋을 개발하거나 제품을 출시하고 있다. 모토롤라(Motorola)에서 분사한 프리스케일(Freescale)사에서는 MC13191과 MC13192, MC13193 RF 트랜시버를 개발하여 보급하고 있다. 2.4GHz의 주파수를 사용하여 P2P형과 Star 네트워크 형태를 제공한다. 칩콘(Chipcon)사에서는 MCU를 제외한 나머지 부분을 단일 칩화한 CC2420 칩을 출시하였다. CC2420은 2.4GHz 주파수 대역을 사용할 수 있다. 그리고 ZigBee의 응용과 제품개발을 위한 ZigBeeSoftware Development Suit을 제공하고 있다.

1) 국내 ZigBee 업계동향

ZigBee 표준화에 국내기업과 연구소가 적극 참여하고 있고, 벤처기업인 라디오펄스에서 단일 칩을 출시하였으며, 한국무선 네트워크에서 ZigBee 스펙개발을 완료하여 보급하고 있다. ETRI와 전자부품연구원에서도 이 분야에 대한 연구를 많이 하고 있다. 그리고 오렌지로직과 SD 시스템, TSC 시스템, 누리텔레콤 등은 ZigBee 단말기 개발, 홈네트워크용 리모컨, 전등, 센서, 원격검침기 등 ZigBee 기술을 적용한 제품을 개발하고 있다.

국내에서는 임베디드(Embedded) 혹은 SoC(System On Chip) 관련 업체들을 위주로 초소형 센서를 이용하여 무선으로 네트워크를 구성하고 통신하는 무선 센서 네트워크를 지원하는 장비를 개발하고 있다. 대부분의 업체들은 ZigBee를 기반으로 하는 호환 장비를 개발하고 있다. ZigBee와 관련된 장비를 생산하는 국내업체는 [표 2-19]와 같다.

[표 2-19] 국내의 ZigBee 제품개발 업체 및 모듈의 특징

업체명	모듈명	CPU	RF	OS	특징
KorWin	KW-ZM-2420	Altmega128L	CC2420	ZigBee	ZigBee 프로토콜 스펙 제품
Radio pulse	LIME-02	RP0400M	RP2400M	ZigBee	ZigBee 표준을 지원하는 양방향 무선 통신 RF 모듈
	MANGO-1	MANGO-1	MANGO-1	ZigBee	저전력 고집적 ZigBee 단일칩
옥타컴	Nano-24	Altmega128L	CC2420	TinyOS Qplus-N	교육, 연구개발용 다양한 센서모듈
	ZPA	Altmega128L	CC2420		ZigBee 네트워크 설계, 유지보수, 분석 개발도구
	ZigBee IDE	Altmega16	CC2420		Emulator 기반 Debugger USB interface C 소스 수준 디버깅 기능
	Nano-X2	Altmega128L	CC2420	TinyOS Qplus-N	교육용, Base Board 에 장착된 다양한 IO 이용가능
	u-gateway	Altmega128L	CC2420	TinyOS Qplus-N	CC2420 to Ethernet 장치, 제어 및 데이터 수집
한백 전자	Zigbex	Atmega128L	CC2420	TinyOS uCOS	교육용, 풍부한 예제, 다양한 센서모듈 제공
하이버스	H-Mote	Atmega128L	CC2420	TinyOS	Mica 시리즈 호환 TinyOS&TinyDB 를 센서노드에 제공

2장

[그림 2-27]의 무선 Z-Stack에서는 Z-Stack ZigBee Protocol Stack Package와 Z-Tool ZigBee Protocol Stack Test Tool로 구성된다. Z-Stack ZigBee Stack Package는 Network Layer, Application Framework, Security Tool Box, ZigBee Profiles로 구성된다.

Ember사는 EM2420 2.4GHz RF Transceiver를 개발하였다. EM2420은 IEEE 802.15.4를 기반으로 하여 ZigBee Network 표준에 호환하는 Self-organizing 및 Self-healing Mesh Network을 제공하는 Ember의 EmberNet을 탑재하고 있고 통합 개발환경을 제공하는 Ember Development Kit을 제공한다. 그리고 Crossbar 사는 Smart Dust mote와 TinyOS를 상용화한 제품을 지진감지 및 이에 대한 모니터링 등의 분야에 응용하고 있다. 버클리 무선연구센터에서는 무선 센서, 모니터 등을 이용한 초저전력의 근거리 무선통신용 노드에 대한 연구가 진행중이며, 이와 동시에 배터리와 Selfpowered용 솔라 셀 및 Vibrator 파워 생성기술 등에 대한 연구를 하고 있다.

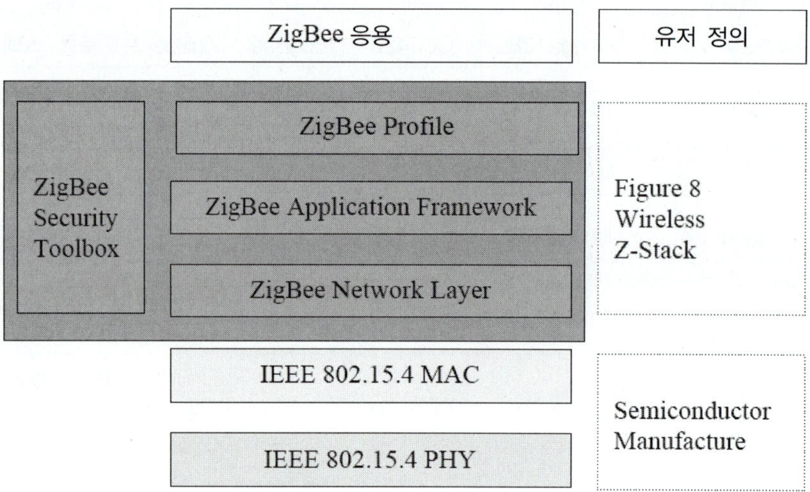

[그림 2-27] ZigBee 스펙

2) 국외 ZigBee 업계동향

해외의 많은 업체들이 ZigBee와 관련된 칩 개발 및 모듈의 보급에 박차를 가하고 있다. http://www.digikey.com에서 ZigBee로 검색을 하면 현재 판매되고 있는 모듈과 칩을 살펴볼 수 있다. 국외에서 ZigBee 관련 장비를 개발하는 대표적인 업체들의 현황은 [표 2-20]과 같다.

[표 2-20] 국외 ZigBee 관련 장비개발 업체

업체명	모듈 명	CPU	RF	주파수	홈페이지
Helicomm	1220-2033	8051	-	2.4GHz	www.helicomm.com
	1221-2033	8051	-	2.4GHz	
	1220-2133	8051	-	2.4GHz	
	1221-2133	8051	-	2.4GHz	
Freescale	MC13211	HCS08	MC13201	2.4GHz, 868MHz 16MHz	www.freescale.com
	MC13212	HCS08	MC13202		
	MC13213	HCS08	MC13203		
	MC13214	HCS08	MC13204		
Panasonic	PAN802154	HCS08	MC13203	2.4GHz	www.panasonic.com
Jennic Ltd	JN5121-000 -M02V	32Bit RISC	MC13193	314,433,86 8,916MHz	www.jennic.com/
Cirrnet Inc	ZNM2400	-	-	2.4GHz	www.cirronet.com/
Crossbow	Mica2 Mica2dot	Atmega128	CC2420	2.4GHz	www.xbow.com
	Micaz	Atmega128	CC2420	2.4GHz	
Intel	Mote2		CC2420	2.4GHz	www.intel.com
Moteiv	Tmote sky	Atmega128	CC2420	2.4GHz	www.moteiv.com
	Telos	Atmega128	CC2420	2.4GHz	
Chipcon	CC2430		CC2420	2.4GHz	www.chipcon.com
	CC2420DBK	Atmega128	CC2420	2.4GHz	
	CC2420DK	Atmega128	CC2420	2.4GHz	

15 ZigBee 기술요약

ZigBee라는 용어는 IEEE 802.15.4 표준 기반의 근거리 개인영역 네트워크(WPAN : Wireless Personal Area Networking)의 무선 프로토콜을 의미한다. ZigBee 표준은 ZigBee 연합이 이끌고 있는데 최근 약 200여개 이상의 기업체와 기관들이 참여하여 표준을 제정하고, 수정하고 추가하고 있다.

[표 2-21] ZigBee 요약

ZigBee란?	ZigBee는 무엇이 다를까?	ZigBee 구조는?
· 200개 이상의 회사들의 컨소시엄 · 초저전력(Ultra Low Power)의 무선 개인영역 네트워크(Wireless Personal Area Networks : WPANs)의 표준	· 저전력 · 저가격 · 상호운용성 · 저속 전송 · 드문 전송(low duty rate)에 적합 · 국제표준 · 개발비용이 저렴	· 간단함 · IEEE 208.15.4 표준을 기반 · 응용 계층을 포함한 모든 계층의 소프트웨어는 NWK, MAC, PHY와 상호 연동이 됨.

ZigBee가 다른 무선 표준인 무선 랜, Bluetooth와 다른 점은 표준화 목표가 명확하게 다르다. 속도가 빠르지 않은 분야의 적용에 초점을 맞추었다. 따라서 무선 랜 통신을 ZigBee로 대체 하려고 시도해서는 안된다. ZigBee는 하나의 네트워크에 65,536개까지나 많은 네트워크 노드가 지원되므로 센서 네트워크 적용에 알맞다. ZigBee는 대량 생산이 가능해 질 수 있어서 앞으로 칩 하나당 $1 정도로 저렴할 것으로 본다. ZigBee는 배터리와 같은 소량의 자원으로 오래 견디어야 하므로 프로그램의 크기를 최소화하였다. 가장 큰 특징은 휴면모드를 잘 활용하므로 전력소모가 적은 것이다. 네트워크 형태 중에서 제일 복잡하다고 하는 Mesh 네트워크 형태의 형태를 제공해 주는 우수한 무선 표준이다.

특히 서로 다른 제조사에서 만든 기기들간에 서로 연동이 되도록 프로파일을 제정하여 상호운용성을 보장하는 것이 ZigBee 표준화의 가장 큰 목적이다. 예를 들면 가정의 TV, 전등, 에어컨, 가전제품, 창문 개폐 등이 비록 서로 다른 회사에서 제작되어도 ZigBee 표준을 준수한 프로파일 기반이라면 단 하나의 리모컨으로도 모두를 작동시킬 수 있다. 이런 기능이 홈오토메이션의 혁신을 가져올 것이라고 예측하고 있다.

ZigBee 소프트웨어와 하드웨어 표준은 최근 잘 다듬어진 IEEE 802.15.4 표준을 기반으로 만들어졌다. IEEE 802.15.4 표준은 두 개의 계층으로 구성이 되는데, 물리(PHY)계층과 매체접근제어(MAC) 계층으로 구성된다. ZigBee 표준은 이 두 계층 위에 네트워크(NWK) 계층과 응용(APL)계층을 정의하고 있다.

ZigBee는 16비트 주소를 활용하여 65536개까지의 대량의 네트워크를 지원한다. ZigBee는 스스로 네트워크를 구성할 수 있는 자기구성과 경로의 고장시 스스로 경로를 선택할 수 있는 자기치료의 기능을 갖는 Mesh 네트워크 형태를 제공하고 있다.

- 듀얼 PHY(2.4GHz and 868/915MHz)
- 데이터 전송률 250Kbps(@2.4GHz), 40Kbps(@ 915MHz), and 20Kbps(@868MHz)

- 저빈도(low duty cycle) 응용에 최적화됨(duty cycle<1%, 99%는 쉬고 있고 1%는 전송)
- CSMA-CA 채널접근, 저빈도의 센서나 제어 기기의 저잠복기(low latency) 및 고 처리율(throughput)
- 저전력
- Star, Peer-to-Peer, Mesh 네트워크 형태의 지원
- 주소공간
  - 18,450,000,000,000,000,000 디바이스(64 bit IEEE address)
  - 65,536 네트워크
- 빠른 응답이 요구(low latency)되는 응용에는 Optional guaranteed time slot 이용
- 전송의 안정성을 위해 완전 핸드세이킹 프로토콜 지원(Fully handshacked protocol)
- 전송거리 : 75m, 실제적으로 환경에 따라 5~500m

ZigBee는 표준화될 때 응용의 초점을 원격검침, 원격제어 또는 원격 모니터링에만 집중한 표준이다. 그리고 ZigBee는 구조가 간단하여 개발 비용도 적게 든다. ZigBee는 전송빈도가 높은 무선 LAN이나 이어폰의 대치 등에는 부적합한 반면, 원격검침, 제어, 모니터링이 필요한 곳에 적합하고 구조가 간단하여 개발하기 쉽고 사용이 편리한 무선 데이터 전송기술이다. ZigBee의 저전력 기술은 기기를 잠들게 해 두었다가 비컨이라는 특정 신호를 받으면 깨어서 요구하는 일을 처리하고 또 잠자는 방법으로 배터리가 수명을 다할 때까지 활용이 가능하다. 또 다른 저전력의 비결로는 ZigBee 기기를 특성별로 분류하고 자원을 제일 적게 이용하는 축소기능기기를 제공하여 센서의 종단기기로 활용하므로 불필요한 전력소모를 줄였다. ZigBee는 근거리에서 신호를 제어하는데 탁월한 장점이 있다. 근거리 통신에서 너무 멀리 신호가 전달되면 이웃집 리모컨의 작동으로 우리 집의 TV가 작동되어 방해가 될 수도 있다. 그러나 ZigBee 통신은 근거리에서는 통신이 잘되나, 일정 거리 이상에는 통신이 제한되는 특징이 있다. 노트북에 활용되는 무선 랜(Wi-Fi)이나 이어폰 선을 무선으로 대체하는 Bluetooth 기술보다는 전송속도는 훨씬 낮아 이들 기술을 대체할 목적은 아니지만 조명제어, 원격검침, 문의 개폐 및 센서 네트워크 등 저속의 저전력 적용에는 대단히 효과적이다.

[표 2-22] ZigBee의 특징 요약

구분	범 위
Frequency band	868MHz/915MHz, 2.4GHz
Modulation	DSSS(Direct Sequence Spread Spectrum)
Channel access	CSMA-CA(Carrier Sense Multiple Access with Collision Avoidance)
Data rata	20Kbytes@868MHz/40Kbytes@915MHz 250Kbytes@2.4GHz
Range	10~75m / 모듈 제작회사마다 조금씩 다름
Channel	1 Channel@868MHz+10 Channel@915MHz 16 Channel@2.4GHz
Latency	Down to 15ms

- 개요 : 저전력(1mW미만), 칩 셋이 저렴, 다양한 네트워크 지원, 원격검침, 전등제어 등 홈보안 시스템, 65K개의 기기연결
- 주파수 : 868MHz(유럽), 915MHz(미국), 2.4GHz(ISM)
- 전송속도 : 250Kbps
- 전송거리 : 약 75m(환경에 따라 5~500)

ZigBee 계층구조를 정의할 때 집중된 목적은 기기의 관리와 제어를 저렴하게 할 수 있고, 전력소모가 적으며 안정성과 보안성을 높이는 것이 주된 목표였다. 이 외의 몇 가지 요구사항들은 ZigBee의 시장 요구 범위 내에 포함하는 모든 응용과 환경을 지원하는 구조여야 한다. ZigBee 구조는 저비용으로 기기를 쉽게 설계할 수 있고 개발할 수 있는 구조여야 한다. 표준화된 용어를 이용하여 스펙을 정의하고 마지막으로 성능 향상과 미래에 확장할 수 있는 구조여야 한다.

- 무선 네트워크기기를 위해 플랫폼과 구현을 제공
- 응용 프로파일의 정의를 따라 상호운용성이 가능하도록
- ZigBee 네트워크와 스펙 모듈을 정의
- ZigBee 기기의 스펙 정의와 디자인 그리고 구현을 분리를 고려할 수 있도록 프레임워크를 제공
- 장래에 ZigBee가 성능향상이나 확장될 수 있도록 함

16 ZigBee 계층구조

ZigBee를 구성하는 소프트웨어 스펙 계층구조에 대해서 살펴보자. 통신 규약이나 S/W 스펙에 대해서 친숙하다면 PHY는 하드웨어와 관련된 물리계층으로 MAC은 매체접속제어 계층으로 알고 있을 것이다. ZigBee 스펙 구조는 여러 개의 층으로 구성되는데 각 계층은 상위계층에 특정 서비스들을 제공한다. 각각의 계층에는 데이터 전송 서비스를 제공하는 데이터 엔터티(entity)와 기타 다른 서비스를 제공하는 관리 엔터티로 구성된다. 각 서비스 엔터티는 상위계층에게 서비스 접근지점(SAP : Service Access Point)을 통해서 인터페이스를 제공한다. ZigBee는 OSI의 7계층 표준 모델을 기반으로 한다. ZigBee 계층의 하위계층은 IEEE 802.15.4 표준에서 정의된 PHY와 MAC는 그대로 활용하며 그 상위에 ZigBee 연합에서 네트워크(NWK) 계층과 응용(APP) 계층의 스펙을 정의하였다. 응용계층 부분중에는 ZDO(ZigBee Device Object)와 응용객체(Application Object)부분에 대한 정의도 하였다. ZigBee는 다른 표준 프로토콜의 스펙보다 간단하여 소스코드 역시 더 짧다. ZigBee 실제 코드는 장비제조업체의 설계자들에 의해 공급된다.

➡ 물리 PHY 계층

- 스펙트럼 확산기술(DSSS)을 바탕으로 한 간이변조방식
- 무선 송수신 회로가 단순화됨
- 칩셋 가격이 저렴
- 출력전력
  - IEEE 802.15.4 에서는 0dBm으로 명시되어 있으나, 최대 전력은 국가별 전파법을 따름
- 최대 입력전력
  - −20 dBm 이상

➡ 매체접근제어 MAC 계층

- 다양한 네트워크 형태 지원을 통한 네트워크 구조의 유연성
- 연합(Association)
- 탈퇴(Disassociation)
- 확인 프레임 전달
- 채널 접근방법

- 프레임의 유효성
- 타임슬롯 보장관리
- 비컨 관리
- MAC Frame 구조

	Payload	
MAC Header (MHR)	MAC Service Data (MSDU)	MAC Footer (MFR)

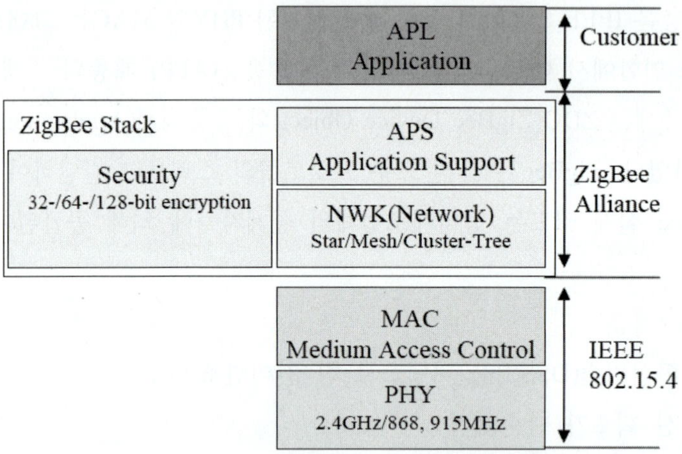

[그림 2-28] ZigBee 스펙의 계층구조

1) IEEE 802.15.4 PHY 계층

PHY 계층은 다음과 같은 일에 대한 책임을 진다.

- 무선 송수신기인 트랜시버의 활성화 및 비활성화
- 현재 채널의 에너지 검출(ED : Energy Detection)
- 수신 패킷의 링크 품질의 표시(LQI : Link Quality Indication)
- CSMA-CA를 위한 클리어 채널 접근(CCA : Clear Channel Assessment)
- 채널 주파수 선택
- 데이터의 송수신

PHY 계층은 무선으로 직접 데이터를 주고 받는 물리계층이다. PHY 계층은 2.4GHz에서 16개, 902~928MHz 사이에 10개 그리고 868~870 MHz에 하나의 자유 주파수 대역을 사용한다. 최대 데이터 전송률은 각각 250Kbps, 40Kbps and 20Kbps이다. 송신하기 전에 누군가가 네트워크를 사용하고 있는지 확인을 한 다음 전송을 하고, 전송이 어려울 경우 다른 경로를 선택하는 것이 CSMA 방식이다. IEEE 802.15.4는 간단한 프레임구조를 가진다. 이 구조는 신뢰성 있는 데이터 전송을 위해서 알림신호(ACK)와 결합된다. 네트워크의 결합과 분리에는 AES-128 암호화가 지원이 된다. CSMA 기술은 여러 장비가 함께 공존할 때 아주 괜찮은 방식이다. 빠른 응답을 위해서 슈퍼프레임(super frame) 구조를 선택사양으로 제공한다.

IEEE 802.15.4는 IEEE의 64비트와 16비트 주소를 모두 사용한다. 짧은 주소는 네트워크 ID를 Ad-Hoc 네트워크에 부여하여 관리할 때 사용한다. 짧은 주소를 사용하면 결과적으로 요구하는 메모리가 작아지지만 여전히 65,536 개의 네트워크 노드를 생성할 수 있다. IEEE 802.15.4는 근거리 무선 네트워크를 위한 단순한 데이터 패킷 프로토콜이다. 2.4GHz 대역에 16채널이 정의되어 있다. 다른 2개의 대역보다 훨씬 높은 250Kbps의 데이터 전송률을 가진다. 데이터의 수신을 신뢰성 있도록 하기 위해 알림 메시지가 정의된다. 그리고 비컨(Beacon)구조는 잠복기간(latency)을 향상시킬 수 있다. 그리고 다층의 보안이 정의된다. 802.15.4는 배터리의 수명이 중요한 응용의 감시나 제어시스템을 위해서 설계되었다. ZigBee의 배터리수명이 오래 가는 이유가 IEEE 802.15.4 표준을 이용하기 때문이다.

- 단순한 프레임 구조
- 3개의 밴드에 27채널이 정의된다.
  - 2.4GHz : 16채널, 250Kbps
  - 868.3MHz : 1채널, 20Kbps
  - 902~928MHz : 10채널, 40Kbps
- DSSS(Direct Sequence Spread Spectrum) 사용
- CSMA-CA
  - 다른 장비와 공동사용을 위해 CSMA-CA 채널 접근법을 이용함
- IEEE 64비트 주소(long address)와 IEEE 16비트 주소(short address)를 사용
  - 16비트 주소 : 네트워크 관리에 사용, Ad-Hoc에서 네트워크 ID 부여
  - 64000여개의 노드
- 빠른 응답지원
  - 조이스틱과 같은 빠른 응답이 필요한 기기도 지원함

- 데이터 전달의 신뢰성
  - 전송이 안정적인 핸드쉐이크(handshake)
  - 메시지 알림구조(ACK)를 이용하여 데이터 전송의 정확성을 확인
  - 비컨옵션구조가 잠복기간(latency)을 향상
- 전력소모를 최소화하는 전력관리
  - 배터리를 오래 사용할 수 있고 또 최대 수명까지 활용 가능하다.
  - 제어기나 센서, 원격감시 및 이동 기기에서 선택 가능한 잠복기 동안에도 잘 동작
  - 선택적인 슈퍼프레임 구조와 비컨 및 GTS 메커니즘을 함께 제공함
  - 옵션 타임슬롯(optional time slotting)을 활용

[표 2-23] 주파수밴드와 데이터 비율

PY	Frequency Band	Channel Numbering	Spreading Parameters		Data Parameters		
			Chip Rate	Modulation	Bit Rate	Symbol Rate	Modulation
868/915 MHz	868~870MHz	0	300 Kchip/s	BPSK	20Kbps	20Kbaud	BPSK
	902~928MHz	1 to 10	600Kchip/s	BPSK	40Kbps	40Kbaud	BPSK
2.4GHz	2.4~2.4835 GHz	11 to 26	2.0Mchip/s	O-QPSK	250Kbps	62.5Kbaud	16-ary Orthogonal

두 개의 PHY 영역 모두가 DSSS를 사용한다. 변조에는 2.4GHz 대역에서는 32PN-코드 길이의 O-QPSK 변조를 사용하고 RF 대역은 2MHz이다. SUB-1GHz 대역에서는 15PN-코드 길이의 BPSK 변조가 이용되고 RF 대역은 유럽은 600kHz를 북미에서는 1200kHz를 사용한다. 27개의 채널의 번호를 부여하는 공식은 다음과 같다.

- Fc = 868.3 in MHz, k=0
- Fc = 908+2(k+1) in MHz, for k=1, 2,…, 10
- Fc = 2405+5(k-11) in MHz, for k=11, 12,…, 26

PHY 서비스의 스펙은 다음 [그림 2-29]와 같다. SAP는 서비스 접근 지점들로 상하위 계층과의 정보전달에 활용된다. PLME는 물리계층 관리를 맡는다. PHY PIB는 물리계층의 PAN 정보를 담고 있는 데이터베이스 역할이다.

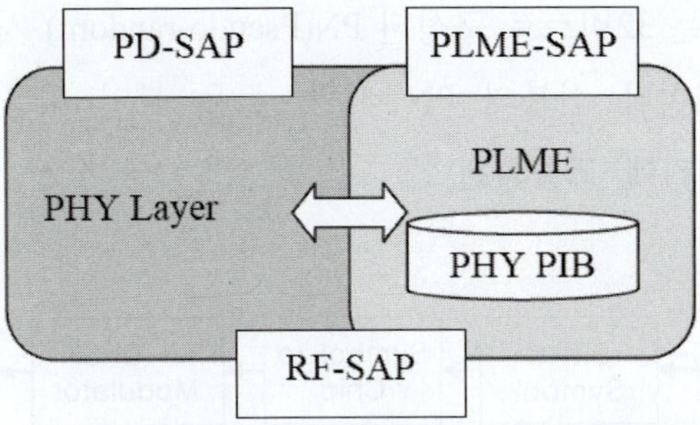

[그림 2-29] PHY 서비스의 구성

- PD-SAP : PHY Data Service Access Point
- PLME : Physical Layer Management
- RF-SAP : Radio Frequency -Service Access Point
- PHY-PIB : PHY PAN information base

물리 프로토콜 데이터 유니트 PPUD(Physical Protocol Data Unit)의 일반적인 패킷 포맷은 6바이트로 구성된 헤더(Header)와 물리 서비스 데이터 유니트(PSDU)로 구성된다.

[표 2-24] 물리 프로토콜 데이터 유니트

Octets : 4	1	1		Variable
Preamble	SFD	Frame length (7 bits)	Reserved (1 bit)	PSDU
SHR(Synchronization Header)		PHR(Physical Header)		PHY payload

Octet는 byte와 동일한 용어로 8비트이다. IEEE 표준에서 사용하는 전문용어다.

- SFD : Start-of Frame Delimiter
- PSDU : PHY Service Data Unit

프리앰블(Preamble) 필드는 수신기가 들어오는 신호의 칩(Chip)과 칩 심볼(Chip symbol)을 얻기 위해 사용되는 메시지로, 32개의 0으로 구성된다. SFD는 동기신호의 끝 표시로 11100101로 정의한다. 2.4GHz PHY 스펙은 250Kbps이다. 16개의 준직교(Quasi-quadratic) 모듈레이션 기술을 이용한다. PPUD에 있는 모든 이진 데이터는 모듈레이션과 확산함수를 이용하여 인코드된다.

4비트로 된 정보비트는 32비트로 구성된 PN(Pseudo-random) 시퀀스 16개 중에 하나를 선택하고, 연속되는 데이터 심볼의 PN 시퀀스들을 붙인 다음, 모아진 칩 시퀀스는 OQPSK를 이용하는 캐리어 모듈화된다.

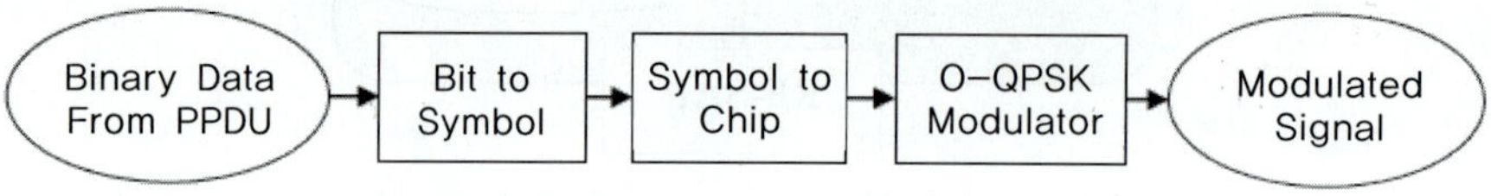

[그림 2-30] Symbol-to-chip mapping

Data symbol (decimal)	Data symbol b0, b1, b2, b3 (binary)	Chip values (c0 c1 ·······························30 c31)
0	0000	11011001110000110101001000101110
1	0001	11101101100111000011010100100010
2	0010	00101110110110011100001101010010
3	0011	00100010111011011001110000110101
4	0100	01010010001011101101100111000011
5	0101	00110101001000101110110110011100
6	0110	11000011010100100010111011011001
7	0111	10011100001101010010001011101101
8	1000	10001100100101100000011101111011
9	1001	10111000110010010110000001110111
10	1010	01111011100011001001011000000111
11	1011	01110111101110001100100101100000
12	1100	00000111011110111000110010010110
13	1101	01100000011101111011100011001001
14	1110	10010110000001110111101110001100
15	1111	11001001011000000111011110111000

2) IEEE 802.15.4 MAC 계층

MAC 부분계층은 물리적 무선 채널 접근에 대한 모든 것을 다루며 다음과 같은 작업에 대한 책임을 가진다.

- 코디네이터인 경우 네트워크 비컨을 생성함
- 비컨에 대한 동기화
- PAN에 대한 가입 및 가입해제에 대한 지원
- 기기 보안에 대한 지원
- 채널접근을 위한 CSMA-CA 메커니즘의 활용

- GTS 메커니즘에 대한 취급과 관리
- 두 개의 실존 MAC 피어(peer)간의 안정된 링크 제공

MAC 부분계층은 CSMA-CA 메커니즘을 사용하여 무선 채널을 접근한다. 여기서는 비컨 프레임의 전송, 동기관리, 신뢰성 있는 전송 메커니즘을 제공한다. MAC 부분계층은 SSCS와 PHY사이의 인터페이스를 제공한다. MAC 부분계층은 개념적으로 MLME (MAC Layer Management)라 불리는 관리부를 포함한다. 이것은 계층관리 함수들이 호출됨을 통해서 서비스의 인터페이스를 제공한다. MLME는 MAC 부분계층에 포함된 관리 객체의 데이터베이스의 관리에 대한 책임도 가진다. 이 DB는 MAC 부분계층 PIB 에 연관된다. MAC 부분계층의 구성요소와 인터페이스는 [그림 2-31]과 같다.

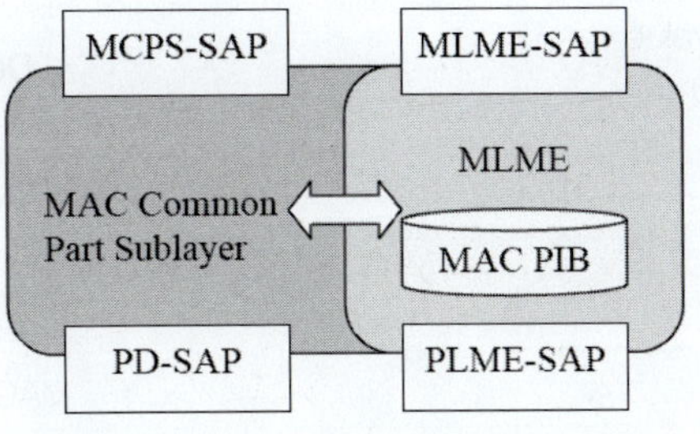

[그림 2-31] MAC 부분계층의 스펙구조

일반적인 MAC 프레임 포맷은 MHR, MAC payload와 MFR로 구성이 된다.

[표 2-25] MAC 프레임의 구성

Octets:2	1	0/2	0/2/8	0/2	0/2/8	variable	2
Frame control	Sequence number	Destination PAN identifier	Destination Address	Source PAN identifier	Source Address	Frame payload	FCS
		Addressing fields					
MHR						MAC Payload	MFR

프레임 제어 필드는 16비트로 프레임 형태, 주소 필드 그리고 제어 플래그를 가진다. 프레임 제어 필드의 포맷은 다음과 같다.

[표 2-26] 프레임 제어 [Frame type] 필드의 구성

Bits: 0~2	3	4	5	6	7~9	10~11	12~13	14~15
Frame type	Security enabled	Frame Pending	Ack. request	Intra-PAN	Reserved	Dest. Addressing mode	Reserved	Source addressing mode

프레임 형태는 다음과 같이 4종류로 구분된다.

[표 2-27] [Frame type value] 필드의 구성

Frame type value b2 b1 b0	Description
000	Beacon
001	Data
010	Acknowledgment
011	MAC command
100-111	Reserved

IEEE 802.15.4를 이용하는 ZigBee 기기의 MAC 부분계층의 특징을 다음과 같이 요약한다.

- 초저가로 구현할 수 있음
- 구조가 간단하여 구현이 쉬움
- 안정적인 데이터 전송
- 근거리 작동
- 초저전력 소모
- 단순하나 유연한 프로토콜

MAC 부분계층에서 기기 형태는 세 가지로 나눈다. 축소기능기기(RFD : Reduced Function Device), 전기능기기(FFD : Full Function Device) 그리고 네트워크 코디네이터(Network Coordinator)이다. 센서 등이 부착되는 종단기기(End device)는 RFD 또는 FFD

로 구성될 수 있다. 라우터(Router)는 FFD로 구성되며 네트워크 코디네이터는 전 기능으로 구성된다. IEEE 802.15.4 MAC의 특징은 다음과 같다.

- 세 종류의 기기가 정의됨
  - Reduced Function Device(RFD) : 축소기능기기
  - Full Function Device(FFD) : 전기능기기
  - Network Coordinator(FFDC) : 네트워크 코디네이터
- 코디네이터에 의한 자동 네트워크 구성
  - 네트워크 연합(Association) 및 네트워크 분리(Disassociation)를 지원
- MAC에서의 선택사양
  - 비컨없는(Non-beacon) 네트워크
    - 9표준 ALOHA CSMA-CA 통신
    - 7수신 패킷 성공을 위한 플러스(Positive) 알림
  - 비컨 사용의 선택
- 3단계의 보안 제공
  - None
  - The network access control list
  - ASE-128

MAC의 선택사양의 특징에는 두 가지로 채널을 접근하는 메커니즘을 제공한다. 비컨 없는 경우는 성공적인 통신을 위해 CSMA와 ACK를 사용한다. 만약 더 빠른 응답을 필요로 하는 경우 비컨 활용을 선택한다. 이 모드에서는 비컨 사이에 16개의 타임슬롯을 부여하였다. 비컨 간격이 15ms에서 252초까지 가능하다. 3단계의 보안 수준이 정의되어 있다. 보안 옵션은 "none", "the network access control list" 그리고 "ASE-128"이다. "none"을 제외한 옵션들은 추가적인 소프트웨어가 필요하여 코드 크기도 조금 더 커진다. ZigBee 하드웨어의 세 가지 기기 형태에 대해서 자세히 살펴보자.

- 네트워크 코디네이터
  - 네트워크에 대한 모든 지식을 관리. 세 형태 중에 가장 복잡하며, 메모리와 전력도 가장 많이 소모
- 전기능기기
  - 802.15.4 표준에 정의된 모든 기능을 실행가능

- 네트워크 라우터 기능을 수행하기에 적합
- 축소기능기기
  - 표준에서 정의된 일부 기능만 수행

RFD는 일반적으로 네트워크 종단기기로 활용한다. 네트워크 코디네이터는 가장 복잡한 기기이다. 하나의 네트워크에 반드시 하나만 존재한다. 이 기기는 네트워크를 관리하므로 가장 많은 메모리가 필요하다. 전기능기기(FFD)는 IEEE802.15.4에서 정의한 모든 기능을 실행할 수 있다. 종단기기나 라우터는 FFD로 구현할 수 있다. 전기능기기(FFD)는 다른 네트워크와의 교량 역할도 수행한다. 이 경우 오히려 네트워크 코디네이터보다 더 많은 메모리와 컴퓨팅 파워가 요구된다. 이와 같은 경우 대부분 배터리로 동작하지 않고 직접 전원에 어댑터를 연결하여 사용한다. 마지막으로 종단기기(RFD)는 기능이 축소된 기기이다. 이것은 해당 네트워크의 관리자인 코디네이터나 가장 가까운 라우터에 대한 지식만 필요로 한다. 축소기능기기(RFD)는 주로 배터리로 작동되는 종단기기의 응용에 적합하다. PHY 및 MAC 데이터 프레임 구조를 도식화하면 [그림 2-32]와 같다.

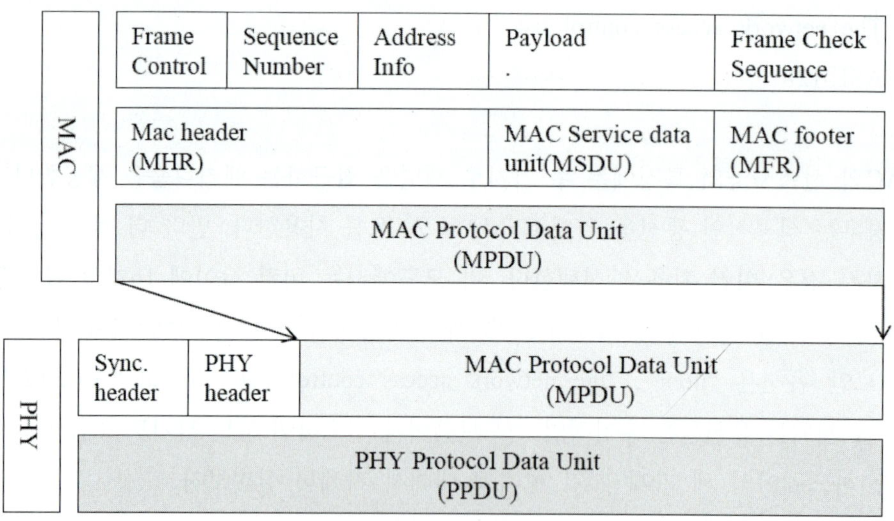

[그림 2-32] PHY와 MAC 프레임 구조

3) ZigBee 네트워크(NWK) 계층

ZigBee NWK 계층은 네트워크에 가입하거나 탈퇴하는 방식, 전송프레임에 대한 보안 제공, 프레임을 보내려는 노드로 라우팅하는 기능 등을 담당한다. 또한 기기간의 라우팅 경로를 찾고 관리도 한다. 이웃 기기에 대한 관리 기능도 담당한다. ZigBee 코디네이터의 NWK 계층은 새로운 네트워크의 시작을 담당하고, 새로 가입한 기기에게 주소를 부여하는 기능을 수행한다. 네트워크(NWK : ZigBee Network Layer) 계층은 ZigBee 프로토콜 스펙이 다른 통신 규약의 스펙과 비교할 때 워낙 크기가 작아서 종종 응용계층(APL : application layer)으로도 취급되기도 한다. NWK 계층은 Star형과 Mesh 네트워크 형태를 지원한다. Star형에서는 ZigBee 코디네이터라는 단일기기에 의해 제어된다. ZigBee 코디네이터는 네트워크 내에서 기기를 초기화하고, 다른 모든 종단기기가 직접 통신을 책임지며 네트워크를 관리한다. Mesh형에서는 ZigBee 코디네이터는 해당 네트워크를 시작을 하고, 필요시 ZigBee 라우터를 이용하여 확장할 수 있다. 네트워크(NWK) 계층은 IEEE 802.15.4 MAC 부분계층의 올바른 운용을 하는지 관리하는 기능을 제공하고 응용계층과의 적당한 인터페이스를 제공하기 위한 필수적인 기능을 제공한다. 두 가지 필수적인 기능이 있는데 데이터 서비스와 관리 서비스이다. 데이터 엔티티(NLDE)는 연관된 SPA(NLDE-SAP)를 경유하여 데이터 전송 서비스를 제공한다. 계층관리 엔티티(NLME)는 NLME와 연관된 SAP(NLME-SAP)를 경유하여 관리 서비스를 제공한다. NLME는 몇몇 관리 태스크(task)를 위해 NLDE를 이용하고, 또한 NIB(Network Information Base)라고 알려진 객체의 데이터베이스를 유지한다.

ZigBee에서 라우팅 알고리즘은 무선 네트워크의 신뢰성, 저비용, 저전력을 기초로 설계되었다. 이러한 목적은 가격과 성능 사이에 균형을 유지하며, 저비용에는 전력과 통신비용뿐만 아니라 기기의 비용을 포함하고 있다. ROM, Flash, RAM, 전송비용, 패킷 오버헤드와 계산가격(computation cost)을 포함하는 여러 가지를 고려하였다. ZigBee 네트워크(NWK) 계층은 계층적 라우팅과 테이블기반의 라우팅 방법을 이용한다. 기본 라우팅 알고리즘은 계층적 라우팅이다. 계층적 라우팅 방법은 계층적으로 네트워크 주소를 배정하며 이 주소체계를 이용한다. 계층적 주소부여 기술은 흥미로운 특징을 가지는데 기기가 프레임을 받을 때 주소만 비교하면 자신의 하위계층인지 상위계층인지 판단을 할 수 있다. 즉 Tree 아래거나 Tree 위로 경로인지 바로 판단할 수 있다. 계층적 라우팅은 메모리를 많이 요구하지 않는 장점은 있지만 더 많은 통신을 요구한다.

가장 큰 문제점은 최적의 경로가 아닌 경로로 연결되는 경우이다. 이러한 단점을 보완하기 위해 라우팅 테이블을 가지는 방법을 이용한다. 물론 기기와 응용 분야에 따라 통신비용도 다르고 기기간의 간격도 다르다. 이 테이블 기반의 라우팅은 RREQ와 RREP 메시지를 이용하여 라우팅 경로를 발견하고 노드들은 발견된 경로에 대한 라우팅 테이블을 유지한다. 라우팅 스펙의 개발자는 라우팅 테이블을 포함하거나 포함하지 않는 스펙을 옵션으로 제공해 줄 수 있다. 라우팅 테이블을 위한 약간의 공간을 가진 ZigBee 라우터는 RN+라 하고 테이블이 없는 라우터를 RN-라 한다. 이러한 스펙 옵션들을 이용하여 라우팅 테이블의 할당을 조절하므로 응용개발자는 기기의 비용뿐만 아니라 라우팅 경로의 설정을 위한 통신비용과 유지비용을 포함하는 값들을 제어할 수 있다. ZigBee 네트워크 NWK 계층은 Star, Tree, Mesh 네트워크 형태를 지원한다.

- Star 네트워크 형태
- Cluster-Tree 네트워크 형태
- Mesh 네트워크 형태

네트워크기기는 다른 네트워크 기기의 메시지를 중계한다. Star에서는 ZigBee 코디네이터가 네트워크를 통제한다. 코디네이터는 네트워크를 깨우고, 지속시키는 역할을 한다. 다른 모든 기기는 코디네이터와 직접 통신하는 종단기기가 된다. Mesh 및 Tree망의 경우 코디네이터는 네트워크를 시작하고 특정한 중요 네트워크 매개변수를 선택한다. 또한 ZigBee 라우터를 통해 네트워크를 확장할 수 있다. Tree 네트워크 형태에서 라우터는 계층 라우팅 기법으로 네트워크를 통해 데이터를 이동시키고 메시지를 제어한다. Tree 네트워크 형태는 비컨기반 통신을 사용할 수 있으며, 완전한 P2P(Peer-to-Peer) 통신을 지원한다. ZigBee 네트워크는 비컨의 사용 유무에 따라 비컨사용 네트워크와 비컨 없는 네트워크로 구분된다.

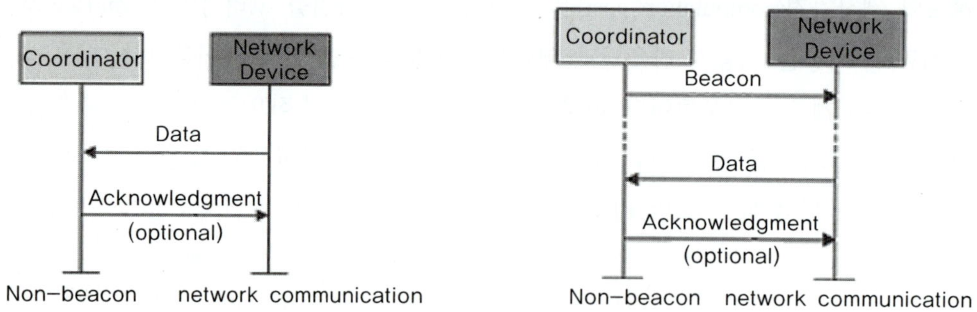

[그림 2-33] 비컨 없는 네트워크 통신과 비컨 사용 네트워크 통신

4) ZigBee 응용 APL 계층

ZigBee 응용계층은 ZigBee 응용지원계층과 응용 프레임워크 및 ZDO(ZigBee Device Object)로 구성된다.

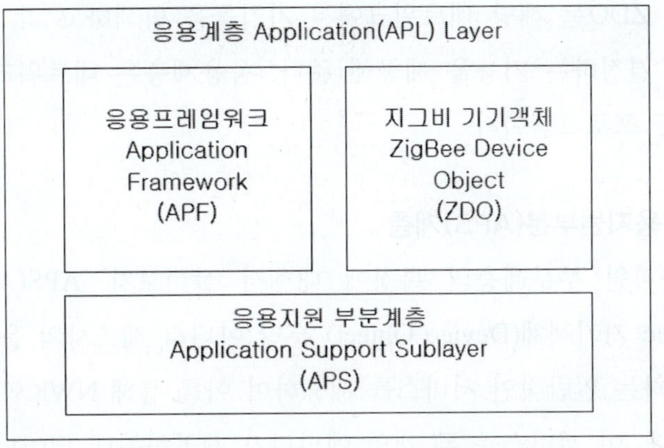

[그림 2-34] ZigBee 응용 APL 계층의 구성

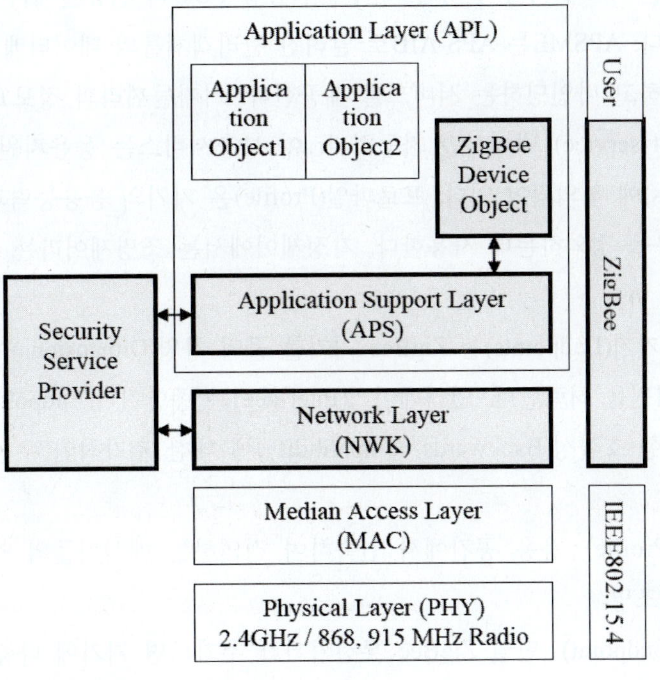

[그림 2-35] ZigBee의 계층구조(PHY, MAC, NWK, APL)

응용계층은 APL 부분계층, ZDO(ZigBee Device Object) 및 제작사들이 정의하는 응용 객체(Application Object)로 구성된다. APL은 기기가 제공하는 서비스와 요구사항들을 기초하여 기기들간의 바인딩을 관리하고, 바인딩 테이블을 유지하며 이를 바탕으로 바인딩된 기기들간의 메시지의 전달을 담당한다. ZDO는 네트워크 안에서 기기의 역할을 정의하고 네트워크기기 사이에 바인딩 요구에 대한 처리와 기기간의 보안관계를 설정해 주는

기능을 담당한다. ZDO는 해당 네트워크에서 기기들을 탐색하고 각 기기들이 제공하는 응용 서비스들을 결정하는 기능을 제공해 준다. 응용계층은 네트워크 계층위에 올려져 있는 사용자 응용 프로그램이다.

5) ZigBee 응용지원부분(APS)계층

ZigBee의 응용지원 부분계층의 특징에 대해서 살펴보자. APS(Application support sublayer)는 ZigBee 기기객체(Device Object) 뿐만 아니라 제조사의 응용객체(Application Object)에서 이용하는 일반적인 서비스를 제공하며 이를 통해 NWK와 APL 사이에 인터페이스를 제공한다. 이 서비스를 두 개의 엔티티가 제공하는데 데이터 엔티티(DE : Data Entity)와 관리 엔티티(ME : Management Entity)이다. 데이터 엔티티인 APSDE는 같은 네트워크에 있는 두 개 이상의 기기 사이에서 응용 PDU의 전송을 위한 데이터 전송 서비스를 제공한다. APSME는 APS-AIB로 알려진 관리객체들의 데이터베이스를 유지하고, 기기들을 발견하고 바인딩하는 서비스를 제공한다. 기기들끼리의 정보교환은 보충 서비스(Complement service) 내에서만 가능하다. 이 보충서비스는 응용지원특징(Application support features)에 정의되어 있다. 프로파일(Profile)은 기기의 응용능력과 응용작동에 대해 자세한 내용을 정의하는데 사용한다. 가정제어에서는 조명제어라는 프로파일을 정의할 수 있다.

ZigBee 종단기기(Endpoints)는 ZigBee 기기를 물리 차원(Dimensions)에 추가하는 것이며 다중 응용지원을 허락한다. 인터페이스(Interface)는 종단기기(Endpoint)마다 정의되고 확장성과 역방향 호환성(Backwards compatibility)에 대한 추가적인 우선순위 등을 허락한다.

- 프로파일(Profile) : 응용 공간에서 연속하여 정의하는 메시지들의 약속
  - 홈 제어-조명
- 종단지점(Endpoint) : 단일 ZigBee 무선기기가 추가되면 기기에 다중 응용지원을 허용한 것이다.
  - 종단 번호(0~31)에 의해 주소가 지정됨

6) ZigBee 응용 프레임워크(Application Framework)

ZigBee에서 응용 프레임은 응용객체가 ZigBee 기기에 결속된 환경이다. 응용 프레임워크 내에서 응용객체가 APSDE-SAP로 정의된 종단 인터페이스로부터 데이터를 받고 응용객체의 제어와 관리는 ZigBee 기기객체(ZDO)는 공공(Public) 인터페이스를 통해 수행

된다. 응용 프레임워크 인터페이스는 APSDE-SAP와 인터페이스로 연결된다. 응용 프레임워크의 핵심내용은 응용에서 사용하는 주소체계에 대한 응용들간의 통신원리에 대해서 기술하고 있다. 응용에서 사용하는 주소체계는 단계별로 노드주소, 종단주소, 인터페이스주소로 이루어진다. 노드주소는 각각의 ZigBee 무선에게 부여되는 주소로 ZigBee 네트워크에서 유일한 주소가 된다.

ZigBee 노드는 노드주소에 의해서도 구분이 가능하지만 각각의 노드에 여러 개의 부분 유닛이 존재할 경우 이를 구분하기 힘들다. 이 문제를 해결하기 위해 ZigBee는 IEEE 802.15.4 메커니즘과 결합하기 위해 사용하는 하위 수준의 주소를 제공한다. ZigBee 노드는 32개의 종단 값을 가질 수 있고 첫 번째 주소인 Endpoint0은 기기 관리와 노드 내에서 디스크립터의 주소를 위해 사용된다. 인터페이스 주소는 프로파일에 따라 서로 다른 서비스 집합을 제공할 수 있다. 이러한 서비스 제공의 창구가 되는 것이 인터페이스 주소이다. 이전에 설명한 주소체계를 통해서 주소를 부여받으면 응용간의 통신에서는 프로파일과 클러스터를 이용한다. 프로파일은 메시지 포맷, 사용할 수 있는 응용이 명령을 보내거나, 데이터를 요구하고, 공동이용 가능한 분할된 응용을 생성하는 것을 명령하거나 요구하는 처리 등의 메시지에 대한 협약이다. 예를 들어, 한 노드의 온도조절기는 다른 노드의 난방기와 통신을 할 수 있다. 동시에 난방 응용 프로파일을 협조적으로 형성한다.

클러스터는 데이터가 기기로 수신 및 송신되는 것과 관련된 Cluster ID에 의해 식별이 된다. Cluster ID는 고유의 프로파일 내에서 유일하다. 바인딩 결정은 Cluster ID와 출력 Cluster ID가 동일한 프로파일 내에 있다고 가정할 때 둘을 매치시켜서 얻는다. 바인딩 테이블은 소스와 목적하는 기기의 주소 값을 가지는 8비트 식별자를 가진다.

17 ZigBee 기기객체

ZigBee 기기객체(ZDO : ZigBee Device Objects)는 ZigBee 스펙 구조에서와 같이 APS 위에 존재하는 응용 솔루션이다. ZDO는 응용객체의 기기제어와 네트워크 기능의 이용을 위한 응용 프레임워크 계층에서 응용객체의 공용 인터페이스(Public interface)를 제공한다. ZDO는 데이터와 APSME-SAP 제어 메시지를 위해 ZigBee 프로토콜 스펙의 하위 부분과 APSME-SAP의 Endpoint0을 통해 인터페이스를 연결한다. 공용 인터페이스 함수는 ZigBee 프로토콜 스펙의 애플리케이션 프레임워크 계층내에서 기기발견, 바인딩, 보안함수에 대한 관리를 제공한다. ZDO가 수행하는 기능을 세부적으로 살펴보자.

ZDO의 기기발견과 서비스발견은 ZigBee 코디네이터 또는 ZigBee 라우터의 주소를 이용하여 수행하는데, 기기 발견을 요청받은 해당 주소를 가지는 ZigBee 코디네이터 또는 라우터는 자신과 연관된 모든 기기의 네트워크주소를 되돌려준다. 이와 같은 기기 발견에는 유니캐스트(Unicast) 방법과 브로드캐스트(Broadcast) 방식이 있다. 서비스 발견에는 인터페이스 기반방법과 Profile ID와 클러스터를 이용한 서비스 매치(Match) 기반방식 및 노드형태 기반방법 그리고 사용자에 의해 정해지는 방법으로 나눌 수 있다.

ZDO의 보안관리는 보안을 유지하는지 해제하는지를 결정하고 만약 유지한다면 키를 설정하고 키 전송기능과 설정된 링크 키를 이용하여 원격의 기기를 인증하는 역할을 한다. ZDO의 네트워크 관리는 프로그램된 응용이나 기기설치시의 설정에 따라 ZigBee 코디네이터, ZigBee 라우터, ZigBee 종단기기 중 자신의 논리적 기기 형태를 결정한다. 만약 ZigBee 라우터나 ZigBee 종단기기이면 주변에 존재하는 PAN에 가입할 수 있는 기능을 제공하고, ZigBee 코디네이터나 ZigBee 라우터라면 새로운 PAN을 생성할 수 있고 사용되지 않는 무선 채널을 선택할 수 있는 기능을 제공한다.

ZDO의 바인딩(binding) 관리는 바인딩 테이블을 위한 자원의 크기 설정기능, 바인딩 테이블로부터 엔트리 첨부나 삭제를 요청하는 기능, Bind/Unbind 명령 기능을 제공하며, ZigBee 코디네이터에게 버튼을 이용하거나 다른 수동적인 방법으로 바인딩하는 것을 지원한다. ZDO의 노드관리는 주변의 네트워크를 찾는 기능, 라우팅 테이블을 정정할 수 있는 원격관리 기능, 바인딩 테이블을 정정할 수 있는 원격관리 기능, 기기가 네트워크를 떠나는 것을 관리할 수 있는 기능을 제공한다.

18 IEEE 802.15.4 패킷의 구조

1) 데이터 프레임(Data Frame) 구조

802.15.4 패킷 구조에 대해서 살펴보자. 가장 기본적인 구조는 데이터 프레임 패킷(Data Frame Packet)이다. 이 구조는 데이터의 송수신에 이용된다. 물리 패킷 데이터 유니트(PPU : DPHY Packet Data Unit)에 MAC 패킷 데이터 유니트(MPDU : MAC Packet Data Unit)가 중첩이 된다. MPDU는 물리 서비스 데이터 유니트(PSDU : PHY Service Data Unit)라고도 부른다. PSUD는 최대 127바이트의 길이를 가진다. 2바이트는 프레임 확인 시퀀스(FSC : Frame Check Sequence)이다. PSUD는 PPUD 에 4바이트의 헤더 정보(preamble)와 1바이트의 프레임 시작 구분자(delimiter)와 1바이트의 프레임 길이 정보를 추가한다. MPDU는 2바이트의 프레임 컨트롤(frame control)과 1바이트의 알림에 사용될 데이터 순번번호(data sequence number)를 포함한다. MAC 소프트웨어는 데이터를 파싱

(Parsing)하고 주소정보와 데이터 순서 번호를 관리한다. 실제 데이터의 최대 104바이트까지 허용한다.

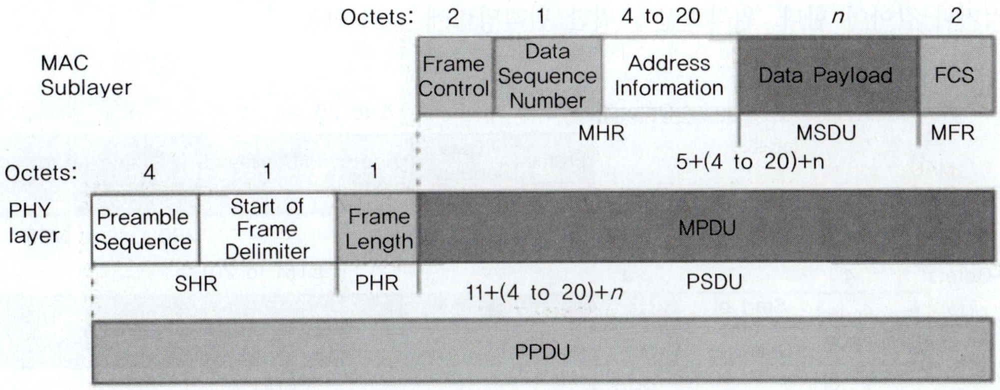

[그림 2-36] IEEE 802.15.4의 데이터 프레임 구조

2) 알림 프레임(Acknowledgment Frame) 구조

알림 프레임 ACK는 데이터 수신이 성공여부를 확인해 준다. 프레임 제어(Frame Control)와 데이터 시퀀스(Data Sequence)는 원래 패킷에서 그대로 가져왔다. 전송의 성공 여부는 ACK 프레임에 전송한 프레임의 순번과 동일한 순번을 포함하고 있는지 여부로서 알 수 있다.

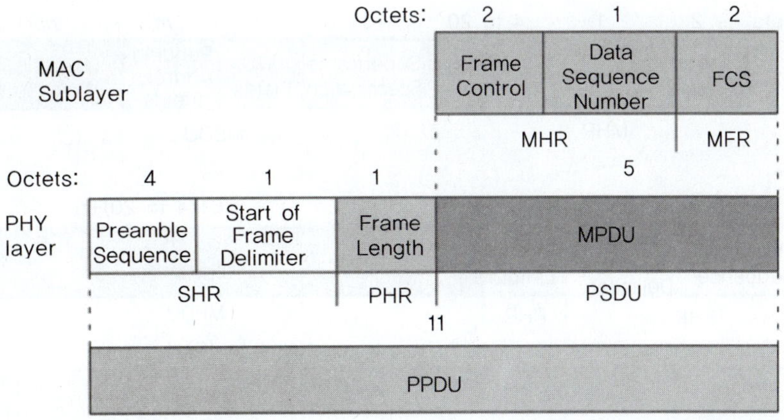

[그림 2-37] IEEE 802.15.4의 명령 프레임 구조

3) MAC 명령 프레임(Command Frame) 구조

MAC 명령 프레임은 원격제어에 사용된다. 데이터가 올라갈 부분에 명령(command)을 올린 것이다. 물론 명령형(command type) 바이트가 추가된다. MPDU는 127바이트보다 적거나 같아야 한다. 원격조절을 위한 원격명령에 편리하다.

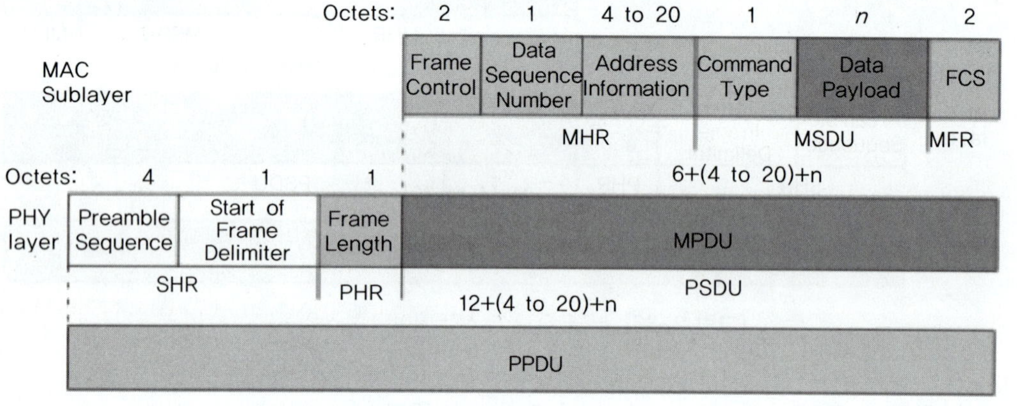

[그림 2-38] IEEE 802.15.4 MAC 명령 프레임의 구조

4) 비컨 프레임(Beacon Frame) 구조

비컨(Beacon) 프레임은 네트워크내의 모든 기기에게 전달할 동기신호와 GTS (guaranteed time slot) 정보를 포함하므로 훨씬 더 복잡하다.

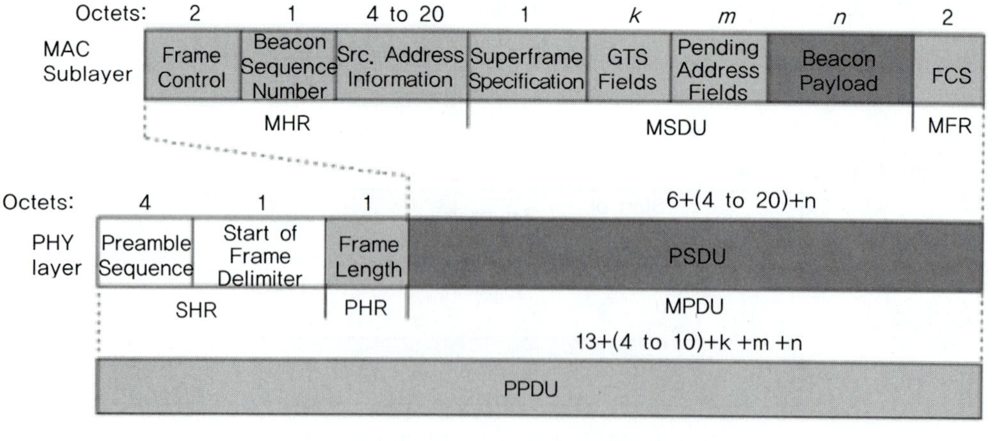

[그림 2-39] IEEE 802.15.4 비컨 프레임 구조

19 ZigBee 네트워크 모델

ZigBee는 인프라 구조 없이 네트워크를 자동으로 구성할 수 있고, 일부 노드에 이상이 발생해서 네트워크를 구성할 수 없는 경우 이 노드를 제외한 다른 경로를 선택할 수 있는 네트워크 복구 기능을 가진다. 네트워크를 구성할 수 있는 모델도 다양하다.

- 확장노드
    - 65,536개의 노드로 확장 가능
- ZigBee 기기 구성요소
    - ZigBee 코디네이터
    - ZigBee 라우터
    - ZigBee 종단기기
- 지원 네트워크 형태
    - Star
    - Cluster-Tree
    - Mesh
- ZigBee 네트워크 관련 실제 시간
    - Network join time = 30 ms typically
    - Sleeping Slave charging to active = 15ms typically
    - Active slave channel access time = 15ms typically

20 ZigBee 구성요소

ZigBee 네트워크를 구성하는 기기는 기능에 따라 ZigBee 코디네이터, (ZC), ZigBee 라우터(ZR)와 ZigBee 종단기기(ZED)로 구분한다.

- ZigBee 코디네이터(ZC : Coordinate)
    - ZigBee 네트워크마다 단 하나만 존재하는 네트워크 관리자
    - 전기능기기(Full Function Device)
    - 네트워크가 형성되면 Router로도 작동
- ZigBee 라우터(Router)
    - 옵션(Optional) 네트워크 구성성분
    - ZC나 다른 ZR, ZED와 연계됨

- 전기능기기(Full Function Device)
- 멀티홉(Multi-hop) 라우팅 처리

- ZigBee 종단기기(ZED : End Device)
  - 옵션(Optional) 네트워크 구성성분
  - ZC 또는 ZR과만 연계됨
  - 라우팅 기능이 없음

ZigBee 네트워크에서 구성요소들의 특징을 살펴보면 노드번호 할당에 16비트 주소를 사용하므로 65,536개까지 연결될 수 있다. Star, Cluster-Tree, Mesh의 세 가지 네트워크 형태가 지원되며, 네트워크에 가입하는데 시간이 짧게 걸리고, 휴면에서 빠르게 깨어난다. Star 네트워크 형태는 가장 단순한 네트워크 형태이며 저가격의 네트워크를 구성할 수 있다. Mesh 네트워크 형태는 라우터와 코디네이터가 하나 이상의 경로를 선택할 수 있다. 전송에서 이상이 발생하면 다른 경로로 연결하여 전송할 수 있다.

[표 2-28] ZigBee 기기 구성요소

구분	기능	Notes	설명
ZigBee Coordinator (ZC)	네트워크 관리자 (Master)	네트워크 마다 1개	ZigBee 구성요소 & FFD Stack 내장 인프라(TCP/IP, 유무선망)와 연동 ZigBee 네트워크 관리
ZigBee 라우터 (ZR)	통신의 중계기	No duty cycling available	ZigBee 구성요소 & FFD Stack 내장 네트워크 Node간의 통신중계 장비와 RS232C 연동
ZigBee End Device(ZED)	네트워크 단말	Does not relay packets	ZigBee 구성요소 및 RFD Stack 내장 네트워크 최종단말 장비와 RS232C로 연동

21 ZigBee 네트워크의 가정

무선 네트워크에서 네트워크의 형성과 가입은 다음과 같은 몇 가지 기본적인 가정(Assumptions)에 기반을 둔다. 먼저 기기에는 각각의 네트워크 기능이 미리 프로그램되어 있다. ZigBee 종단기기(End device)는 항상 주위에 존재하는 네트워크에 가입을 시도한다. ZigBee 코디네이터는 항상 사용하지 않는 채널을 찾아 네트워크를 형성한다. 기기는 네트워크에서 부가적인 서비스를 제공하기 위해 다른 기기를 검색한다. 구체적인 예를 들어보자. ZigBee로 전등을 제어하는 기기는 단지 ZigBee 전등제어 네트워크만을 검색한다. 가전제품을 제어하는 네트워크는 검색할 필요가 없다. 전등제어 이외에는 이해할 수 없기 때문이다. 그러나 필요한 경우에는 자신의 네트워크뿐만 아니라 주변의 여러 네트워크형에서 작동이 가능하도록 프로그램할 수 있다.

- 기기의 네트워크 기능은 미리 프로그램되어 있다.
- 기기는 네트워크에서 부가적인 서비스를 제공하기 위해 다른 기기를 검색한다.
- 기기는 다른 기기의 부가적인 서비스 제안에 대한 범위 안에 있다.

1) ZigBee 네트워크 형태

ZigBee 네트워크 NWK 계층은 Star, Cluster-Tree, Mesh 망을 지원한다.

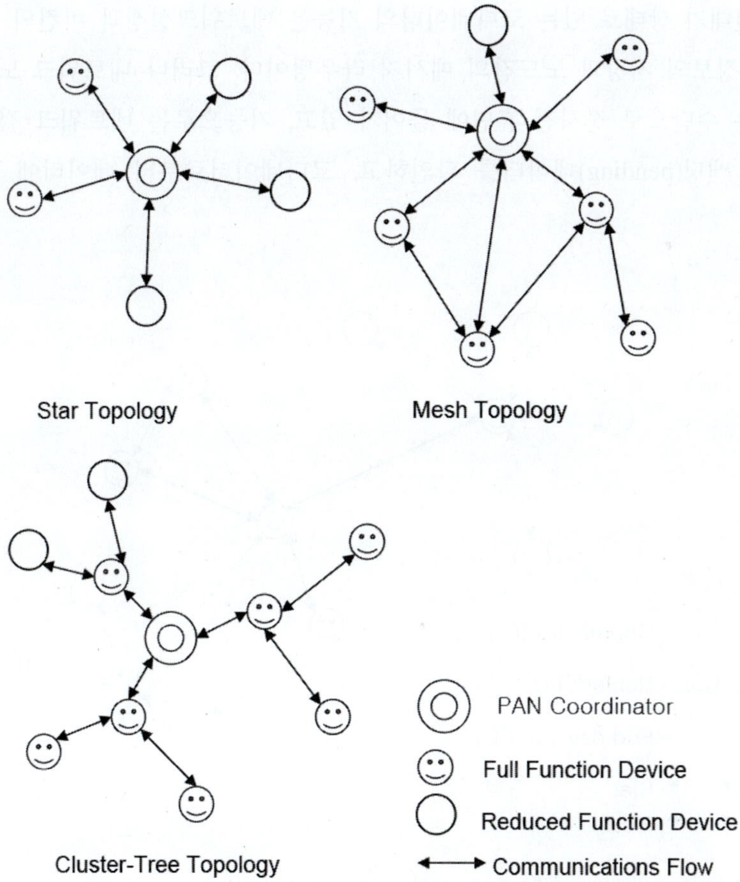

[그림 2-40] ZigBee 네트워크 지원 형태

네트워크 기기는 다른 네트워크 기기의 메시지를 중계한다. Star 망에서는 ZigBee 코디네이터가 네트워크를 통제한다. 코디네이터는 네트워크를 깨우고, 지속시키는 역할을 한다. 다른 모든 기기는 코디네이터와 직접 통신하는 종단기기가 된다. Mesh 망 및 Tree 망의 경우 코디네이터는 네트워크를 시작하고 특정한 중요 네트워크 매개변수를 선택한다. 또한 ZigBee 라우터를 통해 네트워크를 확장할 수 있다. Tree 네트워크 형태에서 라우터는 계층 라우팅 기법으로 네트워크를 통해 데이터를 이동시키고 메시지를 제어한다. Tree 네트워크 형태에서 라우터는 계층 라우팅 기법으로 네트워크를 통해 데이터를 이동시키고 메시지를 제어한다. Tree 네트워크 형태는 비컨기반 통신을 사용할 수 있으며, 완전한 P2P(Peer-to-Peer) 통신을 지원한다.

2) ZigBee 네트워크 모델

보통 수신대기 상태로 있는 코디네이터의 기능은 네트워크설정과 비컨의 전송, 노드의 관리, 노드 정보의 저장과 노드간의 메시지 라우팅이다. 그러나 네트워크 노드는 에너지를 줄이려는 수단으로 장시간 휴면에 들어가 있고, 기능으로는 네트워크 검색기능과 데이터 전송, 펜딩(pending)데이터를 확인하고, 코디네이터로부터 데이터에 대한 질의를 한다.

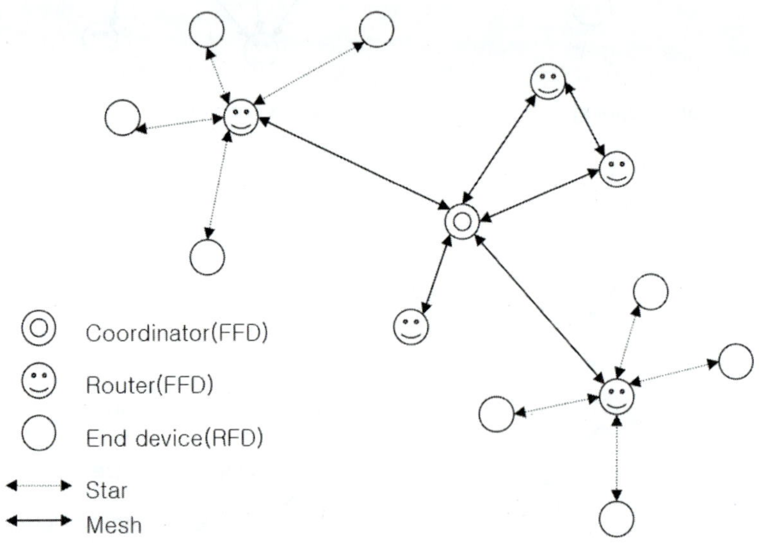

[그림 2-41] ZigBee 네트워크 모델

단순화로 인한 안정성에 위협을 받지 않기 위해 IEEE 표준은 4개의 프레임 구조를 정의하고, 코디네이터에서만 옵션으로 슈퍼프레임 구조를 사용한다. 4가지 프레임 구조는 비컨 프레임, 데이터 프레임, 알림 프레임 및 MAC 명령 프레임이다.

- 비컨의 전송을 위한 비컨 프레임
- 데이터 전송을 위한 데이터 프레임
- 수신의 성공을 확인하는 알림 프레임
- MAC 명령 프레임

이들 프레임 구조와 코디네이터의 슈퍼프레임 구조는 데이터의 보안에 중요한 역할을 하고 전송에서 완전성을 보장한다. 모든 계층의 프로토콜은 프레임 구조에서 머리와 꼬리를 가지고 있는데, 각각의 패킷의 부가 비트는 짧은 주소에서는 15bytes에서 긴 주소에서는 31bytes를 가진다. 코디네이터는 매 15.38ms마다 또는 이에 대한 배수로 252초까지 비컨을 보내기 위해 슈퍼프레임 구조에 싣는다. 이 기간은 미리 정해 놓거나 코디네이터에 의해 비컨 사이에 등 간격으로 16개의 타임슬롯을 가진다. 그래서 채널의 경쟁 없이 접근한다. 각각의 타임슬롯 사이에는 접근이 경쟁기반이다. 그럼에도 불구하고 코디네이터는 매 비컨 기간 사이에 더 우수한 질적 관리를 위해 GTS(Guaranteed Time Slots)를 7개까지 지원한다.

3) ZigBee 네트워크 라우팅의 특징

Mesh 네트워크 형태의 지원은 ZigBee의 큰 장점 중에 하나이다. ZigBee 네트워크에서 구성이 가능한 통신망 형태의 목록들을 나열해 보자. Star 네트워크 형태는 네트워크에서 가장 간단한 형태이다. 이 형태는 하나 또는 그 이상의 종단기기로 구성된 네트워크에 하나의 코디네이터를 가진다. 기억해야 할 것은 종단기기가 오직 라우터나 코디네이터와만 통신을 할 수 있고, 종단기기들끼리는 직접 통신은 하지 못한다. TV 리모컨의 경우는 Star 형의 단순한 예로 볼 수 있다. Cluster-Tree 네트워크 형태는 좀 더 복잡한 네트워크 형태이다. 이것은 네트워크 백본을 나무로 볼 때 나무의 가지 끝에 기기가 부착된 컴퓨터 네트워크와 유사하다. Star 네트워크 형태 형태는 Cluster-Tree 네트워크 형태의 한 종류로 볼 수 있다.

Mesh 네트워크 형태는 라우팅 경로가 Cluster-Tree 네트워크 형태에서처럼 제한을 받지 않는다. Mesh 네트워크 형태는 소스에서 목적지까지 어느 패스든지 형성을 허락한다.

따라서 기기의 통신을 위해서 다중 패스가 될 수 있고 네트워크 라우팅 경로는 라우팅 테이블(routing table)에 의해 관리된다.

[표 2-29] Star, Cluster-Tree, Mesh 네트워크 형태의 라우팅 비교

네트워크 Cluster-	Cluster-Tree형 네트워크	Mesh형 네트워크
· 제일 간단한 망 · 하나의 ZigBee 코디네이터를 지원하거나 여러 개의 종단기기를 지원한다.(64000개 이상) · TV 리모컨	· 컴퓨터 네트워크와 유사 · 트리 구조를 가짐	· Mesh 네트워크 형태에서 패스는 Cluster- Tree와는 다르다. · 출발점에서 도착점까지 패스 정보를 허용한다. · 여러 개의 패스가 존재할 수 있고 네트워크 라우팅 테이블 내에서 가변적으로 패스를 관리한다.

무선 네트워크에서 사용하는 일반적인 항목들을 몇 가지를 소개한다. 네트워크 스캔(Network scan)은 기기가 통신 가능한 범위내의 활성 채널을 찾는 것이다. 이 범위를 개인영역 네트워크(WPAN)에서 POS(Personal Operating Space)라 부른다. 생성(Creating)은 POS 내에서 사용되지 않는 채널에서 네트워크를 형성하는 것이며 가입(Joining)은 POS 내의 네트워크에 가입하는 것이다. 기기 검색(Device discovery)은 PAN에서 활성 채널 중에 기기를 구별하는 것을 의미한다. 서비스 검색(Service discovery)은 네트워크 내에 있는 기기가 어떤 특징이나 서비스를 하는지 결정을 할 수 있는지 검사하는 것이다. 바인딩(Binding)은 네트워크내의 다른 기기와 응용 단계에서 통신할 수 있는 능력이다.

- 네트워크 스캔(Network scan) : POS(Personal Operating Space)내에서 활동 채널을 찾는 것
- 생성/PAN 에 참여(Creating/Joining a PAN) : 사용되지 않는 채널에 네트워크를 생성하거나 기존 네트워크의 POS 내에서 참여
- 기기 검색(Device discovery) : POS 내에서 기기를 구별할 수 있는 능력
- 서비스 검색(Service discovery) : POS 내에서 주어진 기기의 지원되는 서비스를 결정하는 것
- 바인딩(Binding) : 실행단계에서 명령 메시지와 컨트롤 메시지를 수행하는 것

4) ZigBee 네트워크의 데이터 형태

ZigBee에서는 세 가지 구체적인 트래픽(Traffic)의 형태를 언급하고 있다. IEEE 802.15.4 MAC은 이들 모든 형태를 수용하고 있다.

- 주기적인 데이터 : 속도를 감지하고 센서를 활성화를 지시한 다음 데이터를 확인한 후 비활성화시킨다.
- 간헐적 데이터 : 화재검출기의 경우처럼 응용이나 다른 자극이 비율을 정한다. 기기가 통신이 필요할 때만 네트워크에 접속한다. 이 경우 에너지 절약을 가장 많이 할 수 있다.
- 반복적인 데이터로 전송률이 고정된 경우 : GTS 라 부르는 타임슬롯을 할당한다. 이 경우 기기가 정해진 기간 동안에만 작동한다.

바인딩(binding)에서 언급하였던 것처럼 기기끼리의 정보교환은 보충(complement) 서비스 내에서만 가능하다. 이 보충(complement) 서비스는 응용지원특징(application support features)에 정의되어 있다. 프로파일(profile)은 기기의 응용능력과 응용작동에 대해 자세한 내용을 정의하는데 사용한다.

22 ZigBee 저전력 기술

1) ZigBee 저전력의 개요

ZigBee의 가장 대표되는 특징은 기기의 전력소모가 적은 것이다. 일반 1.5V배터리 1년 이상을 작동할 수 있기 때문에 무선 랜(Wi-Fi)이나 Bluetooth를 이용하는 경우처럼 장치를 전원에 연결할 필요가 없다. 따라서 신축건물 뿐만 아니라, 유선 네트워크를 고려하지 않고 설계된 기존의 건물에서 서비스를 하더라도 무선으로 통신이 가능하므로 적용성이 높다. ZigBee 표준의 적용은 전송빈도가 낮은데 적합하도록 설계되었고 전송속도가 빠르지 않은 경우를 추천하고 있다. 이와 같은 경우 대부분 기다렸다가 이벤트가 발생하면 기기가 작동이 된다. 배터리가 장착된 ZigBee 종단기기들은 수 분간 또는 심지어는 몇 시간이나 휴면할 수 있다. 따라서 ZigBee 네트워크는 평균전력소모가 낮다. ZigBee 노드가 설치되고 깨어나서 다른 디바이스와 통신을 마친 뒤 휴면 모드로 들어갔다가 요구가 있을 때 다시 깨어나서 통신을 한다. ZigBee가 네트워크에 합류, 전환, 채널 접근요구 시간은 다음과 같다.

- 새로운 종단기기의 네트워크 합류(new slave enumeration) : 30ms
- 대기에서 활동 모드로 전환(sleep slave to active) : 15ms
- 활동중인 종속 채널 접근(active slave channel access) : 15ms

2) ZigBee의 배터리 의존도

ZigBee 잠재 고객들을 생각하는 또 하나의 문제는 ZigBee 기기의 배터리 의존도이다. 개발 툴 공급업체들은 전력을 공급하는 배터리의 전하상태를 측정하는 기능과 배터리 교체가 필요하기 직전 경고 메시지를 보내기 위한 루틴을 갖춘 ZigBee IC를 ZigBee 스펙에 포함시켜 제공하고 있다. 만일 ZigBee 센서가 있는 정확한 지점을 찾기 어렵다면 사용자는 배터리 교체를 미루게 될 것이며, 결국 배터리수명으로 인해 오류가 일어나 사용자에게 많은 비용을 초래하게 된다. 따라서 배터리수명을 연장하거나 처음부터 배터리 없이 사용할 수 있는 여러 방법들이 논의되고 있다. 만약 센서에 지능적인 기능을 추가할 있다면, 센서는 많은 에너지를 소모하지 않고서도 원격 시스템 요소의 개입 없이 독자적으로 데이터에만 의존해 결정을 내릴 수 있다. 결과적으로 센서의 통신회수를 줄임으로써 센서가 통신을 하는데 필요한 에너지의 소모를 최소화할 수 있다. 하지만 이러한 지능형 센서에는 어려운 하드웨어 설계 문제뿐만 아니라 소프트웨어 설계 과제가 수반되어야 한다.

다른 접근방법으로는 에너지 수확(energy harvesting)이라는 기술을 통해 주변환경으로부터 적은 양의 에너지를 얻는 방식이 있다. 예를 들어 조명이 밝은 공장 또는 사무실인 경우 태양열 셀을 사용해 ZigBee 기기를 구동할 수 있다. ZigBee 조명스위치는 끄고 켜는 움직임에서 에너지를 획득한 다음 이를 대용량 축전지에 저장한다. AC 연결이 필요 없는 조명스위치는 확실히 쓸모가 있는데 배선비용을 줄여 주고 사무실의 배치변경을 간단하게 해 준다. 제조업체들은 모터 및 사무기기에 전원을 전달하는 전선 주변의 표류 AC 자기장으로부터 에너지를 채취할 수 있으며 또한 제조장비의 진동에서도 에너지를 얻을 수 있다.

3) ZigBee 기기 배터리수명

배터리수명은 사용하는 기기의 종류와 전력 사용 용량에 따라 다르지만, ZigBee 프로토콜은 장시간 배터리를 활용할 수 있도록 설계된다. 일반적인 알칼라인 배터리를 자동 검침 등의 듀티사이클이 1% 미만인 경우 실제 응용에서 수 년간 활용할 수 있다. 달리 말하면 배터리수명이 다할 때까지 사용할 수 있다.

배터리수명에 대한 두 가지 예제를 살펴보자, 하나는 듀티사이클이 높은 경우(High duty cycle)이고 다른 하나는 듀티사이클이 낮은 경우이다. 이 실험은 Bluetooth와 ZigBee 모듈인 RFIC와 GB60MCU에 대한 비교를 인용하였다. 첫 예에서 5바이트 데이터를 1.28초마다 보낸다. 이 경우에 배터리의 수명이 200mAh(milliamp-hour)라고 가정할 때

Bluetooth 기기는 15일 동안 배터리가 지속되고, ZigBee 기기의 경우 30일을 지속한다. 두 번째 예제로 전송해야 할 일이 생겼을 때만 이벤트가 발생하여 데이터를 전송하는 예로 보안 센서 시스템에 적용한 경우이다. 이 센서는 하루에 10번씩 한 번에 1분씩만 전송하는 경우로 문을 여는 것과 같은 경우이다. Bluetooth 기기는 배터리가 100일 지속된다. 그러나 ZigBee의 경우 배터리가 약 9.8년이 지속된다. 배터리의 수명보다 훨씬 오래 견딜 수 있어서 배터리가 수명을 다할 때까지 지속할 수 있다는 결론이다. 전송이 드물게 필요한 가정의 전등 제어, 도난방지시설, 전기 및 수도의 검침, TV 리모컨, 차량의 문개폐, 주차장 출입차량의 영상 전송 등의 이벤트 기반의 시스템에서는 ZigBee를 선택하는 것이 바람직하다.

2장

[표 2-30] ZigBee의 배터리수명 비교

예제	내 용
지속적 사용 (High-Duty Cycle)	· 센서가 5 Bytes 데이터를 1.28초 간격으로 전송 · 배터리의 수명을 200 mAh 가정 · Bluetooth : 15일 · ZigBee : 33일
가끔씩 사용 (Event Driven Application-Security System)	· 코디네이터는 항상 켜져 있음(전원과 연결되었다고 가정) · 센서가 매 60초마다 + 하루에 10번 보냄 · 두 개의 1.5V AA 배터리를 기준으로 · Bluetooth : 100일 · ZigBee : 3559일(9.8년)

4) ZigBee 기술의 비교

ZigBee 기술이 유사한 표준 기술과 어떤 차이점과 장단점을 가지고 있는지 살펴보자. IEEE 802 표준위원회는 [그림 2-24]처럼 세부 분과들로 나누어진다. 이 중 802.15 부분이 네 개의 표준 그룹으로 나누어지며 TG4가 IEEE 802.15.4이며 ZigBee의 기초가 되는 표준을 2003년에 제정하였다.

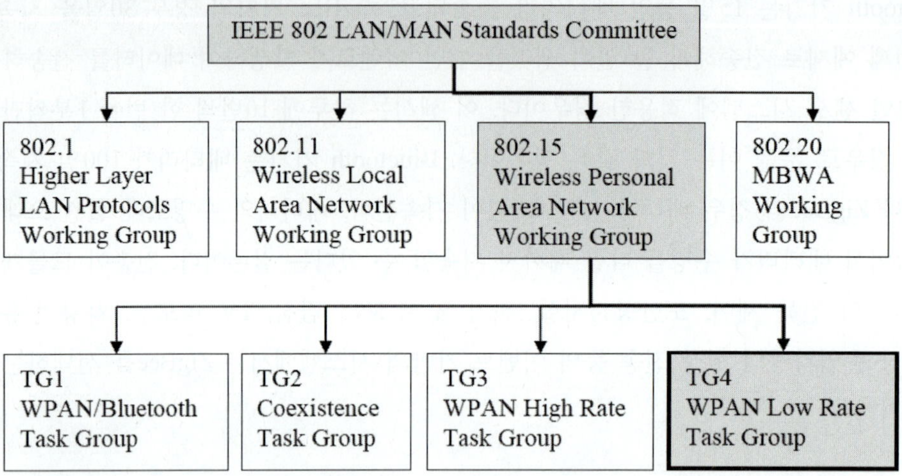

[그림 2-42] ZigBee와 유사한 국제표준을 제정하는 IEEE 802 위원회의 구성

[표 2-31] IEEE 802.15와 관련된 표준의 주요 활동 내역

IEEE 802.15	주요 활동 목표
IEEE 802.15.4a	- IEEE 802.15.4의 PHY 대체 -〉 Pulse Radio - 1 미터 이내의 정확도를 갖는 위치정보를 제공 - 1Kbps에서 1Mbps 데이터 전송속도 - 통신거리의 확장 - 저전력소모 - 2004년 7월 CFP 발행 - 표준화 초안 2005년 3월 발표 - 최종 규격완료 2006년 2/4 분기
IEEE 802.15.4b	- IEEE 802.15.4 표준안의 모호성 해결 - 불필요한 표준의 복잡함을 간소화 - 보안키 활용의 유연성 보강 - 862kHz ~ 868kHz의 새로운 주파수 대역 채택 논의 - 2004년 5월 CFP 발행
IEEE 802.15.5	- Mesh 네트워크 형태 지원 위해 15.4의 PHY 및 MAC 구조에 대한 보강 - IEEE 802.15.4의 PHY 구조에서 통신거리 확장(출력 및 수신감도 동일) - 라우팅 기능의 신뢰성 보강 - 네트워크 구성의 편리성 보강 - 재전송 기능의 최소화를 통해 배터리 동작시간을 연장

IEEE 802.11b/g/는 노트북과 무선 라우터 사이에 활용하는 기술이다. 무선 랜이 이 표준을 사용한다. IEEE 802.15.1은 Bluetooth 기술로 무선이어폰으로 많이 활용되고 컴퓨터나 PDA와 주변장치 사이에 선을 없애 주는 목적으로 설계되었다. IEEE 802.15.3은 고속

PAN을 위한 기술이며 IEEE 802.15.4는 ZigBee 표준에서 사용하는 PHY와 MAC 계층에 대한 표준이다.

[표 2-32] IEEE 802와 관련된 표준화 요약

Standard	Application	Industry-sponsored protocols
802.11b/g/a	Wireless LAN	Wi-Fi(무선 노트북)
802.15.1	Wireless PAN, short-range RF-based connectivity for portable personal devices	Bluetooth(블루투스)
802.15.3	Wireless greater-than-20-Mbps PAN	WiMedia(위미디어)
802.15.4	Low Power, low data rate	ZigBee(지그비)

ZigBee와 가장 유사한 IEEE 표준은 Bluetooth 표준이다. 이 두 표준을 간략하게 비교해 보자. ZigBee의 대역폭은 Bluetooth 보다 1/4 정도이다. 따라서 Bluetooth 보다 ZigBee는 속도가 1/4 정도로 4배나 늦다. 프로그램의 크기와 관련되는 스펙의 크기 관점에서 볼 때 ZigBee의 코디네이터의 경우 32Kbyte로 다른 무선기술들 보다 1/3 정도 밖에 되지 않는다. 센서 등이 부착되는 종단기기의 경우 4Kbyte 미만으로 무척 적은 메모리 자원을 요구한다. Bluetooth는 무선 USB, 핸드 셋, 헤드 셋인 반면 ZigBee는 센서나 원격제어와 같은 배터리 기반의 제품에 적합하다. ZigBee와 Bluetooth는 서로 상보관계이면서 경쟁관계도 된다. 그러나 목표하는 응용 분야가 서로 크게 다르다. Bluetooth의 초기 목표는 PDA를 다른 기기와 무선으로 접속하고, 무선 음성 전송에 적용하고자 하였다. 반면, IEEE 802.15.4 기반의 ZigBee는 원격제어와 여러 지점의 센서들의 감지를 위해 설계되었는데, 작은 데이터 패킷만 필요한 경우로 초저전력소모를 통해 배터리수명이 오래 가도록 하는 적용에 초점을 맞추었다.

23 ZigBee, Bluetooth, Wi-Fi 비교

무선 시스템을 설계할 때 설계자가 제품응용에 알맞는 통신방식을 선택할 수 있다. 2.4GHz 대역을 이용하는 많이 알려진 다른 표준들과 비교해 보자. [표 2-33]에는 MAC 기반의 표준으로 데이터를 처리할 때 실제 기기의 전송률(air data rate)과 전송 및 대기상태의 전류와 요구되는 메모리량 그리고 목표로 하는 시장과 네트워크 옵션들을 나타내고 있다.

[표 2-33] ZigBee, Bluetooth, Wi-Fi의 비교

ZigBee(WPAN) ZigBee	Bluetooth 블루투스 (WLAN/WPAN)	Wi-Fi(WLAN) 무선 랜
IEEE 802.15.4	IEEE 802.15.1	IEEE 802.11
250 Kbps 송신 : 35mA 대기 : 3μA 32~60Kbyte 메모리 조명, 센서, PC 주변장치 Mesh 네트워크 형태	1 Mbps 송신 : 40mA 대기 : 200μA 100+ Kbytes 메모리 전화기의 케이블 대체 Point to multi-point	54 Mbps 송신 : 400+mA 대기 : 20mA 100+Kbytes 메모리 엔터프라이즈, 홈 액세스 (노트북 등) Point to multi-point

Bluetooth는 컴퓨터와 주변기기 또는 이어폰 등의 유선을 무선으로 대체하는 응용에 가장 많이 적용되고 있다. 이 표준은 IEEE 개인영역 네트워크로 불리는 PAN 표준인 IEEE 802.15.1 기반이다. 데이터 전송속도는 1Mbps이다. 전송에 소모하는 전력은 ZigBee와 Bluetooth가 비슷하나 대기 상태에서는 ZigBee의 전력소모가 훨씬 적다.

왜냐하면 Bluetooth를 이용하는 네트워크기기는 동기화를 유지하기 위해 자주 네트워크에 알려야 하기 때문이다. 그러므로 거의 휴면(sleep)모드로 전환되기가 어렵다.

Wi-Fi는 무선 랜의 표준으로 노트북이 무선 네트워크에 접속된 경우처럼 거의 연속하여 통신을 한다. 이 표준의 장점은 대량의 데이터를 한 지점에서 여러 지점으로 보낼 수 있다. 전송과 대기에 상당히 많은 양의 전류가 소모된다. 이 세개의 표준을 비교해 볼 때 오직 ZigBee만이 Mesh 네트워크 형태를 제공한다. 이 중 ZigBee가 제일 적은 메모리로 구현을 할 수 있다. ZigBee 종단기기는 휴면하고 있는 동안도 네트워크와 연계를 유지할 수 있는 장점이 있다. 디자이너가 무선 응용 프로그램에 가장 적합한 방식을 ZigBee, Bluetooth와 Wi-Fi 중에 선택할 수 있다.

참고로 약간 범위가 동 떨어지긴 하지만 무선이라는 공통의 특징을 갖는 핸드폰의 표준인 CDMA 및 GSM을 포함한 기능에 대해 비교해 보면 다음과 같다.

[표 2-34] ZigBee, 핸드폰, Wi-Fi, Bluetooth의 시장, 적용, 리소스, 배터리, 네트워크 비교

Standard	802.15.4	GSM/GPRS CDMA/1×RTT	802.11b	802.15.1
Market Name	ZigBee	–	Wi-Fi	Bluetooth
Application focus	Monitoring and Control	Wide Area Voice and Data	Web, E-mail, Video	Cable Replacement
System Resources	4Kb~32Kb	16Mb+	1Mb+	250Kb+
Battery Life(days)	100~1000+	1~7	0.5~5	1~7
Network Size	Unlimited(2^64)	1	32	7
Bandwidth(Kb/s)	20~250	64~128+	11,000+	720
Transmission Range(meters)	1~100+	1,000+	1~100	1~10+
Success Metrics	Reliability, Power, Cost	Reach, Quality	Speed, Flexibility	Cost, Convenience

1) ZigBee와 다른 표준의 성능

2.4GHz PHY에서의 성능을 비교해 보자. ZigBee는 IEEE 802.15.4의 DSSS 코딩과 half-sing filtered QPSK 변조를 이용한다. 반면 Bluetooth는 FSK 변조를 이용한다. [그림 2-43]은 신호 대 잡음비 SNR에 대한 비트 오류율 BER에 대한 비교이다.

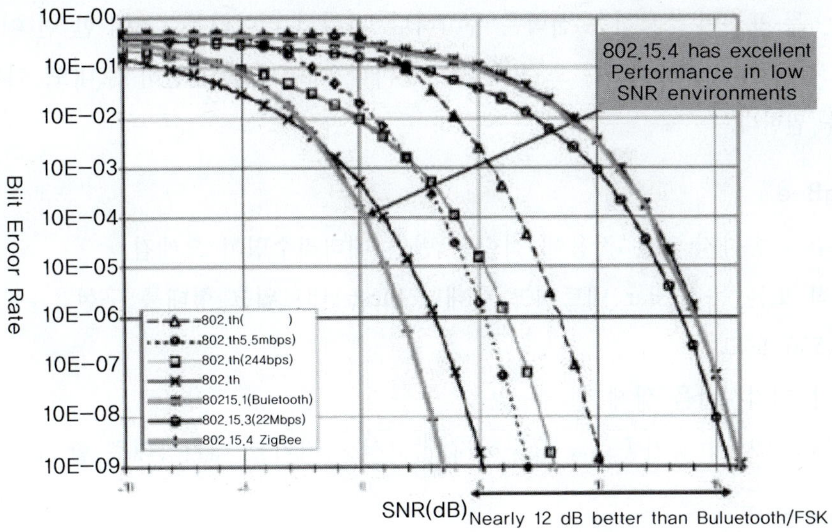

[그림 2-43] 2.4GHz PHY 성능 802.11b, 802.15.x EBR 비교

전송 오류율과 관련하여 EBR과 SNR에 대해 IEEE 802의 기술들을 비교해 보자.

ZigBee의 BER이 12dB 정도로 Bluetooth BER보다 SNR 비율로 볼 때 우수하다. 이것을 직접 바꾸어 본다면 동일한 출력으로 ZigBee가 3~5배 정도 범위를 더 활용 가능하다는 의미가 되며 달리 표현하면 동일한 범위에 전송하는 경우 배터리의 수명이 더 오래 유지된다.

2) ZigBee와 Bluetooth의 비교

Bluetooth와 ZigBee를 좀더 자세하게 비교해 보자. ZigBee는 Bluetooth의 응용과는 다른 경우에 적용하도록 개발되었다. ZigBee는 Bluetooth를 적용하는 경우보다 훨씬 전송 빈도수가 낮은 자주 전송하지 않고 간헐적으로 전송이 필요한 적용에 적합하다. 반면 전력소모를 최적화하는 것에 초점을 맞추었다. 두 표준 모두 WPAN 이라 불리는 무선 개인 영역 네트워크에 속하며, 국제적으로 무선 무허가 사용영역의 대역을 사용하며, 송신 전류도 비슷하다. 이 두 표준 사이의 가장 큰 차이는 목표로 하는 적용 분야가 다르다. Bluetooth의 목표는 전송속도가 대체로 빠르며, 연속하여 데이터를 보내는 전화기의 음성 전송과 같은 응용에 적합하다. ZigBee의 기능을 최대화하면 음성전송도 가능하지만 ZigBee의 장점을 살리기 어렵다. 그러나 ZigBee를 이용한 음성 전송에 대한 기술도 개발되고 있다. 반면 ZigBee는 저속으로 아주 드물게 데이터를 보내는 경우 적합하다. 이와 같은 적용의 경우 배터리의 수명이 다할 때까지 교체하지 않고 종단기기를 사용할 수 있다. 배터리 사용 관점에서 Bluetooth와 ZigBee는 매 1초마다 일정 데이터를 전송해야 하는 경우는 두 표준이 소모하는 전력은 유사하다. 따라서 데이터를 1초에 한 번 이상 보내야 하는 경우 Bluetooth를 수 초 또는 수 분마다 데이터를 천천히 보내도 되는 경우 ZigBee를 권한다.

(1) ZigBee

- 자주 전송하지 않는 적용에 적합한 반면 배터리수명이 오래감
- 정적 또는 동적 Star 네트워크 형태나 Mesh 네트워크 형태를 구현
- 65,536 노드
- 응답 대기시간을 짧게 할 수 있음
- DSSS 기법이 동기종료를 요구하지 않고서도 기기를 대기상태로 할 수 있음

(2) Bluetooth

- 전송간격이 적당한 곳
- 2차 배터리가 주 전원 정도까지 지속됨
- 높은 QoS에 적합

- 낮은 대기시간
- 7개를 연결할 수 있는 Qusi-static Star 네트워크 형태가 다른 네트워크와 협조할 수 있음
- FHSS(Frequency Hopping Spread Spectrum) 방식을 사용하므로 네트워크를 확장하려면 동기화 비용이 많이 듬

[표 2-35] Bluetooth와 ZigBee의 비교

Method	Bluetooth	ZigBee
적용	전송속도가 중간 정도이면서 자주 전송이 발생하는 경우	전송속도가 저속이면서 가끔씩 전송이 필요한(low duty cycle) 경우
특징	1Mbps(실제 최대 700Kbps) 파일 전송, 전화음성 스트리밍 등 포인트에서 멀티 포인트로 네트워크	250Kbps(실제 50~116Kbps 데이터 전송속도) 배터리수명이 오래 유지, 복잡한 네트워크에 적합
통신주기	데이터를 1초에 한 번 이상 송수신해야 하면 Bluetooth	데이터를 1초에 한 번 미만 송수신해야 하면 ZigBee

3) ZigBee와 Z-Wave의 비교

Z-Wave는 주거 및 조명 제어를 위해 868.42MHz(E.U.) 또는 908.42MHz(U.S.)로 9.6 Kbps의 전송속도를 갖는 무선 RF 기술이다. ZigBee는 IEEE 802.15.4 기반의 표준으로 산업, 주거, 가정의 제어와 모니터링을 위한 기술로 다 채널(2.4GHz-250Kbps, 902MHz~928MHz-40Kbps, 868MHz~870MHz-20Kbps)을 지원한다.

ZigBee와 전력소모를 비교하면 Z-Wave가 우수하나, ZigBee는 홈 컨트롤 분야에 기반한 Z-Wave 와는 달리 다양한 응용 분야를 목표로 하고 있다. 네트워크를 65536개까지로 확장할 수 있어 대규모 네트워크를 형성할 수 있는 장점을 가진다. 반면 Z-Wave는 덴마크의 주택시장을 공략할 목적으로 개발된 덴마크의 회사인 Zensys의 독자 기술이다. 이는 양방향 통신을 지원하는 무선 Mesh 기술을 사용하며 대표적인 칩 셋으로는 Zensys 사의 ZW0201이 있다.

4) ZigBee와 LonWorksR의 비교

LonWorksR은 기존의 전력선을 이용하거나 꼬인 선(Twisted pair)을 추가해서 데이터를 전달하거나 네트워크 통신을 하는 방법이다. LonWorks 무선 제품은 근거리에서 RF 솔루션으로 해결이 가능한 이미 활용하고 있는 제어시스템에 적용하기에 적합하지만, 기

기간의 네트워크의 공동이용은 어렵다. 반면 ZigBee는 상호운영 가능한 무선 RF 표준기술로 산업, 주거 및 가정응용의 데이터 제어나 모니터링에 적합하다.

5) ZigBee와 X-10의 비교

X-10은 양방향성 전력선 캐리어(PLC : PowerLine Carrier) 기반의 홈오토메이션 솔루션이다. X-10 장비들간의 양방향 통신은 가능하긴 하지만 매우 느린 편이다. 반면 ZigBee는 무선으로 안정성이 크게 향상이 되고 양방향성이며 더 많은 처리가 가능하고, 지연시간이 적으며, 네트워크당 노드수가 훨씬 많고, 설치와 사용이 더 쉽다. ZigBee는 국제 무선 데이터 통신 표준으로 원격계측이나 원격제어 및 모니터링에 적용된다. 여러 다른 회사에서 제작하는 ZigBee는 서로 완전하게 상호운용이 가능한 기술이다. X-10 기술은 몇 개의 무선응용을 지원하지만 사용이 제한적이다.

6) ZigBee와 PLC의 비교

전력선 통신이라 불리는 PLC(PowerLine Communications)와 ZigBee를 비교해 보자. PLC는 가정 내 전기회로를 통해서 통신을 하고, 속도는 현재 80Mbps정도이고, 앞으로 200Mbps 정도의 제품도 나올 전망이다. 초고속 데이터 전송용으로 적합하다. 유선이지만 전력선이 연결된 곳은 통신이 가능하지만 가격이 비싼 편이다. 그리고 PLC 기기는 반드시 전기 소켓에 꽂아야 하므로 어떤 경우에는 적용이 불편할 수 있지만 ZigBee는 설치의 편리성이 우수하다.

7) ZigBee와 WUSB의 비교

무선 USB(Wireless USB)는 7.5GHz~480Mbps를 목표로 미국에서는 자유 스펙트럼(free spectrum)을 사용하고 있다. UWB(Ultra-wideband)는 미국에서만 적법하다. 이 규약은 유선 USB 구조를 가진다. WUSB는 802.15.3 기반으로 허브(hub)와 스포크(spoke) 기술을 바탕으로 한다. 유선 USB는 127개의 기기를 연결할 수 있으며 호스트 컴퓨터와 주변기기간에 고속으로 전송을 하는 기술이다. ZigBee 기술은 IEEE 802.15.4 표준으로 산업, 주거 및 가정응용의 제어와 모니터링을 목적으로 250Kbps, 40Kbps와 20Kbps 속도를 가지며 기기들끼리 상호운용될 수 있고 다중 채널을 접속할 수 있다.

8) ZigBee와 RFID 적용 비교

재고관리에서의 자산항목 추적에는 일반적으로 RFID(Radio-Frequency Identification)

가 사용되지만 ZigBee가 더 유용할 수도 있다. 태그는 조회 요청에 응답하는데 사용할 에너지를 해당 조회를 발행한 RF 신호로부터 확보한다. 문제는 일반적으로 조회를 보내는 기기가 응답을 제공할 RFID 태그로부터 3m 이내에 있어야 한다는 점이다. 예를 들어 대규모 R&D 또는 제조설비에서 테스트 장비를 찾는 경우 이러한 특성(RFID) 태그로 인해 진퇴양난의 상황에 처할 수 있다. 장비를 찾으려면 장비가 어디에 있는지 알아야 한다는 것은 앞뒤가 맞지 않다. 반면 ZigBee 네트워크는 넓은 구역에 걸쳐 장비의 위치를 추적할 수 있다. 각 장비는 RFID 태그보다 가격이 비싼 ZigBee 플랫폼을 갖춰야 하지만 1년 내에 재고관리 측면에서 절감되는 비용과 조정실에서 보정을 위해 장비를 회수할 때 절감되는 비용은 ZigBee 플랫폼의 전체 비용을 상쇄하고도 남는다.

참고로 RFID(ISO) 특징을 소개하면 다음과 같다.

- 개요 : 바코드를 대체할 수 있는 전자태그, 사물과 주변 상황정보를 인식하는 기술, 교통카드, 물류추적, 미술관의 작품 정보, 냉장고 물품재고
- 주파수 : 135kHz, 13.56MHz/433MHz(능동)/900MHz, 2.45GHz
- 전송속도 : 7Kbps(13.56MHz 이하), 27~40Kbps(433MHz 이상)
- 전송거리 : 5m이내(능동형 100m)
- 기술동향 : 서울시 승용차 요일제 확인용으로 900MHz RFID사용, 국립현대박물관 U-Museum 서비스, 환경부 폐기물관리, 공군의 무기관리 등 공공기관 시범사업 추진, 2004년부터 교통카드, 물류추적용으로 850개의 제품을 형식등록

24 ZigBee와 함께 발전될 1394 UWB 고속기술

전자통신연구소(ETRI)에서 무선 1394 UWB 시스템 개발에 성공하였다.

- 세계 최초 무선 1394 캠코더 동영상 전송 성공
- 국내 UWB 칩 셋 개발성공으로 상용화 시대 개막

휴대폰으로 2시간 분량의 영화를 10m 이내 근처에 있는 친구의 휴대폰에 10여초만에 전송해 줄 수 있고, PC에 선을 연결하지 않고도 무선으로 디지털 TV나 PC 주변기기를 작동할 수 있는 기술이다. UWB(Ultra Wideband) 전송방식을 기반으로 하는 무선 1394 기술을 이용, 캠코더의 동영상을 무선으로 디지털 TV에 고품질 실시간 전송하는 기술이다. 이 기술은 ETRI와 삼성종합기술원이 공동 개발한 UWB 칩 셋을 사용한 것으로 기존 유선 1394, USB 시장을 무선으로 대체할 경우 최근 207억불 이상의 UWB 시장이 예상

되고 있어 그 전망이 대단히 밝다. ETRI가 개발한 무선 1394 기술은 영화처럼 데이터량이 커서 빠른 전송속도가 요구되는 디지털 TV 등 A/V 멀티미디어 기기에 효과적이기 때문에 여기에 사용되던 지저분한 배선이 사라질 전망이며 향후 디지털 홈네트워크 세상을 여는데 핵심기술 중에 하나로 평가받고 있다. UWB 시스템은 무선 1394 방식을 적용했는데 블루투스 기술과 USB 기술, IP 기반 기술 등으로 응용범위가 확대될 수 있을 전망이다. 국제표준은 진행중에 있으며 MBOA의 MB-OFDM(직교주파수 다중분할 방식)방식과 DS-UWB(직접 시퀀스 방식)이 경합을 벌이고 있다. ETRI는 MBOFDM 방식으로 기술시연을 벌였으며 DS-UWB 방식도 칩 셋 개발이 완료되어 칩 성능 시험을 하고 있다.

국제표준(안)에서는 PER(패킷에러율) 8%를 허용기준으로 UWB 전송속도 10m거리에서 110Mbps 속도 전송을 규정하고 있으며, ETRI에서는 표준안의 기본 전송속도인 53Mbps, 107Mbps, 200Mbps 3가지 모드를 지원하는 칩 셋을 개발했다. 또 캠코더로 동영상 전송시 PER 1% 이하인 53Mbps 모드를 사용하였다. 이에 따라 홈네트워크 시장판도에도 큰 변화가 예상되고 있다. 저속의 전송속도로 원거리 전송이 가능해 홈오토메이션 및 센서네트워크용 ZigBee(ZigBee)와 휴대폰, 헤드 셋, PDA 등 무선통신 기기간에 근거리에서의 무선통신에 사용되는 Bluetooth, 여기에 ETRI가 개발한 근거리 초고속 대용량 데이터 전송방식인 UWB로 대별되는 시장의 형성에도 주목할 필요가 있다. UWB 시스템에는 RF, 모뎀, MAC 등 세 개의 칩이 보드에 셋(Set)으로 올려지는 데 현재 세계에서 칩 개발에 성공한 나라로는 이스라엘(Wisair)과 미국(Alereon, Stacatto)이 있으나 무선을 통해 캠코더 동영상을 실시간 전송은 세계 최초다. 향후 기술개발을 통해 3개의 칩을 단일 칩화하여 크기와 소모전력을 줄이는 기술이 선결과제이며 이렇게 되면 UWB 칩 셋을 휴대용 단말기 등에 장착이 가능해질 것으로 기대된다. 그리고 RF 칩은 2.9mm × 2.9mm 크기에 송신시 110mW의 전력을 소모한다. 외국의 UWB 기술은 우리나라에 비해 상당히 앞서 있었으나 ETRI가 대등한 수준으로 끌어 올렸으며 이번 기술개발로 기술조건에서 경쟁력을 확보했다는데 큰 의미가 있고, 또 국내기술진의 연구개발로 향후 국내기업에 기술이전이 가능하여 기술 종속성 탈피는 물론, UWB 시장 활성화에도 크게 기여할 것이다. 한편 미국에서 유무선 통신규제를 담당하는 행정기관인 FCC에서는 최근 디지털 TV 등 디지털 셋톱에 '유선 1394' 프로토콜을 의무 장착하도록 법제화하여 향후 우리의 기술로 미국시장 진출도 가능할 수 있을 것으로 전망된다.

3장 유비쿼터스 센서 네트워크 프로토콜

3.1 유비쿼터스 센서 네트워크의 개요

1 무선 네트워크의 종류

무선 네트워크는 기존 통신 인프라(기지국, AP)의 지원 여부에 따라서 두 가지로 분류할 수 있다. 이동 단말들이 유선 환경에 기반한 기지국이나 AP를 중심으로 구성되는 인프라가 있는(Infrastructure) 네트워크와 기지국이나 AP의 도움없이 순수하게 이동 단말들로 구성된 인프라가 없는(Infra-structureless) 네트워크로 분류할 수 있다.

1) 인프라가 있는 네트워크

인프라가 있는 네트워크는 마지막 부분이 무선으로 유선 네트워크와 연결되어 Last Hop 네트워크라 한다. 기존의 설치된 인프라(기지국, AP)를 통해서만 데이터의 송수신과 같은 통신이 이루어지는 구조로 현재 많이 접하고 있는 이동전화망이나 Wireless LAN 등을 예로 들 수 있다. 인프라가 있는 네트워크는 기존 인프라(기지국, AP)를 통해서만 통신이 가능하므로 지진과 같은 재해, 테러, 전쟁과 같은 상황에서 기지국이나 AP의 고장, 유선 단절과 같은 상황발생시 통신을 할 수 없는 단점이 존재한다.

2) 인프라가 없는 네트워크

인프라가 없는 네트워크는 기존 인프라(기지국, AP)가 존재하지 않는 곳에서 이동단말 기간의 라우팅으로 데이터의 송수신 등 통신을 수행하며 통상적으로 Ad-Hoc 네트워크라 한다. 이동단말들은 기지국이나 AP의 도움 없이 자신들이 라우터, 서버의 역할 등 다중적인 역할을 담당해야 한다.

Ad-Hoc 통신망은 기존 인프라가 필요치 않는 특성으로 인하여 임시 구성용 네트워크이나 지진, 태풍, 테러에 의한 재해/재난지역과 특히 전쟁터와 같은 기반 시설이 없는 환경에서 적용가능토록 주로 군사용망에 중점을 두어 연구 개발되어 왔다.

그러나 최근의 인터넷의 급속한 성장을 배경으로 Ad-Hoc 통신망은 초기의 원거리망에서 근거리 지역망, 일반대중의 가정내 개인용 컴퓨터간 통신망 요구의 증대 및 IP에 이동성을 부여하기 위한 연구와 함께 이를 지원하기 위한 근거리 지역망에서 상업적으로 주목받기 시작했다. 최근 부각되고 있는 무선 사설망(PAN : Personal Area Network) 기술인 ZigBee, WiFi, Bluetooth, HomeRF 등은 Ad-Hoc 통신망의 좋은 예이다.

2 Ad-Hoc 네트워크

Ad-Hoc 네트워크는 분산형 무선통신 네트워크를 의미하며 특정 기지국에 의존하지 않고 무선 이동단말로만 구성된 네트워크를 말한다. 송수신을 담당하는 단말들은 다른 단말기의 신호를 중계하는 기지국 역할까지 수행하고, 다양한 단말을 경유하는 네트워크를 구성한다.

기존 유선망 기반 무선 네트워크인 기지국 중심의 네트워크는 기지국 고장시 네트워크 전체가 마비될 수 있고 기지국의 자체 용량 때문에 허용할 수 있는 사용자의 범위가 한정되지만, Ad-Hoc 네트워크는 응용 분야 측면에서 재해에 강하며 사용자 규모별로 네트워크의 크기를 자유롭고 용이하게 변경이 가능케 한 구조이다.

다만, Ad-Hoc 네트워크에 주소문제, 보안문제 등이 기술확산 및 보급에 걸림돌이 되고 있는 실정이다. 따라서 Ad-Hoc 네트워크가 널리 보급되기 위해서는 모든 Ad-Hoc 단말기에 유일한 주소가 부여될 수 있는 환경이 마련되어야 하며, 이러한 해결책으로 인터넷 주소를 기존 IPv4 체제인 32비트에서 128비트인 IPv6로 확장하면 주소문제는 해결될 것으로 보인다.

보안문제는 Ad-Hoc 네트워크의 가장 큰 취약점으로 지적되고 있으며, 이는 해결될 것으로 보인다. 보안문제는 Ad-Hoc 네트워크의 가장 큰 취약점으로 지적되고 있으며, 이를 해결하여 안전한 네트워크를 사용할 수 있는 완벽한 프로토콜의 개발이 요구되고 있는 실정이다. Ad-Hoc 네트워크의 응용 분야로서는 초기 군사 네트워크에서 출발하였으나, 향후 W-PAN 및 센서 네트워크 등의 유비쿼터스 컴퓨팅의 여러 분야에 활용될 것으로 전망되며 이러한 Ad-Hoc 네트워크 구조상에서 컴퓨터, 주변기기, 카메라, 헤드셋 등 다양한 전자기기간 상호 독립적인 통신이 가능한 네트워크의 구성이 가능하다. [표 3-1]은 기존의 네트워크와 Ad-Hoc 네트워크를 여러 가지 조건으로 비교한 것이다.

[표 3-1] 기존 네트워크와 Ad-Hoc 네트워크의 비교

	기존 네트워크	Ad-Hoc 네트워크
중심	기지국	무선이동단말
망구성 및 관리	중앙집중제어	분산제어
확장성	어려움	용이함
재난대비	재난에 취약	재난에 강함
투자비용	초기 설치시 막대한 투자	설치 투자비가 거의 필요없음
응용 분야	CDMA, 무선 LAN	W-PAN, 센서 네트워크

W-PAN 시스템은 여러 모듈을 근거리 무선통신방식을 사용하여 Ad-Hoc으로 연결하고 데이터를 연속하여 전송하는 방식이다. 이 기능을 내장한 센서 모듈은 근처에 있는 모듈을 검출해 자발적으로 네트워크를 구축할 수 있으며, 인접한 모듈에 잇따라 데이터를 전달하여 각 센서 모듈은 장거리 무선 전송능력을 보유하지 않아도 결과적으로 장거리 전송이 가능하다. 즉, 각 모듈의 소비전력을 억제해서 몇 km나 되는 전송이 실현되는 것이다.

물론 중간 모듈을 이용할 수 없게 되는 경우 근처에 있는 다른 모듈에 데이터를 할당할 수도 있다.

1) Ad-Hoc 개발동향

Ad-Hoc 통신망의 가장 큰 특징은 기존 인프라를 요구하지 않는다는 것이다. 이러한 통신 인프라의 최소의 필요성으로 인하여 1990년대까지 주로 군사용 통신으로 연구가 진행되었다. 군사용 시스템은 일반 상용 시스템과는 다른 망 요구사항을 갖는다. 상용 통신망이 고정되고 미리 위치가 정해져 어디서나 접근할 수 있는 기반구조이며 단일 홉(single-hop)의 정적인 망 위상을 갖고 협대역의 정적 할당, 지역과 주파수에 따른 최대의 사용자수 지원을 목표로 하며 개인성과 기본적인 상황 및 위치를 알고 제공되는 서비스를 제공한다. 반면, 군사용 통신망은 신속히 전개되는 기반구조이며 제한되고 선택적으로 접근이 허용된다. 또한 멀티홉과 산발적 연결의 고도로 동적인 위상을 갖으며 동적대역할당, 악조건에서의 최대 정보 전송률을 목표로 한다.

우선적으로 고려할 사항은 보안성이며 생존을 위한 고도로 동적이고 진보된 서비스를 요구한다. 이러한 특성은 군사적 목적의 통신망 환경에서 뿐만 아니라 이동통신 서비스의 수준과 통신기능의 발달로 인해 사용자가 점진적으로 요구하고 있는 이동 컴퓨팅 및

이동 데이터 서비스와 접목될 수 있는 부분이 많다.

대표적인 Ad-Hoc 통신망 모델로서 미국의 DARPA(Defense Advanced Research Projects Agency)에서 추진해 온 GloMo(Global Mobile Information System) 프로그램은 이러한 역할로서의 Ad-Hoc 통신망 개념을 잘 수용하고 있으며 최근에는 IETF의 MANET 작업반에서 Ad-Hoc 통신망에 적합한 프로토콜 연구 및 표준화 활동을 활발히 진행하고 있다. Ad-Hoc 네트워크 기능은 필수라고 할 수 있다.

2) 군사용 통신 Ad-Hoc 개발(GloMo)

Ad-Hoc 통신망 기술은 1970년대부터 1980년대까지 DARPA의 PRNET과 SURAN (Survivable Adaptive Networks) 프로그램이 이끌었다. 1994년부터 신속배치가 가능하고 견고한 정보 시스템에 대한 전장환경요구를 지원하기 위한 기술을 개발하고 시연하기 위하여 GloMo Project를 착수했다. 이 프로젝트의 목적은 사용자 친화적 연결성과 무선이동 사용자를 위한 서비스로의 접속 기능을 제공하여 방위 정보 기반 구조에서 이동환경을 최우선적으로 고려하기 위한 것이다. 방위 무선 환경은 사전 설치된 기반 구조의 부족, 기상과 지형, 전파장애 등에 기인한 연결성과 링크의 품질에 있어서의 결정적 변화, 이동 운영환경 등의 특징을 갖는다.

망구성에 있어서 GloMo는 멀티홉의 독자 구성이 가능하고 수직적 핸드오프를 수행하며 지리기반의 라우팅과 보안 및 생존력이 강한 통신망 구성을 추구한다. WINGs (Wireless Internet Gateways) 프로토콜은 완전한 IP 라우터의 기능을 제공하고 신속 전개의 독자적 관리가 가능한 통신망을 지원한다. 이는 빠르고 과부하가 낮은 라우팅 프로토콜과 루프가 없는 멀티 캐스트 프로토콜, 숨겨진 노드 문제의 극복 등 Ad-Hoc 통신망 프로토콜의 성능 향상에 지대한 영향을 미쳤다.

이 프로그램의 경우 Ad-Hoc 통신망 구축을 위한 애플리케이션, 라우팅, MAC, SDR (Software Defined Radio) 모뎀 및 안테나 등에 관한 연구를 진행함으로써 Ad-Hoc 통신망의 구성요소들을 개발 중에 있다.

3) 상용 통신의 Ad-Hoc 개발(MANET)

최근의 인터넷의 급속한 성장 및 일반대중의 가정내 개인용 컴퓨터간 통신망 요구의 증대를 배경으로 Ad-Hoc 통신망은 상업적 관심이 계속적으로 증가하여 재해/재난 및 군용 통신망 지원 이외에 무선 사설망에서 Ad-Hoc 통신망 기술을 적용하기 위한 기술개발과 연구가 활발히 진행 중에 있다. 이 연구에는 인터넷 표준 확립을 위한 국제기구인 IETF MANET 작업반이 앞장서고 있다.

MANET 작업반의 목표는 인터넷 기반 위에 Ad-Hoc 통신망에서의 인터넷 프로토콜 지원 및 효과적인 라우팅과 인터페이스에 대한 표준화이며 현재 몇 개의 RFC와 인터넷 초안이 제출되어 Ad-Hoc 통신망에 대한 개방되고 유연하며 확장 가능한 구조를 도출하기 위하여 활발하게 진행중에 있으나 라우팅과 관련된 것이 대부분이다. 이동단말 사이에는 몇 개의 경로를 가지고 있는데 이동단말이 이동함으로써 유지하고 있던 경로 전부를 사용할 수 없게 될 수 있으므로 통신 연결은 상당히 취약하다. 이동단말의 이동성(Mobility)을 지원하기 위하여 이동에 따른 경로의 계산과 수정에 많은 시간과 자원을 낭비해서는 안된다. 이러한 시간과 자원의 불필요한 소비는 데이터 처리율이 낮아져 비효율적이고 비현실적인 시스템이 되기 쉽다. 따라서 Ad-Hoc 통신망에서는 이동단말 사이의 효율적인 통신제공을 위하여 최적의 라우팅 기법이 요구되기 때문에 IETF MANET 작업반의 연구는 라우팅 프로토콜 분야로 집중되어 왔다.

4) Ad-Hoc 네트워크 제한사항

Ad-Hoc 통신망은 동적이며 빠르고 임의로 변화하는 제한된 대역의 무선링크로 구성되는 다중 홉 위상의 환경에서 이동단말들간의 협력적인 라우팅 기능으로 안정되고 효율적인 동작을 지원해야 하는 이동단말들의 독립적인 시스템이다. 또한 외부와 라우팅 기능을 통해 보다 넓은 인터넷으로 연결되어 정보를 공유할 수 있어야 한다.

따라서 기존 무선 네트워크가 가지는 여러 가지 제한사항을 가지는데 이동단말들만의 집합체이기에 다음 특성에 더욱더 민감하게 영향을 받는다.

① 동적인 위상문제로 이동단말들의 이동은 예측할 수 없는 시간에 임의의 방향과 속도로 움직이기 때문에 전형적인 멀티홉의 특성을 가지므로 Ad-Hoc 통신망은 빠르고 예측 불가능한 위상의 문제를 야기한다. 이러한 환경에서도 이동단말들의 이동성을 충분하고도 효율적으로 지원해야 한다.

② 무선사용으로 인한 사용할 수 있는 무선대역의 제한, 가변 용량, 비대칭 링크 문제이다. 무선특성상 제한된 대역을 사용할 수밖에 없으며 유선 환경의 고정 네트워크에 비해 훨씬 적은 용량을 사용한다. 실제 무선통신효율 역시 다중접근, 페이딩, 잡음, 그리고 간섭 등을 고려해야 하기에 무선의 최대 전송률에 비해 훨씬 낮다. 또한 비대칭 링크는 데이터 전송지연과 같은 심각한 문제를 발생할 수 있다. 현재 Ad-Hoc

통신망에서 연구되는 많은 라우팅 프로토콜은 비대칭 링크보다는 대칭링크를 가정하는 경우가 많다.

③ 배터리 운용 제약이다. 이 문제는 무선 네트워크 문제점 이상으로 이동 컴퓨터산업 전체적인 문제이나 Ad-Hoc 통신망의 모든 이동단말들이 배터리에 의존하고 데이터를 전송하거나 전달에 참여하므로 더욱더 많은 제약을 받는다.

④ 취약한 보안문제로서 무선 링크를 사용하는 무선 네트워크는 고정 네트워크에 비해서 취약한 보안문제에 직면해 있다. Ad-Hoc 통신망은 이동단말의 이동성 문제로 인하여 보안에서 심각한 문제를 가지고 있는데 아직까지 제안된 Ad-Hoc 통신망 프로토콜에는 충분한 보안에 관한 해결방안이 제시되지 못하고 있는 실정이다.

3 Ad-Hoc 통신망 프로토콜

Ad-Hoc 통신망 적용을 위해 개발된 프로토콜들을 계층별로 링크 계층, 네트워크 계층, 전송계층으로 분리하여 살펴본다.

1) 링크 계층

매체접근제어 프로토콜은 전송매체인 무선(전파)의 특징을 직접 반영해야 하기에 프로토콜 설계시 유선 환경보다 많은 문제를 해결해야 하므로 더욱 복잡하다.

① 송신기의 자기-간섭으로 인한 충돌 감지가 어렵기 때문에 야기되는 반-이중 통신이다.

② 무선신호는 반사, 굴절, 산란에 의해 다중경로로 전달되고 링크품질이 시간에 따라 변화하므로 완전한 연결을 보장할 수 없다. 이 문제해결은 두 노드간에 짧은 메시지를 교환하고 성공적인 메시지 교환은 통신가능 링크임을 의미한다.

③ 감쇠 채널에서 발생하는 연속적인(Burst) 채널 에러 문제이다. 통상적으로 송신기는 연속적인 에러를 최소화하기 위해 성공적인 전송을 확인하는 ACK를 수신함으로써 패킷 에러를 감지할 수 있는 링크 계층 재전송방법을 사용한다.

④ 송신기의 특정한 범위내의 노드만이 채널의 전송을 감지할 수 있는 위치-기반 전송 감지로 발생하는 숨겨진 노드, 노출된 노드 문제를 해결해야 한다.

또한, 무선매체는 전 방향 전송이므로 동시에 다중장치가 매체에 접근(Access)할 수 있다. 동시적 다중 전송은 충돌을 야기하므로 통신이 불가능하다. 따라서 충돌을 최소화하기 위하여 충돌회피 기술을 사용하며 충돌회피 기술로는 무선매체 사용 중을 인식한 노드가 전송범위 내의 모든 노드들에게 Busy tone을 전송하여 무선매체사용을 금지하는 BTMA(Busy Tone Multiple Access) 기술과 3-신호교환방식[RTS(Request To Send)-CTS(Clear To Send)-DATA]으로 숨겨진 노드 문제를 최소화하는 MACA(Multiple Access with Collision Avoidance) 기술을 사용한다.

교환하는 패킷의 부하와 제거되는 숨겨진 노드의 수는 tradeoff 관계가 있다. 노출된 노드 문제는 데이터채널과 제어채널을 분리하거나 지향성 안테나를 사용하여 해결할 수 있다. 그러나 지향성 안테나는 망을 구성하는 장치들의 이중(Heterogeneous) 문제와 크기 제한 때문에 작은 장치에는 적합하지 않다.

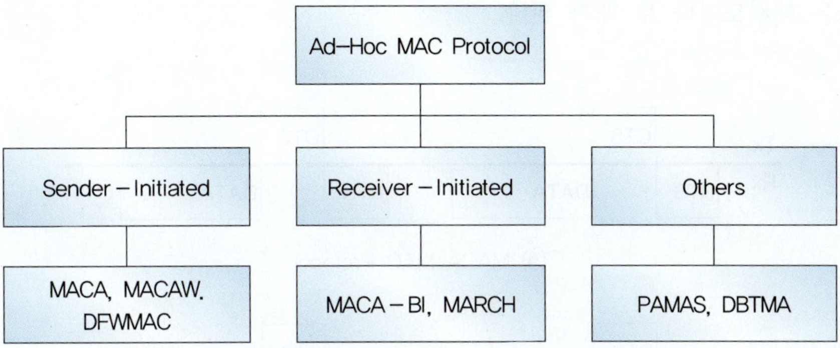

[그림 3-1] Ad-Hoc 프로토콜의 분류

이러한 제한된 대역과 열악한 채널환경에서 무선매체를 공평하고 효율적으로 관리하여 종단간이 아닌 링크간의 통신을 보장하는 역할이 매체접근제어(MAC) 프로토콜이다. 여기에 추가적으로 Ad-Hoc 통신망은 모든 노드가 이동 가능하고 중앙통제 역할을 하는 고정 노드 없이 이동단말들간의 협력에 의한 독립적인 시스템임을 고려해야 한다.

Ad-Hoc 매체접근제어 프로토콜은 [그림 3-1]과 같이 누가 통신설정을 주도하느냐에 따라 송신자-주도와 수신자-주도 매체접근제어 프로토콜로 분류할 수 있다.

2) 송신자-주도 매체접근제어 프로토콜

송신자-주도 프로토콜은 전송할 데이터를 가진 송신자가 수신자에게 통지함으로써 통신을 시작하는 프로토콜로써 MACA(Multiple Access with Collision Avoidance), MACAW(MACA with Acknowledgement), FAMA(Floor Acquisition Multiple Access) 등이 있다.

(1) MACA 프로토콜

MACA 프로토콜은 3-신호교환방식[RTS-CTS-DATA]으로 숨겨진 노드 문제를 최소화한다.

기본동작은 [그림 3-2]와 같이 송신자는 먼저, 채널 예약을 위하여 수신자에게 RTS를 송신하고 수신자로부터 CTS를 수신함으로써 데이터를 전송할 수 있다.

RTS와 CTS를 듣는 주변노드의 전송을 차단하여 충돌을 회피하는 것이다. RTS-CTS 단계에서 충돌이 발생할 수 있는데 MACA는 전송감지가 없다. 만일 두 개 이상의 노드가 동시에 RTS를 전송하면 충돌이 야기되며 임의의 선택된 시간동안 기다린 후 재시도하고 그 시간은 매시도마다 두 배가 된다.

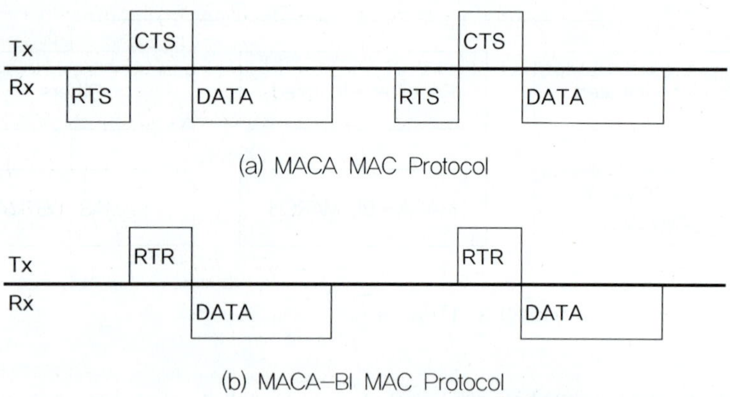

[그림 3-2] MACA/MACA-BI 프로토콜

즉, RTS CTS기간은 경쟁기간이며 데이터 전송은 비경쟁 기간이다.

CSMA와 비교하면 제어메시지(RTS, CTS)가 데이터 패킷에 비해 매우 작으므로 데이터 패킷 충돌가능성 역시 줄어든다.

(2) MACAW 프로토콜

MACAW 프로토콜은 MACA의 제어 패킷 충돌에 관련한 문제를 다루기 위하여 좀더 많은 RTS-CTS-DS(Data-Sending packet)-DATA-ACK 교환방법으로 개선한 방법이며 FAMA 프로토콜은 충돌가능성을 줄이기 위하여 전송감지 기능을 추가하여 MACA를 개선했다. MACA에 기반한 프로토콜은 숨겨진 노드가 존재하는 환경에서 CSMA 보다 우수한 성능을 보이지만 트래픽 부하가 높은 상황에서 제어 패킷 충돌가능성 또한 커지므로 잦은 재전송으로 인한 채널 효율 저하를 야기한다.

(3) DFWMAC 프로토콜

DFWMAC(Distributed Foundation Wireless MAC) 프로토콜은 IEEE 802.11 무선 랜 표준 매체접근제어 프로토콜로서 [그림 3-3]과 같이 4-신호교환방식(RTS-CTS-DATA-ACK)으로 여러 단말들에서 동시에 동작하도록 되어 있는 분산제어 방식으로 CSMA/CA 프로토콜이다.

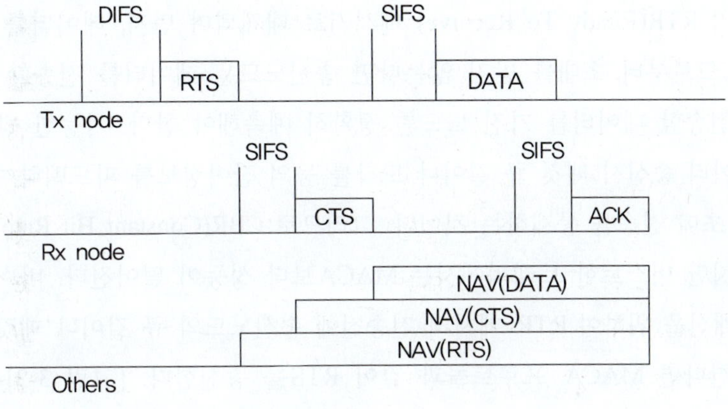

[그림 3-3] DFWMAC 프로토콜

전송할 데이터가 있는 송신노드는 랜덤지연시간을 가지며 채널이 사용 중이지 않을 때 감소된다. 랜덤지연시간을 소비한 후 노드는 RTS 패킷을 전송하여 채널획득을 시도하고 수신노드는 CTS 패킷으로 응답한다. 송신노드는 데이터를 전송하고 수신노드는 에러없이 수신했다면 ACK으로 응답한다. 만일 노드는 RTS 패킷이 실패하면 지연시간을 2배로 늘리는 BEB(Binary Exponential Backoff) 경쟁해결방법을 사용하여 충돌해결을 시도한다.

또한 노드가 RTS 전송 전에 기다려야 하는 DIFS(Distributed Inter-Frame Space) 간격과 ACK 전송 전에 기다려야 하는 SIFS(Short Inter-Frame Space) 간격을 다르게 규정함으로써 ACK과 같은 제어신호에 우선권을 부여한다. 물리적 채널 감지에 추가적으로 현재 전송 기간동안 다른 노드들의 채널사용을 금지하는 가상 전송감지를 위하여 패킷의 NAV(Network Allocation Vector)라 부르는 타임필드를 사용한다.

3) 수신자-주도 매체접근제어 프로토콜

수신자-주도 매체접근제어 프로토콜은 데이터를 수신할 준비가 되어 있는 수신자가 송신자에게 통지함으로써 통신을 시작하는 프로토콜로서 MACA-BI(MACA By Invitation), MARCH(Multiple Access with ReduCed Handshake) 등이 있다. 이론적으로 적은 제어신호 교환으로 충돌가능성 또한 줄어들어 송신자-주도 매체접근제어 프로토콜보다 우수하다.

(1) MACA-BI 프로토콜

MACA-BI 프로토콜은 [그림 3-2]와 같이 MACA의 RTS가 없는 2-신호교환방식으로 CTS 메시지가 RTR(Ready To Receive) 메시지로 대체되며 먼저, 데이터를 수신할 준비가 된 수신노드로부터 초대를 받지 않는다면 송신노드는 데이터를 전송할 수 없으므로 수신노드는 전송할 데이터를 가진 노드를 정확히 예측해야 한다. 가능한 방법으로는 송신노드가 데이터 송신시 패킷 큐 길이나 도착률 등의 잔여정보를 피드백하여 수신노드에게 알려주어 초대 전송을 통제하는 것이다. 그러므로 CBR(Constant Bit Rate) 트래픽에서는 효율적이지만 버스트한 트래픽에서는 MACA보다 성능이 떨어진다. 버스트한 트래픽 상황의 성능개선을 위하여 RTR 메시지 전송전에 송신노드의 큐 길이나 패킷지연이 특정 범위를 초과한다면 MACA 프로토콜과 같이 RTS를 송신한다. [그림 3-3]은 MACA와 MACA-BI간의 차이점을 명확히 보여준다. 즉, MACA-BI는 단일 제어메시지 사용으로 MACA보다 절반의 제어메시지를 사용하므로 충돌가능성 또한 줄어들어 우수한 성능을 보이지만 수신노드가 송신노드의 데이터 패킷 도착을 정확히 예측해야 하는 전제가 존재한다.

(2) MARCH 프로토콜

현실적으로 Ad-Hoc 통신망을 구성하는 대부분의 무선장치는 전방향 안테나를 사용한다. MARCH 프로토콜은 전방향 안테나의 방송특징을 이용하여 교환 메시지 수를 줄인다. [그림 3-4]와 같이 CTS 패킷을 수신한 노드는 이웃 노드에 데이터 패킷 도착을 알 수 있으므로 데이터를 중계하기 위한 초대 메시지를 전송할 수 있다. 즉, MACA-BI와 다르게 별도의 트래픽 예측이 필요없고 첫 홉 이후에는 CTS 메시지만을 사용하므로 교환 메시지수를 줄인다. 만일, K홉으로 이루어진 Ad-Hoc 경로를 가정한다면 송신노드에서 수신노드까지 데이터를 전송하는 데 필요한 교환 메시지수는 MACA 프로토콜에서 2K개, MACA-BI 프로토콜에서 K개, MARCH 프로토콜에서 K+1개가 필요하므로 효율적이다.

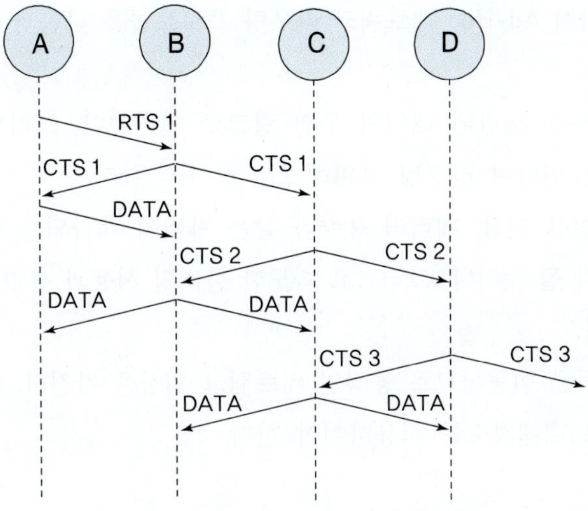

[그림 3-4] MARCH 프로토콜

(3) PAMAS 프로토콜

이밖에 이동노드들이 배터리로 동작하고 데이터를 전송하거나 전달에 참여하므로 전력보호는 매우 중요하다. 그러므로 전송이나 수신할 패킷이 없는 노드는 선택적으로 Power-Off함으로써 전력을 보호하는 PAMAS(Power-Aware Multi-Access Protocol with Signaling) 프로토콜이 있다.

(4) DBTMA 프로토콜

기존의 유선에서 사용하는 BTMA를 Ad-Hoc 통신망에 적용가능토록 진행중인 전송을 이웃 노드들에게 통지하기 위하여 송수신노드에서 Dual Busy Tone을 사용함으로써 개선한 DBTMA(Dual Busy Tone Multiple Access) 프로토콜이 있다.

4) 네트워크 계층

통상적으로 Packet-radio 네트워크는 Link-state와 Distance-vector 라우팅 알고리즘을 사용해 왔다. 두 개의 알고리즘은 플로딩 방식과 목적지까지 주로 홉수로 결정되는 최단 경로를 사용하므로 노드들의 이동이 없는 경우 매우 효율적이다.

그러나 잦은 네트워크 위상변화는 사용하지도 않는 경로발견을 위하여 활용 가능한 자원의 많은 부분을 소비할 뿐 아니라 변화를 반영하는 데 상당한 시간을 요구하므로 모든 노드들이 라우터 역할과 이동노드로서의 역할을 동시에 수행하는 Ad-Hoc 네트워크에는 적합하지 않다. 따라서 Ad-Hoc 네트워크 라우팅 프로토콜은 다음과 같은 문제를 고려해야 한다.

① Ad-Hoc 노드들은 제한된 대역의 무선 링크로 연결된다. 그러므로 제한된 대역을 최대 활용하기 위하여 라우팅 오버헤드는 작아야 한다.

② Ad-Hoc 노드들은 저장, 배터리 용량과 같은 자원이 제한되는 랩탑이나 손으로 들 수 있는 장치가 될 것이다. 그러므로 과도한 플러딩 사용과 주기적인 메시지는 최소화하여야 한다.

③ Ad-Hoc 노드들은 이동하므로 동적인 네트워크 위상을 가진다. 따라서 빨리 위상변화를 반영하고 대체경로를 사용하여야 한다.

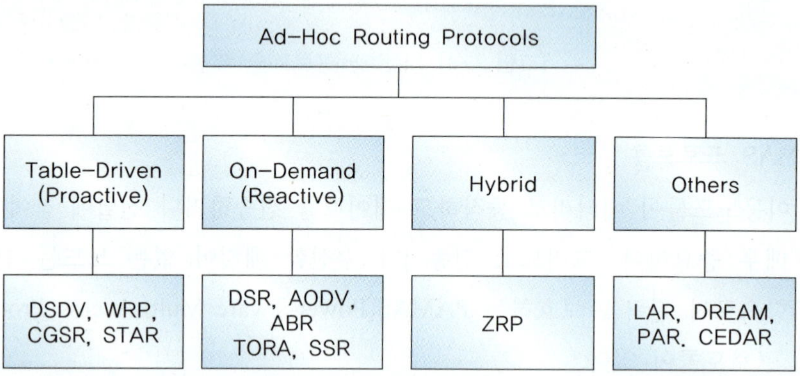

[그림 3-5] Ad-Hoc 라우팅 프로토콜

1970년대 초 DARPA PRNET 출현이후 Ad-Hoc 네트워크를 위한 많은 라우팅 프로토콜이 연구되었다. Ad-Hoc 라우팅 프로토콜은 [그림 3-5]와 같이 크게 기존의 유선환경에서 사용되는 Bellman-Ford 알고리즘을 사용하는 Table-driven 방식, 모든 단말이 이동하는 Ad-Hoc 환경을 고려한 On-demand 방식, 이 두 가지 방식의 장점을 혼합한 Hybrid 방식과 기타 방식으로 분류할 수 있다.

5) Table-driven 라우팅 프로토콜

Table-driven 라우팅 프로토콜은 유선환경의 인터넷에서 사용한 Bellman- Ford 방식을 Ad-Hoc 네트워크에 적용하였다. 기본적으로 Ad-Hoc 네트워크 내의 각 노드는 자신을 중심으로 하여 도착 가능한 모든 노드들의 라우팅 정보를 라우팅 테이블에 항상 유지하므로 Proactive라고도 한다. 모든 노드는 주기적으로 라우팅 정보를 다른 노드들에게 전달하고, 라우팅 경로변경시는 자신의 라우팅 정보를 방송하여 다른 노드들의 라우팅 테이블 경신을 유도한다.

Table-driven 라우팅 프로토콜은 다른 노드들에 대한 주기적인 라우팅 정보를 유지함으로써 전송 필요시 별도의 경로획득 절차 없이 라우팅 테이블의 정보를 이용 전송하므로 경로획득 지연시간이 짧은 장점이 있다. 그러나 열악한 환경의 무선 대역에서 주기적인 라우팅 정보 방송은 사용할 수 있는 무선대역 낭비를 더욱 가중시킨다.

또한 노드들이 빈번하게 위치 이동하는 Ad-Hoc 네트워크에서 다른 노드들의 라우팅 테이블 경신을 위한 라우팅 정보 역시 방송해야 하므로 라우팅 패킷으로 인한 오버헤드가 발생하여 성능저하에 많은 영향을 미치는 단점이 있다.

Ad-Hoc 네트워크에서 라우팅 패킷 오버헤드는 노드의 숫자 제곱에 비례하여 증가한다. 따라서 Table-driven 방식은 노드의 숫자가 적은 소규모 Ad-Hoc 네트워크에 적합하나, 중·대형 네트워크에서는 많은 단점을 가지고 있다. 이를 구현한 라우팅 프로토콜로는 전형적인 Bellman-Ford 알고리즘을 구현한 DSDV(Destination-Sequence Distance Vector) 라우팅 프로토콜, 라우팅 정보를 이웃한 이웃 노드에게만 전파하여 오버헤드를 감소시킨 WRP(Wireless Routing Protocol) 프로토콜과 DSDV 라우팅 프로토콜에서 라우팅 정보를 감소시키기 위하여 이동노드들을 계층적으로 분류한 CGSR(Clusterhead Gateway Switch Routing) 프로토콜이 있다. 그러나 Table-driven 방식은 앞서 설명한 Ad-Hoc 환경에 적용하기에는 많은 문제점이 존재하여 자체로는 각광받지 못하였고 이를 개선한 알고리즘으로 발전하게 되었다.

3장

6) On-demand 라우팅 프로토콜

On-demand 라우팅 프로토콜은 Bellman-Ford 알고리즘을 사용한 Table- driven의 단점을 해결하기 위하여 모든 노드가 빈번하게 위치 이동하는 Ad-Hoc 환경에 적합하도록 제안된 프로토콜로서 네트워크 내의 모든 이동노드에 대한 전체 경로를 상시 유지하는 것이 아니라 데이터 전송 필요시에만 경로획득 절차를 수행함으로써 Reactive 방식이라고도 한다.

On-demand 방식은 필요시에만 경로획득 절차를 수행하고, 주기적인 라우팅 정보 방송과 이동시 변경된 라우팅 정보를 방송할 필요가 없으므로 라우팅 패킷 오버 헤드를 줄이는 장점이 있다. 그러나 데이터 전송시 경로획득 절차 수행 후 획득된 경로로 데이터를 전송하기 때문에 경로획득 시간이 길어져 실시간 통신에 부적합한 문제점을 가지고 있으나 현재로서는 이동노드가 빈번하게 위치 이동하는 Ad-Hoc 네트워크에는 가장 적합하다.

On-demand 알고리즘을 구현한 프로토콜로는 DSR(Dynamic Source Routing), AODV (Ad-Hoc On-Demand Distance Vector Routing), TORA(Temporally Ordered Routing Algorithm), ABR(Associativity-Based Routing) 프로토콜 등이 있다.

(1) DSR 라우팅 프로토콜

DSR 라우팅 프로토콜은 카네기 멜론 대학의 Monarch(Mobile Networking Architecture) 프로젝트에 의해 제안된 방법으로 소스 라우팅에 기반한다. Ad-Hoc 네트워크 이동노드의 빠른 이동성을 고려하여 주기적인 라우팅 패킷이 없으므로 대역폭의 오버헤드를 줄일 수 있는 On-demand 프로토콜이다. DSR의 모든 이동노드는 라우팅 테이블과 같은 역할을 하는 라우트 캐시를 유지한다. DSR 라우팅 프로토콜은 경로를 획득하고 관리하는 경로 탐색과 경로관리로 분류한다. 경로획득 절차인 경로탐색 절차를 살펴보면 [그림 3-6]과 같이 수신노드 D에 전송할 데이터를 가진 송신노드 S는 우선 자신의 라우트 캐시에서 수신노드 D에 대한 경로를 검색하고 존재한다면 이 경로를 이용하여 데이터를 전송한다. 만약, 경로가 존재하지 않는다면 송신노드 S는 RREQ(Route Request) 패킷에 송신노드, 자신의 주소를 추가하여 플러딩 방법으로 주변노드에게 전송한다. 이 RREQ를 수신한 주변노드는 자신의 라우트 캐시를 검색하여 수신노드 D까지의 경로가 존재하면 라우트 캐시에 존재하는 D까지의 경로를 추가하여 송신노드 S에게 RREP(Route Reply) 패킷을 전송하고 경로가 존재하지 않는다면 RREQ 패킷에 자신의 주소를 추가하여 다음 노드로 전달한다.

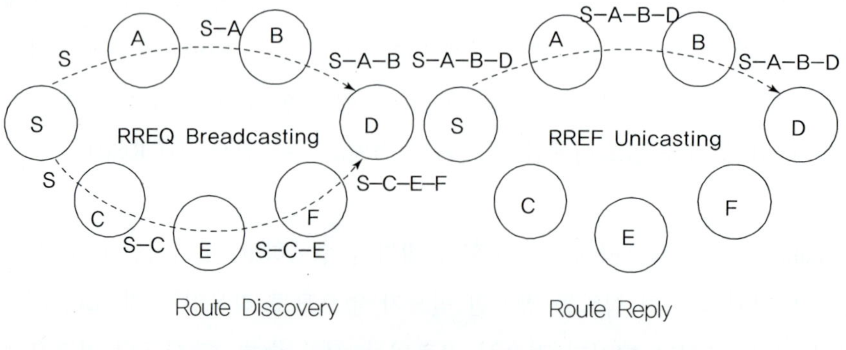

[그림 3-6] DSR 라우팅 프로토콜 동작

이러한 절차를 반복하여 최종적으로 수신노드 D가 RREQ 패킷을 수신하면 더 이상 RREQ 패킷을 전송하지 않고 지금까지 축적된 경로를 추가하여 송신노드 S에게 획득된 경로를 이용하여 RREP 패킷을 전송한다. RREP 패킷을 수신한 송신노드 S는 이 경로를 이용하여 데이터를 전송한다.

대부분의 라우팅 프로토콜이 대칭링크를 가정하지만 실제의 Ad-Hoc 환경은 항상 대칭링크를 지원하지 않을 것이다. 만약, 대칭링크를 사용할 수 없을 때 DSR 프로토콜은 RREP를 새로운 RREQ 패킷에 피드백함으로써 비대칭에서도 사용 가능하다.

경로관리는 RERR(Route Error) 패킷과 ACK을 통해 획득된 경로를 유지한다. RERR 패킷은 이동노드가 여러가지 이유로 경로를 더 이상 사용하지 못할 때 송신노드로 전송하고 RERR 패킷을 수신한 노드는 자신의 라우트 캐시에서 에러 홉을 삭제한다.

ACK은 경로 링크의 사용가능을 의미한다. 만약, 송신노드가 자신의 라우트 캐시에 다른 우회 경로가 존재하면 그 경로를 이용하여 데이터를 전송하고 그렇지 않으면 다시 경로탐색 절차를 수행한다.

그러나, DSR 프로토콜은 송신노드에서 데이터 패킷의 헤더 중 특정필드를 사용하여 수신노드까지의 전체 경로정보를 기록하여 전송하는 소스 라우팅으로 한정된 무선자원에서 패킷에 데이터를 전송할 수 있는 데이터의 양을 제한하여 더 많은 패킷사용을 유도한다.

또한, 라우트 캐시 사용은 경로탐색 절차를 빠르게 수행하고 RREQ 패킷수를 줄이는 장점이 있으나 노드이동과 시간의 경과에 따라 잘못된 라우트 캐시 정보로 인하여 다른 노드의 라우트 캐시까지 영향을 미침으로써 자원의 낭비, 경로획득 시간지연, TCP 성능 저하를 초래한다. 따라서, 잘못된 라우트 캐시 정보를 판단할 수 있는 메커니즘 보완이 필요하다.

(2) AODV 라우팅 프로토콜

AODV 라우팅 프로토콜은 1999년에 C. Perkins에 의해 DSDV를 On-Demand 방식에 적용하기 위하여 제안된 방법이다. AODV 라우팅 프로토콜은 경로획득 절차에 의해 얻어진 경로만을 일정시간 동안만 유지한다는 점에서 DSDV를 개선하였다.

AODV 라우팅 프로토콜 동작은 DSR과 비슷하게 동작하며 라우팅을 위해 사용하는 패킷도 RREQ, RREP, RERR 패킷이 사용된다.

AODV 라우팅 프로토콜은 패킷 헤더에 전체경로를 포함하지 않으므로 소스 라우팅의 자원낭비 문제점를 개선하였으며 단지 통신할 필요가 있는 노드간의 경로만 라우팅 테이블에 관리함으로써 DSR 라우팅 프로토콜을 개선하였다. 또한 잘못된 경로 사용과 루프 형성 문제를 해결하기 위하여 Sequence Number를 사용한다.

그러나 AODV 라우팅 프로토콜은 RREP 패킷이 RREQ 패킷으로부터 설정된 경로를 사용하기 때문에 대칭링크만을 지원한다. 또한, 경로가 변화하기까지 하나의 경로만 유지하므로 발생하는 라우팅 패킷수는 DSR보다 훨씬 많으나 대역폭 측면에서는 AODV가 우수한 성능을 보인다.

(3) TORA 라우팅 프로토콜

TORA 라우팅 프로토콜은 동적인 이동통신 환경에 적합한 Loop-free 분산 라우팅 프로토콜로 1997년에 IETF에 의해 최초로 제안되었으며 송신노드와 수신노드간의 경로는 다중경로를 설정한다. TORA 프로토콜의 핵심은 경로설정을 위한 라우팅 패킷의 오버헤드를 최소화하기 위하여 제어메시지를 토폴로지 변화가 일어나는 어떤 일정크기의 작은 노드의 집합 안에서만 교환한다. 이를 위하여 노드들은 바로 인접한 노드들에 대한 라우팅 정보를 유지한다. 경로의 생성, 유지, 삭제의 기능 수행을 위해 QRY(query), UPD (update), CLR(clear) 패킷을 사용한다. 그러나 TORA 라우팅 프로토콜은 모든 노드의 동기화된 시간을 가정하므로 실제 응용에 제한된다. 만일 노드가 GPS 기능이나 외부 시간을 이용할 수 없다면 사용 불가하다.

(4) ABR 라우팅 프로토콜

ABR 라우팅 프로토콜의 핵심은 Loop, Deadlock, Packet 중복을 제거하고 Ad-Hoc 네트워크에서 오래 지속되는 경로를 사용하는 것이다. 오래 지속되는 경로는 이동성이 적은 이동단말들로 이루어진 경로이기 때문에 계속적으로 유지할 가능성이 크고 경로 재설정 가능성이 적으므로 높은 효율을 기대할 수 있다. 또한 오래 지속되는 경로 하나만을 관리하기 때문에 패킷 중복을 피할 수 있다.

그러나 ABR 프로토콜의 각 노드는 정기적으로 자신의 존재를 알리는 신호(Beacon)를 보내야 한다. 이를 이웃 노드에서 수신하면 테이블이 갱신된다. 그러므로 정확한 이동노드의 시공간 및 연결 상태를 반영하기 위하여 신호간격(Beacon interval)은 작아야 하며 이는 추가적인 전력소모를 야기한다. 여기에도 경로탐색, 경로 재설정, 경로 삭제의 과정이 존재한다.

SSR(Signal Stability based Adaptive Routing) 프로토콜은 ABR 프로토콜과 비슷하게 경로의 노드들간의 신호세기와 노드들의 위치 안정성에 기반하여 강한 연결성을 가진 경로를 선택한다. ABR 프로토콜과 마찬가지로 선택되는 경로는 반드시 최단경로는 아니지만 최단경로가 더 안정되고 오래 유지하는 경향이 있으므로 경로 재설정 가능성은 작아진다.

ABR 프로토콜과 다른 점은 경로를 여러가지 이유로 사용 불가시 중간 노드들이 경로를 재설정하는 부분적 경로 재설정 절차를 수행하지 않고 송신노드에서만 경로탐색 절차를 수행해야 하므로 경로 재설정까지 오랜 지연을 야기한다.

7) Hybrid 방식

Hybrid 방식은 Table-driven과 On-demand 방식의 장점을 혼합한 방식으로 ZRP(Zone Routing Protocol)이 있다. 각 노드는 미리 정의된 홉 수 범위의 Routing Zone을 유지한다. Routing Zone 내부 영역에서는 Table-driven 방식을 사용하고 Routing Zone 외부 영역에 위치한 노드로의 데이터 전송을 위한 경로설정은 On-demand 방식을 이용한다. ZRP은 IARP(Intrazone Routing protocol), IERP(Interzone Routing Protocol), BRP (Bordercast Routing Protocol) 세 개의 부-프로토콜을 가진다. IARP는 Zone 내의 노드들에 대한 라우팅 테이블을 관리유지하고 IERP는 Zone 외부영역의 노드에 대한 라우팅 정보를 모든 주변노드(Border node)에 BRP를 사용하여 획득한다.

8) 기타 프로토콜

이 밖에도 라우팅 프로토콜의 성능 향상을 위해 여러가지 프로토콜이 제안되어 연구중에 있다. GPS(Global Position System) 같은 장비를 사용하여 단말기의 위치정보를 이용하여 경로설정시 목적지 노드가 위치한 방향으로만 데이터를 플로딩함으로써 패킷의 양을 줄인 LAR(Location-Aided Routing)와 DREAM(Distance Routing Effect Algorithm for Mobility) 프로토콜, Ad-Hoc 장치는 배터리 전원에 더욱 제한되기 때문에 잔여 배터리량을 라우팅 기준으로 이용하여 가장 많은 배터리량을 보유한 경로를 선택하는 PAR(Power-Aware Routing) 프로토콜, 최근의 관심사항인 QoS를 보장하기 위한 CEDAR (Core Extraction Distributed Ad-Hoc Routing) 프로토콜 등 수많은 라우팅 프로토콜들이 제안되었다.

지금까지 각 네트워크 계층의 라우팅 프로토콜에 대하여 간단하게 살펴보았다. 각 프로토콜은 각자의 어느 특정한 상황에서 장단점을 가지고 있으며 모든 상황에서 가장 적합한 프로토콜은 명확하지 않다. 따라서 Ad-Hoc 라우팅 프로토콜 선택은 네트워크 내

노드들의 이동특성과 트래픽 특성에 의해 좌우될 것이다. [표 3-2]는 On-demand 방식 프로토콜들의 장단점 비교표이다.

[표 3-2] On-demand 프로토콜 비교

구 분	장 점	단 점
DSR	· 다중 경로보유 · 비대칭 링크 지원	· Source routing으로 overhead · Stale cache 문제
AODV	· Multicast 지원 · Data 패킷에 경로 미포함	· 대칭링크 가정 · 주기적인 Hello message
TORA	· 다중 경로보유 · Multicast 지원가능	· 모든 노드의 동기화 문제
ABR	· 오래 지속되는 경로 선택 · 중간노드 부분적 경로 재설정	· 주기적인 Beacon
SSR	· 강한 연결성을 가진 경로 선택	· 주기적인 Beacon · 중간노드 부분적 경로 재설정 불가

9) 전송계층

기본적인 인터넷에서 사용하는 기존 TCP는 전송 에러가 거의 없는 유선환경에 적합하도록 설계되어 종단간 신뢰성 있는 데이터 전송을 보장한다. 이러한 TCP를 모든 노드들이 이동하기 때문에 빠르게 위상변화를 가지는 Ad-Hoc 환경에 적용한다면 TCP 성능은 상당히 저하된다. 그 이유는 다음과 같다.

① 무선 링크는 유선링크에 비해 높은 BER(Bit Error Rate)와 Random 에러로 인해 다중 패킷 손실을 유발한다.

② 노드들의 이동으로 인한 경로 불연속으로 인하여 버스트한 패킷 손실이 발생한다.

③ 다중 홉 경로의 각 홉에서 역방향인 TCP 데이터 패킷과 ACK 패킷의 무선접근을 위한 경쟁 때문에 홉 수의 증가와 함께 전송효율은 저하된다.

④ DSR 라우팅 프로토콜과 같이 캐시를 사용하는 경우 유지하는 경로가 잘못된 경로인지 결정하는 메커니즘이 없기 때문에 잘못된 경로 사용시 멀티 Timeout 발생으로 전송효율은 감소됨으로써 라우팅 오버헤드를 줄이는 장점을 상쇄시킨다.

그러나 기존 TCP는 전송 에러 및 경로 불연속으로 인한 패킷 손실과 네트워크 혼잡을 구별하는 방법이 없다. 이러한 패킷 손실의 원인을 네트워크 혼잡으로 간주하여 혼잡제어 메커니즘을 수행함으로써 재전송을 유발하고 윈도우 크기를 현저히 감소시킴으로써 전송효율이 저하되므로 TCP 성능이 낮아진다. 이는 경로를 사용할 수 없을 때 수신노드에 도착할 수 없는 불필요한 재전송을 야기하므로 귀중한 이동노드의 배터리문제와 열악한 대역폭을 낭비하는 결과를 초래한다. 경로가 재설정된 후에는 네트워크 혼잡이 아님에도 불구하고 혼잡제어 메커니즘의 결과로 불필요한 전송효율 저하를 야기한다.

따라서 Ad-Hoc 환경에 적합한 TCP 성능개선을 위하여 에러가 발생하기 쉬운 무선링크의 패킷 손실 문제는 신뢰성 있는 링크 계층 프로토콜을 사용함으로써 줄일 수 있다. 또한 경로 불연속으로 인한 패킷 손실문제는 네트워크 혼잡과 구분하여 혼잡제어 메커니즘을 사용하지 않도록 함으로써 TCP 성능을 개선하는 등 기존 TCP를 Ad-Hoc 환경에 맞게 변형하는 연구들이 진행중이며 결과물로는 TCP-F(TCP-Feedback), TCP-BuS(TCP with BUffering capability and Sequence information), ATCP(Ad-Hoc TCP) 프로토콜이 있다.

10) TCP-F 프로토콜

TCP-F 프로토콜은 경로상 다음 노드의 이동으로 경로 불연속을 인지한 중간노드가 송신노드에게 명시적인 RFN(Route Failure Notification) 패킷을 전송함으로써 송신노드가 RRN(Route Reestablishment Notification) 패킷 수신시까지 더 이상의 패킷 전송과 불필요한 혼잡제어 메커니즘 사용을 제한한다. RFN 패킷을 수신한 송신노드 방향의 중간노드는 이전 경로를 무효화하고 수신노드까지 대체경로가 존재하면 송신노드로 RRN 패킷을 전송한 후 RFN 패킷을 버리며 존재하지 않으면 RFN 패킷을 송신노드쪽으로 전달한다.

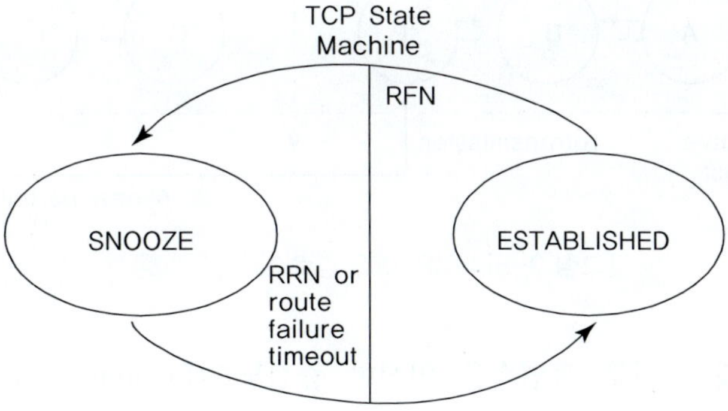

[그림 3-7] TCP-F 상태 머신

RFN 패킷을 수신한 송신노드는 [그림 3-7]과 같이 SNOOZE 상태로 들어가 더 이상의 패킷 전송과 자신의 모든 타이머 값을 포함한 혼잡제어 윈도우 등의 값을 변화시키지 않는다. 경로 재설정시 송신노드는 대체경로를 가진 중간노드로부터 RRN 패킷을 수신하면 SNOOZE 상태에서 ACTIVE 상태로 전환하여 정상적인 동작을 다시 진행하며 현재 윈도우 크기에서 수신이 확인되지 않은 패킷은 모두 재전송한다.

TCP 혼잡제어 메커니즘은 송신노드가 SNOOZE 상태에서 무한정 RRN 패킷을 기다리지 않도록 경로 불연속 타이머 값을 설정함으로써 시스템의 부하에 따라 조정되고 동작한다. 따라서 TCP-F 프로토콜은 경로 재설정 후 경로 불연속이 발생하기 전과 같은 전송 효율로 통신을 재시작함으로써 불필요한 TCP 성능저하를 개선했다.

11) TCP-BuS 프로토콜

TCP-BuS 프로토콜은 Cellular 망의 사용을 위해 제안된 I-TCP(Indirect TCP)의 중간 노드인 기지국에서 전송계층 기능수행을 허용함으로써 TCP 연결을 두 개의 세그먼트로 나누는 개념을 멀티 무선링크로 구성된 Ad-Hoc 환경에 도입하였다.

TCP-BuS 프로토콜은 다음과 같이 기존 TCP를 수정하였다.

① 노드들의 이동의 결과로서 경로 불연속과 네트워크 혼잡의 구별을 위해 명시적 통보 메시지로 사용한다.

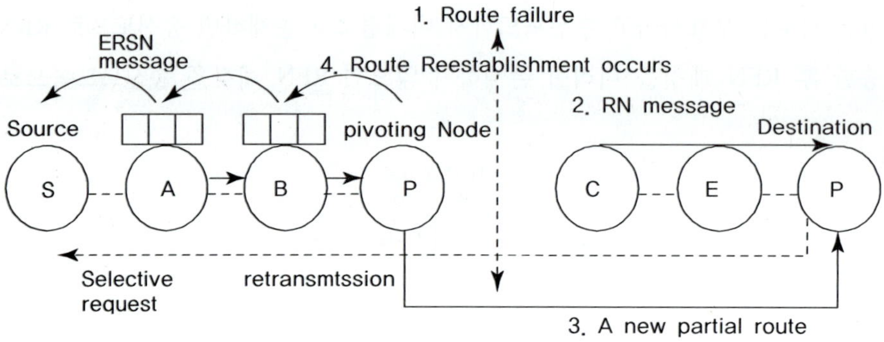

[그림 3-8] TCP-BuS 경로 재설정 후 동작

[그림 3-8]과 같이 경로 불연속을 인식한 중심노드(Pivoting node)는 송신노드에게 ERDN(Explicit Route Disconnection Notification) 메시지를 전송하여 전송을 중지시키며, 경로 재설정시 ERSN(Explicit Route Successful Notification) 메시지를 송신노드에게 전송하여 데이터 전송을 다시 시작한다.

② 경로 재설정시 시간이 필요하기 때문에 송신노드에서 중심노드까지 경로상의 노드들의 버퍼된 패킷의 Timeout 값은 두 배로 설정한다.

③ 송신노드에서 중심노드까지 경로상의 혼잡 때문에 패킷손실이 발생한다면 송신노드는 수신자로부터 제기된 선택적 재전송 요구를 받아 손실된 패킷을 즉시 재전송하고 혼잡제어 메커니즘을 수행한다.

④ 중심노드에서 수신노드까지 RN(Route Notification) 메시지를 받는 중간노드의 버퍼된 패킷은 경로 불연속이 발생할 때 버려지므로 수신노드는 재전송된 패킷이 도착할 때까지 기대되는 순서번호를 보류하다가 ACK 패킷을 전송함으로써 송신노드에서의 불필요한 빠른 재전송을 피할 수 있다.

⑤ 중요한 제어메시지의 신뢰성있는 전송을 위하여 송신노드는 주기적으로 중심노드가 수신노드에 대한 새로운 부분 경로를 성공적으로 획득했는지 확인하기 위해 PROBE 메시지를 사용하거나 각 중간노드가 상위 노드에게 수신할 때까지 신뢰성 있게 ERSN 메시지를 전송하는 두 가지 방법을 사용한다.

12) ATCP 프로토콜

ATCP 프로토콜은 실제 Ad-Hoc 통신망 환경의 다양한 특징인 높은 BER(Bit Error Rate), 노드들의 이동으로 인한 경로 재설정, 일시적인 망분리, 멀티경로로 인한 비순서(Out of sequence) 패킷, 혼잡에 의한 패킷 손실문제를 고려하였다. 또한, 표준 TCP/IP와의 양립성을 위하여 TCP 수정하지 않고 송신노드의 ATCP는 TCP 상태와 ECN(Explicit Congestion Notification), ICMP 메시지에 기반한 망상태를 모니터하여 [그림 3-9]와 같이 4가지(Normal, Congested, Loss, Disconnected) 상태로 적절한 동작을 함으로써 TCP 성능을 개선했다.

첫 번째는 높은 BER로 인한 Loss 상태에서 ATCP는 ACK되지 않는 세그먼트를 재전송하고 TCP를 Persist 상태로 설정함으로써 혼잡제어를 수행하지 않는다.

두 번째는 경로를 재설정하거나 일시적인 망분리로 인한 Disconnected 상태에서 TCP는 다시 Persist 상태로 설정되고 ATCP로부터 전송되는 세그먼트는 없다. 경로 재설정시 송신노드의 Probe 패킷에 대한 수신노드의 응답으로 TCP는 자동적으로 Persist 상태를 벗어난다. 그러나 이 경우 새로운 경로의 혼잡 윈도우 값은 혼잡한 경로를 경유할 수 있으므로 1세그먼트로 설정된다.

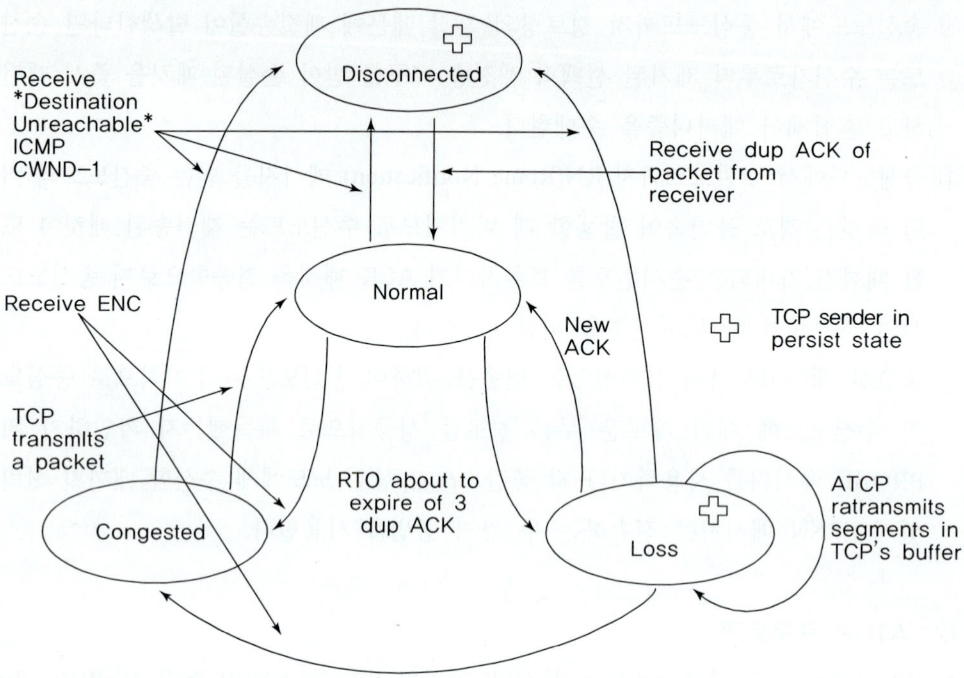

[그림 3-9] 전송에서 ATCP를 위한 상태전송

세 번째는 네트워크가 혼잡할 경우 ECN 메시지에 의해 정상적인 혼잡제어 메커니즘을 수행한다.

[표 3-3]은 지금까지 살펴본 TCP 프로토콜의 비교표이다.

[표 3-3] TCP 프로토콜 비교

구 분	ATCP	ACP-F	TCP-BuS
패킷 손실 (high BER)	ATCP 재전송 TCP 혼잡제어 미실행	미고려	미고려
경로 재설정 및 망분리	ICMP 메시지 이용 경로 재설정까지 Persist 상태	RFN 메시지 이용 경로 재설정까지 Snooze 상태	ERDN 메시지 이용 경로 재설정까지 송신노드 Freeze
패킷 재정리	ATCP 패킷 재정리 TCP 중복 ACK 미발생	미고려	TCP-SACK의 선택적 재전송 실행
혼잡	송신노드 ECN 수신 TCP 혼잡제어 실행	미고려	송신노드 ERSN 수신 TCP 혼잡제어 실행
CWND	새 경로마다 재설정	경로변경 전 CWND	경로변경 전 CWND

Ad-Hoc 통신망은 기존의 기지국이 유선 통신망에 연결된 형태의 통신 인프라 기반과는 달리 모든 단말기가 이동하는 환경에서 서로 직접적인 무선 전송 범위에 위치하지 않은 노드간의 원활한 데이터 전송을 위해 멀티홉 무선 링크로 구성되어 여러 개의 중간 단말기들의 데이터 포워딩/경로설정(Forwarding/Routing)에 의존하게 되는 새로운 형태의 통신망이다. 또한 무선장치들의 확산과 함께 사용자들의 시・공간을 넘어선 연속적인 네트워크 연결 요구와 개인영역 통신망에 대한 수요는 Ad-Hoc 통신망 연구를 더욱 가속시킬 것이다.

Ad-Hoc 통신망을 지원하기 위한 프로토콜들이 지속적으로 연구되고 있다. 특히, 지금까지 IETF(Internet Engineering Task Force)에서는 Ad-Hoc 통신망에 적합한 라우팅 프로토콜에 관한 표준을 정하는 데 많은 연구가 집중되어 왔는데 점차 매체접근제어 프로토콜을 비롯하여 신뢰성 있는 데이터 전송을 위한 전송계층까지 다양한 계층에서의 프로토콜 연구가 활발히 진행되어 연구 결과물들이 나오고 있다.

[표 3-4] 각 계층의 Open 문제

구 분	Open Problem
링크 계층	· MAC Backoff와 상위계층 Backoff 방법간의 상호동작 문제 · 전송 Scheduling 문제 · 적당한 매개변수 선택 문제(프레임 크기, 재전송 제한)
네트워크 계층	· 단일 주소할당 문제 · 노드의 이동과 트래픽 특성에 의한 프로토콜 선택 문제
전송 계층	· 다중 TCP Connection 문제 · 경로 재설정 후 혼잡 윈도우 및 Timeout 크기 선택 문제

그러나 현재까지 제안된 프로토콜들이 어느 특정한 상황이나 지원이 필요한 경우가 대부분으로 Global하게 Ad-Hoc 환경에 적용하기에는 아직 곤란한 점이 있다. [표 3-4]는 지금까지 살펴본 3계층의 Open Problem이며 이밖에 멀티미디어 트래픽을 지원하기 위한 서비스품질(QoS) 지원문제, 전력문제, 보안문제 등 해결 과제들이 많이 남아 있다.

따라서 실제 Ad-Hoc 통신망의 특성을 충분히 이용할 수 있는 매체접근제어 프로토콜에서부터 응용 프로그램까지 더욱 많은 연구가 필요하다.

4 무선 임베디드 네트워크의 특성

1) 저전력 RF 통신의 신뢰성

무선통신 영역으로부터 RF 링크는 멀티패스 간섭, 목적물 이동, 계획적이고 비계획적인 간섭에 의하여 영향을 받는다.

Mote들은 전형적으로 배터리가 전원이고 멀티홉 메시는 저전력 신뢰성을 위해 보상한다. 멀티홉은 센서 네트워크를 위한 방법이다. TX 전원의 제한, Mote의 수명을 연장하기 위해 링크 예산을 최소화해야만 했다. 단일 멀티홉 스펙은 응용에 의존하는 것은 없다. 이것을 위한 여러 가지 구현방법은 통행방법, 에너지 관리, 시간관리가 있다. TinyOS는 최소한의 노력으로 서로 다른 프로토콜에서 연결하기 위하여 유저를 허용할 것이다. 멀티홉 프로토콜은 데이터 소스와 라우터 모두가 각 Mote상에 있다. TinyOS는 서로 다른 프로토콜을 비교하기 위하여 유저에 허용하기 위하여 설계되었다.

TinyOS는 이벤트 기반의 경량급 운영체제로서 Mica Mote에 포팅될 때 주어진 작업을 처리하기 위해 꼭 필요한 컴포넌트만으로 구성되어 컴파일된다. [그림 3-10]은 Mica Mote상에서의 네트워킹 기능과 관련된 TinyOS 컴포넌트 구조도로서 크게 물리계층, 통신계층, 응용계층의 세 부분으로 구분되어질 수 있다. 물리계층은 일종의 하드웨어 부분으로 Clock과 센싱모듈 그리고 실제 데이터 송수신 및 통신 모듈의 On/Off를 위한 RF 모듈로 구성된다. 응용계층은 데이터 트래픽 제어를 위한 Testing Application과 센싱 제어를 위한 Sensing Application으로 구성된다. 마지막으로 통신계층은 라우팅 및 MAC 기능을 담당하는 일종의 소프트웨어 부분이다.

2) 센서 네트워크를 위한 프로토콜

유비쿼터스 센서 네트워크(USN : Ubiquitous Sensor Network)란 인간 친화적인 미래 컴퓨팅 패러다임인 "유비쿼터스 컴퓨팅"을 실현 가능케 해주는 기반 네트워킹 기술로서 광범위한 지역에 분산되어 있는 초소형, 초저전력 스마트 센서들로 구성된 일종의 무선 Ad-Hoc 통신망이라 정의할 수 있다.

이러한 무선 센서 네트워크는 군수(Military) 환경을 비롯한 의료, 헬스케어, 스마트 홈, 물류/유통 등 실생활의 다양한 응용 분야에서 적용 가능한데, 특히 디지털 융합 기술과 결합되어 향후 유비쿼터스 컴퓨팅 사회의 핵심요소로 여겨지고 있다.

유비쿼터스 센서 네트워크는 일반적으로 센싱의 정확성과 감지 영역의 확장성을 위해 대규모의 센서노드들로 구성된다. 이러한 대규모 네트워킹 환경에서는 동적인 상황 변화에 적응할 수 있는 자가구성(Selfconfiguration) 능력 및 노드들간의 상호 협업(Fusion) 능력이 중요시된다.

또한 다양한 종류의 센서들에 의해 탐지된 센싱 정보를 수집(Sink) 노드에게보다 효율적으로 전달하기 위한 무선 네트워킹 기술 연구에 대한 중요성이 대두되고 있다.

유비쿼터스 센서 네트워킹 기술의 주요 연구 주제로는 에너지 효율성을 고려한 네트워크 프로토콜 설계, 위치정보 감지(Localization) 기법, 동기화(Synchronization), 효율적인 데이터 통합(Data aggregation) 그리고 보안 기법 등을 들 수 있다.

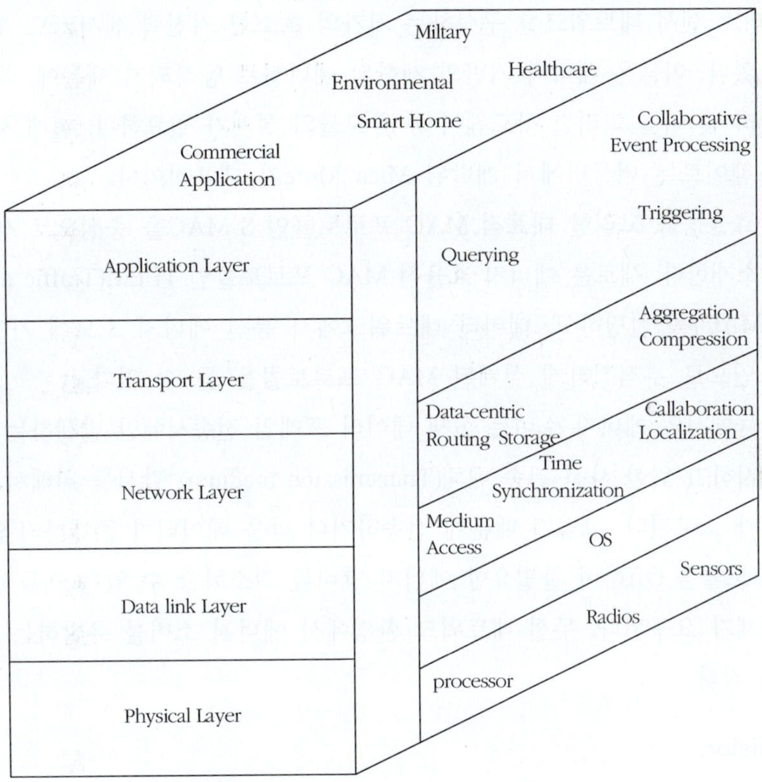

[그림 3-10] 무선 센서 네트워크 프로토콜 스펙

[그림 3-10]과 같이 기존의 OSI 프로토콜 계층적 접근방법으로 진행되어 왔는데 이를 간략히 설명하면 다음과 같다.

센서 네트워크의 물리계층은 데이터 전송을 위한 물리적 통신 기능을 담당하는 곳으로 주로 짧은 전송 범위를 감안한 저전력 에너지 소모 기법 및 효율적인 변복조 기법 개발에 대한 연구가 진행되어왔다.

데이터 링크 계층에서의 연구 주제로는 에너지 효율적 데이터의 전송 및 노드들간의 동기화, 위치정보 감지 기법 개발 등을 들 수 있다. 특히, 에너지 자원이 부족한 센서노드의 통신 에너지 소비를 최소화하기 위한 MAC(Medium Access Control) 프로토콜의 연구가 활발히 진행되고 있다.

네트워크 계층에서는 Multi-hop 기반의 에너지 효율적 경로설정과 데이터 통합 기법 개발에 대한 연구가 이루어지고 있다.

응용계층과 전송 계층에 대한 연구는 상대적으로 미비한 실정인데 최근 들어 질의 및 이벤트 처리 기술, 보안 및 상황인지 미들웨어 개발에 대한 연구들이 시도되고 있다.

유비쿼터스 센서 네트워크를 구성하는 저가의 초소형 저전력 센서노드 개발도 활발히 진행되고 있다. 이들은 배터리 기반의 제한된 에너지로 동작되기 때문에, 특히 에너지의 효율적 관리 및 이를 고려한 하드웨어 통신 모듈의 설계가 필요하다. 현재 사용되고 있는 센서 하드웨어로는 버클리에서 개발된 Mica Mote가 대표적이다.

에너지 효율성을 고려한 대표적 MAC 프로토콜인 S-MAC을 중심으로 센서 MAC 프로토콜을 소개한다. 새로운 에너지 효율적 MAC 프로토콜인 TEEM(Traffic aware, Energy Efficient MAC)을 설명하고, 데이터 네트워크에서 통신 에너지 소모에 가장 큰 영향을 미치는 요인으로 부적절하게 설계된 MAC 프로토콜을 들 수 있다.

통신 모듈에서의 에너지 소비는 실제 데이터 프레임 전송시에만 발생하는 것이 아니라 충돌을 방지하기 위한 사전 전송 매체(Transmission medium) 감시를 위해서도 상당한 양의 에너지가 소모된다. 그렇기 때문에 전송하거나 받을 데이터가 존재하지 않을 때는 적절히 통신 모듈을 Off하여 불필요한 에너지 낭비를 최소화할 수 있는 효율적인 MAC 프로토콜 설계가 요구된다. 무선 네트워크 환경에서 에너지 소비를 유발하는 주요 요인들은 다음과 같다.

(1) Collision

데이터 프레임 전송시 발생하는 충돌(Collision) 및 그로 인한 재전송은 에너지 소모 및 지연을 유발한다.

(2) Overhearing

자신과 직접적인 연관이 없는 데이터를 수신하는 경우 불필요한 에너지가 소모된다.

(3) Control packet overhead

데이터 송수신을 위한 과도한 사전 제어 패킷 교환은 또 다른 에너지 낭비 요인이다.

(4) Idle listening

자신을 목적지로 하는 데이터가 언제 수신될지 모르므로 노드는 계속 전송 채널을 감시해야 하는데 이는 상당한 에너지 소비를 초래한다.

위에서 열거한 요인들 중 가장 심각한 에너지 소비를 유발하는 것은 Idle Listening으로 전체 통신 에너지소비의 약 50~100%를 차지한다. 이러한 사실을 통해 무선 센서 네트워크의 라이프 타임을 늘리기 위해서는 궁극적으로 Idle Listening 문제를 해결할 수 있는 "에너지 효율적 MAC 프로토콜"의 설계가 중요하다는 것을 알 수 있다.

3) S-MAC

S-MAC은 에너지 효율성을 극대화하기 위해 센서 통신 모듈의 Listen/ Sleep 상태를 일정한 주기로 반복하는 CSMA/CA 기반의 MAC 프로토콜이다. 각각의 센서노드는 "Listen 상태 주기"에서 동기화 및 송수신할 데이터의 존재 유무를 확인하게 되는 반면, "Sleep 상태 주기"에서는 송수신 데이터 존재 여부에 따라 통신 모듈의 On/Off를 결정하게 된다. 즉, 센서노드는 Listen 주기 동안 SYNC 제어 패킷을 통해 다른 노드들과의 동기(Synchronization)를 맞추는 한편, RTS-CTS 패킷 교환을 통해 뒤이은 Sleep 주기 동안 자신에 의한 송신 혹은 자신을 위한 수신 데이터가 존재하는지 여부를 확인한다. 만약 존재한다면 자신이 데이터 교환에 직접 참여해야 한다는 것을 의미하므로 Sleep 주기에도 계속 On 상태여야 하지만, 그렇지 않은 경우에는 통신 모듈을 Off 함으로써 에너지 소모를 줄일 수 있다. 결국 이러한 Listen/Sleep 주기를 반복적으로 수행함으로써 불필요한 Idle Listening 문제를 효과적으로 해결할 수 있다.

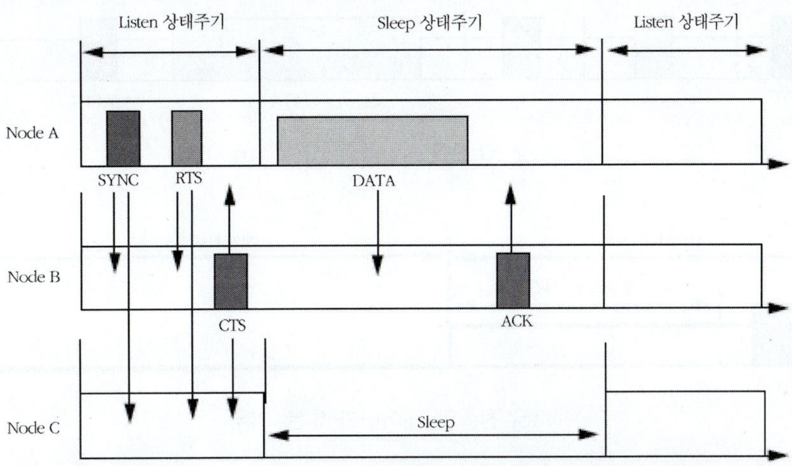

[그림 3-11] S-MAC 프로토콜의 Listen/Sleep 주기

S-MAC 프로토콜을 자세히 보면 3개의 센서노드 중 노드 A가 노드 B에게 데이터를 전송한다고 했을 때 S-MAC의 동작상태는 다음과 같다. Listen 주기에 처음 전송되는 제어 패킷은 노드들의 동기화를 위한 SYNC 패킷으로 임의의 노드에 의해 주변 노드들로 전송된다.

[그림 3-11]의 예에서는 노드 A가 임의로 선택되어 SYNC 패킷을 보내고 주변 노드인 B, C가 수신한다고 가정한다.

그 후 노드 B에게 전송할 실제 데이터를 가지고 있는 노드 A가 RTS 패킷을 전송하면 이를 수신한 목적노드 B는 데이터 수신 가능 여부를 확인하고, 만약 가능하다면 송신노드 A에게 CTS 패킷을 보냄으로써 응답한다.

이때 이웃노드 C도 RTS/CTS 패킷을 수신하지만 실제 데이터 송수신에 참여하지 않는다는 사실을 인지하게 되고, 따라서 다음 Listen 주기까지 Sleep 상태를 유지함으로써 불필요한 에너지의 낭비를 방지한다.

물론, 데이터를 주고받는 노드 A와 B는 이러한 Sleep 주기 동안에도 계속 On 상태를 유지하게 된다.

위와 같은 Listen/Sleep 주기를 갖는 S-MAC은 에너지 효율성이란 측면에서 강점을 갖는다. 다만, 데이터 전송 지연이라는 단점을 갖게 되는데 이는 센서노드가 일단 Sleep 상태로 들어가면 다음 Listen 주기 전까지는 계속 Off 상태를 유지하게 되므로 데이터 송수신이 불가능해지기 때문이다.

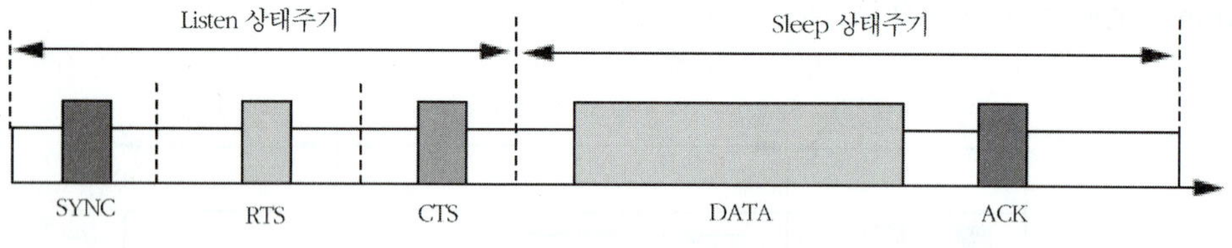

(a) 전송할 데이터가 있는 경우

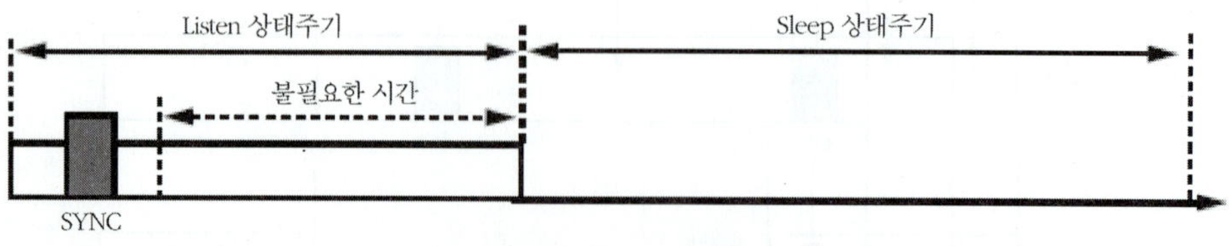

(b) 전송할 데이터가 없는 경우

[그림 3-12] S-MAC에서 고정된 Listen 주기로 인해 불필요한 에너지를 낭비하는 경우의 예

S-MAC 프로토콜의 제안자들도 이러한 문제점을 인식하고 S-MAC에서 이의 해결책에 대해 추가적으로 언급하였다. S-MAC 프로토콜에서 정의하고 있는 Listen 및 Sleep 주기가 실제 데이터 트래픽의 발생 여부와 상관없이 항상 고정된 크기를 가지고 있다는 점에 주목하였다.

Listen 주기의 경우 3개의 제어 패킷, 즉 SYNC, RTS, CTS를 위해 할당된 고정된 크기를 가지고 있고 이들 패킷의 실제 송수신 여부와 관계없이 항상 On 상태를 유지해야 한다.

이러한 특성으로 인해 [그림 3-12](b)와 같이 센서노드들 사이에 실제로 교환할 데이터 트래픽이 없어 RTS-CTS 송수신이 발생하지 않는 경우에도 불필요하게 에너지를 소비하게 된다. 따라서 실제 데이터 트래픽 교환 여부에 따라 적응적으로 Listen 주기를 조절함으로써 S-MAC의 에너지 효율성을 더욱 증대시킬 수 있는 새로운 MAC 프로토콜, TEEM(Traffic aware, Energy Efficient MAC)을 살펴보자.

3장

4) TEEM 프로토콜

TEEM 프로토콜은 기본적인 동작면에서 기존의 S-MAC과 유사하다. 다만, 보다 효율적인 에너지 절약을 위해 "적응적 Listen 주기"와 "RTS 패킷 피기백(Piggyback)"기법을 소개한다.

(1) 적응적 Listen 주기

S-MAC 계열 프로토콜들에서 정의하고 있는 고정된 Listen 주기는 불필요한 에너지 낭비를 야기한다. Listen 주기에서 RTS와 CTS의 전송이 필요한지 판단하기 위해서는 우선적으로 각 주기마다 전송될 데이터 트래픽이 존재하는지 알아야 한다. 이를 위해 TEEM 프로토콜에서는 Listen 주기에서 SYNC 패킷을 위한 시간을 두 부분(SYNCdata와 SYNCnodata)으로 구분하는 방안을 제시하였다.

첫 번째 SYNCdata 부분에서의 SYNC 패킷 교환은 현재 주변 노드들 중 어떤 한 노드에서 전송할 데이터가 있음을 의미한다.

두 번째 SYNCnodata 부분에서의 SYNC 패킷 교환은 해당 주기에는 어떤 주변 노드도 전송할 데이터 트래픽이 없음을 의미한다.

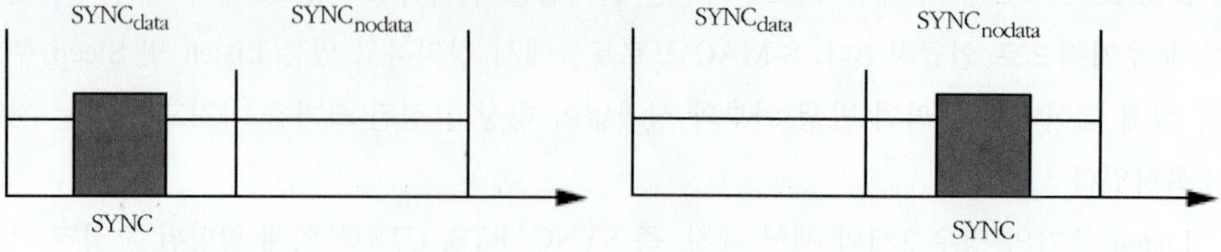

(a) 전송할 데이터가 존재하는 경우 (b) 전송할 데이터가 존재하지 않는 경우

[그림 3-13] 데이터 트래픽 여부판단을 위한 SYNC 슬롯의 분할

[그림 3-13]을 통해 보다 자세히 설명하면 각 노드는 Listen 주기에서 SYNC 패킷의 전송을 시도하기 전에 먼저 전송 큐(Queue)를 살펴보고 전송해야 할 데이터의 존재 여부를 확인한다. 만약 데이터가 큐에 존재한다면 [그림 3-13](a)에서와 같이 SYNCdata 부분에서 SYNC 패킷을 전송하고, 그렇지 않으면, [그림 3-13](b)에서와 같이 SYNCdata 부분에서는 SYNC 패킷의 전송을 지연시켜 SYNC 패킷이 SYNCnodata 부분에서 전송되도록 한다. 즉, 송신할 데이터 트래픽의 존재 여부에 따라 SYNC 패킷의 전송 시간을 조절하게 된다.

수신측 노드들은 SYNC 패킷을 받는 시긴에 따라 주변 노드들의 데이터 트래픽 존재 여부를 판단하게 된다.

만약 SYNC 패킷이 앞쪽의 SYNCdata 부분에 도착했다면 이는 주변 노드들 중 최소한 한 노드가 전송할 데이터를 가지고 있다는 의미가 되고, 만약 뒤쪽의 SYNCnodata 부분에 도착했다면 이는 주변 모든 노드들이 통신 데이터를 가지고 있지 않으므로 RTS-CTS 교환을 위한 부분은 불필요하다는 의미가 된다.

따라서 SYNCnodata 부분에서 SYNC 패킷을 수신한 모든 노드들은 RTS와 CTS를 위한 시간을 추가로 기다리지 않고 바로 Sleep 주기로 들어감으로써 불필요한 에너지 소모를 줄일 수 있다.

(2) RTS 패킷 피기백(Piggyback)

TEEM 프로토콜은 S-MAC에서의 SYNC를 위한 하나의 고정된 슬롯을 두 부분으로 구분함으로써 데이터 트래픽 여부에 따른 추가적 에너지 절약을 가능하게 하였다.

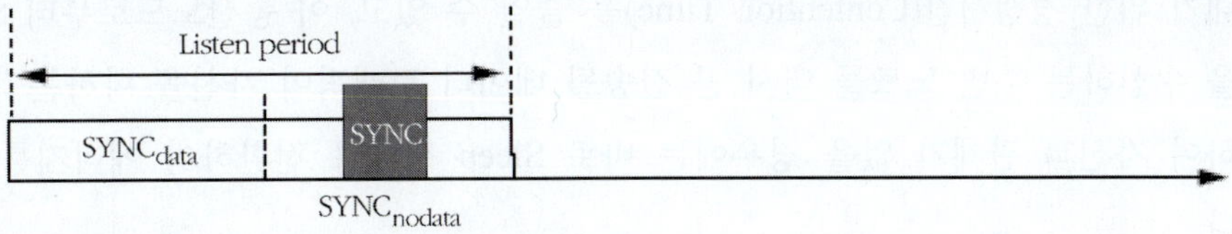

(a) 트래픽이 없는 경우 적응적 Listen 주기

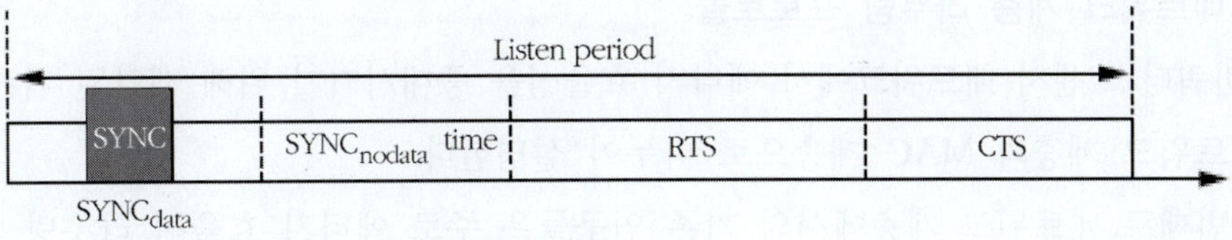

(b) 트래픽이 있는 경우 적응적 Listen 주기

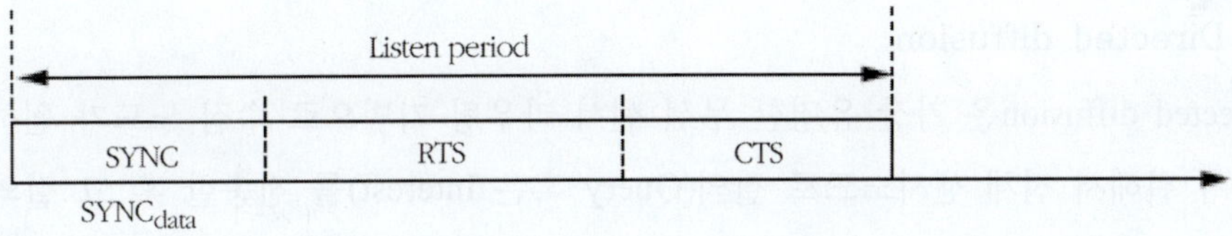

(c) 일반적인 s-mac의 Listen 주기

[그림 3-14] TEEM 프로토콜의 적응적 Listen 주기

이러한 방법은 [그림 3-14](a)에서 보는 바와 같이 실제 데이터 트래픽이 존재하지 않을 경우 RTS, CTS를 위해 기다리는 시간만큼이 필요 없게 되어 특히 많은 이득을 얻을 수 있다. 그러나 데이터 트래픽이 존재하는 경우에는 [그림 3-14](b)와 같이 기존 S-MAC에서의 Listen 주기 [그림 3-14](c) 보다 오히려 더 긴 시간의 Listen 주기를 갖게 되므로써 기대했던 에너지 이득을 얻지 못할 수도 있을 것이다. 이러한 제한점을 해결하기 위해 TEEM 프로토콜은 "RTS 패킷 피기백(Piggybacking RTS)" 기법을 추가적으로 사용한다. TEEM의 적응적 Listen 주기 기법에서 어떤 노드가 SYNCdata 부분에 성공적인 SYNC 패킷 송신을 했다면 해당 노드의 큐에는 전송할 데이터 프레임이 존재한다는 것을 의미하며 따라서 곧 자신이 가지고 있는 데이터를 전송하기 위한 RTS 패킷 전송을 시도할 것이다.

이와 같이 데이터 트래픽을 가지고 있는 노드의 경우에는 SYNCdata 부분에 전송할 SYNC 패킷에 자신이 가지고 있는 데이터의 RTS 정보를 포함시킬 수 있는데, 이를 RTS 패킷 피기백 기법이라 하고 이때의 새로운 SYNC 패킷을 "SYNCrts 패킷"이라고 정의한다. 이러한 추가적인 기법을 통해 데이터 트래픽을 갖는 송신노드는 별도의 RTS 패킷을 보내기 위한 경쟁시간(Contention Time)을 줄일 수 있고, 이 송신노드로부터 SYNCrts 패킷을 수신하는 주변 노드들 역시 곧 전송될 데이터 트래픽이 자신을 향하는지 여부를 판단하여 자신과 관계가 없을 경우에는 바로 Sleep 상태로 전환하여 에너지를 절약할 수 있다.

5) 네트워크 계층 라우팅 프로토콜

유비쿼터스 센서 네트워크에서 에너지 효율성을 증대시키기 위해 제안된 기존 연구들을 네트워크 계층과 MAC 계층으로 나누어 설명한다.

첫 번째로 네트워크 계층에서의 기존 연구들은 주로 에너지 효율적 라우팅 기법들에 대하여 좀 더 자세히 살펴보자.

(1) Directed diffusion

Directed diffusion은 가장 유명한 무선 센서 라우팅 기법으로 수집 노드가 원하는 정보를 얻기 위해서 전체 센서노드로 질의(Query 혹은 Interest)를 전송한 후 그 질의에 해당하는 노드들이 반응하여 센싱 데이터를 수집 노드로 전송하는 방식이다. 주소 중심인 기존의 Ad- Hoc 라우팅 프로토콜과 다르게 Directed diffusion은 애플리케이션이 명명한 데이터를 기반으로 라우팅 패스를 결정하는 데이터 중심적 라우팅 프로토콜이다. Directed diffusion 기법은 특정 지역에서 발생하는 어떤 이벤트를 알기 위해 데이터 정보를 기반으로 라우팅 패스를 설정하는 On-demand 방식의 라우팅 프로토콜로서 기존의 flooding에 비해 에너지 효율적인 라우팅 기법이라 할 수 있다.

(2) Gradient Based Routing

Gradient Based Routing(GBR)은 센서 네트워크에서의 데이터 방향성(모든 센싱 데이터가 수집 노드쪽으로 전달되는 현상)을 이용한 라우팅 기법이다. GBR의 가장 핵심적인 특징은 쿼리 패킷을 이용하여 매우 간단하고 효율적으로 라우팅 패스를 설정한다는 점이다.

각 노드는 수집 노드로부터 생성된 쿼리를 받을 때마다 쿼리에 적혀진 홉 정보나 다른 여러 기준(Metric)을 통해 자신이 수집 노드로부터 몇 홉 거리에 있는지 판단하고, 그 쿼리의 홉을 하나씩 증가시켜 다른 노드에게 전달한다. 이후, 쿼리의 요구에 의해 센싱 데이터를 수집 노드로 전달할 때 형성된 홉 카운터에 의해 높은 곳에서 낮은 곳으로 물이 흐르듯이 높은 홉에서 낮은 홉으로 자연스럽게 전달한다. 즉, 모든 데이터는 수집 노드 방향으로 전달된다는 사실을 이용하여 한 번의 쿼리 전송으로 라우팅 경로를 설정하고,

동시에 센서들에게 효율적 라우팅 패스를 제공하는 것이다. 이를 통해 기존의 Directed diffusion이나 flooding 기법에 비해 통신 에너지 소비를 줄일 수 있다.

(3) Energy-aware routing

Energy-aware routing은 고전적인 에너지 기반의 라우팅 프로토콜들은 라우팅 패스를 선택할 때 각 노드의 남은 에너지를 기반으로 하나의 패스를 선택하였다. 하지만 Energy-aware routing에서는 처음 선택한 라우팅 패스를 기준으로 계속해서 데이터를 전송하는 것이 궁극적으로 무선 네트워크의 라이프 타임을 최적화하는 방법이 아님을 주장한다. Energy-aware routing에서는 하나의 에너지 효율적 패스를 선택하여 계속 사용하는 것이 아니라, 데이터 전송 순간마다 새로운 에너지 효율적 라우팅 경로를 선택하는 기법을 제안하였다.

Energy-aware routing은 여러 개의 멀티 라우팅 패스들을 계속해서 유지하여 에너지 기반의 확률 수식을 통해 데이터가 전송될 때마다 매번 다른 패스로 데이터가 전송되도록 하는 기법이다. 이를 통해 하나의 라우팅 패스만을 선택하는 고전적 에너지 기반 라우팅 프로토콜에 비해 네트워크의 라이프 타임이 증가됨을 보였다.

(4) LEACH 프로토콜

LEACH 프로토콜은 네트워크에 존재하는 모든 노드들의 균등한 에너지 소모를 위해 분산 클러스터를 구성하여 데이터를 전달하는 기법이다. LEACH에서는 무선 센서 네트워크를 임의의 클러스터로 구분하고, 각 노드들은 수식에 의해 균등한 확률로 클러스터 헤더(Header)로 선출된다. 선출된 헤더는 자신의 클러스터에 속해 있는 노드들의 데이터를 모아 수집 노드에게 직접 전달함으로써 모든 노드들의 통신 에너지 소모를 균등하게 하여 네트워크의 Life time을 증가시켰다.

하지만 센서노드와 수집 노드간의 거리가 한 홉으로 통신할 수 있어야 한다는 가정과 모든 노드들이 전송거리를 조절할 수 있는 Power control 기술을 가지고 있다고 가정이 필요하다는 점에서 단점을 갖는다. 위에서 언급한 효율적 에너지 소모와 관련된 라우팅 프로토콜 이외에도, 노드들의 협상(negotiation)을 통해 데이터의 증가 및 중복을 해결한 SPIN, 작은 센싱 데이터가 요구되는 상황에서 쿼리의 flooding 부담을 줄이기 위한 Rumor routing, 그리고 QoS의 기반의 SAR나 위치정보 기반의 GPSR 등 다양한 라우팅 프로토콜들이 존재한다.

6) MAC 계층 라우팅 프로토콜

다음으로는 유비쿼터스 센서 네트워크의 MAC 계층과 관련된 에너지 효율적 프로토콜들에 대해 살펴보자.

(1) Adaptive S-MAC

Adaptive S-MAC에서는 고전적인 S-MAC에서의 데이터 지연문제를 극복하기 위해 Adaptive listening이라는 기법을 제안하였다. 고전적인 S-MAC에서는 한 주기 동안 하나의 데이터가 전송되는 데 비해 Adaptive S-MAC에서는 RTS와 CTS 패킷의 NAV (Network Allocation Vector)을 통해 데이터 전송이 끝나는 시간을 예측하고, 그 시간이 끝나면 NAV이 설정된 모든 노드들이 wake하여 다시 전송할 데이터가 있는지 여부를 점검한다. 이를 통해 한 주기에 하나의 데이터만 전송할 수 있었던 기존의 SMAC의 문제점을 극복하여 어느 정도 데이터 지연문제를 해결하였다.

(2) DSMAC

DSMAC 역시 S-MAC의 데이터 지연문제를 해결하기 위해 나온 것으로 여기에서는 dynamic duty cycle 기법을 설명한다. 일반적으로 Listen/Sleep의 주기를 갖는 프로토콜들은 dutycycle('listen period'와 'sleep period'의 비율)을 미리 정의하고 통신에 참여하는데 비해 DSMAC는 데이터 트래픽을 고려해 동적으로 duty cycle을 변화시킴으로써 데이터 지연을 줄였다.

(3) T-MAC

T-MAC에서는 S-MAC의 'sleep 주기'에서 발생할 수 있는 에너지 소모 요소를 줄였다는 점에서 의미를 갖는다. S-MAC에서는 'listen 주기'에서 RTS, CTS를 교환한 노드들은 전체 'sleep 주기' 동안 계속 wake 상태를 유지해야 했다. 하지만 두 노드의 데이터 전송이 끝났음에도 불과하고, 계속해서 wake 상태를 유지하는 것은 에너지 낭비이다. T-MAC에서는 TA란 시간을 두어 TA 시간 동안 데이터의 전송이 없을 경우 바로 sleep함으로써 불필요한 에너지 소모 문제를 해결하였다.

(4) TRAMA

TRAMA는 센서 네트워크에서 TDMA를 기반으로 하는 대표적인 MAC 프로토콜이다. Ad-Hoc 네트워크의 NAMA와 비슷한 방식으로 각 노드는 분산 선출 알고리즘(distributed election algorithm)을 통해 자신이 사용할 time slot을 선택한다.

TRAMA의 시간은 random-access period와 scheduled-access period로 구별되는데, 첫 번째 random-access 시간 동안에는 one hop 주변 노드의 정보가 담겨 있는 NP(Neighbor Protocol) 패킷을 교환하고, scheduled-access 시간에는 데이터를 전송하기 전에 자신의 스케줄링 정보가 담기 SEP(Schedule Exchange Protocol) 패킷을 전송하여 각기 자신이 사용할 slot을 분산 선출 알고리즘에 의해 선택한다. 그 후 나머지 scheduled-access 시간 동안에는 앞서 선택한 slot 시간에 데이터 전송을 시도함으로써 충돌 없는 통신을 가능하게 하였다. 하지만 TDMA 방식은 노드간 동기화 및 정교한 스케줄링이 필요하기 때문에 CSMA에 비해 복잡해질 수밖에 없고, 또한 멀티홉 환경에서 노드간의 주기적 스케줄링에 의한 상당한 데이터 지연이 발생되게 된다.

7) 센서 네트워크를 위한 멀티홉 프로토콜

[표 3-5]는 센서 네트워크를 위한 멀티홉 프로토콜이다.

[표 3-5] 멀티홉 프로토콜

프로토콜	내 용	상태	Power Mng	개발자	TinyOS 위치
XMesh (ReliableRoute)	원래 Mint Route 알고리즘은 링크인식, 저전력, 시간 동기를 위해 확장한다.	저전력 버전 개발중 (AA 배터리 수명 1년)	yes	Alex Woo, Jason Hill	TinyOS-1.x/contrib/oxbow/tos/lib/
DSDV	표준 알고리즘의 Mote 버전인 ACDV.	발표	No	Intel	TinyOS-1.x/contrib/hsn.
TinyDiff	현재 캘리포니아 제임스 영역에 배치	개발중	Yes	CENS group of UCLA	TinyOS-1.x/contrib/TinyDiff/
LEACH(Energy Adaptive Clustering Hierarchy)	더 많은 정보를 위해 nms.lcs.mit.edu/projects/leac를 참조하라.	N/A	N/A	MIT	N/A
SPIN	See above reference for LEACH				

8) ReliableRoute의 구성

[그림 3-15]는 XMesh(ReliableRoute)의 구성으로 ReliableRoute는 전력을 관리한다.

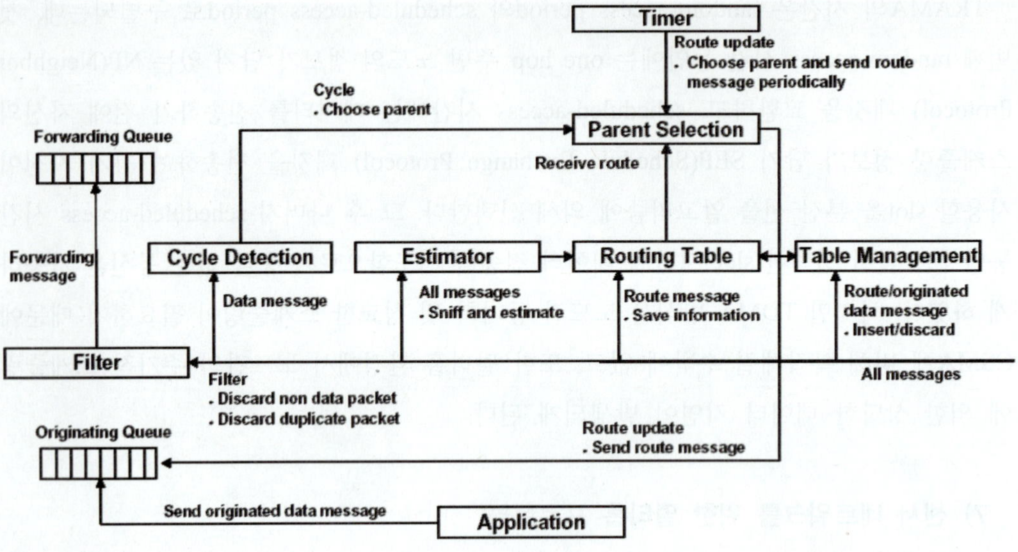

[그림 3-15] ReliableRoute의 구성

9) 시뮬레이션

TinyOS는 네트워크의 PC 시뮬레이션인 TOSSIM를 제공한다. 그리고 TOSSIM에 대한 응용을 컴파일하기 위해 "make pc"를 사용한다. 이것은 실제로 구현하기 전에 테스트 코드를 위해 좋은 방법이고 시뮬레이션(simulation)과 실세계 사이에 상당히 좋은 결과이다. 시뮬레이션 결과는 [그림 3-16]과 같다.

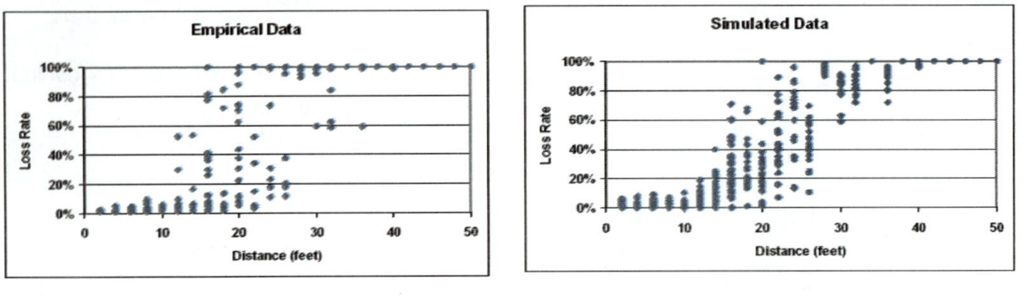

[그림 3-16] 시뮬레이션 결과

5 XMesh 프로토콜 스펙

XMesh 목적은 개방(open)이고 자가구성(self-organizing), 자가회복(self-healing) 네트워크이고 ZigBee v1.0 프로토콜 모드를 지원하고 저전력의 TrueMesh를 포함하는 유연한 토폴로지이고 시간 동기화하고 고속 스트리밍 서비스를 제공한다. 그리고 멀티 QoS 레벨을 지원하고 네트워크 헬스 메시지를 집적하고 있고 TinyOS의 실시간 운용체제이다.

1) Any-to-Base 라우팅 알고리즘

이 알고리즘은 기대되는 성공적인 비율을 최적화하기 위한 시도이다. 링크의 Quality는 패킷 배달 성공 비율을 측정하고 예정된 패킷까지 수신된 비율과 EWMA(Exponentially Weighted Moving Average)에 의해 간략화에 의하여 결정한다.

각 Mote는 각 이웃(Neighbour)으로부터 수신 링크 양을 보고한다.

각 Mote는 16개의 이웃을 모니터한다. 데이터 패킷들은 Parent에 의하여 승인하고 5배까지 재전송한다. 이 알고리즘은 전체 cost를 최소화하기 위해 사용한다. 각 노드의 전송 cost는 다음과 같다.

- 노드 cost=Parent cost+Parent까지 링크의 cost

"Cost"는 거리의 이론적인 측정이다. 이 측정은 홉 카운터, 전송이나 재시도 및 재구성 오버타임을 바탕으로 측정한다.

XMesh는 MT(Minimum Transmission) cost 측정을 사용한다.

- Parent까지 링크의 cost = f(1/전송량 × 1/수신량)
- Parent의 cost=베이스 스테이션까지 모든 홉의 전체 라우팅 cost 혹은 Σ(MT)이다.

[그림 3-17]에서 보면 노드 cost는 Parent cost(30)+링크 cost(10)=40임을 볼 수 있다. 각 Mote 간의 노드 cost는 위 공식에 적용됨을 알 수 있다. [그림 3-18]은 XMesh와 ZigBee간의 구성의 예를 나타낸 것이다.

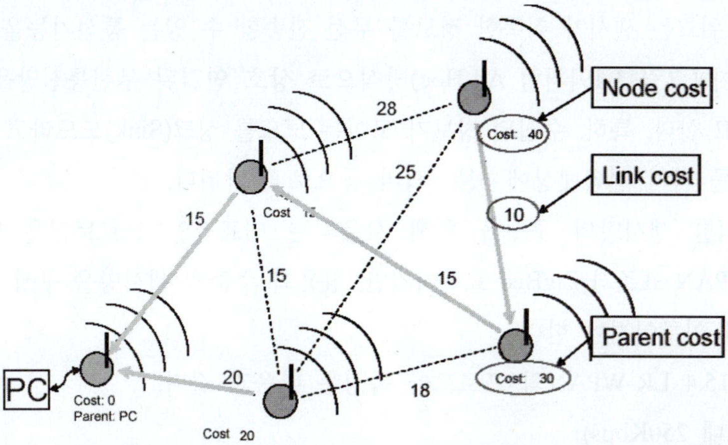

[그림 3-17] Any-to-Routing 구성(1)

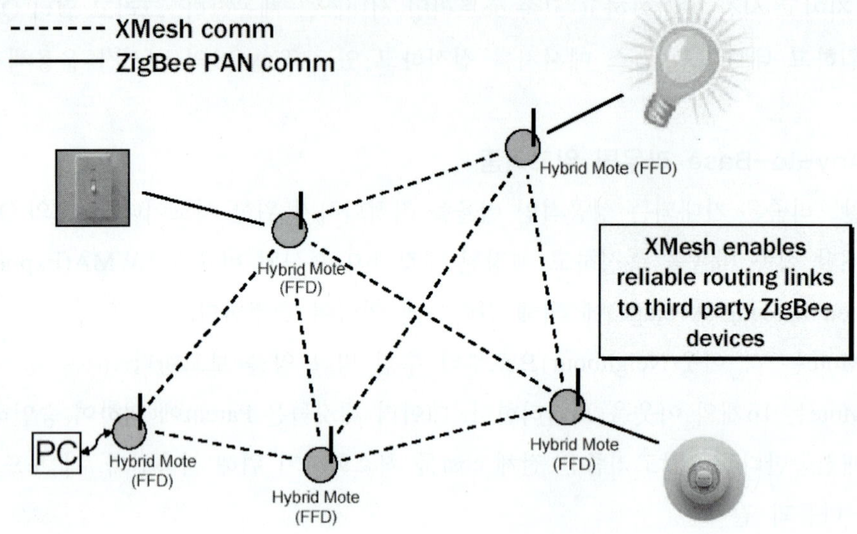

[그림 3-18] XMesh와 ZigBee 네트워크 구성

지그비 프로토콜층은 XMesh/TinyOS에 구현되어 있다. XMesh와 지그비의 응용은 순조롭게 존재할 것이다. TinyOS 응용은 지그비 네트워크 안에 묶여질 수 있다. 미래의 지그비 부품은 네트워크 기반에서 XMesh 안에 묶여질 것이다.

3.2 유비쿼터스 센서 네트워크 프로토콜의 특성

1 USN 프로토콜 특성

센서 네트워크는 센서가 취득한 정보를 무선 전송할 수 있는 통신기능을 가진 노드인 센서노드들이 [그림 3-19]처럼 Ad-Hoc)방식으로 상호 연결된 무선통신망을 일반적으로 센서망이라고 한다. 특히, 수집된 정보가 모이는 노드를 싱크(Sink)노드라고 하며, 데이터는 이 노드를 거쳐 인터넷상에 있는 서버 등으로 전달된다.

현재 이러한 센서망의 구성을 위해 사용되는 대표적인 프로토콜은 IEEE802.15.4 LowRate WPAN 표준과 ZigBee 표준이지만, 상용화 수준의 센서망을 구성하기 위해서는 많은 보완이 이루어져야 한다.

IEEE802.15.4 LR-WPAN의 프로토콜 특성은 다음과 같다.

- 저속(최대 250Kbps)
- CSMA/CA 및 GTS 기능 제공

- 저전력(sleep 구간 설정)
- 최소의 프로토콜 스펙
- 최대 65,000개의 노드로 망을 구성

그리고 ZigBee 기술은 IEEE 15.4를 활용하여 망계층 및 라우팅 기술, 그리고 보안기술 및 응용계층 등의 상위계층 기술을 말한다.

무선 LAN, 블루투스, 802.15.4 USN의 특징을 비교한 것이다. 이 표를 분석하면 다음과 같다. 즉, Bluetooth(802.15.1)는 최초로 표준화된 저속데이터 전송방식이지만 QoS를 지원하기 위한 복잡성에 의해 가격이 비싸고 전력소모가 큰 단점이 있다. 반면에 ZigBee는 더 짧은 패킷을 더 저속으로 전송하며, 겨우 8개의 노드로 구성되는 블루투스에 비하여 65,000개 이상의 큰 망을 지원한다. 하지만 저속의 전송속도와 전력소모 절약을 위하여 ZigBee는 새로운 slave가 망에 접속하려면 30ms의 지연을 겪으며, 노드가 Sleeping에서 Active할 때까지 보통 15msec정도 소요된다. 반면에 블루투스는 join시 3초, 전송지연은 2ms에 불과하다. 또한 ZigBee의 경우 배터리의 수명이 긴 이유는 대부분의 시간을 거의 전력소모가 없는 Sleep 상태에 머물도록 하였기 때문이다.

예를 들어, 전력 검침용 센서노드는 한달에 한 번만 잠깐 깨어나 보고하도록 되어 있다.

센서망은 [그림 3-19]와 같이 다양한 망 구조를 가질 수 있다. 노드와 PAN Coordinator 간 연결로 구성된 스타망, 코디네이터(Coordinator)까지 전달되기 위해서는 다른 노드를 경유하는 트리망, 마스터 코디네이터(Coordinator)없이 각 노드가 라우팅하는 메쉬망에 결합된 센서노드로부터의 데이터를 목적지까지 무선으로 전달하는 등 다양한 망구조를 가진다.

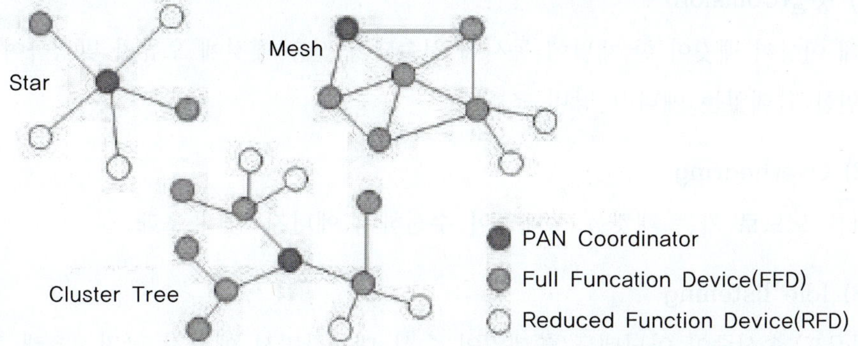

[그림 3-19] 센서망 구성의 종류

센서망을 구성하는 노드들은 각각의 용도 및 특성에 따라 다양하게 사용할 수 있다. 다음과 같이 노드들을 분류해서 사용하는 이유는 단순히 센서를 통해 정보를 수집해서 전달만 하는 노드와 정보 수집 외에도 다른 노드들에게 정보를 전달하는 라우팅 기능과 망을 구성하기 위해 필요한 다양한 정보들을 갖기 위해 많은 리소스를 필요로 하는 등 각 디바이스의 역할이 다르기 때문이다.

- FFD(Full Function Device) : 큰 메모리, 큰 컴퓨팅 파워, 큰 배터리 또는 일반 전원을 갖으며, 모든 기능을 가지는 노드로 PAN Coordinator, Cooridnator, 종단장치 등 모든 기능을 가진다.
- RFD(Reduced Function Device) : 작은 배터리, 작은 메모리, 제한된 컴퓨팅 파워를 갖으며 일부 기능만을 갖는 종단장치로만 동작할 수 있다.
- PAN Coordinator : 센서망(PAN)을 구성에 필요한 대표 노드로 망 전체를 구성하고 관리하는 역할을 하는 FFD이다. 일반적으로 배터리가 아닌 일반 전원을 공급받는다.
- Coordinator(Cluster Head) : 작은 망이 여러 개 모인 큰 망에서 작은 망을 구성하는 대표 노드로 종단장치의 정보를 받아 PAN Coordinator에게 데이터를 중계하는 역할을 한다. 배터리로 동작하는 FFD이다.

이러한 센서망은 동작 주파수에 따라 868MHz대역에서는 변조방식에 따라 20, 100, 206Kbps를 지원하고, 915MHz대역에서는 40Kbps 및 250Kbps, 그리고, 2.45GHz대역에서는 250Kbps를 지원한다.

센서망에서의 전원 절약방법은 무선 시스템에서는 수신도 송신처럼 에너지를 소모한다. 이러한 전력소모는 배터리를 전원으로 장시간 동작해야 하는 센서망에서는 치명적이다. 무선 시스템 입장에서 에너지 소모를 야기하는 요소를 살펴보면 다음과 같다.

(1) 충돌(Collision)

2개 이상이 패킷이 한 채널에 동시에 전송되어 전송 패킷에 오류가 발생하여 재전송으로 인한 쓸데없는 에너지 낭비 초래

(2) Overhearing

다른 노드로 가는 패킷을 쓸데없이 수신하여 에너지 낭비 초래

(3) Idle listening

아무도 송신중이 아닌데도 쓸데없이 수신 대기하면서 에너지 낭비 초래

(4) Protocol overhead

RTS/CTS/SYNC 등의 제어메시지 송수신에 의한 에너지 낭비 초래 이러한 에너지소모 요소를 고려하여 센서노드용 MAC은 자신이 송신하거나 수신할 때만 깨어나고, 나머지 시간에는 sleep하여 전원을 절약하는 기능을 기본적으로 지원한다.

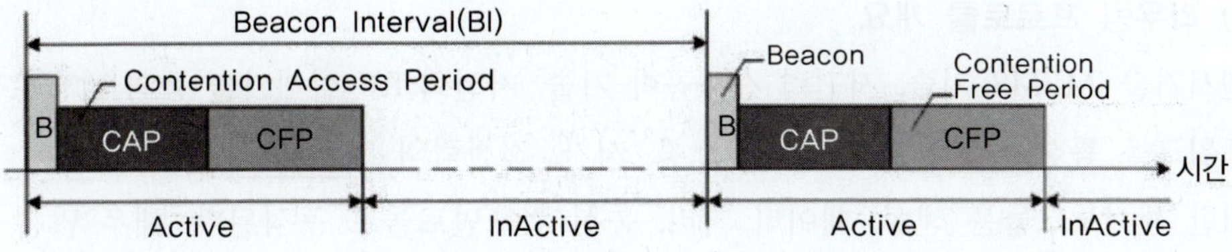

[그림 3-20] 802.15.4의 사이클

비컨 메시지를 통해 Active/InActive 구간의 길이와 CAP(Contention Access Period), CFP(Contention Free Period) 등을 설정하게 된다. InActive 기간이 길고, Beacon Interval이 길수록 노드가 sleep하는 시간이 길어지기 때문에 노드의 수명은 늘어난다. 하지만 패킷 전달에 필요한 시간이 늘어나고, 실시간으로 급하게 전송해야 하는 데이터의 경우에는 불리할 수 있다.

최근까지 전원절약 및 노드간 지연을 단축하는 특성을 가진 Sensor Network용 MAC이 수십 가지 이상 발표되었는데, 802.15.4 MAC 외에도 PAMAS(Power Aware Multiple Access), Sensor MAC(S-MAC), Adaptive SMAC, Timeout MAC(T-MAC), Berkeley-MAC(BMAC), Dynamic Sensor MAC(DSMAC), Traffic-Adaptive MAC(TRAMA), SMACS (Self-organizing MAC for Sensor network), Power Aware Clustered, TDMA(PACT), Low-Energy Adaptive Clustering Hierarchy(LEACH), Sparse Topology and Energy Management(STEM), Triggered wakeup MAC 등이 있다.

3.3 유비쿼터스 센서 네트워크 프로토콜

1) 무선 센서 네트워크에서의 라우팅 프로토콜

기존 통신 인프라가 없는 무선 센서 네트워크로부터 정보 수집을 위해서는 센서노드들 간의 무선 Ad-Hoc 네트워킹 능력이 필요로 되는데, 기존 무선 Ad-Hoc 네트워크를 위해 제안된 라우팅 프로토콜은 무선 센서 네트워크가 가지는 특성들로 인해 적용하기에 적합하지 않다. 그러므로 무선 센서 네트워크의 자가 구성적 능력, 제한된 전력과 데이터 중심적 특성을 고려한 무선 Ad-Hoc 라우팅 기법이 요구된다.

여기에서는 기존 무선 Ad-Hoc 라우팅 프로토콜을 무선 센서 네트워크에 적용할 수 없는 이유를 기술하고, 무선 센서 네트워크를 위해 제안된 라우팅 프로토콜들을 소개한다.

2) 라우팅 프로토콜 개요

센서기술, MEMS 기술, 저전력 전자공학 기술, 저전력 RF 설계기술 등의 발달로 무선 네트워크를 통하여 연결될 수 있는 소형, 저가, 저전력의 센서노드들이 개발되어 왔다. 이러한 센서노드들은 센싱, 데이터 처리, 통신 컴포넌트들로 구성된다. 매우 많은 수의 센서노드들이 현상의 내부나 매우 밀접한 지역에 조밀하게 배치된 무선 센서 네트워크를 형성하여 헬스, 군사, 홈네트워크, 환경감시, 공장관리, 재난감시 등의 다양한 응용에 적용될 수가 있다.

무선 센서 네트워크에서 센서노드의 위치는 미리 결정될 필요가 없으므로, 접근이 어려운 영역이나 재난구조를 위한 응용을 위해 임의로 배치될 수 있다. 그러므로, 센서 네트워크 프로토콜은 자가구성(self-organizing) 능력을 가지며, 센서노드들이 서로 협력하여 동작한다.

무선 센서 네트워크는 [그림 3-20]과 같이 센서노드들이 배치된 센서필드(sensor field)와 센서필드와 외부망을 연결하는 싱크(sink)로 구성된다. 즉, 사용자나 응용은 싱크를 통하여 센서필드에 질의를 전달하거나 센서필드에서 수집된 데이터를 전달받을 수 있다.

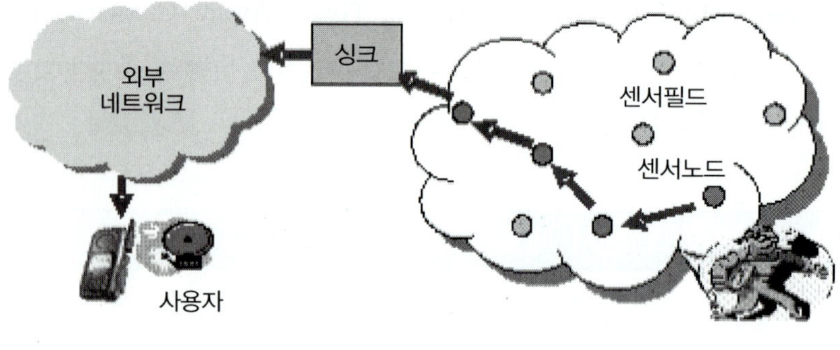

[그림 3-21] 무선 센서 네트워크의 구조

무선 센서 네트워크에서는 응용의 관심 현상 영역에 수많은 센서노드들이 미리 결정된 형태없이 배치될 수 있고 근접한 센서노드들이 유사한 정보를 감지하는 특성에 의해 임의의 센서노드의 동작이 실패하거나 기능이 소멸되는 경우에도 네트워크의 전체적인 동작에는 영향을 미치지 않는 장점을 가진다. 그러나 무선 매체의 저속, 오류가 심한 전송 특성 및 제한된 전원 공급, 센서노드의 임의 배치로 인한 교체 불가능 등의 문제점을 가진다. 그러므로 이러한 무선 센서 네트워크를 위한 프로토콜은 에너지 소비를 네트워크 전체에 분산시켜 전체적 시스템의 수명을 증가시키는 방향으로 설계되어야 하며, 센서 네트워크의 동적인 변화에 빠르게 대응할 수 있어야 한다.

기존 통신 인프라가 없는 무선 센서 네트워크로부터의 정보 수집을 위해서는 센서노드들간의 무선 Ad-Hoc 네트워킹 능력이 필요로 되는데, 기존의 무선 Ad-Hoc 네트워크를 위해 제안된 라우팅 프로토콜은 무선 센서 네트워크가 가지는 특성들로 인해 적용하기에 적합하지 않다. 그러므로 무선 센서 네트워크의 자가 구성적 능력, 제한된 전력과 데이터 중심적 특성을 고려한 무선 Ad-Hoc 라우팅 기법이 요구된다.

이 교재에서는 기존 무선 Ad-Hoc 라우팅 프로토콜을 무선 센서 네트워크에 적용할 수 없는 이유를 설명하고, 무선 센서 네트워크의 라우팅 프로토콜들을 소개한다.

1 무선 Ad-Hoc 라우팅 프로토콜과 센서 네트워크 라우팅 프로토콜의 차이

기존 무선 Ad-Hoc 네트워크를 위해 제안된 라우팅 프로토콜은 다음과 같은 이유로 무선 센서 네트워크에 적용하기에 적합하지 않다.

- 기존 무선 Ad-Hoc 네트워크에서의 노드수보다 센서 네트워크의 노드수가 여러 차수 이상 많다.
- 센서노드들은 조밀하게 분포되고 실패하기 쉽다.
- 센서 네트워크의 토폴로지는 매우 빈번하게 변화한다.
- 센서노드들은 주로 방송(broadcast) 방식의 통신에 기반을 두지만, 대부분의 Ad-Hoc 네트워크는 점대점(point-to-point) 방식의 통신에 기반을 둔다.
- 센서노드들은 제한된 전력, 연산 능력, 메모리를 가진다.
- 무선 센서 네트워크는 데이터가 특정 노드로 요청되지 않고, "어떤 지역의 기온이 20도인가?"와 같이 특성에 기반을 두고 데이터가 요청되는 데이터 중심적(data centric) 특성을 가진다.
- 무선 센서 네트워크는 데이터 중심적 특성을 가지면서 특정 노드간 라우팅이 필요하지 않으므로, 유일한 식별자를 기반으로 한 라우팅 기법은 적합하지 않다.

- 인접한 센서노드들이 유사한 데이터를 가지므로, 각 센서노드들이 데이터를 각각 전송하는 것보다 전송전에 데이터들을 모아서 전송하는 방법이 효과적이다.
- 응용에 따라 네트워크 요구사항이 변하는 응용 특정적(application-specific) 특성을 가진다. 따라서, 무선 센서 네트워크를 위한 라우팅 프로토콜은 위에 언급된 차이점을 고려하면서 다음의 부가적인 특성들을 수용하여야 한다.
- 무선 센서 네트워크에서는 감지될 물리적 파라미터를 지시하는 속성 기반 어드레싱이 일반적으로 사용된다.
- 대부분의 데이터가 위치에 기반을 두고 수집되므로, 노드들이 필요할 때마다 그들의 위치를 알 수 있도록 하여 위치를 기반으로 한 라우팅이 가능하도록 한다.

② 무선 센서 네트워크의 라우팅 프로토콜

무선 센서 네트워크의 라우팅 기법은 응용에 따른 센서 네트워크의 종류에 따라 그 효율성이 영향을 받게 된다. 무선 센서 네트워크는 크게 두 종류로 나눈다.

- 사전적 네트워크(proactive network)
  노드들이 주기적으로 센서와 송신부의 스위치를 켜서 환경을 감시하고, 응용의 관심(interest)에 속하는 데이터를 전송한다. 그래서 주기적인 간격으로 네트워크의 상태를 파악할 수 있도록 하므로, 주기적인 데이터 감시를 요하는 응용에 적합하다.
- 반응적 네트워크(reactive network)
  노드들이 연속적으로 환경을 감지하여 감지된 속성값의 갑작스런 변화에 즉시 반응한다. 그래서 이는 침입탐지나 폭발탐지와 시간 임계적인 응용에 적합하다.

이러한 무선 센서 네트워크에 적용될 무선 Ad-Hoc 라우팅 기법은 크게 평면 라우팅(flat routing)과 계층적 라우팅(hierarchical routing) 프로토콜로 나눠어진다.

평면 라우팅은 네트워크 전체를 하나의 영역으로 간주하여 모든 노드들이 동등하게 라우팅에 참여할 수 있고 멀티홉 라우팅을 특징으로 한다. 반면에, 계층적 라우팅은 네트워크를 클러스터링을 기반으로 한 다수의 영역으로 분할하여 각각의 영역내 특정 노드에 헤드의 역할을 부여하여 라우팅을 수행하도록 한다.

3) 센서 네트워크를 위한 평면 라우팅 프로토콜

기술된 센서 네트워크의 특징을 고려할 때 기존의 무선 Ad-Hoc 평면 라우팅 프로토콜을 채택할 경우 다음과 같은 문제점을 가진다.

요구 기반(On-demand) 방식을 적용할 경우 수백에서 수천 개의 노드들이 경로를 찾기 위한 경로 요청 메시지들이 발생하게 되어 많은 에너지가 소비되고, 많은 지연이 발생하게 된다. 테이블 기반(table-driven) 방식에서는 센서노드가 네트워크내 수많은 노드까지의 경로를 유지하는데 한계가 존재한다. 즉, 센서노드의 메모리 용량이 수백 KB 정도이므로, 수백 개에서 수천 개에 이르는 노드들에 대한 정보를 가진 라우팅 테이블을 유지하고 관리하는 것은 사실상 힘들다.

그러므로 속성 기반 어드레싱, 에너지 소비의 분산, 수집 정보의 전달 과정에서 인접한 노드간의 유사한 정보의 중복 전달로 인한 에너지 낭비를 줄이기 위한 "데이터 모음(data aggregation)" 등을 수용한 간단한 평면 라우팅 알고리즘이 필요하다. 다음 세부 절에서 센서 네트워크를 위해 제안된 대표적인 평면 라우팅 기법을 살펴보기로 한다.

1 Directed diffusion

Directed diffusion은 싱크의 질의 방송에 기반을 둔 데이터 중심적 라우팅 기법으로 질의 유포 및 처리 응용에 적합한 특성을 가진다. Directed diffusion의 동작이 [그림 3-22]에 보여진다.

Directed diffusion에서 해당 응용에 대한 질의는 속성과 값의 쌍으로 구성되는 Interest로 표현된다. Interest는 싱크에서 시작되어 네트워크 전체에 유포되고, 데이터 요청 노드로 질의에 부합하는 데이터를 전송하기 위한 경사(gradient)가 설정된다. 이때, 데이터는

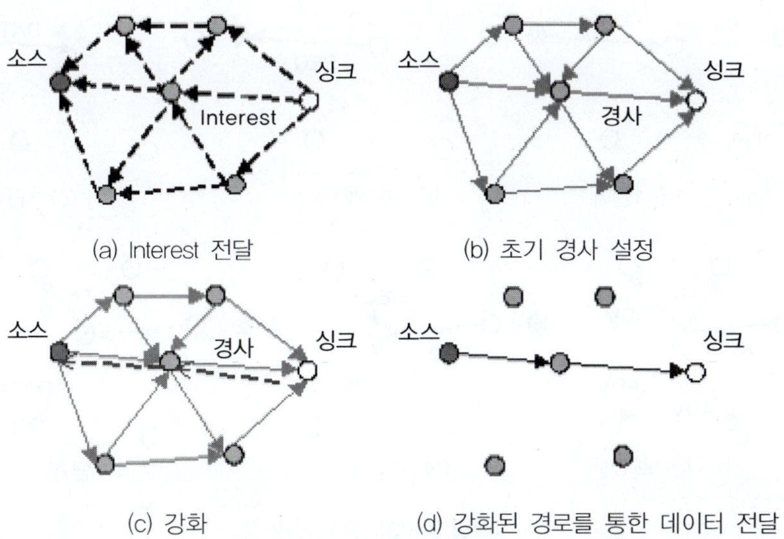

[그림 3-22] Directed diffusion의 동작

다중 경로를 통해 요청 노드로 전송된다. 더 이상의 플로딩을 막기 위해 경로들 중 전송 품질이 좋은 몇 개의 경로들이 강화(reinforcement)되어 강화된 경로를 통해 데이터 전송이 이루어진다. Directed diffusion의 이러한 정보검색 방법은 요청 노드가 일정기간 동안 질의에 부합하는 데이터를 요구하는 지속성 질의(persistent query)에 적합하다. 그러나 경로를 단지 한 번만 사용하는 형태의 질의에는 적합하지 않은 특성을 가진다. 또한, 이 프로토콜에서는 전송 경로의 중간노드에서 데이터가 모아지므로 인접 노드들이 유사한 데이터를 가지는 센서 네트워크의 특성을 완전하게 이용하지 못한다.

2 SPIN

SPIN(Sensor Protocols for Information via Negotiation)은 협상과 자원 적응에 의해 플러딩의 결함을 처리하기 위해 설계된 것으로 센서노드가 데이터에 대해 광고하고, 싱크로부터 요청을 기다리는 형태의 데이터 중심점 라우팅 기법이다. 이는 센서노드가 데이터를 방송하는 대신 센서 데이터를 기술하는 메타 데이터를 전송하여 보다 효율적으로 동작하고 에너지를 보존하도록 한다. [그림 3-23]에 SPIN의 동작이 보여진다.

SPIN은 ADV, REQ, DATA 등의 세 가지 메시지를 가진다. 센서노드는 메타 데이터를 가지는 ADV 메시지를 방송한다. ADV의 메시지를 수신한 이웃 노드가 데이터에 대한 관심을 가지고 REQ 메시지를 전송하면 해당 이웃 노드를 위한 DATA 메시지를 전송한

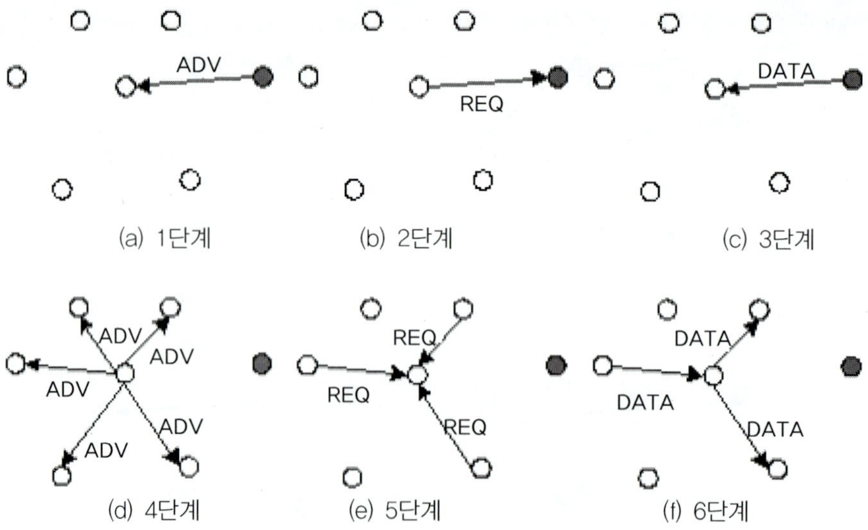

[그림 3-23] SPIN의 동작

다. 결과적으로, 전체 센서 네트워크에서 해당 데이터에 관심있는 센서노드들은 데이터에 대한 사본을 얻게 된다.

SPIN은 가까이 있는 노드들이 유사한 데이터를 가지는 속성을 활용하여 다른 노드가 가지지 않는 데이터만을 분배하도록 한다. 또한, 사전적으로 동작하여 사용자가 데이터를 요청하지 않은 경우에도 네트워크 전체에 정보를 분산시킨다.

③ SAR

SAR(Sequential Assignment Routing)에서는 라우팅 결정을 위해 각 경로에 있는 에너지 자원과 QoS, 그리고 각 패킷의 우선순위를 고려한다. 트리 구조의 다중 경로가 설정되어 특정 경로가 실패하는 경우에도 경로 재계산을 위한 오버헤드가 없다. 각 노드에서 싱크까지의 다중 경로를 설정하기 위하여 싱크의 1홉 이웃들을 시작으로 낮은 QoS와 에너지 보유량을 가지는 노드들을 피하면서 구성된 다중 트리가 형성된다. 트리 설정 절차가 끝나면, 각 노드는 다중 경로에 속하게 되고, 각 노드는 싱크로 메시지를 전달할 트리를 선택할 수 있게 된다. 각 노드마다 다음 두 개의 파라미터가 싱크를 향한 각 경로(트리)와 연관된다.

- Energy resources : 해당 센서노드가 경로를 독점하여 사용할 경우 전송할 수 있는 패킷수
- Addictive QoS metric : 해당 값이 높을수록 낮은 QoS를 의미

SAR에서는 Addictive QoS metric과 패킷의 우선순위와 관련된 가중치(weight) 계수의 곱인 weighted QoS metric을 계산하여 이의 평균값을 네트워크의 생존기간 동안 최소화시키고자 한다. 위상 변화에 반응하기 위하여 주기적인 경로 재계산이 싱크에 의해 시작된다. 실패에 대한 복구는 이웃노드간의 핸드쉐이킹 절차를 통해 이루어지고, 지역 경로 복구 기법도 사용된다. 또한, 지역적인 협력 정보처리를 위한 Single Winner Election (SWR)과 Multi Winner Election(MWE) 기법이 사용된다.

④ 최소 에너지 경로를 따른 데이터 전송

이 최소 에너지 경로를 따른 데이터 전송(Minimum Cost Forwarding Algorithm for Large Sensor Networks)기법은 센서 네트워크에서 데이터 흐름이 항상 싱크를 향한 방향으로 이루어지는 특성을 이용하였다. 이 기법에서 센서노드는 유일한 ID나 메시지를 전송할 라우팅 테이블을 가질 필요 없이 싱크까지의 최소 비용 측정치만을 관리한다.

최소 비용 측정치를 관리하는 동작은 다음과 같다.

싱크에서 비용이 0으로 설정된 광고 메시지를 방송한다. 각 노드는 초기에 무한대로 설정된 측정 집합을 가진다. 노드가 광고 메시지를 수신하여 메시지의 측정치와 해당 메시지를 수신한 링크의 비용의 합이 현재의 측정치보다 작다고 판단하면, 이 값으로 현재의 측정치와 광고 메시지의 측정치를 갱신한다. 새로운 비용 측정치로 광고 메시지가 갱신된 경우에만 해당 광고 메시지를 전송하고, 그렇지 않은 경우에는 제거한다. 이러한 과정을 통하여 네트워크 전체에 비용 필드가 구성된다.

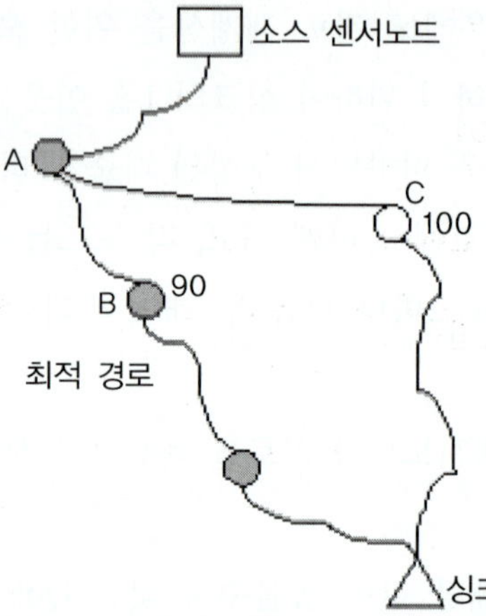

[그림 3-24] 최소 에너지 경로를 따른 데이터 전송

비용 필드를 기반으로 한 센서노드의 데이터 전송은 [그림 3-24]와 같이 이루어진다. 비용 필드를 기반으로 각 노드는 전송될 각 데이터 메시지를 방송하고, 데이터 메시지를 수신한 노드는 자신이 소스 센서노드와 싱크간의 최소 비용 경로에 있는지 체크하여 해당하는 경우에만 메시지를 방송한다.

노드에서 여러 번의 갱신이 일어나거나 여러 번의 전송을 수행하고, 싱크에서 멀리 떨어진 노드들이 더 많은 갱신이 일어날 수 있는 점을 해결하기 위하여 현재 비용 측정치를 갱신할 때 백오프 기법을 적용하여, 갱신 시간으로부터 광고 메시지를 수신한 링크 비용의 정수배의 시간이 경과한 후에 광고 메시지를 전송하도록 한다.

3) 유비쿼터스 센서 네트워크를 위한 클러스터링 기반 계층적 라우팅 프로토콜

무선 센서 네트워크에서 인접한 노드간의 유사한 정보의 중복 전달로 인한 에너지 낭비를 줄이기 위한 "데이터 모음(data aggregation)"이 필요하다는 특성을 고려할 때 클러스터링에 기반한 계층적 라우팅 기법이 많은 장점을 가진다. 즉, 로컬 클러스터를 형성함으로써 인접한 지역에서 발생한 사건에 대한 유사한 정보를 클러스터 헤드로 전송하고 클러스터 헤드가 데이터 모음을 수행하여 보다 에너지 효율적인 라우팅을 가능하게 하며, 요청된 질의에 대한 클러스터 헤드에 의한 전달로 비효율적인 질의의 플로딩을 막을 수 있다. 클러스터링 기반의 계층적 라우팅 기법에서는 다음과 같은 가정을 전제로 한다.

- 지속적인 전력이 공급되는 싱크가 모든 센서노드에 직접 데이터를 전달할 수 있고, 수집 데이터의 저장 및 데이터 가공 등의 에너지 집약적인 기능을 수행한다.
- 센서필드내의 센서노드들은 같은 특성을 가지며 초기에 같은 에너지가 부여된다.

클러스터링 기반 라우팅 프로토콜에서 센서 네트워크는 [그림 3-25]와 같이 구성된다. 즉, 클러스터라는 작은 영역들로 센서 네트워크가 분할되고, 각 클러스터에는 클러스터 헤더가 존재하여 클러스터 멤버로부터 데이터를 수집하고 이를 모아서 싱크로 전달하거나, 상위 계층 클러스터 헤드로 전달하는 역할을 한다.

다음에서 센서 네트워크를 위해 제안된 대표적인 클러스터링 기반 계층적 라우팅 기법을 살펴보기로 한다.

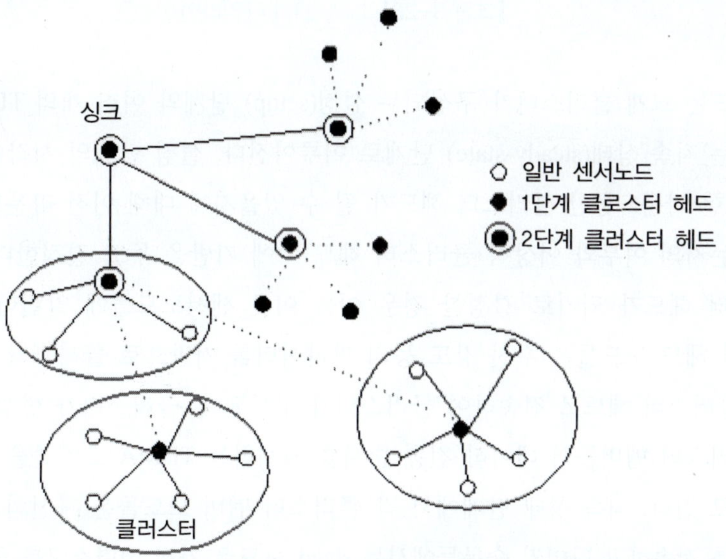

[그림 3-25] 계층적 클러스터링 기반 무선 센서 네트워크

1 LEACH

LEACH(Low-Energy Adaptive Clustering Hierarchy)는 클러스터링 기반 라우팅 기법으로 클러스터 헤드가 클러스터의 멤버 노드들로부터 데이터를 수집하여 "데이터 퓨전"을 통해 데이터를 모아서 직접 싱크로 전달한다.

이 기법의 특징은 네트워크에 있는 모든 센서노드들에 에너지 소비를 공정하게 분산시키기 위해 에너지 집약적인 기능을 하는 클러스터 헤드를 무작위로 순환시키고, 전체적인 통신비용을 줄이기 위해 클러스터 헤드에서 클러스터내의 데이터를 모아 지역적으로 퓨전하는 것이다. 이를 위해 LEACH의 동작은 [그림 3-26]과 같이 라운드라는 시간 단위로 이루어진다.

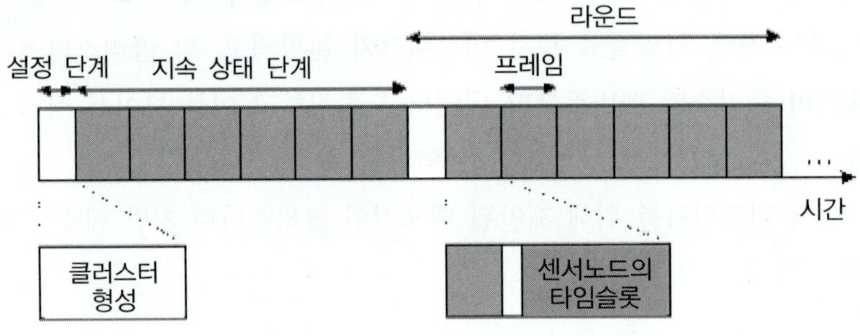

[그림 3-26] LEACH의 타임라인

각 라운드는 크게 클러스터가 구성되는 설정(setup) 단계와 여러 개의 TDMA 프레임으로 구성되는 지속 상태(steady-state) 단계로 이루어진다. 설정 단계의 시작에서 모든 노드는 자신이 현 라운드동안 클러스터 헤드가 될 수 있을지에 대해 이전 라운드 동안 클러스터 헤드였는지의 여부와 이상적 클러스터 헤드 수에 기반을 두고 결정한다. 현 라운드동안 클러스터 헤드가 되기로 결정한 경우 이를 이웃 센서노드들에 알린다. 이를 수신한 비클러스터 헤드 노드들은 수신 강도 등의 파라미터를 기반으로 클러스터 헤드를 결정하며, 이를 클러스터 헤드로 전송하여 클러스터가 구성된다. 클러스터가 형성되면 클러스터 헤드는 클러스터 멤버들의 데이터 전송 순서를 지시하는 TDMA 스케줄을 방송하고 지속 상태 단계로 간다. 지속 상태 단계에서 각 클러스터 멤버 노드들은 자신의 전송 슬롯에서만 데이터를 전송하고 나머지 슬롯들에서는 sleep 모드로 가서 전력소모를 줄인다. LEACH에서는 클러스터 내부에서는 TDMA를 사용하여 노드간 간섭을 피하고, 클러스터간의 간섭을 피하기 위하여 각 클러스터들이 서로 다른 확산 코드를 사용하는 방법을 채택한다.

LEACH의 성능은 매 라운드마다 일정한 수의 클러스터를 구성하고 클러스터 헤드가 고르게 배치되는데 있으나, 자기 스스로 선출하는 방법으로는 이를 보장할 수가 없어 싱크에서 센서노드의 위치정보와 에너지 보유량을 고려하여 클러스터 헤드와 클러스터를 결정하는 LEACH-C 기법도 제안되었다.

2 TEEN

TEEN(Threshold sensitive Energy Efficient sensor Network protocol)은 센서노드들이 주기적으로 전송할 데이터를 가지지 않는다는 점을 제외하고, LEACH와 유사하게 동작한다. LEACH가 사전적 센서 네트워크에 적합한 특성을 가지지만 TEEN은 시간 임계적인 데이터를 처리한다는 점에서 반응적 센서 네트워크에 적합하다. TEEN은 LEACH의 클러스터 형성 기법을 사용하나, 데이터 전송 단계에서 [그림 3-27]과 같이 다른 방법을 사용한다.

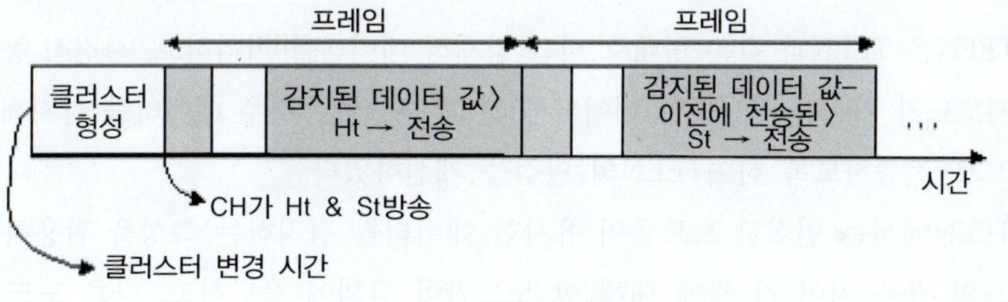

[그림 3-27] TEEN의 동작

TEEN에서 센서노드들은 클러스터 결정시간에 클러스터 헤드가 방송한 임계값인 Ht와 St에 기반을 두고 현재 감지된 데이터를 전송할지를 결정한다. 즉, 감지된 데이터의 값이 처음으로 Ht를 초과하면, 이를 저장하여 해당 시간 슬롯에 전송한다. 이후에는 감지된 데이터의 값이 저장된 값보다 St이상 큰 경우에 저장하고, 해당 시간 슬롯에 전송한다.

TEEN은 지진, 폭발 등과 같은 응용에서 요구되는 시간 임계적인 데이터가 실시간적으로 전달되고, 임계값이 클러스터 형성 결정 시간에 방송되므로 응용에 따라 사용자가 에너지 소비와 센서 네트워크 상태 판단의 정확성을 조절할 수 있다는 특징을 가진다. 반면에, 감지된 데이터의 값이 임계치에 도달하지 않는 경우 네트워크로부터 데이터를 얻어낼 수가 없어 모든 노드가 수명을 다한 경우에도 네트워크의 상태를 판단할 수 없고, 클러스터내에서 TDMA 스케줄링을 사용하여 시계 임계적 데이터의 보고에 지연을 가지며 모든 노드들이 해당 슬롯에 전송할 데이터를 가지는 것이 아니므로 자원이 낭비될 수 있다.

③ APTEEN

APTEEN(Adaptive Periodic Threshold-sensitive Energy Efficient Sensor Network Protocol)은 사전적 센서 네트워크와 반응적 센서 네트워크의 한계점을 최소화하면서 둘의 장점을 통합하는 하이브리드 네트워크를 제공한다. APTEEN을 채택한 하이브리드 네트워크에서 센서노드들은 데이터를 주기적으로 전송할 뿐만 아니라, 측정한 데이터의 속성 값의 갑작스런 변화에도 반응한다. APTEEN은 TEEN과 유사한 모델을 사용하지만 다음과 같은 동작의 차이가 있다.

클러스터가 결정되면 클러스터 헤드는 다음 파라미터를 방송한다.

- 속성(A) : 사용자가 획득하고자 하는 데이터의 물리적 파라미터
- 임계값 : Ht, St
- TDMA 스케줄
- 카운트 시간(Ct) : 두 개의 연속적인 보고간 최대 시간 간격

APTEEN은 TEEN과 같은 형태로 시간 임계적 데이터를 처리하고, 사전적 동작을 위해서 센서노드가 카운트 시간동안 데이터를 전송하지 않은 경우 데이터를 감지해서 클러스터 헤드로 전송하도록 하여TEEN의 단점을 개선하였다.

APTEEN에서는 인접한 노드들이 유사한 데이터를 감지하는 특성을 활용하여 인접한 두 노드의 쌍을 지어 각 쌍에 대해 한 노드만이 질의에 응답하고, 다른 노드는 "sleep" 모드에서 전력소비를 줄일 수 있도록 한다.

APTEEN은 LEACH와 마찬가지로 클러스터 내부에서는 TDMA를 사용하여 노드간 간섭을 피하고, 클러스터간의 간섭을 피하기 위하여 각각의 클러스터들이 서로 다른 확산 코드를 사용하는 방법을 채택하나, 공통 CDMA 코드가 클러스터 헤드들로부터 싱크로 상향에서 싱크에서 모든 센서노드로 하향에서 사용된다. 그러므로, 클러스터 헤드와 싱크간의 전송 충돌을 막기 위해 [그림 3-28]과 같이 TDMA 스케줄에 싱크를 위한 별도의 슬롯이 할당된다.

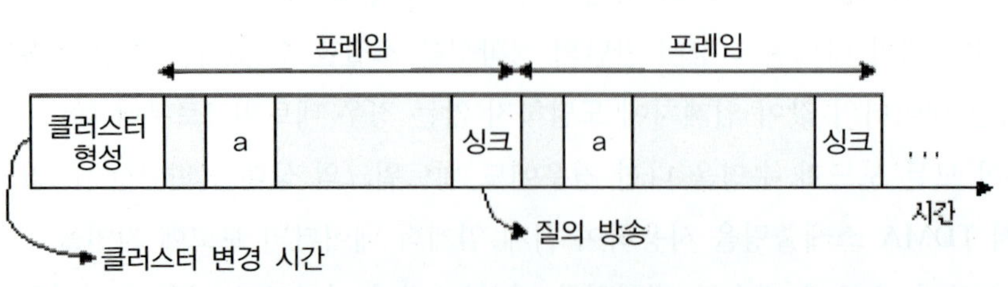

[그림 3-28] APTEEN의 타임라인

APTEEN은 주기적인 데이터를 전송해서 사용자에게 네트워크의 전반적 상황을 제공하고, 갑작스런 네트워크상태의 변경에 즉각적으로 반응하여 시간 임계적 상황에 대응하도록 한다. 그리고, 사용자가 카운트 시간과 속성에 대한 임계값을 설정하여 에너지 소비를 제어할 수 있도록 한다. 그러나, APTEEN에서는 임계치 기능과 카운트 시간을 구현하는데 부가적인 비용이 요구되는 단점을 가진다.

4) 무선 센서 네트워크의 라우팅 프로토콜 특징 비교

[표 3-6]에서 무선 센서 네트워크를 위한 평면 라우팅 프로토콜과 계층적 라우팅 프로토콜의 특징들을 비교한다.

[표 3-6] 무선 센서 네트워크의 라우팅 프로토콜 특징 비교

	평면 라우팅	계층적 라우팅
스케줄링	경쟁 기반 스케줄링	예약 기반 스케줄링
충돌	충돌 오버헤드 존재	충돌회피
충격계수 (duty cycle)	노드의 sleeping 시간을 제어한 충격계수(duty cycle) 이변이적	주지적인 sleeping에 의해 충격계수 (duty cycle) 감소
데이터 집합 (Data aggregation)	멀티홉 경로상의 노드가 이웃 노드로부터의 데이터를 모음	클러스터 헤드가 데이터를 모음
라우팅 복잡도	복잡하나 최적인 라우팅	단순하나 최적은 아닌 라우팅
동기	동기 없음	전연적, 지역적 동기가 모두 필요
경로 설정 방법	전송할 데이터를 가지는 지역에서 경로가 설정됨	네트워크 전체에 클러스터 형성 오버헤드 존재
지연	중간 노드를 깨워 멀티홉 경로를 설정하는데 지연이 존재	클러스터 해드들이 형성하는 멀티홉 네트워크가 항상 존재하므로 지연이 낮음
에너지 소비	에너지 소비가 트래픽 패턴마다 다름	에너지 소비가 일정
채널 할당 공정성	공정성이 보장되지 않음	공정성이 보장됨

센서필드로부터 정보 수집을 위해 무선 Ad-Hoc 네트워킹 능력이 필요로 되는 무선 센서 네트워크에서 기존 무선 Ad-Hoc 라우팅 프로토콜을 적용할 수 없는 특징들을 기술하고, 무선 센서 네트워크를 위해 제안된 라우팅 프로토콜들을 살펴보았다. 무선 센서 네트

워크를 위한 무선 Ad-Hoc 라우팅 프로토콜들은 센서노드들의 자가 구성적 능력, 제한된 전력과 데이터 중심적 특성을 고려한 형태로 설계되었다. 무선 센서 네트워크에서의 Ad-Hoc 라우팅 기법은 해당 센서 네트워크가 지원하는 응용에 따라 그 구조와 효율성에 영향을 받게 된다.

그러므로 센서 네트워크에서 제공할 수 있는 다양한 응용의 형태를 분석하고 이를 데이터 중심적인 센서 네트워크의 특징과 결합하여 정확한 정보를 제공하면서 에너지 소비를 최소화할 수 있는 센서 네트워크 라우팅 프로토콜에 대한 연구가 지속되어야 할 것이다.

4장 유비쿼터스 센서 네트워크 운영체제

4.1 유비쿼터스 센서 네트워크의 구현환경

이 교재에서 USN 시스템의 구현환경을 구축하기 위해서 하드웨어 부분과 소프트웨어 부분으로 구분할 수 있다. 하드웨어 부분은 모트를 사용하고, 소프트웨어 부분은 TinyOS(타이니OS)를 사용한다. 특히 USN의 운영체제인 TinyOS는 리눅스 환경에서 동작하도록 만들어졌다. 사용자의 편리를 위하여 윈도우 XP상에서 리눅스 플랫폼을 에뮬레이션할 수 있는 프로그램인 시그윈(Cygwin)을 통해 TinyOS가 동작하도록 구현환경을 구축을 하고자 한다.

1 리눅스 에뮬레이션 프로그램(Cygwin)

Cygwin은 레드핫(Redhat)에서 개발하고 있는 마이크로소프트 윈도우(Microsoft Windows)용 리눅스 에뮬레이션 SW이다.

이 프로그램을 이용하면 리눅스용 응용 프로그램이나 개발도구를 윈도우(Windows)상에서도 그대로 사용할 수 있어 윈도우 프로그램에 익숙한 사용자들에게 보다 편리한 개발환경을 제공한다.

Cygwin을 통해 TinyOS 사용자는 원하는 USN 응용 프로그램을 윈도우 운영체제에서 컴파일을 할 수 있다.

2 USN 노드에 다운로드 프로그램

Cygwin 환경에서 USN 센서노드를 위한 프로그램을 크로스 컴파일한 후 컴파일이 된 결과를 실제 USN 센서노드에 포팅(다운로드)하기 위해서 일반 개발 제품에서는 특별한 프로그램이 필요하다.

프린터(패러럴) 케이블을 이용한 다운로드 방법과 USB-ISP 보드를 사용한 다운로드 방법이 가능하다.

3 USN 운영체제 프로그램(TinyOS)

여기에서는 USN의 운영체제인 TinyOS를 사용하여 USN 시스템을 구축하여 실습한다.

TinyOS는 미국 UC Berkeley 대학에서 개발된 무선 센서 네트워크를 위한 전용 운영체제이다. TinyOS 기반의 프로그램들은 매우 작은 용량의 크기(대부분 30Kbytes 이하)로 컴파일되며, 무선 센서노드의 일반적인 특징(최소한의 하드웨어, 작은 메모리, 낮은 CPU 성능 그리고 한정된 에너지)을 고려하여 설계된 운영체제이다.

또 모든 예제 및 설명들은 TinyOS를 기반으로 하기 때문에 유저는 TinyOS에 대한 기본적인 내용을 확실히 숙지할 필요가 있다. TinyOS는 보다 편리한 프로그램 개발을 위해 클래스 형태의 컴포넌트(component) 구조를 갖는 NesC언어로 구현되어 있다.

4 그래픽 기반 자바 응용 프로그램

TinyOS 2X의 응용 프로그램 중 그래픽 기반 자바 응용 프로그램을 실행하기 위해 graphviz 프로그램을 설치하여야 한다.

TinyOS 2X의 Tools 폴더에 있는 graphviz-2.12 파일을 실행하면 간단히 설치할 수 있다.

1) 제품 동향

(1) MS사의 .NET Micro Framework

마이크로소프트 .NET Micro Framework SDK는 .NET 라이브러리의 서브셋을 이용하여 C# 언어로 임베디드 응용 프로그램의 개발을 지원한다[4]. .NET Micro Framework 구조는 소형 디바이스에 최적화되어 있으며 Microsoft Visual Studio 2005와 C#을 이용하여 임베디드 시스템 프로그램을 가능하도록 한다. 다음과 같은 디바이스가 포함된다.

- 센서 네트워크
- 로보틱스
- 웨어러블 디바이스
- 의료 장비

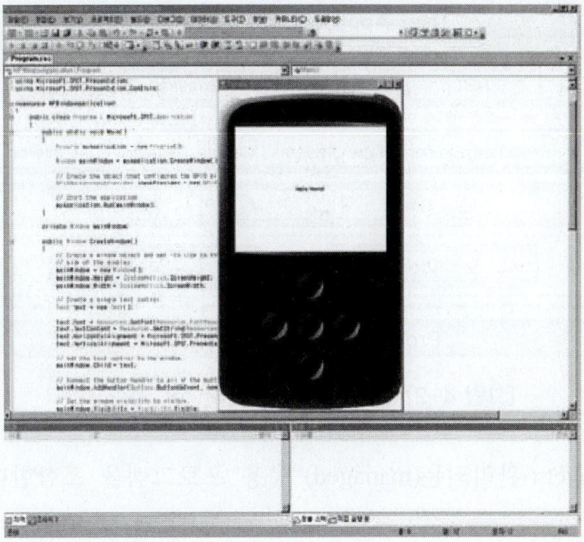

[그림 4-1] .NET Micro Framework 실행 화면

- 산업용 자동화 디바이스
- 효과적이고 적은 자원을 사용하는 .NET 클라이언트를 요구하는 기타 디바이스들

[그림 4-1]은 Visual Studio 2005에서 .NET Micro Framework의 예제를 실행한 화면이다. .NET Micro Framework SDK는 디바이스 에뮬레이터를 포함하고 있다.

[그림 4-2]는 .NET Micro Framework 계층 구조를 나타낸다. 각 계층 구조를 살펴보면 다음과 같다.

- Hardware Layer : 마이크로프로세서와 기타 회로를 포함한다. .NET Micro Framework는 하드웨어 플랫폼이나 OS 위에서 실행될 수 있도록 포팅이 가능하다.
- RCL : RCL은 세 가지 요소인 CLR, HAL 그리고 PAL로 구성된다. .NET Micro Framework CLR은 .NET Framework CLR의 서브셋으로 .NETFramework에 의해 제공되는 런타임 환경이다. HAL과 PAL은 하부의 시스템 하드웨어를 제어하며 CLR에 의해 호출되는 C++함수들의 집합이다.
- Class Library Layer : 재사용 가능한 객체지향 타입들의 집합으로서 C# 라이브러리이다.

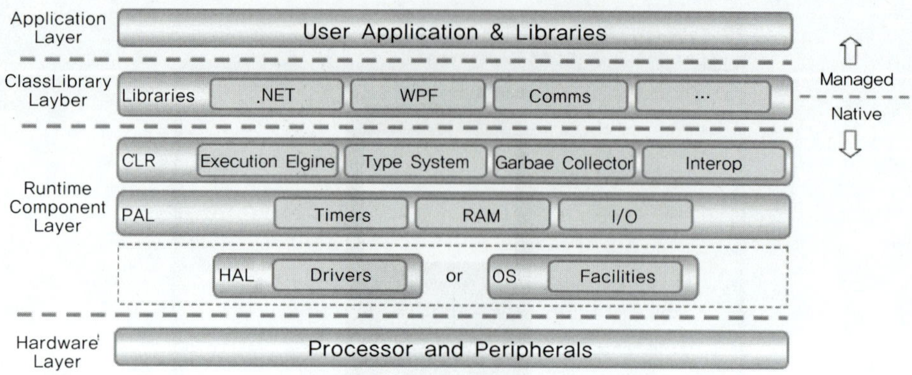

[그림 4-2] .NET Micro Framework 계층구조

- Application Layer : 관리되는(managed) 응용 프로그램을 포함한다. C# 언어만을 지원하고있다.

(2) Crossbow사의 MoteWorks

MoteWorks는 무선 센서 네트워크 응용 프로그램을 위한 완전한 소프트웨어 개발환경을 제공하며 세 가지 소프트웨어 계층으로 구성된다.

- Mote Tier : XMesh 소프트웨어가 실행되며 센서노드들을 통해 메쉬 네트워크(mesh network)를 형성하여 신뢰성 있는 통신 백본(backbone)을 제공한다.
- Server Tier : 무선 센서 네트워크로부터의 데이터의 버퍼링과 변환을 담당한다. Xserve와 XOtap은 서버 계층 응용 프로그램으로서 PC 또는 Stargate에서 실행될 수 있다.
- Client Tier : 센서 네트워크 관리를 위한 시각적 소프트웨어와 그래픽 인터페이스를 사용자에게 제공하는 MoteView라는 클라이언트 소프트웨어를 제공한다. [그림 4-3], [그림 4-4]에서 세 계층과 네트워크 구성도를 살펴볼 수 있다.

MoteWorks는 TinyOS를 포함하고 있으며 Tiny-OS는 버클리대학에서 처음 개발된 공개 소스 운영체제이다. 무선 센서 네트워크에서 가장 널리 분포되어 있는 운영체제이며 적은 메모리 사이즈를 요구하는 저전력 디바이스를 위해 설계된 컴포넌트 기반의 이벤트-드리븐(event-driven) 방식의 운영체제이다.

MoteWorks는 타깃노드를 위한 크로스컴파일러와 TinyOS 프로그램 개발을 위한 진보된 에디터를 제공한다. [그림 4-5]는 MoteWorks의 Programmers Notepad 2를 실행한 화면이다.

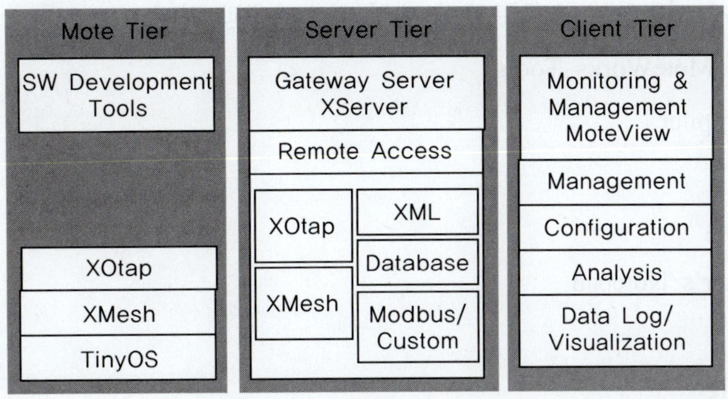

[그림 4-3] MoteWorks의 3 계층

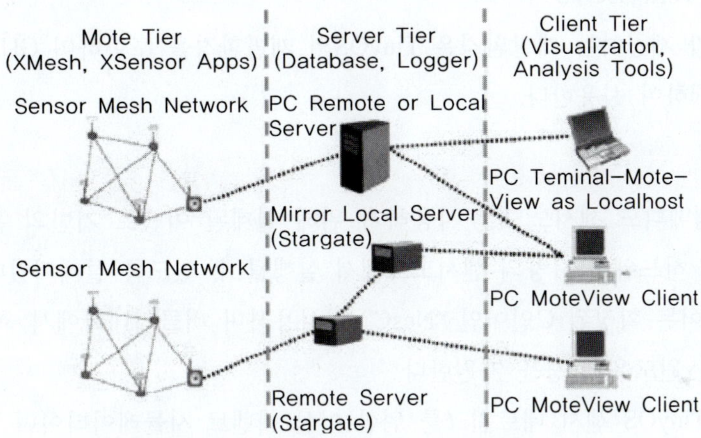

[그림 4-4] MoteWorks의 네트워크 구성

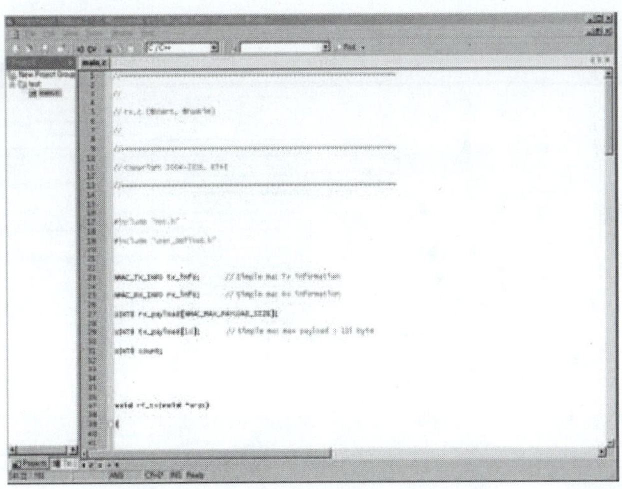

[그림 4-5] MoteWorks의 PN2 실행 화면

MoteWorks가 제공하는 소프트웨어 패키지는 다음과 같다.

- TinyOS와 MoteWorks Tools
- NesC Compiler
- Cygwin
- AVR Tools
- Programmer's Notepad
- XSniffer
- MoteConfig
- Graphviz
- PuTTY와 TortoiseCVS

MoteWorks가 제공하는 개발환경은 TinyOS의 개발환경을 포함하며 GUI과 커맨드라인 환경을 병행하여 사용한다.

(3) TinyOS

TinyOS는 임베디드 센서노드를 사용하기 위해 설계된 이벤트 기반의 운영체제이다. 특히, 최소한의 하드웨어 사양의 센서노드에서 실행될 수 있도록 설계되었다. TinyOS의 프로그래밍 언어는 확장된 C언어인 "NesC"를 사용하며 버클리대학에서 최초로 개발되었다. 리눅스와 윈도우 환경을 지원한다.

TOSSIM은 TinyOS 센서 네트워크를 위한 이산 이벤트 시뮬레이터이며 TinyOS 코드로부터 직접 컴파일된다. 프로그래머는 타깃노드에 퓨징할 이미지를 컴파일하는 대신

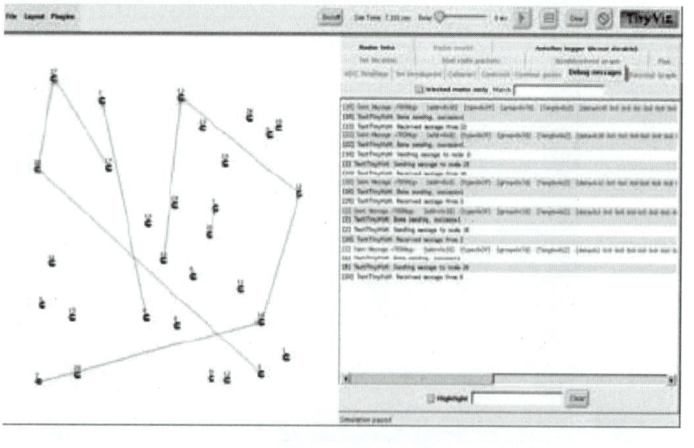

[그림 4-6] TinyViz

TOSSIM 플랫폼에서 컴파일하여 호스트 컴퓨터에서 실행할 수 있다. TOSSIM은 프로그래머가 작성한 프로그램을 PC의 시뮬레이션 환경에서 디버그, 테스트 및 분석을 가능하게 한다.

[그림 4-6]은 TOSSIM의 시뮬레이션 결과를 시각적으로 볼 수 있는 TinyViz의 실행 화면이다.

2) NanoEsto 소개

USN을 구성하는 센서노드는 제한된 메모리와 MCU 원을 갖기 때문에 응용 프로그램 개발환경을 직접 구동할 수 없다. 따라서 USN 응용 소프트웨어의 개발은 데스크톱 PC와 같은 고사양의 호스트 컴퓨터에서 수행되고, 테스팅, 디버깅을 위하여 완성된 이미지를 타깃 센서노드에 적재하여 실행하는 크로스 개발환경을 이용한다. 이러한 크로스 개발 방식에서는 통합 개발도구의 부재로 인해 대부분의 개발자들이 자신이 사용하던 개별적인 도구를 이용해 프로그램 편집 및 컴파일, 이미지 적재 및 디버깅을 수행하기 때문에 사용자에게 불편함을 초래할 뿐만아니라, 소프트웨어 개발의 생산성 저하를 초래한다.

[그림 4-7]은 NanoEsto의 구조도를 나타낸다. NanoEsto에서는 하드웨어 플랫폼으로 ATMEL사의 AVR MCU를 탑재한 센서노드를 지원한다[3]. 타깃 센서노드는 이미지 적재를 위한 USBasp와 하드웨어 디버깅을 위한 AVR JTAGICE mkII를 포함하고 있으며, 각각 USB 인터페이스에 의해 호스트 컴퓨터와 연결된다.

NanoEsto는 NanoQplus에서 실행되는 유비쿼터스 센서 네트워크를 위한 응용 프로그램 개발을 지원하는 진보된 소프트웨어 개발환경이다. NanoEsto는 USN 응용 프로그램 작성과 실행을 위한 포인트 & 클릭(point-and-click) 프로그래밍 환경을 제공하고 수작업에 의한 개발 시간을 줄임으로써 개발자의 생산성을 향상시킨다. NanoEsto는 Windows뿐만 아니라 Linux에서 Eclipse GUI 스타일과 동일한 인터페이스를 제공한다.

NanoQplus는 ETRI에서 개발한 센서 네트워크 운영체제이다. NanoQplus는 센서 네트워크 운영체제의 요구조건을 최대한 고려하여 제작되었다. 이 운영체제의 가장 큰 특징은 친숙한 C스타일의 쉬운 프로그래밍 환경을 제공하기 위해서 멀티 스레딩을 지원한다는 점이다. 센서노드용 초소형 운영체제 기술(NanoQplus)은 의료, 환경방재, 스마트 홈, 국방산업 등의 다양한 응용 분야에 사용될 수 있으며, 미래 첨단정보 서비스 제공에 필요한 다양한 임베디드 시스템에 공통으로 탑재되어 응용 프로그램이 최적의 성능 및 기능을 발휘할 수 있게 하는 핵심 임베디드 소프트웨어 기술로 그 중요성 및 시장성은 더욱 확대되고 있다.

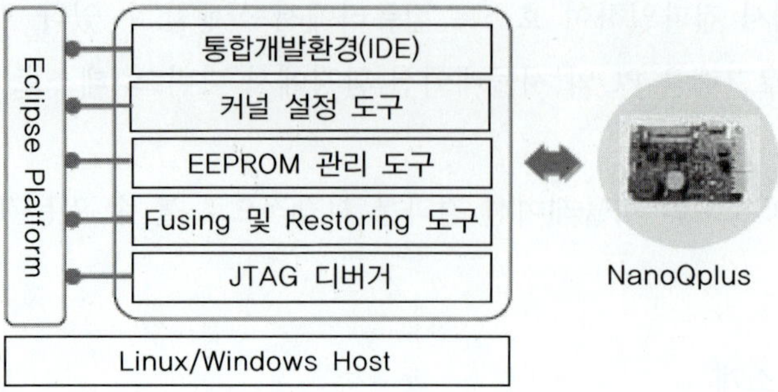

[그림 4-7] NanoEsto 구조도

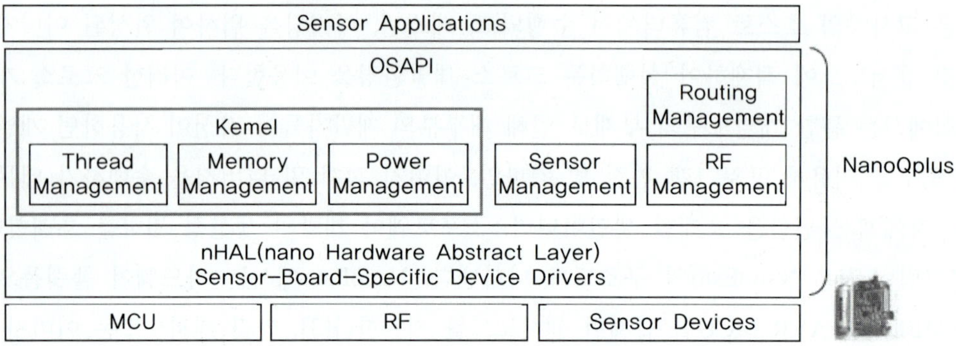

[그림 4-8] NanoQplus OS 구조도

NanoQplus의 경우 센서 및 구동장치의 종류에 따라 운영체제를 최적화하여 재구성하는 기능, 다양한 스케줄러 및 무선통신 방식의 지원, 모니터링 소프트웨어, 원격 업그레이드 등의 특징을 갖고 있어 미래 사회에서 요구되는 다양한 센서 네트워크 응용 환경에서 활용 가능하다. [그림 4-8]은 NanoQplus의 구조도이다.

(1) NanoEsto IDE

NanoEsto IDE는 크로스 플랫폼 개발환경에서 타깃시스템에서 수행되는 USN 응용 소프트웨어를 개발하기 위한 목적으로 개발되었으며, 프로젝트 관리자, 소스 편집기, 크로스 컴파일 툴체인과 실행 이미지 적재를 위한 퓨징 도구, 커널 설정 도구, EEPROM의 데이터 구조를 관리할 수 있는 EEPROM 관리 도구, EEPROM의 데이터를 관리할 수 있는 리스토어링 도구 등을 포함한다.

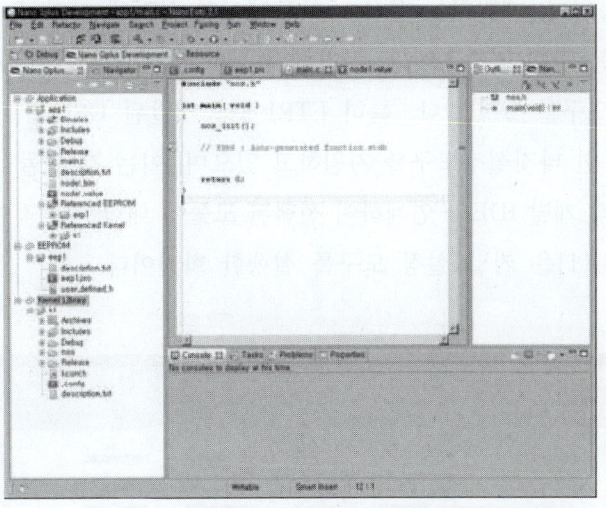

[그림 4-9] NanoEsto IDE 화면

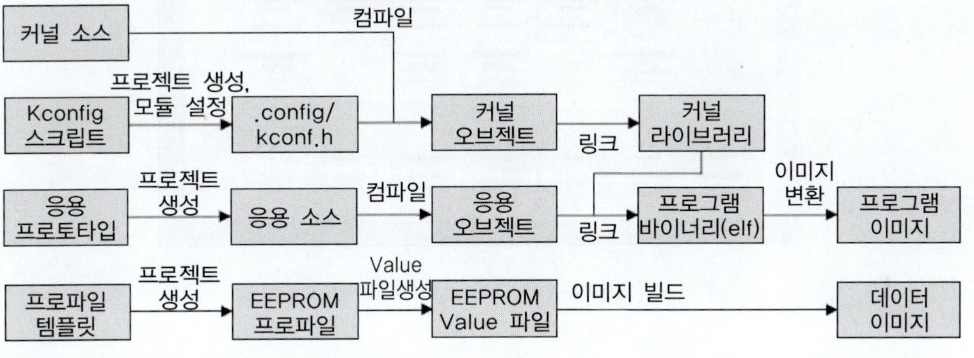

[그림 4-10] 프로그램 및 데이터 이미지 생성 과정

소스 편집기와 프로젝트 관리자의 경우 NanoQplus 기반의 C 언어에 특화되어 있으며 Eclipse 플랫폼이 기본적으로 지원하는 텍스트 편집기와 프로젝트 관리자를 확장하여 USN응용 프로그램 개발에 적합한 기능을 수행하도록 구현하였다. [그림 4-9]는 NanoEsto의 IDE 실행 화면을 나타낸다.

[그림 4-10]은 NanoEsto에서 최종 결과물인 프로그램 이미지와 데이터 이미지가 생성되는 과정을 보여주고 있다.

(2) 커널 설정 도구

일반적으로 USN을 구성하는 타깃 센서노드의 프로그램 메모리 사이즈는 8~128kB로 극히 제한적이다. 따라서 운영체제가 지원하는 모든 모듈들을 센서노드에 적재하는 것은 현실적으로 불가능하며, 개발하는 응용 소프트웨어의 성격에 따라 요구되는 모듈들만으로 커널을 구성하는 것이 필수적이다. 이러한 문제를 해결하기 위해 NanoEsto는 GUI 기반의 커널 설정 도구를 포함한다. 특히 ETRI에서 개발된 USN용 초소형 운영체제인 NanoQplus를 적용한 타깃설정도구를 지원하고 있으며, 이는 각 모듈들의 의존성을 자동으로 검사하고 원격 개발 IDE와 연계하여 선택된 모듈에 대한 기본적인 스켈레톤 코드를 생성한다. [그림 4-11]은 커널 설정 도구를 실행한 화면이다.

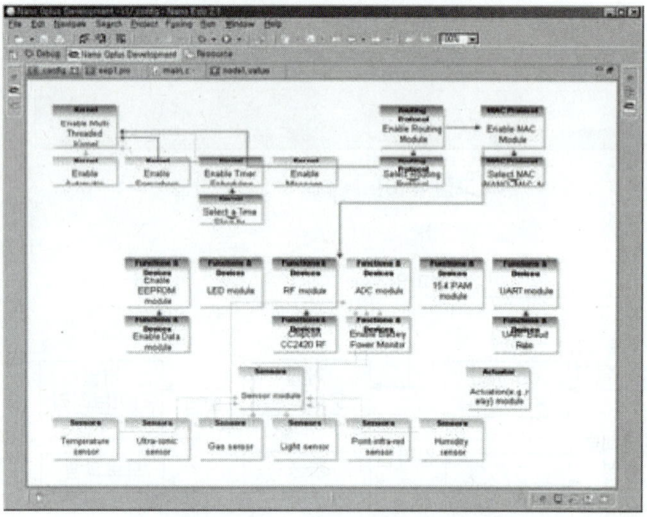

[그림 4-11] 커널 설정 도구 화면

(3) JTAG 기반 디버거

NanoEsto는 JTAG 기반 디버거를 지원한다. 응용 프로그램이 직접 타깃 센서노드에서 동작하는 환경에서 디버깅을 하며 개발자의 요구에 따라 변수, 레지스터, 메모리, 스펙 등의 정보를 제공한다.

JTAG 기반 디버거는 IEEE1149.1 표준에 정의되어 있는 JTAG 포트를 이용하여 실제 타깃의 센서노드에서 동작하는 NanoQplus 응용 프로그램의 디버깅을 지원한다. JTAG 기반 디버거는 Eclipse 사용자 인터페이스, 디버깅 엔진, ICE 장비로 구성되어 있으며 그 구조는 다음과 같다.

JTAG 기반 디버거는 IEEE1149.1 표준에 정의되어 있는 JTAG 포트를 이용하여 실제 타깃의 센서노드에서 동작하는 NanoQplus 응용 프로그램의 디버깅을 지원한다. JTAG 기반 디버거는 Eclipse 사용자 인터페이스, 디버깅 엔진, ICE 장비로 구성되어 있으며 그

구조는 다음과 같다.

- 이클립스 사용자 인터페이스 : 사용자 인터페이스는 개발자에게 편리한 환경을 제공하고 다른 도구와의 통합을 위해 이클립스 플러그인으로 개발되었으며 이클립스 플랫폼에서 기본적으로 제공하는 환경과 동일한 환경을 제공한다.
- 디버깅 엔진 : 디버깅 엔진은 GNU GDB를 기반으로 개발되었다. 사용자 인터페이스를 통해 입력된 명령을 수행하며 AVR JTAGICE mkII를 통해 타깃시스템을 제어하고 필요한 정보를 가져온다.

[그림 4-12] Atmel사의 AVR JTAGICE mkII 장비

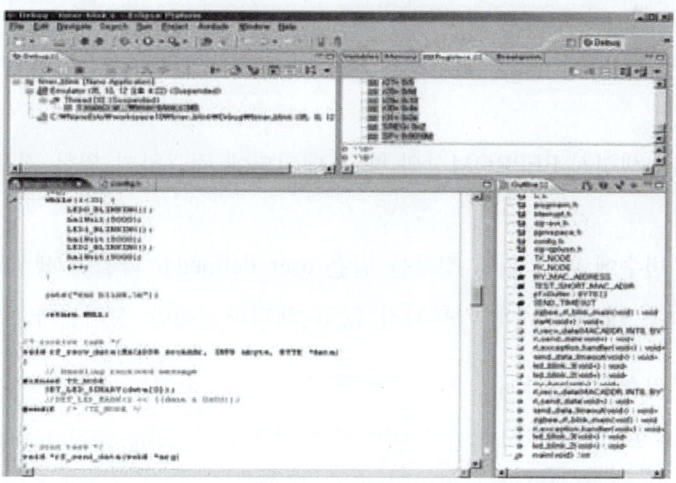

[그림 4-13] NanoEsto의 JTAG 기반 디버깅 화면

- AVR JTAGICE mkII : AVR JTAGICE mkII는 Atmel사에서 제작한 on-chip 디버깅을 위한 강력한 개발 도구이다. IEEE1149.1 인터페이스가 있는 모든 AVR 8비트

RISC MCU와 AVR32 32비트 DSP/MCU를 지원한다.

[그림 4-12]는 Atml사의 JTAGICE 장비를 보여주고 있으며, [그림 4-13]은 NanoEsto에서 JTAG 디버거를 이용하여 C 소스코드를 디버깅하는 화면을 보여주고 있다.

(4) EEPROM 관리 도구

EEPROM 관리 도구에는 [그림 4-14]와 같이 시스템 변수와 사용자 변수가 있으며 사용자 변수만 추가 및 데이터 타입 수정이 가능하다. NanoQplus에서 정의된 데이터 타입 선택이 가능하며 R/W 플래그는 Read, Read/Write, N/A 중에서 선택할 수 있다.

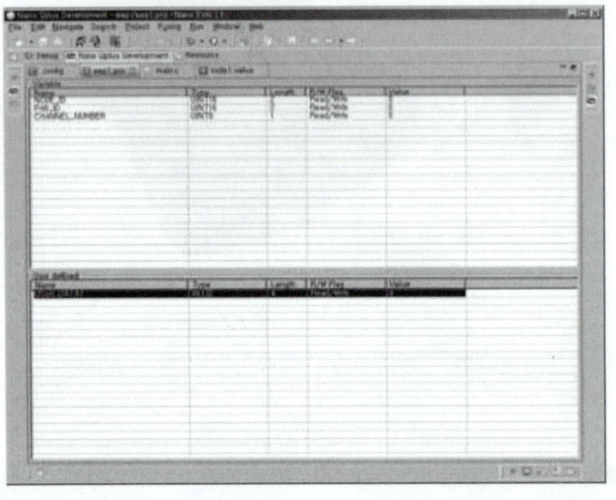

[그림 4-14] EEPROM 관리 도구 실행 화면

데이터 이미지 생성시 EEPROM상의 해당 데이터에 접근하기 위한 정보를 헤더파일로 생성한다.

사용자 정의 변수에 대한 위치 정보를 담은 user_defined.h 파일이 생성된다. R/W 플래그가 N/A일 경우 EEPROM에 기록되지 않고 헤더파일에만 정의된다.

(5) 퓨징 및 리스토어링 도구

[그림 4-15]는 프로그램 및 데이터 이미지를 퓨징하기 위한 퓨징 도구의 실행 화면이다. 프로젝트를 통해 선택하거나 직접 파일을 선택할 수 있다. [그림 4-16]은 리스토어링 도구의 실행 화면이다. 현재 연결된 타깃노드의 EEPROM으로부터 데이터 이미지를 로드하거나 호스트 컴퓨터의 파일로부터 로드가 가능하다. 읽어온 데이터 이미지는 값을 변경하여 다시 타깃노드에 저장하거나 파일로 호스트 컴퓨터에 저장할 수 있다.

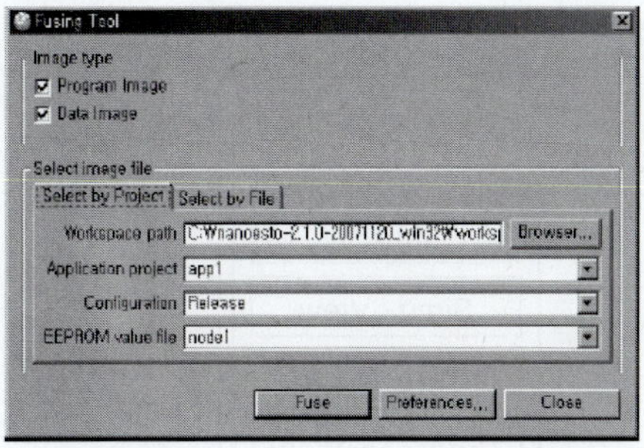

[그림 4-15] NanoEsto의 퓨징 도구 창

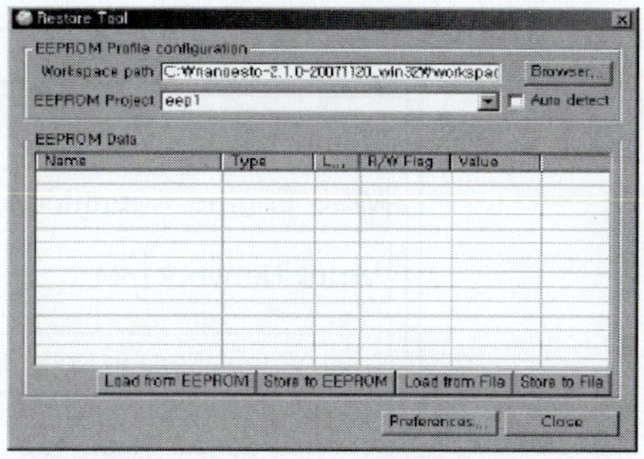

[그림 4-16] NanoEsto의 리스토어링 도구 창

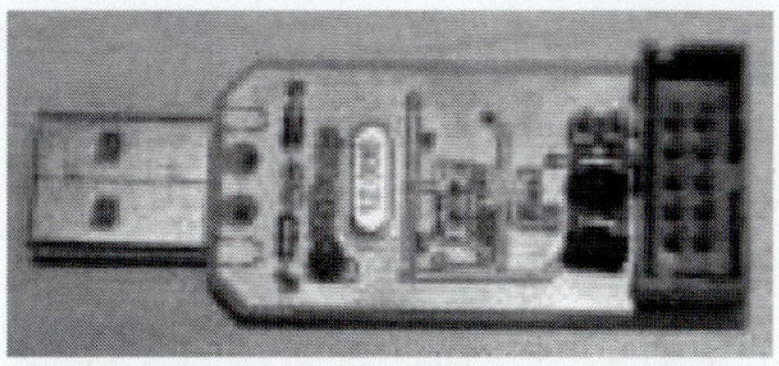

[그림 4-17] USBasp 장비

USBasp는 Atmel AVR 컨트롤러를 위한 회로가 내장된 USB 프로그램 도구이며 ATMega48이나 ATMega8과 몇 개의 컴포넌트들로 구성된다. 프로그램을 위해서는 단지 USB 드라이버만 사용된다. [그림 4-17]에서 USBasp 장비를 볼 수 있다.

(6) 기계 명령어 기반 센서 네트워크 시뮬레이터

기계 명령어 기반 센서 네트워크 시뮬레이터(MISS)는 센서 네트워크 환경에서 센서노드 개발이전에 USN 응용 프로그램을 검증할 수 있는 도구로서 기계어 수준의 명령어 시뮬레이션 방법을 사용하여 실제 타깃 센서노드의 동작을 시뮬레이션한다. 이를 통하여 센서노드에 탑재되는 응용 소프트웨어 및 운영체제의 동작과 네트워크의 안정성을 검증할 수 있으며, 예로 센서노드의 위치 및 통신 환경을 고려한 네트워크 시뮬레이션이 가능하다. MISS는 [그림 4-18]과 같이 구성이 되며 가상 센서노드(virtual sensor node)는 노드의 개수만큼 존재한다. 각각의 가상 노드는 실제 센서에서 동작하는 실행 파일(executable image)을 입력으로 동작한다. 센서노드간의 ZigBee 통신은 화살표로 표시되며 각 센서노드의 시리얼 데이터는 별도의 뷰를 통해 출력된다.

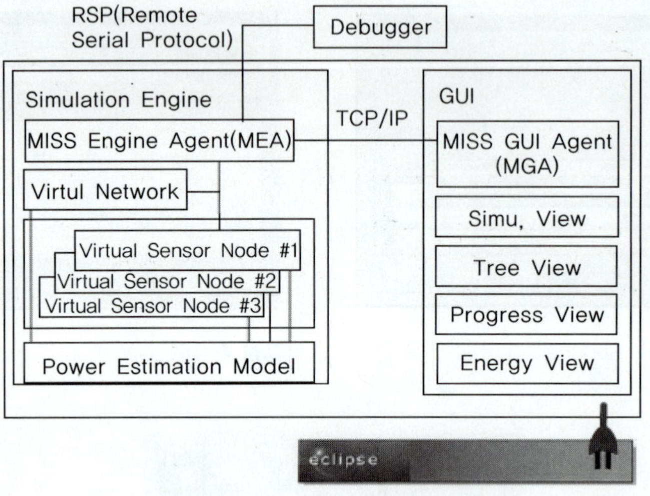

[그림 4-18] MISS 구조도

뿐만 아니라 센서 하드웨어에 부착된 LED 출력표시 기능을 통해서 USN 응용 프로그램을 보다 현실적으로 검증할 수 있도록 구현하였다.

MEA 모듈은 디버거나 MGA로부터 수신된 정보를 해석하여 가상 센서노드로 전달하고 가상 센서노드로부터 발생되는 정보를 디버거나 MGA로 송신하는 기능을 제공한다.

Virtual network 모듈은 센서노드들 사이에서 발생하는 RF 통신에 대하여 전송 에러율과 전파 수신 거리를 적용하여 실제 환경에서의 RF 통신과 같은 시뮬레이션을 제공한다.

Virtual sensor node 모듈은 타깃센서 하드웨어를 소프트웨어로 동일하게 구현한 가상 센서노드로서 응용 소프트웨어를 메모리에 적재하여 기계어 수준으로 실행한다.

MGA 모듈은 MEA와의 TCP/IP 패킷 교환을 통하여 시뮬레이션에서 발생하는 센서노드의 상태 정보와 센서노드간의 통신상태 등을 user interface, shell, 모듈로 전달을 하며, user interface, shell, report 모듈에서 시뮬레이션 엔진으로 발생하는 요청을 MEA로 전달하는 기능을 한다. MGA의 구현은 도구와의 통합 및 사용자에게 편리한 환경 제공을 위하여 이클립스 플러그인 형태로 구축된다.

(7) 전력분석 도구

NanoEsto의 전력분석 도구는 기계 명령어 수준 시뮬레이션 기반으로 센서 네트워크 환경의 전력소모량을 분석하는 도구이다. 이 도구는 센서 네트워크 환경의 각 노드들에 대하여 노드를 구성하는 하드웨어 모듈별, 노드에서 수행되는 프로그램의 함수 단위로 전력소모량을 분석한다. 시뮬레이션은 앞에서 소개된 센서 네트워크 시뮬레이터를 기반으로 구현되었다.

시뮬레이터와 연동하여 전력소모량 분석 및 결과 출력은 다음과 같이 진행된다.

- 시뮬레이터 UI로부터 시뮬레이션 대상 프로그램의 실행 파일 이미지 입력
- 실행 파일 이미지를 분석하여 함수 심볼 정보를 추출하여 각 함수의 주소공간 정보 유지
- 시뮬레이터 UI에서 시뮬레이션 시작 버튼을 누름
- 시뮬레이터 엔진이 실행 이미지의 기계어 명령을 시뮬레이션하는 과정에서 전력분석 도구는 전력분석 모델을 참조하여 각 명령에 대한 전력소모량 값을 계산하고, 해당 주소에 해당하는 함수에 전력소모량 값을 더함
- 시뮬레이션 수행이 끝날 때까지 4단계의 과정을 반복
- 시뮬레이터 UI에서 시뮬레이션 정지 버튼이 눌러지면 분석된 함수 단위의 전력소모량 값을 시뮬레이터 UI의 뷰([그림 4-19] 우측 하단)를 통하여 출력

전력분석 모델은 [그림 4-19] 좌측의 전력측정 시스템을 통하여 개발되었다. 전력측정 시스템은 좌측의 호스트 시스템, 우측의 멀티미터, 하단의 센서노드로 구성된다. 멀티미터는 센서노드의 파워 라인과 연결되어 센서노드에서 소비되는 전류를 측정하고, 측정된 전류 값은 호스트 시스템에 전달된다.

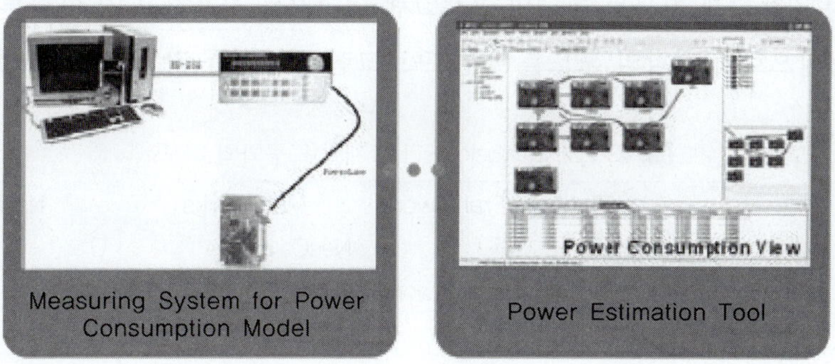

[그림 4-19] 전력측정 시스템 및 분석 결과

센서노드의 분석에 필요한 명령을 반복적으로 수행하면서 명령에 대한 전류 값을 구하고, 전압과 명령 수행 시간은 알고 있으므로 해당 명령에 대한 에너지 값을 구할 수 있다. 일례로 [그림 4-20]과 같이 mov 명령을 반복적으로 수행시키며 멀티미터를 사용하여 mov 명령에 대한 전류 값을 측정한다.

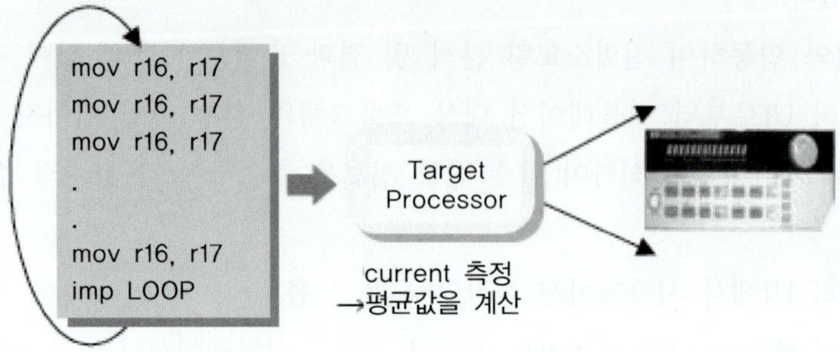

[그림 4-20] mov 명령어의 소모 전류측정 과정

3) 관련 도구 비교

[표 4-1]은 NanoEsto와 기타 개발 도구와 주요 항목을 비교한 표이다. 앞서 살펴본 .NET Micro Framework와 MoteWorks를 NanoEsto와 여러가지 측면에서 비교를 해보면 우선 실행환경면에서 NanoEsto는 Windows와 Linux 환경을 모두 지원함으로써 사용자에게 높은 융통성을 제공하며 개발에 관련된 모든 작업을 커맨드라인을 사용하지 않고 IDE에서 사용자에게 편리한 GUI를 통해 수행할 수 있다. 특히 JTAG 디버깅시 디버깅과 소스 수정을 IDE에서 동시에 수행할 수 있으므로 사용자의 생산성과 작업능률을 높일 수 있다. NanoEsto의 EEPROM은 사용자가 직접 코딩을 하지 않아도 IDE를 통해 EEPROM에 데이터를 저장할 수 있게 해주며 이 기능은 프로그램과 데이터를 분리해서 응용 프로그램을 작성 가능하게 하므로 하나의 프로그램 이미지를 사용하고 각기 다른 데이터 이미지를 사용함으로써 각각의 노드를 위한 프로그램 이미지를 작성하는 수고를 덜 수 있

[표 4-1] NanoEsto와 다른 개발 도구와의 비교

	.NET Micro Framework	MoteWorks	NanoEsto
사용 언어	C#	NesC	C
지원 OS	.NET Micro Framework	TinyOS	NanoQplus
실행 환경	Windows	Windows	Windows, Linux
퓨징 도구	없음	커맨드 라인	IDE 포함
EEPROM 관리 도구	없음	없음	IDE 포함
센서 네트워크 시뮬레이터	없음	지원	지원
원격 업그레이드	없음	지원	지원
전력분석	없음	없음	지원
멀티스레딩	지원	없음	지원
JTAG 디버깅	없음	별도	지원 IDE 포함

다. NanoEsto의 전력분석 도구는 에너지 효율성이 중요한 센서 네트워크의 특성을 만족시켜 줄 수 있는 도구로서 응용 프로그램의 에너지 소비량을 프로그램 코드를 실행하면서 측정하여 에너지 효율이 높은 센서노드용 응용 프로그램을 작성할 수 있도록 해준다.

이상의 비교로 NanoEsto는 다른 도구와 비교했을 때 우수한 USN 소프트웨어 개발 도구임을 판단할 수 있다.

4.2 유비쿼터스 센서 네트워크 H/W 및 OS

1 TinyOS의 개요 및 구성

1) 전통적인 OS

(1) 전통적인 OS의 구조에서 큰 규모의 임베디드 시스템의 문제점은 다음과 같다.

- 대용량 메모리와 저장장치를 요구한다.
- 우리가 필요한 용량의 불필요하고 과분한 기능(어드레스 공간의 분리, 복잡한 I/O 서브 시스템 등)
- 상대적으로 과분한 시스템(예 context switch 등)
- 복잡하고 전력소모가 많은 하드웨어 제공 요구 등이다.

(2) 유비쿼터스 센서 네트워크에서 요구하는 OS의 구조는 다음과 같다.

- 극히 적은 메모리 공간
- 극히 적은 비용의 시스템
- 극히 적은 전력소모

2) TinyOS의 설계 개념

- 저전력 및 Ad-Hoc 유비쿼터스 센서 네트워크 : 센서 입력에 감응하기 쉽고 event에 중심이고 크기를 조정할 수 있다.
- 주요 요소는 센싱, 검출, 네트워킹, 통신, 전력관리 등이다.
- 한정된 리소스(resource) : 모든 것을 작게 만든다. 즉, 저전력, 작은 메모리, 제한된 프로세싱 등이다.
- 기술변화에 적응한다.(모듈방식과 re-use)

4장

3) TinyOS 구현

- Issue : 전력소모 최소, 전원의 극대화
- “Hurry up & Sleep”화 추진, 즉 동작이 신속하고 비동작시 대기 모드화
- 수행처리를 신속하게 추진한다. (인터럽트 구동방식이고 포링(polling) 방식을 배제하고 기능(function) 콜 대신에 인라인 코드를 사용하고 매크로 방식을 채택한다.
- Sleep 모드 사용 : 어떤 동작이 발생하였을 때 Sleep 모드화한다. 그러면 전력소모가 최소화된다.

4) Mote 자원의 제약

마이크로컨트롤러 Atmel의 ATMega128L을 사용한다. 이 프로세서는 4 ~ 8 MIPs 정도의 성능의 8 bit CISC 프로세서이다.

(1) 메모리

변수와 데이터를 위한 용량은 4kB SRAM, 코드 공간을 위하여 128KB 플래시를 사용한다.

(2) 저장장치

Off-chip 시리얼 플래시 방식을 이용하여 512KB 플래시를 사용한다.(option)

(3) 전력

마이크로프로세서, 무선 및 센서를 위해 50 ~ 100mW를 사용하고 평균 50 ~ 250μW를 사용한다.

5) TinyOS의 구조

(1) TinyOS의 특징

TinyOS는 이벤트 발생에 의한 상태 전이 방식을 채택한 state 머신(machine) 기반의 프로그래밍 개념을 사용한 운영체제로서, 제한된 메모리 공간의 효율적인 이용과 프로세싱의 동시성 등을 지원해 주는 운영체제이다.

TinyOS에서는 시스템 자원의 제약들 때문에 기존의 IP 프로토콜, 소켓, 스레드 개념들을 사용하지 않는다. 이러한 TinyOS의 특징을 크게 다음의 3가지로 구분해 볼 수 있다.

- 하드웨어 추상화(Hardware Abstraction)부터 상위수준 소프트웨어까지 모두 재사용 가능한 소프트웨어 컴포넌트 기반의 운영체제이며, 응용 프로그램은 하드웨어 컴포

넌트의 입/출력을 연결하듯 소프트웨어 컴포넌트의 입/출력 인터페이스를 연결함으로써 작성된다.

- 상태 머신(state machine) 기반의 구조를 가지는 운영체제로, 각각의 상태는 TinyOS의 컴포넌트가 해당된다. 각 컴포넌트의 명령(command)과 이벤트 처리기는 한 상태에서 다른 상태로 빠르게 전이를 수행하며, 기본적으로는 하드웨어의 신호처리와 같은 특성을 가지므로 적은 양의 부가처리와 논블럭킹의 특성을 지닌다.
- 센서노드의 중요한 요구사항의 하나인 저전력 소모를 구현하기 위해 사용되지 않는 CPU의 사이클 동안은 휴지 상태로 들어가 불필요한 전력소모를 줄인다.
- 자원 제약 사항과 센서 네트워크의 응용을 고려한 센서 네트워크 운영체제를 위한 설계 요구사항은 다음과 같다.

우선 센서 네트워크의 운영체제는 작은 크기여야 하는데 , 특히 RAM의 사용을 많이 줄여야 한다. 이 때문에 센서 운영체제의 태스크들은 스펙을 공유하거나, 심지어는 TinyOS 경우처럼 컨텍스트 오버헤드를 줄이기 위해 태스크간 선점(preemption)을 허용하지 않는 경우도 있다.

센서 운영체제는 전력소모를 관리하기 위해서 전력 관리자를 두어 마이크로컨트롤러와 라디오 칩의 다양한 슬립모드와 세부 기능의 전력공급을 제어하고, 그리고 센서 자체의 전력공급을 제어함으로써 저전력 운영을 달성하게 된다.

센서노드는 일반적으로 제한된 병렬처리 능력과 하드웨어 제어 구조를 가지며, 센서와 같은 하드웨어 I/O 장치를 지능형 제어기가 아닌 원시적인 직접 접근 방식에 의해 제어를 수행하므로, 이러한 I/O 제약 사항이 운영체제 설계에 역시 고려되어야 한다. 또한 다양한 응용 분야를 가지는 센서 네트워크에서는 범용 하드웨어와 소프트웨어가 존재하는 것이 아니라 응용 분야에 따라 크게 달라질 수 있으므로 운영체제는 가능한 어떠한 응용에서도 효과적으로 사용할 수 있도록 유연성과 모듈성을 갖추고 있어야 한다. 또한 센서노드들은 한 번 배치가 되고 나면 유지 보수가 어렵고, 운용 환경 또한 열악할 수 있으므로 이들을 고려하여 강인한 구조로 설계되어야 한다.

마지막으로 센서 네트워크의 핵심 프로토콜인 저전력 Ad-Hoc 라우팅 프로토콜, 위치 인식, 클럭 동기 기능을 지원하며 프로그래밍 용이성이 고려되어야 한다.

(2) TinyOS의 구조

우리가 원하는 OS의 구조가 메모리 크기와 시스템의 비용을 줄이는 것이 목표이므로

TinyOS의 구조는 다음과 같다.

- 커널이 없다 : 직접적으로 하드웨어를 처리한다.
- 처리관리(Process management)가 없다 : 단지 동작중에 한 번의 처리만 있다.
- 가상(virtual) 메모리가 없다 : 단일 선형 물리 어드레스 공간만 있다.
- 직접적인 메모리 할당은 없다 : 단지 컴파일 동안에 할당한다.
- 소프트웨어 신호나 예외처리가 없다 : 대신에 Function Call을 한다.
- 구성은 응용 = 스케줄러(scheduler)("Main") + 컴포넌트의 그래프로 구성된다.

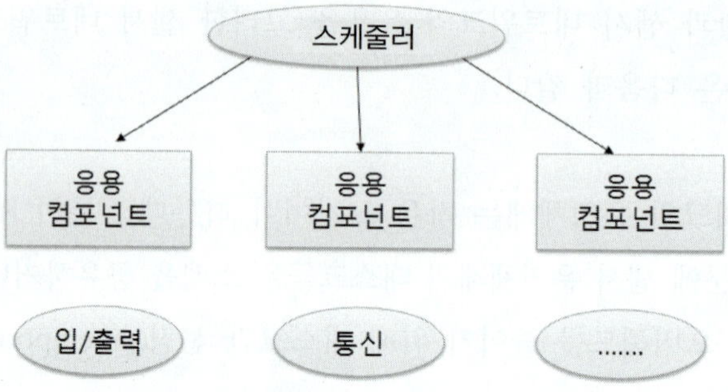

[그림 4-21] TinyOS의 구조

6) TinyOS의 계층도

(1) TinyOS의 응용(User 부문)

센싱의 응용들	① XMesh : MOTE-VIEW를 위한 저전력 mesh 단계로 전개한다. ② XSensor : xlisten을 가진 센서 읽기의 단일 hop을 테스트한다. ③ Surge_Reliable : 멀티 Hop mesh 네트워크 통계량 ④ TASKApp, TinyDB : 읽기를 모아 Send(최소/ 평균/ 최대) ⑤ Oscilloscope : 자바 툴에서 읽은 광센서를 주기적으로 보내는 응용 프로그램
기본 응용들	① TOSBase : 기본 패킷 탐색기 ② RfmToLeds : 라디오 정보를 LED상에 표시하는 수신기 ③ CntToLedsAndRfm : up-counting하면서 무선과 LED상에 표시하는 전송기 ④ SimpleCmd : Mote의 송신 명령어에 대한 테스트 응용 ⑤ Blink : 간단한 LED의 토글 응용

(2) TinyOS의 컴포넌트 계층도(S/W와 H/W 부문)

TinyOS의 드라이버(TOS와 H/W부문)

TOS 드라이버는 여러 가지 Mote의 Platform, 여러 가지 센서 보드, 여러가지 무선 스펙들(CC2420 FSK), IEEE 802.15.4의 DSSS(Direct sequence spread spectrum), ZigBee, Bluetooth, 그리고 프로세서의 형태(Atmel, TI, ARM)가 내장되어 있다.

7) TinyOS의 메모리 모델

- TinyOS의 메모리 모델은 정적이다. Heap(malloc)이 없고 실시간 배치하고 다이내믹하지 않고 컴포넌트들은 함께 적적으로 연결되어 있다. 컬파일 시간에 크기의 결정을 요구한다.
- 글로벌 변수가 메모리에 보관되고 버퍼에 복사되지 않는 포인터를 사용한다.
- 로컬 변수들은 스펙상에 있다.

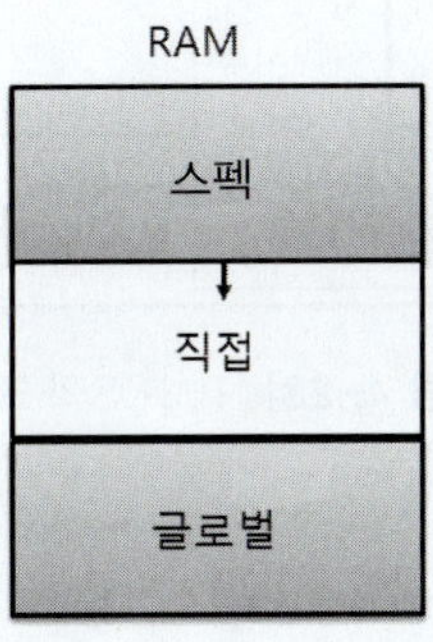

[그림 4-22] TinyOS의 메모리 모델

8) TinyOS의 모듈화

Mote의 응용을 만들기 위한 구성으로써 함께 연결된 컴포넌트들이다. "Wire" 컴포넌트를 사용하는 방법만 알고 있어도 응용을 구현하는데 충분하다. 컴포넌트를 연결하는 인터페이스는 "Provides"와 "Uses"를 사용한다. 컴포넌트는 2가지 형태이다. 즉, 하나는 코드로 쓰여진 작은 단위의 컴포넌트인 모듈(module)과 다른 하나는 컴포넌트를 함께 연결한 컴포넌트를 환경설정(configuration)하는 형태가 있다.

그림으로 표시하면 [그림 4-23]과 같다.

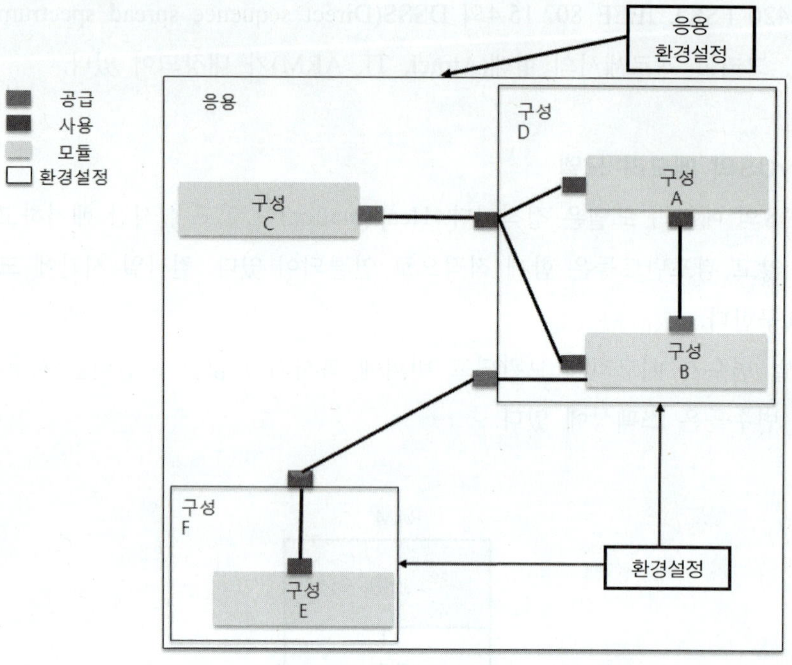

[그림 4-23] TinyOS의 모듈화

(1) TinyOS의 컴포넌트(주요 하나의 단위)

TinyOS의 하나의 주요 컴포넌트는 그림처럼 3가지로 구성되어 있다. 즉 Frame(내부 상태), Function(Computation)과 Interface로 구성되어 있다. 프레임은 글로벌 변수와 데이터를 가지고 있고 컴포넌트당 하나씩 있고 적적으로 배치하고 크기가 고정되어 있다. Function은 커맨드(command), 이벤트(event)와 태스크(task)를 구현하고 커맨드와 이벤트는 간단한 C function call이다.

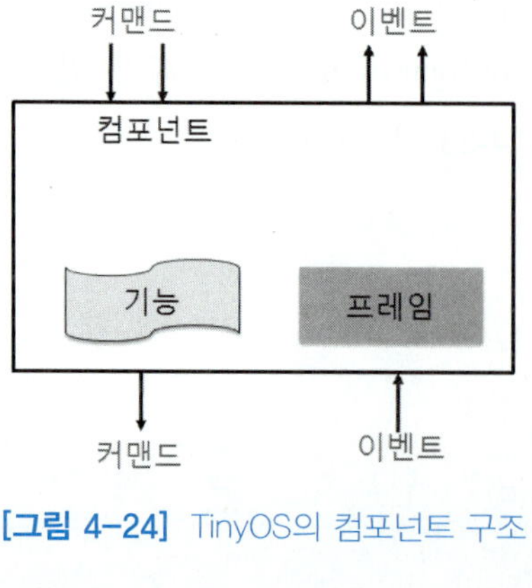

[그림 4-24] TinyOS의 컴포넌트 구조

(2) TinyOS의 인터페이스(Interface)

인터페이스는 그림처럼 커맨드(command)와 이벤트(event)의 하나 또는 더 많은 집합체이다. 그리고 컴포넌트들 사이의 상오 영역을 정의한다. 즉, 커맨드(command)는 입력으로 이벤트(event)는 회수(callback)으로 정의한다. 각 컴포넌트를 연결한다. 즉 다른 컴포넌트에 기능적으로 제시하는 Provides와 또 다른 컴포넌트를 요구하는 Uses를 연결한다. 각 컴포넌트의 인터페이스는 입력 커맨드와 출력 커맨드, 입력 이벤트와 출력 이벤트 4가지로 구성된다. 입력 커맨드는 자신의 컴포넌트에서 커맨드 핸들러를 통해 서비스하는 함수로 상위 컴포넌트가 해당 컴포넌트의 기능이 필요할 때 호출하는 것이며, 출력 커맨드는 하위 컴포넌트의 서비스를 호출할 때 사용한다. 입력 이벤트는 해당 컴포넌트의 이벤트 핸들러에 의해 처리되며 상위의 컴포넌트가 해당 컴포넌트에 신호를 넘겨주기 위하여 사용되는 것이며, 출력 이벤트는 해당 컴포넌트가 상위의 컴포넌트에 신호를 전달하기 위해 사용된다.

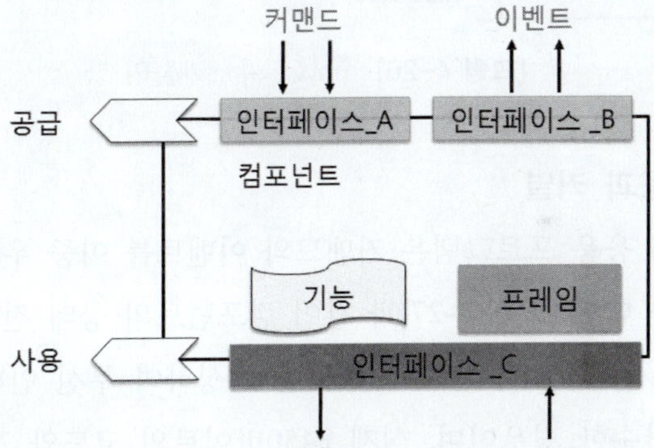

[그림 4-25] TinyOS의 인터페이스 구조

(3) TinyOS의 Function의 구현

① 커맨드(command)

커맨드는 스펙위에 밀어 넣고 매개변수를 변화시키고 논블록킹 특성이고 상태를 돌려받고 낮은 레벨 커맨드를 call 할 수 있다.

이벤트(event)는 회수(callback) 인터페이스(server signals client)이고 command call, post tasks, 다른 이벤트 신호를 할 수 있다. 하드웨어 인터럽트 트리거는 가장 낮은 레벨 이벤트이고 스펙 위에 밀어 넣고 매개변수를 변화시키고 비동기 Preempt task들이다.

② Task

태스크는 가장 낮은 우선순위에서 계산적으로 강한 작업이다.

9) TinyOS의 스케줄러

TinyOS의 스케줄러(scheduler)는 2레벨인 이벤트(events)와 태스크(tasks)를 스케줄링하고 스케줄러는 간단한 FIFO이다. 하나의 태스크(task)는 또 다른 태스크(task)를 선점(preempt)을 할 수 없다. events가 가장 우선순위 선점 tasks이다.

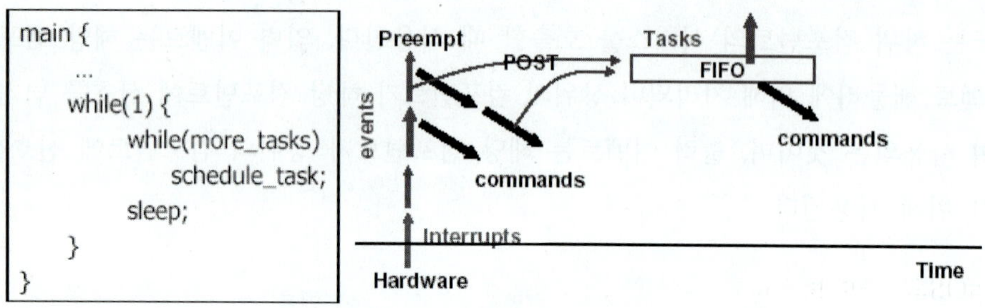

[그림 4-26] TinyOS의 스케줄러

10) TnyOS의 응용과 커널

내부적으로 TinyOS 응용 프로그램은 커맨드와 이벤트를 이중 우선순위에 의해 스케줄하는 경량 스케줄러와 함께 [그림 4-27]과 같이 컴포넌트의 상태 전이 그래프로 구성되어 있다. 예제의 응용은 센서노드가 온도와 조도를 센싱하여 무선 인터페이스를 통해 베이스노드로 전송하는 단순한 경우이며, 실제 3450바이트의 코드와 226바이트의 데이터만을 사용하는 초소형 프로그램이다. 여기서 액티브 메시지(Active Message) 컴포넌트는 센서노드와 베이스 노드와의 통신을 담당한다.

TinyOS는 코어 운영체제 이외에도 센서 네트워크용 소형 데이터 베이스 엔진인 TinyDB와 태스크 툴킷, PC상에서 시뮬레이션할 수 있는 TOSSIM, 센서노드로의 바이트 코드 프로그램의 자동적인 포워딩과 업로드를 가능하게 하고 TinyOS 프로그래밍을 쉽고 간결하게 해주는 가상 머신의 일종인 BOMBILLA, 시큐리티 기능을 제공하는 TinySec을 포함한 다른 유틸리티들이 제공된다.

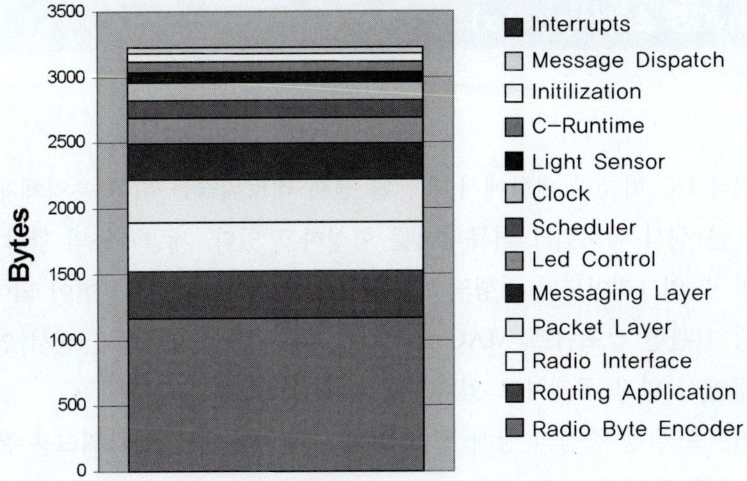

[그림 4-27] TinyOS 응용 커널

11) TinyOS의 라이브러리들

TinyOS의 라이브러리들(Libraries)이다.(TOS)

- Brodcast : 기존 커맨드 브로드캐스트(broadcast) 모듈
- Deluge : Over the air 프로그래밍
- PeaceKeeper : 스펙 개요와 RAM 변기 감지 라이브러리
- Queue : 무선 패킷의 송수신의 우선순위를 매기는 핸들들
- ReliableRouto : 원래의 crossbow mesh 네트워킹 스펙
- SystemCore : 간단한 네트워크 관리 서비스(SNMS)
- TimeSync : 네트워크 범위 노드 시간 동기 계층
- VM : Mote의 가상 머신 : TinyOS의 스크립트(script) 코드가 동작한다.
- XEE : EEPROM을 사용한 안정된 mote의 configuration 라이브러리
- XMesh : Crossbow로부터 art mesh 네트워크 스펙의 상태
- XSensor : XCommand에 포함된 공통 응용 프레임워크

4.3 TinyOS 소개(1.x, 2.x)

1) TinyOS

TinyOS는 미국 UC 버클리 대학에서 개발된 센서 네트워크를 위한 운영체제로, 전 세계적으로 가장 큰 센서 네트워크 커뮤니티를 형성하고 있다. 개발자들의 활발한 참여로 빠른 기능 구현 및 업그레이드가 진행되고 있으며 다양한 플랫폼에 구현이 되어 있고 각종 하드웨어 장치 관련 컴포넌트, MAC 프로토콜, 네트워크 프로토콜, 센서 인터페이스 등을 소스 레벨에서 완전 공개하고 있다.

TinyOS는 이벤트 발생 중심의 상태 천이 방식을 채택한 센서 네트워크용 운영체제로 동시적인 프로세싱 및 제한된 하드웨어 메모리 공간에서의 효율적인 성능을 지원해주는 운영체제이다. 상태 머신 기반의 구조를 가지며 응용 프로그램은 각 독립적인 컴포넌트를 연결하는 방식으로 이루어진다. [그림 4-28]이 명령을 처리하는 이벤트 처리기는 그 명령에 따른 상태변화를 일으켜 해당 작업을 처리하게 된다. 간단한 FIFO 스케줄러를 사용하기 때문에 실시간성 등을 고려하기 어렵고 복잡한 응용을 작성하는 데 어려움이 있다. 동적 메모리를 할당하지 않지만 NesC라는 언어를 통하여 컴파일 시간에 컴포넌트가 요구하는 메모리 크기를 정적으로 할당하여 센서 네트워크용 응용 프로그램을 작성할 수 있다. NesC는 안정성을 위해 전체 프로그램에 대한 분석을 통해 최적화를 수행하는 컴포

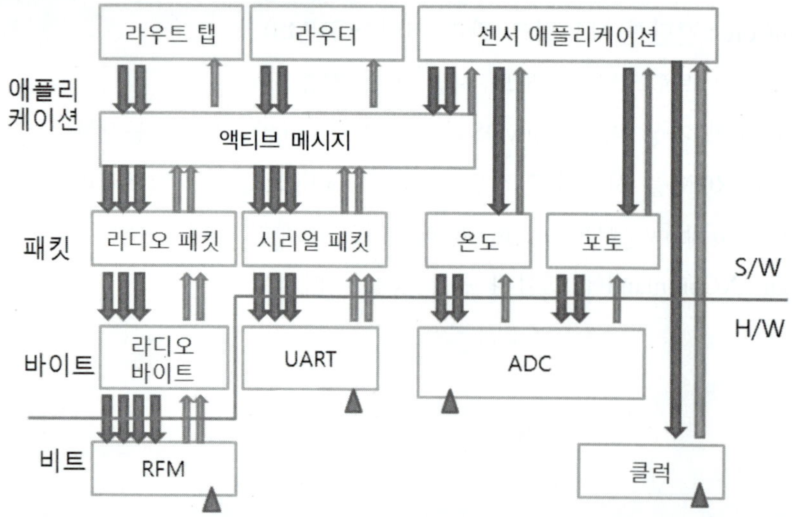

[그림 4-28] 컴포넌트 기반 TinyOS 응용 예

넌트 기반 언어로 TinyOS의 이벤트 기반 동시성 모델을 가능하게 해주지만 프로그래머가 새로 익혀야 하기 때문에 접근하기 어렵다는 단점이 있다.

TinyOS의 큰 강점으로 센싱한 데이터를 효과적으로 관리하기 위한 TinyDB나 센서 네트워크에서의 보안을 위한 TinySec 등의 모듈을 지원함으로써 사용자가 손쉽게 다양한 기능을 가진 센서 네트워크를 구현할 수 있게 지원하고 있다.

TinyOS는 2006년 11월 기존 1.1버전의 많은 부분을 개선시킨 2.0버전을 발표하였으며 현재 2.0.2버전까지 발표되어 있다. 2.0 이후 버전의 경우 인터페이스와 추상화 과정에 있어 많은 변화가 있어 이전 버전과의 호환성은 지원하지 않지만, 코드를 업그레이드 하기가 더 쉬워졌으며 안정성이 향상되었다.

버클리대학 교수로 재직중인 David E. Culler 교수는 IP-USN에 적응하기 위해 Arch Rock을 설립, CTO로 재직하면서 TinyOS에 6LoWPAN을 구현하고 RFC 4944 등의 수정에 적극 참여하는 등 관련 기술 선점에 힘쓰고 있다.

ArchRock의 IPv6 네트워크 스펙에는 IEEE 802.15.4 라디오 위에 스케줄링과 동기화가 필요없는 [그림 4-29]와 같은 Sampled Listening의 링크 레이어 프로토콜을 사용한다. 이를 통해 노드의 에너지를 절약하고 빠른 응답성을 가지며 이동성을 가지는 응용을 지원할 수 있다.

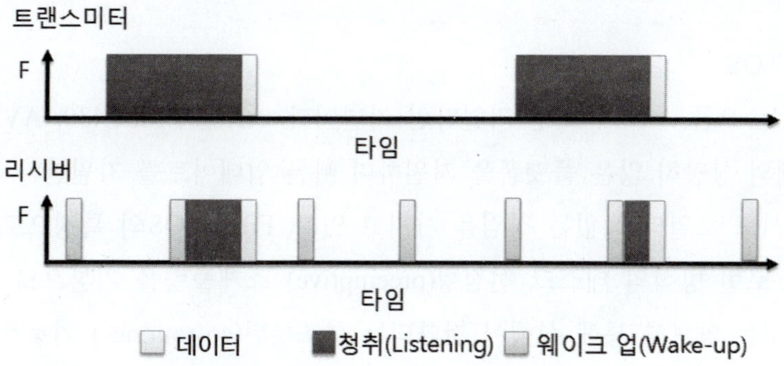

[그림 4-29] Sampled 경청(Listening)

2) Contiki

Contiki의 가장 큰 특징은 동적 모듈 재할당 기능을 제공한다는 것이다. Contiki는 기본적으로 TinyOS같이 이벤트 기반 모델을 따르고 있지만, protothread라는 기술을 통해 제한적이기는 하지만 별도의 스펙 예약 없이 멀티스레드 같은 코드간의 동기화를 제공한다.

하지만 지역변수를 사용할 수 없고 지정된 구간에서만 블록킹(blocking)이 가능하다는 제약이 있어 완전한 멀티스레드 센서 운영체제라고는 할 수는 없다. 역시 센서노드용 운영체제를 타깃으로 만들어졌기 때문에 2kB의 RAM과 40kB 정도의 ROM을 가지고 구동될 수 있다.

네트워크 스펙으로는 uIP와 Rime를 지원하는데, uIP는 Contiki 개발자인 Adam Dunken이 제안한 8비트 MCU를 위한 TCP/IP 스펙으로 임베디드 환경에서 인터넷을 통해 통신을 할 수 있도록 해준다. uIP는 현재 1.0버전까지 나와 있으며 IP, ICMP, UDP와 TCP 프로토콜을 지원한다. 일부 기능을 제거하고 느린 MCU 등을 고려하여 디자인되었기 때문에 delayed acknowledgment 기능을 제외하면 25,000kB/s 정도의 최대전송률을 가진다. BSD socket 인터페이스와 유사한 protosocket 라이브러리를 제공하여 사용자가 쉽게 TCP 연결을 사용할 수 있도록 하였으며, DNS resolver, SMTPe-mail sender, telnet server 등 다양한 애플리케이션을 함께 제공하고 있다. Rime은 저전력 통신을 위해 구현된 멀티홉 데이터 전송 프로토콜로 플로딩(flooding)을 통해 best-effort 브로드캐스팅을 지원하며, 컴파일된 코드가 600byte 미만의 간단한 프로토콜이다.

Contiki 응용을 테스트해 볼 수 있는 Cooja라는 시뮬레이션 툴을 제공하며, 최근 릴리즈된 2.1버전에서는 노드의 에너지 상황을 실시간으로 모니터링할 수 있는 기능을 지원한다.

3) FreeRTOS

FreeRTOS는 오픈 소스의 소형 리얼타임 커널이다. ARM7, MSP430, AVR 계열, PIC 계열 등 14개의 상당히 많은 플랫폼을 지원하며 빠른 업데이트를 지원한다. 또한 상업적 이용에 있어서도 로열티가 없는 장점을 가지고 있다. FreeRTOS의 특징으로는 우선순위 기반 라운드 로빈 방식의 태스크 선점형(preemptive) 스케줄링을 기본으로 태스크 보다 가볍게 동작하는 양보를 통해 실행이 전환되는 협조루틴(co-routines) 기능을 부가적으로 제공한다. 협조루틴은 일반 태스크와 다르게 모두 하나의 스펙을 사용하며, RAM 사용에 제약이 있다. 그 외에 메시지큐, 세마포어 등의 IPC 기능을 제공하며 많은 예제를 통해 쉽게 프로그램에 접할 수 있다. 꾸준한 업데이트로 현재 버전 4.7까지 나와 있으며, Free-RTOS를 기반으로 GPL 라이센스를 따르지 않는 OpenRTOS와 안전계기 시스템에 적용을 위한 표준인 IEC 61508의 인증을 받은 SafeRTOS가 존재한다. 또한 플랫폼을 선정하기 좋게 MCU에 따른 비교 분석 자료를 제공하고 있으며 로열티가 없는 강점으로 다양한 확장 모듈들이 개발되고 있다. FreeRTOS는 자체 네트워크 기능이 부족하여 사실상 센서 네트워크용 운영체제라고 말하기에는 무리가 있지만 사용자들이나 기업의 참여로 많은 네트워크 관련 모듈을 가지고 있다. Contiki에 사용되는 Adam Dunkels의 uIP가 포팅되어 있으며, 핀란드의 Sensinode사에서는 FreeRTOS를 바탕으로 6LoWPAN을 지원하는 NanoStack을 개발하였다.

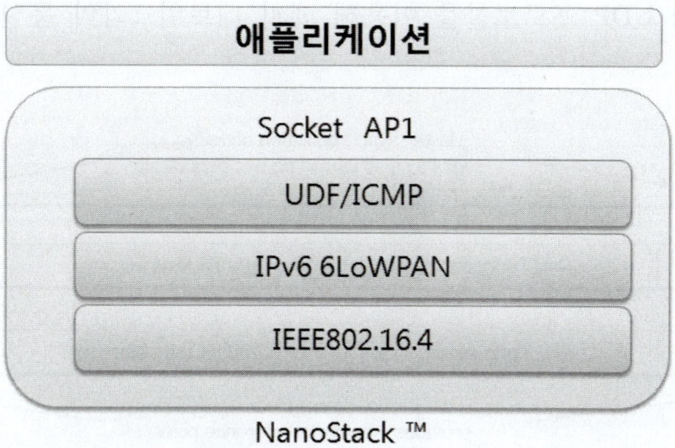

[그림 4-30] NanoStack Architecture

Sensinode사의 NanoStack은 TI의 CC2430 기반의 Nano 시리즈 플랫폼과 MSP430과 CC2420으로 구현된 Micro 시리즈 플랫폼에 올라가는 네트워크 스펙으로 FreeRTOS 위에 구현되어 있다. NanoStack은 2007년에 GPL 라이선스로 상업적으로 로열티 없이 공개되어 6LoWPAN을 도입하는 데 앞장서고 있다.

4) Nano-Resource Kernel

Nano-RK는 Carnegie Mellon 대학에서 개발된 자원 예약 방식(resource reservation-based)의 실시간 운영체제이다. Nano-RK는 2kB 미만의 RAM과 16kB 정도의 ROM의 작은 크기로 다양한 기능을 제공하는 RTOS로 고정된 우선순위를 가지고 선점형 멀티태스킹을 지원하며, 가상 에너지 예약을 통해 태스크 레벨의 에너지 관리가 가능하다. 또한 전원이 낮아지거나 노드가 예고없이 재시작되는 등의 예상치 않은 에러를 감지할 수 있다. 현재 2007년 공개된 pre-beta 버전을 다운받을 수 있다.

Nano-RK는 RT-Link, WiDom 그리고 b-MAC의 다양한 링크 레이어 프로토콜을 지원한다. 충돌이 없는 TDMA 프로토콜인 RT-Link는 노드간의 동기화를 위해 외부의 별도

하드웨어를 이용하여 out-of-band 시간 동기화와 소프트웨어적으로 inband 시간 동기화를 지원한다. WiDom은 Polytechnic Institute of Porto에서 개발된 dominance protocol로 CAN bus에서 사용되는 것과 같은 방식을 [그림 4-31]과 같이 무선 네트워크에 도입하였다. 또한 low-power listen CSMA 프로토콜인 b-MAC 프로토콜이 구현되어 있다.

라우팅 프로토콜로는 flooding, DSR을 지원하며, [그림 4-32]와 같은 IP 네트워크와의 통신을 위해 SLIPstream이라는 게이트웨이 프로토콜을 지원한다. SLIPstream을 이용하여 클라이언트에서 UDP 프로토콜을 이용해 센서 네트워크와의 통신이 가능하다.

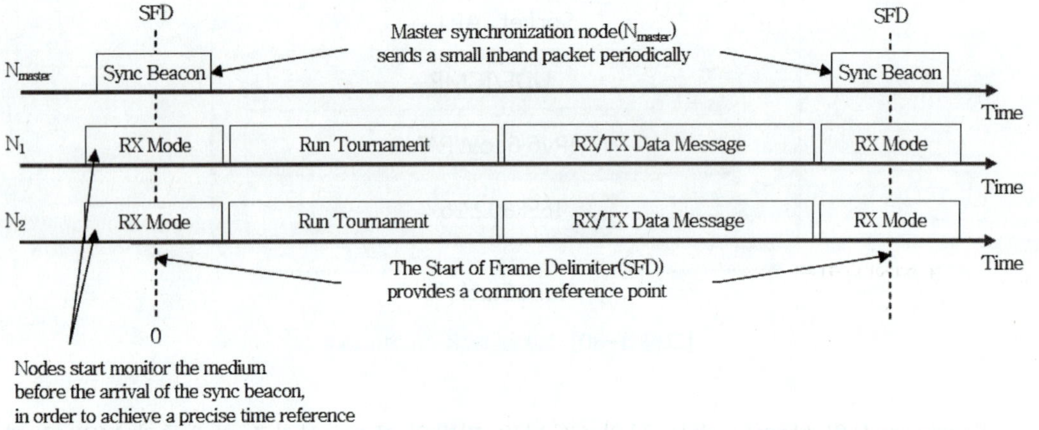

[그림 4-31] WiDom Protocol

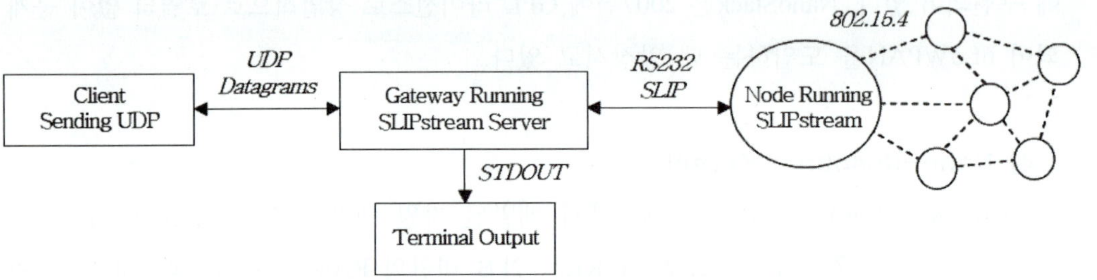

[그림 4-32] SLIPstream Server

5) NanoQplus

NanoQplus는 한국전자통신연구원에서 개발된 센서 네트워크용 초소형 운영체제이다. NanoQplus는 멀티스레드 운영체제로 친숙한 C언어를 사용하여 사용자들이 손쉽게 멀티스레드 응용을 작성할 수 있게 디자인되었다. 또한 완전 선점형 스케줄러를 제공하여 높은 응답성을 제공한다. 낮은 커널 이미지를 제공하기 위해 사용자 응용에 최적화된 커널 설정 기능을 통해 적은 메모리 제약을 극복하였다.

하드웨어 의존적 코드와 비의존적 코드를 분리하여 센서노드의 포팅이 용이하며, MSP430, Atmega128 외에도 ARM7, 8051 extended, Star 12 등 다양한 플랫폼을 지원한다. 수많은 샘플 프로그램과 많은 대학 기관, 업체의 검증 및 피드백을 통해 안정성을 확보하였다. 또한 NanoEsto라는 개발환경을 제공하며 무선 환경에서 원격으로 소프트웨어를 업그레이드하는 원격 업그레이더와 센서 네트워크 모니터링 소프트웨어 등의 관리 소프트웨어를 지원한다.

300byte 미만의 RAM을 사용하는 NanoMAC과 100개 이상의 대규모 환경에서도 사용 가능한 ondemand 방식의 RENO 라우팅 프로토콜을 제공하여 센서 네트워크 상황에서 통신을 위한 에너지 소비를 최소화하고 있다. 이미 IPv4 네트워크와 통합을 위한 게이트웨이가 개발되어 있으며, 현재 자체 개발한 IEEE 802. 15.4 프로토콜 위에 IPv6를 지원하는 표준 프로토콜인 6LoWPAN 기술을 개발하였다.

IP-USN을 위한 요구사항과 센서 네트워크 운영체제 기술에 대해 살펴보았다.

[표 4-2]에서처럼 많은 센서노드 운영체제가 uIP, 6LoWPAN 등의 기술을 적용하며 다가올 IP-USN 시대를 준비하고 있다.

4장

[표 4-2] 센서 네트워크 운영체제 비교

	동적 모듈	실행 모델	지원 플랫폼	IP-USN 관련 모듈	네트워크 지원	관련 도구/툴
TinyOS	미지원	컴포넌트 베이스 이벤트 드리븐	Atmega128, 3 ARM7, MSP430, PXA271 등	6LoWPAN (ArchRock)	B-mac, Flooding	TOSSIM, TOSVIS, TinyDB, TinySEC
Contiki	지원	Protothread 기반 이벤트 드리븐	MSP430 AT91SAM7s	uIP protosocket	uIP, Rime	COOJA
Nano-RK	미지원	Reservation 베이스 멀티스레드	Atmega32 Atmega128	SLIPstream	RT-Link, WiDom b-MAC, DSR	-
Free RTOS	미지원	멀티스레드	MSP430, AVR CC2430, ARM7, PIC 등	uIP, NanoStack (Sensinode)	IEEE 802.15.4, 6LoWPAN	
Nano Qplus	미지원	멀티스레드	MSP430 Atmega128 CC2430, Star12, ARM7	IPv4 Gateway, 6LoWPAN	IEEE 802.15.4, ZigBee, 6LoWPAN, NanoMAC RENO routing	NanoESTO,NanoMON,원격업그레이더

2004년부터 IETF에서 진행되어온 6LoWPAN은 국내에서 삼성전자, 아주대학교, ETRI 등이 적극 참여하면서 다양한 기술을 제안하고 있다.

4.4 TinyOS의 개념

UC 버클리에서 진행해 온 Smart Dust 프로젝트에 사용하기 위하여 개발된 컴포넌트 기반 내장형 운영체제로서, 네트워크 내장형 시스템을 위해 특별히 디자인된 초소형 OS이다. 핵심 OS 코드는 4000바이트 이하이고 데이터 메모리는 256바이트 이하이며 이벤트 기반 멀티태스킹을 지원한다. TinyOs의 특징을 나열하면 다음과 같다.

- UCB에서 버클리 모트 센서노드를 위해 개발
- Mote를 위한 OS이며, open source
- NesC로 코드 작성
- 응용(application)은 스케줄러(scheduler) + 그래프(graph) of 컴포넌트(components)
- 이벤트 기반 구조
- Single shared stack– No kernel, no process/memory management

또한, 일반적인 TinyOS 응용(Application)의 계층별 구조를 보면 [그림 4-33]과 같다.

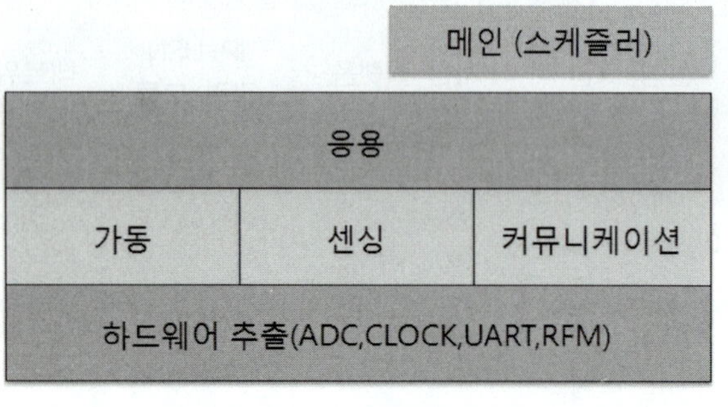

[그림 4-33] TinyOS 응용의 계층별 구조

가장 위의 layer는 application으로 configuration과 module로서 하나의 component가 된다. 이 application은 자신이 wiring되어 있는 component들과 연결이 되어 있다. S/W의 가장 밑부분은 연결된 H/W을 컨트롤하는 시스템 레벨의 함수들이다.

TinyOS는 다음과 같은 스케줄러를 갖고 있다.

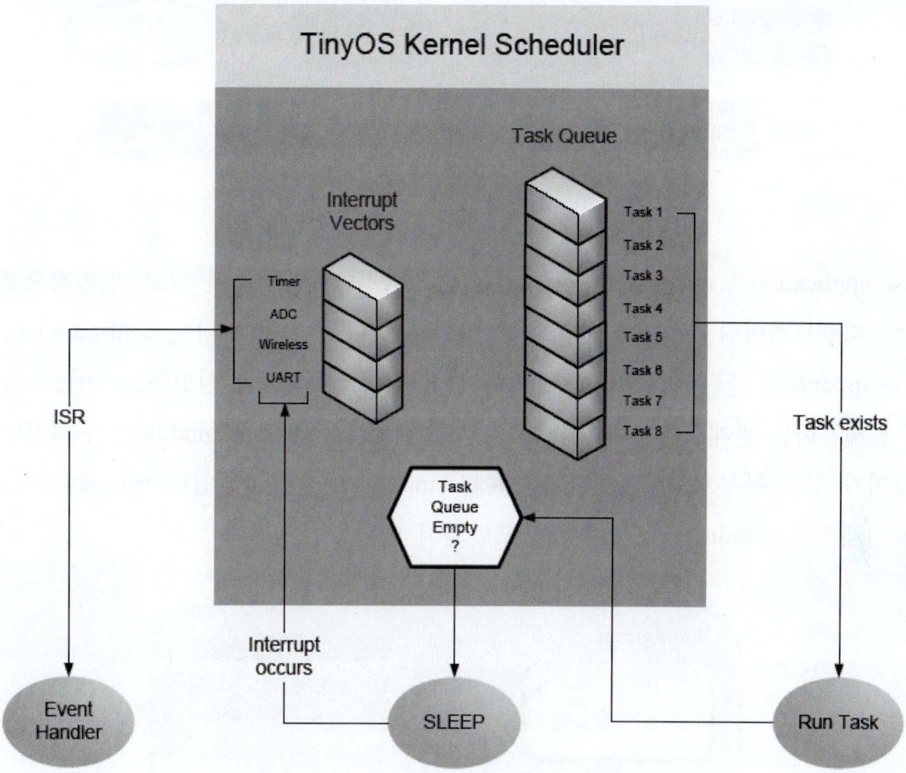

[그림 4-34] TinyOS Kernel Scheduler

[그림 4-34]에 나타내는대로 Task가 post되면 Task queue에 순서대로 쌓이게 되고, 우선순위에 의해 Task들이 순서대로 수행된다. Task가 모두 수행되었다면 프로세스는 SLEEP 상태로 전이함으로써 저전력 상태를 유지하게 된다. 만약 타이머나 시리얼(UART) 입력 등의 인터럽트가 발생하게 된다면 해당하는 인터럽트 서비스 루틴을 실행하게 된다. 인터럽트는 가장 높은 순위를 가짐으로써 Task 수행중에도 Task 수행을 멈추고 실행이 될 수 있다.

Tinyos는 Nesc라는 TinyOS만의 언어로 구성되어 있다. Nesc는 TinyOS의 구조 개념과 실행 모델을 구체화하기 위해 디자인된 C언어의 확장된 개념이라고 보면 된다. 실제로 하나의 Nesc application이 ncc 컴파일러에 의해 빌드되면 C파일이 생성이 된다. 생성된 C파일은 플랫폼별 컴파일러에 의해서 하나의 헥사 이미지로 다시 빌드되고, 이 이미지가 플랫폼에 업로드된다.

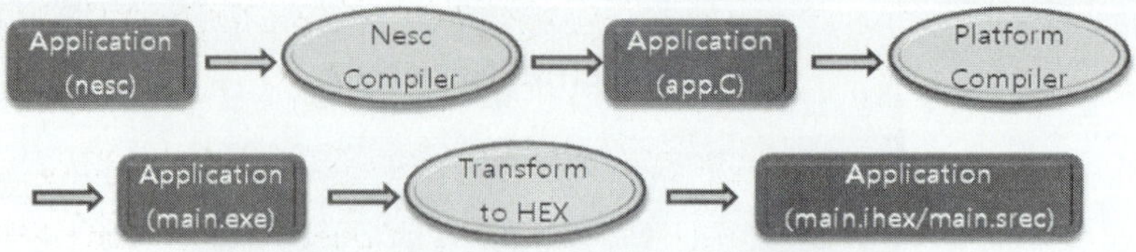

[그림 4-35] TinyOS의 구조개념

nesc application은 component와 interface의 결합으로 이루어져 있고, 일반적으로 apps 하부의 디렉토리마다 두 개의 nc파일로 이뤄져 있다. 이 중 하나는 configuration, 다른 하나는 module로 불린다. configuration은 사용할 component를 선언하고, 이들간의 사용하거나 제공하는 관계를 인터페이스를 이용하여 wiring 해준다. module은 구체적인 코딩이 들어가 있는 부분으로, configuration에서 module에 wiring되었던 인터페이스들을 이용한 실제적인 operation의 구현부가 포함되어 있다.

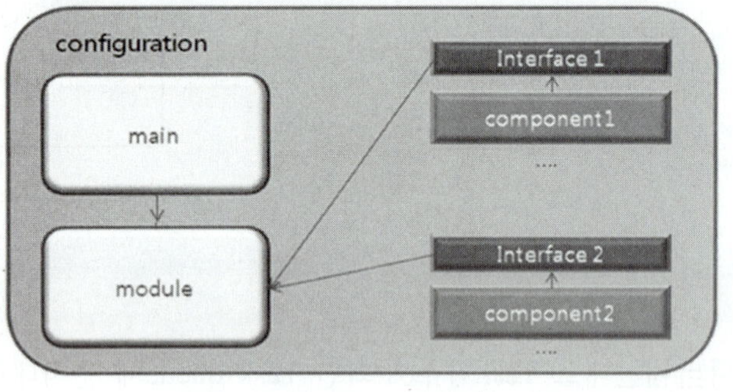

[그림 4-36] operation의 구현부

Sample application인 Blink를 예를 들면 다음과 같다.

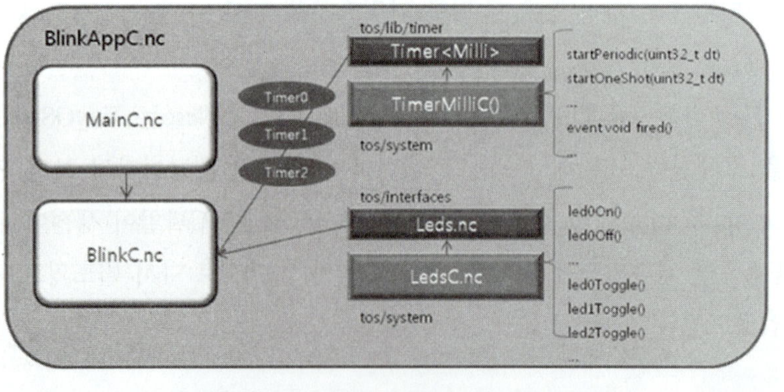

[그림 4-37] Sample application인 Blink

4.5 TinyOS-1.x와 달라진 점

2.0은 1.x 버전에서 많은 부분이 예견되지 않았던 점들이 노출되면서 새롭게 구현이 되었기 때문에 기존의 1.x 버전과는 호환이 되지 않는다. 하지만 2.0은 이전 code를 업그레이드하는 어려움을 최소화할 수 있도록 구현되어 있다. 여기서는 기본적인 TinyOS의 하드웨어 abstraction, communication, timer, scheduler, booting, initialization을 간략히 다룬다. tos/플랫폼(platforms)으로 이동하면 지원하는 플랫폼(platform)의 목록이 나오는데 이것들은 칩과 관련이 있는 것이다. 예를 들면 micaz는 ATmega128 MCU와 CC2420이라는 라디오 칩(Radio Chip)과 관련된 플랫폼이고, Telos는 CC2420과 MSP430에 관련된 플랫폼이다. 칩에 대한 소스는 tos/chips에 있다(UART, ADC 등).

1) 플랫폼/하드웨어 추상화

TinyOS 2.x를 구성하는 컴포넌트들 중 거의 90%는 하드웨어와 독립적인 동작되는 소프트웨어적 프로그램 코드들이고, 나머지 10% 정도는 TinyOS 2.x가 동작시킬 하드웨어 관련 컴포넌트들과 위 두 계층을 이어주는 추상화 계층 코드들이다.

TinyOS에서는 1.x 버전 때부터 하드웨어의 독립적인 소프트웨어 컴포넌트와 하드웨어를 제어하는 컴포넌트로 구분하여 관리하고 있다. 이러한 구분은 다음과 같은 상황에서 매우 큰 장점을 갖는다. 만약 어떤 회사나 연구소에서 홈네트워크나 산불관리와 같은 USN 응용을 위해 새로운 하드웨어를 특별히 디자인하였고, 이 하드웨어에 TinyOS를 포팅하기로 했다고 가정하자.

만약 TinyOS가 앞에서 설명한 것처럼 계층 구분이 되어 있지 않다면 개발자는 이 하드웨어를 위해 TinyOS의 전체 코드를 확인해가며 자신의 하드웨어서 동작될 때 이상이 없을지 여부를 일일이 체크해야 할 것이다.

하지만 하드웨어의 독립적인 소프트웨어 컴포넌트와 하드웨어를 제어하는 컴포넌트의 구분을 통해 개발자는 약간의 하드웨어 제어 컴포넌트들과 두 계층을 이어주는 추상화 계층 코드만 잘 수정한다면 쉽게 나머지 TinyOS의 소프트웨어 코드들을 사용할 수 있다. 나머지 90%의 TinyOS 코드들은 모두 하드웨어에 독립적이고, 추상화 계층을 통해 하드웨어 제어 컴포넌트와 연결되기 때문에 개발자가 따로 수정할 필요는 없는 것이다. 다시 말하면 약간의 하드웨어 제어 컴포넌트들만 디자인한다면 TinyOS 제공하는 네트워킹, task 관리, 시리얼 통신, 패키지, queuing 등의 전체 기능을 모두 사용할 수 있는 것이다.

TinyOS2.0에서 사용되는 이러한 컴포넌트의 구분을 HAA(Hardware Abstraction Architecture)라고 부르며, [표 4-3]과 같이 3단계 계층으로 나누어진다.

[표 4-3] 하드웨어 추상화 3계층

위치	계층명	내용
하위단	HPL(Hardware Presentation Layer)	입출력 핀(pin)이나 레지스터 같은 하드웨어를 제어하는 계층이다. 칩 이름 앞에 Hpl이란 접두어를 붙여 명명한다. 예를 들어, CC2420 RF 칩과 관련된 HPL 컴포넌트 파일들은 HplCC2420 형식으로 파일 이름이 시작된다.
중간단	HAL(Hardware Abstration Layer)	여러 HPL 컴포넌트들을 HIL 컴포넌트와 연결시켜 주기 위한 계층이다. 여러 가지 하드웨어의 컴포넌트들의 인터페이스를 HIL과 미리 약속한 인터페이스로 정리해주는 추상화 기능을 담당한다. CC2420의 HAL 컴포넌트는 CC2420으로 시작한다.
상위단	HIL(Hardware Independent Layer)	하드웨어와는 독립적인 소프트웨어적 계층이다. 예를 들어, 무선 통신과 관련된 프로그램을 작성하고 싶을 경우 RF 칩이 뭐가 되었던 HIL 계층의 컴포넌트인 ActiveMessageC를 이용하여 RF 통신 코드를 작성한다.

하드웨어 추상화은 HAA(Hardware Abstraction Architecture)라 부르는 3단계 layer로 구성이 된다.

HAA의 가장 아래 부분을 담당하는 layer는 HPL(Hardware Presentation Layer)로 부르며 UART, Timer, I/O핀 등의 하드웨어를 표현하는 소프트웨어 인터페이스이다. HPL 컴포넌트는 일반적은 Hpl 접두어로 시작한다. Hpl 다음에 칩이름이 오게 된다. 예를 들면 CC1000에 대한 HPL은 HplCC1000이다. 이 layer에서는 주로 레지스터의 설정을 하게 된다.

중간단계는 HAL(Hardware Abstraction Layer)이다. 이것은 HPL의 상부에 만들어지고 HPL보다 이용하기 쉽도록 더 높은 레벨의 abstraction을 제공한다. HAL 컴포넌트는 칩 이름의 접두어로 시작한다. 예를 들면 CC1000의 HAL 컴포넌트는 CC1000으로 시작한다. 이 layer에서는 HPL layer의 소스를 이용하여 드라이버 수준의 소스를 제공하게 된다.

HAA의 가장 윗부분의 layer는 HIL(Hardware Independent Layer)이다. 이것은 HAL의 상부에 만들어지고 하드웨어 독립적인 abstraction을 제공한다. HIL은 접두어에 대한 규칙이 없다. 이 layer는 주로 tos/platform에서 사용된다.

현재 지원하는 플랫폼은 다음과 같다.

eyesIFXv2, intel모트2, mica2, mica2dot, micaZ, telosa, telosb(t모트), tinynode, btnode3 + hybus 하드웨어 제어와 관련된 컴포넌트인 HPL 파일들은 tos/platform 디렉토리나

tos/chips 디렉토리안에 존재한다. 여기서 platform이란 TinyOS가 올리는 USN 보드(USN에서는 일반적으로 Mote라고 칭함)를 의미한다. 이 Mote에는 CPU나 RF 칩과 같은 다양한 하드웨어 칩셋들이 부착되어 있을 것이다. tos/platform 디렉토리안에는 하드웨어 플랫폼의 전반적인 제어와 사용되는 칩 선택 및 설정 등을 담당하는 컴포넌트들이 존재하고, tos/chips 디렉토리 안에는 USN에서 사용되는 대표적인 하드웨어 칩셋들을 제어할 수 있는 컴포넌트들이 존재한다. 예를 들어, ZigbeX 플랫폼은 CC2420 RF칩과 ATMega128 마이크로컨트롤러를 사용하게 된다. tos/platform 디렉토리에는 각 플랫폼 이름별로 폴더가 존재하며, 각 폴더안에는 해당 플랫폼이 사용하는 하드웨어 컴포넌트의 위치를 기술한 .platform 파일이 있다. 이 파일을 열면 해당 플랫폼에서 사용되는 칩셋를 제어하기 위해 링크되는 HPL 컴포넌트의 위치와 컴파일러의 종류 등이 기술되어 있는 것을 확인할 수 있다. 이 파일을 참조하면 해당 플랫폼이 어떠한 칩 셋들을 사용하고 있는지 그리고 어떠한 컴파일러를 사용하고 있는지 쉽게 알 수 있다. 만약 새로운 하드웨어 플랫폼이나 새로운 칩셋을 사용하고 싶을 경우는 tos/platform나 tos/chips 디렉토리안에 원하는 컴포넌트를 새로 제작하고 .platform 파일에 제작한 폴더의 위치를 기술해주면 된다.

➡ tos/platform/zigbex 디렉토리에 있는 .platform 파일

```
push( @includes, qw(
  // 링크되는 HPL 컴포넌트들의 폴더 위치
  %T/platforms/mica
  %T/platforms/zigbex/chips/cc2420
  %T/chips/cc2420
  %T/chips/atm128
  %T/chips/atm128/adc
  %T/chips/atm128/pins
  %T/chips/atm128/spi
  %T/chips/atm128/i2c
  %T/chips/atm128/timer
  %T/lib/timer
  %T/lib/serial
  %T/lib/power
  %T/sensorboards/zigbex_sensor
  %T/sensorboards/zigbex_sensor/sht11
) );

@opts = qw(
  -gcc=avr-gcc // 사용되는 컴파일러
  -mmcu=atmega128 // CPU 종류
```

```
    -fnesc-target=avr
    -fnesc-no-debug
    -fnesc-scheduler=TinySchedulerC,TinySchedulerC,TaskBasic,TaskBasic,...
);
push @opts, "-mingw-gcc" if $cygwin;
```

TinyOS는 일반적으로 사용되는 리눅스나 윈도우와 같이 정교한 스케줄링 방식을 지원하지 않는다. 일반적인 운영체제는 CPU에서 동작되는 각각의 Task들을 프로세스별로 관리하여 각 taks의 메모리 영역 및 하드웨어 자원을 보호해준다. 하지만 USN과 같이 초소형 임베드디 장비를 기반으로 동작되는 네트워크에서는 이러한 복잡한 프로세스 및 스케줄링 관리가 오히려 코드 사이즈를 증가시키고 CPU의 자원을 소모하는 부담으로 작용될 수 있다. 따라서 TinyOS에서는 프로세스 및 메모리 관리를 모두 포기하고 함수 단위의 task와 비선점형 어떤 Task가 높은 우선순위를 가지고 있을 경우 현재 CPU에서 실행중인 다른 Task를 멈추고 자기가 CPU에 먼저 실행되는 것을 선점형 스케줄링이라고 하며, 이러한 선점을 금지하는 것이 비선점형(non-preemptive) 스케줄링이라고 한다. FIFO 스케줄링 정책을 사용하고 있다. TinyOS에서는 하드웨어적 자원 정보를 가지는 프로세스 단위가 아니라 함수 단위의 task를 기반으로 스케줄링을 하기 때문에 task들간의 우선 순위가 없이 먼저 스케줄링 Queue에 들어간 task가 먼저 실행되는 FIFO(First In First Out) 스케줄링을 사용한다.

스케줄링 단위인 task 함수에 대해 좀 더 알아보자. TinyOS에서 사용되는 함수 및 컴포넌트들은 C에서 사용되는 함수들과 같이 코드에 기술된 순서대로 수행되게 된다. 하지만 Task void fun() 형태로 선언된 task 함수들은 코드에 기술된 순서대로 동작되는 것이 아니라 스케줄 Queue에 들어가 FIFO 순서대로 동작되도록 디자인되어 있다. 일반 함수와 task형 함수의 실행 방식 및 차이에 대해 아래 코드를 예로 들어 설명해보도록 하겠다. (아래 코드는 보다 쉬운 예제 설명을 위해 printf 문을 사용하였으나, Mote와 같은 임베드디 하드웨어서 동작되는 tinyOS에서는 printf 출력함수를 사용할 수 없으니 주의하길 바란다.)

> 어떤 Task가 높은 우선 순위를 가지고 있을 경우 현재 CPU에서 실행중인 다른 Task를 멈추고 자기가 CPU에 먼저 실행되는 것을 선점형 스케줄링이라고 하며, 이러한 선점을 금지하는 것이 비선점형(non-preemptive) 스케줄링이라고 한다.

```
void general_fun()
{
 printf("general fun start");}

void main()
{
  printf("Main start\n");
  general_fun()
}
```

위 코드가 main 함수부터 실행된다고 가정했을 때 print 되는 문장은 컴파일된 순서대로 "Main start"와 "general fun start"가 될 것이다.

위 코드를 수정하여 ex_task란 이름의 새로운 task형 함수를 넣어보도록 하겠다.

Task 함수를 호출할 때는 post란 예약어를 앞에 붙여서 사용하니 주의하길 바란다.

```
void general_fun() {
 printf("general fun start");}

task void ex_task() {
 printf("ex_task start");}

void main() {
  printf("Main start\n");
  post ex_task(); // task형 함수를 호출할 경우 post를 앞에 붙인다.
  general_fun()
}
```

위 예제를 C 문법의 컴파일 순서대로 기술할 경우 출력되는 문장은 "Main start", "ex_task start", "general fun start"가 될 것이다.

하지만 TinyOS에서 task형 함수는 앞에서 언급한 것처럼 컴파일 순서대로 실행되는 것이 아니라, post란 명령을 통해 스케줄링 FIFO queue에 들어가게 된다. 즉, 위 예제의 main 함수에서 printf("Main start\n") 를 실행하고 post ex_task(); 문장을 통해 ex_task 함수를 FIFO queue에 넣은 후 바로 general_fun() 함수를 호출하는 것이다.

CPU는 현재 처리되고 있는 일들이 모두 끝난 후 더 이상 처리할 사항이 없을 경우 Queue에 저장된 Task들을 FIFO 순서로 처리한다. 이 때 비로소 ex_task 함수가 실행되는 것이다.

위 예제가 TinyOS에서 실행될 경우 출력 문장은 "Main start", "general fun start", "ex_task start" 순서가 된다. 이렇게 함수 형태의 task를 두는 이유는 TinyOS가 Event Driven형 OS(evnet가 발생해야지만 CPU에서 처리할 코드가 호출되는 OS)이기 때문이다.

TinyOS는 RF 신호를 받거나, 센서 값이 측정되었다는 등의 event가 발생할 경우 인터럽트 신호를 통해 해당 내용들을 적절히 처리하도록 설계되어있다. 하지만 처리해야 할 내용이 많을 경우 문제가 발생할 수도 있다.

예를 들어 RF 신호를 처리하는 코드가 매우 길면 RF 신호를 처리하기도 전에 다른 여러 인터럽트가 중복적으로 걸릴 수도 있다. TinyOS는 이러한 상황을 줄이기 위해 인터럽트가 발생되었을 때 정말 처리해야 할 부분만 처리하고 나머지 복잡한 연산 부분은 task 형태의 함수로 만들어 Queue에 넣어버리는 것이다.

즉, 인터럽트가 발생하자마자 필수적인 부분만 간단한 코드로 처리하고 나머지 복잡한 연산은 task화시켜 다른 인터럽트가 발생해도 이상이 없도록 하는 것이다.

인터럽트 처리와 관련된 루틴이 CPU에서 모두 끝났을 때, FIFO queue에 들어 있는 task들을 순서대로 처리된다. 이러한 방식을 통해 TinyOS는 매우 간단한 스케줄링만으로도 USN에서 발생되는 여러 인터럽트를 효과적으로 처리할 수 있다.

TinyOS 2.0에서는 모든 Task가 FIFO Queue에 저장될 때 고유한 ID를 갖도록 디자인되어 있으며, 이미 저장된 Task와 같은 ID의 Task는 FIFO Queue로 post될 수 없도록 업그레이드되었다. 이렇게 각 Task마다 ID를 할당한 이유는 프로그래머의 구현 실수로 같은 Task가 여러 번 post되어 FIFO Queue에 쌓이는 것을 방지하기 위해서이다. 예를 들어, RF 데이터를 받았을 경우 그 내용을 처리하는 부분을 task로 만들었다고 가정하자. 하지만 프로그래머의 실수로 RF를 받았을 때, 해당 task가 여러 번 post되게 된다면 하나의 패킷을 여러 번 처리하여 예상치 못한 에러나 오동작을 유발할 것이다. 이러한 부분은 1.x에 비해 상당히 진보된 것으로 응용 프로그래머의 실수를 많은 부분 덮어주게 된다. 만약 같은 Task를 여러 번 post 할 일이 있을 경우라면 Task 함수 내부에서 자신을 다시 post하는 형태로 구현할 수 있다. Task 함수가 실행된다는 의미는 FIFO queue에서 자신이 CPU에서 실행될 차례라는 의미이고, 이 때 post되는 Task가 현재 CPU에서 실행중인 Task와 같은 ID를 가진 것이라도 Queue안에 들어가도록 허용하고 있다. 즉, 아래 코드와 같이 task 함수를 작성하면 같은 Task를 여러 번 post할 수 있는 것이다.

```
post processTask();
...
task void processTask() {
```

```
  // do work
  if (같은Task를 다시 post할 경우)
    post processTask();// 내부에서 자신을 post 함
}
```

2) 스케줄러(Scheduler)

TinyOS 1.x과 마찬가지로 2.0 스케줄러는 non-preemptive(비선점) FIFO로 되어 있다. 그러나 2.0에서의 Task는 1.x와 다르다. 1.x에서는 모든 Task에 대하여 공유 queue가 있었고 컴포넌트는 Task를 여러 번 post할 수 있었다. 만약 공유 queue가 가득차면 post 동작은 실패한다. 네트워킹 스펙을 갖는 실험은 이것이 문제가 됨을 보여준다. 왜냐하면 Task는 split-phase operation(1)의 완료 evnet와 연결이 되어 있기 때문이다. 만약 post가 실패하면 컴포넌트는 완료 event를 기다리면서 영원히 block이 된다.

2.x에서는 모든 Task는 Task queue에 예약된 자신의 queue를 가진다. Task는 한 번씩만 post되어질 수 있다. 만약 Task가 이미 post 되어졌다면 post는 실패한다. 만약 컴포넌트가 Task를 여러 번 post하고 싶다면 Task가 수행될 때 내부 state 변수를 set하고 그 자체를 다시 post하여야 한다. 이러한 약간의 변화는 컴포넌트 코드의 많은 부분을 간략화하였다.

Task가 post되기 이전에 이미 post되었는지를 알기 위하여 test하지 않아도 된다. 컴포넌트는 이미 post된 Task와 상관없이 Task를 바로 post할 수 있다. 컴포넌트는 post가 실패한 것으로 복구하기 위하여 노력해야 할 필요도 없다.

또한, 원한다면 애플리케이션에서도 스케줄러를 교체할 수 있도록 되어 있다. 이것은 프로그래머가 새로운 스케줄링 정책을 시도할 수 있게 해준다(priority 기반 또는 deadline 기반 등). 그러나 스케줄러의 교체는 원하지 않은 오퍼레이션과 프로세스가 블록 상태를 유지하는 등의 뜻하지 않은 변수들이 있을 수 있으므로 많은 주의를 기울여서 적용해야 한다.

➡ split-phase operation

Split-phase system에서는 프로그램이 수행이 오래 걸리는 oepration을 call하면 즉시 call을 return하고 대신 수행이 완료되었을 때 called abstract이 callback을 issue한다. 이러한 방법을 split-phase라 부르는데 그 이유는 invocation과 completion을 두 개의 분리된 수행의 phase로 나누었기 때문이다. Split phase call의 장점은 수행 중에 stack memory를 정체시키지 않는다. 그리고 시스템의 반응성을 유지하고(즉 긴 수행을 요구하는 opeartion에 정체되지 않게 한다) stack의 이용율을 감소시킨다.

4장

Split-phase operation은 TinyOS 컴포넌트가 간단하게 여러 개의 operation을 즉시 시작하고 병렬로 수행할 수 있도록 해준다. 또한 split phase operation은 memory를 절약할 수 있다. 이것은 프로그램이 blocking operation을 call하면 모든 state를 call stack에 저장해야만 하기 때문이다.

3) 부팅(Booting)/ 초기화(Initialization)

TinyOS는 프로그래밍 언어로 NesC를 사용하지만 컴파일 과정에서 결국 C로 변경된 후 Object 코드로 컴파일된다. C에서 프로그램이 시작되는 함수는 main() 함수이기 때문에 TinyOS에서 처음 시작되는 곳도 main() 함수가 들어 있는 tos/system/RealMainP.nc 파일이 된다.

해당 파일의 main 함수 코드를 살펴보며 먼저 TinyOS의 스케줄러와 하드웨어 그리고 소프트웨어 등을 초기화하고 그 과정에서 생성된 Task들은 While(call Scheduler.runNextTask()); 라인을 통해 처리한다. 초기화와 관련된 Task들을 모두 처리한 후 __nesc_enable_interrupt() 함수를 통해 인터럽트를 활성화시키고 사용자가 작성한 프로그램으로 Boot.booted 이벤트를 시그널한다.

사용자는 자신이 작성한 컴포넌트에서 이 이벤트에 대한 처리를 프로그램의 시작으로 받아들이고 프로그래밍하면 된다. 마지막으로 main 함수는 call Scheduler.taskLoop(); 함수를 통해 Task가 발생하였을 때 처리되도록 loop를 돌게 된다. RealMainP.nc 파일의 main 함수의 실제 내용은 다음과 같다.

```
int main() __attribute__ ((C, spontaneous))
{
    // 처음으로 Scheduler를 초기화
    call Scheduler.init();

    //하드웨어 설정을 초기화시키고, 그 과정에서 생성된 Task를 처리
    call PlatformInit.init();
    while(call Scheduler.runNextTask());

    // 소프트웨어를 초기화시키고, 그 과정에서 생성된 Task를 처리
    call SoftwareInit.init();
    while(call Scheduler.runNextTask());

    // 인터럽트 활성화.
    __nesc_enable_interrupt();

    //프로그래머가 작성한 컴포넌트에게 초기화가 끝났음을 알려줌
    signal Boot.booted();
```

```
    /// 생성된 task가 있을 시 처리하도록 Loop를 돔
    call Scheduler.taskLoop();

    return -1;
}
```

2.0은 1.x와 다른 boot 시퀀스(sequence)로 되어 있다. 1.x에서의 StdControl은 init, start와 stop으로 되어 있었고, 이는 MainM.nc에서 call되어 실행이 되었다. 1.x에서 컴포넌트를 boot sequence에 wiring하는 것은 부트시에 power up되고, 시작하도록 되어 있었다. 그러나 TinyOS-2.x의 boot sequence에서는 오직 컴포넌트를 initialize하는 것만 수행한다. Scheduler, hardware, software가 모두 initialize가 되고 나면 boot sequence는 Boot.booted에 signal을 보낸다. Top-level application 컴포넌트는 이 이벤트를 처리하고 service를 시작한다.

4) 가상화(Virtualization)

하나의 유용한 컴포넌트는 TinyOS 2.0을 구성하는 여러 컴포넌트들에서 중복적으로 사용될 수 있을 것이다.

예를 들어 Timer 컴포넌트인 TimerMilliC는 주기적인 동작되는 라우팅, MAC 프로토콜, Queue 등의 컴포넌트들에서 사용된다.

또한 사용자도 프로그램을 작성할 시 필요하다면 TimerMiliC 컴포넌트를 이용해야 한다. 만약 사용자가 TimerMiliC 컴포넌트를 사용하여 일정 시간을 설정할 경우 그 시간 후에는 만기되었다는 event 함수가 자동으로 호출될 것이다. 하지만 사용자 프로그램뿐만 아니라 TimerMilliC를 사용하는 다른 모든 컴포넌트에게 이 event가 전달된다면 어떻게 될 것인가? 아마도 해당 컴포넌트들은 자신이 설정한 시간과 관계없이 시간이 만기되었다는 event 함수를 받게 될 것이다. 또한 다른 컴포넌트가 설정한 시간이 만기된 후 그 정보가 내가 만든 컴포넌트에게 event 함수로 전달된다면 내가 생각한 동작과 전혀 다른 동작이 수행될 수 있을 것이다. 이와 같이 여러 컴포넌트들에서 동시에 사용하는 컴포넌트들은 각 프로그램마다 독립적으로 동작되도록 디자인되어야 한다.

TinyOS 2.0에서는 이렇게 여러 프로그램들로부터 호출될 수도 있는 컴포넌트들을 generic 컴포넌트로 구분하여 각 프로그램마다 마치 독립적으로 동작되는 것처럼 만드는 가상화 기능을 제공한다. 이러한 가상화 기능은 generic 컴포넌트들에서 제공하는 인터페

4장

이스를 배열화시킴으로써 가능해진다.

즉, TimerMiliC 컴포넌트에서 제공하는 Timer interface는 1개가 아니라 TimerMiliC를 사용하는 프로그램 수만큼의 Timer interface를 가지게 되는 것이다. 이를 통해 1번 Timer interface에서 설정된 시간은 1번 Timer interface를 사용하는 프로그램에게 만기된 event를 보내 줄 수 있고, 2번 Timer interface에서 설정하는 만기 event는 2번 interface를 사용하는 프로그램에게 보내지는 것이다. 이와 같은 기법을 기반으로 TinyOS 2.0에서는 유용한 컴포넌트들을 여러 프로그램에서 동시에 사용할 수 있도록 허용한다. Generic과 관련된 컴포넌트는 NesC1.2 버전 이상에서만 사용 가능하다. Generic 컴포넌트를 사용하기 위해서는 아래와 같이 new라는 예약어를 사용하여야 한다.

```
// 일반적인 컴포넌트 선언
components MainC, BlinkC ... ;

// generic 컴포넌트 선언
components new TimerMilliC();
```

2.0은 NesC 1.2로 작성되었다. NesC1.2는 generic의 개념 또는 인스턴스 가능한 컴포넌트를 도입한다. Generic 모듈은 TinyOS가 재사용 가능한 데이터 구조를 갖도록 해준다. 예를 들면 bit vector와 queue가 이에 해당된다. 이것은 개발을 단순화시켜 준다. generic configuration은 많은 service들이 복잡했던 wiring 관계를 캡슐화함으로써 복잡한 wiring관계를 이해해야만 했던 클라이언트에게 편의를 제공한다. 실제로 이것은 많은 기본적인 TinyOS service들이 virtualize 되었다는 것이다.

5) 타이머(Timers)

일반적으로 Timer는 주기적인 동작이나 일정 시간 후의 동작을 프로그래밍하기 위해 사용되는데, TinyOS 2.0에서는 Timer 제어와 관련하여 다양한 기능들을 제공하고 있다.

TinyOS에서 제공되는 Timer 컴포넌트는 일반적으로 정교한 1밀리(약 0.001초) 타이머를 지원하며, 프로그램에 따라서 1마이크로(약 0.000001초) 단위의 고정밀 타이머도 사용할 수 있다.

TinyOS 2.0에서 사용되는 일반적인 Timer 컴포넌트의 이름은 TimerMilliC이고, Timer란 이름의 인터페이스를 제공하고 있다. 여기서 인터페이스란 컴포넌트에서 제공하는 함수들의 모음을 의미한다. TimerMilliC 컴포넌트는 기본적으로 밀리초 단위로 Timer를 설정하고 제어할 수 있다. TimerMilliC에는 내부적으로 1밀리초마다 변하는 시간 변수를 가지고 있는데, 이 변수를 통해 전체 Timer의 시간 경과를 조정한다. 사용자는 Timer 인터페이스에서 제공되는 함수들을 통해 원하는 시간을 설정할 수 있고, Timer 내부에 있는 시간 변수를 확인할 수 있다.

2.0은 1.x에 비해 더 풍부한 timer를 제공한다. 많은 실험들은 timer가 OS의 측면에서 제공할 수 있는 가장 critical한 abstraction 중의 하나라는 것을 보여준다. 그래서 2.0은 timer가 가지는 충실성과 형태를 확장하였다. 플랫폼의 하드웨어 자원에 따라 각각 차이가 나겠지만 컴포넌트는 밀리세컨 timer와 32kHz timer를 이용할 수 있다. Timer system은 하나 또는 2개의 상당히 정확한 timer를 제공하고, 또한 비동기식으로 동작하는 것을 제공한다. 컴포넌트는 timer가 발생하기까지 얼마나 남았는지를 물어볼 수 있고 얼마 후에 timer를 시작할 수 있는지도 나타낼 수 있다. 예를 들면 "지금부터 31ms 후에 1Hz로 fire를 하라" 라는 식으로 말이다.

만약 밀리세컨 단위의 더욱 critical한 timer를 사용하고자 한다면 32kHz의 timer를 사용함으로써 이를 보완할 수 있다.

Timer는 2.0에서 virtualization의 좋은 예를 보여준다. Tinyos-1.x는 다음과 같이 한다.

components App, TimerC; App.Timer → TimerC.Timer[unique("Timer")];

Tinyos-2.0에서는 다음과 같이 한다.

components App, new TimerMilliC(); App.Timer → TimerMilliC;

6) 통신(Communication)

TinyOS 2.0에서 RF 통신이나 PC와의 serial 통신을 위해 message_t 라는 구조체를 사용한다. message_t 구조체의 원형은 tos/types/message.h 파일에 기술되어 있는데 그 내용을 살펴보면 다음과 같다.

```
typedef nx_struct message_t {
  nx_uint8_t header[sizeof(message_header_t)];
  nx_uint8_t data[TOSH_DATA_LENGTH]; //Data 영역은 28byte로 정의된다.
  nx_uint8_t footer[sizeof(message_footer_t)];
  nx_uint8_t metadata[sizeof(message_metadata_t)];
} message_t;
```

message_t 구조체의 헤더 부분은 특별한 필드로 되어 있는 것이 아니라 nx_uint8_t

header[sizeof(message_header_t)] 형태의 배열로 선언되어 있다.

이렇게 정확한 필드가 아닌 배열 형태로만 message_t 구조체를 정의하는 이유는 앞에서 설명한 TinyOS의 플랫폼/하드웨어 추상화 기능 때문이다.

TinyOS가 지원하는 RF 칩은 CC1000과 CC2420이 대표적이고 그 밖에도 사용자가 원한다면 다양한 RF 칩을 TinyOS에 장치할 수 있다. 하지만 각 RF 칩마다 사용되는 패킷의 구조체 형태는 다를 수 밖에 없기 때문에, TinyOS2.0에서는 통신 구조체인 message_t의 해더 부분을 배열로 선언하여 적당한 해더가 컴파일시 assign 되도록 한 것이다. nx_uint8_t header의 정확한 내용 및 message_header_t의 크기는 사용되는 플랫폼의 RF 칩 하드웨어 폴더에 기술된다. 이를 통해 사용자가 선택할 하드웨어에 맞는 통신 구조체는 컴파일시 자동을 해당 RF 칩의 구조체와 연결된다. 사용자가 프로그램을 작성할 때는 구체적인 RF 칩의 구조체를 알 필요 없이 message_t 구조체의 data 영역에 전송할 패킷을 넣어 프로그램하기만 하면 된다.

나머지 다른 필드들은 RF 통신과 관련된 HPL과 HAL 계층에서 자동으로 설정해 줄 것이다.

시리얼 통신을 시도할 경우에도 마찬가지로 message_t 구조체를 사용하면 된다. 나머지 시리얼 통신에 필요한 적절한 헤더 및 필드들은 모두 시리얼 통신과 관련된 HPL과 HAL 계층에서 자동으로 설정한다.

하지만 사용자가 프로그램시 통신에서 사용되는 message_t의 헤더의 어떤 특정한 필드 값을 보고 싶을 경우를 대비해 TinyOS 2.0에서는 통신 구조체에 맞추어 원하는 필드 정보를 반환할 수 있는 함수들을 제공하고 있다. 이 함수들이 모인 인터페이스를 통해 사용자는 RF 헤더의 정확한 구조를 알 필요 없이 각 메시지 헤더의 공통 필드 영역을 쉽게 접근할 수 있다. 예를 들어, CC1000 RF칩을 사용하는 Mica2 하드웨어와 CC2420 RF를 사용하는 ZigbeX 하드웨어에서 실제 사용되는 RF 패킷의 구조체는 다르지만, 두 RF 칩의 통신 구조체가 갖는 공통의 필드를 반환해주기 위해 AMPacket라는 공통의 인터페이스를 갖는다. 사용자는 이러한 하드웨어적 특성과 상관없이 프로그램에서 AMPacket라는 공통의 인터페이스를 사용하여 원하는 필드를 얻을 수 있다. 예를 들어, AMPakcet 인터페이스 함수 중에 하나인 AMPacket.destination(message_t 변수); 함수를 호출하면 현재 사용되는 RF 칩의 구조체에서 목적지 주소에 해당하는 필드 정보를 받아볼 수 있다.

TinyOS는 RF 통신을 위해 ActiveMessageC 컴포넌트를 제공하고, PC와의 serial 통신을 위해 SerialActiveMessageC 컴포넌트를 제공한다. 이 중 ActiveMessageC 컴포넌트는

각 하드웨어가 사용하는 RF 칩 컴포넌트를 선택해주는 역할을 수행한다. 사용자가 프로그램한 코드를 컴파일할 때 자신의 하드웨어 플랫폼을 지정하도록 되어 있기 때문에, 컴파일러는 해당 정보에 따라 각 하드웨어의 ActiveMessageC 컴포넌트를 자동으로 호출해준다.

2.0에서의 메시지 버퍼 타입은 message_t로, 어떤 노드로부터의 packet을 받기에도 충분할만큼 크게 설정되어 있다. 소스를 보면 알겠지만 Structure 그자체는 불투명해서 컴포넌트는 구조체의 field를 직접 참조할 수는 없다. 대신 모든 버퍼는 interface를 통해 access할 수 있다. 예를 들면 msg라 지칭된 AM packet의destination address를 가져오고 싶으면 AMPacket.destination(msg) 라고 하면 된다.

Send interface는 communication abstraction의 addressing mode를 구분한다. 예를 들면 active message communication은 AMSend itnerface로 이것은 AMdestination address를 필요로 한다. 반면 broadcating과 collection tree abstraction은 address가 필요없는 Send 인터페이스를 사용한다.

Active message는 network HIL로 ActiveMessageC 컴포넌트는 network 인터페이스가 standard communication medium이라는 것을 정의한다. 예를 들면 mica2는 ActiveMessageC 처럼 CC1000 active message layer를, 반면 T모트는 CC2420 active message layer를 정의한다. 이제 더 이상 active message communication을 위한 TOS_UART_ADDRESS는 없다. 대신 컴포넌트는 SerialActiveMessageC가 시리얼포트를 통해 active message 통신이 가능하도록 지원한다.

7) 에러 코드(Error Codes)

TinyOS 1.x에서 리턴 코드는 SUCCESS(0이 아닌 값 = 1)와 FAIL(0 값)만을 가지고 있었다. 하지만 이 두 가지 상태만으로는 실패시 보다 정확한 원인을 파악할 수 없다는 문제점이 있다. 이를 보완하기 위해 TinyOS 2.0에서는 error_t 구조체를 두어 SUCCESS, FAIL, EBUSY, ECANCEL 등의 값을 상황에 맞게 리턴하도록 업그레이드되었다.

대부분 1.x에서 다음과 같은 코딩을 하였다.

```
if (call X.y()) {
    // call X.y() is success
}
```

하지만 2.0에서는 다음과 같이 코딩하여야 한다.

```
if (call X.y() == SUCCESS) {
    // call X.y() is success
}
```

8) Arbitration

센서, 스토리지, 라디오 같은 많은 다른 시스템 등이 같은 시간에 같은 bus를 사용하려 할 때 arbitrating 접근이 필요한다. 이러한 종류의 abstraction을 제공하기 위하여 2.0은 resource interface를 도입함으로써, 컴포넌트가 공유 자원과 arbiter를 요구하거나 획득하기 위하여 resource interface의 이용이 가능하도록 만들어 놓았다.

이러한 것은 복수의 클라이언트 사이에 access를 arbitrating하기 위한 정책을 제공한다.

9) 네트워크 프로토콜

2.0은 모트 네트워크에서 사용하는 가장 간단한 2개의 네트워크 프로토콜을 제공한다. 하나는 dissemination이고, 다른 하나는 collection이다. Dissemination은 작은 data를 네트워크의 모든 노드에 신뢰성 있게 전달한다. 반면 collection은 sink node를 기준으로 routing tree를 만든다. 이러한 프로토콜은 넓은 영역의 데이터 수집이 가능하도록 한다.

10) 전원 관리

TinyOS 2.0에서 전원 관리는 마이크로컨트롤러의 전원 상태와 디바이스의 전원 상태로 나누어져 있다.

마이크로컨트롤러 전원 관리는 McuSleepC라는 컴포넌트를 통해 이루어지는데, CPU에서 처리해야 할 Task나 Event가 없을 경우 인터럽트 부분을 제외한 CPU의 전원을 차단하여 전력 소비를 최소화하는 기능을 제공한다.

11) 센 서

TinyOS2.0에서 센서와 관련된 컴포넌트들을 tos/sensorboards 폴더에 모아서 따로 관리하고 있다.

대부분의 센서는 CPU의 ADC(Analog to Digital Convertor) 포트를 통해 측정되는 아날로그 센서들이지만, CPU와 디지털 통신이 필요한 센서일 경우에는 tos/chips 폴더에 해당 제어 컴포넌트가 구현되어 있을 것이다. 보통 각 센서 컴포넌트들은 Read 인터페이스를 통해 측정한 센서값을 프로그램에게 돌려준다. 다음 코드는 Read 인터페이스의 함수 내용을 기술하고 있다.

```
interface Read<val_t> {

  // Read 인터페이스가 구현된 컴포넌트의 센서 값을 읽도록 명령하는 함수
  command error_t read();

  // read() 함수를 받게 되었을 경우 해당 센서 값을 반환해주는 Event 함수
  event void readDone( error_t result, val_t val );
```

4.6 TinyOS-2.x의 디렉토리 구조

TinyOS의 핵심이 되는 여러 컴포넌트들은 대부분 /opt/TinyOS-2.x/tos 폴더에 구현되어 있다. tos 폴더는 다시 하드웨어 플랫폼에 독립적으로 설계된 여러 컴포넌트들이 모인 system 폴더와 여러 공통 인터페이스들이 선언된 interface 폴더, 여러 라이브러리들이 존재하는 lib 폴더, 센서를 제어하는 컴포넌트들을 담고 있는 sensorboards 폴더, 하드웨어 칩셋과 관련된 컴포넌트들을 받고 있는 chips 폴더 그리고 하드웨어 플랫폼과 관련된 컴포넌트들을 기술하고 있는 platform 폴더로 구분할 수 있다.

[표 4-4]는 TinyOS의 디렉토리 구조를 정리해서 보여주고 있다.

[표 4-4] TinyOS의 디렉토리 구조

디렉토리	구성하는 컴포넌트들의 특징
system	일반적이고 다양한 커널 컴포넌트 및 몇 개의 유틸리티
interface	여러 종류의 interface 선언 파일들이 모인 폴더
lib	다양한 high level 라이브러리들이 모인 폴더
sensorboards	센싱과 관련된 컴포넌트들이 모인 폴더
chips	하드웨어 칩 셋과 관련된 컴포넌트들이 모인 폴더
platform	하드웨어 플랫폼과 관련된 컴포넌트들을 기술

Tinyos-2.x의 디렉토리 구조는 [그림 4-38]과 같다.

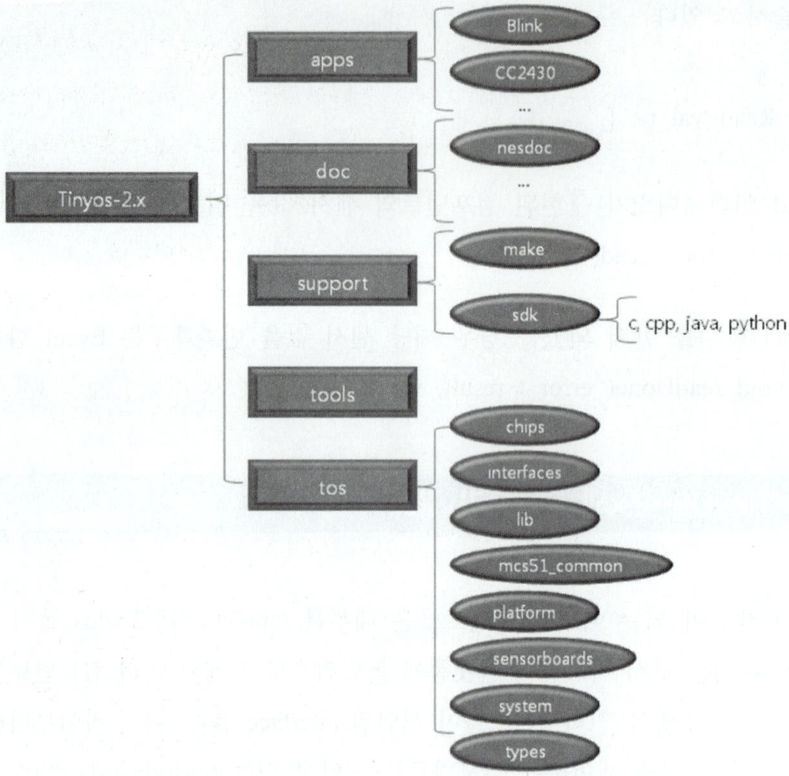

[그림 4-38] Tinyos-2.x의 디렉토리 구조

apps에는 빌드 및 업로드하여 여러 테스트를 할 수 있는 sample application들이 있다. doc에서는 애플리케이션을 구성하는 컴포넌트간의 wiring 상태 및 시스템의 구성도가 html 및 xml의 형태로 제공된다. support의 make는 Makerules 및 Makedefaults가 포함되어 있으며, 모든 플랫폼들의 target 파일들이 포함되어 있다. target 파일에선 플랫폼의 구성 요소에 대한 내용을 정의한다. sdk는 language 별로 작성되어 있으며, 모니터링 프로그램을 비롯한 여러가지 user interface를 제공한다. tos는 TinyOS의 커널부분으로 칩, 플랫폼, 센서 보드에 대한 드라이버 수준의 소스와 application에서 사용하는 interface에게 제공되는 시스템 파일들이 포함되어 있다. mcs51_common이라는 디렉토리는 HMOTE 2430만을 위한 라이브러리가 포함되어 있다.

1) JAVA SDK 설치

CD의 jdk로 이동하여 jdk-1_5_0_09-windows-i586-p.exe을 클릭하여 설치한다.

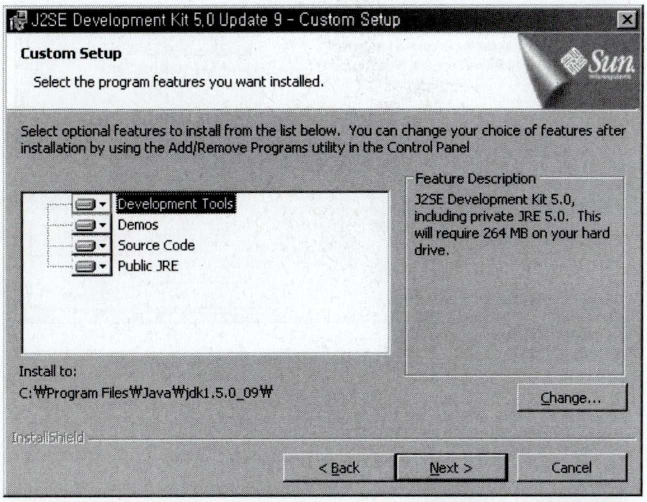

[그림 4-39] 구성 요소 및 install path 설정

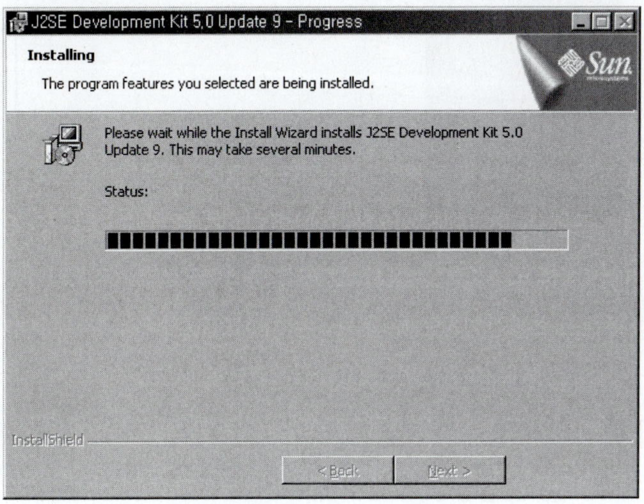

[그림 4-40] 설치 화면

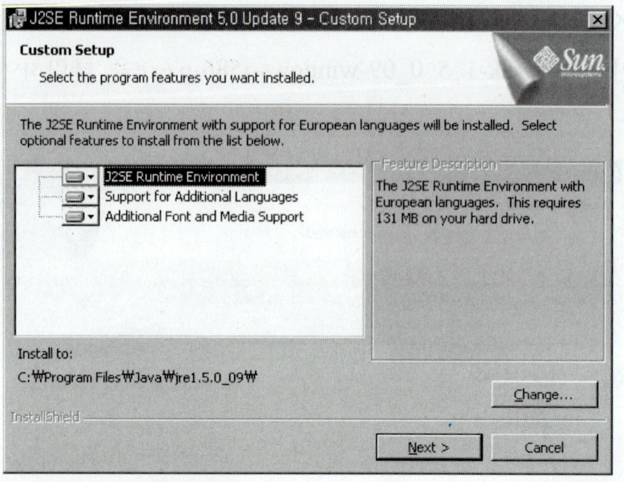

[그림 4-41] JRE 설치

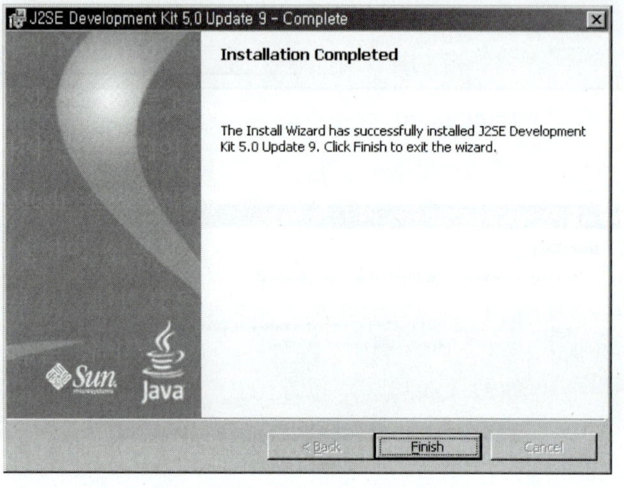

[그림 4-42] 설치 완료

2) 설치 확인

시작 → 제어판 → 프로그램 추가/제거로 들어가면 다음 프로그램이 설치되어 있다.

J2SE Development Kit 5.0 Update 9
J2SE Runtime Environment 5.0 Update 9

3) cygwin 설치

cygwin(www.cygwin.com)은 윈도우가 설치된 환경에서 리눅스의 개발환경을 사용하기 위해 만들어진 개발 도구이다. 상당히 많은 리눅스의 API 등을 제공하고 있으며, 윈도우 CE를 제외한 x86용 32/64bit의 윈도우 운영체제에서 동작된다.

① CD의 cygwin-1.2a.tar를 압축 해제한다.

② 압축 파일을 풀면 다음과 같이 생성된다.

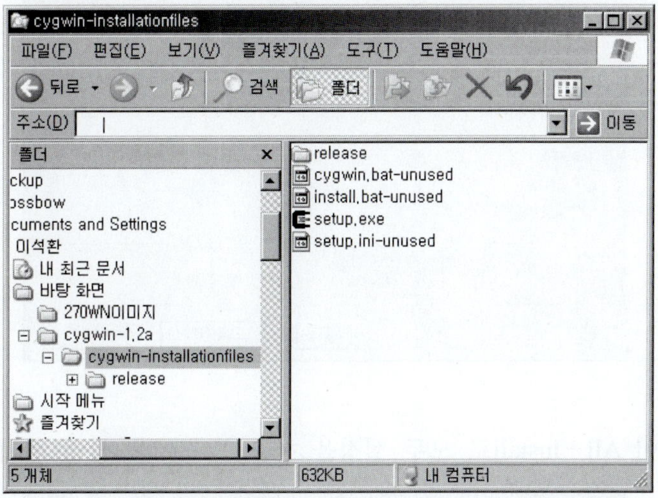

③ setup.exe를 실행하여 설치한다.

설치할 때 Install from local directory를 선택한다.

그 다음 Install for "All Users", Default Text File Type "UNIX"로 설정하고, 설치할 경로를 지정한다.

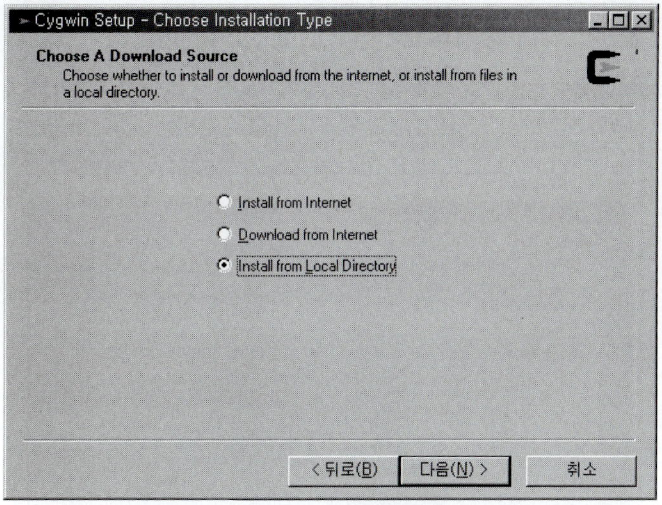

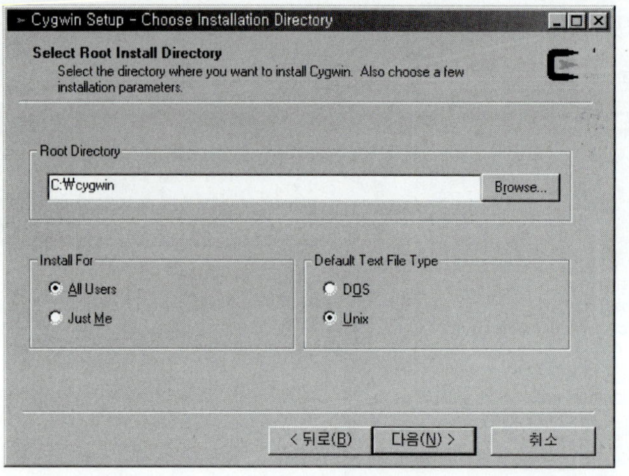

④ 다음과 같이 All−Install로 모두 설정을 하고, “다음”을 눌러 설치를 진행한다.

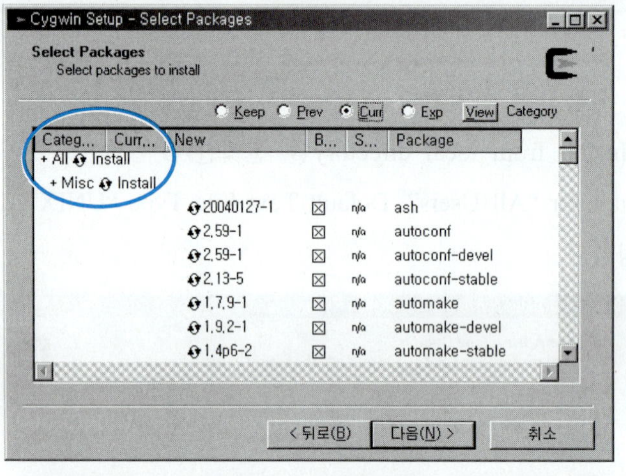

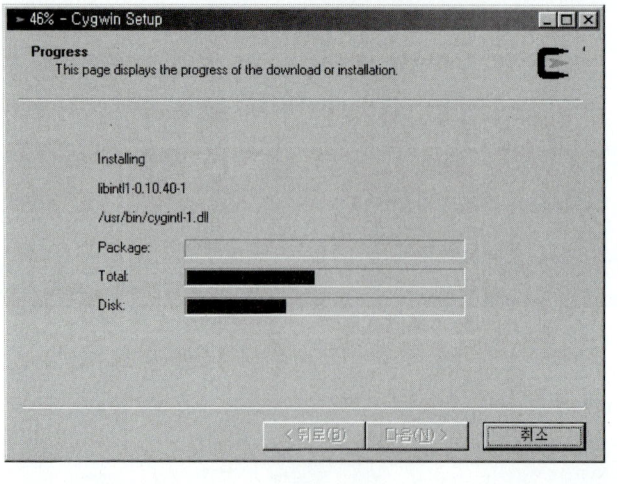

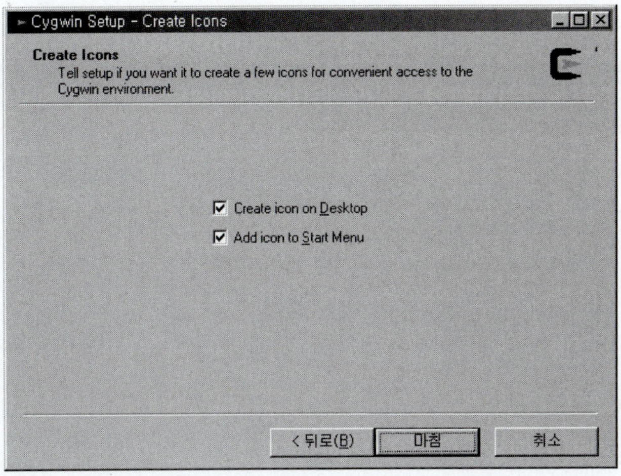

➡ **CAUTION!!!!**

(설치 완료후 <u>cygwin을 실행하지 않은 상태로 바로 **cygwin-x**의 설치를 진행</u>해야 한다. Cygwin-x를 설치하기 전에 cygwin을 실행하면 자동 스크립트에 충돌이 나서 정상 동작하지 않을 수 있으니 주의하길 바란다.)

4) Cygwin-X 설치

① openGL에 적합한 환경을 구축하기 위하여 X환경의 Cygwin patch를 따로 설치해야 한다. 일단 www.cygwin.com/setup.exe로 다운로더를 내려받는다. setup.exe를 실행하면 다음과 같은 화면이 출력된다.

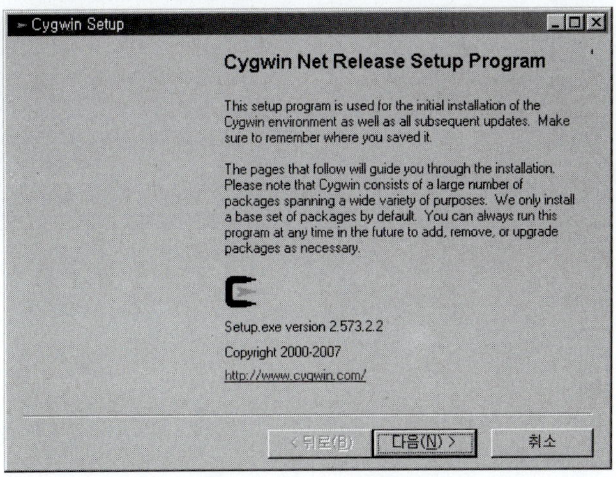

2 다음을 클릭하여 넘어가서 “install from internet” 항목에 체크한다.

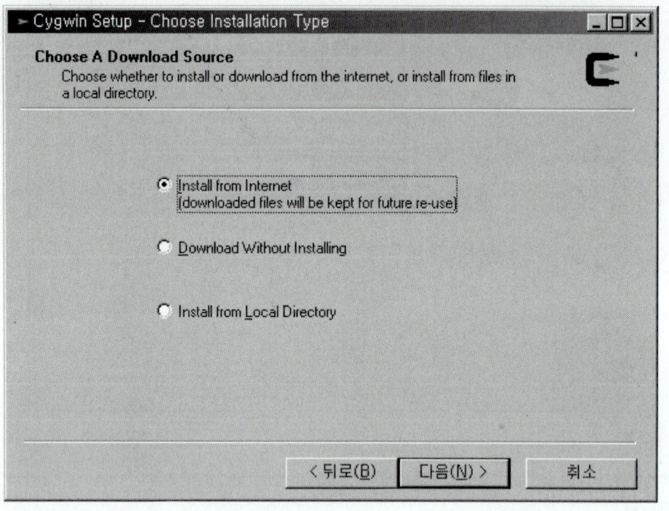

3 다음 화면이 나오면 이미 cygwin이 설치되어 있다면 그 위치를 설치되어 있지 않다면 설치하고자 하는 위치를 지정하시고 “다음”을 클릭한다.

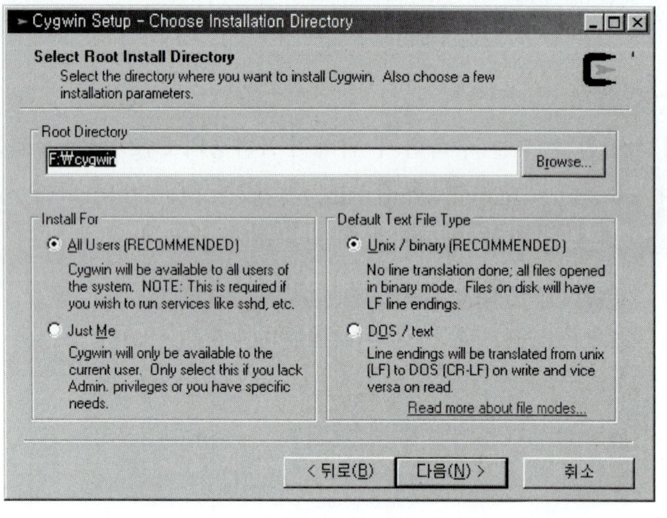

다운로드받을 임시 디렉토리를 설정하고 “다음”을 클릭한다.

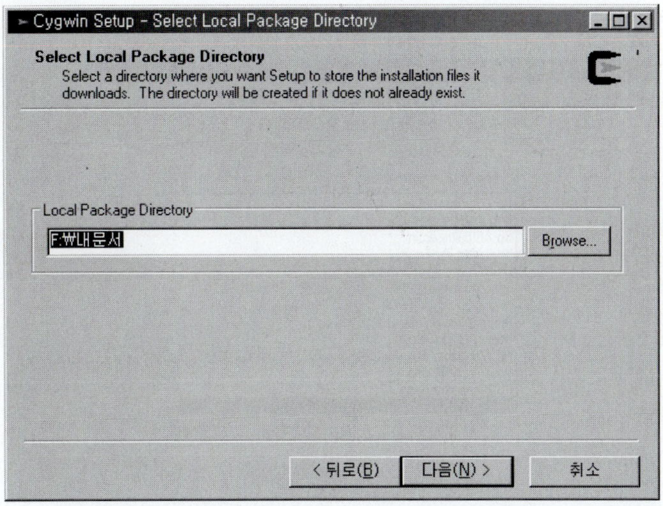

④ 인터넷 연결의 유형을 결정한다. Direct Connection이나 Use IE5 Setting을 체크하고 “다음”을 클릭한다.

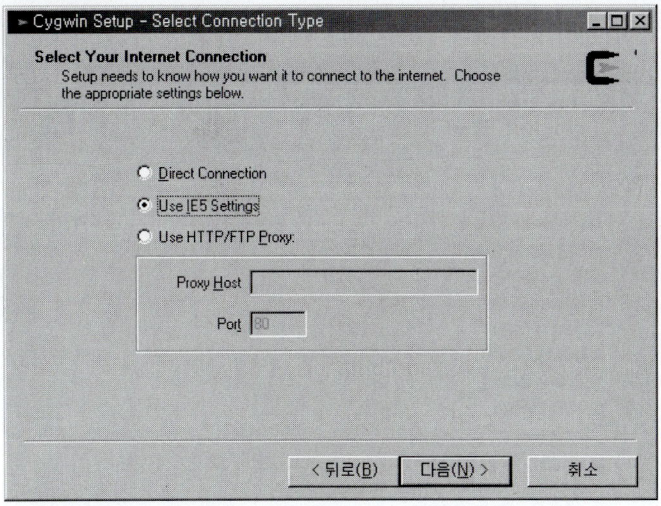

다운로드할 FTP 사이트를 결정한다. 국내 서버인 kaist나 daum을 선택하면 다운로드 속도가 더 빠르다.

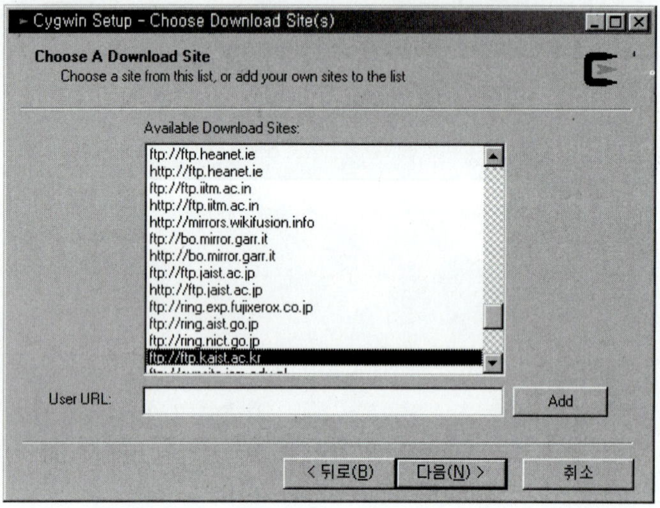

5 인스톨할 패키지를 설정하는 부분이다. cygwin을 이미 설치했다면 다음 그림에서 보이는 X11 항목만 Install로 설정을 바꿔주고 "다음"을 클릭한다.

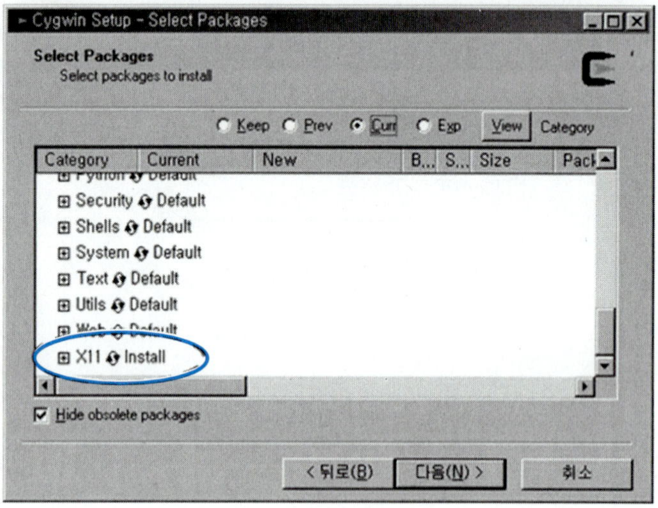

⑥ 설치를 시작한다.

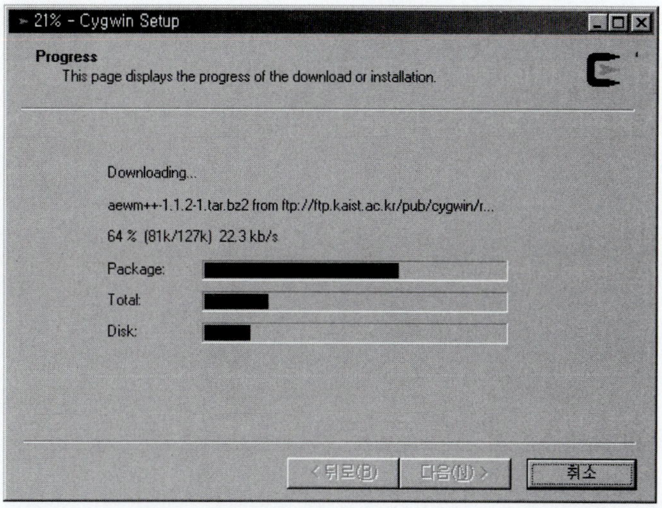

⑦ 설치가 다 되었다면 cygwin을 실행시킨 후에 startxwin.sh를 실행하여 cygwin-X가 잘 설치되었는지 테스트한다.

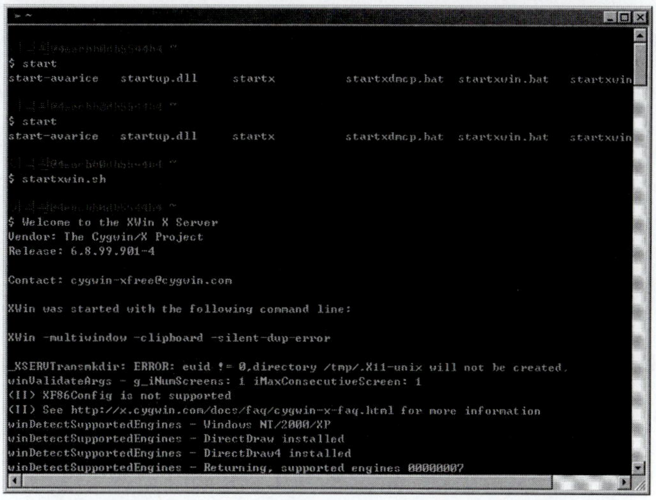

다음과 같은 X기반의 터미널이 실행된다.

5) 플랫폼별 컴파일러 설치

AVR과 MSP430 각각에 필요한 컴파일러를 설치한다.

① Atmel AVR Tools 설치

CD의 rpm/avr에 있는 5개의 rpm 파일을 cygwin이 설치되어 있는 하부 디렉토리 중 어느 곳이든 복사하여 다음의 명령으로 설치한다.

```
$rpm –Uvh –ignoreos avr–binutils–2.15TinyOS–3.cyginn.i386
 $rpm –Uvh–ignoreos avr–gcc–3.4.3–1.cygwin.i386.rpm
 $rpm –Uvh–ignoreos avr–libc–1.2.3–1.cygwin.i386.rpm
 $rpm –Uvh–ignoreos avarice–2.4–1.cygwin.i386.rpm
 $rpm –Uvh–ignoreos avr–insignt–6.3.1.cygwin.i386.rpm
```

② TI MSP430 Tools 설치

CD의 rpm/msp430에 있는 5개의 rpm 파일을 cygwin이 설치되어 있는 하부 디렉토리 중 어느 곳이든 복사하여 다음의 명령으로 설치한다.

```
$rpm –Uvh-–ignoreos msp430tools–base–0.1–20050607.cygwin.i386.rpm
 $rpm –Uvh -–ignoreos msp430tools–python–tools–1.0–1.cygwin.noarch.rpm
 $rpm –Uvh -–ignoreos msp430tools–binutils–2.16–20050607.cygwin.i386.rpm
 $rpm –Uvh -–ignoreos msp430tools–gcc–3.2.3–20050607.cygwin.i386.rpm
 $rpm –Uvh -–ignoreos msp430tools–libc–20050308cvs–20050608.cygwin.i386.rpm
```

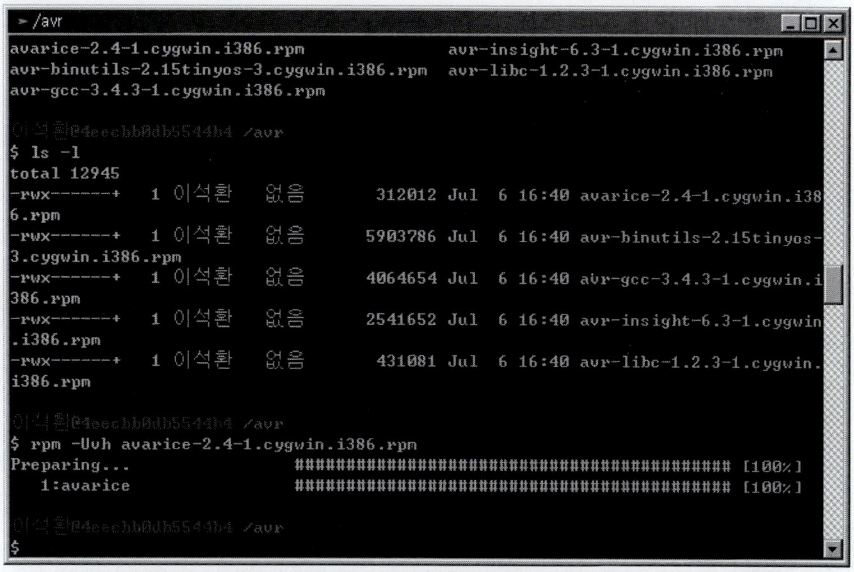

```
~/avr
avarice-2.4-1.cygwin.i386.rpm              avr-insight-6.3-1.cygwin.i386.rpm
avr-binutils-2.15tinyos-3.cygwin.i386.rpm  avr-libc-1.2.3-1.cygwin.i386.rpm
avr-gcc-3.4.3-1.cygwin.i386.rpm

이석환@4eecbb0db5544b4 ~/avr
$ ls -l
total 12945
-rwx------+  1 이석환  없음   312012 Jul  6 16:40 avarice-2.4-1.cygwin.i38
6.rpm
-rwx------+  1 이석환  없음  5903786 Jul  6 16:40 avr-binutils-2.15tinyos-
3.cygwin.i386.rpm
-rwx------+  1 이석환  없음  4064654 Jul  6 16:40 avr-gcc-3.4.3-1.cygwin.i
386.rpm
-rwx------+  1 이석환  없음  2541652 Jul  6 16:40 avr-insight-6.3-1.cygwin
.i386.rpm
-rwx------+  1 이석환  없음   431081 Jul  6 16:40 avr-libc-1.2.3-1.cygwin.
i386.rpm

이석환@4eecbb0db5544b4 ~/avr
$ rpm -Uvh avarice-2.4-1.cygwin.i386.rpm
Preparing...                ########################################### [100%]
   1:avarice                ########################################### [100%]

이석환@4eecbb0db5544b4 ~/avr
$
```

[그림 4-43] rpm 설치/업데이트 실행 화면

6) TinyOS toolchain 및 source tree 설치

① NesC와 TinyOS-tools를 설치

CD의 rpm/toolchain에 있는 2개의 rpm 파일을 cygwin이 설치되어 있는 하부 디렉토리 중 어느 곳이든 복사하여 다음의 명령으로 설치한다.

```
$rpm -Uvh --ignoreos nesc-1.2.7b-1.cygwin.i386.rpm
$rpm -Uvh --ignoreos TinyOS-tools-1.2.3-1.cygwin.i386.rpm
```

② TinyOS-2.x의 source tree를 설치

CD의 rpm/sourcetree에 있는 source tree rpm 파일을 cygwin이 설치되어 있는 하부 디렉토리 중 어느 곳이든 복사하여 다음의 명령으로 설치한다.

```
$rpm -Uvh TinyOS-2.0.1-5.cygwin.noarch.rpm
```

• rpm 설치 확인(rpm –qa)

7) 환경설정 및 확인

① 환경을 설정한다. 이를 위해 .bashrc를 열어 맨 마지막 줄에 다음을 추가한다.

```
# vi ~/.bashrc
```

```
export TOSROOT=/opt/TinyOS-2.x
export TOSDIR=$TOSROOT/tos
export CLASSPATH=`cygpath –w $TOSROOT/support/sdk/java/TinyOS.jar`
export CLASSPATH="$CLASSPATH;."
export MAKERULES=$TOSROOT/support/make/Makerulesexport PATH=/opt/msp430/bin:$PATH
```

② 저장한 후 빠져나온 다음(:wq!) source .bashrc를 해서 script를 실행한다.

```
# source ~/.bashrc
```

③ Test를 위해 /opt/TinyOS-2.x/apps/Blink로 이동하여 make micaz 및 make t모트를 수행하여 컴파일이 잘되는지 확인한다.

```
# cd /opt/TinyOS-2.x/apps/Blink
# make micaz
```

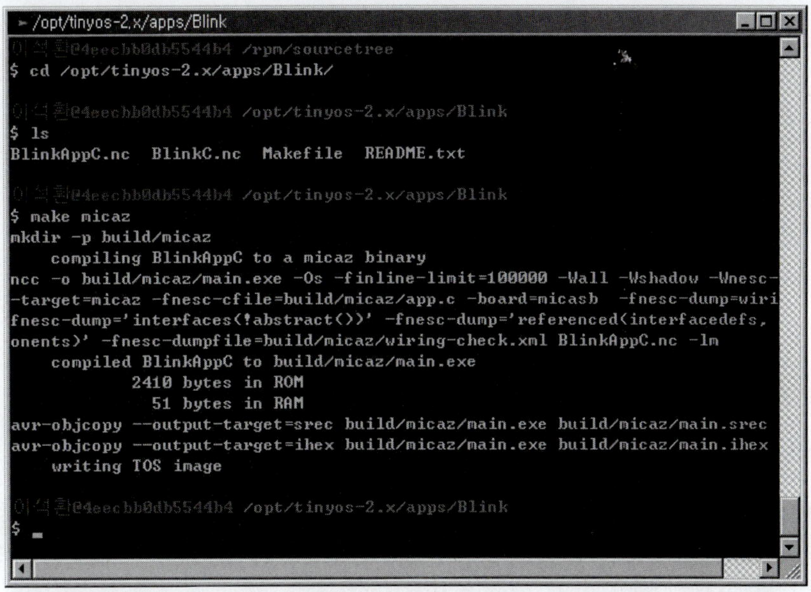

위와 같이 컴파일이 이상없이 된다면 설치를 정상적으로 완료한 것이다.

8) Java Tool Compile

Listen, SerialForwarder 등을 java class를 실행하기 위해 컴파일을 해야 한다.

① 내 컴퓨터(오른쪽 마우스 버튼 클릭) → 속성 → 고급 → 환경 변수에 javac가 설치된 폴더를 PATH에 추가한다.

(default : Program Files\JAVA\jdk1.5.0_09\bin) , JDK1.5 with update 9 기준

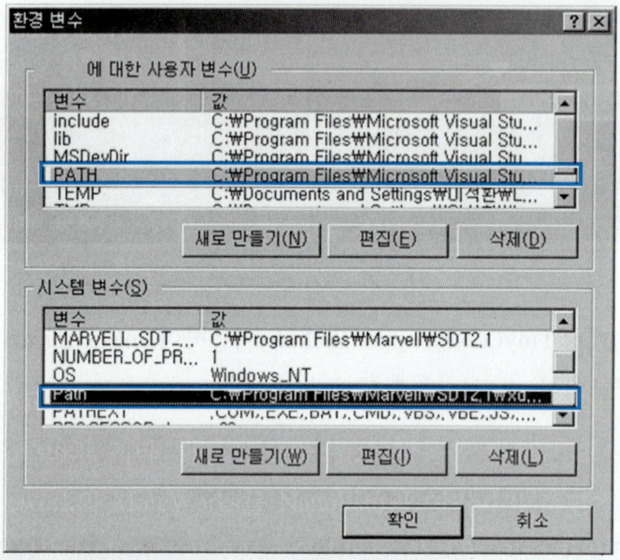

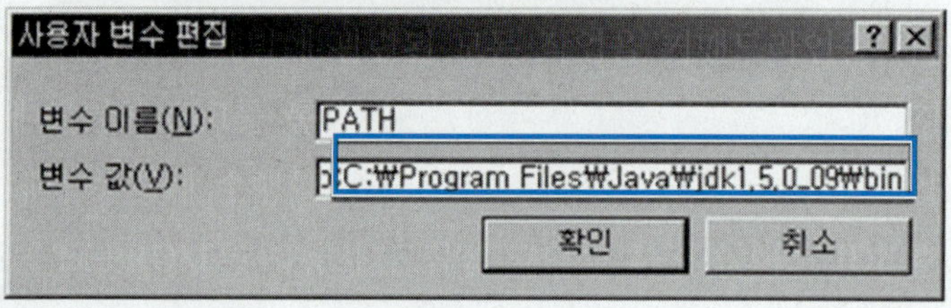

(사용자 변수와 시스템 변수, 두 가지 모두 추가를 한다.)

② 다시 cygwin을 실행하여 tos-install-jni라고 입력하고 실행한다.

```
# tos-install-jni
```

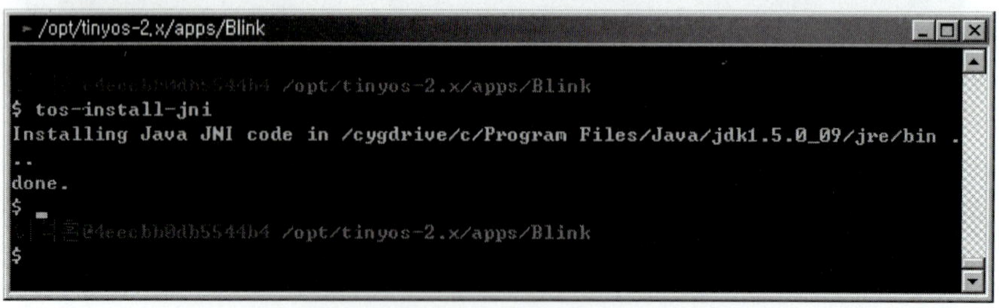

③ ②의 결과에 의해 나타나는 디렉토리 즉 getenv.dll과 toscomm.dll이 복사된 디렉토리를 PATH 환경 변수에 추가한다. (default :Program Files\JAVA\jdk1.5.0_09\jre\bin)

④ cygwin을 열고 /opt/TinyOS-2.x/support/sdk/java 디렉토리로 이동한다. (이미 Cygwin이 실행 중이었다면 종료후 다시 실행한다.)

⑤ make라고 입력한 후 에러가 발생한 것이 없다면 컴파일이 성공한 것이다.

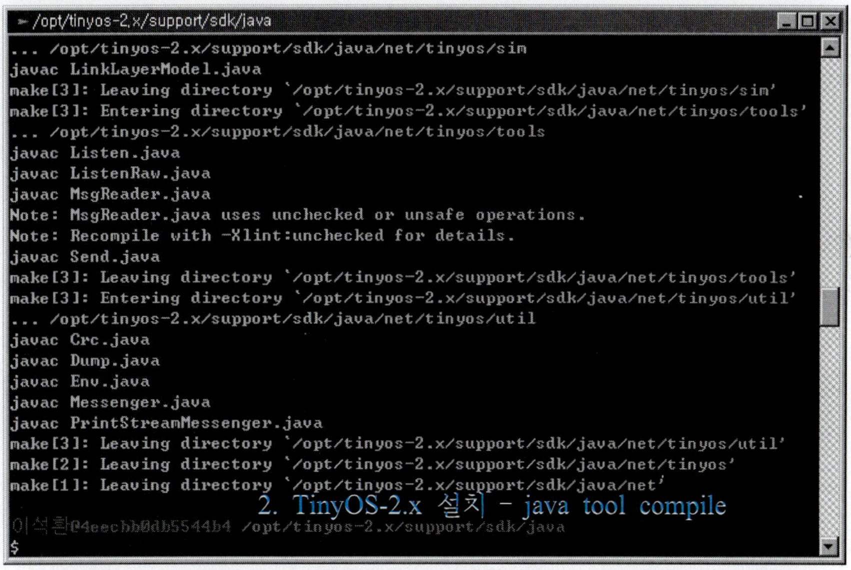

9) Listen과 SerialForwarder를 테스트 해본다.

Listen을 테스트하기 위해 BaseStation이 업로드된 HMOTE2420이나 T모트를 USB에 연결하고 export 모트 COM=serial@COM#:telos 그리고 java net.TinyOS.tools.Listen을 입력하여 테스트한다.

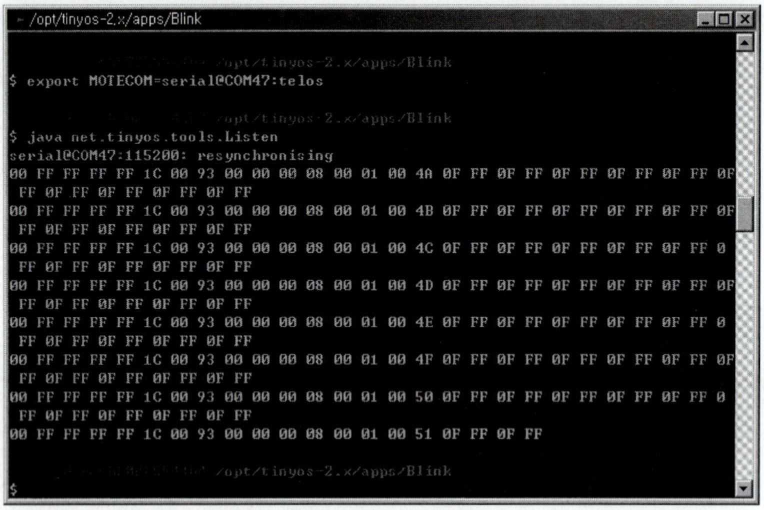

SerialForwarder는 java net.TinyOS.sf.SerialForwarder -comm serial@COM#:t모트로 테스트한다.

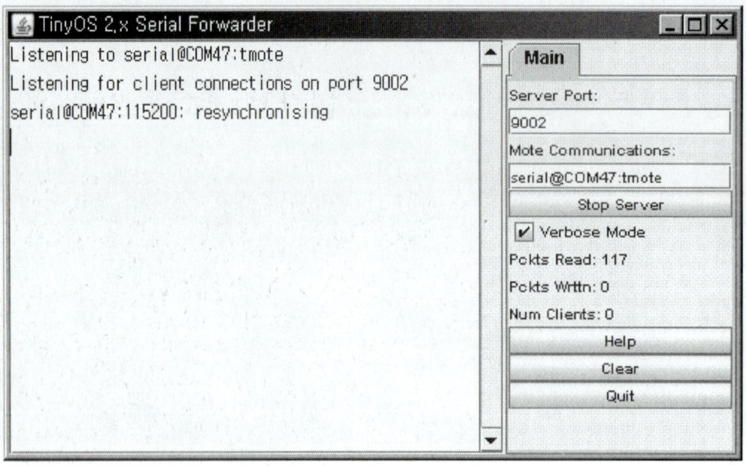

4.7 NesC 프로그래밍

1) NesC의 개요

NesC는 TinyOS의 실행 모델과 구조적인 개념을 표현하기 위하여 C언어를 확장하여 만든 새로운 프로그래밍 언어이다. 즉, TinyOS는 NesC라는 언어를 사용하여 개발되었고 응용 프로그램도 마찬가지로 NesC로 기술해야 한다. 개발된 NesC 소프트웨어는 변환(translation)과정을 거쳐 C언어로 바뀌며 컴파일되어 센서노드에 다운되어 실행된다.

NesC와 같은 컴포넌트 모델 언어는 여러 개의 컴포넌트 블록(block)들을 컴파일시 연결하여 하나의 애플리케이션 형태로 조합한다. 또한 센서노드에 올라갈 하나의 애플리케이션을 위해 꼭 필요한 라이브러리 및 시스템 컴포넌트들만을 선택하여 컴파일하기 때문에 매우 효과적으로 코드 크기를 줄일 수 있다.

NesC는 센서 네트워크와 같은 임베디드 시스템을 위해 개발되었고 컴포넌트 기반의 응용을 위한 구조를 가지고 있다. NesC는 TinyOS의 특성을 지원하기 위해 고안된 프로그래밍 언어로써 센서 네트워크의 애플리케이션 개발에도 사용되고 초소형, 초저전력 컴포넌트 기반 구조를 갖고 있고 태스크 및 이벤트에 기반한 동시성 모델로써 공유 데이터의 동시 액세스가 가능하다.

4장

[표 4-5] NesC의 특징

	NesC의 특징
형 태	컴포넌트 기반
장 점	· 기존 C에 비해 편리함 – 필요한 컴포넌트들만 연결해 주면 원하는 프로그램 작성 가능 · 동시성 모델 지원 – "Task"와 "H/W Event Handler"사용 · 데이터 경쟁 조건 – 두 종류의 task간의 선점(Preemption) 으로 발생할 수 있는 데이터 경쟁 조건(Data Race Condition)을 컴파일시에 감지 가능
코드 사이즈	매우 작음 – 소규모 임베디드 장비에 최적화
제한점	동적 메모리 할당 없음

NesC 응용 프로그램은 Component와 양방향 Interface로 구성되어 있다.

컴포넌트는 어려운 개념이 아니고, C++나 자바와 같은 객체언어에서 사용하는 클래스와 비슷한 의미라고 생각하면 이해하기 편할 것이다.

[표 4-6] NesC에서 사용하는 용어들

	용어 및 내용
Application	하나 이상의 컴포넌트로 구성되며, 실제 센서노드에서 실행 가능한 하나의 프로그램
Interface	2개의 컴포넌트 사이를 연결하기 위해 정의된 함수들의 모임으로, 컴포넌트는 여러 개의 interface를 사용할 수 있으며, 이 interface를 이용하여 command 및 event가 처리된다. 두 컴포넌트 사이의 인터페이스를 연결하는 것을 Wiring이라고 한다.
Component	Component – NesC Application을 구성하는 기본 블록으로, 컴포넌트를 정의하는 configuration과 module로 구분된다.
	Configuration – 하나의 NesC Application에 사용되는 컴포넌트들을 선언하고, 이들 간을 연결(Wiring)을 어떻게 정의할 것인가에 대해 기술한다.
	Module – 새로운 컴포넌트의 동작 및 다른 컴포넌트들과의 연동을 실제로 구현하는 곳이다.

[표 4-6]은 NesC에서 사용하는 컴포넌트 관련 용어들에 대하여 정리하였다. 이외에 다음과 같은 키워드가 사용된다.

- provides : 정의된 인터페이스가 해당 컴포넌트에 의하여 제공된다.
- uses : 정의된 인터페이스가 모듈에서 프로그램시 사용된다.
- command : 상위 컴포넌트에게 제공하는 인터페이스 함수
- event : 상위 컴포넌트에게 signal해주는 인터페이스 callback 함수

static의 의미는 다이나믹(dynamic) 메모리가 없고 기능(function) pointers가 없다는 뜻이다. 프로그램은 Flash memory(128k), SRAM(4k), EEPROM(4k)를 프로그램할 수 있다. TinyOS는 매우 제한된 리소스(즉, 8k바이트의 프로그램 메모리, 512바이트의 ROM)를 센서 네트워크의 노드를 위하여 서계된 이벤트에 의하여 구동되는 운영체계이다.

2) NesC 기본 개념

NesC의 기본 개념은 다음과 같다.

(1) 구성과 구조(construction)의 분리

프로그램들은 모든 프로그램들과 연결된 components로 구성(composition)되어 있다. 컴포넌트(components)는 2개의 범위로 정의하는데 하나는 그들의 사양(specification), 즉 인터페이스(interface)와 다른 하나는 그들의 구현(implementation)이다. 제어의 흐름은

interface를 통하여 component로 통과한다. 이들 흐름은 task나 하드웨어 인터럽트, 둘 중 하나에 의하여 제어된다.

(2) 인터페이스의 set과 관련하여 컴포넌트의 동작 규정

인터페이스는 컴포넌트에 의하여 사용되고 제공된다. 제공된 인터페이스는 컴포넌트가 유저에게 제공하는 상관관계를 표현하고, 사용된 인터페이스는 컴포넌트가 작업수행을 위하여 필요한 상관관계를 표현한다.

(3) 인터페이스의 양방향

인터페이스의 provider에 의하여 commands를 수행하고 인터페이스의 유저에 의하여 events를 수행한다. 이것은 컴포넌트사이에 복잡한 상호작용을 표현하기 위하여 단일 인터페이스를 허용한다.(예를 들면, 어떠한 이벤트에서 흥미를 표현하거나 이벤트가 발생했을 때 callback에 의하여 실행한다.) 이것은 TinyOS에서 모두 긴 command(예를 들면 send packet)는 non-blocking이기 때문에 매우 중요하다. 이것의 완성은 이벤트를 통하여 신호를 보낸다.(예를 들면 send done) 인터페이스의 조건에 따라서 컴포넌트는 sendDone 이벤트의 실행을 제공하지 않는 한 send command를 call할 수 없다.

일반적으로 command call은 아래쪽으로, 즉 이벤트 call을 위쪽으로 하는 동안에 응용 컴포넌트로부터 하드웨어에 보다 가까이 한다. 확실한 선점(primitive) 이벤트들은 하드웨어 인터럽트에 속박된다(이들 속박의 성질은 시스템에 의존한다.)

(4) 컴포넌트의 연결

컴포넌트들은 서로 다른 인터페이스들을 경유해서 고정된 상태로 연결되어 있다. 이것은 프로그램을 보다 적적인 분석을 허용하고 강건한 설계를 장려하고 실시간 효과를 증가시킨다.

(5) 코드발생 및 분석

NesC는 모든 프로그램 컴파일러에 의하여 발생될 코드의 기대값 아래 설계되었다. 이것은 보다 나은 코드의 발생과 분석을 허용한다.

(6) 인터럽트 핸들러 기반

NesC의 동시병행 모델은 수행하고 달성하는 task들은 각각 인터럽트 task를 할 수 있는 인터럽트 핸들러를 기반으로 하였다. NesC 컴파일러는 인터럽트 핸들러에 의하여 일어나는 가능한 데이터 경선신호들이다.

3) NesC의 구조

NesC의 구조는 code 파일인 module(xxxM.nc), components를 연결하는 Configuration (xxx.nc/xxxC.nc), commands와 events를 실행하는 interface(xxx.nc)고 구성되어 있다. NesC의 구조는 [그림 4-44]와 같다.

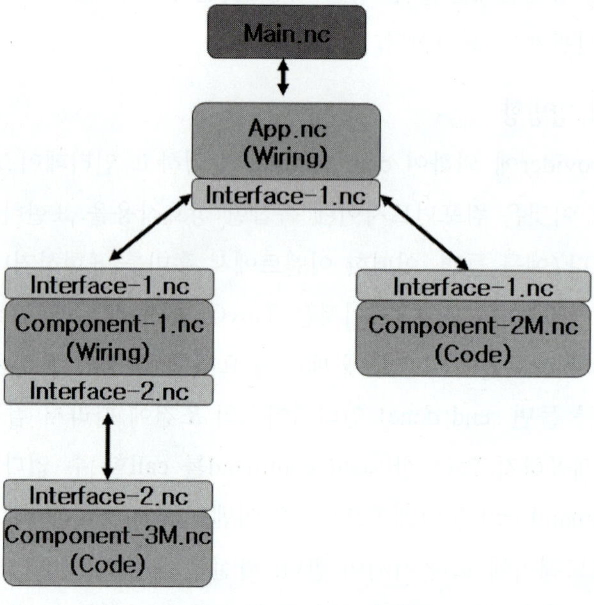

[그림 4-44] NesC의 구조

(1) NesC 파일이름 규칙(convention)

NesC 파일의 접미사는 000.nc로 구성되어 있다. 구성(configuration)을 위해 C를 붙인다. "C"는 컴포넌트와 인터페이스 사이를 구분하기 위해 사용한다(예 Timer, TimerC, TimerM).

(2) NesC의 주요 컴포넌트 관련 키워드(Keyword)

① Interface : 커맨드(command)와 이벤트의 수집을 정의

② Module : NesC에서 구현한 기본 컴포넌트이다.

③ Configuration : 다른 컴포넌트 연결로부터 만든 컴포넌트이다.

④ Implementation : 모듈(module)이나 구성(configuration) 에 대한 변수와 코드가 포함한다.

⑤ 컴포넌트(components) : 컴포넌트의 list가 구성(configuration)에 의하여 사용된다.

⑥ 공급(provides) : 정의된 인터페이스(interface)가 컴포넌트에 의하여 제공된다.

⑦ uses : 정의된 인터페이스(interface)가 모듈(module)이나 구성(configuration)에 의하여 사용된다.

⑧ as : 다른 이름에 인터페이스된 에일리어스(alias)

⑨ 커맨드(command) : 직접 function call이 인터페이스에 의하여 나타낸다.

⑩ event : callback 메시지가 인터페이스에 의하여 나타낸다.

(3) NesC의 인터페이스(interface)

NesC에서 인터페이스(interface)는 양방향성을 가지며 제공자(provider)와 사용자(user)가 되는 컴포넌트를 연결하는 포트의 역할을 수행한다. interface는 커맨드(command)와 이벤트(event) 타입의 함수로 정의되며 일반적인 기술 형태는 다음과 같다.

```
interface identifier{
        command result_t function_name(…);
        event result_t function_name(…);
}
```

여기서 기술된 identifier는 이 인터페이스의 이름을 의미하고, function_name은 이 인터페이스가 제공하는 함수 이름을 의미한다. 제공되는 인터페이스의 형태는 커맨드(command)와 이벤트(event)로 나눌 수 있는데 그 차이는 [표 4-7]에 기술되어 있다.

[표 4-7] 인터페이스의 선언형

Command	Event
• 이 인터페이스를 제공하는 컴포넌트의 module 부분에 구현된다. • 현 컴포넌트를 사용하는 상위 컴포넌트에서 'call' 명령을 통해 호출된다.	• 이 인터페이스를 사용하고 있는 컴포넌트에 원형이 구현된다. • 인터럽트나 조건이 만족될 경우 어떤 정보를 상위 컴포넌트에게 전달하기 위해 'signal' 명령을 통해 호출된다.

다음은 앞에서 언급한 TimerMilliC 컴포넌트의 인터페이스가 정의된 Timer.nc 파일을 예로 들어 설명하겠다.

```
interface Timer<precision_tag>
{
  // 밀리초 단위의 시간마다 주기적으로 알려주도록 설정하는 함수
```

```
command void startPeriodic(uint32_t dt);

// 밀리초 단위의 시간 후에 한 번만 알려주도록 설정하는 함수
command void startOneShot(uint32_t dt);

// 설정한 시간을 취소하는 함수
command void stop();

// startPeriodic(uint32_t dt)와 startOneShot(uint32_t dt) 함수에서
// 설정된 시간 후에 시간이 만기되었음을 알려주는 함수
event void fired();
...
}
```

TimerMilliC 컴포넌트는 이 컴포넌트를 사용하는 상위 컴포넌트로부터 일정 시간을 입력받고, 그 시간 후에 Timer가 종료되었다는 정보를 전달하는 역할을 한다. TimerMilliC 컴포넌트는 위에서 기술한 Timer 인터페이스를 가지고 있다.

Timer 인터페이스에 존재하는 command void startPeriodic(uint32_t dt), command void startOneShot(uint32_t dt) 그리고 command void stop() 함수 등은 상위 컴포넌트에서 TimerMilliC 컴포넌트에게 시간 설정 정보나 timer의 동작 중단을 명령하기 위해 구현된 커맨드 타입 함수이다.

커맨드 함수는 상위 컴포넌트로부터 호출되고, 그 구현 내용은 TimerMilliC 컴포넌트의 실제 동작을 기술하고 있는 TimerMilliC의 모듈 파일에 존재해야 한다. 하지만 이벤트로 정의된 event void fired() 함수는 특정 시간이 지난 후 TimerMilliC 컴포넌트가 상위 컴포넌트에게로 시간이 완료되었음을 알려주기 위해 존재하는 event 형태의 함수이다. [그림 4-45]와 같이 연결된 상위 컴포넌트에서 호출할 수 있는 인터페이스는 커맨드 타입

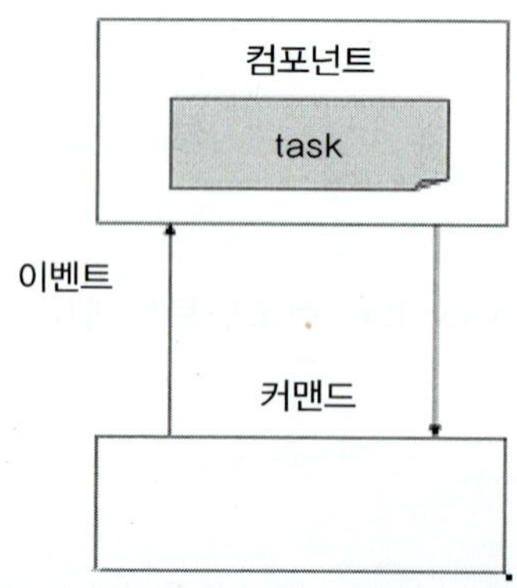

[그림 4-45] 이벤트와 커맨드 타입 인터페이스

으로 정의되며, 현 컴포넌트에서 상위 컴포넌트로 특정 정보를 전달하기 위해서 호출되는 인터페이스는 event 타입으로 정의한다.

[표 4-8]은 TinyOS에 사용되는 대표적인 인터페이스에 대해 설명하고 있다.

[표 4-8] 인터페이스 종류

인터페이스 종류	설 명
ADC.nc	ADC에 인터페이스
I2C.nc	I2C버스 프로토콜 인터페이스
Leds.nc	LED 추출 인터페이스
LogData.nc	저장장치에 logging 데이터를 위한 인터페이스
Radio.nc	무선 하드웨어를 위한 비트레벨 인터페이스
Receive.nc	일반적인 메시지 인터페이스-수신
Send.nc	일반적인 메시지 인터페이스-송신
StdControl.nc	표준 컴포넌트(component) 제어 인터페이스
Timer.nc	일반적인 타이머 제어 인터페이스

컴포넌트의 범위를 정의하고 call과 callback 기능이 하나인 세트이다.

인터페이스는 파일이름이 xxx.nc 형태로 되어 [그림 4-46]처럼 양방향 인터페이스로 공급자(provider)와 수요(uses)로 구분된다.

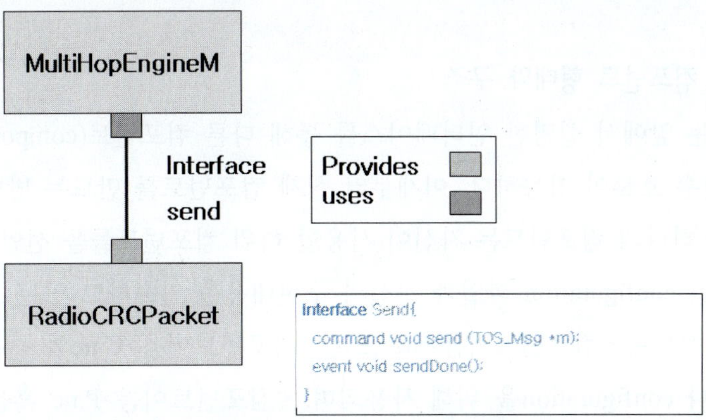

[그림 4-46] NesC의 interface

(4) 인터페이스 구문은 다음과 같다.

```
includes TosTime;
interface Time {
  /**
   * get current time. Return it in tos_time_t structure
   **/
  async command tos_time_t get();

  /** get the high 32 bits of current time */
  async command uint32_t getHigh32();

  /** get the lower 32 bits of current time */
  async command uint32_t getLow32();

  /** get clock phase offset since last clock tick
    * in unit of micro-seconds.
   **/
  async command uint16_t getUs();

}
```

(5) NesC의 컴포넌트 형태와 구조

TinyOS에서는 앞에서 설명한 인터페이스를 통해 다른 컴포넌트(component)와의 연결 및 서로간의 함수 호출이 가능하다. 이제부터 실제 컴포넌트를 만드는 방법에 대해 알아보도록 하겠다. 하나의 컴포넌트는 자신이 사용할 하위 컴포넌트들을 선언하고, 그들간의 연결을 정의하는 configuration 파일과 자신의 구현내용을 기술하고 있는 모듈 파일로 이루어진다. 일반적으로 <컴포넌트이름>.nc 또는 <컴포넌트이름>C.nc와 같은 파일의 이름은 인터페이스나 configuration을 위해 사용되며, <컴포넌트이름>P.nc 혹은 <컴포넌트이름>M.nc같은 형식은 모듈을 위해 사용되는 파일이름이다.

컴포넌트는 [그림 4-47]처럼 모듈(module)과 구성(configuration)으로 구성되는데 모듈(module)은 컴포넌트의 구현을 C코드에 의해서 제공하고 구성(configuration)은 connect, wire, 다른 컴포넌트(components)를 함께 모음으로 컴포넌트 사양을 구현할 수 있다.

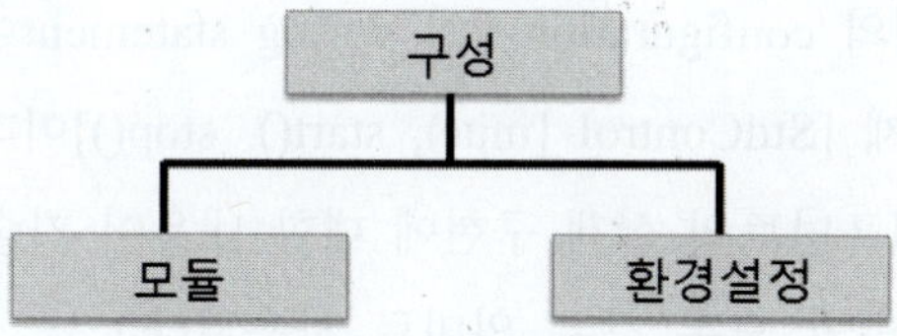

[그림 4-47] NesC의 components 형태와 구조

(6) NesC 컴포넌트 구조

NesC의 컴포넌트는 [그림 4-48]처럼 사양(specification)과 구현(implementation)으로 구성되어 있다. 사양은 제공된 서비스를 선언하고 또 다른 컴포넌트(uses, porvides, 새로운 이름으로써 인터페이스된 Alias)의 리스트이고 그들의 사양을 통하여 단지 교차된 컴포넌트를 제어하는 실마리이다. 구현은 내부의 작업을 정의하고 "wiring" 연관되어 있고 다른 컴포넌트를 포함할 수 있다.

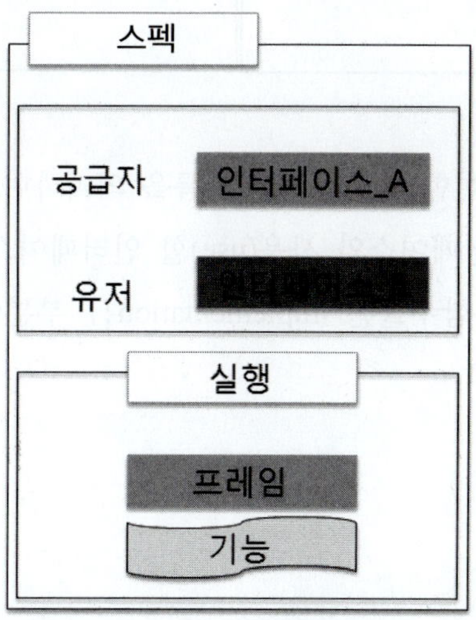

[그림 4-48] NesC 컴포넌트 구조

(7) NesC의 모듈(Module)

모듈은 파일이름이 xxxM.nc 형태로 구현(implementation) {}에 모듈이 모든 제공된 commands(event)를 구현할 수 있다. 그리고 모듈은 commands를 calling하고 events를 signaling한다. call이나 signal의 표현에 의해서 수행되어지는 실제의 command나 eventrngus들을 프로그램의 configuration에서 wiring statement에 의존한다.

module의 간단한 예제 [StdControl [init(), start(), stop()]이다.

모듈 파일에는 해당 컴포넌트의 실제 구현에 대한 내용이 기술되어 있다. 모듈의 기술 방법은 다음과 같다(두 방법 모두 같은 의미로 사용된다.).

```
module identifier {
   provides {
     interface a;
     interface b;
   }
   uses {
     interface x;
     interface y;
   }
} implementation {
  ...
  ...
}
```

```
module identifier {
   provides interface a;
   provides interface b;
   uses interface x;
   uses interface y;

} implementation {
  ...
  ...
}
```

모듈 뒤의 identifier는 구현할 컴포넌트의 이름을 의미하며, 그 아래의 {} 안에는 모듈에서 제공(provide)하는 인터페이스와 사용(use)할 인터페이스를 정의한다. provide에 기술된 인터페이스의 커맨드 함수들은 implementation{} 부분에 꼭 구현되어야 한다.

```
module LedsP {

 provides {
   interface Init;
   interface Leds;
 }
uses {
   interface GeneralIO as Led0;
   interface GeneralIO as Led1;
   interface GeneralIO as Led2;
```

```
10 :  }
11:} implementation {
  // LED의 하드웨어 초기화를 위한 함수
12 :  command error_t Init.init() {
   ...
13 :     return SUCCESS;
14 :  }

  // DBGLED는 디버깅용 함수이다.
15 :  #define DBGLED(n) ...

 //0번 LED를 On 함수
16 :  async command void Leds.led0On() {
17:call Led0.clr();
18:DBGLED(0);
19 :  }

  //0번 LED를 Off 함수
20 :  async command void Leds.led0Off() {
21 :     call Led0.set();
22 :     DBGLED(0);
23 :  }

  //0번 LED의 현재 상태가 On일 때 Off하고, Off일 때 On시키는 함수
24 :  async command void Leds.led0Toggle() {
25 :     call Led0.toggle();
26 :     DBGLED(0);
27 :  }
   ...
28 :}
```

LedsC 컴포넌트의 모듈 파일을 예로 들어 설명하겠다. 다음 코드는 LedsC 컴포넌트의 module인 LedsP.nc의 내용을 간략화하여 표현한 것이다. LedsP 컴포넌트에서는 Init과 Leds 인터페이스를 provide로 선언하여 상위 컴포넌트에게 제공하고 있다. 인터페이스 Leds(코드 4라인)는 상위 컴포넌트에서 LedsP 컴포넌트의 동작을 실행시키기 위해 정의된 인터페이스로써 Led0On, Led0Off, Led0Toggle, Led1On, Led1Off ... 등의 함수들을 갖는다. 그들의 구현은 LedsP 컴포넌트의implementation 부분에 자세히 기술되어 있다. LedsP 컴포넌트가 사용하기 위해 uses 형태로 선언한 인터페이스는 interface GeneralIO as Led0;, interface GeneralIO as Led1;, interface GeneralIO as Led2; 이 3가지(코드 7~9

라인)이다. 이 인터페이스가 사실 상 구현된 곳은 LedsC configuration 파일에서 선언된 PlatformLedsC 컴포넌트이다.

PlatformLedsC 컴포넌트는 GeneralIO 인터페이스 3개를 provides하고 있으며 각 인터페이스는 LED0, LED1, LED2를 제어하도록 구현되어 있다. 즉, provide 형태로 선언된 인터페이스의 원형은 상위 컴포넌트에게 제공하기 위해 자기 컴포넌트내에서 구현해야 하는 것이며, uses로 선언된 형태의 인터페이스는 하부 컴포넌트의 기능을 사용하기 위해 호출하는 것이다. 여기서 한 가지 주의할 점은 3개의 LED를 제어하는 인터페이스의 원형 이름이 모두 interface GeneralIO로 통일되어 있다는 점이다(코드 7~9라인). 이와 같이 사용해야 할 인터페이스들의 이름이 같을 경우 어떤 interface가 어떤 LED를 제어하는지 알기가 힘들다. 이러한 혼란을 방지하기 위해서 NesC에서는 as 라는 예약어를 두고 있다. as를 통해 interface의 이름을 변경될 수 있는데 사용방식은 다음과 같다.

```
interface 인터페이스 이름 as 변경될 이름
```

LedsP 컴포넌트에서도 as를 사용하여 3가지 GeneralIO 인터페이스를 Led0, Led1, Led2로 분류하여 선언하였다(코드 7~9라인). 이를 통해 프로그래머나 컴파일러 모두 혼돈 없이 작업을 진행할 수 있을 것이다.

(8) NesC의 configuration

configuration은 다른 컴포넌트와의 연결에 대한 내용을 정의하고 있는데, 연결에 사용할 컴포넌트를 나열하고 그들간의 연결을 기술하는 방법은 다음과 같다.

```
configuration identifier {
        provides {
                interface interface_name1;
        }
 }
 implementation {
        components identifierM, com1, com2 ...
        interface_name1 =  identifierM.interface_name1
        identifierM.interface_name2 ->com1.identifierM.interface_name3
        com1. identifierM.interface_name3 <-identifierM.interface_name2
}
```

configuration 뒤에 기술된 identifier는 선언된 컴포넌트의 이름을 의미하며, 그 안에는 현 컴포넌트에서 제공하는 인터페이스(interface_name1)가 선언되어 있다. 그리고 그 밑에 기술된 implementation 부분에는 현 컴포넌트에서 사용할 하부 컴포넌트들(identifierM, com1, com2 ...)이 차례대로 선언된다. 그 중 identifierM이라는 이름의 컴포넌트는 현 컴포넌트의 실제 구현 부분인 모듈 파일을 나타내고 있는 것으로 다른 하부 컴포넌트인 com1, com2와 구별된다.

그 밑에 문장들은 컴포넌트들간의 연결을 기술하고 있다. 컴포넌트들 사이의 연결을 Wiring이라고 하는데, 그 종류는 다음과 같은 세 가지 타입이 있다.

와이어 링 종류	->, <-, =

- interface1 = interface2
  2개의 인터페이스가 같음을 의미하며 해당 인터페이스가 provide될 때 사용된다.
- interface1 → interface2
  인터페이스의 구성함수가 링크되어 있음을 의미한다. 즉, interface1에서 사용한 인터페이스 함수들은 interface2에 구현되어 있음을 나타낸다.
- interface ← interface2
  interface2 → interface1과 동일한 표기 방법이다.

Wiring은 모듈 사이의 인터페이스를 연결하는 것을 의미하며, 이때 연결되는 인터페이스들간의 이름은 같아야 한다. 컴파일시 인터페이스 함수의 매개변수가 다음 조건에 해당하면 에러가 발생한다.

① 매개변수가 정수가 아닌 경우
② 한쪽의 인터페이스만 매개변수를 가진 경우
③ 매개변수 값이 원하는 값보다 크거나 작은 경우
④ 타입이 맞지 않을 경우

일단 Wiring 이 되면 인터페이스에 정의된 커맨드, 이벤트 함수의 사용이 가능하게 된다. 보다 빠른 이해를 돕기 위해서 LED를 제어하는 LedsC 컴포넌트의 configuration 파일을 예로 들어 설명하겠다. LedsC 컴포넌트의 configuration 을 간략화하여 표현하면 다음과 같다.

```
configuration LedsC {
  provides interface Leds;
}
implementation {
  components LedsP, PlatformLedsC;

  Leds = LedsP;

  ...
  LedsP.Led0 -> PlatformLedsC.Led0;
  LedsP.Led1 -> PlatformLedsC.Led1;
  LedsP.Led2 -> PlatformLedsC.Led2;
}
```

위 configuration 파일에는 LedsC 라는 컴포넌트가 정의되어 있음을 알 수 있다.

LedsC 컴포넌트는 Leds라는 인터페이스를 가지며, 그 인터페이스 안에는 3개(red, green, yellow)의 LED를 on/off 하는 함수들이 선언되어 있다.

LedsC가 사용하고 있는 컴포넌트들은 LedsC의 모듈 파일이 구현되어 있는 LedsP와 실제 LED를 동작시키는 하드웨어적 코드가 기술된 PlatformLedsC이다.

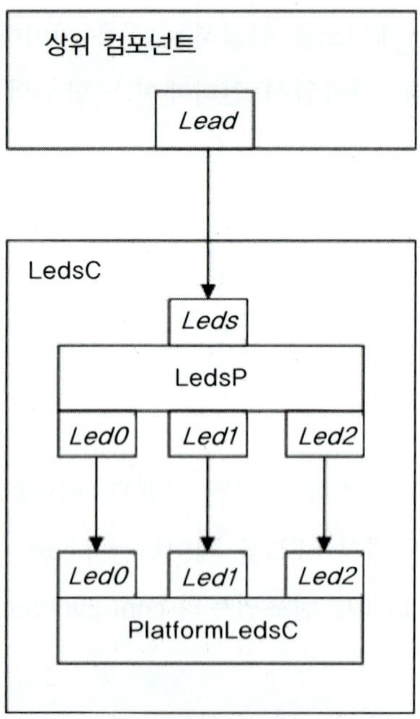

[그림 4-49] LedsC의 컴포넌트 구성도

이제 이들간의 Wiring에 대해 알아보자. 위 코드 중 "LedsP.Led0 → PlatformLedsC.Led0;" 형태의 문장을 통해 LedsP에서 사용하는 Led0 인터페이스가 PlatformLedsC의 Led0 인터페이스와 Wiring 됨을 알 수 있다.

이 말의 의미는 LedsP에서 프로그래밍을 할 때 PlatformLedsC에서 제공하는 Led0 인터페이스를 호출해서 사용하겠다는 의미가 된다. 위와 같이 선언됨으로써 LedsP는 Led0, Led1, Led2 인터페이스의 함수들을 통해 PlatformLedsC에게 명령을 내리고 원하는 LED를 제어할 수 있다. 만약 "LedsP.Led0 → PlatformLedsC.Led0;" 문장과 같이 인터페이스 간의 이름이 같다면 "LedsP.Led0 → PlatformLedsC;" 혹은 "LedsP → PlatformLedsC.Led0;" 나 "LedsP → PlatformLedsC;"으로 그 내용을 간략하게 표현할 수 있다.

configuration은 다른 컴포넌트와 함께 wiring에 의하여 만들어진 구현이다. NesC의 연계에 의하여 lvmfp임과 기능을 만든다.

configruation은 파일이름 2가지를 갖고 있다. top-level configuration(xxx.nc)과 일반 configuration 형태의 파일이름을 갖고 있다.

(9) NesC의 wiring 구문

연결된 구성요소들은 반드시 호환되어야만 한다. 즉, 인터페이스-인터페이스, 커맨드-커맨드, 이벤트-이벤트이다. send to send만 연결할 수 있다. 예제에서 보듯이 Send to Receive는 연결할 수 없다.

Provider의 구현에 uses를 묶는다.

("Uses".interface → "Provider".interface) 형식으로 다음 예제를 만들었다.

myApp.Timer → FastClocker.Timer

혹은

myApp.Timer → FastClocker("Timer" 인터페이스가 함축되어 있다.)

(10) NesC wiring 명령문

NesC에서 3가지 선연결 문장이 있다.

※ endpoint1 = endpoint2(pass-through linkage)

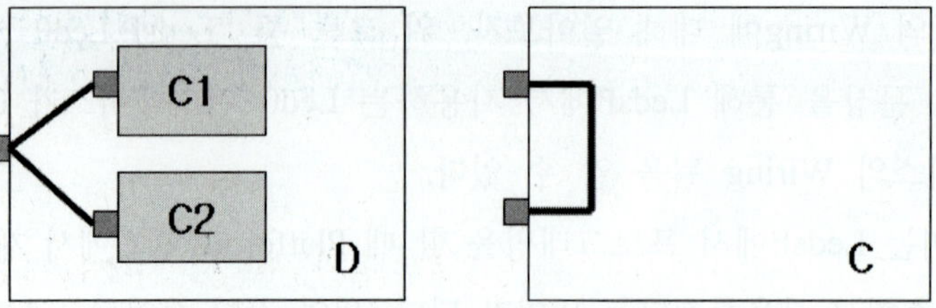


```
configuration C {
  Provides interface x as xprovider;
  uses interface x as xuser;
}
implementation {
  xuser = xprovider;
}
```

[그림 4-50] endpoint1 = endpoint2

※ endpoint1 → endpoint 2(Direct linkage)

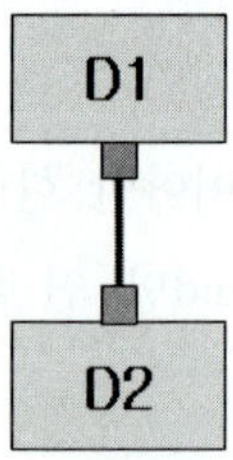

[그림 4-51] endpoint1 → endpoint 2

※ endpoint1 ← endpoint 2(동등한 관계)

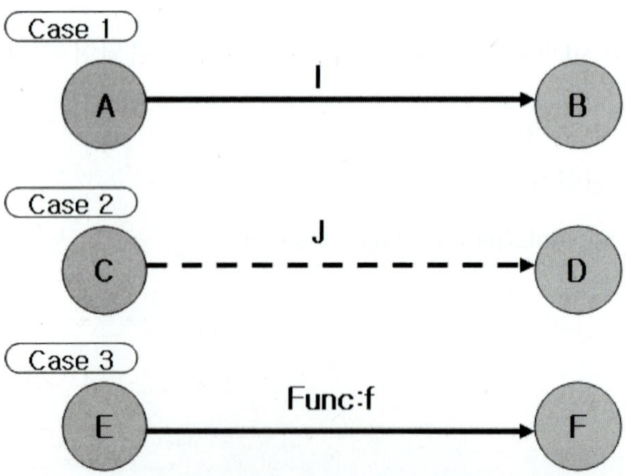

[그림 4-52] endpoint1 ← endpoint

case 1은 A가 인터페이스(interface) I를 요구하고 B는 I를 제공한다. 그러므로 A와 B는 동등한 관계이다.

case 2는 C와 D의 양쪽에서 요구하거나 J를 양쪽에서 제공한다. 이 경우의 접선 화살표는 C=D를 의미하는 연결이다.

case 3은 E는 기능(function) f를 요구하고 F는 기능(function) f를 제공한다.

4) Task와 이벤트

TinyOS에서 처리되는 작업들은 크게 Task와 이벤트(Event)로 나누어진다. TinyOS에서의 Task는 간단한 컴퓨팅 연산이나 함수호출 등에 사용되는 프로세스로서 FIFO 큐를 통해 차례로 실행된다. TinyOS에서는 저장된 모든 Task가 끝난 후, 큐가 비어 있을 경우에는 다른 Task가 생성되기 전까지 CPU의 전원을 최소화하여 소모 에너지를 낮추는 기법을 가지고 있다. Task는 다른 Task에 의해 선점되지 않지만 이벤트에 의해서는 선점된다. 이벤트는 특정 하드웨어 인터럽트나 특정 조건을 만족했을 경우 호출되는 작업들로서 다른 Task보다 먼저 실행되는 특징이 있다.

일반적으로 인터럽트에 의해 어떤 이벤트가 발생되면 연결된 컴포넌트들에 따라 연속적으로 상위 컴포넌트들에 연결된 event 함수가 호출되며 동시에 그에 따른 처리함수들이 Task 형태로 만들어져 큐(Queue)에 저장된다. 즉, TinyOS는 이벤트가 발생함으로써 처리해야 할 작업들이 생성되는 event driven OS 형식을 취하게 된다.

5) 레이스 컨디션

TinyOS는 코드 작성의 관점에서 보면 다음과 같이 두 가지 형태로 구분된다. 하나는 인터럽트에 의해서 발생되어 진행되는 비동기적 코드이고, 다른 하나는 FIFO큐에 의해 순서대로 진행되는 동기적 코드이다. 비동기적 코드는 인터럽트에 의해서 갑작스럽게 시작되기 때문에 전역 변수를 사용하는 경우에는 레이스 컨디션(race condition)이 발생할 수 있다. 레이스 컨디션을 제거하는 방법은 다음과 같다.

1. 전역 변수를 사용하지 않는다.
2. 인터럽트를 사용하지 않는다.
3. 코드를 짧게 구성하여 인터럽트로부터 자유로운 코드를 구성한다.
4. atomic을 사용한다.
5. 레이스 컨디션을 유발하는 변수 앞에 norace를 붙인다.

atomic 안에 기술된 프로그램은 선점되지 않고 실행되기 때문에 레이스 컨디션 문제를 피할 수 있다. atomic의 사용법은 다음과 같다.

```
atomic {
        sharedvar = sharedvar + 1;
        ...
}
```

6) TinyOS 명명법

이 절에서는 TinyOS 명명법(Naming Convention)에 대해서 알아보도록 하겠다. 명명법을 익혀두면 기존의 코드의 분석 및 개발하는 코드의 가독성을 높이는데 도움이 될 것이다. 명명법은 [표 4-9]에 요약되어 있다.

[표 4-9] TinyOS 명명법

종류	명명법	예
Interfaces	동사나 명사가 사용되며, 여러 단어를 조합할 경우 각 단어의 첫 번째 글자는 대문자로 표기한다.	ADC Range SendMsg
Components	명사가 사용되며, 여러 단어를 조합할 경우 각 단어의 첫 번째 글자는 대문자로 표기한다. 컴포넌트 중 다음의 특별한 두 종류가 있다. – 대문자 C로 끝나는 이름 – 대문자 M으로 끝나는 이름 이는 인터페이스와 컴포넌트, Configuration과 모듈을 각각 구분하기 위함이다. 대문자 C는 "Component"를 나타내며, 인터페이스와 구분하기 위함이다.(예. Timer vs. TimerC) 대문자 M은 "Module"를 나타내며, 하나의 컴포넌트가 configuration과 모듈 모두를 가질 때 서로를 구분하기 위해 사용된다.(예. TimerM vs. TimerC)	Counter IntToRfm IntToRfmM TimerC TimerM UARTM
Files	모든 파일이름은 파일안에 포함된 타입(Type)의 이름을 사용하며, 모든 NesC 파일은 ".nc"로 끝난다.	Counter.nc IntToRfm.nc IntToRfmM.nc TimerC.nc
Applications	대문자 C가 제거된 최상위 레벨 컴포넌트 이름을 사용한다. – 만약 TinyOS 코드를 테스트하기 위한 목적이라면 파일이름이 "Test"로 시작되어야 한다. – 만약 TinyOS 하드웨어를 테스트하기 위한 목적이라면 파일이름이 "Verify"로 시작되어야 한다.	CntToRfm Chirp DemoTracking TestTinyAlloc VerifyMicaHW TestTimer

종류	명명법	예
	– 만약 데모(Demonstration)를 위한 목적이라면 파일이름이 "Demo"로 시작되어야 한다.	
Commands, Events, and Tasks	동사를 사용하며, 여러 단어를 조합할 경우 첫 번째 단어를 제외한 각 단어의 첫 번째 글자는 대문자로 표기한다. 만약, 커맨드가 직접적으로 하드웨어에 접근한다면 파일이름은 "TOSH_"로 시작되어야 한다.	sendMsg outputComplete putDone fired TOSH_SET_RED_LED_PIN();
Variables	명사를 사용하며, 여러 단어를 조합할 경우 첫 번째 단어를 제외한 각 단어의 첫 번째 글자는 대문자로 표기한다. 변수 이름은 서술적이야 한다.	bool state uint16_t lastCount result_t writeRresult
Constants	항상 대문자이어야 하며, "_"는 각 단어 사이에 사용된다.	TOS_UART_ADDR TOS_BCAST_ADDR TOS_LOCAL

7) TinyOS 서브시스템 및 툴

TinyOS는 시스템 컴포넌트들 이외에도 부가적인 서비스를 위한 서브시스템(Sub-System)과 툴(Tool)들을 제공하고 있다. 이 절에서는 NesC 소스를 분석해주는 컴파일 방법과 가상머신에서 동작시키기 위한 컴파일 방법에 대해 소개하도록 하겠다.

(1) NesC 소스 문서화

NesC 컴파일러는 NesC 소스코드를 자동으로 문서화하는 기능을 제공해준다. 생성된 문서는 기본적으로 컴포넌트를 기반으로 생성되며, 각 소스파일마다 하나의 HTML 파일이 생성된다. 다만, C 파일이나 헤더파일에 포함된 내용은 문서화되지 않는다.

인식 코맨트	설 명
@param paramname text text text	함수의 파라미터를 설명한다
@return text text text	함수의 리턴값을 설명한다
@author text text text	파일 저자를 열거한다. 여러 저자를 위해 반복된 @author 커맨드를 사용한다.
@modified text text text	수정사항을 설명한다.

이때, 프로그래머는 특별한 형태의 코멘트(Comment)를 넣음으로써 생성된 문서에도 코멘트를 넣을 수 있다. NesC에서 문서코멘트(Documentation Comment)는 "/**"로 시작되어 "**/"로 끝난다. 문서코멘트 안에서 첫 번째 문장은 문서 상단부분의 요약에 나타날 해당 아이템의 설명이 된다. 문서화 파서(Parser)는 문서코멘트 안에서 다음의 커맨드를 인식한다. NesC 소스 문서화는 예제 폴더안에서 "make docs zigbex" 명령을 통해 doc 폴더안에 생성된다.

(2) NesC의 구현(Implementation) 관련 키워드(Keyword)

① 기본 구현 키워드

- call : 커맨드(command) 실행
- signal : 이벤트(event) 실행
- post : 실행 큐(queue)상에 task를 넣는다.
- task : 백그라운드에서 기능을 수행한다.
- includes : 헤더파일을 포함한다.

② race 조건의 자동적인 예방을 위해 제공

- async : 커맨드(command), 이벤트(event)를 비동기로 실행한다.
- atomic : 문자에서 자동적인 실행을 보장한다.
- norace : race 조건 NesC 감지의 경고를 제거한다.

구현(Implementation)은 컴포넌트 작업을 어떻게 할 것인지를 정의한다.
어떤 인터페이스에 대해서는 위의 그림과 같이 다중 implementation을 허용한다.

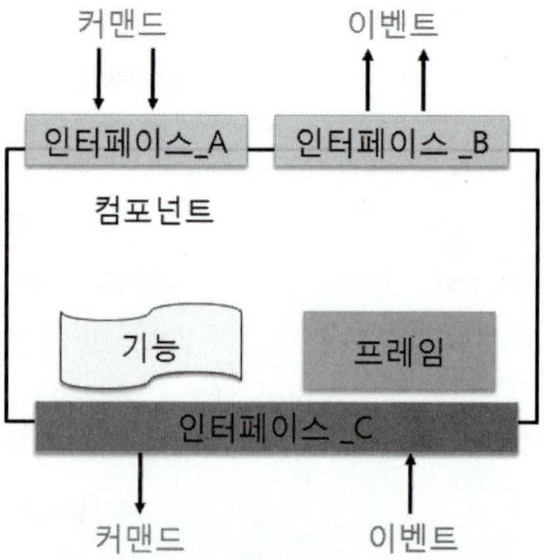

[그림 4-53] 다중 implementation

예를 들면 무선에서 Micaz의 구현(Implementation)이 대표적이다. 다중 인터페이스는 제어(start, stop)와 데이터 흐름(send, receive)을 한다.

구현(Implementation)의 요구사항은 인터페이스(Interface)의 두 섹션에서 "provides"로 써 선언하는 모든 명령어와 이벤트는 구현되어야 한다. 두 섹션은 인터페이스 provides와 uses를 선언하는 Module과 프로그램 코드인 구현(implementation)이다.

다음은 모듈에 대한 구문이다.

```
module Counter {
  provides {
    interface StdControl;
  }
  uses {
    interface Timer;
    interface IntOutput;
  }
}

implementation {
  int state;

  command result_t StdControl.start() {
    return call Timer.start(TIMER_REPEAT, 2500);
  }
  event result_t IntOutput.outputComplete(result_t success) {
    if(success == 0) state—;
    return SUCCESS;
  }
} //implementation
```

(3) NesC에서 Command와 Event의 사용

1 시그널(signal)

시그널(signal)은 즉각적인 event를 수행하고 configuration 계층의 위로 흘러 들어가고 callback이 제공되면 보다 높은 레벨로 나타난다. 컴포넌트에 signaling하는 것에는 복귀를 제어한다. 스펙상에 매개변수는 표준 C function이다.

```
event result_t Send.sendDone(TOS_MsgPtr msg, result_t success)
{
  if (pending && msg == &data)
    {
```

```
            pending = FALSE;
            signal IntOutput.outputComplete(success);
        }
    return SUCCESS;
}
//TinyOS-1.x₩tos₩lib₩Counter₩IntToRfmM.nc
```

② Call

Call은 즉시 command를 실행하고 configuration 계층의 아래로 흘러 들어가고 라이브러리 코드를 사용하면 보다 낮은 레벨로 나타난다. 컴포넌트에 calling하는 것에 복귀를 제어한다. 스펙상에 매개변수는 표준 C function이다.

```
command result_t StdControl.start()
{
    return call Timer.start(TIMER_REPEAT, 250);
}
//TinyOS-1.x₩tos₩lib₩Counter₩Counter.nc
```

③ Blink application

다음은 NesC를 이용하여 TinyOS 위에서 Blink라는 응용 프로그램을 개발한 예제를 보여준다. 먼저 NesC는 두 가지 타입의 컴포넌트와 인터페이스를 지원하는데 첫째는 모듈로서 컴포넌트의 실제 행동을 기술하는 기본단위이다.(예 BlinkM.nc) 두 번째 타입의 컴포넌트는 configuration이라는 컴포넌트로서 하위의 다른 configuration이나 모듈을 자식 컴포넌트로 둘 수 있으며 자식 컴포넌트들간의 연결 정보를 담고 있다.(예 Blink.nc) 이때 컴포넌트들간의 연결정보를 추상화시킨 데이터 타입이 인터페이스(예 BlinkM.nc에서 StdControl, Timer, 그리고 Leds)이며 자바의 인터페이스와 같이 한쪽 컴포넌트는 인터페이스를 사용한다.

예를 들면 다음의 그림에서 BlinkM.nc 모듈은 StdControl.init()라는 command와 Timer.fired()라는 이벤트를 제공한다.

간단한 test program "Blink"는 LED를 1Hz로 On/Off 하는 프로그램이다.

Blink application은 두 개의 components로 구성되어 있다.

- include는 "BlinkM.nc"
- configuration은 "Blink.nc"

모든 application은 top-level configuration flie이 필요한데, 일반적으로 Application 자

체의 이름을 topl-evel configuration file로 명시한다.

```
configuration Blink {
}
implementation {
  components Main, BlinkM, SingleTimer, LedsC;
  Main.StdControl -> SingleTimer.StdControl;
  Main.StdControl → BlinkM.StdControl;
  BlinkM.Timer → SingleTimer.Timer;
  BlinkM.Leds → LedsC;
}
```

configuration의 이름은 Blink로 선언하였으며, component는 Main, BlinkM, Single Timer, LedsC로 구성되었다.

Main의 StdControl은 BlinkM과 SingleTimer와 연결이 되어 있어 Main.StdControl.init()가 호출되면 SingleTimer.StdControl.init()와 BlinkM.StdControl.init()가 호출된다.

NesC는 화살표(→)를 사용하여 interface 사이의 관계를 나타낸다.

화살표의 왼쪽은 오른쪽을 사용하고, 화살표의 오른쪽은 왼쪽에 공급하는 역할을 한다.

즉, 다음과 같이

BlinkM.Timer → SingleTimer.Timer;

화살표 왼쪽에 있는 BlinkM.Timer는 Timer를 interface 역할을 하고, 반면에 화살표 오른쪽에 있는 SingleTimer.Timer는 Timer를 implementation하는 역할이다.

또한 마지막 줄처럼 함축적으로 나타낼 수 있다.

BlinkM.Leds → LedsC;는 BlinkM.Leds → LedsC.Leds;

```
module BlinkM {
  provides {
    interface StdControl;
  }
  uses {
    interface Timer;
    interface Leds;
  }
}
implementation {
  command result_t StdControl.init() {
    call Leds.init();
    return SUCCESS;
  }
```

```
command result_t StdControl.start() {
  return call Timer.start(TIMER_REPEAT,1000);
}

command result_t StdControl.stop() {
  return call Timer.stop();
}


event result_t Timer.fired()
{
  call Leds.redToggle();
  return SUCCESS;
}
}
```

moduledlfma은 BlinkM으로 선언하고, module 안에서 provides와 uses를 위와 같이 선언하였다.

StdControl은 초기화와 TinyOS components를 시작하기 위해 사용되는 공통된 interface이다. 다음과 같이 기본적으로 3개 [init(), start(), stop()]의 command로 구성되어 있다.

init()는 처음 초기화할 때 호출되고, start()는 실질적으로 처음 수행되는 함수이다. stop()은 component가 끝날 때 호출된다.

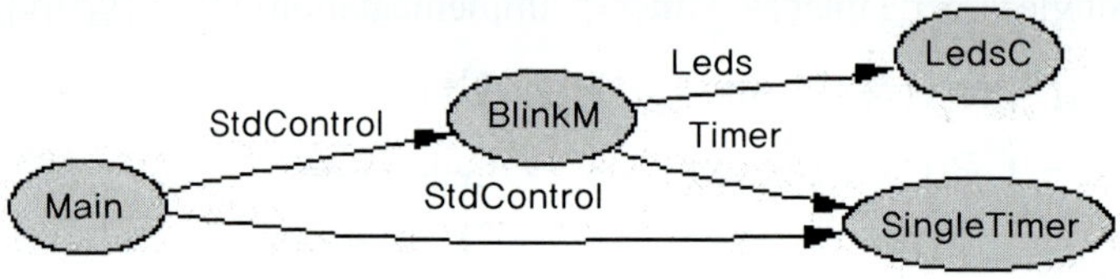

4 Task

Task는 인용하기 전에 선언하고 parameter 없이 프레임 변수를 사용한다.

```
task void HandleFire() {
    uint8_t i;
    uint16_t int_out;
     setIntervalFlag = 1;
    atomic {
        int_out = interval_outstanding;
        interval_outstanding = 0;
```

```
    }
    if (mState) {
        for (i=0;i<NUM_TIMERS;i++)  {
            if (mState&(0x1L<<i)) {
                mTimerList[i].ticksLeft -= int_out;
                if (mTimerList[i].ticksLeft<=2) {
                    if (post signalOneTimer()) {
                        if (mTimerList[i].type==TIMER_REPEAT) {
                          mTimerList[i].ticksLeft += mTimerList[i].ticks;
                        } else {// one shot timer
                           mState &=~(0x1L<<i);
                        }
                        enqueue(i);
                    }
                    else {
                        mTimerList[i].ticksLeft = mInterval;
                    }
                }
            }
        }
    }
    atomic int_out = interval_outstanding;
    if (int_out == 0)
        adjustInterval();

}
```

TinyOS의 Task들은 융통성 있는 TOS의 스케줄러에 의하여 연속적으로 동작한다.

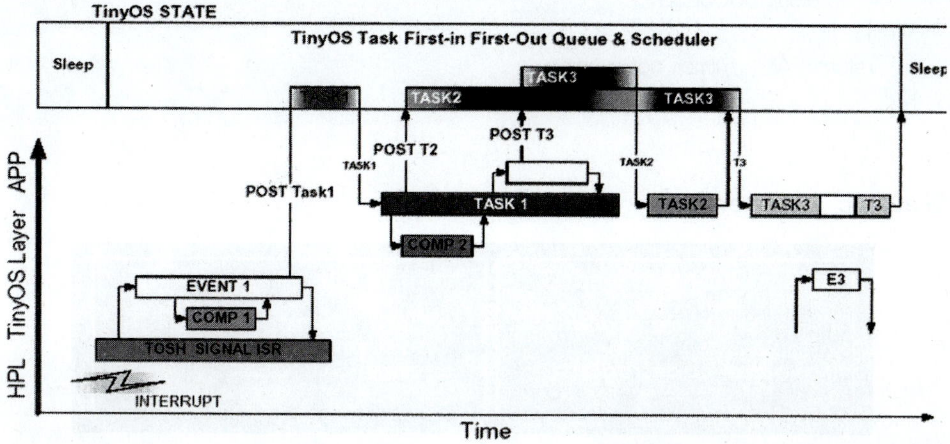

[그림 4-54] TinyOS의 스케줄러

즉, 동기적으로 FIFO(First in, first out) 스케줄이다.

Event에 의하여 인터럽트되고 다른 task에 관하여 완성하기 위하여 동작한다.

[그림 4-54]는 TinyOS의 스케줄러이다.

- atomic과 상태(state)의 공유

최근 정보의 상태를 공유하기 위해 허용된다.

Sync는 단지 동기코드(예를 들면 Task)안에 있고 "atomic"의 매크로는 { } 블록의 동안에 모든 인터럽트를 해제한다. 주의사항은 "atomic"은 노드의 성능에 영향을 미칠 수 있는 것이다.

Atomic 블록은 다음과 같다.

```
atomic {
//code is atomic - can not be interrupted
  Applicationsate = NewState;
}
```

다음은 "atomic" 구문에 대한 예제이다.

```
command result_t Timer.stop[uint8_t id]() {

    if (id>=NUM_TIMERS) return FAIL;
    if (mState&(0x1L<<id)) { // if the timer is running
          atomic mState &= ~(0x1L<<id);
          if (!mState) {
               setIntervalFlag = 1;
          }
         return SUCCESS;
    }
    return FAIL; //timer not running
}
```

5 atomic statements

```
task void processing(){
    if (state)
        call Leds.redOn();
    else
        call Leds.redOff();
}
```

```
event result_t Timer.fired()
{
    state = !state;
    post processing();
    return SUCCESS;
}
```

구문이 실행될 때 어떠한 다른 computation도 동시에 발생할 수 없으므로 call command, signal event, goto, return, break, continue, case, default, labels를 금지한다.

⑥ 동기(sync)와 비동기(async)의 비교

비동기 코드는 최소한 한 개의 인터럽트 핸들러로부터 도달할 수 있고 동기 코드인 커맨드(command), 이벤트(event), 혹은 task는 오직 task로부터 도달할 수 있다. 비동기로부터 도달할 수 있는 상태(메모리)를 공유하기 위한 최신정보는 잠재적인 데이터 경쟁 속에 있다.

NesC는 async를 갖고 선언하지 않는 것과 async인 어떤 이벤트나 명령어에 대하여 컴파일-시간 에러를 보고한다. 비동기 특성은 비동기의 흐름의 일부분인 이벤트나 명령어를 가르키기 위해 사용된다.

비동기 처리들은 task의 posting에 의하여 "decoupled"된다.

task는 항상 동기이다.

```
async event result_t Clock.fire() {
        atomic {
            if (interval_outstanding == 0)
                post HandleFire();
             else
            interval_outstanding += call Clock.getInterval() + 1;
        }
        return SUCCESS;
    }
```

TOS의 규칙에 따라서 하드웨어 이벤트 핸들러 명령이나 이벤트는 비동기 키워드로 반드시 선어되어야 한다. 이 코드는 다른 프로세서와 task를 위하여 비동기적으로 수행할 수 있는 것을 가르킨다. NesC는 만약 상태(변수)가 경쟁(race)에 영향을 받을 수 있다면 경고하거나 검사할 것이다. 경쟁은 task내에서 독점적으로 공유한 데이터를 접근함으로써 피할 수 있다. 왜냐하면 task는 서로 인터럽트를 할 수 없고 경쟁(race)은 공유한 변수를 접근하기 위해 atomic statement를 사용함으로써 피할 수 있다.

논증(argument)이 없는 스토리지 클래스 task 함수에 의해서 정의된 독립된 제어영역이다.

5장 유비쿼터스 센서 네트워크 미들웨어

5.1 유비쿼터스 센서 네트워크 미들웨어

1 USN 미들웨어의 개요

최근 들어 정보 생성 및 소비의 주체가 사람이었던 인간 중심의 정보화 사회가 사람과 사물뿐만 아니라, 사물간에도 정보들이 유기적으로 결합되고 활용될 수 있는 유비쿼터스 컴퓨팅 사회로 변모하고 있다.

유비쿼터스 컴퓨팅 사회에서 각 사물은 센서를 이용하여 새로운 정보를 생성하는 정보 생성자로서, 무선 네트워크를 이용하여 생성된 정보를 널리 전달하는 정보 중개자로서, 그리고 전달받은 정보를 분석하고 판단하여 특정 작업을 수행하는 정보소비자로서의 역할 수행이 가능하다. 현재, 국내에서는 이러한 유비쿼터스 컴퓨팅 사회를 구축하기 위한 구체적인 사업의 하나로서, u-City 구축사업을 전략적으로 추진하고 있다. u-City 구축사업은 USN 핵심기술을 행정, 의료, 교통, 물류, 정보가전, 환경, 재난방재 등의 도시 환경에 필수적인 제반 분야에 두루 적용함으로써 도시생활의 편의 증대, 삶의 질향상, 체계적인 도시관리, 복지향상 그리고 안전보장을 추구할 수 있는 신개념의 도시구축을 목표로 하고 있다.

그런데, 이러한 유비쿼터스 컴퓨팅 사회의 성공적인 구축은 센서노드 하드웨어 기술, 센서 네트워크 기술, USN 미들웨어 기술 그리고 USN 응용 서비스 구축 기술과 같은 USN 핵심기술이 우선적으로 개발되어 있어야 가능하게 된다. 이들 네 가지 기술들 중에서 이기종의 센서노드 하드웨어들, 이기종의 센서 네트워크들, 그리고 다양한 유형의 USN 응용 서비스들이 자신들의 독립성을 유지하면서도 상호 유연하게 통합될 수 있게 하는 USN 미들웨어 기술에 대하여 자세히 살펴보고자 한다.

- USN 미들웨어는 센서노드 하드웨어와 USN 응용 시스템의 중간에 위치하여 이 둘간의 연계를 유연하게 지원하는 시스템이다. 그러므로 USN 미들웨어는 다양한 센서노드 하드웨어 사양에 독립적으로 연결하기 위한 추상화 컴포넌트와 다양한 USN 응용 시스템에 서비스를 제공하기 위한 open API 컴포넌트를 제공하는 것이 바람직하다. 특히, 이러한 USN 미들웨어는 센서노드와 게이트웨이 수준에 위치하여 in-network 질의 처리를 지원하는 in-network 미들웨어와 서버 수준에 위치하여 응용 시스템을 지원하는 server-side 미들웨어로 나뉘어서 구성된다.
- USN 미들웨어의 기본 기능은 센서노드들로부터 수집되는 센싱 정보를 효율적으로 관리하고, USN 응용 서비스들로부터 주어지는 질의들에 대하여 신속히 응답하는 것으로 매우 단순한 것처럼 보인다. 그러나, USN 미들웨어는 센싱 정보를 관리할 때 다수의 센서 네트워크에 설치된 수많은 센서노드들로부터 연속하여 주어지는 대용량 센싱 정보를 효율적으로 관리하기 위한 방법과 연속적인 센싱 정보 요청을 센서 네트워크 및 센서노드의 컴퓨팅, 통신 및 저장능력 등을 고려하여 처리할 수 있는 방법도 제공해야 한다. 또한, USN 미들웨어는 응용 서비스 클라이언트의 질의 처리 요구에 있어서도 수많은 클라이언트들로부터 주어지는 질의들에 대하여 실시간으로 응답을 할 수 있어야 하고, 유비쿼터스 환경에서 발생 가능한 일시성, 연속성, 이벤트 질의와 같이 다양한 형태의 질의도 처리할 수 있는 능력을 보유해야 한다. 이외에도 USN 미들웨어는 센서 네트워크 구성에 대한 추상화 기능을 지원함으로써 이기종의 센서 네트워크 구성에 독립적으로 응용 서비스가 가능하도록 해야 한다.
- USN 응용 시스템은 일반적으로 센서노드들에서 획득되는 센싱 정보들을 센서노드들간의 무선 네트워크를 통하여 게이트웨이에 수집하고, 이들 수집된 정보들을 서버 수준에서 분석하고 필요한 정보를 추출하는 방식으로 동작한다. 그러나, 이러한 방식은 센서노드들간의 수많은 무선 통신을 유발시킴으로써 센서노드의 배터리 수명을 단축시키게 된다. In-network 질의처리는 서버에서 수행되는 센싱 정보의 분석 및 여과 과정을 센서노드 수준에서 미리 수행하게 함으로써 무선통신 횟수를 크게 감소시킬 수 있는 방식으로 센서노드의 센싱 정보 처리능력이 보장되어야 한다. 현재는 센싱 정보들의 Sum, Avg, Min, Max 값을 계산하는 in-network aggregation 방법이 가장 많이 활용되고 있다.

2 USN 미들웨어의 특징

1) USN 미들웨어 개념

USN 미들웨어는 물리적으로 USN 응용 서비스 시스템과 센서노드 하드웨어의 중간에 위치하여 그 둘간의 통합이 유연하게 이루어지도록 하는 역할을 수행한다. 대부분의 USN 미들웨어는 응용 서비스 지원을 위하여 서버 시스템에 설치되고, 노드들의 원활한 동작과 성능 향상을 위하여 센서노드와 싱크노드에도 설치된다.

이러한 USN 미들웨어를 설치되는 위치에 따라서 구분하게 되면 [그림 5-1]과 같이 서버 시스템에 설치되는 경우는 server-side 미들웨어, 그리고 노드에 설치되는 경우는 in-network 미들웨어 또는 센서노드 미들웨어라고 할 수 있다.

일반적으로 server-side 미들웨어는 기본 기능으로 다수의 USN 응용 서비스 관리, USN 응용 서비스의 다중 질의 처리, 센싱 정보/메타 정보의 효율적 관리를 수행하고, 고급 기능으로 센싱 정보와 기존의 비즈니스 정보를 통합하여 새로운 상황정보의 생성, 응용 서비스가 요구하는 지능형 이벤트 처리를 수행하는 컴포넌트들로 구성될 수 있다.

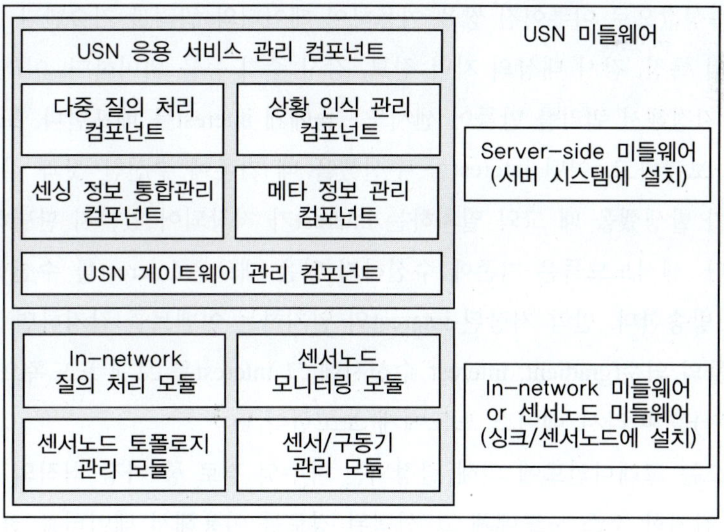

[그림 5-1] USN 미들웨어 시스템의 기본 구성

이에 반하여 in-network 미들웨어는 대부분 센서노드와 싱크노드 수준에서의 질의 처리, 센서노드간 네트워크를 위한 토폴로지 정보 관리, 센서노드의 상태정보 관리, 그리고 센서와 구동기를 제어할 수 있는 작은 모듈들로 구성될 수 있다.

2) USN 분류별 대표 프로토콜

센서 네트워킹 기술을 데이터 중심, 클러스터링/계층구조, 플랫(flat) 구조/저전력, QoS/실시간, 센서 데이터베이스 등으로 분류하여 대표적인 프로토콜들을 기술한다.

(1) 데이터 중심 방식

대량으로 배치되고, 배터리에 의존적이며, 상대적으로 제한된 자원을 가지는 모든 노드들에게 글로벌 ID를 부여하는 것은 어렵다. 그로 인해 특정 노드들을 구분하기 위한 다른 방법이 필요하게 되었으며, 이를 위해서 등장한 것이 데이터 중심 개념이다. 노드들은 자신이 제공할 수 있는 데이터에 의해서 지칭된다. 이를 위해서 사용자는 속성기반의 네이밍(attribute based naming)을 이용하여 쿼리(interest라고도 부른다)를 기술하고, 노드들에게 전송한다. 수신된 interest와 일치하는 이벤트를 감지한 노드들만이 데이터를 베이스 노드로 전송함으로써 데이터를 전송해야 할 노드들을 그 외 다른 노드들과 구분할 수 있게 된다.

Directed diffusion은 데이터 중심 방식의 라우팅 중에 가장 대표적인 것이다. Directed diffusion은 속성값으로 이루어진 쌍을 이용하여 데이터와 쿼리를 기술한다. 속성은 감시하려는 개체의 특징, 감시 대상의 지리 정보, 감시 주기 등을 의미하며, 이러한 속성들에 원하는 값을 지정해서 쿼리를 만들어 센서노드들에게 interest를 배포한다. 노드들은 수신한 interest를 보관하고, 어떤 interest를 수신했을 때 기존에 수신한 것과 같은지 비교할 때나 이벤트가 발생했을 때 그와 일치하는 interest가 저장되어 있는지 판별하는 용도 등으로 사용된다. 센서노드들은 기존에 수신하지 않은 새로운 interest를 수신했을 때만 해당 interest를 방송한다. 만약 저장된 interest와 일치하는 이벤트를 감지하면 그 interest가 방송된 경로들의 역순(gradient, interest 수신시에 그 interest를 보낸 노드쪽으로 그래디언트를 설정한다)을 따라서 베이스 노드에게 보고한다.

베이스 노드는 그래디언트에 의해 결정되는 다수의 경로 중 가장 최적의 것을 선택해서 이벤트를 감지한 소스 노드에게 그 선택된 경로를 이용해서 데이터를 전송하라는 강화(reinforcement) 작업을 수행한다.

[그림 5-2]는 이와 같은 데이터 중심 프로토콜의 동작을 나타낸다.

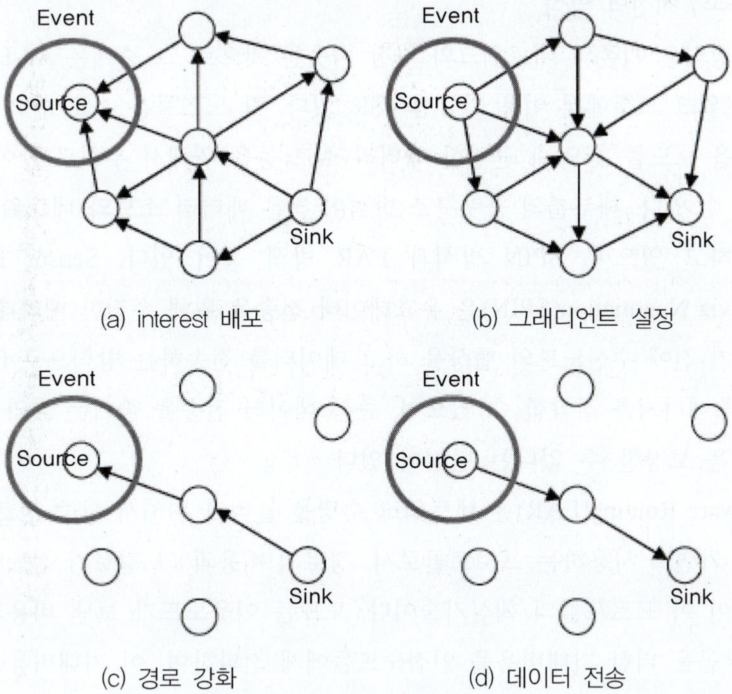

[그림 5-2] Directed diffusion

(2) 클러스터링 / 계층구조 방식

클러스터링 / 계층구조 방식은 본질적으로 데이터 집중 / 융합에 유리한 장점이 있으며, 클러스터 헤드 노드의 관리에 의해서 하위 노드들을 조정하여 전력소모도 낮출 수 있다. 그러나 최적의 클러스터를 만드는 것은 NP-Hard에 해당하는 문제로써 이루기 상당히 어렵다. 따라서 많은 프로토콜들이 제안되었으며, 그 중 Low-Energy Adaptive Clustering Hierarchy(LEACH)가 가장 대표적인 프로토콜이다.

LEACH에서 매 라운드마다 각 노드들은 0과 1사이의 임의의 값을 생성한다. 그리고 정해진 임계값보다 생성된 값이 작다면 스스로 클러스터 헤드가 됨을 결정한다.

헤드가 된 노드들은 헤드가 되었음을 주위 노드들에게 방송하고, 이를 수신한 노드들은 가장 강한 신호를 보낸 헤드의 클러스터에 참가한다. 헤드는 베이스 노드와는 단일-홉 통신을 하고 하위 노드들에게는 타임슬롯을 할당하는 TDMA 방식의 통신을 이용해서 하위 노드가 불필요하게 RF 트랜시버를 작동하여 전력을 소모하는 것을 방지한다. 특정 시간이 경과하면 현재의 라운드를 종료하고, 처음부터 다시 위의 과정을 반복하는 새로운 라운드를 시작한다.

(3) 플랫구조 / 저전력 방식

플랫구조 방식은 기존의 네트워크와 가장 비슷한 것으로 그 중에는 Ad-Hoc 네트워크와 센서 네트워크 모두에서 이용 가능한 것도 있다. 각 노드들은 서로 간의 라우팅 정보 교환으로 다음 노드를 찾으며, 균일한 배터리 소모 등을 위해서 우회로를 이용하는 등의 방법을 취할 수 있다. 대부분의 플랫구조 방식이 적은 배터리 소모와 네트워크 수명 연장을 목표로 하고 있으며, SPIN 방식과 EAR 방식 등이 있다. Sensor Protocols for Information via Negotiation(SPIN)은 유효데이터 전송을 위해 수집한 메타데이터를 이용하여 전송하기 전에 수신노드와 협상을 하고 데이터를 전송하는 방식으로 flooding 기법보다 훨씬 더 에너지를 절약할 수 있으며, 중복 데이터 전송을 줄이는 효과가 있으나 데이터의 전달을 보장할 수 없다는 단점이 있다.

Energy-Aware Routing(EAR)은 네트워크 수명을 늘리기 위해서 다중 경로들을 상황에 맞게 번갈아 가면서 사용하는 프로토콜로서, 경로의 비용과 그 경로가 선택될 확률을 부여하는 부분이 이 프로토콜의 핵심기술이다. 노드는 이웃노드가 보낸 비용과 그 이웃노드의 확률의 곱을 더한 기대비용을 인접노드들에게 전파하며, 이 기대비용을 수신한 노드는 기대비용과 그 기대비용을 전송한 노드로의 메트릭을 더해서 그 노드로의 중간비용으로 정의한다. 이 방식은 노드의 주소할당 절차와 이를 위한 노드의 위치정보가 요구되며 경로 설정이 다소 복잡하다.

(4) QoS/실시간 방식

현재 센서 네트워킹 기술에서 거론되고 있는 QoS는 대부분 종단간의 전송 지연에 대한 것이다. 이는 몇몇 응용 분야에서의 데이터의 실시간 특성을 위한 것으로, 멀티홉 네트워크에서는 하드 리얼타임을 지원하기는 어렵다.

SPEED는 센서 네트워크에서의 실시간 통신을 위하여 설계되었다. 라우팅 테이블을 유지하는 등의 오버헤드를 없애고, 분산된 방법으로 종단간의 소프트 리얼타임 통신을 지원한다. SPEED는 [그림 5-3]과 같은 모듈들로 구성되어 있다.

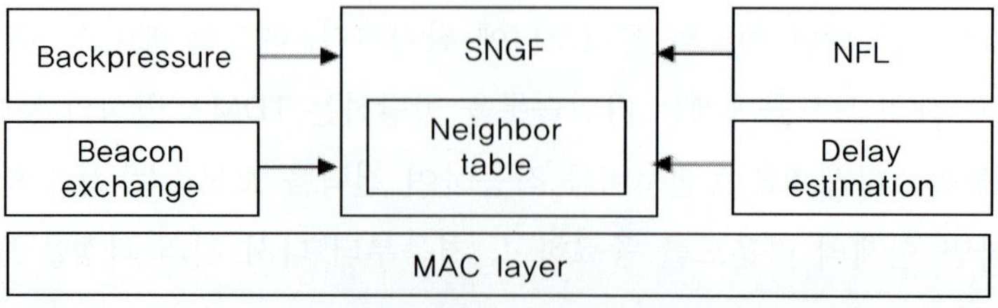

[그림 5-3] SPEED 아키텍처

The Stateless Non-deterministic Geographic Forwarding algorithm(SNGF)은 핵심이 되는 모듈로서 위치정보를 이용하여 다음 노드를 정한다.

다음 노드는 위치적으로 목적지에 더 가까운 노드들 중에 속도가 특정 값보다 높은 노드들 중에 선택된다. 이웃 노드로의 속도는 현재 노드에서 목적지 노드로의 거리에서 이웃노드에서 목적지 노드로의 거리를 뺀 값을 지연시간으로 나눈 값으로서, 단위시간당 목적지 노드에 어느 정도로 가까워지는가를 의미한다.

주기적인 비컨 교환을 통해서 이웃 노드들을 파악하고, 통신 링크의 지연을 기준으로 혼잡시 다른 경로를 찾는다. 링크의 지연은 타임스탬프를 표시한 패킷을 보내고, ACK 받는 과정을 통해서 걸린 시간을 측정함으로써 이루어진다. NFL은 중계 비율을 조절하여 속도를 유지하도록 하는 핵심적인 기능을 수행한다. 혼잡이 발생하면 속도가 떨어지고, 혼잡이 일어난 링크와 연결된 노드는 백프레셔 기법을 이용하여 다른 노드들에게 알려서 혼잡이 일어난 노드로의 경로를 선택하지 않도록 유도한다.

(5) 센서 데이터 베이스 방식

센서 네트워킹 기술을 분산된 데이터베이스로 보는 견해는 사용자의 쿼리에 의해서 노드들의 데이터를 모은다는 점에서 데이터 중심 개념과 비슷한 점이 있다. 그러나 이러한 데이터베이스로 보는 견해는 쿼리의 효율적인 처리에 대해서도 관심을 두고 있다. 일반적인 데이터 중심 프로토콜과는 다르게 저전력으로 쿼리를 처리하기 위한 독립된 계층을 가지고 있기도 하다.

COUGAR가 센서 네트워크를 분산된 데이터베이스로 보는 대표적인 프로토콜이다. 이 프로토콜은 선언적 쿼리(declarative queries)를 이용해서 쿼리 처리를 네트워크 계층으로부터 추상화시키고, 데이터 집중 등의 방법을 사용하여 전력소모를 줄이는 방식을 취했다.

쿼리 처리의 추상화를 위해서 네트워크 계층과 응용계층 사이에 독립된 쿼리 계층을 추가하였다. 새로운 쿼리가 발생하면 게이트웨이는 쿼리를 최적화한 다음 새로운 데이터가 쿼리를 처리하기 위해서 필요하다면 쿼리 플랜을 만든다. 쿼리 플랜에는 데이터가 모이는 리더 노드를 선정하는 방법과 필요한 데이터의 종류 등이 들어 있다. 리더 노드가 아닌 노드들은 감지한 데이터를 리더 노드쪽으로 보내게 되고, 전송되는 중간에 지속적으로 자신이 감지한 데이터와 다른 노드에게서 받은 데이터를 데이터 집중 방법을 사용해서 처리한다. 리더 노드는 그렇게 모인 데이터를 최종적으로 가공해서 게이트웨이로 전송함으로써 쿼리의 처리를 종료한다([그림 5-4] 참조).

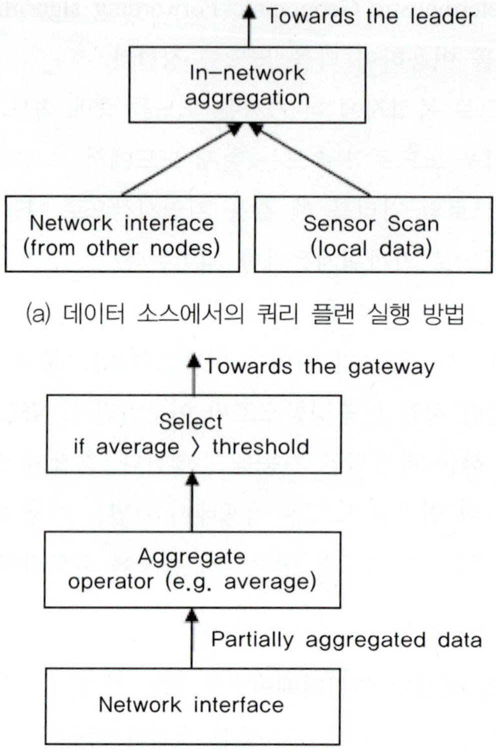

(a) 데이터 소스에서의 쿼리 플랜 실행 방법

(b) 리더 노드에서의 쿼리 플랜 실행 방법

[그림 5-4] COUGAR 쿼리 처리

3) USN 미들웨어의 주요 기능

국방 및 환경 분야를 위한 USN 응용 서비스 시스템 구축과 더불어 개발되기 시작한 초기의 USN 미들웨어는 그 기능이 각 응용 분야의 서비스에서만 적용되는 수준으로 기능이 매우 단순하였으며 중요성 또한 크지 않았다.

그러나 최근 들어 USN 응용 서비스에서 요구하는 센서노드의 수가 급격히 증가하고, 응용 서비스에 있어서 QoS를 보장해야 하고, 다중 센서 네트워크들간의 연계와 같은 고수준의 기능을 필요로 하게 되고, 복잡도가 높은 USN 응용 서비스 모델들이 새롭게 제시되고, USN 응용 서비스 시스템들간의 통합이 일반화됨에 따라 USN 미들웨어에 대한 요구기능이 매우 다양화되고 그 중요성 또한 점차 증가하게 되었다.

특히, u-City 구축사업과 같이 행정, 의료, 교통, 환경, 재난방재 등의 다양한 USN 응용 서비스 분야들이 통합되어 있는 경우에는 USN 미들웨어에 대한 요구가 더더욱 커지게 되었다. 이와 같이 복잡하고 다양해지고 있는 USN 응용 서비스들의 요구들을 만족시키기 위하여 USN 미들웨어가 지원해야 할 기능들에 대하여 살펴보면 다음과 같다.

(1) 다양한 질의 유형 지원

USN 응용 서비스의 다양한 요구사항을 효율적으로 만족시키기 위해서 USN 미들웨어는 다양한 형태의 질의를 지원할 수 있어야 한다.

예를 들면, 현재 센싱된 정보를 실시간으로 요청하는 snapshot 질의, 센싱 정보를 일정한 주기로 연속적으로 요청하기 위한 continuous 질의, 특별한 상황 또는 이벤트가 발생하였을 때에만 센싱 정보를 요청하는 event 질의가 기본적으로 지원되어야 한다.

이외에도 모바일 센서노드를 지원하는 USN 미들웨어의 경우에는 시간 변화에 따른 위치정보의 획득이 가능한 spatiotemporal 질의도 지원할 수 있어야 한다.

[그림 5-5]는 USN 미들웨어가 지원해야 할 필요성이 있는 질의 유형 및 이를 SQL-like 방식으로 표현한 예제를 요약한 것이다.

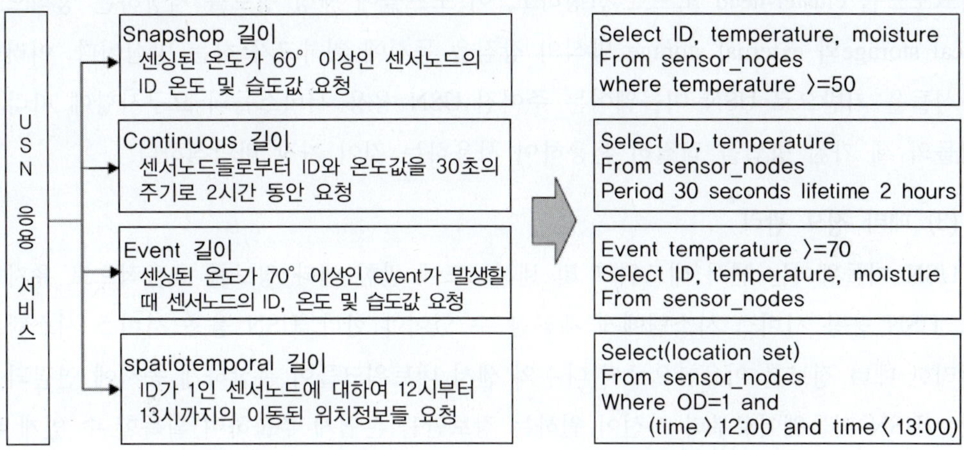

[그림 5-5] USN 미들웨어 질의 유형 및 SQL 예제

(2) 센싱 정보 관리

USN 미들웨어는 응용 서비스가 요청한 질의들에 대하여 응답하기 위하여 센서노드로부터 계속하여 센싱 정보들을 획득하게 된다. 여기서, 획득된 센싱 정보들의 관리에서 가장 간단한 방법은 센서노드로부터 주어진 정보들을 저장하지 않고, 이를 필요로 하는 USN 응용 시스템에게 단지 전달만 하면 되는 것이다.

그러나, 상황에 따라서 USN 미들웨어는 과거 센싱 정보에 대한 요청을 처리하기 위하여, 또는 센싱 정보 마이닝 등을 처리하기 위하여 연속적인 센싱 정보들을 시간흐름에 따라 효율적으로 저장 및 관리할 수 있는 기능을 제공할 필요가 있다. 이를 위하여 USN 미들웨어는 센싱 정보를 효율적으로 저장하기 위하여 local storage, clustered storage 그리고 external storage 방식을 이용한다.

Local storage 방식은 각 센서노드에 직접 센싱 정보를 저장하는 방식으로, in-network 미들웨어 수준에서 질의 수행을 가능하게 하여 서버로 전송되어야 하는 센싱 정보의 양을 줄임으로써 센서노드의 통신 부하를 감소시킬 수 있는 장점을 가지고 있다.

그러나 센서노드가 보유하고 있는 저장 공간의 한계로 인하여 과거 및 최신의 센싱 정보를 효율적으로 유지하기 위한 방법이 추가적으로 요구된다.

External storage 방식은 센싱 정보를 모두 server-side 미들웨어에 저장하는 방식으로 많은 양의 정보를 저장할 수 있으나, 모든 정보가 센서노드로부터 서버로 전송되어야 함으로써 센서노드의 통신으로 인한 부하가 매우 커지는 단점이 있다.

Clustered storage 방식은 센서노드들 중에서 성능 및 저장 공간 상황이 우수한 몇 개의 싱크노드를 cluster-head 노드로 선정하고, 이 노드들에 센싱 정보를 저장하는 방식으로 local storage와 external storage 방식의 장점을 동시에 취하고자 하는 방식이다. 이러한 방식들을 기반으로 USN 미들웨어는 주어진 USN 응용 서비스들의 요구사항에 따라서 이들의 세 가지 방법을 적절히 혼용하여 사용하는 것이 가장 바람직하다.

(3) 메타 정보 관리

USN 미들웨어는 센서 네트워크 및 센서노드에 관한 메타 정보를 효율적으로 유지하고, USN 응용 서비스 시스템에게 제공할 수 있어야 한다. USN 응용 서비스 시스템은 이러한 메타 정보를 이용함으로써 다수의 센서 네트워크들이 복잡하게 동시에 연결되어 있는 USN 미들웨어로부터 자신이 원하는 정보만을 손쉽게 추출하여 획득할 수 있게 된다. USN 환경에서 이러한 메타 정보로는 시간흐름에 따라 변화가 없는 정적인 메타 정보와 시간 흐름에 따라 변화가 발생하는 동적인 메타 정보로 나눌 수 있다.

예를 들어, 센서 네트워크 ID, 센서 네트워크내의 센서노드의 개수, 센서노드들의 ID, 센서노드들에 설치된 센서 및 구동기의 종류, 센서노드의 정보 처리능력 등과 같은 정보는 정적 메타 정보로 볼 수 있으며, 센서노드의 잔여 전력량, 센서노드의 동작 유무 상태, 센서 네트워크의 통신 상태와 같이 실시간으로 변화하는 정보는 동적 메타 정보로 볼 수 있다. 여기서, 정적 메타 정보는 USN 미들웨어의 메타 정보 관리도구를 통하여 초기에 입력시킴으로써 손쉽게 관리가 가능하다.

그러나, 동적 메타 정보의 경우는 정확한 정보를 유지하기 위해서 USN 미들웨어가 센서 네트워크에 대하여 주기적인 모니터링 메시지를 전송하여 메타 정보를 효율적으로 획득하기 위한 방법을 반드시 제공해야 한다.

(4) 이기종의 센서 네트워크 통합 지원

u-City 구축사업과 같은 최근의 USN 응용 시스템에서는 한 개 이상의 다수 센서 네트워크들이 통합되어 시스템이 구성되는 경우가 많이 발생하고 있다. 여기서, USN 미들웨어에 연결된 모든 센서 네트워크 인프라들이 동일한 종류의 센서노드를 이용하고, 동일한 무선통신 방법을 이용하고, 동일한 기능을 제공하는 경우에는 USN 미들웨어와 다수 센서 네트워크와의 통합에 큰 어려움이 없다.

그러나, ZigBee, Bluetooth, WLAN, CDMA 등과 같이 다양한 종류의 무선통신 방법들이 이용되고, Mote 계열, Nano 계열, NeurFon 계열 등의 다양한 종류의 센서노드들이 이용되는 현실에서 USN 미들웨어는 이들을 추상화시킴으로써 센서노드 및 무선통신 방법에 독립적으로 USN 응용 서비스들의 모든 요구를 처리할 수 있는 기능을 반드시 지원해야 한다.

(5) 상황정보 생성 및 관리

최근에 소개되고 있는 USN 응용 서비스 모델은 센싱 정보를 획득하고 검증하여 단순히 사용자에게 공하는 수준이 아니라, 수집된 센싱 정보들을 이용하여 과거에 저장된 정보들과 비교 분석하고, 예측하고, 추론하여 새로운 상황정보를 생성할 수 있는 기능들을 필요로 하고 있다.

그러므로 USN 미들웨어는 상황정보 생성을 위하여 과거 수집된 정보 DB와 외부 비즈니스 DB 등을 연계하기 위한 기능과 상황정보 생성을 위한 규칙을 정의하고 이러한 규칙을 처리할 수 있는 방법 등을 지원해야 한다. 이러한 상황정보의 생성 기능은 센서노드 성능의 효율성과 다양한 USN 응용 서비스 모델을 지원하기 위하여 server-side 미들웨어에서 뿐만 아니라, in-network 미들웨어서도 지원 가능하도록 구현하는 것이 바람직하다.

(6) QoS 보장

u-Hospital, u-Healthcare, u-Transportation 서비스 등과 같이 사람의 안전과 관계되는 USN 응용 서비스들은 수집되는 센싱 정보에 대하여 높은 신뢰도를 요구하게 된다. 여기서 '신뢰도'는

첫째는 수집된 센싱 정보의 정확성을 의미하며,

둘째는 수집된 센싱 정보의 실시간성을 의미한다.

다시 말하면, 사람의 안전과 관계되는 USN 응용 서비스는 수집된 센싱 정보의 오차가 매우 작아야 하고, 센싱 정보가 요구하는 시간 내에 수집되어야 한다는 의미이다. 이를 위하여 USN 미들웨어는 응용 서비스의 우선 순위가 높은 질의를 효율적으로 수행하기 위하여 server-side 미들웨어에서의 우선순위 질의 큐를 이용하는 방법과 in-network 미들웨어에서의 무선통신 및 센서노드의 자원을 우선적으로 할당받기 위한 방법 등을 제공해야 한다.

(7) 센서노드 미들웨어의 갱신

컴퓨팅 능력이 우수한 센서노드들이 이용되는 경우에 USN 미들웨어는 고급 기능으로 센서노드에 설치된 미들웨어 소프트웨어를 원격으로 갱신할 수 있는 기능을 제공할 필요가 있다. 많은 수를 가지고 있고, 이동성을 가지고 있으며, 지리적으로 광범위하게 분포되고, 사람이 직접 제어하기 어려운 곳에 빈번히 위치하는 센서노드들의 특징을 고려할 때 만약 센서노드 미들웨어의 갱신이 요청되게 되면 이러한 자동적인 센서노드 미들웨어 갱신 기능은 반드시 필요하게 된다.

그러므로 USN 미들웨어는 센서노드들간의 무선 통신을 이용하여 센서노드들의 소프트웨어 기능을 갱신할 수 있는 방법을 제공해야한다. 실제로, 이러한 센서노드의 기능 갱신은 센서 네트워크 주변 상황이 급격하게 변화하거나 USN 응용 서비스의 요구사항이 크게 변경될 때 빈번히 발생할 수 있다.

(8) 센싱 정보의 보안

센서 네트워크는 기본적으로 센서노드들간의 무선통신으로 구성되어 있기 때문에 센싱 정보들이 타인에 의하여 도청 당하거나, 심지어는 비정상적인 값으로 조작될 가능성이 매우 높다고 할 수 있다.

그러므로 USN 미들웨어는 in-network 미들웨어에서 센서노드들 및 게이트웨이간의 협업을 통하여 센싱 정보를 보호하기 위한 방법을 반드시 제공해야 한다.

이러한 센싱 정보 보안에서 주의해야 할 점은 정보보호 기능을 구현할 때 효율성을 위하여 센서노드의 자원(전력, 통신 등)의 점유를 최소화해야 한다.

(9) 센서노드의 위치인식

모바일 센서노드를 이용하는 경우에는 센싱 정보 이외에, 실시간으로 센서노드의 위치를 파악하는 기능이 매우 중요하다고 할 수 있다. 실제로 사람 또는 이동체에 센서노드를 부착하여 실시간으로 센서노드의 위치인식을 바탕으로 센싱 정보를 획득할 수 있는 기능은 다양한 USN 응용 서비스 모델의 생성을 가능하게 해준다.

예를 들면, u-Hospital에서 환자, 의료장비, 의사, 간호사들에 대한 실시간 위치추적과 이러한 위치정보를 기반으로 환자들의 상태 정보수집 서비스가 가능해질 수 있다.

그러므로 USN미들웨어는 센서노드들간의 무선통신을 이용하여 센서노드들의 상대적인 위치를 파악하고, 기준 위치가 되는 고정 싱크노드들을 이용하여 실제 위치를 파악할 수 있는 기능을 제공해야 한다.

5.2 USN 미들웨어 기술동향

초기에 적진에 침투한 개별 병사들에게 무선통신을 통하여 명령을 전달하고, 병사들이 직접 침투하기 어려운 지역에서의 적군 움직임을 사전에 감지하여 알려줄 수 있는 군사용 서비스를 구현할 목적으로 USN 관련 기술들이 개발되기 시작하였다.

이러한 USN 관련 기술의 발전과 더불어 소개된 u-Military 서비스 이외에 다양한 종류의 USN 응용 시스템들이 개발되어 오고 있다.

예를 들어, 사람이 직접 접근하기 어려운 지역에 서식하는 동식물들에 대한 생활환경을 감시하거나 그 지역의 기후변화를 감지하는 u-Environment 서비스, 교량 및 건물 등의 구조물의 안전 상태를 실시간 감지하기 위한 u-Structure 서비스, 병원에서 환자, 의사, 간호사 및 고가장비들의 위치를 실시간 추적하고 환자의 상태를 실시간 감지하기 위한 u-Hospital 서비스, 도로 및 차량에 설치된 센서노드를 이용하여 실시간으로 교통정보를 수집하여 차량 사고를 감지하고 심지어 사고를 미연에 방지할 수 있는 u-Transportation 서비스를 위한 응용 시스템들이 개발되어 오고 있다.

이와 같이, 다양한 분야의 USN 응용 서비스를 구축하기 위한 시스템의 개발은 USN 미들웨어 시스템의 발전에도 큰 영향을 끼치게 되었다.

실제로 USN 응용 서비스에 따라서 다양한 형태의 USN 미들웨어들이 소개되었는데, USN 응용 서비스의 QoS 요구조건에 대한 보장을 최우선 목표로 하여 개발된 MiLAN 미들웨어, RFID 미들웨어와 유사하게 끊임없이 획득되는 센싱 정보에 대하여 이벤트들을 설정함으로써 USN 응용 시스템에게 원하는 정보를 전송하는 이벤트 기반의 DSWare 미들웨어, USN 응용 서비스 변화 및 센서 네트워크 주변환경 변화에 따라 센서노드 미들웨어의 기능을 무선통신을 통하여 동적으로 변화시킬 수 있는 Impala 미들웨어, 센서 네트워크에 존재하는 센싱 정보들을 분산 데이터베이스의 분산 데이터로 간주하여 USN 응용 시스템의 요구사항을 분산 질의 처리 과정으로 수행할 수 있는 TinyDB 및 Cougar 미들웨어 등이 개발되어 왔다.

[표 5-1]은 지금까지 발표된 USN 미들웨어와 ETRI에서 개발된 미들웨어의 주요 특징 및 한계점에 대하여 간략히 제시하고 있다.

[표 5-1] 주요 USN 미들웨어별 특징 및 한계점

USN 미들웨어	주요 특징	한계점
TinyDB (Berkeley)	• 센서 네트워크를 가상의 분산 데이터베이스로 간주 • Server와 in-network 미들웨어가 협력적으로 동작 • TinyOS 기반으로 동작, SQL-like 질의언어 지원 • 질의 수행 최적화 및 in-network aggregation 지원	• TinyOS 기반의 센서노드에서만 이용이 가능하며, 센서노드에 신규 기능을 추가할 때, 모든 센서노드가 보유하고 있는 질의 처리기 모듈을 수정해야 함
Cougar (Cornell)	• 모든 센싱 정보를 서버에 불러온 다음, DB 기반 접근방식으로 질의를 처리함 • Server-side 미들웨어, SQL-like 질의언어 지원 • 질의 수행 최적화 지원	• Server-side 미들웨어로서, 서버 시스템이 모든 센싱 정보를 유지하고 있어야 하기 때문에 모든 센서노드들이 센싱 정보를 모두 서버로 전송해야 함
SINA (Delaware)	• Cougar와 유사한 server-side 미들웨어로, SQLlike 질의언어를 지원 • 지리적으로 인접한 센서노드들을 계층적 cluster로 묶어서 관리함(cluster head 노드 이용)	• Cougar와 마찬가지로 서버 시스템이 모든 센싱 정보를 유지하고 있어야 함 • Cluster head 노드들이 센싱 정보를 모두 서버로 전송함
DSWare (Virginia)	• DB 방식으로 SQL-like 질의 언어를 지원 • In-network aggregation 지원 • 센서노드들에 대한 동적인 그룹 관리 방법 지원	• 특정 제품의 센서노드 하드웨어에 대한 의존적인 미들웨어로서, 이종의 센서노드들에 대한 추상적인 인터페이스 제공 기능이 부족함
Milan (Rochester)	• USN 응용 시스템의 QoS 요구 처리 기능 지원 • QoS 요구와 센서 네트워크의 리소스를 비교 분석하여 센서 네트워크의 lifetime은 최대화하면서 QoS 요구를 최대로 만족시키고자 함	• USN 응용 서비스에 tightly-coupled 되어 있어서 이종의 센서노드들에 대한 추상화를 지원하지 않음 • 모바일 센서노드를 지원하지 않음
Impala (Princeton)	• 센서노드 기능의 동적 갱신 지원	• Hewlett-Packard 제품에 의존적인 미들웨어로서, 이종의 센서노드들에 대한 추상화를 지원하지 않음

USN 미들웨어	주요 특징	한계점
	• Binary 명령어를 수행할 수 있는 모바일 코드 기술을 이용하여 노드의 기능을 실행시에 동적으로 변경	
Mate (Berkeley)	• 센서노드 기능의 동적 갱신 지원 (TinyOS 기반) • Byte code와 Virtual Machine(VM) 기반의 센서노드 기능을 실행시에 동적으로 변경할 수 있음	• 센서노드가 VM 기반으로 구성됨으로써, 복잡한 기능의 갱신일 때 interpretation 과정으로 인한 추가의 리소스 손실이 있음
COSMOS (ETRI)	• 다양한 유형의 질의 지원(일시성, 연속성, 이벤트) • 대용량 센서 네트워크 환경에 대하여 대량의 동시 질의 처리 지원 • 이종의 센서 네트워크에 대한 추상화 기능 지원	• In-network aggregation과 같은 센서노드 미들웨어 기능이 부족함

5.3 USN 미들웨어 플랫폼 개발현황

ETRI가 추진중인 USN 미들웨어 플랫폼 개발에 대하여 간략히 살펴보고자 한다. USN 미들웨어 플랫폼 개발에서는 다양한 유형의 USN 응용 서비스에 공통적으로 필요한 미들웨어의 핵심기능을 추출하고, 이들을 표준화된 방식으로 제공하기 위한 기술개발 및 표준화를 진행하고 있다. 아울러 다양한 센서 네트워크 인프라 및 USN 서비스 모델에 개발된 미들웨어 기술을 적용하기 위하여 응용 시스템의 개발도 동시에 진행하고 있다.

1 USN 미들웨어 플랫폼 구성

USN 미들웨어 플랫폼 개발은 향후 시스템의 확장성 및 독립성을 고려하여 개념적으로 센서 네트워크 추상화, 센서 네트워크 지능화, 서비스 플랫폼의 세 단계로 나뉘어서 진행되고 있다.

[그림 5-6]은 이와 같이 세 단계로 구성된 USN 미들웨어 플랫폼의 컴포넌트 구성 및 컴포넌트들간의 연관 관계를 보여준다.

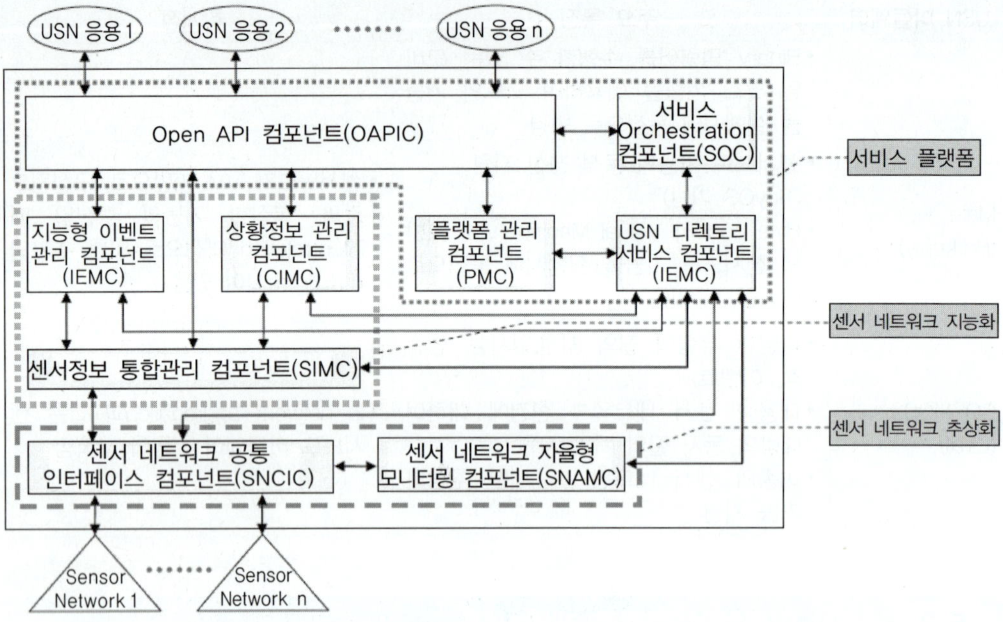

[그림 5-6] USN 미들웨어 플랫폼의 컴포넌트 구성 및 연관 관계

1) 센서 네트워크 추상화

센서 네트워크 추상화 단계는 센서 네트워크 인프라와 직접 연계되는 부분으로, 이 단계에서의 핵심기능은 다수의 이기종 센서 네트워크들을 용이하게 통합할 수 있게 하고, 센서 네트워크의 상태를 실시간 모니터링할 수 있도록 하는 것이다.

예를 들어, 다수의 이기종 센서 네트워크들이 연결되는 대규모 USN 응용 서비스의 경우에는 이기종의 센서 네트워크들을 추상화시켜서 동일한 방식으로 손쉽게 이용하기 위한 기능이 반드시 필요하게 된다.

USN 미들웨어 플랫폼 개발에서는 이러한 센서 네트워크 추상화 단계를 위하여 센서 네트워크 공통 인터페이스 컴포넌트(SNCIC)와 센서 네트워크 자율형 모니터링 컴포넌트(SNAMC)를 구현하고 있으며, 특히 센서 네트워크 공통 인터페이스의 경우에는 국내 표준화 작업을 동시에 진행하고 있다.

센서 네트워크 공통 인터페이스 컴포넌트 개발에서는 센서 네트워크 및 센서노드 인프라와 USN 미들웨어 사이에 주고 받는 명령과 정보에 대하여 공통 메시지 형식을 정의하고, 또한 이러한 공통 메시지를 활용하기 위하여 센서 네트워크 게이트웨이에 표준 인터페이스 기능을 포함하는 어댑터를 구현하고 있다.

센서 네트워크 자율형 모니터링 컴포넌트 개발에서는 센서노드의 전력 잔량, 동작 유

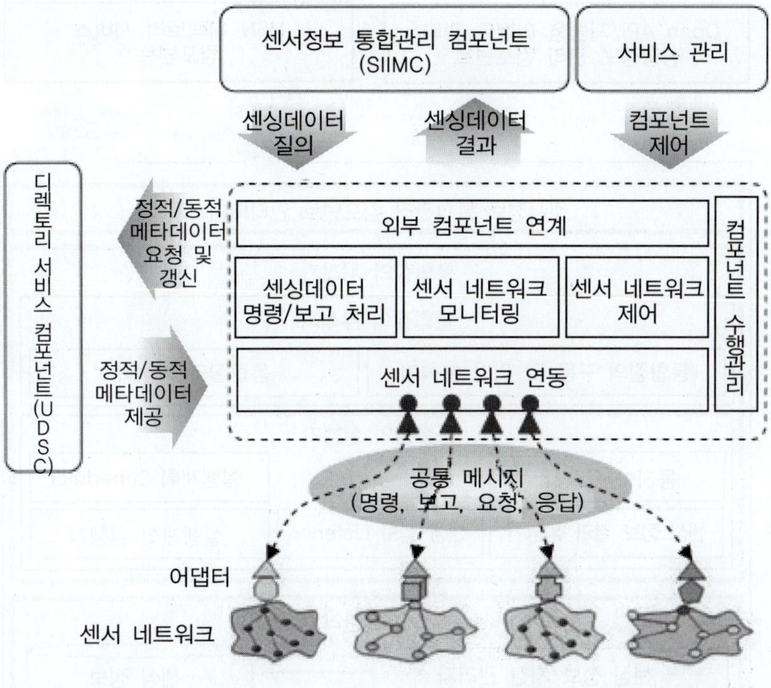

[그림 5-7] 센서 네트워크 공통 인터페이스 컴포넌트 구현

무, 통신상황 등을 동적으로 감지하기 위한 기능을 구현하고 있다.

현재, 센서 네트워크 추상화 단계와 관련해서는 센서 네트워크 공통 인터페이스 컴포넌트의 prototype이 구현되었으며, 세부 시스템 구성은 [그림 5-7]과 같다.

2) 센서 네트워크 지능화

센서 네트워크 지능화 단계는 센서 네트워크 공통 인터페이스로부터 연속적으로 입력되는 센싱 정보에 대하여 의미를 부여하는 단계로서, 이 단계에서의 핵심기능은 센싱 정보를 효율적으로 관리하고 이들 센싱 정보와 기 구축된 비즈니스 정보를 분석하여 새로운 상황정보를 생성하는 역할을 수행할 수 있도록 하는 것이다.

또한, USN 응용 서비스들에게 의미있는 센싱 정보를 제공하기 위하여 응용 서비스들로부터 주어지는 다양한 유형의 질의 처리를 수행하고, 주변 상황에 따른 복잡한 지능형 이벤트 질의처리를 수행할 수 있도록 하는 것이다.

이를 위하여 USN 미들웨어 플랫폼 개발에서는 센서 네트워크 지능화 단계로서 센서정보 통합관리 컴포넌트, 상황정보 관리 컴포넌트, 그리고 지능형 이벤트 관리 컴포넌트를 구현하고 있다.

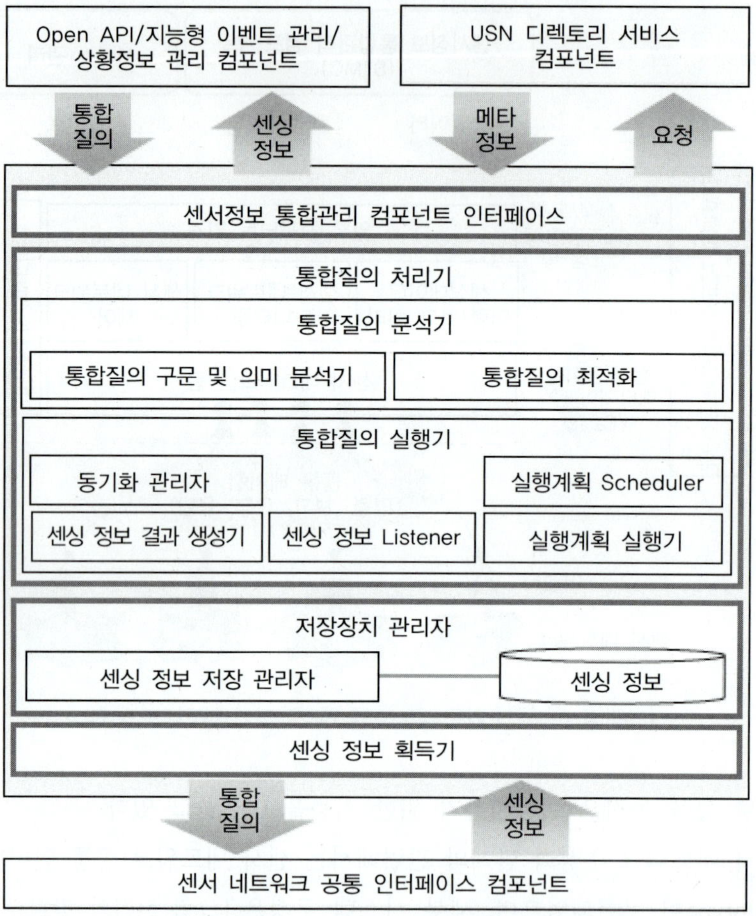

[그림 5-8] 센서정보 통합관리 컴포넌트 구현

센서정보 통합관리 컴포넌트 개발에서는 센서 네트워크에서 제공되는 센싱 정보의 실시간 관리 기능, 일시성/연속성/이벤트 형태의 다양한 질의 수행 기능, multiple 질의들의 동시 수행 및 최적화 기능, suspend/resume/stop 등과 같은 실시간 질의 제어기능 등을 구현하고 있다.

상황정보 관리 컴포넌트 개발에서는 센싱 정보에 대한 데이터마이닝 기능과 에이전트 기반의 상황정보 모델링, 상황정보 추출, 그리고 상황정보 관리 기능을 구현하고 있으며, 지능형 이벤트 관리 컴포넌트에서는 USN 응용 서비스가 요구하는 복합 이벤트를 위하여 지능형 이벤트 모델을 정의하고, 이러한 지능형 이벤트 모델을 최적화하여 처리하기 위한 엔진을 구현하고 있다.

현재, 센서 네트워크 지능화 단계와 관련해서는 센서정보 통합관리 컴포넌트의 prototype

이 구현되었으며, 세부 시스템 구성은 [그림 5-8]과 같다.

3) 서비스 플랫폼

서비스 플랫폼 단계는 USN 응용 서비스 시스템의 개발을 효율적으로 지원하기 위한 단계로서, 이 단계의 핵심역할은 USN 미들웨어를 용이하게 사용하기 위한 Open API를 제공하고, 다중의 서비스 사용자들에 대한 관리를 수행하고, 외부 서비스 시스템과의 연계를 지원하고, USN 응용 서비스 시스템이 요구하는 센서노드 및 센서 네트워크 관련의 정적 / 동적 메타 정보를 실시간으로 제공할 수 있도록 하는 것이다. 이를 위하여 서비스 플랫폼 단계에서는 Open API 컴포넌트, 플랫폼 관리 컴포넌트, 서비스 orchestration 컴포넌트, 그리고 USN 디렉토리 서비스 컴포넌트의 구현을 포함하고 있다.

Open API 컴포넌트 개발에서는 다중의 USN 응용 서비스 클라이언트들이 USN 미들웨어 플랫폼에 용이하게 접근하기 위한 웹 서비스와 개방형 API 메소드, USN 미들웨어 플랫폼에 연결된 클라이언트들의 관리 기능, 그리고 이들 클라이언트들이 요청한 질의들의 관리 기능을 구현하고 있다.

서비스 관리 컴포넌트 개발에서는 USN 미들웨어 플랫폼 내의 각 컴포넌트들에 대하여 property 값 초기화, 컴포넌트의 구동 및 중지, 그리고 플랫폼의 에러상황체크 등을 수행할 수 있는 기능을 구현하고 있다.

서비스 orchestration 컴포넌트 개발에서는 워크 플로 시스템과 같은 외부 서비스 시스템과 USN 미들웨어 플랫폼과의 원활한 연계를 지원하기 위한 기능을 구현하고 있다.

USN 디렉토리 서비스 컴포넌트 개발에서는 센서 네트워크의 정적 / 동적 메타 정보를 등록하고, 조회하고, 갱신할 수 있는 서비스를 구현하고 있다. 여기서, 정적 메타 정보는 USN 디렉토리 서비스 관리자에 의하여 직접 입력되고 관리되지만, 동적 메타 정보는 센서 네트워크 추상화 단계에서 설명한 센서 네트워크 자율형 모니터링 컴포넌트를 통하여 주기적으로 갱신되는 정보를 이용하여 USN 디렉토리 서비스 관리자가 이용하도록 구현된다. 특히, 이러한 정적 / 동적 메타 정보 모델은 시스템 개발과 함께 국내 표준화가 동시에 진행되고 있다.

현재, 서비스 플랫폼 개발 단계에서는 Open API 컴포넌트와 USN 디렉토리 서비스 컴포넌트의 일부기능이 구현되었으며, [그림 5-9]는 지금까지 개발된 Open API 컴포넌트의 시스템 구성을 보여주며 지금까지 설명된 센서 네트워크 추상화, 지능화 및 서비스 플랫폼 단계에서 개발되어야 하는 USN 미들웨어 요소기술을 요약하여 정리한 것이다.

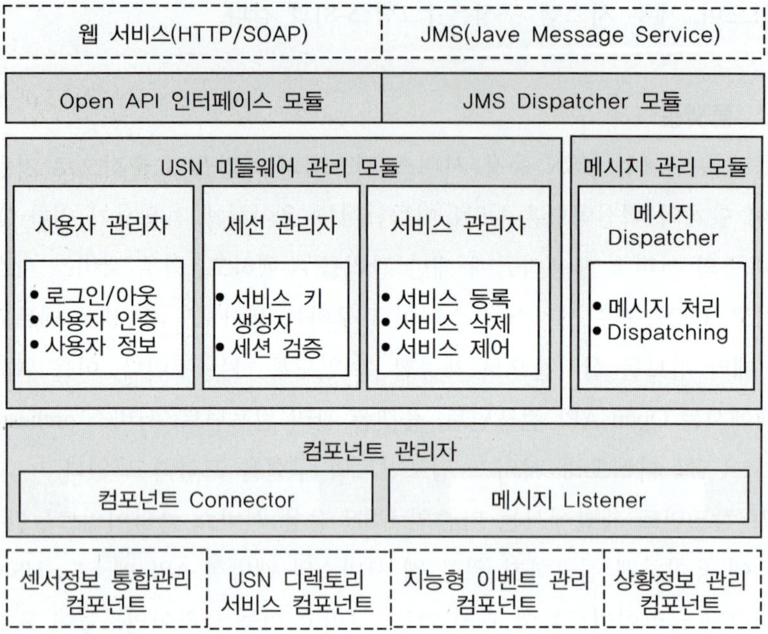

[그림 5-9] Open API 컴포넌트 구현

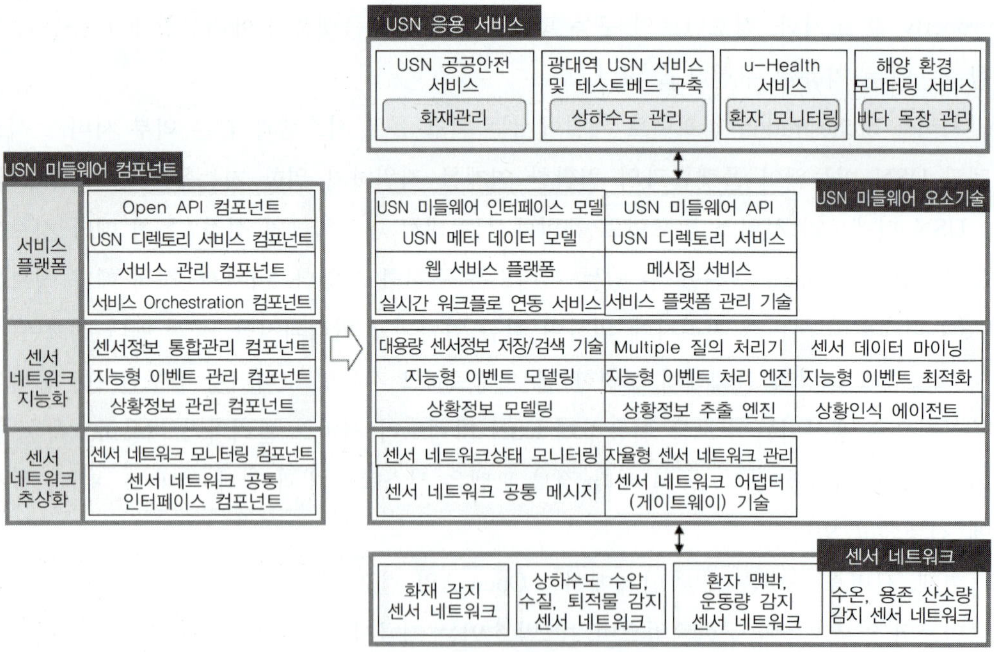

[그림 5-10] USN 미들웨어 요소기술

2 USN 응용 서비스 시스템

지금까지 개발된 USN 미들웨어 컴포넌트들이 USN 응용 서비스에 효율적으로 적용될 수 있는지를 검증하기 위하여 공공안전(화재) 관리, 상하수도 원격관리, 해양환경감시, u-Silver Care의 응용 서비스 시스템들을 개발하였으며, 이들 응용 서비스들의 동시 수행을 성공적으로 수행하였다.

1) 공공안전(화재) 관리 서비스

화재관리 서비스는 Mote 계열의 센서노드에 열감지 센서를 부착하여 화재발생을 감지하고 주변의 유도등 및 비상등을 제어할 수 있는 서비스로서, 전자도면을 통하여 화재상황을 시각적으로 모니터링할 수 있도록 하고 있다.

화재관리 서비스는 기본적으로 화재라는 이벤트가 발생하였을 때 센싱 정보를 획득하도록 구성하였으며, 상황에 따라서는 화재 이벤트가 발생하지 않더라도 주기적으로 센싱 정보를 획득할 수도 있도록 구성되어 있다.

[그림 5-11]은 건물에서의 화재감지 서비스를 위한 전자도면의 예를 보여준다.

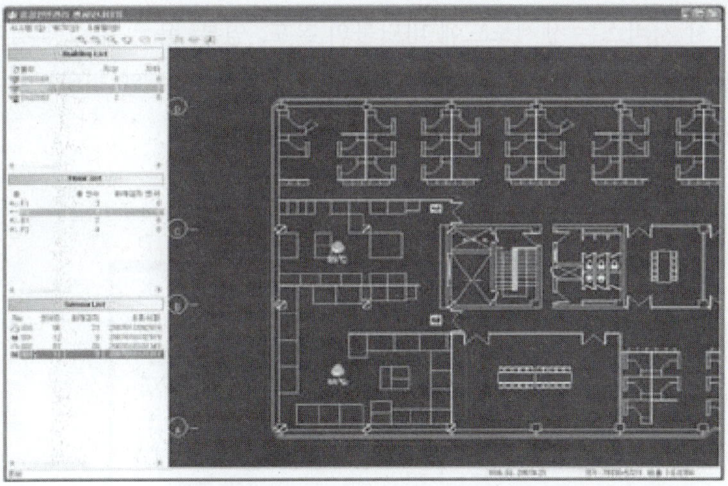

[그림 5-11] 화재관리 서비스 예제

2) 상하수도 원격관리 서비스

상하수도 원격관리 서비스는 nano 계열의 센서노드에 수압, 수위, 유해 가스량 감지 센서를 부착하여 상수도의 누수, 하수도의 범람 및 역류 위험, 그리고 유해 가스량 등을 관리자가 원하는 시점에 실시간으로 모니터링할 수 있도록 하고 있다.

[그림 5-12]는 상하수도에 대한 실시간 센싱 정보 모니터링 서비스의 예제를 보여준다.

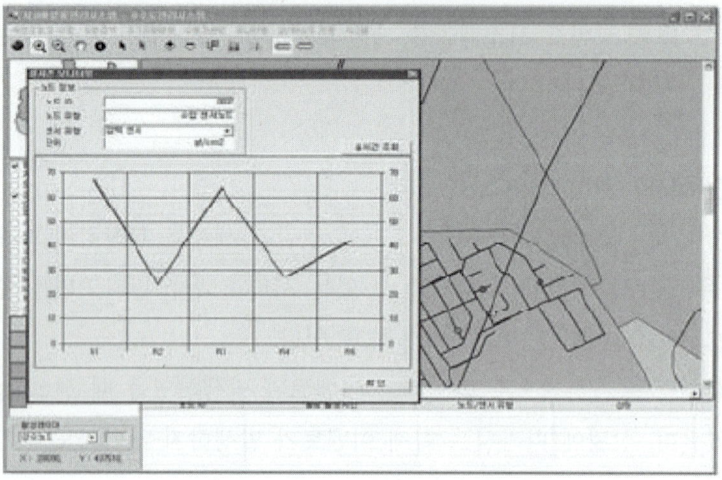

[그림 5-12] 상하수도 원격관리 서비스 예제

3) 해양환경 감시 서비스

해양환경 감시 서비스는 센서노드에 바닷물의 온도, 염분, 용존 산소량 감지 센서를 부착하여 바다목장의 환경을 실시간 또는 주기별로 모니터링하여 웹 기반으로 서비스를 제공할 수 있도록 하고 있다.

[그림 5-13]은 웹상에서의 해양환경 모니터링 서비스의 예를 보여준다.

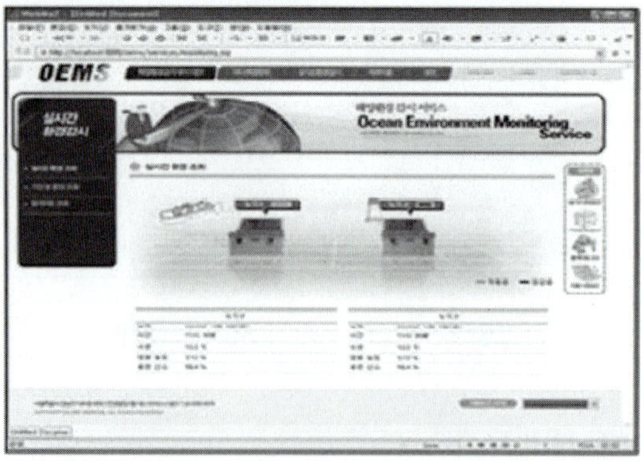

[그림 5-13] 해양환경 모니터링 서비스 예제

4) u-Silver Care 서비스

u-Silver Care 서비스는 센서노드에 사람의 생체정보(맥박, 운동량) 감지 센서를 부착하고, 환자에게 이러한 센서노드를 부착시킴으로써 환자의 생체정보를 주기(30분)적으로 측정하고 응급상황 발생에 대비할 수 있도록 하고 있다.

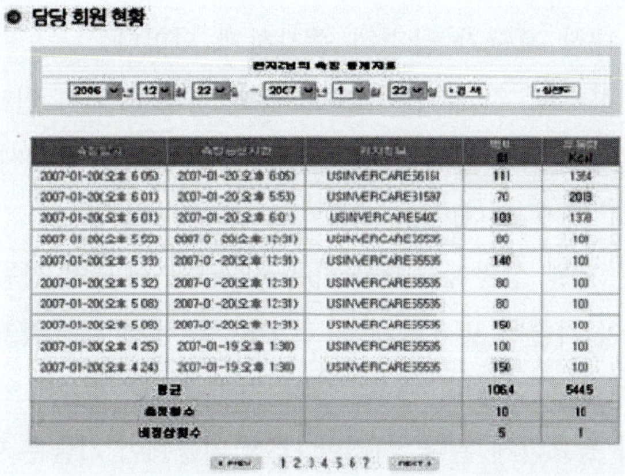

[그림 5-14] 환자 생체정보 모니터링 서비스 예제

특히, 응급상황 발생시에는 생체정보 전송의 주기를 10초 이내로 갱신시킴으로써 보다 정확한 정보를 획득할 수 있도록 구성되어 있다.

[그림 5-14]는 웹상에서 환자의 정보를 주기적으로 모니터링하는 예제를 보여준다.

USN 미들웨어 특징에서는 USN 미들웨어는 개념적으로 server-side 미들웨어와 in-network 미들웨어로 구성되어 있다.

그리고, USN 미들웨어가 u-City와 같은 대규모의 광역 서비스를 지원하기 위해서는 다양한 질의유형 지원, 센싱 정보 관리, 메타 정보 관리, 이기종의 센서 네트워크 통합지원, 상황정보 생성 및 관리, QoS 보장, 센서노드 미들웨어 갱신, 센싱 정보 보안, 그리고 센서노드 위치인식과 같은 다양한 종류의 기능들이 요구된다.

USN 미들웨어의 특징들을 수용한 USN 미들웨어 플랫폼 개발현황에서는 Open API, 서비스 orchestration, 서비스 관리, USN 디렉토리 서비스, 지능형 이벤트 관리, 상황정보 관리, 센싱 정보 통합관리, 센서 네트워크 공통 인터페이스, 그리고 센서 네트워크 자율형 모니터링 컴포넌트로 구성된 미들웨어 시스템의 개발현황과 이를 적용한 USN 응용 시스템들의 예제에 대해서 보았다.

센서노드 및 센서 네트워크 기술의 발전과 더불어 USN 응용 서비스들이 소개되기 시작한 초기에 개발된 USN 미들웨어는 그 기능이 매우 단순하였었다. 실제로, USN 미들웨어라기보다는 주어진 USN 응용 서비스를 지원할 수 있는 응용 시스템의 일부에 더 가깝다고 할 수 있었고, USN 미들웨어의 필요성 또한 크지 않았다.

그러나, 이후에 더욱 복잡하고 다양한 유형의 USN 응용 서비스 모델들이 발표되고, 상황에 따라 여러 응용 서비스들의 통합이 요구됨에 따라 이를 효율적으로 지원하기 위한 USN 미들웨어에 대한 요구가 급격히 증가하게 되었다.

예를 들면, 상수도, 하수도, 전기, 전화, 도로 등의 다양한 도시 인프라가 통합되어 서비스되는 유비쿼터스 환경을 구축하기 위하여 추진되는 u-City 구축사업은 USN 미들웨어를 필수적으로 필요로 하게 된다.

구체적으로, 제한된 자원 상황에서 동작하는 센서노드에서의 성능을 최적화하기 위하여 in-network 미들웨어 기술이 필요하게 되고, 이기종 센서 네트워크에 대한 상호호환성, 통합된 통신 환경, 동적 모니터링, 통합 질의 처리 등을 효율적으로 수행하기 위하여 server-side 미들웨어가 필요하게 된다. 이러한 USN 미들웨어 기술은 향후 유비쿼터스 컴퓨팅 사회를 구축함에 있어서 반드시 필요한 핵심기술로 자리매김할 것으로 예측되고 있다.

그러므로 유비쿼터스 컴퓨팅 사회 구축을 목표로 하고 있는 국가가 주도적으로 이러한 USN 미들웨어 관련기술을 확보하고, 또한 이에 대한 표준화를 추진함으로써 국내 USN 산업활성화를 이룩하고, 이를 바탕으로 국제 경쟁력도 확보해야 할 것으로 생각된다.

6장 USN 정보보호 기술

USN은 다수의 센서노드로 구성된 무선 네트워크로써 다양한 위치에 설치된 센서노드들로부터 사람과 사물, 그리고 환경 정보를 인식하고, 인식한 정보를 통합·가공해 언제, 어디서나, 안전하고 자유롭게 이용할 수 있게 하는 정보서비스 인프라를 뜻한다. 센서 네트워크는 다양한 환경에서 주변상황을 모니터링하고 필요한 정보를 센싱하는 용도로 사용되기 때문에 센서노드의 정보 신뢰성이 매우 중요하다.

그러나 수많은 센서노드들이 감지된 정보를 베이스 스테이션으로 보내는 데 있어 각 센서노드들의 제한된 전력은 빈번한 네트워크의 진입과 탈퇴를 발생하여 잦은 토폴로지의 변화를 가져오고, 이는 수집되는 정보의 신뢰성을 떨어뜨리는 결과를 가져온다.

이러한 가운데 악의적인 노드가 센서노드로 가장하여 네트워크에 진입하게 되면 잘못된 정보를 전파하거나 라우팅 정보를 혼란시켜 센서 네트워크의 보안 취약점을 가중시킬 수 있다. 특히 노드들이 배치된 물리적 환경이 공격에 그대로 노출되어 전송되는 정보가 변경되거나 유출되어 정보의 기밀성 및 무결성을 쉽게 무너뜨릴 수 있다.

더욱이 이러한 공격의 파급 효과는 단순히 센서노드만의 문제만이 아니라 USN 서비스를 사용하는 일상 생활까지 확대 가능하여 그 파급효과는 매우 클 것으로 예상된다. 이렇다 보니 보안을 강화하기 위한 방법으로 내부적으로 센서노드의 보안기능을 추가하는 것 이외에도 외부적으로 보안 위협으로부터 전체 네트워크를 보호하기 위해 네트워크의 모든 부분에 보안 기능을 도입하는 계층적 보안이 관심을 모으고 있다.

이에 이 교재에서 안전한 USN 환경을 위한 정보보호 기술의 개발동향을 소개한다. 이를 위해 먼저 센서 네트워크의 보안 요구사항을 분석하고, 관련 암호 알고리즘과 네트워크 프로토콜, 그리고 표준화 동향을 살펴본 후 센서 네트워크의 특성을 고려한 안전한 정보보호 기술을 소개한다.

6.1 USN 정보보호 요구사항

USN 환경에서 센서노드들이 사용 가능한 자원은 제한적이기 때문에 센서노드들 사이에 안전한 통신 서비스를 제공하는 보안 프로토콜의 설계가 쉽지 않고, 무선 통신으로 데이터를 교환하기 때문에 공격자들에게 다양한 공격을 시도할 수 있는 기회를 제공한다. 현재까지의 보안 프로토콜들은 제한된 자원들 사이의 절충을 통해 설계되고는 있지만 아직까지는 기존의 네트워크에서의 보안 서비스만큼 안전성을 제공하지 못하고 있다. 또한 공격자들이 쉽게 물리적으로 접근하여 센서노드를 획득할 수 있기 때문에 기존의 네트워크에서 고려하지 않았던 추가적인 보안 요구사항도 필요로 한다.

1 기본적인 요구사항

1) 확장성(Scalability)

USN 환경은 10~100,000개의 센서노드들을 사용하여 구성된다. 또한 응용 분야에 따라서 센서노드들을 대단히 밀집된 상태로 사용할 수 있다. 따라서 유비쿼터스 센서 네트워크에 적용할 라우팅 알고리즘이나 보안 알고리즘들은 많은 수의 센서노드들이 밀집된 형태로 배치된다는 사실을 고려하여 설계되어야 한다. 또한 공격자에 의한 노드의 손실이나 배터리 소모와 같은 다른 물리적인 원인에 의한 노드의 손실에 대해 네트워크 내에서 삭제시킬 수 있어야 하고, 안정적이고 효율적인 데이터의 전송을 위해 노드가 삭제되거나 파괴된 지역에 새로운 노드를 추가할 수 있도록 설계되어야 한다.

2) 가용성(Availability)

유비쿼터스 센서 네트워크에 가용성을 제공하기 위해서는 네트워크가 예정된 수명이 끝날 때까지 본래의 기능을 수행해야 한다. 만약 유비쿼터스 센서 네트워크가 산업 분야에서 사용될 경우 가용성을 잃게 되면 잠재적인 사고를 감지하는데 실패하게 되어 재정적인 손해를 가져온다. 또한 전쟁터에서 적의 행동을 감시하기 위해 유비쿼터스 센서 네트워크가 사용될 때 가용성을 잃어버리게 될 경우 적의 은밀한 침입을 막지 못한다.

3) 유연성(Flexibility)

공격자가 시도할 수 있는 다양한 공격에 유연하게 대처하기 위해서는 네트워크 내에서 공격자에 의해 노출된 센서노드의 삭제가 신속하게 이루어져야 한다. 또한 네트워크 내의 센서노드들 사이에 그룹을 만들어 다른 센서노드들에게 그 그룹 내의 데이터를 감추고자 할 때에도 그룹에 참가하는 센서노드들의 추가와 삭제가 유연하게 이루어져야 한다.

4) 자가구성(Self-organizing)

기존의 IP 기반으로 구성되어 있는 유·무선 네트워크와는 다르게 유비쿼터스 센서 네트워크는 Ad-Hoc 네트워크와 마찬가지로 자가구성 능력을 갖추고 있어야 한다. 센서노드들은 센서필드에 배치되기 전에 노드들 사이에 서로 인증을 할 수 있는 정보를 가지고 있어 필드에 배치된 후 이 인증정보를 가지고 메인 서버나 중간 매개체를 거치지 않고 자신의 이웃 노드들에 대한 정보를 얻는 과정(Neighbor discovery)을 수행한다. 이 과정을 통해서 센서노드들 사이에 네트워크가 자가구성된다.

5) 탐지범위(Coverage)

센서노드들에 탑재된 센서들이 감지할 수 있는 영향력 있는 범위가 센서노드의 탐지범위이다. 그리고 전체 유비쿼터스 센서 네트워크의 탐지범위는 탐지해야 할 관심 영역(The area of interest)에서 센서노드들이 탐지할 수 있는 범위의 수준을 측정한다. 밀집되지 않은 형태의 배치는 단지 관심 영역의 부분 지역만을 센서노드들이 탐지할 수 있으나 밀집된 형태의 배치는 관심 영역을 거의 완벽하게 탐지할 수 있다. 중복되는 영역은 다수의 센서들이 같은 물리적인 장소를 탐지하는 경우이다. 실제적으로 센서노드들의 탐지범위의 수준을 정할 때는 주로 관찰되는 데이터들의 정확도와 중복 영역에 따라 결정된다.

2 외부 공격자에 대한 보안 요구사항

1) 기밀성(Confidentiality)

기밀성은 통신 당사자간에 공유되는 정보가 공격자로부터 도청(Eavesdropping), 트래픽 분석(Traffic analysis) 방법 등을 통해 노출되는 것이 방지되어야 함을 의미한다. 일반적으로 기밀성은 DES 같은 암호 알고리즘의 적용을 통해 제공된다. 수백, 수천 개의 노드로 구성되는 유비쿼터스 센서 네트워크의 암호키는 전체 네트워크의 데이터 기밀성을 유지하기 위해 센서노드 하나에 대한 암호키 공격의 영향이 전체 네트워크로 확산되지 않도록 세밀한 키 제어(Fine key granularity)의 특성을 가져야 한다.

2) 인증(Authenticity)/무결성(Integrity)

인증과 무결성은 수신자가 통신하고 있는 송신자가 정당한 송신자 인지와 주고받는 데이터의 내용이 공격자의 불법적인 위・변조 과정 없이 원래의 메시지임을 확인할 수 있는 방법을 제공한다. 인증의 방법에는 통신 피어(Peer) 사이의 대칭키 기반의 MAC 방식과 RSA, ECDSA와 같은 전자서명 기술이 있다. 하지만 공개키 암호 방식의 전자서명 기법은 많은 연산처리를 필요로 하기 때문에 아직까지 유비쿼터스 센서 네트워크에 적용되기 어렵다.

3 내부 공격자에 대한 보안 요구사항

1) 공격자의 노드 포획에 대한 탄력성(Resilience to node capture)

공격자가 획득한 노드로부터 얻은 보안에 관련된 정보를 이용하여 다른 노드들 사이에 설정되어 있는 보안키를 알게 된다면 노드들 사이의 통신은 더 이상 안전성을 제공받지 못하며 공격자는 보안키를 이용하여 악의적인 데이터를 정당한 데이터로 인증받아 베이스 스테이션에 전송할 수 있다. 공격자에게 노드가 노출되었을 때 이상적인 대처 방법은 노출된 노드를 탐지하여 노드 안에 저장되어 있던 보안 관련 정보에 의한 피해를 최소화시키는 것이다. 하지만 많은 센서노드들이 배치되는 유비쿼터스 센서 네트워크 환경에서 공격자에게 노출된 소수의 노드들을 탐지하는 것은 어려운 문제이다. 그러므로 보안 프로토콜을 설계할 때 노드 포획으로 인해 발생할 수 있는 문제들을 고려하여야 한다.

2) 급격한 성능저하 방지(Graceful degradation)

급격한 성능저하 방지는 시스템의 일부가 파괴되었을 경우에 원래 제공받던 데이터 전송속도에 비해 전송속도가 많이 저하되더라도 지속적인 데이터를 받을 수 있도록 하는 방법이다. 센서 네트워크 환경에서는 일부의 센서노드가 공격자에게 포획되었을 경우 이웃 노드들이 노출된 키를 삭제하고 그 지역에 새로운 노드가 추가되어 안전한 링크가 설정될 때까지 베이스 스테이션으로 데이터를 전달되는 시간이 길어지더라도 우회경로를 통해서 지속적인 데이터를 제공해야 한다.

4 그 밖의 보안 서비스

USN 환경에서는 대부분 인증된 사용자만이 오직 베이스 스테이션에 접근할 수 있거나 전체 네트워크에 원하는 데이터를 전파할 수 있는 권한을 가질 것이다. 하지만 네트워크 내부에 존재하는 센서노드의 에너지 상태나 하드웨어의 오작동과 같은 상태 변화는 해당 센서노드가 베이스 스테이션으로 정보를 보내지 않는 한 탐지할 수가 없을 것이다. 따라서 센서노드들의 내부 상태에 관해 질문(Query)을 보내고 내부의 이벤트들에 관한 정보를 받기 위한 하부 시스템이 필요하다.

그리고 USN 환경에서는 몇 개의 센서노드들이 감지한 데이터가 베이스 스테이션으로 전달되는 과정에서 많은 수의 센서노드들이 라우팅에 참여하게 된다. 따라서 불필요한 데이터 전송을 막기 위해 중간에서 데이터를 모으는 역할을 하는 센서노드가 사용된다. 이러한 노드가 공격자의 목표가 될 가능성이 높으므로 이에 대한 안전성이 제공되어야 한다.

6.2 USN 정보보호 기술동향

1 키관리 기술

센서노드들이 배치되었을 때 처음으로 요구되는 보안 요소는 이웃 노드 사이의 보안키를 안전하고 효율적으로 설립하는 것이다. 일반 네트워크 환경에서는 PKI(Public key infrastructure)에 기반한 공개키(Public key) 교환 방식을 사용하고 있지만 USN에서는 센서노드의 자원 제약 때문에 많은 비용을 요구하는 공개키 방식의 키 교환을 직접 사용할 수 없다. 또한, 공격자에 의해 일부 센서노드들이 쉽게 포획될 수 있고 포획된 센서노드들의 비밀 정보가 유출될 경우 전체 USN에 미치는 영향도 고려해야 한다.

센서노드간에 키를 설정하는 가장 간단한 방법은 모든 센서노드가 동일한 그룹 키를 공유하게 하는 방식이다. 하지만 이 경우 하나의 센서노드라도 공격자에게 포획되면 전체 그룹 키가 유출되고 전체 센서노드 사이의 통신은 안전하지 않게 된다. 다른 극단적인 방법으로 모든 센서노드 쌍마다 유일한 키들을 할당하는 방식이 있다. 이 경우 임의의 노드가 공격자에게 포획되어도 다른 센서노드간의 통신은 여전히 안전할 수 있다. 그러나 각각의 센서노드는 전체 센서노드의 수만큼 키들을 저장해야 한다. 이 방법은 센서노드의 메모리 제약조건 때문에 필요한 키들을 모두 저장할 수 없어서 비현실적인 방법이다. 이렇듯 USN에서 안전하게 키를 설립하는 것은 어려운 문제이다.

그러나 최근에는 여러 가지 효율적이면서 안전한 키 설립 방법들이 제안되고 있다. SPINS에서는 신뢰하는 베이스 스테이션을 가정하고 베이스 스테이션을 경유하여 통신 가능한 이웃 센서노드와 키를 교환하는 방식을 사용하고 있다. 그러나 각 노드들은 키 교환을 위해 베이스 스테이션과 통신을 해야 하기 때문에 베이스 스테이션 주위의 노드들의 급격한 에너지 소모가 발생한다. 그렇기 때문에 SPINS는 대규모 센서 네트워크 환경에 적합하지 않다.

최근 몇몇 연구들은 2002년 Eschenauer와 Gligor에 의해 제안된 임의의 키 사전 분배 방법에서 발전되었다. 이 방법들은 임의의 키 집합을 크게 정하고 각 노드에게는 이 집합에 속한 일부 키들을 임의로 선택해 할당하는 방법을 사용하고 있다. 만약 두 노드 각각에게 할당된 부분 집합들 중에 공통된 키가 존재한다면 두 노드 사이의 키는 설립된다. 이렇게 두 노드가 키를 설립할 확률은 Birthday Paradox에 의해 예상보다 높다. 두 노드 사이의 키가 직접 설정되지 않은 경우라도 키가 설정된 주위의 다른 센서노드를 경유하여 키를 안전하게 교환할 수 있다. 이 방법의 장점은 대규모 네트워크를 지원하면서 신뢰하는 베이스 스테이션을 가정할 필요가 없다는 것이다. 하지만 공격자가 충분히 많은 센서노드를 포획하면 전체 키 집합을 예측할 수 있다는 단점도 있다.

최근에 소모형 센서 네트워크 환경에 적합한 효율적인 키 교환 방법들도 제안되었다. 이 방법들은 사전에 잠재적인 키들의 저장을 요구하지 않는다. 대신 현실적인 공격 모델을 가정한다. 현실적으로 공격자는 센서 배치 초기에 적극적인 대응을 할 가능성이 낮다. 따라서 초기 키 설립 동안에 공격자는 노드 포획 같은 물리적인 공격을 하지 못하고, 전체 통신의 일부만 도청할 수 있다. 그러나 초기 키 설립 이후에는 모든 공격이 100% 가능하다. 이 공격 모델은 강한 가정이지만, 소모형 센서 네트워크와 같은 일반적인 센서 환경에서는 타당한 가정이다. 사용자는 가능성이 낮은 초기 공격에 대응하기 위해 많은 비용을 소비하기 보다 적은 비용으로 네트워크를 형성하고 유지하는 것이 더욱 현명한 선택일 수 있다. USN 키 관리 연구의 목표는 제한된 능력의 센서노드들로 구성된 다양한 센서 네트워크 환경에 적합한 안전하고 효율적인 키 설립 방법을 설계하는 것이다.

2 암호와 인증 기술

일반적인 네트워크와 같이 USN에서도 정보의 도청, 삽입, 변조에 대한 보호를 요구한다. 키 관리에서와 비슷하게 암호와 인증 기술을 사용할 경우에도 센서노드의 에너지, 계산, 통신, 메모리 한계를 고려하여야 한다. 따라서 USN에서는 일반적으로 사용되는 공개키 알고리즘이나 인증 기술들이 제한적으로 사용된다. 공개키 방식은 많은 계산 비용과 큰 사이즈의 키를 요구하기 때문에 대칭형 암호 시스템(Symmetric cipher)이나 속도가 빠른 해쉬 함수(Hash function)를 사용하여 암호와 인증 기술을 구성하는 것이 바람직하다. 물론, 암호 시스템의 하드웨어 지원으로 센서노드의 계산 효율성을 증가시킬 수 있지만 구현 비용에 비해 전체적으로 큰 이익을 얻을 수 없다. 왜냐하면 센서노드의 에너지 소모의 대부분은 통신 패킷 전송에서 발생하는데, 하드웨어 지원은 계산 비용만 줄여 주기 때문이다.

3 프라이버시 보호

유비쿼터스 환경에서는 다양한 분야에서 다양한 장치들을 통해 개인에 관련된 정보들이 디지털 형태로 데이터베이스에 저장된다. 이때 이런 정보들이 개인이나 회사, 정부의 이익을 위해 악용된다면 개인의 프라이버시를 침해하는 결과를 낳게 된다. 유비쿼터스 센서 네트워크가 구성되어 있는 장소에서 센서노드들로부터 개인의 위치와 같은 민감한 정보들이 감지될 경우 이런 정보들이 개인의 의사와는 상관없이 저장되고 다른 목적으로 악용될 수 있다. 앞으로 유비쿼터스 센서 네트워크는 많은 응용 분야에서 사용될 전망이다. 이에 따른 프라이버시 문제를 해결하기 위해서 개인의 정보가 어떻게 이용되는지에 대해 개인이 인지하도록 해야 하며 수집된 정보들에 대해 허가된 사람들만이 접근할 수 있도록 규제를 하는 등 사회적인 규범, 새로운 법, 기술적인 대응을 종합하여 접근할 필요가 있다. 따라서 USN 기술의 발전과 더불어 PET(Privacy Enhancing Technology)에 대한 지속적인 연구가 필요하다.

4 DoS 공격에 대한 대응

공격자는 DoS 공격으로 USN의 통신을 제한할 수 있다. 예를 들어, 공격자가 높은 에너지 신호를 보내면 네트워크는 전파 방해 때문에 통신을 제한받을 수 있다. 만약 전파 방해가 오직 네트워크 일부에서 발생할 경우 전파 방해 영역을 감지하여 대응하는 방법이 제안되었다. 다른 유형의 DoS 공격으로는 센서노드에게 계속적으로 접근 신호를 보내어 센서노드의 에너지를 고갈시키는 방법도 있다. 이라한 DoS 공격에 대응하기 위한 필수적인 요구사항은 에너지를 적게 사용하는 프로토콜을 구성하는 것이다. 이렇듯 USN에서도 일반 네트워크에서와 같이 DoS 공격에 대해 효율적으로 대응할 수 있는 연구가 필요하다.

5 안전한 라우팅 프로토콜

라우팅 프로토콜은 USN에서 정보를 전달하는 기본적인 요소이지만 현재까지 제시되어 있는 대부분의 라우팅 프로토콜들은 보안적으로 매우 취약하다. 악의적인 라우팅 정보를 삽입하는 단순한 공격은 간단한 인증으로 대응할 수 있지만 대부분의 라우팅 프로토콜은 일부 센서노드를 포획하는 공격에 특히 취약하다. 안전한 라우팅은 일부 센서노드가 공격되어도 전체 시스템은 여전히 정상적인 기능을 유지하는 것을 목표로 한다. 현재 안전한 라우팅 프로토콜을 구성하기 위한 몇 가지 방법들이 제안되었다. 예를 들어, 독립적인 여러 경로로 같은 정보를 보낸 후 목적지에서 수신된 정보를 비교함으로써 라우팅 공격을 감시하는 방법이 있다. 하지만 노드포획에 의한 라우팅 프로토콜의 위험은 여전히 다루기 어려운 문제이다.

제한적 환경을 가지고 있는 USN에서의 보안은 통신, 에너지, 메모리 등의 요구조건을 전체적으로 고려해서 선택하여야 한다. 특히, 물리적으로 노출되어 있는 환경에서 발생할 수 있는 다양한 공격 가능성을 예측한 대응도 필요하다. 이를 위해 USN의 전반적인 개요와 더불어 연구동향에 대해 살펴보았고, USN 정보보호 요구사항에 대한 지적을 통해 앞으로 USN 기술개발의 방향을 제시하였다.

USN 보안에 대한 연구는 아직 초기 단계로 일반 네트워크에서 보여주는 보안 수준을 제공하지는 못하고 있으며 표준화된 기술도 없다. 하지만 유비쿼터스 센서 네트워크는 정보통신부의 IT839 추진과 더불어 앞으로 사회 여러 분야에서 각광받게 될 것이다. 따라서 USN이 적용되는 다양한 환경에 따라 가능한 여러가지 공격들을 분석한 후 이에 따른 개별적인 보안 방법의 연구가 필요하다. 예를 들면, 경작지에서 온도를 측정하는 환경과 홈네트워크 시스템 환경에서의 USN에 대한 공격과 보안 요구수준은 분명하게 구별될 것이다.

앞으로 집중적인 연구와 투자로 안전한 USN의 실용화가 가능할 것으로 예상된다. 하지만 상용화에 앞서 급속한 변화에서 발생하게 될 사회적, 기술적 문제들을 위한 제도적 법률도 마련해야 할 것이며 USN 환경에서의 프라이버시 보호를 위한 윤리적 가치관의 재정립과 성숙된 시민의식 또한 필요할 것이다.

6.3 USN 대칭키 알고리즘(Cryptographic Algorithms)

USN의 안전한 서비스 제공 및 보안 응용 서비스의 출현을 위해서 일반적인 보안 요구사항인 기밀성, 무결성, 인증, 부인방지를 구현하는 암호학적 방법이 적용되며, 자원제약성이라는 USN 환경에 적합한 경량의 저전력 특성을 가지는 암호 알고리즘이 필요하다. 이 절에서는 USN 환경에 사용되거나, 사용될 목적으로 연구되고 있는 대칭키 암호 시스템과 공개키 암호 시스템으로 구분하여 암호 알고리즘을 소개한다.

1 USN을 위한 대칭키 암호 알고리즘

USN 시스템은 작은 임베디드 기기상에서 구현되며, 이러한 임베디드 장치는 다양한 CPU 플랫폼을 가진다. CPU의 종류에 따라 연산은 8bit, 16bit, 32bit 단위로 수행된다. [그림 6-1]은 Atmega 103, Atmega 128, M16C/10, StrongARM SA-1110, XScale PXA250, UltraSPARC II 등의 플랫폼상에서 보안에서 폭넓게 사용되고 있는 암호 알고리즘인 RC4, IDEA, RC5, MD5, SHA-1의 성능을 비교하였다.

그 결과 Atmega 103에서는 RC5에 비해 RC4가 다소 빠른 성능을 보였으며, StrongARM에서는 RC5가 RC4보다 3배 빠른 성능을 보였다. 이러한 성능차이는 RC5가 32bit 워드단위로 동작하며, RC4가 8bit 워드단위로 동작하기 때문이다. Atmega 103에서

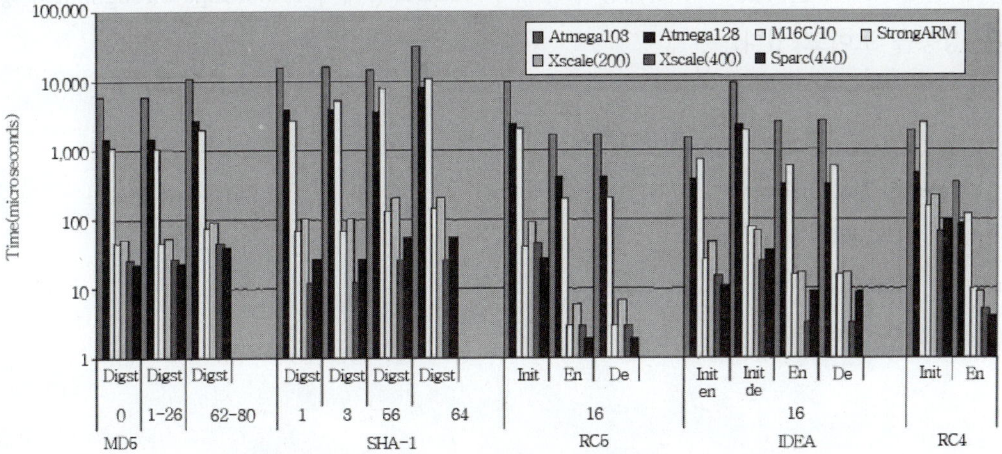

[그림 6-1] 알고리즘, 플랫폼에 따른 암호 연산시간 비교

RC5와 IDEA를 비교할 경우 RC5가 1.5배 빠른 성능을 보인다. 결과적으로 저사양의 프로세서상에서는 RC4가 RC5보다 좋은 성능을 보여준다. 센서 네트워크 시스템의 CPU 종류에 따라 적절한 알고리즘을 선택하는 것이 필요하다.

TinyOS 기반 Mica2 센서 모트는 링크 레벨의 암호 및 기밀성 제공을 위해서 TinySec을 사용하였다. TinySec에서 사용되는 알고리즘은 64bit 블록 암호인 SkipJack과 RC5 대칭키 암호 시스템이다.

상기 알고리즘은 저전력 동작을 위해서 선정되었으며, C 언어 단독 혹은 C와 어셈블리어를 함께 사용해 소프트웨어로 구현되었다. [표 6-1]에서 알 수 있듯이 RC5(C)의 경우 0.90ms의 연산시간을 필요로 하며, 계산복잡도가 큰 연산에서 어셈블리어를 함께 사용함으로써 암호연산을 0.26ms 내에 처리할 수 있다.

USN 센서노드의 통신에 가장 널리 사용되는 RF 통신 칩으로는 TI사의 CC2420, CC2430 등이 있다. 상기 RF 칩에서는 AES-128 암호 알고리즘을 하드웨어 가속기로 제공한다. 이를 사용하여 센싱 데이터 통신에서의 기밀성을 보장받을 수 있다. CC2420에서 제공하는 AES 암호 가속기는 [표 6-2]와 같이 Counter 모드, CBC-MAC 모드, CCM 모드를 지원하며, AES-CCM 동작 성능이 222μsec로 USN 환경에서 충분히 사용할 수 있음을 알 수 있다. 즉, AES-CCM 모드를 사용하더라도 기존의 데이터 전송에 영향을 주지 않음을 의미한다. RFID 태그 혹은 USN 센서와 같은 유비쿼터스 컴퓨팅 기기에 적합한 64bit 블록 길이와 128bit 키 길이를 가지는 새로운 블록 암호(HIGHT)를 제안하였다.

[표 6-3]은 AES와 HIGHT의 성능비교표로 HIGHT는 0.25μm technology에서 3048 gate 면적으로 구현되었으며, 최대동작 주파수 80MHz상에서 150.6Mbps throughput의 좋은 성능을 보이고 있다.

[표 6-1] TinySec Cipher Performance

Cipher & Implementation	Time(ms)	Time(byte times)
RC5(C)	0.90	2.2
SkipJack(C)	0.38	0.9
RC5(C+assembly)	0.26	0.6

[표 6-2] CC2420 AES 가속기 동작 특성

Mode	L(a)	L(m)	L(MIC)	Time(μ s)
CCM	50	69	8	222
CTR	–	15	–	99
CBC	17	98	12	99
Stand-aloned	–	16	–	14

[표 6-3] AES와 HIGHT 성능 비교

Algorithm	Technology (μ m)	Area (GEs)	Throughput (Mbps)	Max Frequency (MHz)
AES	0.35	3400	9.9	80
HIGHT	0.25	3048	150.6	80

2 USN을 위한 공개키 암호 알고리즘

USN 네트워크의 자원 제약성 때문에 초기 센서 네트워크 보안은 대칭키를 기반으로 연구되어 오다가 현재 공개키 시스템을 적용하려는 시도가 활발히 진행되고 있다.

공개키 시스템으로 폭넓게 사용되는 암호 알고리즘인 인수분해의 어려움에 기반한 RSA 알고리즘이나 ElGamal은 서버나 개인 PC와 같은 플랫폼의 자원을 요구하므로 USN 환경에서는 적용하기에 어려움이 있다. RSA와 동일한 암호 안전성을 제공하면서도 작은 키를 사용하는 다양한 공개키 알고리즘이 소개되어 있다. USN 정보보호에 사용되는 공개키 알고리즘을 살펴본다.

미국 매사추세츠의 WPI에서는 경량 센서노드에 탑재 가능한 저전력 공개키 암호로 Rabin, Ntru을 구현하고 성능 특성을 분석하였다. 상기 공개키 암호 알고리즘은 RSA와 동일한 보안 안전성을 제공하면서도 ECC 연산의 다소 낮은 저전력 구현 특성을 보완할 수 있다.

Rabin 기법은 RSA의 특별한 하나의 형태로서 인수분해 문제의 어려움에 기반한 공개키 암호 시스템으로 1979년 Rabin이 제안하였으며, NtruEncrypt는 SVP의 어려움에 기반한 공개키 암호 시스템으로 1996년 Hoffstein, Pipher와 Silverman이 제안하였다.

[표 6-4]는 Rabin 기법과 Ntru 성능 특성을 보여주고 있다. 적절한 알고리즘과 구현 파라미터를 선정하고 저전력 기술을 적용할 경우 전력소비를 20μW 이하로 암호 연산을

수행할 수 있다. 이는 배터리 전지를 사용하는 센서노드 환경에서 충분히 사용할 수 있음을 보여준다.

[표 6-4] Rabin's Scheme과 Ntru 성능 특성

	Rabin	Ntru(k=1)	Ntru(k=84)
Equivalent security	60bits	57bits	57bits
Area[eqv. gates] – combinational – storage elements	16,726 8,875 7,851	2,850 523 2,327	16,200 7,000 9,200
Delay(avg. # cycles)	1,440	29,225	433
Avg.power@500kHz – static(%) – dynamic(%) – peak power	148.18μW 117.5μW (79.3%) 30.68μW (20.7%) 169.8μW	19.13μW 15.10μW (78.9%) 4.03μW (21.1%) 20.22μW	118.7μW 103.06μW (86.8%) 15.64μW (13.2%) n/a
Energy – per bit encrypted	426.76nJ 833.5pJ (512bits)	1,118.15nJ 4,235.41pJ (264bits)	102.79nJ 389.4pJ (264bits)
Throughput	177.8 kbits/s	4.52 kbits/s	304.85 kbits/s

노스캐롤라이나 주립 대학에서 타원 곡선 암호 알고리즘을 TinyOS상에서 구현하여 키를 안전하게 분배하고 있으며, 실제 사용을 위해 타원 곡선 기반 암호화 프로토콜인 ECIES와 키 분배 프로토콜인 ECDH, 서명 기법인 ECDSA 프로토콜을 구현하였다.

해당 기술은 MICAz와 Telosb, Tmote Sky에서 사용할 수 있으며, SECG에서 추천하는 128bit와 160bit, 192bit 타원곡선을 사용하고 있다. 성능을 보면 전자서명에 3.17초, 검증에 4.04초가 소요된다. 이는 비록 대칭키 암호 알고리즘 기반의 키 분배 기법보다는 다소 긴 시간이지만, 실제 응용에 사용되는 경우에도 충분히 실제 사용할 수 있는 시간이다.

XTR 공개키 암호 알고리즘은 Crypto2000에서 처음 소개되었고, 안전성의 관점에서 볼 때 부분군에서의 DLP 문제에 기반을 두고 있다. 그러나 XTR은 부분군의 원소를 표현하고 계산하는 데 표준적인 방법을 사용하지 않으며, 전통적인 방법보다 대폭적인 통신상/계산상의 이점을 갖는다. 1024bit RSA의 안전성과 동일한 XTR은 ECC에 기반을 둔 암호 시스템과 속도 및 안전성면에서 비슷하다. XTR의 공개키는 ECC보다 두 배 정도 크지만 RSA와 ECC의 파라미터 초기화 시간보다 무시할 만큼 작은 시간이 소요된다. 따라서 XTR은 센서 네트워크 환경에서 RSA와 ECC의 좋은 대안이 될 수 있다.

6.4 USN Network Protocol

센서 네트워크의 네트워크 계층은 다수의 노드로 구성되며, 이동성을 고려할 경우 네트워크의 토폴로지의 빈번한 변화로 라우팅 정보의 갱신을 필요로 한다.

무선 센서 네트워크의 전송거리 제약으로 센서노드들의 통신은 멀티홉 통신방식을 기본으로 라우팅을 하게 되며, 제한된 용량의 배터리를 사용하기 때문에 에너지 상태를 염두한 통신방법도 고려할 필요가 있다. 센서 네트워크의 보안을 위한 네트워크 계층에서의 프로토콜로는 SPINS가 제시되어 있다.

SPINS는 크게 두 가지 기술인 SNEP와 μTELSA로 나뉘어지고, SNEP는 데이터의 비밀성, 양단간의 데이터 인증, 재사용방지, 무결성 등을 제공하는 역할을 하며, μTELSA는 데이터 브로드캐스트에서의 인증을 담당한다.

암호 프로토콜에 대해서는 수많은 논의가 있었고, 암호화 방식이 네트워크 보안에 얼마나 중요한지 또한 자주 거론되어 왔다. 하지만 암호화 프로토콜 자체만으로 센서 네트워크의 안전성을 보장할 수는 없다.

아무리 보안 프로토콜이 잘 갖추어 있더라도 내부로부터의 보안 위험에서 자유로울 수는 없기 때문이다. 게다가 현재의 센서 네트워크는 응용되는 분야의 특성에 따라 ZigBee, IEEE802.15.5, IPUSN, WiBEEM 등 다양한 무선 접속기술이 적용되기 때문에 그에 따른 보안의 적용도 단순하지만은 않을 전망이다.

6.5 표 준 화

USN 기술의 표준화는 이제 시작단계라 할 수 있다. 해외의 USN 표준화 접근 방향이 기존의 기술로부터 USN으로의 기술을 접근하고 있다면 국내의 경우 USN 기반 기술을 시범사업으로 활용하면서 기술과 응용 서비스 모델의 표준화를 맞춰가고 있다.

USN이 여러 기술의 결합인 만큼 각각의 기술들이 적용되는 비즈니스 모델에 따라 요구하는 프로토콜이 모두 달라 개별적으로 표준을 갖춰가고 있다. USN과 관련된 주요 국제표준화 기구는 ITU-T, ISO/IEC JTC 1/SC 6, IETF, IEEE, 지그비 얼라이언스 등이 있으며 각각의 전문 분야에 대한 표준화를 추진하고 있다.

국내 표준의 경우 최근 추진되는 USN 중점 확산사업에 공통으로 적용되는 주파수와 정보보호 등의 표준, 응용 서비스별 수요자 요구사항, USN 시스템 구축에 필요한 가이드라인 등 표준화 전반에 걸친 협의를 진행하기로 결정했다.

6.6 안전한 USN을 위한 정보보호 기술개발

1 USN 보안 노드

현재 ETRI에서는 보안 센서노드에 필요한 키 분배 프로토콜 및 이에 필요한 ECC 연산 모듈을 TinyOS상에서 소프트웨어 구현 및 전용 하드웨어를 개발하였다. [그림 6-2]는 트리 구조의 센서 네트워크에서 센서노드들이 부모-자식 관계로 키의 생성과정을 보여준다.

부모 노드와 자식 노드는 공개키를 교환하면서 ECDH 키 생성과정을 수행하며, ECC 연산은 TinyECC 0.3을 기반으로 수정하였다. 부모 노드가 데이터 암호화에 사용할 세션 키 Ks를 난수로 생성한 후 ECDH로 공유된 키 Km을 사용하여 자식 노드에게 안전하게

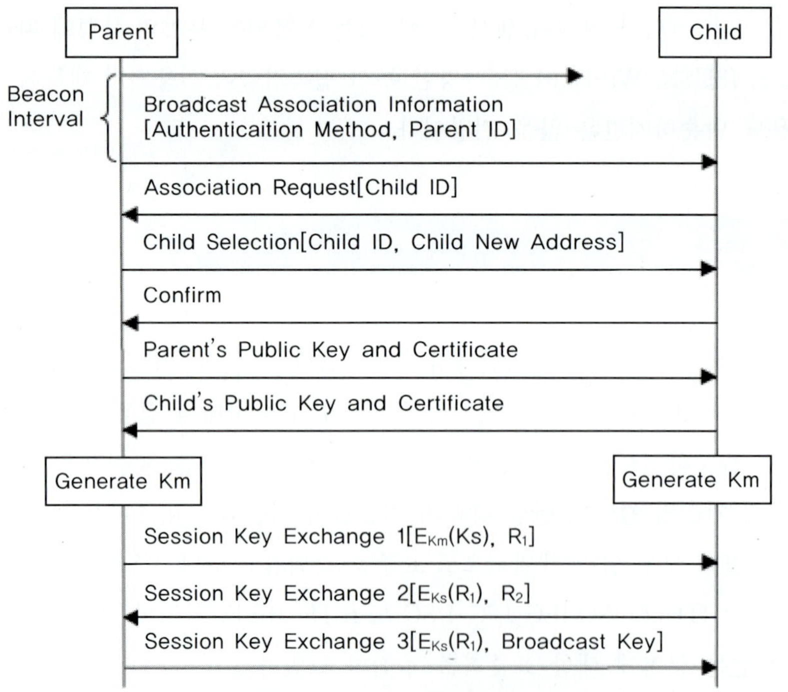

[그림 6-2] 공개 키. 기반 키 생성과정

전달한다. 이때 난수 R1, R2를 사용하여 Km의 동일성을 검증하므로 세션키 생성과정을 통하여 노드 상호간의 인증과정도 이루어지게 된다. 키 생성시간은 14~15초 정도로 센서 네트워크 설정 단계에서 충분히 적용할 수 있는 시간이다.

[표 6-5] ECC 연산 시간

Operation	Time
Scalar Multiplication(Np)	49ms
ECC Addition(P+G)	220μs

또한 위의 설정시간을 줄이기 위해서 ECC 연산을 전용 하드웨어로 구현하였다. ECC 연산은 사용좌표에 따라 설계 구조 및 성능이 달라지며, 저면적/저전력 구현을 위해서 affine 좌표로 사용하여 설계하였다.

설계된 ECC 모듈은 0.25μ 삼성 공정으로 하드웨어 합성시 22k 게이트의 면적으로 구현되며, MSP430 MCU 기반의 USN 보안 노드의 시스템 클럭인 4MHz로 동작시 연산 성능은 [표 6-5]와 같다.

2 USN 보안관리 시스템

센서 네트워크의 다양한 위협으로부터 데이터를 보호하기 위해서 노드의 인증과 센서 노드들간의 암호화 통신이 이루어져야 한다.

노드의 인증과 암호화 통신이 정보의 무결성과 기밀성을 제공하기 위한 링크 계층 및 네트워크 계층에서의 보안이라면 보안관리는 보다 상위계층에서의 보안 기술을 의미한다.

현재의 센서 네트워크는 네트워크 자체의 구성과 응용 서비스들의 구현에 연구개발이 집중되어 있어 매니지먼트(관리)라는 개념을 고려하고 있지 않는 실정이다. 그러나 점차 엔드-투-엔드 보안이 확장되고 있으며, 이에 따라 보안도 네트워크처럼 계층화되는 움직임을 보이고 있다.

일반적인 의미의 보안관리는 외부 침입에 대한 단순한 모니터링을 나타내고 있다. 하지만 근래에는 보안을 계층적으로 구현하여 네트워크 각 부분의 보안을 적용하는 동시에 이렇게 네트워크 내에 퍼져 있는 보안 기능을 통합관리하여 새로운 보안 위협으로부터 네트워크를 보호한다는 통합적인 보안관리 서비스를 지칭한다.

기존 유선망의 경우 관리 서비스는 초기 네트워크 토폴로지가 구성되면 그 변화가 많지 않아 설치된 장비의 고장이나 장비들의 성능에 초점을 두고 관리를 하였지만 센서 네트워크의 경우 관리대상이 네트워크 장비들이 아닌 센서가 분포된 지역과 그 지역에서 올라오는 정보를 중요시하기 때문에 좀 더 다른 측면에서의 서비스를 제공하여야 한다.

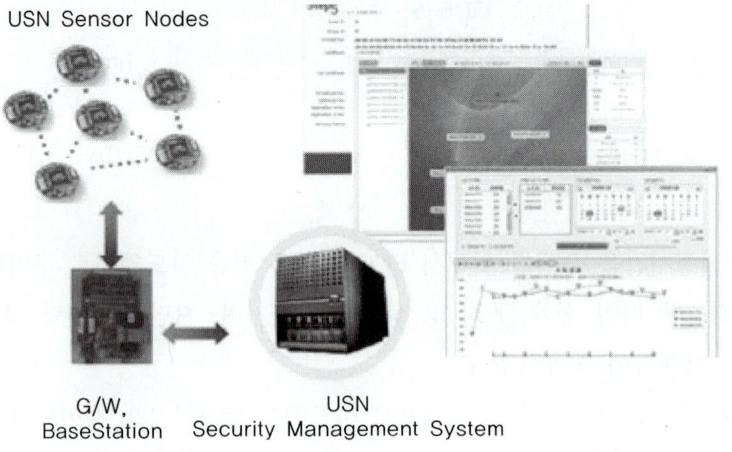

[그림 6-3] 센서 네트워크의 기본 구성도

USN 보안관리 시스템은 사용자나 네트워크 관리자가 센서노드와 센서 게이트웨이로 구성된 센서 네트워크를 보다 쉽고 용이하게 관리하기 위한 시스템으로 보안에 특화된 기능을 중심으로 다루고 있다.

USN 보안관리 시스템은 센서 네트워크의 모든 관련 정보를 한눈에 볼 수 있으며, 공격의 예비단계인 스캐닝을 경고하고, 실제 공격시에는 적절한 제어가 가능한 기반을 제공하는 것을 목적으로 하고 있다.

센서 네트워크의 기본구성은 다수의 센서와 베이스 스테이션으로 이루어져 센서들이 감지한 정보를 중앙의 베이스 스테이션으로 전송하며 이는 다른 유선망과의 연동을 위해 게이트웨이를 거쳐 사용자나 관리자에게 웹 인터페이스를 통해 전달하게 된다.

[그림 6-3]에서와 같이 게이트웨이는 베이스 스테이션 노드가 포함된 형태로 센서노드들로부터 데이터를 전송받아 이를 보안관리 시스템으로 보내거나 보안관리 시스템으로부터 데이터를 받아 필요시 각 센서노드로 명령을 전달하는 기능을 수행한다.

보안관리 시스템은 센서노드들이 배치되기 전에 노드 초기화 과정을 실행하여 인증서를 발급하고 노드간 키 생성을 위한 Km을 공유하게 된다.

이렇게 설정된 노드들은 공개된 장소에 배치되어 라우팅 경로가 결정되는 시점에 노드들의 인증이 이루어지고, 이로써 인증을 통과한 노드들만 상호 통신이 가능하고 인증을 받지 못한 센서노드는 센서 네트워크의 통신 도메인에 참여할 수 없도록 하여 네트워크 공격으로부터 방어를 할 수 있도록 한다.

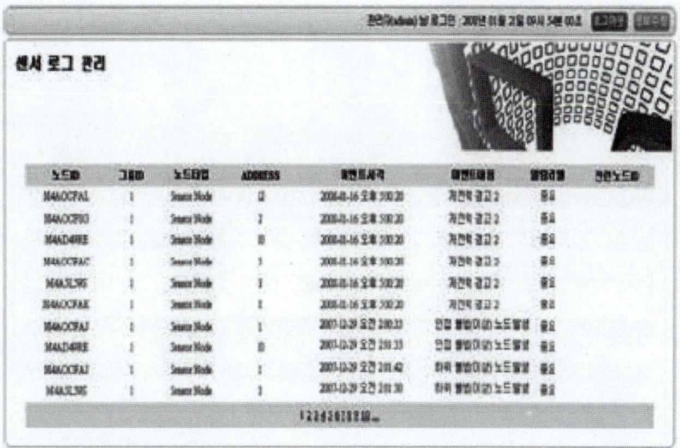

[그림 6-4] 보안관리 시스템의 이벤트 로그관리 화면

센서 네트워크가 유지되는 동안에도 공격 노드가 다른 노드와 통신을 시도하려고 하면 관련 노드들은 보안 이벤트를 발생시켜 이를 보안관리 시스템에게 전달한다.

[그림 6-4]는 보안관리 시스템에서 웹을 통해 보안 이벤트를 확인하는 화면으로 인접노드의 인증과 관련된 보안 이벤트와 센서 네트워크의 토폴로지 변화에 큰 영향을 끼치는 전력소모의 이벤트 정보 등을 수집하여 경고 및 이력 정보를 제공하고 있다.

7장 유비쿼터스 센서 네트워크 응용

7.1 유비쿼터스 센서 네트워크의 응용 서비스

USN 기술은 산업계, 과학계, 정부기관의 고객을 포함하여 광범위한 시장 세그먼트를 아우르는 사업 기회를 창출할 수 있게 한다. 다양한 USN 응용 서비스에 대한 기술적인 실행 가능성은 연구되고 있지만, 아직까지 USN 응용 서비스 시장 및 산업에서 기술채택과 상업화는 지연되고 있는 실정이다.

USN의 응용모델은 복합 센서노드들간의 무선통신을 통해 다양한 매체정보, 보안, 방송, 인터넷 상거래를 융합하여 다층적 응용 서비스로 발전될 전망이다.

ZigBee 센서를 이용한 측정, 원격관리, 보수, 모니터링 등의 다양한 지능형 상호운용성 응용 서비스를 창출할 수 있다. 센서노드들은 설치가 간소하고 빠르게 설치할 수 있고, 데이터 수집이 원활하며, 무선을 통한 데이터 취합이 가능하여 가공성도 뛰어나다. 그리고 센서노드들은 위치센서, 환경센서, 보안센서, 의료센서, ADC 등으로 다양하게 확장할 수 있다.

유비쿼터스 센서 네트워크의 특징을 기반으로 위치기반 서비스모델, 재난방지 서비스모델, 보안/방범 서비스모델, 장치제어 서비스모델에 대해서 설명한다. 기존에 설치되어 있는 네트워크와 상호운용을 한다고 가정하였다.

무선으로 통신하는 센서 네트워크는 센서 네트워크상에 존재하는 센서들을 통해 주변의 물리적인 정보를 수집하고 수집된 데이터를 무선 인터페이스를 통해 싱크로 수집한다. 이렇게 수집된 데이터는 인터넷이나 셀룰러 등의 광대역 네트워크를 통해 원격지에 존재하는 서버나 사용자에게 전달된다. 이때, 서로 다른 센서 네트워크 프로토콜을 사용하여 구현된 경우 서로 다른 종류의 센서 네트워크들에 공통적으로 적용 가능한 연동 기술이 필요하다. 따라서 이 장에서는 다양한 종류의 이종 센서 네트워크와 백본 네트워크를 연결하는 유비쿼터스 센서 네트워크 기반 응용 기술동향에 대해 살펴보고자 한다.

1 센서 네트워크와 인터넷 연동

센서 네트워크의 가장 대표적인 형태의 응용은 센서 네트워크상의 다양한 센서들을 통해 센싱된 데이터를 수집하고, 인터넷을 통해 이 데이터를 필요로 하는 사용자에게 전달해 주는 형태이다. 센서 네트워크 사용자가 원하는 정보를 요청하면 센서 네트워크는 그에 해당하는 데이터를 전송한다. 이때, 센서 네트워크와 인터넷 호스트간 또는 센서노드와 인터넷 호스트간 통신이 이루어지게 된다. 일반적으로 센서노드는 TCP/IP와 같은 인터넷 프로토콜을 수용하기에는 부족한 연산 자원을 가지고 있다. 이러한 문제를 해결하기 위해 센서 네트워크와 연결된 게이트웨이를 통해서 외부 네트워크와 통신하거나, 센서노드가 수용 가능한 작은 인터넷 프로토콜 스펙을 센서노드에 탑재하는 통신을 수행하는 등의 방법들이 제안되고 있다.

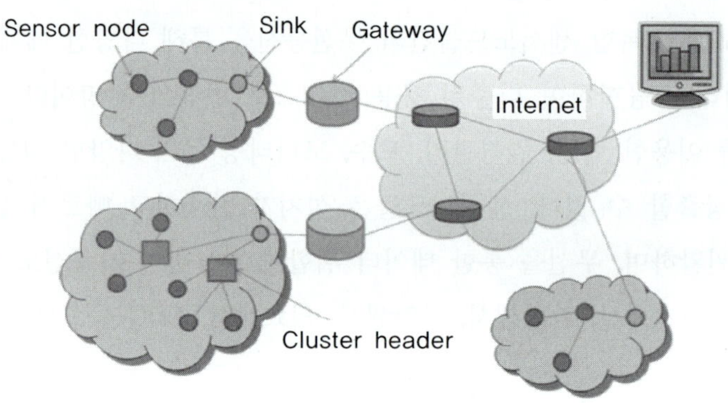

[그림 7-1] 인터넷과 연결되는 센서 네트워크 모델

인터넷과 연결된 다양한 센서 네트워크 구조는 [그림 7-1]과 같다. 센서 네트워크의 구조 및 그에 사용되는 프로토콜은 센서 네트워크의 목적에 따라 다양한다. 그리고 사용되는 센서노드들의 능력 또한 천차만별이다. 따라서, 센서 네트워크를 인터넷과 연동하기 위해서는 단순히 인터넷과 연결 가능한 프로토콜 스펙 뿐만 아니라 이종 센서 네트워크와 함께 연동될수 있는 표준화된 기법이 필요하다.

2 센서 네트워크와 인터넷간의 연동

센서 네트워크에서 수집된 데이터를 원격지의 사용자에게 전달하고, 사용자의 요청을 센서 네트워크로 전달하기 위해서는 센서 네트워크 인터넷과의 연결은 반드시 필요하다. 센서 네트워크와 인터넷을 연결하기 위해 제안된 방법들을 구현 계층에 따라 구분하면 응용계층에서의 메시지 변환을 위한 응용계층 게이트웨이 연동기법, 센서 네트워크 또는 인터넷상에 오버레이 네크워트를 구성하여 연동하는 기법, 네트워크 브리지를 이용한 주소 및 프로토콜 포맷 변환 기법들로 구분할 수 있다. 다음은 이를 두 가지 기술에 대해 좀더 자세하게 기술한다.

1) 응용계층 게이트웨이 기반 연동기법

이것은 센서 네트워크와 인터넷 연동을 위해 두 네트워크 사이에서 네트워크 프로토콜의 변환을 담당하는 응용계층의 게이트웨이를 적용하는 방법이다([그림 7-2]참조). 응용계층의 게이트 웨이를 이용한 방법에서는 센서 네트워크와 인데넷간의 연동을 위해 서로 다른 네트워크의 메시지를 다른 형태의 네트워크의 메시지로 변환해 줄 응용계층의 게이트웨이 기술이 논의되고 있다. 이러한 접근법은 패깃 변환 기능을 담당하는 게이트웨이만 구현하면 적용 가능하다. 그러나 일관성 관점에서 볼 때 외부 네트워크에서 특정 센서 네트워크에서 직접 게이터를 요청하거나 명령을 전달할 방법이 없다는 단점이 있다.

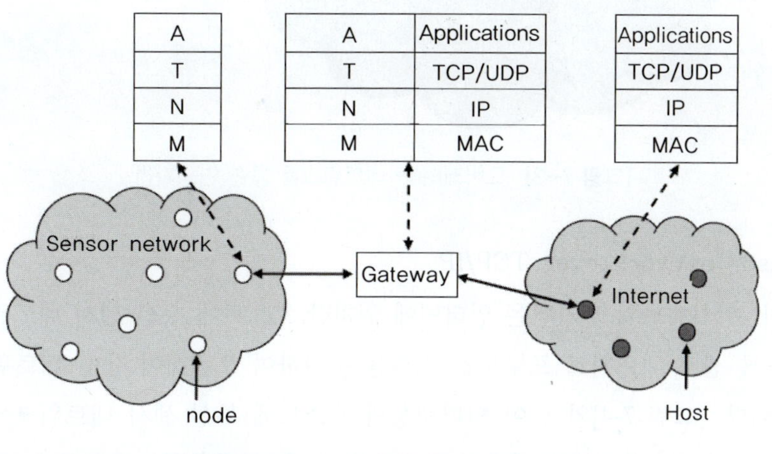

[그림 7-2] 응용 게이트웨이를 통한 연동

2) 오버레이 기반 연동기법

(1) TCP/IP over sensor network

TCP/IP 오버레이를 통한 기법은 무선 센서 네트워크상에 IP 오버레이 네트워크를 구성하는 방법이다. 이 기법은 무선 센서 네트워크상의 센서노드들에게 IP 프로토콜 스펙을 구현하고 IP 주소를 부여하여 IP 패킷을 통해 데이터를 주고받은 오버레이 네트워크를 구성하는 것이다. 그러나 센서노드들의 자원적 제약으로 인해 모든 센서노드에 IP 프로토콜을 구현하는 것은 사실상 불가능하다. 따라서 센서노드 중 일부 처리 능력이 있거나 잔여 유용한 자원이 많은 노드들을 클러스터 헤더로 선택하여 IP 프로토콜을 구현할 수 있다. [그림 7-3]과 같이 일부 선택된 노드들에게 인터넷 프로토콜 스펙이 탑재되어 인터넷상의 호스트와 직접 통신이 가능하다.

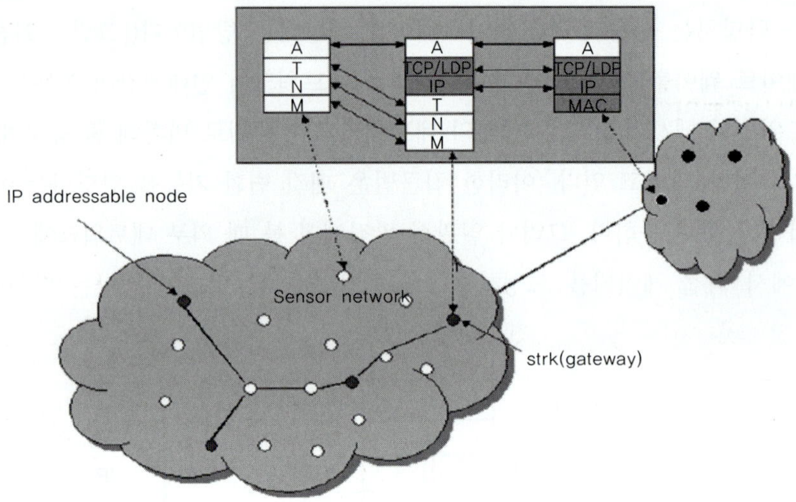

[그림 7-3] 오버레이 IP 네트워크를 통한 연동기법

(2) Sensor network over TCP/IP

오버레이 센서 네트워크 기법은 인터넷에 위치한 호스트에 무선 센서 네트워크와 연동할 수 있도록 센서 네트워크 프로토콜 스펙을 구현하여 오버레이 센서 네트워크를 구성하는 방법이다. [그림 7-4]와 같이 인터넷상의 호스트에 무선 센서 네트워크에서 사용되는 응용/트랜스포트/ 네트워크 계층의 프로토콜 스펙을 구현하는 방법이다. 인터넷 호스트에서 생성된 메시지가 게이트웨이까지 캡슐화되어 전달되므로 센서노드와 인터넷 호스트간의 통신이 가능하다.

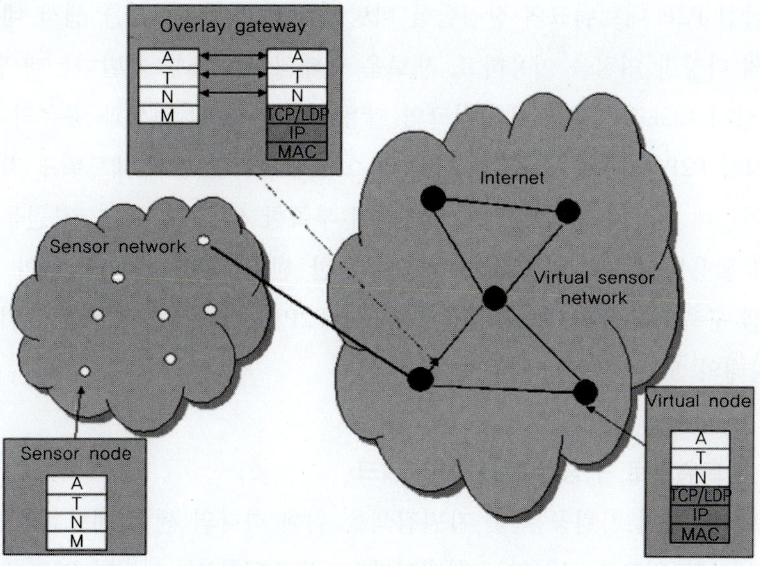

[그림 7-4] 오버레이 센서 네트워크를 통한 연동기법

3 센서 네트워크와 P2P 네트워크

Peer-to-Peer(P2P) 모델은 서버-클라이언드 모델에 대비하는 개념으로 통신에 참여한 노드들이 자신의 자원을 공유하여 다른 노드에게 자원을 제공하는 서버의 역할과 다른 노드의 자원을 제공받은 클라이언트의 역할을 동시에 수행하는 네트워크 형태이다. 현재 인터넷상에서의 P2P 네트워크는 다양한 형태의 응용들로 사용되고 있다. P2P 네트워크가 사용되는 예로 단순하게는 음악 및 파일을 공유하는 응용에서부터 학술적인 목적의 협업을 목적으로 하는 응용, 국방에 관련된 응용까지 다양한 형태로 활용되고 있다.

P2P 네트워크가 이와 같이 다양하게 활용되는 주요 두 가지 사항은 다음과 같다.

첫 번째 요인은 높은 확장성으로 P2P 네트워크에 참여하는 노드들이 증가함에 따라 네트워크의 자원 용량도 증대되게 된다. 이는 P2P에 참여하는 노드들이 자신이 대역폭, 저장공간, 컴퓨팅 용량 등의 자원을 공유하여 자신의 자원을 제공하는 서버이자 동시에 다른 노드의 자원을 사용하는 클라이언트가 되기 때문이다.

두 번째 요인은 P2P 네트워크의 분산처리 능력이다. P2P 네트워크는 특정 서버에 의존하여 서비스를 제공하는 형태의 중앙집중식 방식이 아닌 네트워크의 일부 노드들이 손실되거나 장애가 발생해도 전체 시스템의 기능이나 데이터는 손실되지 않는다. 위의 특징을 바탕으로 P2P 네트워크 모델은 센서 네트워크상의 주요한 응용 모델이나 미들웨어 플랫폼으로 사용될 것으로 기대된다.

앞서 언급한 P2P 네트워크의 장점들을 바탕으로 P2P 네트워크를 센서 네트워크에 적용하여 그의 다양한 이점을 이용하고, 새로운 형태의 서비스를 개발하는데 활용할 수 있다. 인터넷상의 대표적인 P2P 네트워크의 활용 형태의 자원 검색과 공유의 관점에서 센서 네트워크를 P2P 형태로 사용자나 다른 시스템이 원하는 센서 네트워크 자원을 효율적으로 검색하는데 활용될 수 있다. 또한 자원이 부족한 센서 네트워크 자원을 효율적으로 검색하는데 활용될 수 있다. 또한 자원이 부족한 센서 네트워크 노드간의 자원 공유를 위한 시스템 구축도 가능하다. 센서 네트워크에 P2P 네트워크를 구현하기 위해서는 다음과 같은 형태의 모델 활용이 가능하다.

1) 센서 네트워크로 구성된 P2P 네트워크

센서 네트워크간의 자원공유 및 자원검색을 위해 하나의 센서 네트워크 하나의 피어(Peer)로 P2P 네트워크를 구성하는 형태이다([그림 7-5]참조). 이러한 P2P 네트워크를 구축하기 위해서는 각 센서 네트워크를 대표하는 싱크 또느 게이트웨이가 P2P 네트워크의 피어로서 기능을 수행하게 된다. 싱크나 게이트웨이의 경우 일반 센서노드들에 비해 연산능력이나 저장 자원 등이 풍부하여 현재 인터넷상에서 사용되는 P2P 네트워크 기능이 거의 그대로 이용 가능하다.

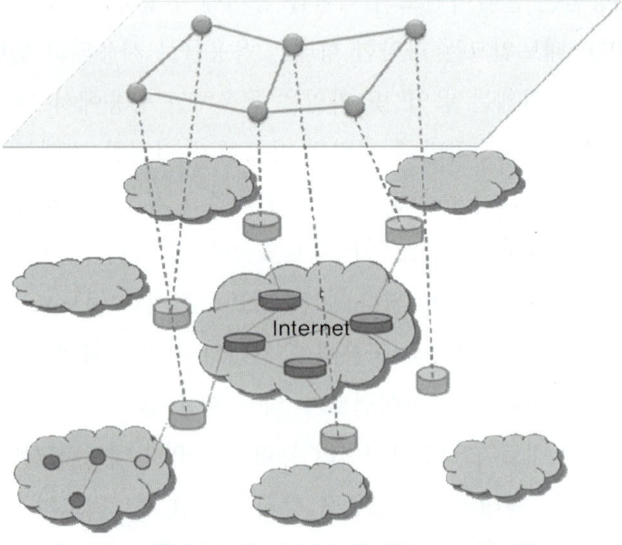

[그림 7-5] 센서 네트워크로 구성된 P2P 네트워크

2) 센서노드로 구성된 P2P 네트워크

센서 네트워크 내부의 센서노드들이 하나의 피어로 동작하여 P2P 네트워크를 구성하는 형태이다([그림 7-6] 참조). 센서 네트워크에서 사용하는 네트워크 프로토콜 및 센서노드의 능력에 따라 적합한 P2P 네트워크의 종류가 다를 수 있다. 일반적으로 센서노드는 연산능력이 낮고 사용 가능한 메모리와 저장공간이 부족하다. 따라서 해시 함수를 사용하는 Structured P2P 와 같은 방식이 P2P 네트워크를 구축하기는 어렵다. 따라서 P2P 네트워크는 오버레이 방식의 네트워크로 구성된다. 이 또한 센서노드들에 큰 오버헤드로 작용할 수 있으므로 오버레이 네트워크 구축이 오버헤드를 줄이는 연구가 필요하다.

3) 센서 네트워크 및 센서노드들로 구성된 P2P 네트워크

센서 네트워크 단위의 P2P 네트워크와 센서노드 단위의 P2P 네트워크가 혼합된 형태로 구성된 네트워크이다. 하나의 센서 네트워크가 하나의 피어가 되어 P2P 네트워크에 침여하는 경우와 충분한 자원을 가진 센서노드가 직접 센서 네트워크에 참여하는 경우가 있을 수 있다. 이를 위해서는 각 센서노드들의 전체 P2P 네트워크 단위의 유일한 ID를 부여하는 과정이 필요하다.

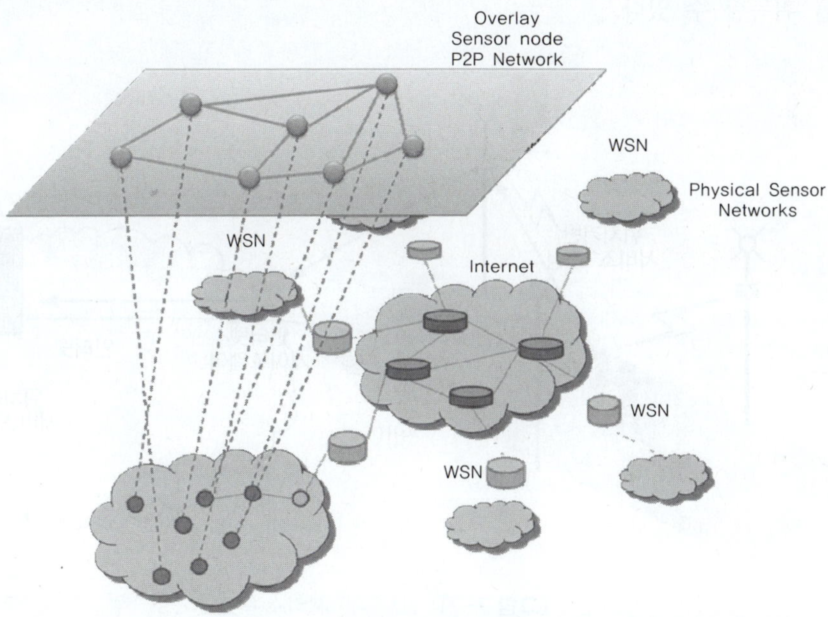

[그림 7-6] 센서노드로 구성된 P2P 네트워크

7장

7.2 위치기반 서비스모델

위치기반 서비스모델은 센서 네트워크에서의 관심사인 위치정보를 기반으로 하는 다양한 기술과 서비스로 구성된 모델이다. 센서 네트워크의 위치인식 기술은 불특정지역에 다량으로 설치한 센서로 취득된 데이터의 효율적인 가공을 위한 센서 네트워크의 기반기술이다. 예를 들어 실외 혹은 실내의 다양한 사물에서 취득한 서로 다른 데이터 정보를 가공하기 위해서는 데이터의 출처가 필요하다. 그리고 취득된 위치정보는 주위에 산재해 있는 센서노드 중 인접해 있는 특정 노드와 상호운용성 서비스를 받기 위해 사용된다. IEEE 802.15.4와 같은 센서 네트워크 표준은 PAN 영역에 적용되어 불특정 다수의 노드 중 특정노드에 대한 제어에 어려움이 있을 수 있다. PAN이라는 공간은 IEEE 802.15.4의 네트워크 전송거리가 수십 미터이기 때문에 집과 사무실과 같이 좁은 공간의 모든 노드들이 이웃 노드로 적용되어 상호운용성을 위한 인접해 있는 특정노드에게 서비스받기에는 다소 어려움이 있을 수 있다.

현재 IEEE 802.15.4 워킹그룹에서 UWB를 이용한 센서노드간의 거리를 유추하여 위치정보를 찾아내는 연구가 진행 중이며, 이러한 연구는 특정 노드를 기준으로 자세한 위치정보를 취득할 수 있다.

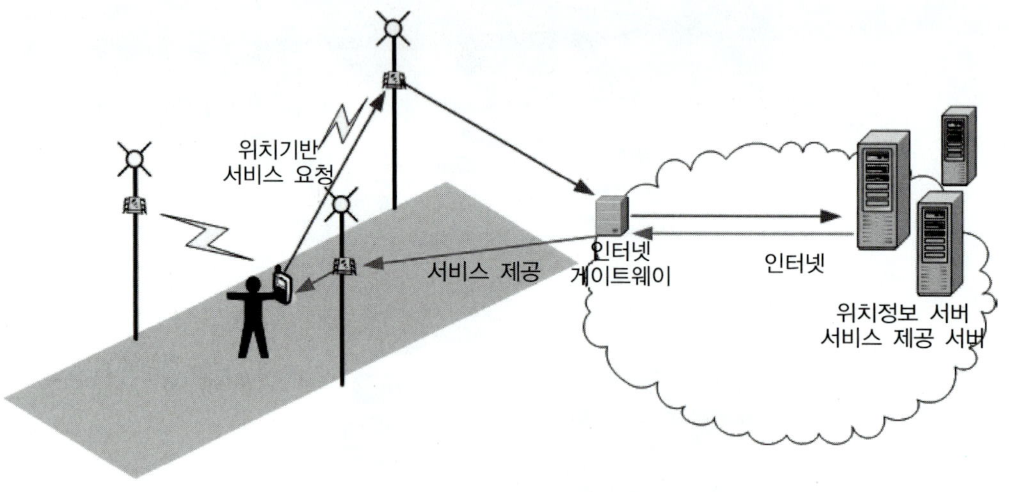

[그림 7-7] 위치기반 서비스 구조

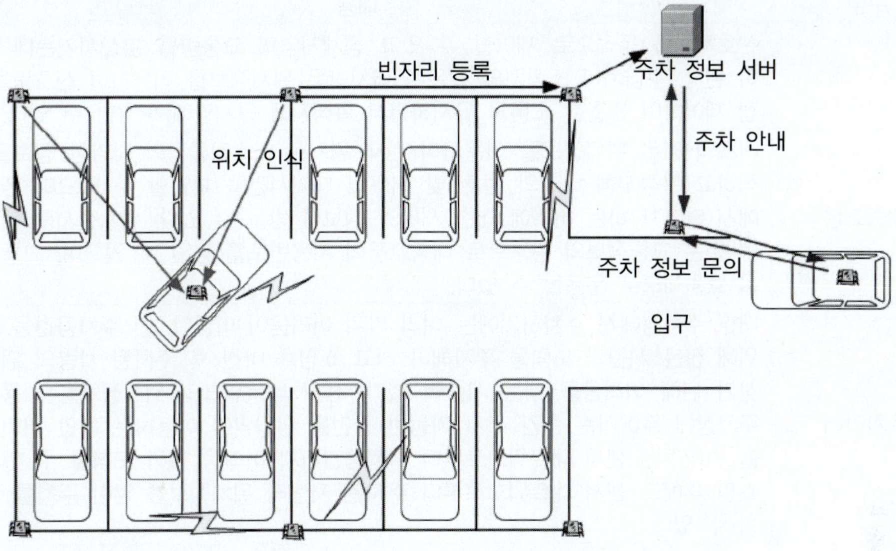

[그림 7-8] 지능형 주차관리 시스템

[표 7-1] ZigBee 위치기반 서비스모델

구분	내용
장애인 서비스	시각장애인을 위한 서비스로 위치정보를 통하여 신호등의 통행정보 및 위치정보를 이용하여 장애인을 위한 시설을 편리하게 이용하여 목적지까지 안전하게 보행할 수 있다. 이러한 서비스는 시각장애인 뿐만 아니라 거동이 불편한 휠체어에 의존하는 장애애인에게 활용이 가능한 리프트 및 경사계단 등을 안내해 줄 수 있고 도움을 필요로 하는 장애인은 상호운용형 센서 네트워크를 통하여 다양한 서비스를 지원받을 수 있다.
미아방지	놀이공원과 같은 인적이 많은 곳에서 쉽게 발생되는 미아를 방지하기 위한 방법으로 이웃해 있는 위치 센서노드를 이용하여 미아의 위치를 확인하고 찾는 서비스를 받을 수 있다.
쇼핑안내	쇼핑몰의 위치정보와 데이터베이스를 이용하여 사용자가 원하는 물건을 검색하고 사용자의 위치를 기반으로 필요한 상품을 안내받거나 쇼핑몰의 할인정보를 받아 편리하게 인간중심의 쇼핑을 할 수 있다.
유동인구통계	유동인구통계는 도시계획에 대한 중요한 정보로 대중교통수단의 조절수단으로 좋은 정보가 되며 기업이나 상업에 따른 상권에 대한 정보로 중요하게 활용될 수 있다.
교통제어	신호등에 설치된 센서의 위치정보와 차량의 위치정보를 이용하여 특정 교차로의 정체를 해결하는 서비스모델이다. 정보들을 가공한다면 출발 전에 목적지로 가는 경로의 정체 구간을 신호등의 센서 네트워크에 접속하여 정체가 있는 교차로의 정보를 취득하고 이동시간을 최소화하기 위해 정체구간을 피해서 최단시간의 이동 경로를 검색하는데 도움을 줄 수 있다. 이러한 정보는 지능형 센서 네트워크로 인해 신호등이 차량의 정체정보를 이용하여 신호등이 지능화되어

구분	내용
	신호체계를 동적으로 제어할 수 있고 정체지역의 교통량을 분산시키는데 도움이 된다. 구급차나 소방차와 같은 긴급차량은 위치정보를 이용하여 신호등을 직접 제어하여 원활한 소통을 유지하면서 목적지에 단시간에 도착할 수 있다.
대중교통	버스의 경우 위치정보를 이용하여 현재 위치한 버스정류장의 다양한 정보를 검색하고 목적지행 버스의 번호 및 버스의 대기시간을 확인할 수 있으며 원격지에서 타고자 하는 버스에 대한 서비스 정보를 받을 수 있다. 위치센서를 이용하여 얻은 교통정보의 활용으로 대중교통의 사용빈도를 높일 수 있으며, 교통정책을 효율적으로 운용할 수 있다.
주차안내	대형 주차장에서 주차하기에는 여러 가지 어려움이 따른다. 빈 주차공간을 찾기 위해 많은 시간과 노력을 투자해야 하고 쇼핑을 마친 후 주차된 차량의 위치를 찾기 위해 어려움을 겪는 사람이 있다. 센서 네트워크의 위치정보를 이용하면 주차장에 들어서는 순간 주차 가능한 공간을 할당받아 이동하는 동안 위치정보를 알려주는 센서 네트워크로부터 주차공간까지 어려움 없이 도착할 수 있으며 쇼핑 후에도 센서 네트워크로부터 주차된 차량의 위치정보를 얻어 주차를 쉽게 할 수 있다.
가로등제어	에너지 절약을 위해 인적이 드문 곳이나 특정지역의 방범 등과 같은 가로등을 끄면 시민의 안전에 문제가 발생할 수 있다. 이때 사람의 위치정보를 이용하여 인접해 있는 방범등을 켜두고 인적이 드문 거리의 가로등을 꺼주거나 제어하여 에너지 소모를 줄일 수 있다.

7.3 재난방지 서비스모델

재난방지 서비스모델에서 재난을 방지하기 위한 최선의 방법은 재난을 미리 예견하고 적극적으로 대처하여 그 피해를 줄이는 것이다. 모든 재난은 갑작스럽게 일어나지 않고 예측 가능한 범위에서 일어난다. 이를 센서 네트워크로 모니터하고 관리하기 위해서는 재난의 정보를 취득하는 수동적 센서 네트워크와 데이터를 취합하는 싱크노드만으로는 어려움이 있다. 예를 들어 수해예보 시스템에서 지능화되고 상호운용성이 뛰어난 센서 네트워크는 현재의 강우량과 제방의 임계점을 센서노드간의 정보교류를 통해 상류의 강수량과 인터넷을 통한 예상 강우량을 조합하여 복합적이고 다양한 재난예보 시스템을 구현할 수 있다.

첫째, 재난예보 측면에서 살펴보자. 기존 측정용 장비는 재난발생의 일부분만을 취득하여 그것을 근거로 재난을 예보한다. 센서 네트워크를 활용하면 연관성이 있는 특정한 지역들의 정보와 예상재난을 인터넷과 연동하여 조합하고 활용하는 재난 가능지역의 개인에게 재난정보를 방송 및 안내하여 인재를 최소화하고 축적된 정보는 다음 재해 예보에 참고자료가 될 수 있다.

둘째, 재난경보 측면 센서 네트워크의 강점을 살펴보자. 재난경보의 범위는 이미 구축된 장비를 비롯하여 특정지역으로 일관되어 있다. 최근에 일어난 재난을 보면 예측 불가능한 지역뿐만 아니라 불특정 다수지역으로 그 범위가 크고 피해 여파도 상당하다. 또한 기존 경보장비는 데이터 취득이 늦고, 긴급하게 설치하거나 운영하기에는 어려움이 따른다. 지능화된 상호운용성 센서 네트워크의 최대 강점인 긴급설치와 손쉬운 운용성 및 확장성은 이러한 국가적인 재난방지에 최선의 해결 방안을 제시한다.

셋째, 재난 자료관리 및 재난예측 측면에서 살펴보자. 센서 네트워크는 재난예보와 경보과정에서 나타나는 많은 양의 데이터를 취해서 재난에 대한 자료관리를 한다. 그러나 지능화된 상호운용성 센서 네트워크는 센서노드 각각의 센서정보와 인터넷의 상호연동 및 위치정보를 취합한 데이터를 이용하기 때문에 단순 데이터에 의한 재난예측이 아닌 보다 현실적이고 고수준의 재해 예측을 할 수 있을 것이다.

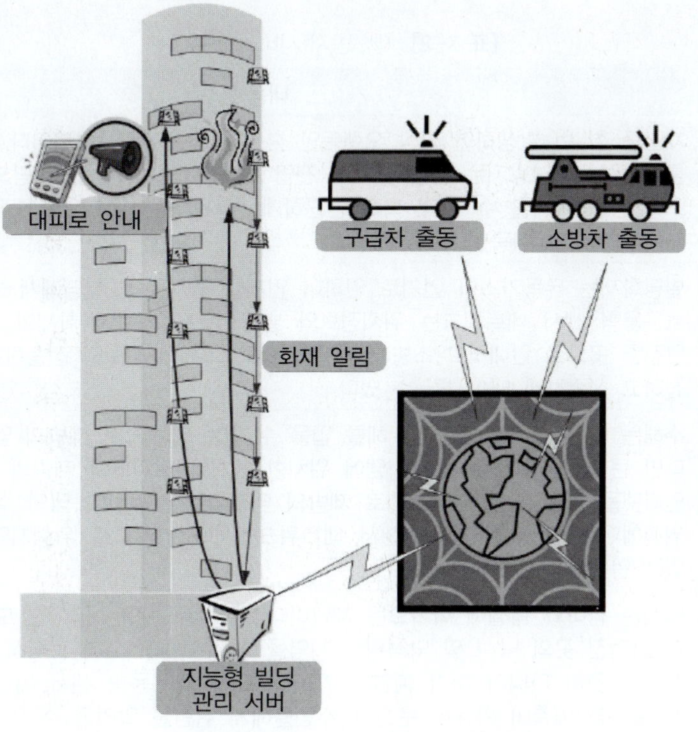

[그림 7-9] 지능형 빌딩 관리 시스템

[그림 7-10] 지능형 도로관리 시스템

[표 7-2] 재난방지 서비스모델

구분	내용
산불	재난중 한 번 발생하면 가장 오랫동안 흔적이 남는 것이 산불이다. 센서 네트워크를 이용한 재난방지는 산불의 초기 진압 및 산불의 이동 및 바람의 이동, 완전한 소화 등을 감지할 수 있다. 특히 간단하게 설치할 수 있고 인력이 닿지 않는 지역까지 데이터를 취득할 수 있다.
빌딩화재	빌딩화재는 유독가스와 연기로 인하여 인재를 가져온다. 빌딩에서 화재가 나면 상호운용형 센서 네트워크는 위치정보와 빌딩정보를 통하여 화재와 유독가스로부터 안전한 곳으로 안내하고 소방서 및 경찰서로 화재의 정보를 전송하여 사람들을 안전하고 신속하게 대피시킬 수 있다.
수해	수해는 짧은 시간에 가장 큰 해를 입을 수 있는 재난으로 제방의 임계점을 조절한다면 큰 화를 면할 수 있다. 댐에 위치한 센서 네트워크와 제방의 센서 네트워크, 인터넷을 통한 강우량을 토대로 제방의 임계점을 고려하여 댐의 수위를 조절하고 위험에 처하면 예상지역에 센서 네트워크에서의 방송으로 위험지역을 탈출할 수 있는 안내가 가능하다.
낙석	낙석은 장마와 봄철에 다가오는 재난이다. 특히 운전자는 굽이친 도로에서 시야에서 가려진 곳의 낙석 및 낙석위험 지역을 알 수 없다. 그러나 낙석은 일순간에 발생되는 것이 아니라 미리 예견이 가능하므로 상호운용형 센서 네트워크가 도로공사 및 재난예측이 가능한 운전자, 주민들에게 위험을 알려줄 수 있는 서비스를 지원할 수 있다.
인명구조	빌딩의 붕괴, 산속에서 길을 잃거나 대형 참사로부터 개인이 소지한 센서 네트워크는 자신의 위치와 건강상태를 전송하고 취합하며 필요시 가까운 병원, 경찰서 등으로 데이터를 전송하여 구조를 쉽게 할 수 있고 신속하게 대처할 수 있다.

7.4 보안 및 방범 서비스모델

보안 및 방범 서비스모델은 빌딩, 가옥, 특정구역의 침입자에 대한 보안 및 방범 서비스 시스템이다. 상호운용형 센서 네트워크는 빌딩의 침입자 및 가옥, 특정구역에 대한 보안 및 방범 시스템을 긴급히 설치할 수 있는 기능을 가지고 있다. 센서 네트워크를 소지한 사람은 부착된 보안등급에 따라 해당 구역을 자유롭게 출입할 수 있으며 보안등급에 따른 다양한 장치와 서비스를 받을 수 있다. 특정 시스템의 방지 및 접근 권한 등을 관리하고 인터넷을 통한 경찰서 및 방범업체에 대한 통보 서비스가 가능하다.

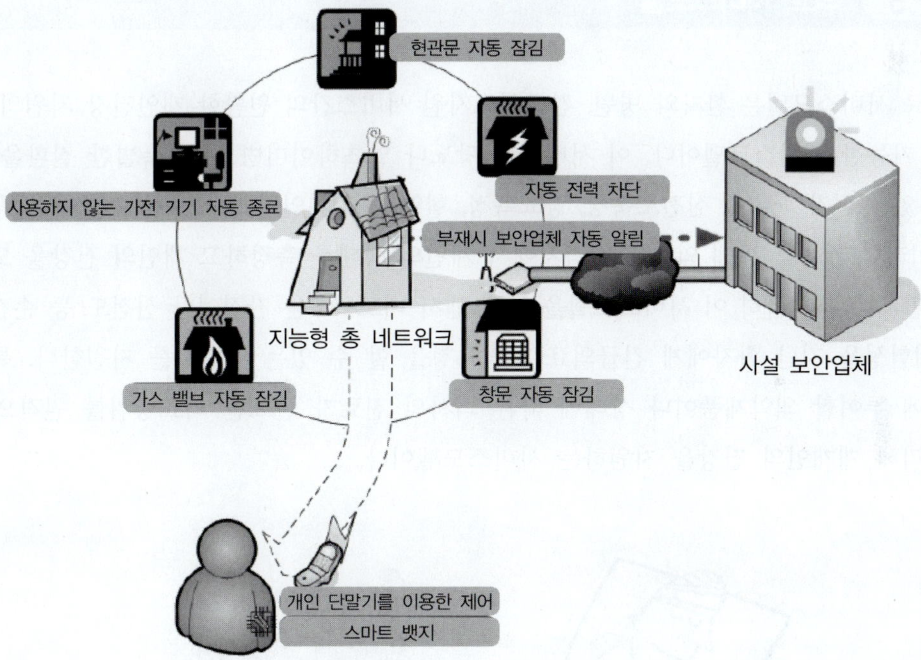

[그림 7-11] 보안 및 방범 시스템

[표 7-3] 보안 및 방범 서비스모델

구분	내용
위치기반	보안이 요구되는 장비, 장치 및 취약지역의 상호운용형 센서 네트워크로 지역이탈과 인가되지 않은 사용자의 이용을 방지할 수 있으며 사용자, 장비, 장치의 이동경로 등에 대한 모니터링 서비스가 가능하다.
원격보안	사용자의 이동 및 보안의 유무는 상호운용형 센서 네트워크로 설정이 가능하다. 즉 잠시 비운 사무실을 원격지 보안 모드로 변경하여 창문, 문을 원격에서 잠그고 전

구분	내용
	등, 가스를 제어하여 보안 유무 상태를 확인 가능하다. 이러한 서비스는 사용자가 집이나 사무실 및 집기류를 원격지에서 잠그고 관리할 수 있는 서비스이다.
수송관리	특정의 보안이 요구되는 장치 및 운송업에 대한 컨테이너 단위의 적재 및 이동에 대한 관리가 센서 네트워크로 운용되어 이들의 이동경로와 접근자에 대한 기록을 관리하는데 용이하다. 이들은 주기적으로 센서 네트워크가 탑재된 컨테이너나 장치의 위치를 인터넷을 통하여 기록한다. 고객은 자신의 집이나 사무실에서 자신의 귀중한 화물의 위치 및 수송상태를 확인할 수 있다.
방문자	호텔, 식당 등의 시설에서 현금을 대신한 결제 수단과 열쇠 등에 대한 보안장치와 출입통제를 서비스할 수 있으며 이동 및 출입에 대한 기록을 서비스할 수 있다.

7.5 의료 서비스모델

의료 서비스모델은 환자와 병원, 긴급의료지원 서비스간의 원활한 개인건강 지원의 보장이 가능한 서비스모델이다. 이 서비스는 당뇨나 알츠하이머병 등의 특별한 질환을 가지고 있는 환자를 위해 심전도측정, 당뇨측정, 혈압계, 위치인식 센서 등의 기능을 이용한다. 이러한 기능을 통해 의사는 원격지에서 개인의 상태를 측정하고 개인의 건강을 모니터링할 수 있다. 특히 이 서비스모델을 통해 센서 네트워크는 간질이나 심전도 등 순간적인 위험성을 지난 환자에게 긴급의료 지원요청을 할 수 있는 서비스를 지원한다. 특정시간에 투여할 의약제품이나 상태에 따른 의사의 진료가 필요한 의료행위를 원격으로 관리해 개개인의 건강을 지원하는 서비스모델이다.

[그림 7-12] USN을 통해 제공 가능한 의료 서비스

[표 7-4] 의료 서비스모델

구분	내용
응급환자	특별한 병을 소지한 사람에 대한 서비스로 환자에게 필요한 측정장치를 부착하고 실시간 혹은 주기적인 정보를 의사나 병원으로 전송하는 서비스이다. 평소에 병명에 따른 그 특이점이 나오진 않지만 갑작스런 상태의 변화를 담당의사에게 전송하여 관리하는 시스템이다. 의사는 환자의 위급상황시, 위치정보를 이용하여 응급지원 서비스를 이용하여 환자에게 서비스해 줄 수 있다. 응급 서비스를 받는 환자의 상태를 원격지에서 모니터링할 수 있으며 원격으로 응급지원 서비스에 따른 주의사항을 리포트해 줄 수 있다.
원격진료	거동이 불편하거나 긴급상항으로 당장 의료행위를 받을 수 없는 환자에게 의료 서비스를 하는 서비스모델로 의료형 센서 네트워크 장비를 이용하여 체온, 혈압, 맥박, 당뇨, 심전도 등의 환자 상태를 파악하고 관리하는 서비스모델이다.

7.6 USN 기반 원격 건강모니터링 시스템 구축

1) 원격(화상)진료 서비스

(1) 서비스 모델 개념도

① 의료취약지역(도서지역 등)의 보건지소 / 보건진료소 / 마을회관 등 공공장소에 원격진료실 설치

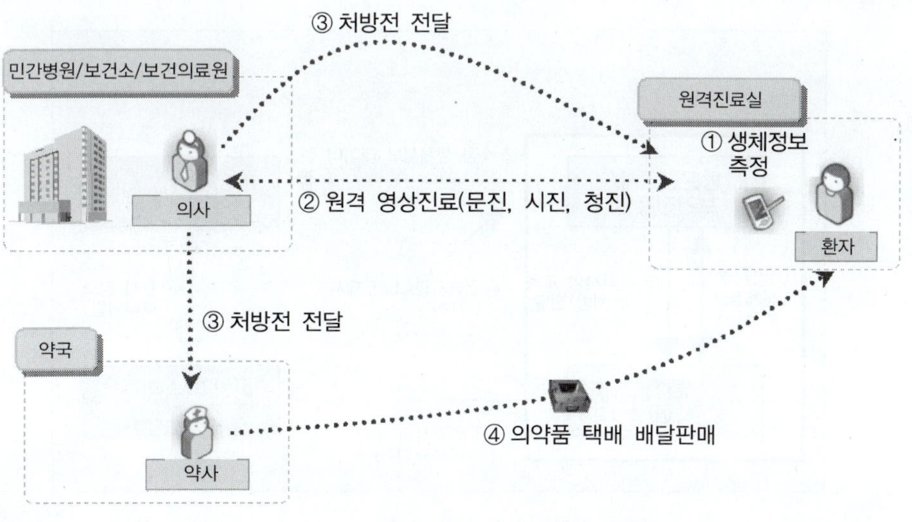

[그림 7-13] 원격진료 서비스 응용

② 원격진료실을 방문한 환자가 직접 본인의 생체정보를 측정하여 원격지 의사에게 전달하고, 화상(영상)을 통하여 원격지 의사의 진료 / 처방을 받은 후, 필요한 경우 약사로부터 의약품을 배달받는 형태의 서비스(의사-간호사간 원격진료도 포함 가능)
※ 배달 도중 변질 우려가 없는 의약품에 한하여 특별 제작된 박스 이용

③ 의료취약지역의 공공장소에 설치된 원격진료실을 중심으로 보건소 / 민간병원 / 보건의료원(의사), 약국(약사)과 연계하여 만성질환/반복처방 환자 등에 대한 관리

(2) 서비스 참여인력

의료취약지역의 원격진료실에 방문한 환자와 민간병원 / 보건소 / 보건의료원 의사 및 약사 사이에 이루어지는 서비스(의사-간호사간 원격진료도 가능)

2) u-방문간호 서비스

(1) 서비스 모델 개념도

① 보건소 / 보건진료소의 방문간호사 / 보건진료원이 가정방문을 통해 환자의 상태를 측정 및 파악한 후 의사의 지침을 전달하거나 의사의 지침에 따라 약을 처방하는 형태의 서비스

② 이동형 생체정보 측정기기를 활용해야 하고, 생체정보 측정수치를 보건행정망에 전송하여 원격지 의사의 적절한 지침을 제공

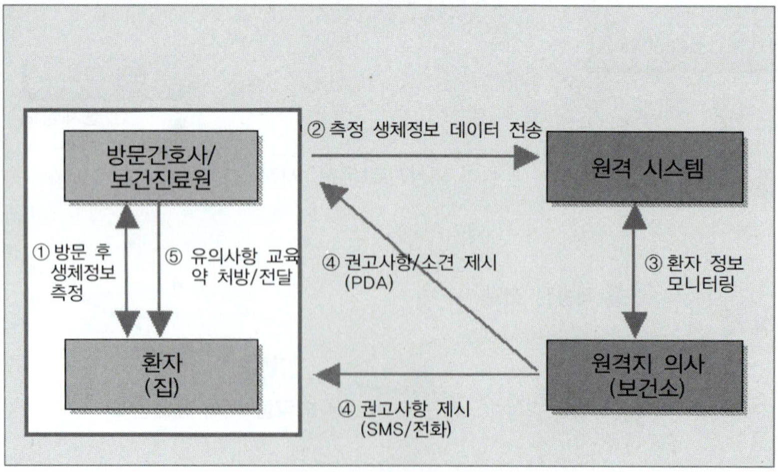

[그림 7-14] u-방문간호 서비스

(2) 서비스 참여인력

보건소 의사와 방문간호사/보건진료원 사이에 이루어지는 서비스

3) 재택 건강관리/원격진료 서비스

(1) 서비스 모델 개념도

① 가정 내의 일반인(또는 환자)이 직접 생체정보를 측정하여 원격지 시스템에 전송하면 시스템에 내장된 알고리즘 등을 통해 측정결과에 대한 1차적인 피드백을 받게 됨(간호사 등 지원 가능)

② 원격지 의사는 시스템을 통해 건강상태를 모니터링하게 되고, 필요한 경우 인터넷(또는 핸드폰 / PDA 등)을 통해 환자에게 원격 건강상담, 건강관리지침 제시, 진료 및 처방 서비스 제공

※ 생체정보가 원격 건강정보 시스템에 일정기간 저장되어 건강상태에 대한 지속적인 모니터링 가능해야 함

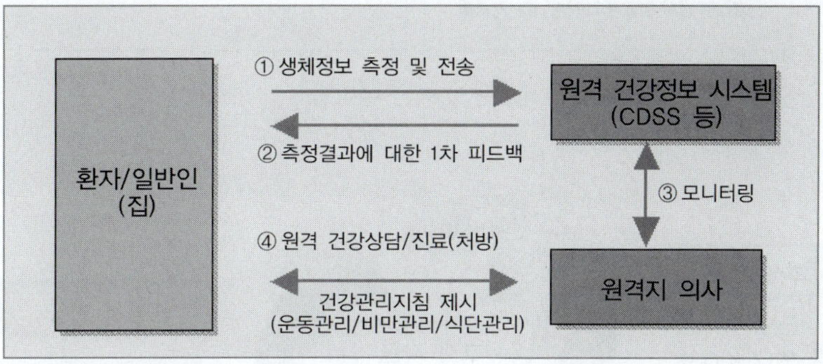

[그림 7-15] 재택 건강관리/원격진료 서비스

(2) 서비스 참여인력

가정에 있는 일반인(또는 환자)과 민간병원 / 보건소 / 보건의료원의 의사간의 서비스 (병원의 건강검진센터 등과 연계 가능)

4) 세브란스 병원 유비쿼터스 시스템

세브란스 병원 유비쿼터스 시스템을 통해 디지털 진료 차트는 각종 종이서류를 대체하고, 간호사들은 환자 손목의 바코드를 스캔(scan)하여 환자의 의료기록을 노트북 화면에

서 확인할 수 있다. 또한, 컴퓨터를 통해의사 처방을 확인하거나 투약 등의 필요한 조치를 취할 수 있어 진료오류를 미연에 방지할 수 있다.

전자의무기록(EMR) 시스템은 환자의 모든 의무기록을 텍스트나 이미지로 저장하여 이를 평생 보관함으로써 이 병원과 연결된 국내외 다른 병원에 환자의 의무기록을 전송, 협력진료의 효율성을 높일 수 있다. 화상진료 시스템은 의사가 외부에 있을 때 응급상황이 발생하더라도 즉각적으로 대처할 수 있는 환경을 제공한다.

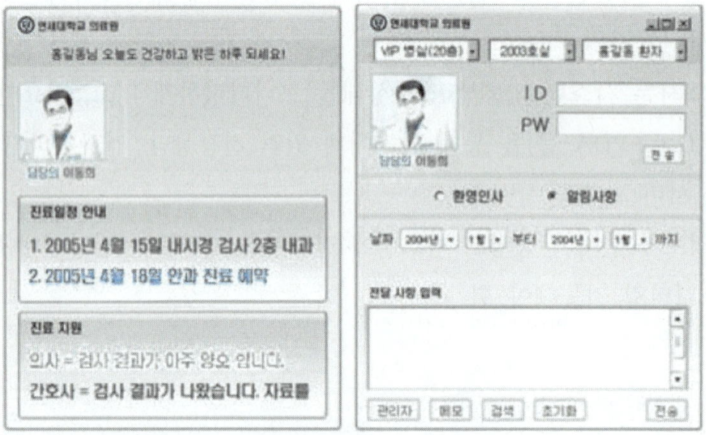

[그림 7-16] 세브란스 병원 유비쿼터스 시스템 예제

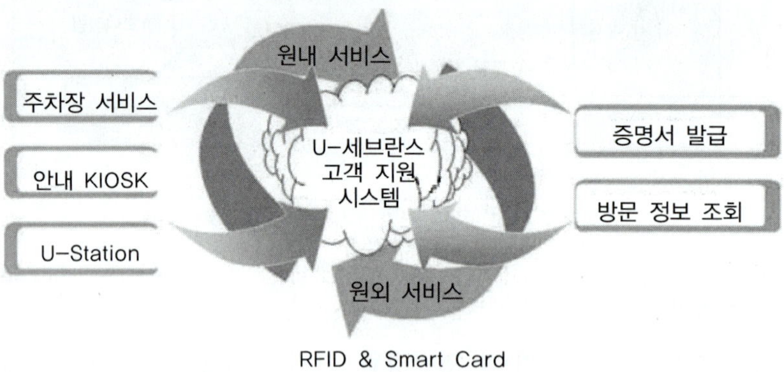

[그림 7-17] 전자의무기록 시스템

병원에서 제공하는 스마트카드를 갖고 있으면 병원에 들어서는 순간 자동으로 인식되어 복잡한 행정절차 없이 시스템에 카드를 갖다 대면 진료 접수가 완료되어 각 진료팀마다 환자에 맞는 코디네이터가 나와 한자리에서 검사와 예약, 수납 업무를 처리해준다. 주

차비 결제도 가능하며 대중교통카드기능도 포함되어 있다. 앞으로 영동세브란스병원, 용인세브란스병원, 세브란스 정신건강병원까지 네트워킹되어 이 스마트카드 하나로 지역에 관계없이 여러 병원을 이용할 수 있다.

7.7 장치제어 서비스모델

장치제어 서비스모델은 상황인지 상호운용형 센서 네트워크의 기술을 활용하여 사람의 편의를 위한 자동제어 기능을 제공한다. 가정에서 상황인지 시스템은 현재 환경 및 사용자의 상황을 인지하여 센서 네트워크를 통해 다른 기기를 제어한다. 예를 들어 생활 외출, 취침, 보안, 귀가, 절약 등의 현재 상황을 인식하고 그에 따라 가정의 기기들에 적절한 명령을 내린다. 특별한 질환을 가진 환자 독거노인이나 개구쟁이 어린이와 같이 홈네트워크 사용자의 특수한 생활 주거 패턴을 고려하여 운영되는 것이 기존 홈네트워크와의 차이점이다.

생활 모드에서는 평소 개인의 취향을 습득하여 즐겨 생활하는 습도, 온도, 조도의 밝기 등을 데이터베이스로 보관하고 있다가 지원하며 사용자의 생활이 평소보다 활동이 소극적일 때는 온도를 조절하는 지능형 기능 등을 지원한다 즐겨 먹는 음식 TV 프로 주변 센서를 통한 보안과 화재예방 등 다양한 컨텐츠를 지원하게 될 것이다. 이러한 기능들은 지능형 센서 네트워크간의 공유를 통해 보다 나은 생활환경을 제공할 것이다.

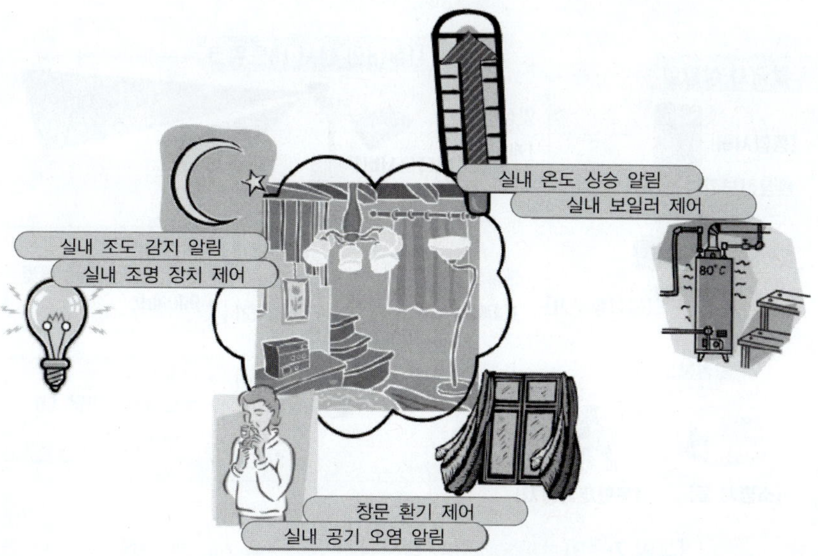

[그림 7-18] 가전기기 제어 시스템

외출, 취침 등으로 사용자의 모드가 진행되면 집안의 전열기, 전등, 가스레인지, 냉장고 등이 절전 모드 및 취침 모드로 최소화되며 독거노인 질환을 가진 환자의 건강상태를 확인하는 등의 서비스도 지원할 것이다.

7.8 유비쿼터스 문화

(주) 에스원에서는 USN 기반의 불국사 문화재관리 시스템을 개발하였다.

이 시스템은 불국사 및 소장 국보급 문화재 보호를 위해 USN 기술을 이용하여 필요한 정보를 실시간 수집·분석함으로써 화재 및 손상유무, 부식, 균열을 사전에 파악하고 예방한다. 이를 위해 불국사 주변에 화재감지 센서를 설치하여 조기 화재를 발견하고 대웅전등에 온도, 습도, 기압, CO 센서 등을 설치하여 화재요인을 사전에 감지하였다. 아울러 이상발생시 카메라로 촬영한 해당지역 영상정보를 경찰서 등에 전송하여 신속하게 산불이나 화재에 대처할 수 있도록 하였다. 이 시스템은 USN 기술을 이용하여 새로운 문화재 관리모델을 제공하여 주요 문화재 손상요인인 온도, 습도, 기압, 조도 등의 안전관리 데이터 표준을 마련하였으며, 전국 사찰이나 박물관 등 중요 문화재훼손 관리를 위한 통합 시스템을 구축할 수 있도록 지원하고 있다. [그림 7-19]에서는 USN 기반의 불국사 문화재관리 시스템의 구성을 보여주고 있다.

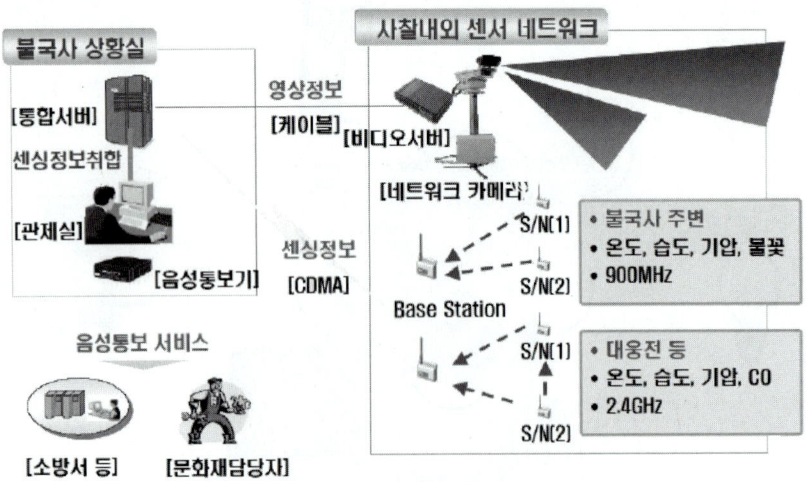

[그림 7-19] USN 기반의 불국사 문화재관리 시스템 구성

7.9 해양 통합관측 시스템

USN 기반 해양 통합관측 시스템은 CDMA망을 이용하여 실시간으로 해양의 센서정보를 수집, 가공하여 해양예보에 활용되며 수집된 자료는 유관기관과 국민에게 보다 정확하고 신뢰성 있는 해양 정보를 제공한다.

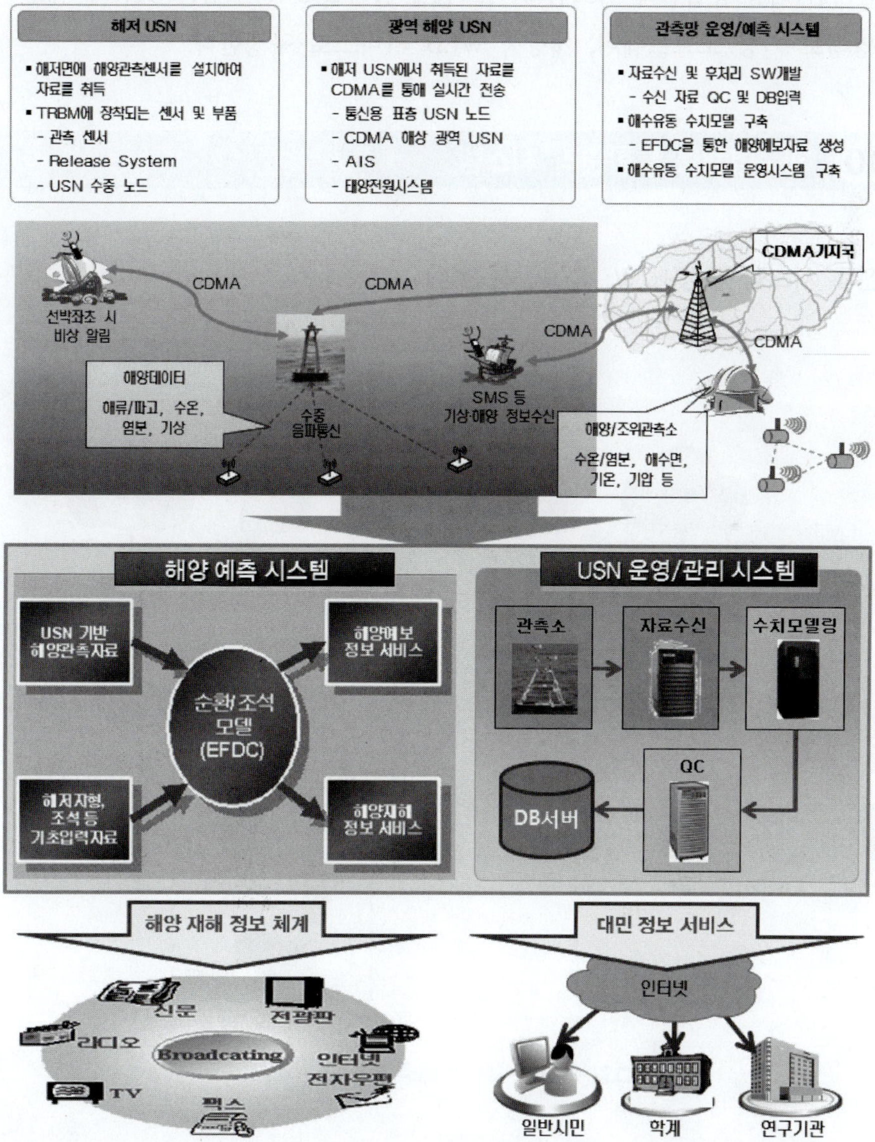

[그림 7-20] 해양 통합관측 시스템

1) 하드웨어 및 네트워크 구성도

USN기반 해양 통합관측 시스템은 해양의 센서로부터 정보를 수집하여 CDMA망을 통하여 국립해양조사원의 서버로 전송되며 수집된 자료는 유관기관 등과 연계될 수 있게 하드웨어 및 네트워크를 구축한다.

2) 소프트웨어 구성도

USN 기반 해양 통합관측 시스템의 시스템별 설치될 S/W 구성은 USN 운영/관리 시스템, 해양정보 가공 소프트웨어, 개방형 WEB 서비스로 구성한다.

7.10 과수병해충 통합관리 시스템

1) 전체 시스템 구성(H/W, S/W, 통신망)

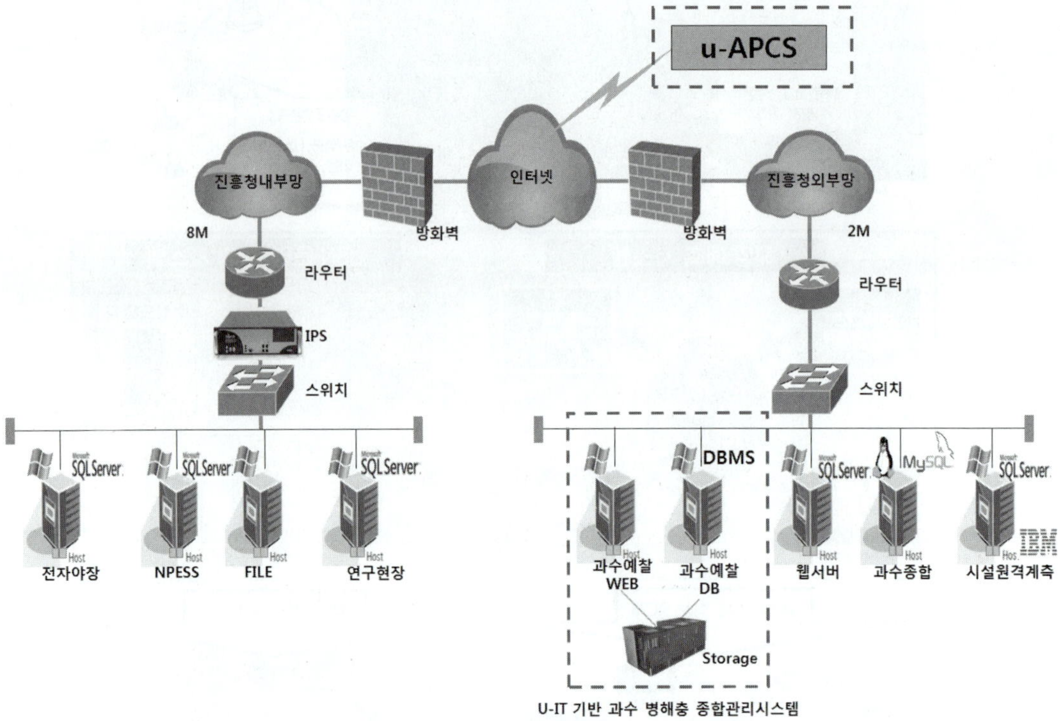

[그림 7-21] 과수병해충 통합관리 시스템

2) u-APCS 구성(H/W, 통신망)

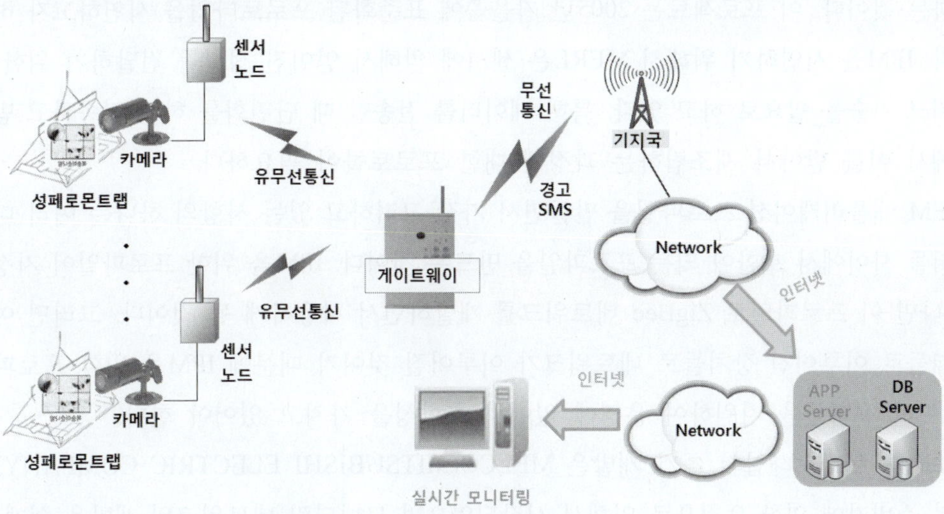

[그림 7-22] u-APCS 구성

7.11 공장자동화 시스템의 구현

1) 산업용 공장의 모니터링을 위한 ZigBee(ZigBee for Industrial Plant Monitoring)

MERL(MITSIBISHI Electric Research LAB)이 시행하고 있는 이 프로젝트의 목적은 산업공장에 대한 모니터링을 위한 IPM(Industrial plant monitoring) 응용 프로그램의 작

[그림 7-23] ZigBee 센서를 이용한 공장 시스템

성을 위한 프로파일을 개발하고 ZigBee 기술 기반의 모니터링 시스템의 프로토타입을 제작하는 것이다. 이 프로젝트는 2005년 가을쯤에 표준화된 프로토타입을 시연하고자 하고 있다. IPM을 시연하기 위해서 MERL은 센서에 의해서 얻어진 정보를 전달하기 위한 네트워크 기술을 필요로 하고 있다. 특히 데이터를 전송할 때 단편화를 하여 전송하고 받는 쪽에서 이를 받아서 재조립하는 과정에 대한 프로토콜이 필요하다.

IPM 애플리케이션 프로파일을 만들면서 가장 고려하고 있는 사항의 하나는 여러 다른 밴더들 사이에서 호환이 되는 프로파일을 만드는 것이다. IPM을 위한 프로파일이 지정되고 나면 이 프로파일로 ZigBee 네트워크를 개발하면서 사용하게 될 것이다. 그러면 여러 벤더들로 이루어진 장치들로 네트워크가 이루어질 것이기 때문에 IPM을 위한 프로파일은 여러 벤더들을 지원하여 운영에 있어서 호환성을 가지고 있어야 한다.

IPM의 프로토타입의 초기 개발은 MELCO(MITSUBISHI ELECTRIC COMPANY)의 외부 소비자에 의한 요청으로 인해서 시작되었으며 모니터링 네트워크의 개발을 쉽게 하기 위한 것이었다. 이러한 모니터링 시스템은 향후 공장 관리와 제품의 생산 과정을 제어하는 유용한 툴이 될 것이다. 그리고 모니터링 시스템은 수리를 하거나 혹은 다시 만들어야 하는 경우에 시간을 벌어줄 수가 있으며, 미래에 존재할 오류를 수정하기 위한 운영에 도움을 줄 수가 있다.

모니터링 시스템의 프로토타입은 IEEE802.15.4의 MAC과 PHY, ZigBee의 APS (Application support sub-layer)를 기반으로 구성되어 있다. 그리고 M16C 칩을 이용하여 프로그램을 만들어서 작동시키는 장비로 구성되었다. ZigBee 기반의 네트워크 프로토콜을 이용하여 통신을 하는 장비이다. 이 프로젝트는 2005년 12월까지 IPM 프로토타입을 표준화하고 테스트하려고 하고 있다.

그리고 프로토타입의 드래프트를 승인받기 위해서 ZigBee 그룹에 제출할 예정이며 향후 모니터링 환경과 구조에 대해서 확장하여 개발하려고 계획하고 있다. 현재는 2005년 말까지는 위치기반의 처리에 대한 부분을 추가하려는 계획을 가지고 있으며, IEEE 802.15.4 기반으로 링크의 질에 따른 비용이 효율적인 통신방법에 대한 개발을 계획하고 있다.

2) HVAC 애플리케이션을 위한 ZigBee 프로파일(ZigBee HVAC Application Profile Development)

MERL에서 수행하는 이 프로젝트는 ZigBee 그룹에서 애플리케이션 프레임워크 그룹에서 특정한 프로파일을 작성하기 위한 목적으로 운영되고 있다. 여기에서 작성하려는 프로파일은 미츠비시 전자의 ZigBee WPAN에서의 mesh 네트워크 기술을 지원하기 위한 것이다. MELCO가 ZigBee 얼라이언스에서 HVAC(heating, ventilating, and air conditioning)에 대한 태스크 그룹(HVAC-PTG)의 의장직을 맡고 있으며, 관련된 개발에 주도적인 입장에 있으므로 이에 대한 프로파일 작업을 돕기 위한 프로젝트이다.

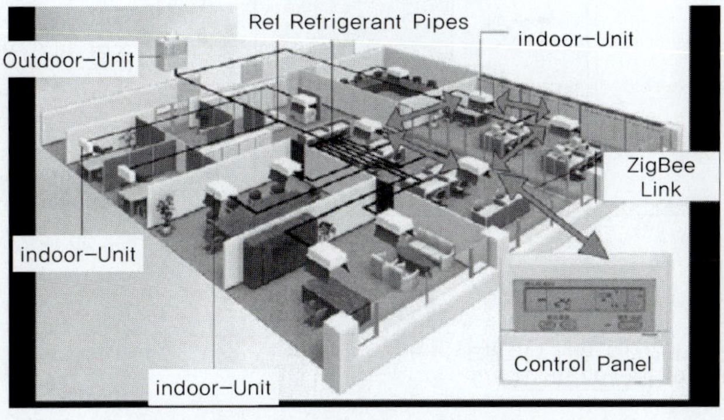

[그림 7-24] ZigBee를 이용한 HVAC 시스템

또한 MELCO는 상업과 주거용의 무선 HVAC 시장에서 큰 사업을 하고자 한다. 그리고 이 시장에서 상당한 영향력을 행사하고 이득을 얻기 원하고 있다. 그러기 위해서는 시스템에 대해서 무선으로 모니터링이 가능해야 하며 제어가 가능해야 한다. 하지만 이러한 시스템에 대해서 설치비용의 감소와 에너지 효율의 증대도 함께 요구되고 있다.

MERL은 향후 ZigBee Alliance에서 HVAC 응용 프로파일을 개발하기 위해서 주된 역할을 하려고 하고 있다. 그리고 HVAC 시스템을 위한 프로파일의 결정이나 장치의 명세에 대한 정의 과정을 이끌어 나가려고 한다. 그리고 이는 다른 프로파일의 결정에도 영향을 미치게 될 것이다. 왜냐하면 ZigBee 네트워크에서 사용되는 서로 다른 프로파일들을 비슷하게 동작하도록 하여 하나의 ZigBee 네트워크에서 사용된 자원을 다른 네트워크에서 재사용이 가능하도록 하는 것이 가능해지기 때문이다. 따라서 이프로젝트를 통해서 영향력을 미쳐 원하는 기술적 표준을 얻고자 하고 있다.

3) 홈오토메이션을 위한 ZigBee SCP 브리지 시스템(ZigBee/SCP for Home Automation)

MERL에서는 또한 SCP(Simple Control Protocol)와 ZigBee에 대한 브리지 기술을 개발해오고 있다. 이 두 프로토콜은 홈오토메이션 환경의 제어를 위한 기능을 제공할 수가 있으며 저비용과 저대역의 통신 환경을 제공하고 있다.

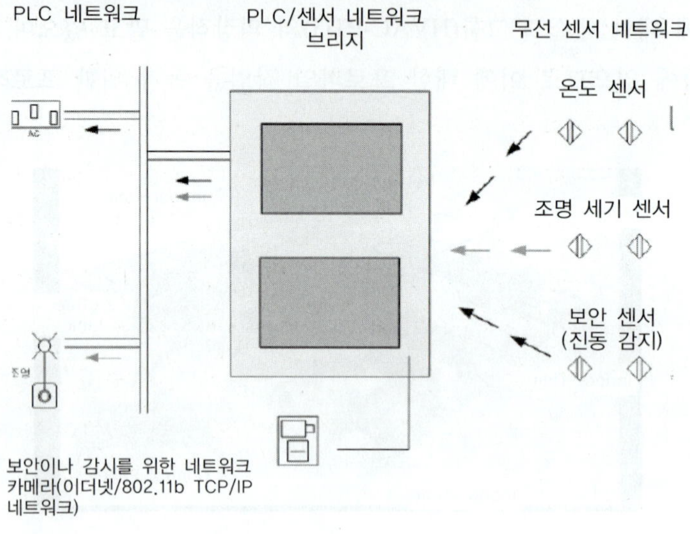

[그림 7-25] ZigBee와 SCP의 브리지 구성도

향후 홈오토메이션 환경은 통신을 위해서 무선과 유선의 연계로 이루어진 네트워크를 사용할 것으로 보고 있다. 그래서 이 프로젝트에서는 이러한 네트워크 형태에서 통신기술의 실험을 목표로 하고 있다. 전통적인 가정용 장비들은 유선과 무선통신 기술을 이용하여 홈네트워크 환경에 통합되고 있는 추세이다. 결국 홈네트워크는 저비용의 많은 네트워크 장비들이 PC에 연결되고 PC를 통해서 광대역의 인터넷으로 접속되게 된다. 이러한 환경은 완전한 홈네트워크를 통해서 모든 것을 제어하는 것이 가능하게 하고 집주인이 집을 위해서 새로운 애플리케이션을 기대하도록 한다.이 프로젝트는 이러한 것을 지원하기 위한 것이 목적이다.

ZigBee와 SCP는 모두 IP를 사용하지 않는 네트워크 프로토콜들이다. ZigBee는 센서들을 제어하고 사용하기 위한 네트워크를 구성한다. 반면에 SCP는 기존의 유선망을 활용하기 위한 것이다. 이러한 두 개의 다른 특징을 가진 네트워크를 통합하기 위해서 PC에서 이 두 개를 브리지하는 기술을 구현하고 통합하는 기능을 구현한다. 이 기술은 ZigBee의 데이터를 SCP의 장비에게 전달하는 것이 가능하도록 한다. 그리고 라우터와 같이 네트워크의 환경을 설정하고 제어하는 것이 가능하다. ZigBee의 네트워크를 제어하면서 SCP의 네트워크를 제어하는 것이다. 그래서 서로 다른 두 개의 네트워크를 UPNP와 같은 공간에서 활용하는 것이 가능하도록 하려고 하고 있다.

이 프로젝트에서는 M16C 하드웨어를 이용하여 PC에 넣어서 사용할 최소한의 기능들을 구현하여 테스트하고 있는 중이다.

7.12 원격검침 응용

누리텔레컴의 ZigBee 응용 애플리케이션인 AiMiR(아이미르)는 전기/가스/수도 등 회사에 적합한 원격검침 시스템과 인터넷 빌링(EBPP) 서비스를 제공하는 차세대 원격검침 시스템이다. 누리텔레컴은 지난 2003년부터 삼천리와 함께 경기도 시흥지역의 일반 주택 및 공동 주택 700여가구를 대상으로 가스 원격검침 시범 사업 및 본 사업을 추진했으며, ZigBee 기술을 이용한 전용 검침기를 설치해 상용화하는데 성공했다. 원격검침기의 특징은 [표 7-5]와 같다.

[그림 7-26]에서 볼 수 있듯이 ZigBee 검침기(가스, 수도, 전기, 온수, 열량 원격검침)를 통해 검침된 정보는 ZigBee 집중기(원격검침용 통신변환장치)를 거쳐 중앙검침 센터로 취합되며 자동으로 개별 수용가의 사용량을 검침한다. 한국전력공사나 삼천리 등의 회사는 VPN Client를 통해 중앙검침 센터의 검침된 정보에 접근한다.

[표 7-5] 원격검침기 특징

일체형 원격검침기	NTP 사용하는 원격검침기
• 에러 발생율 0% • 일체형 검침기에서 다중 연결 지원 • 숫자 휠 역회전에 의한 오차 보정	• 현재 검침, 전월 지침의 기준 시간으로 사용 • 펄스발생시간 및 시간대별 사용량 보관에 기준시간 사용 • 요금부과 시각에 검침값을 기록함으로써 검침시각 상이에 따른 검침오차방지

ZigBee 기술을 이용한 원격검침은 정확한 전력사용량을 산정할 수 있다는 것이 가장 큰 효과이며 오검침으로 인한 민원을 개선시킬 수 있다. 또한 고객과 가장 밀접한 부분으로 고객 서비스 강화는 물론, 검침인력을 대체할 수 있으며 부재 고객에 대한 재방문 등의 검침효율을 저하시키는 원인을 제거, 원가부담을 줄여줄 수 있다.

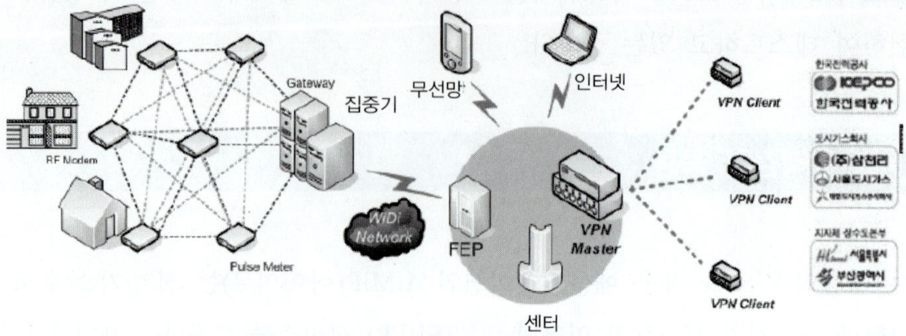

[그림 7-26] 원격검침 구성도

7.13 실시간 위치확인 솔루션(LBS)

방문자의 위치확인과 방문기록을 관리자에게 실시간으로 제공하는 시스템으로 시설보안, 출입관리, 시설물 관리 등의 용도로 설치/운영 가능한 시스템이다. 이는 방문증에 ZigBee 칩을 내장해 실시간으로 방문자의 위치확인과 방문기록을 알 수 있도록 한 것이다. 누리텔레콤의 실시간 위치확인 솔루션은 삼성물산 건설부문 '래미안 U플랜 발표회'에 납품되어 방문자의 위치확인과 방문기록을 파악하는데 활용되기도 했다.

위치확인 시스템의 특징은 다음과 같다.

- 2.4GHz 무선 ISM band 사용
- Data 변조 불가능
- 자가 거리조절(50cm~70cm)
- 구성요소
- 관제 시스템
- 집중기 : 방문증 500개 수용가능
- 위치확인기 : 50cm~70cm
- 방문증 : 70m통신용
- 보관함 : 총 100개 동시 충전가능

[그림 7-27]에서 볼 수 있듯이 방문객은 ZigBee 칩(1mW용 RF Module)이 내장된 방문증을 소지하며 빌딩내에 설치된 ZigBee 검침기를 통해 센싱된 정보는 ZigBee 집중기를 통해 관제 시스템으로 보내진다.

이 정보는 방문자의 현재 위치, 체류 장소 및 체류 시간 그리고 사내 시설보안 관리에 사용된다.

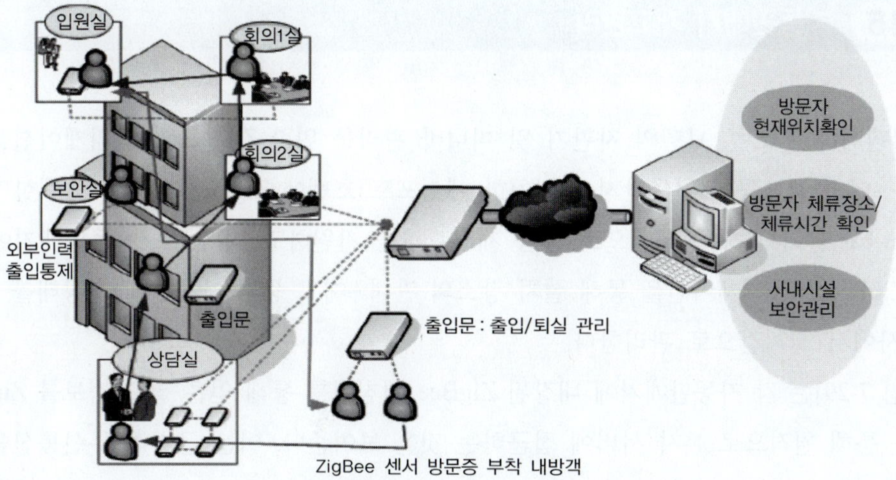

[그림 7-27] 위치확인 시스템 구성도

7.14 주유소 판매정보 시스템

누리텔레콤은 주유소 판매시점 정보관리 시스템(Point of Sales, POS)에 ZigBee 기술을 이용한 주유소 센서 네트워크 솔루션을 발표했다. 이것은 고가의 유선 네트워크 설계 장비 없이 근거리 무선통신을 이용한 네트워크의 구성이 가능하다.

[그림 7-28]에서 볼 수 있듯이 ZigBee 모듈이 내장된 주유기를 통해 검침된 정보는 코디네이터를 통해 사무실 카운터와 탱크 모니터에 전송된다. 또한 ZigBee 모뎀을 통해 고객의 카드 정보를 확인하며 결제를 동시에 할 수 있게 된다.

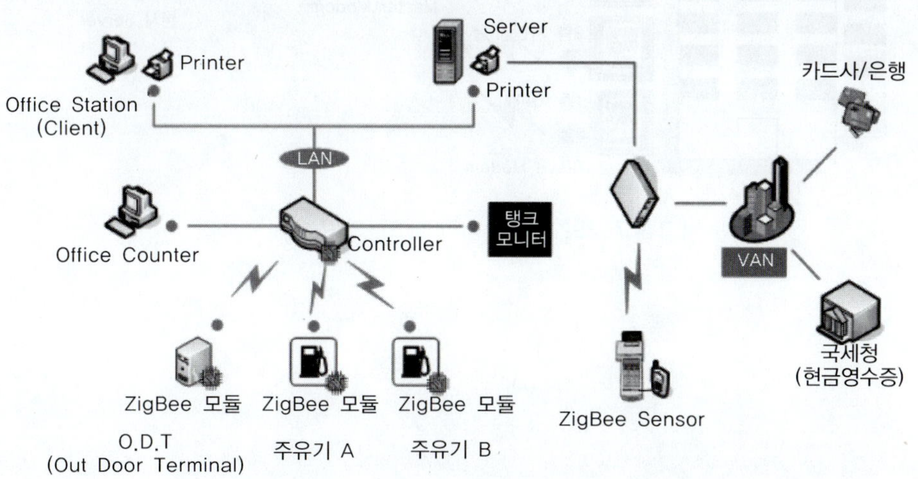

[그림 7-28] 주유소 센서 네트워크 구성도

7.15 자동판매기 재고관리

누리텔레콤은 호텔, 모텔의 자판기 및 미니바 관리를 위한 ZigBee 애플리케이션을 발표했다. 인천 국제공항 업무단지에 위치한 에어포트 호텔에 ZigBee 모뎀을 탑재한 미니바(mini-bar)를 공급해 실시간으로 물품 재고관리를 지원하고 있다. 또 자동판매기에 구현된 ZigBee 애플리케이션을 통해 설치 장소의 판매 / 재고 등의 자동판매기 상태를 로컬 및 본사에서 실시간으로 관리한다.

[그림 7-29]는 각 자동판매기에 내장된 ZigBee 검침기를 통해 얻은 필요 정보를 ZigBee 모뎀을 통해 원격으로 본사 서버에 접근하는 것을 보여준다. 이는 근거리 무선통신을 이용, 상품의 재고나 판매 규모를 중앙관제소에서 파악하고 이를 다시 물품 공급 업체와 연계해 추가 소요를 파악하여 보충하는 방식이다. 더불어 관리 직원 없이 카운터에서 각 객실의 미니바 이용 여부와 재고 상황파악, 자동판매기의 판매 / 재고 상태 파악을 용이하게 한다.

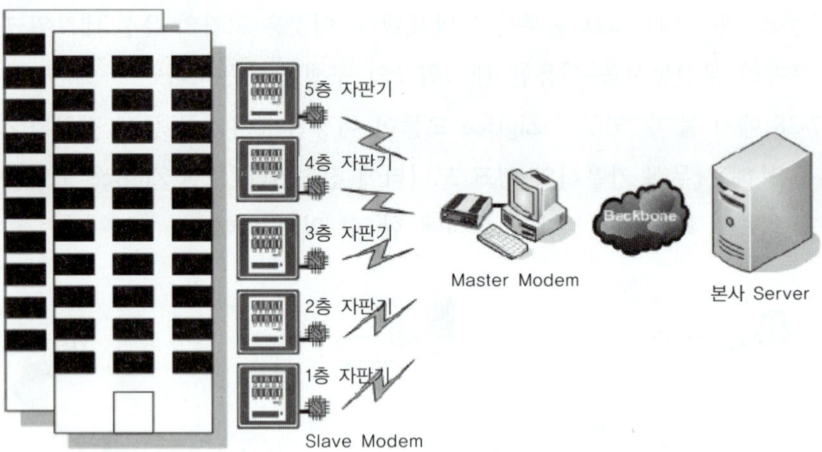

[그림 7-29] 자동판매기 재고관리 구성도

7.16 디지털 홈네트워크

SK 텔레콤은 홈네트워크 사업 파트너인 TSC 시스템과 함께 ZigBee 기술만을 이용한 100% 무선 홈네트워크 서비스를 테스트하고 있다.

홈네크워크는 집안의 각 공간을 연결하여 정보를 전달하며 TV, 냉장고, 컴퓨터 등 가정의 모든 가전 기기들이 상호 통신되는 것은 물론 외부 망과도 아무런 어려움 없이 통신이 가능해지는 것을 말한다. 따라서 SK 텔레콤은 가정마다 게이트웨이를 설치하고 창문, 조명기구, 가스밸브 등에 초소형 'ZigBee node'를 장착하게 된다. 집안에서는 ZigBee 칩이 내장된 리모콘을 사용, 집 밖에서는 CDMA(Code Division Multiple Access)망을 통해 'ZigBee node'와 통신하는 방식이다.

[그림 7-30]은 홈네트워크 시스템 구성도를 보여준다.

홈네트워크 통합관리 시스템에 ZigBee 기술을 적용함으로써 구축 비용이 저렴한 장점을 가진다. 이것은 효율적인 홈오토메이션을 구축할 수 있으며 PDA나 셀룰러 폰과 같은 개인 단말기를 이용하여 쉽게 컨트롤할 수 있는 장점도 지니게 된다. 각 가정에 적용된 홈네트워크는 단지내 통합 네트워크 구축과 함께 Cyber Community를 구성할 수 있으며 이는 가정 내 각종 상황의 모니터링이 가능해지는 것을 말한다. 또한 안정성면에서 화재 / 가스 / 방법 등의 각종 재해예방과 경비실 및 보안 서비스 업체와 연계된 완벽한 보안 체계 구축도 가능해진다.

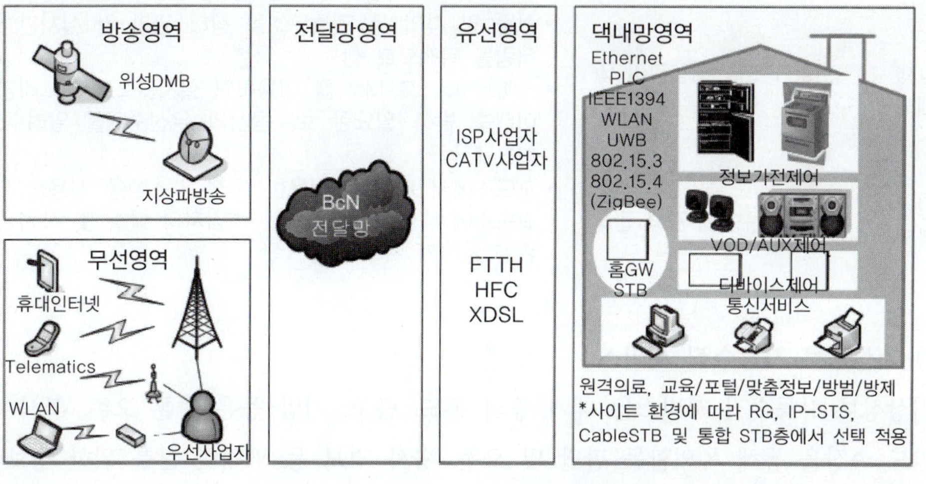

[그림 7-30] 디지털 홈네트워크 구성도

7.17 USN의 응용사례

[표 7-6] USN 응용사례

분야	응용사례	내용
	가스센서 네트워크	• 가스센서 네트워크는 테러위협에 대응 • 빠르고 정확하게 도심영역에서 화학 테러공격을 감지 • 가스 유무를 즉각 감지함으로써 인명사고 줄임
	UAV 센서 네트워크를 이용한 차량추적	• 길가에 센서노드를 설치하여 이 곳을 지나가는 차량의 이동위치를 추적 • 수집된 차량 위치 관련 정보는 센서 네트워크를 통해 전달이 되며, 최종적으로 UAV의 장착된 센서노드를 이용하여 원거리에 있는 본부로 전송하는 시스템
농축산	식물원의 실내와 환경관리 시스템	• 센서를 통해서 온도, 습도, 토양, 수분 등 이때 센서 pod는 태양열로 전력을 자동 충전함
정보가전	Media Cup	• 일반적인 컵에 센싱기능과 의사소통기능을 넣음 • 센서는 컵의 온도를 감지하고 다른 기기와 정보를 교환함
과학기술	초음파 위치 인식 시스템	• 두 개 이상의 물체에 부착된 Bat의 상호위치에 의해 물체의 방향을 계산하는 3차원 위치추적시스템 • 매초 3cm 간격으로 감지
의료보건	Vital Sign Sensor	• 환자의 몸에 착용하여 심장박동수나 산소포화, 심전도 등을 체크 • 이상이 있을 경우 근접한 센서 네트워크에 전달하여 PDA나 램탑 등으로 수신한 후 근처의 보건소나 의사에게 위험신호 보냄
	세브란스 병원 유비쿼터스 시스템	• 디지털 진료 차트사용/ 전자의무기록을 통해 데이터 베이스화함 • 스마트 카드 사용하여 행정 절차를 간소화함
방재재해	건출 구조물 위험관리 및 모니터링	• 건물 및 다리 등 건축구조물 상태 관리 및 실시간 모니터링을 목적으로 함 • 스마트 더스트 Mote를 이용하여 실시간으로 스트리밍 데이터를 받아 필요한 보수공사의 우선순위를 알려주도록 하는데 목적
건강복지	RFID를 통한 수감자 관리	• 교도소에서 RFID를 이용한 추적 시스템을 사용함으로써 교도소에서 발생할 수 있는 수감자의 탈출 및 폭력 발생률을 줄이기 위해 적용

1) 기상정보 자동수집 서비스

기상정보 자동수집 서비스는 대기 중의 온도, 습도, 기압 등은 물론 오존, 황사 등의 오염도 측정을 통해 옥외활동 판단 및 오존, 황사 경보 등 쾌적한 삶을 위한 정보제공 수단으로 활용이 가능한 서비스를 의미한다. 이 서비스의 핵심적인 요인이라고 하면 특정지역에 대해 보다 정밀한 기상 정보의 실시간 수집이 가능해야 하고 USN을 통한 각 센서노드의 원격제어 및 정보수집이 가능해야 한다. 또한 다양한 전달매체 즉 휴대폰 전광판 인터넷 등을 통하여 사용자에게 정보를 제공할 수 있는 기능을 구비하여야 한다.

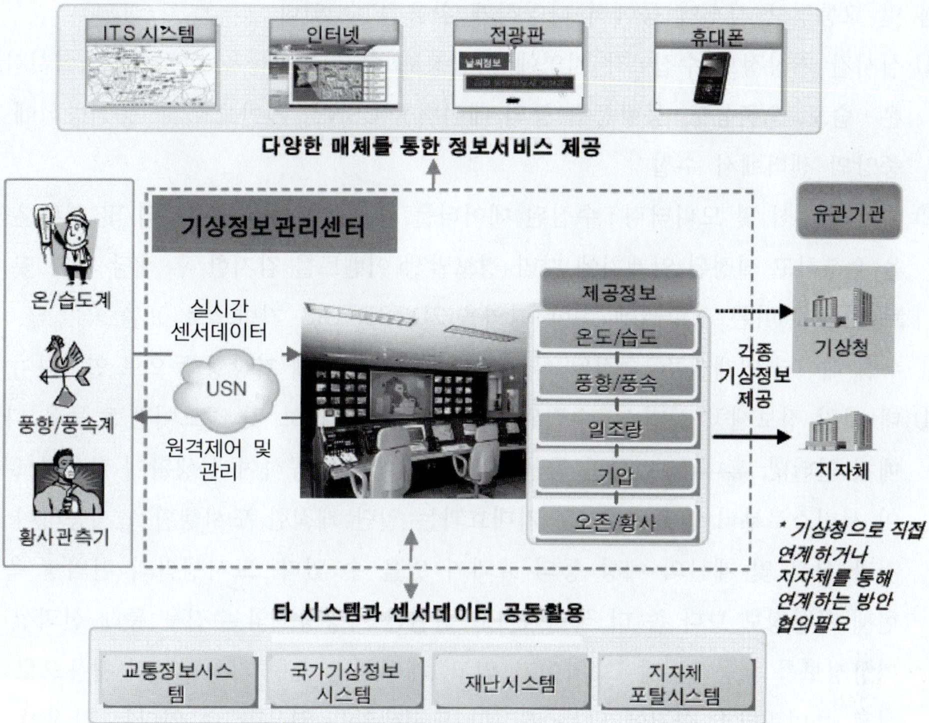

[그림 7-31] 기상정보 자동수집 시스템 구성도

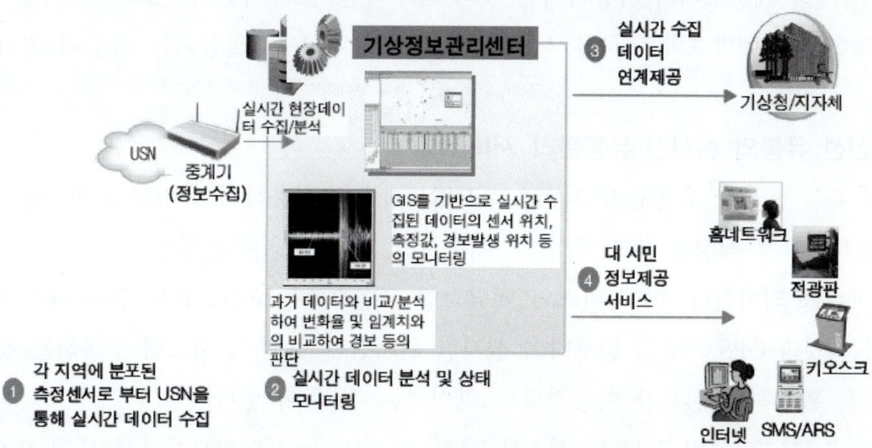

[그림 7-32] 기상정보 자동수집 서비스 개요

이 서비스의 시스템 구성도에 의하면 USN을 통해 실시간으로 수집되는 각종 기상정보는 중앙의 관리센터에서 분석되어 경보 예보 등의 이벤트를 발생시켜 다양한 매체를 통해 대 시민 서비스를 제공하며 누적된 데이터는 기상정보의 변화추세를 판단하는 근거로 활용될 수 있다. 또한 수집된 데이터는 지자체 기상청 등으로 연계되어 국가기상정보 시스템 및 교통정보 시스템 등에서 다양하게 활용될 수 있다.

① 실시간 기상정보 수집 : 각 지역에 기상정보 수집 센서들을 설치한 후 실시간으로 온·습도, 오존농도, 풍향풍속 등의 데이터를 USN을 기반으로 한 통신방식에 따라 중앙의 센터에서 수집

② 데이터 분석 및 모니터링 : 수집된 데이터를 기반으로 변동추이분석 및 현황분석 등을 수행하고 설정된 임계치에 따라 경보발생 이벤트를 감지한 후 해당 지역 및 이벤트 발생에 따른 영향권에 속한 지역을 2D, 3D GIS 기반으로 표출

③ 수집 데이터 연계제공 : 수집된 실시간 데이터를 지자체 기상청 등으로 연계하여 제공

④ 대 시민 정보제공 서비스 : 수집된 데이터의 현황 정보 및 경보이벤트 등을 다양한 매체 인터넷, 휴대폰, 전광판 등을 통해 시민에게 제공하여 실생활에 활용하도록 함

이 서비스로부터 얻을 수 있는 기대효과는 일단 쾌적한 도시생활을 제공하여 주는 것과 사고 및 재난의 예방 등의 효과가 있을 수 있다. 도시생활의 편의성 측면은 현재 기상정보 보다 좀 더 국지적이고 정밀한 기상정보의 수집을 통해 신뢰성 있는 기상정보를 제공하는데 그 차이가 있고, 개인화 맞춤형 기상정보의 활용으로 안전하고 유비쿼터스 환경에 맞는 쾌적한 도시생활을 영유할 수 있다는 장점이 있다. 사고와 재난의 예방의 관점에서는 정밀한 기상정보를 기반으로 사고 및 재난의 사전 예측 예방조치가 가능하다는 것과 국부적인 경보 사전 안전조치가 가능하여 정확한 사고예방효과는 물론 사후 대책을 위한 비용이 절감되는 특징이 있다.

2) 신선 유통의 실시간 유통관리 서비스

신선 유통을 위한 유통관리 서비스는 USN 기술을 적용하여 신선하고 안전한 유통이 물류를 대상으로 적정한 온도, 습도 및 배송시간, 위치, 도착확인 등을 실시간으로 제공하는 서비스를 의미한다. 이 서비스의 핵심적인 요인으로는 온도, 습도 등에 대한 USN을 구축하는 것과 GPS 기술을 활용하여 실시간 위치검색 및 추적 시스템 구축하는 것, 수치지형도를 활용하여 실시간 이동경로를 확인하는 것 등이 있다.

[그림 7-33]과 [그림 7-34]는 시스템 구성 및 서비스 시나리오를 나타내고 있다.

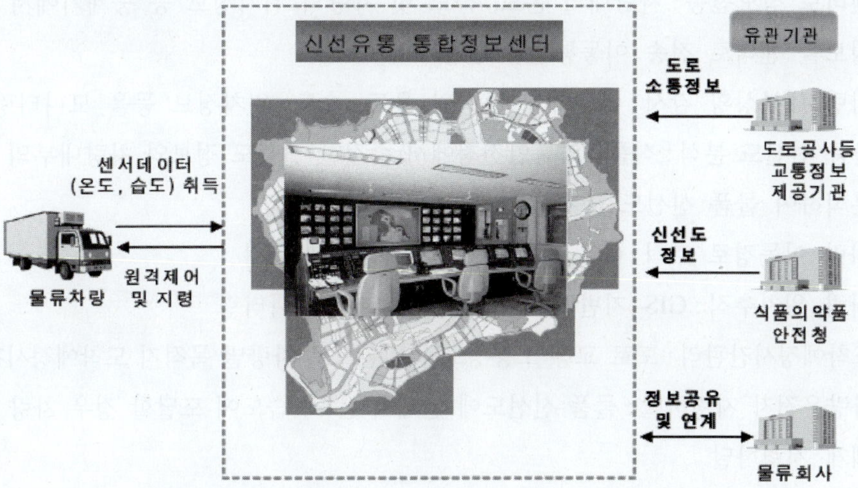

[그림 7-33] 신선 유통의 실시간 유통관리 시스템 구성도

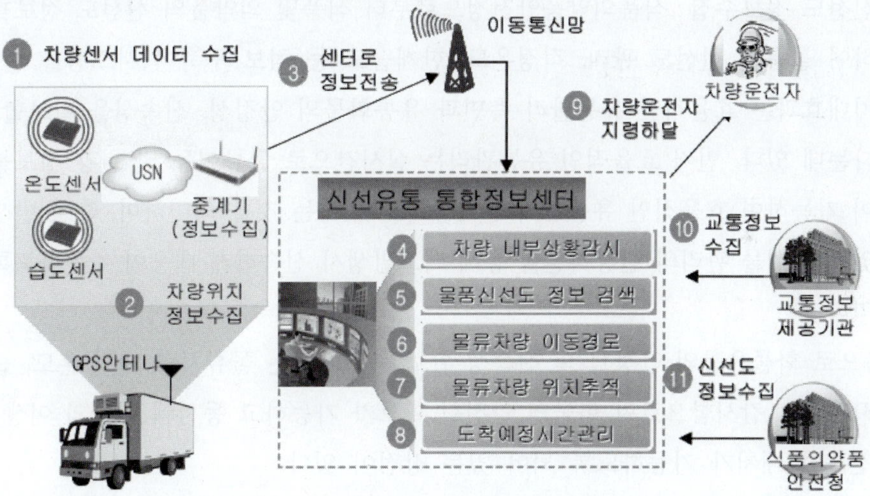

[그림 7-34] 신선 유통의 실시간 유통관리 서비스 시나리오

이 시스템 구성도에 의하면 차량의 관제뿐 아니라 유통 신선도 정보 등을 구축하여 제공함으로써 실시간으로 유통되는 신선 식품의 유통 상황 등을 파악할 수 있다.

이 서비스의 서비스 시나리오는 다음과 같다.

① 차량센서 데이터 수집 : 물류차량 내의 온도 및 습도 센서에서 취득한 상태 정보를 중계기를 통해서 실시간으로 수집

② 차량위치정보 수집 : GPS 측위기술을 활용하여 차량의 현재 위치정보를 수집

③ 센터로 정보전송 : 차량내의 온도, 습도 및 차량의 위치정보 등 중계기에서 수집한 정보를 센터로 전송 이동통신망 활용

④ 차량 내부상황 감시 : 센터에서 차량의 온도, 습도, 위치정보 등을 모니터링

⑤ 물품 신선도 분석 : 식품의약품안전청에서 수집한 신선도 정보와 차량내부의 정보를 분석하여 물품 신선도를 체크

⑥ 차량 이동경로 추적 : GIS 기반의 차량 이동경로 추적

⑦ 차량 위치추적 : GIS 기반의 차량 실시간 위치 모니터링

⑧ 도착예정시간관리 : 도로 교통 소통정보를 기반으로 차량별 목적지 도착예정시간 산출

⑨ 차량운전자 지령하달 : 물품 신선도에 한계치 온도, 습도에 도달할 경우 차량 운전자에게 지령하달

⑩ 교통정보수집 : 교통정보 제공기관으로부터 교통소통 정보수집, 차량 도착예정시간 산출에 활용

⑪ 신선도 정보수집 : 식품의약품안전청으로부터 식품및 의약품의 신선도 정보를 수집하여 물품별 신선도 관리, 적정온도, 한계습도 등 정보 구축이 시스템을 활용하는 기대효과는 효율적인 유통관리 측면과 유통화물의 안정성, 신속성을 확보할 수 있다는데 있다. 먼저 효율적인 유통관리는 실시간으로 물류이동 및 현황 정보를 파악이 가능하여 효율적인 유통관리가 가능하도록 하는 것을 의미하며, 혹시 발생할 수 있는 시설물 관리의 현장지원을 통해 사고발생시 신속하게 대응이 가능하도록 되어 있다.

다음으로 화물유통의 안정성 및 신속성 확보 측면에서는 물류차량 내의 온도, 습도 등을 실시간으로 감시함으로써 화물의 안전성 확보가 가능하고 동시에 화물의 이상상황에 대한 신속한 대처가 가능하도록 되어 있는 장점이 있다.

3) 원격검침 및 화재 모니터링 서비스

원격검침 및 화재 모니터링 서비스는 USN 기술을 적용하여 가정이나 사무실의 상황을 모니터링하고 화재상황을 실시간으로 유관기관 및 사용자에게 제공하는 서비스를 의미한다. 이 서비스의 핵심적인 요인은 가스, 연기, 온도, 습도, 화재 등에 대한 USN을 구축하는 것과 계량 및 검침사업자와 연계한 계량 검침 시스템을 구축하는 것 이벤트 발생시 관리 시스템 및 통보 시스템을 구축하는 것 등이 있을 수 있다.

이 서비스의 시스템 구성도는 [그림 7-35]와 같다.

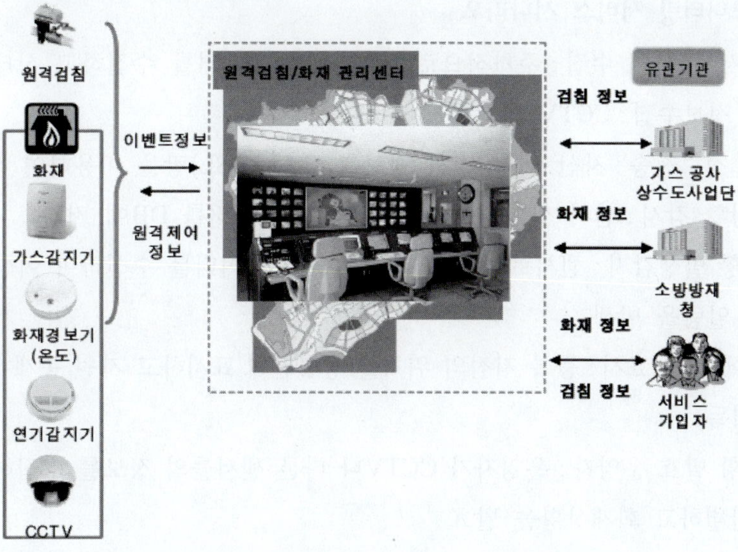

[그림 7-35] 원격검침 및 화재 모니터링 시스템 개요

이 서비스는 크게 두 가지의 서비스 시나리오를 가지고 있다. 첫 번째는 화재 모니터링 서비스 시나리오이고 다음은 원격검침 서비스 시나리오이다. 먼저 화재 모니터링 서비스 시나리오를 보면 다음과 같다.

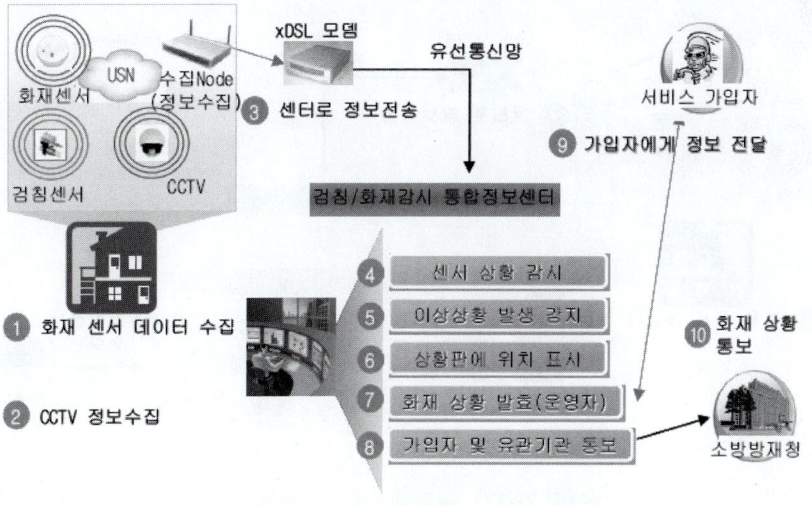

[그림 7-36] 화재 모니터링 서비스 시나리오

(1) 화재 모니터링 서비스 시나리오

① 화재센서 데이터 수집 : 주기적으로 화재 센서 데이터를 수집하고 상태를 감시

② CCTV 정보수집 : CCTV 영상을 전송

③ 센터로 정보전송 : 자산 내의 센서 정보를 유선(xDSL)망을 이용하여 센터로 전송

④ 센서 상황 감시 : 센서 상황을 감시하고 이력 데이터를 DB에 저장

⑤ 이상상황 발생감지 : 센서로부터 임계값 이상의 데이터를 수신하여 이상 상황을 감지하고 알람을 발생

⑥ 상황판에 위치 표시 : 등록 지점의 위치를 상황판에 표시하고 자원 통제 권한을 운영자가 획득

⑦ 화재상황 발효 운영자 : 운영자가 CCTV나 다른 센서들의 정보를 수집하여 이상 상황을 판별하고 화재상황을 발효

⑧ 가입자 및 유관기관 통보 : 화재 상황을 가입자에게 통신수단을 통하여 알리고 화재 진압을 위하여 유관기관에 통보

⑨ 가입자에게 정보 전달 : 가입자는 현재상황을 통보받고 센터로 자세한 상황을 질의

⑩ 화재 상황 통보 : 유관기관은 화재상황을 통보받고 필요한 조치 다음은 원격검침 서비스 시나리오이다.

(2) 원격검침 서비스 시나리오

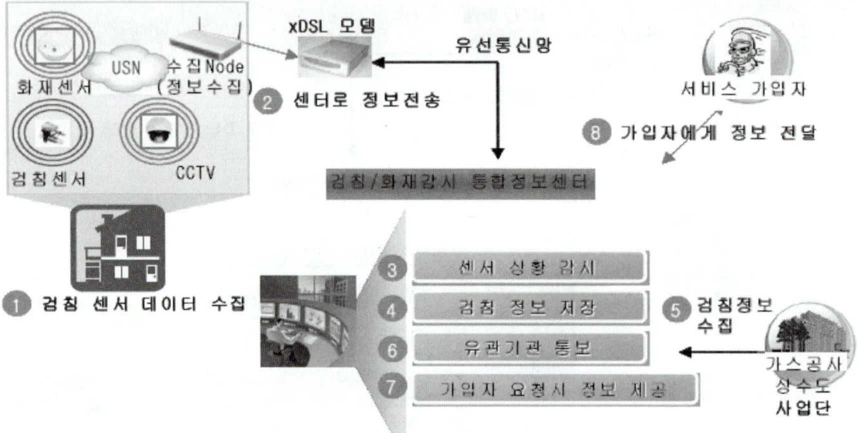

[그림 7-37] 원격검침 서비스 시나리오

① 검침 센서 데이터 수집 : 주기적으로 검침 센서 데이터를 수집하고 상태를 감시

② 센터로 정보 전송 : 검침 센서 데이터를 센터로 전송

③ 센서 상황 감시 : 센서 상황을 주기적으로 감시하고 노후 등 이상상태를 감지하여 운영자에게 통보

④ 검침 정보저장 : 센서 데이터를 DB에 저장하고 상황판에 현재 값을 표시

⑤ 검침 정보수집 : 유관기관이 과금을 위해 검침 정보를 요청

⑥ 유관 기관 통보 : 유관기관이 과금을 위해 검침 정보를 요청하면 DB에서 값을 읽어 정보를 전달

⑦ 가입자 요청시 정보제공 : 가입자가 수시로 센서 정보 조회요청시 그 자료를 전달하고 센서 종류에 따라서 밸브 On/Off 명령을 수행

⑧ 가입자에게 정보 전달 : 현재 요청한 데이터를 제공하고 센서 동작상태를 통보

이 서비스의 기대효과는 시민의 안전생활보장과 인건비 등의 비용절감에 있다. 먼저 안전생활보장 측면에서는 가입자 자산의 실시간 화재 감시로 안전보장 및 유관기관의 신속대처가 가능하도록 되어 있으며 비상상황시에 통보기능 및 평시 운용정보 관리 기능 등이 구축되어 있다. 인건비 절감 측면에서는 행정상의 검침오류를 방지할 수 있고 검침요원의 인건비 절감 효과를 얻을 수 있다. 또한 검침 상태 분석 및 부가 정보의 제공기능도 활용할 수 있다.

4) 화재 모니터링 서비스

화재 모니터링 서비스는 USN 기술을 적용하여 산악지형 등의 자연환경 지형 또는 도시시설물 예를 들어 이동중인 지하철 내부 등의 화재감시 등이 가능하도록 구축하는 시스템을 의미한다. 이 서비스는 화재감지 센서를 설치하여 집중적으로 화재를 감시하고 화재시 인근 소방서 등에 메시지 전송하는 서비스 기능을 구현하고 있다. 이 서비스의 핵심적인 요인으로는 먼저 화재감시 시설물에 USN을 구축하는 것이고, 다음으로는 화재발생 시설물을 실시간 모니터링할 수 있도록 시스템을 구축하는 것이며 마지막으로 화재발생시 인근 소방서에 메시지 전송체계 구축하는 것 등이 있을 수 있다.

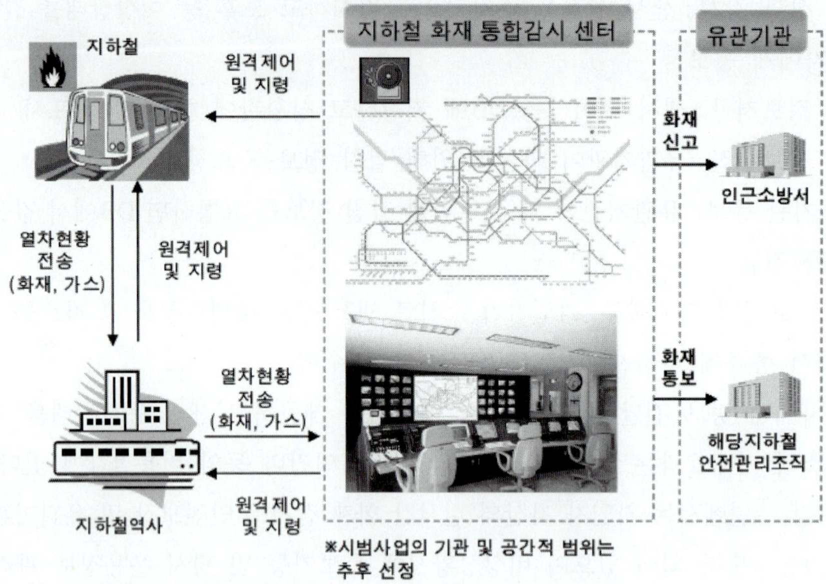

[그림 7-38] 화재감시 시스템 구성도

산불 등의 화재감시는 고정 대상체에 대한 화재감시 상황이므로 이를 확장하여 이동대상체인 지하철 등의 화재감시 상황을 바탕으로 서비스 시나리오를 구성하였다.

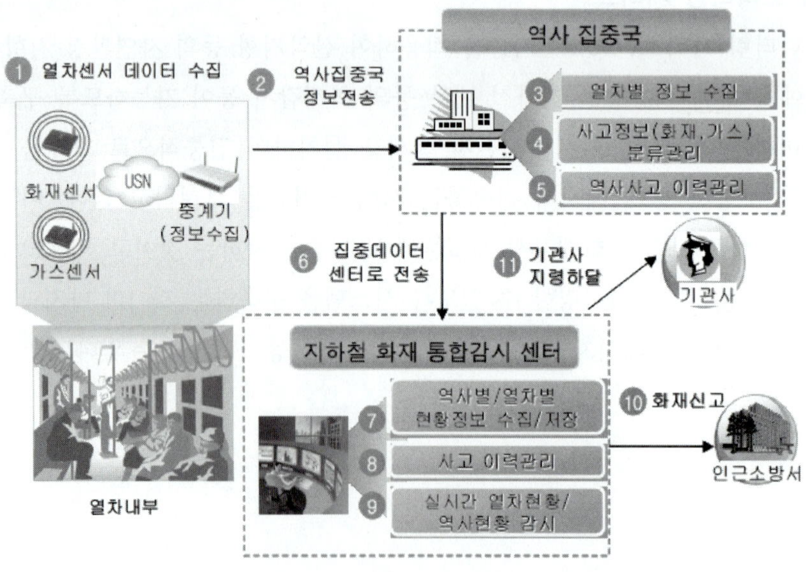

[그림 7-39] 화재감시 서비스 시나리오

① 열차센서 데이터 수집 : 열차내의 화재 및 유해가스 센서에서 취득한 상태 정보를 중계기를 통해서 실시간으로 수집

② 역사집중국에 정보전송 : 열차내의 화재 및 가스 등의 현황정보를 중계기에서 수집하여 역사 집중국으로 전송

③ 열차별 정보수집 : 역사 집중국에서는 열차에서 전송한 데이터를 분석하여 각 열차별로 정보수집

④ 사고정보 분류관리 : 화재 및 가스 등 사고분류에 따라 정보를 분류하여 관리

⑤ 역사사고 이력관리 : 역사에서 과거에 발생한 사고이력을 통합하여 관리

⑥ 집중데이터 센터로 전송 : 역사별 화재 및 가스 등의 현황정보를 지하철 화재 통합감시 센터로 전송

⑦ 역사별 열차별 현황정보 수집 : 역사별, 열차별로 현황 정보를 수집하여 저장

⑧ 사고이력관리 : 과거 발생한 사고이력을 통합하여 관리

⑨ 실시간 열차현황, 역사현황 감시 : 실시간으로 열차현황 및 역사현황을 모니터링

⑩ 화재신고 : 인근소방서를 검색하여 화재발생 역사 및 차량을 신고

⑪ 기관사 지령하달 : 긴급 상황에 대한 기관사에 대한 초동대처 승객대피 등 지령하달

이 서비스의 기대효과는 지하철 등 이동공간의 실시간 감시와 안정성 확보 피해 최소화 등이 있다. 먼저 이동공간의 실시간 감시 기능은 지하철 내부 등 폐쇄 이동공간의 화재 유해가스 등 사고발생 현황 정보의 실시간 파악이 가능하도록 되어 있고 실시간 모니터링을 통하여 사고발생시 신속한 대응이 가능하도록 서비스를 구성하고 있다. 또한 안전성 확보 및 피해최소화 측면에서는 대형 인명사고로 이어지는 지하철 화재사고 등의 경우에 실시간 감시를 통하여 대국민 안전성 등을 확보할 수 있고 사고발생시 신속한 대응을 할 수 있는 기반 확보로 피해를 최소화하는 기능 등도 가지고 있다.

5) 교통신호 관리제어 서비스

교통신호 관리제어 서비스는 연속교통류의 효율적인 관리를 통한 도로환경을 조성하고 교통사고예방 및 신속한 대응을 통한 안전성 제고 및 수준 높은 교통정보 제공을 통한 도로이용자의 편리성을 제고한 환경 중심의 친화적인 시스템을 구축하는데 목적이 있다.

이 시스템의 핵심요인으로는 도로상황에 대한 정확한 자료수집을 위한 검지체계가 구축되어야 하고 USN 및 최첨단 센서를 활용한 실시간 교통정보수집 관리체계 구축되어야 한다. 또한 효율성 및 관리 편의성을 고려한 정보제공 프로세스가 설계되어 구축되어야 한다.

이 서비스의 개략적인 시스템 구성도는 [그림 7-40]과 같다.

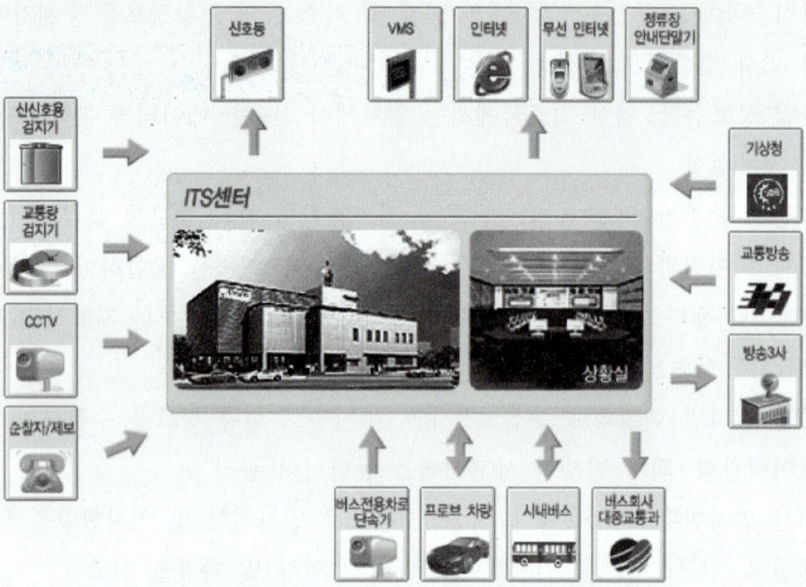

[그림 7-40] 교통신호제어 관리 시스템 구성도

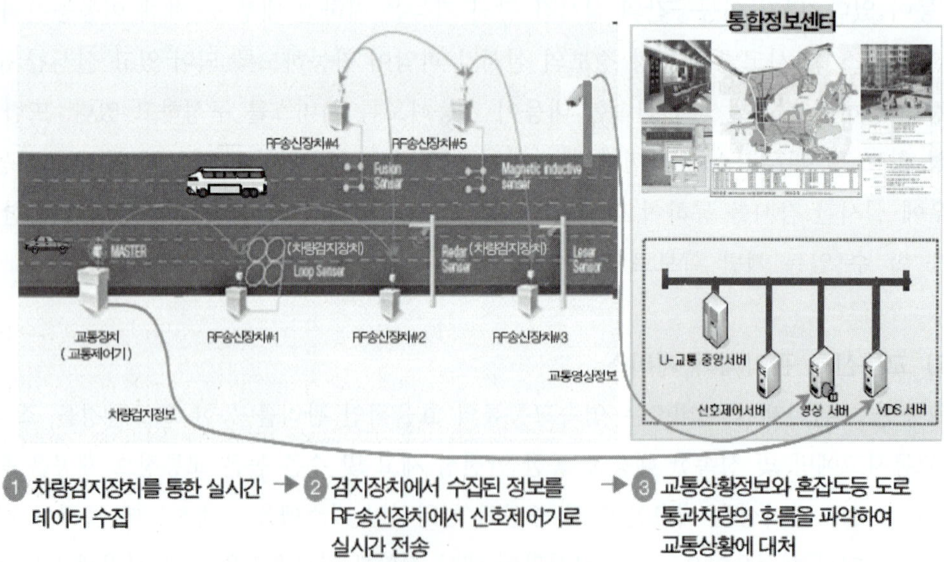

[그림 7-41] 무선 교통정보 수집검지 서비스 시나리오

이 서비스는 크게 무선 교통정보수집 검지 부분과 무선 교통안전 서비스 부분으로 구성되어 있다. 먼저 무선 교통정보수집 검지 서비스는 실시간 교통정보 서비스 시스템으로 교통상황정보 신호주기, 교통량, 대기행렬 등과 혼잡도 한산, 포화, 과포화 등 도로를 통과하는 차량의 흐름을 실시간으로 감지하여 신호체계를 관리하며 CCTV 영상을 통해 소통상황을 모니터링하고 링크 소통정보를 수집하는 시스템이며 실시간으로 정확한 교통상황을 제공하는 기능을 수행한다. 이 서비스의 시나리오는 [그림 7-41]과 같다.

(1) 현장 데이터 수집

- 도로에 설치된 차량검지장치 루프센서 레이더 감지기 등을 통해 실시간으로 검지자료 수집
- 차량검지장치로부터 수집된 정보는 RF 송신장치를 통해 교통제어기와 연결된 RF수신장치로 전송
- 교통제어기로 수집된 지역도로 교통상황정보는 통신선로를 통해 통합정보센터의 DB 서버로 저장

(2) 수집된 데이터

- 분석 및 자료생성
- 서버에 수집된 정보에 대해 오류검사를 수행한 자료에 대해 신뢰도 검사
- 링크별 속도 및 교통량 등의 소통정보를 생성
- 시스템에서 정의된 정보제공용 구간별 속도 및 교통량 등의 교통정보를 생성
- 도로별 소통정보의 시간, 일별, 월별 등의 통계 처리
- 돌발상황 혼잡 등의 일별 통계처리

(3) 유관기관 통지

- 해당 도로의 교통상황 관리담당 유관기관과 지방행정기관의 담당자에게 통지
- 교통상황 발생에 대한 지속적인 모니터링

6) 무선 교통안전 서비스

이 서비스는 도시민 중 교통약자, 노약자, 장애인의 보행교통안전 및 보행 교통지원을 위한 서비스이며 각 횡단보도 신호등 및 횡단보도 근처에 RFID 또는 USN 등을 장착하여 교통약자의 횡단보도 진입을 인식하여 교통약자가 횡단시 보행시간의 연장 및 확보로 교통사고 발생을 방지하도록 한다.

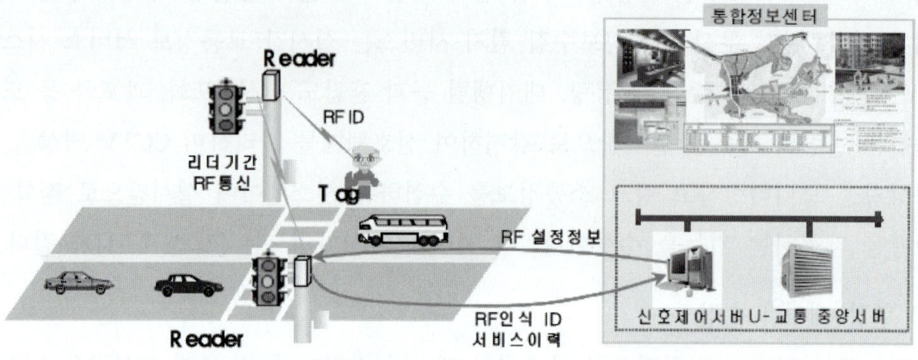

[그림 7-42] 무선 교통안전 서비스 시나리오

(1) 교통안전운영관리 신호운영 단말 기능

- 교통약자가 횡단보도 보행시 횡단보도의 보행시간 제어기 RF장치의 상태정보 등의 정보 모니터링
- 통합정보센터에서 운영자가 조작한 현장장비들의 설정 정보를 현장장비에 전송
- 제어기 구성정보중 횡단보도 보행시간 조정 기능 설정 및 최대 최소 보행시간 설정 등의 설정값 관리
- 평상시 보행시간 및 교통약자 보행시 횡단보도 보행시간 등의 이력정보 조회

(2) 교통안전정보처리 신호통신 서버 기능

- 운영자가 설정한 교통약자 안전 서비스 설정 유무 처리
- 서버에서 가공된 횡단보도 보행시간 신호 현시 시간 등의 정보전송
- 안전서비스를 수행한 이력자료를 이용하여 일별, 월별 서비스 현황을 집계하여 통계처리

(3) 교통약자인식 및 신호시간 연장처리 신호제어기능

- 신호제어기와 RF 리더 기간 정보 송수신
- 노약자가 횡단보도를 횡단하고 있는지 지나치는지를 판단
- 해당 현시의 보행시간을 최대로 연장하도록 계획 수정
- 노약자의 횡단에 종료되었을 때 사전 종료처리
- 교통서비스 후 해당 인식 및 처리이력을 공공정보 상황실로 전송

이 서비스의 기대효과는 효율적인 정보제공과 경제성 등이 있다. 효율적인 정보제공에서는 정보의 신뢰도 향상 및 다양한 정보제공이 가능하다는 특징이 있고 교통류 관리 등

의 전략에 따른 서비스의 탄력적 운영이 가능하다는 장점이 있다.

경제적인 효과에서는 설치공사비가 유선방식 대비 20%~50% 이상 절감이 가능하여 획기적인 비용절감이 가능하고 도로파손의 위험이 적고 장애지점 파악 및 보수 서비스 등이 용이하다는 장점이 있다.

7.18 u-City 구현 및 응용

1 u-City 출현배경

u-City의 출현배경을 정부의 IT 정책적 측면, IT 기술적 측면, 도시개발 측면에서 살펴보면 다음과 같다.

(1) IT 정책적 측면 : u-Korea 실현을 위한 환경조성이 필요

우리나라는 국가정보화지수(세계3위), 디지털 기회지수(세계1위), 정보사회지수(세계8위), 인구100명당 인터넷 이용자수(세계2위), 초고속 인터넷 보급률(세계1위), 전자정부수준(세계5위) 등의 정보화 관련 지표들이 말해주듯이 세계 최고수준의 통신 인프라를 구축하여 IT 강국으로서의 명성을 확보하였지만 미래의 첨단기술과 서비스의 개발을 통해 제2의 성장 모멘텀과의 연결이 필요한 상황이다. 이에 따라 정부는 첨단기술과 서비스를 국가발전의 새로운 원동력으로 승화시키기 위하여 신성장 동력 전략을 추진하며, IT 서비스/인프라/제조업을 연계하여 미래 성장 동력을 창출하고 디지털 생활을 본격화하는 IT 산업의 발전 모델을 수립하고자 하고 있다.

(2) IT 기술적 측면: IT 산업의 활성화를 위한 사업 환경 및 물리적 공간 필요

최고 수준의 IT 인프라와 관련 기술들을 효율적으로 활용하기 위해서는 개발되고 있는 각각의 첨단기술들을 결합한 서비스 구현을 통해 이용자가 편리하게 사용할 수 있는 환경조성이 필요하다. 이를 위해서는 개발된 서비스를 적용하여 가치를 창출할 수 있는 사업 환경과 규모의 경제를 지닌 물리적 공간이 필요하기 때문에 IT 기술을 이용자가 누릴 수 있는 서비스 환경조성이 필요하다.

(3) 도시개발 측면 : 지역의 균형발전과 각 도시들의 경쟁력 확보 필요

국토개발부 및 행정안전부 등의 정책을 통해 국토의 균형발전과 지역특화를 통한 지역가치 향상을 위한 지자체의 노력들이 경주되고 있으며 지역민의 생활수준과 문화의식의 향상으로 정보화가 결합된 종합적인 도시개발에 대한 요구가 높아지고 있다. 이에 따라 신도시, 기업도시, 특화 도시, IT 클러스터 등이 다양하게 개발 중이다. 이에 따라 첨단산업과 지식정보산업을 담을 수 있는 국토여건조성의 필요성 점점 증대되고 있다.

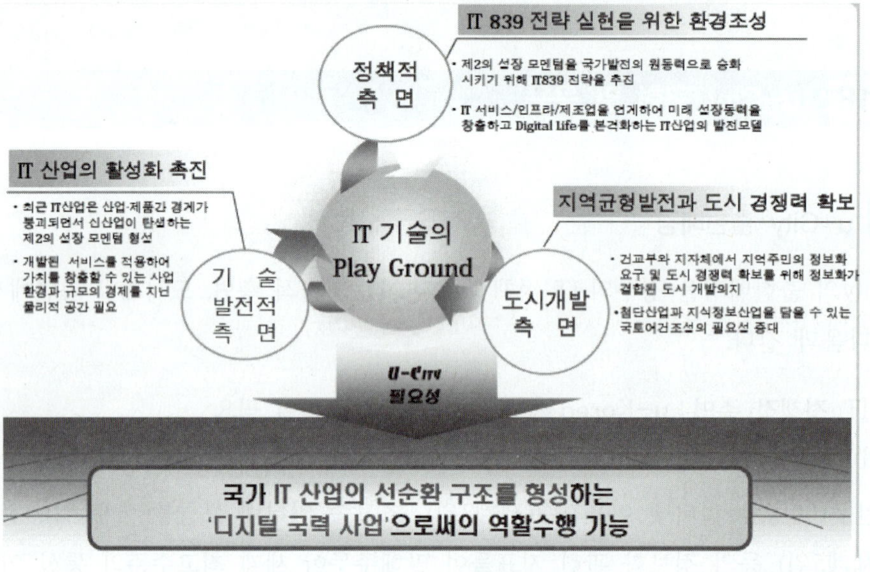

[그림 7-43] u-City 추진 배경

즉, 국민소득 2만불 시대에 맞는 국민 삶의 질에 대한 욕구가 증대되어 보다 쾌적하고 편리하며 안전한 삶에 대한 욕구가 점점 커지고 있는 상황에서 정부는 정책적으로 국토의 균형발전과 국가성장 동력인 IT 기술 육성정책을 실시하고 있으며, IT 산업계에서도 IT 산업의 선순환을 촉진하는 대규모 시장을 원하고 있다. 즉, 이러한 국민들의 요구와 정부의 정책, 산업계의 기대를 모두 충족시킬 수 있는 것이 정보화 기술을 연계한 도시개발 사업인 u-City 개발 사업이다.

2 국내 u-City 추진 사례

(1) u-부산

부산시는 2005년 3월 민간통신기술기업(KT)과 u-City 추진을 위한 종합추진전략을 마련하고 부산을 남부경제권의 중추도시, 동북아 문화 과학 중심도시, 세계자유 거점도시로 건설한다는 목표아래 항만, 컨벤션 / 전시, 교통산업에 중점을 둔 u-City 개발계획을 수립하였다. 즉, 차세대 u-기술을 항만, 교통, 관광, 컨벤션 등 도시의 주요 인프라에 적용시켜

지역산업구조의 개선, 지역경제의 활성화, 시민의 삶의 질향상을 도모하고, 세계 최초의 u-City 선점을 통한 부산시의 위상과 국제 경쟁력을 확보하고자 하고 있다. 이와 같은 목표달성을 위하여 부산시는 주요 추진과제로 u-Port, u-Traffic, u-Convention, u-Health로 정하고 사업을 추진하고 있다.

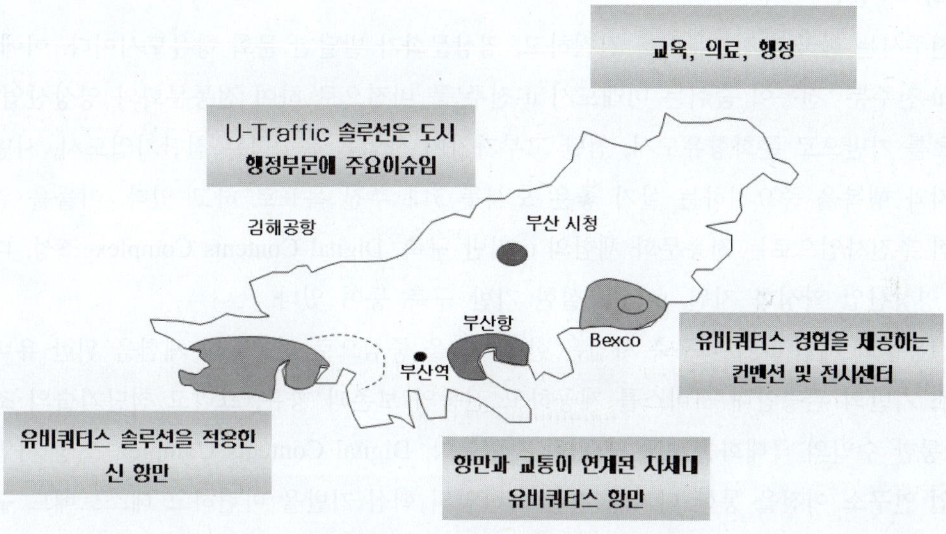

[그림 7-44] u-부산의 주요 사업내용

u-Port 사업은 차세대 유비쿼터스 항만을 구현하는 과제로서 운송정보와 컨테이너 정보 등을 관리/제어할 수 있는 컨테이너 위치추적관리 시스템을 구축하고, 항만터미널관리시스템을 구축하여 선적의 자동화를 실현하며 화물, 승무원, 통관 및 선적 관련 정보에 대한 선진정보교환 시스템을 구축하기 위한 사업을 수행 중이다.

u-Traffic 사업은 지능형 교통정보 도시를 구현하는 과제로서 u-추적자동화 시스템, 지능형 교통통제 시스템, 대중교통 및 실시간 정보 시스템, 자동통행 요금지불 시스템, 화물차량 교통정보 시스템의 구축을 위한 사업들을 수행중이다. u-Convention 사업은 국제 비즈니스 중심도시 구현을 위한 지능형 컨벤션 시스템을 구축하는 과제로서 관람객들을 위한 u-관람객 솔루션 개발, u-컨벤션 주최자용 솔루션 개발 및 인프라 구축, WiBro 등을 활용한 서비스 개발 등의 과제를 추진 중이다.

u-Health 과제는 건강한 도시의 구현을 위하여 원격진료 진단 시스템과 Smart Medical Home, u-생체센서 네트워크 시스템 등을 구축하기 위한 과제들을 수행하고 있다.

부산시는 이러한 u-부산의 실현을 통하여 지역주민의 숙원과제였던 교통체증을 해소하고, 물류비용 등의 절감을 통해 도시경쟁력을 강화하고 유비쿼터스 도시의 선점을 통한 도시위상의 제고를 기대하고 있으며, 이밖에도 환경보호, 도시안전성 향상, 의료활동의 개선 등으로 시민의 삶을 향상시키고, 신규 일자리 창출 등으로 인한 지역경제의 활성화도 기대하고 있다.

(2) u-전주

전주시는 한국의 전통문화를 간직하고, 영상문화가 발달한 문화 향유도시이다. 이에 따라 u-전주는 '전통이 숨쉬는 미래도시 u-전주'를 비전으로 하여 전통문화와 영상산업 콘텐츠를 기반으로 문화향유도시, 첨단 고부가가치 산업을 육성하는 첨단기업도시, 시민의 복지와 행복을 중요시하는 살기 좋은 도시를 3대 추진 목표로 하고 있다. 이들을 위한 중점 추진사업으로는 전통문화 체험의 u-기반 구축, Digital Contents Complex 조성, 디지털 영상산업 활성화 지원, u-Life 실현 기반 구축 등이 있다.

전통문화 체험 u-기반 구축 사업은 한옥마을을 중심으로 전통문화 체험을 위한 유비쿼터스 기반의 관광안내 서비스를 제공하고 전통의 보존과 향유, 그리고 첨단기술의 조화를 통한 수익의 극대화를 이루기 위한 사업이다. Digital Contents Complex 조성 사업은 기업 연구소 이전을 통한 디지털 컨텐츠 산업의 핵심 기반을 마련하고 테스트베드 구축을 통한 디지털 컨텐츠의 생산 체계기반을 확보하고 디지털 상품의 시장진출을 위한 지원체계를 확보하여 디지털 컨텐츠의 개발-생산-판매를 위한 투자 환경을 조성하는 사업이다. 디지털 영상산업 활성화 지원 사업은 영화제를 위한 맞춤 정보서비스 제공을 통한 전주국제영화제의 활성을 기반으로 하여 디지털 컨텐츠 DB 구축 등을 통한 통합 관리의 구현으로 디지털 독립영화로 수익을 확보할 수 있는 방안들을 마련하고, 영화로케이션 서비스를 활용하여 영상산업의 확장 및 연계성을 강화하는 사업이다. u-Life 실현 기반 구축 사업은 유비쿼터스 기술을 활용한 의료/복지 서비스를 향상시키고, IT 기술과 CCTV 등을 활용하여 생활환경을 개선시키고, u-행정업무화를 통하여 행정서비스의 효율화와 시민의 참여기회를 확대하고자 하는 사업이다.

전주시는 이와 같은 u-전주의 비전의 현실화를 위하여 2005년 SK텔레콤과 함께 프로젝트를 착수하였다. 또한 전북지역의 정보기술(IT)과 문화기술(CT)산업 육성을 총괄하고 있는 전주정보영상진흥원을 비롯하여 SKC&C, 버라이전 컨설팅, 전북대, 우석대 등과 함께 기본계획을 수립하고 사업을 추진하고 있다. 다음 그림은 u-전주 구축 기본계획을 중심으로 향후 구현될 전주시의 미래모습을 나타내는 그림이다.

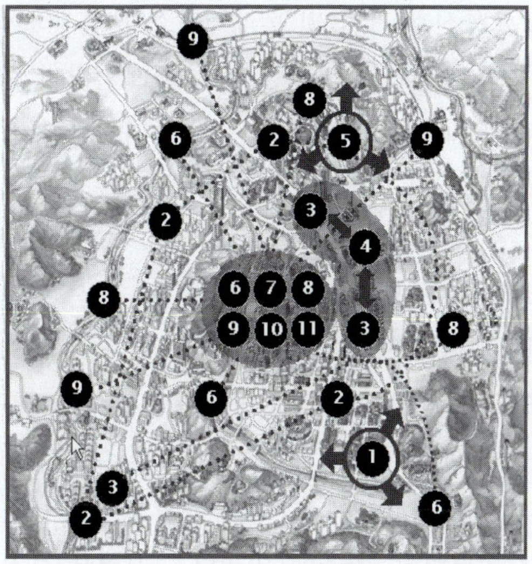

1. 전통문화 체험 u-기반 안내 서비스
2. 전주시 DMS
3. 디지털 영상 산업 활성화 지원
4. Digital Contents Complex
5. 원격진료/상담 서비스
6. 환경 모니터링 시스템(수질, 대기오염, 토양 등)
7. 독거노인, 장애우 관련 Care 서비스
8. 범죄/화재/재난 모니터링 시스템
9. 시설물 안전 관리 시스템
10. 현장행정 지원 서비스
11. 시민 참여 기회 확대 서비스

[그림 7-45] u-전주의 구현 이미지

(3) u-제주

제주도는 자연경관이 수려한 세계적인 휴양관광지로서 관광산업에 중점을 둔 Cool Town을 통한 생활환경의 개선과 Cool Travel을 통한 유비쿼터스형 관광산업을 위한 계획을 마련하고 있다. 즉, 휴양 관광지의 특징을 살려 생활형 및 체험형 유비쿼터스를 구현하겠다는 것이다.

제주도는 국내 최초로 텔레매틱스 서비스를 시작하였으며 이러한 기반에 최신 IT 기술들을 추가하여 u-제주로의 확대 계획을 마련하였다. u-제주의 핵심 서비스로는 u-Traffic, u-Park, u-Coupon이 있는데 u-Traffic은 교통정보 수집용 RFID 기술을 도로 분야에 적용

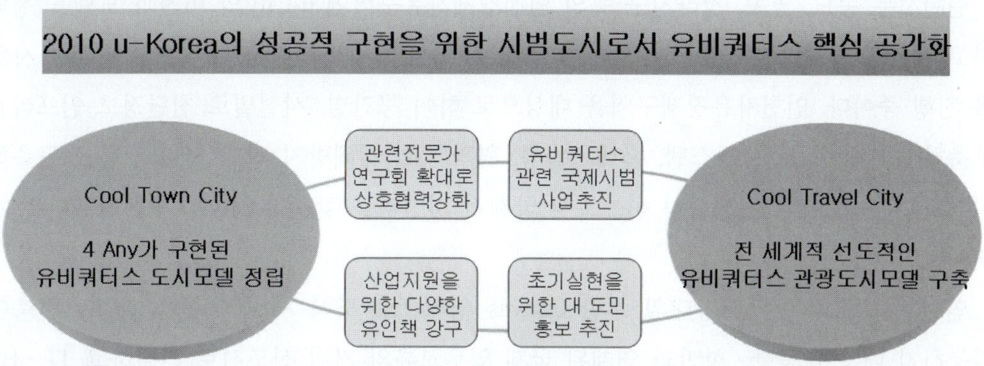

[그림 7-46] u-제주 추진개요

하여 교통정보를 수집하고 제공하는 서비스로 교통신호 관리 및 텔레매틱스와 연계하여 서비스 한다. u-Museum은 PDA와 RFID를 활용한 음성안내 시스템, 전시물 도난방지 시스템, 공원내 관광객 위치추적 시스템을 제공한다. u-Park는 거주자 우선 주차관리 시스템이고, u-Coupon은 RFID 기반 관광지 입장권 출력 및 할인 시스템을 지원하는 서비스를 말한다.

제주도는 무선 네트워크 기반의 인프라를 조성하고 관광, 의료, 교육을 3대 핵심 산업으로 선정하여 여기에 IT·BT·ET 등 첨단산업을 접목시킨다는 방침을 세웠다. 제주도는 섬 전체의 신경망을 구성하는 유비쿼터스 인프라를 최대한 빨리 구축하고 제주특별자치도의 기본 구상에 따라 제주국제자유도시로 자리매김한다는 것이고, 세계적 수준의 유비쿼터스 도시 경쟁력을 갖추기 위해 최근에는 제주대학교와 KT 제주본부가 공동으로 u-제주 추진을 위한 기본계획을 2005년 9월에 완료하고, 각종 유비쿼터스 사업을 본격 추진할 계획이다.

특히, 정부의 제주텔레매틱스 시범도시 사업을 기점으로 디지털콘텐츠협동화연구센터, 텔레매틱스 요소기술연구센터(ITRC), 첨단관광정보시스템 인력양성사업단(NURI), u-Conference 기술 연구회가 활발한 활동을 보이고 있다. 이와 함께 건설교통부가 주관하는 국가교통핵심기술개발사업인 '유비쿼터스 환경의 차세대 국가 교통정보 수집체계 개발 및 시범사업'의 시범도시로 선정되어 지능형교통시스템(ITS)과 더불어 유비쿼터스의 핵심 인프라인 RFID·USN 기반의 제주신경망 구축을 본격적으로 추진하고 있다. 또한, 지식경제부의 지역혁신특성화사업(RIS)의 일환으로 6가지 종류의 RFID 시범사업을 본격 추진하는 등 적극적으로 u-제주 사업을 진행 중이다.

(4) u-인천

인천시는 송도, 영종, 청라지구 등의 인천경제자유구역에 u-City의 비전과 모델을 정의하고 세부적인 마스터플랜을 수립하여 첨단 IT도시로 구축한다는 계획으로 u-City 사업을 진행 중이다. 인천자유경제구역을 대상으로 하여 공간별, 시설별로 첨단정보 인프라를 구축하고 지능형 교통 시스템, 홈네트워킹, 원격의료, 재해방지 관리 서비스 등을 구축하여 21세기 동북아의 경제중심 허브로서 국제적 경쟁력을 갖춘 u-City를 구현하겠다는 계획이다.

인천 송도지역은 백지상태의 무한 Canvas 영역으로 도시 차원의 첨단 u-City 구축이 가능하기 때문에 공항·항만과 연계된 국제 업무교류의 거점 신도시로 건설하고, IT·BT 등 미래 고부가가치 지식정보산업 R&D HUB로 조성하여 주변 공간과 녹지환경을 고려

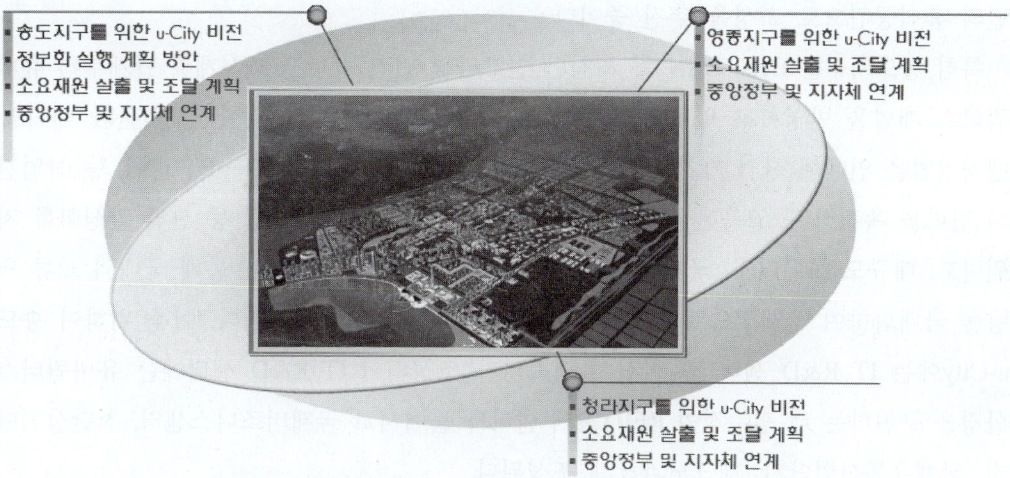

[그림 7-47] u-인천 개요도

한 문화·생태도시 건설을 목표로 하여 국제 비즈니스 센터, 첨단 바이오 단지 구성, 지식정보산업단지, 상업단지, 교육/의료 단지, 공공 주거단지를 구축할 계획이다. 영종지구는 동북아 거점공항으로서 공항지원 기능 보완과 관세 자유지역, 물류단지 등 항공물류 거점으로 개발하고, 천연 자연환경을 활용한 국제적인 레저·관광단지를 조성한다는 목표아래 물류/비즈니스 단지와 금융유/무의 관광단지를 구축할 계획이다. 청라지구는 금융 중심 국제업무 기능, 첨단 레저시설, 첨단 화훼단지 유치와 외국관광객 및 수도권 시

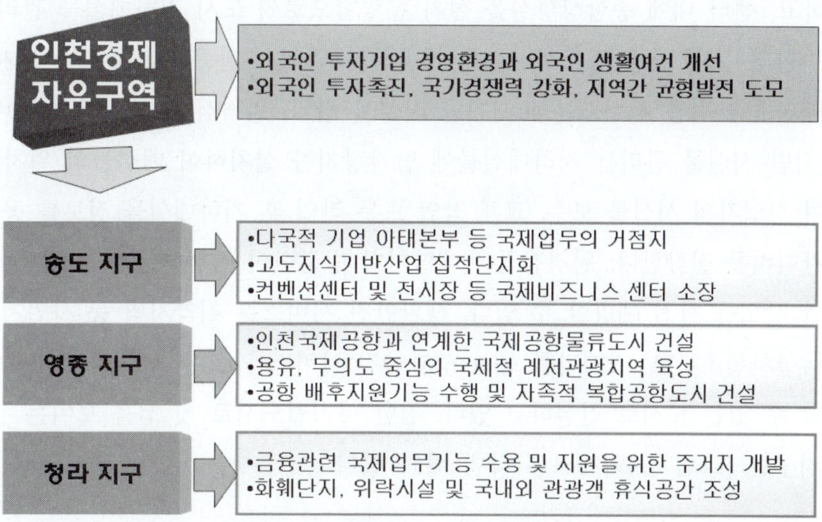

[그림 7-48] 지구별 산업육성 방안

민의 휴식공간으로 조성을 추진 중이다.

특히 송도지구는 BcN, USN 등 최첨단 인프라를 먼저 갖추고 도시계획 단계부터 유비쿼터스 개념을 반영하고 있다. 송도 u-City의 기본적인 전략은 대학연구기관과 대기업, 벤처기업을 연계해 산업 가치사슬을 동북아 지역으로 확대하고, IT · BT · NT 등 산업간의 협력을 촉진하며, 교육 · 금융 · 주거 · 외국인 학교 및 병원 설립 등 산업 활성화를 지원하고, 대규모 물류단지, 국제비즈니스센터, 다국적기업 유치 등을 통해 국내외 교류 역량을 극대화하여 국제적으로 기업하고 싶은 도시를 구축할 계획이다. 이를 위하여 송도 u-City에는 IT R&D 센터 및 혁신 클러스터가 조성되어 IT R&D 센터에는 유비쿼터스 환경을 구현하는 데 필수적인 RFID 연구센터가 들어서고 국제비즈니스센터, 첨단산업단지, 국제유통산업단지, 테크노파크가 조성된다.

편리한 도시, 건강한 도시, 안전한 도시, 쾌적한 도시를 위한 핵심 서비스로는 지능형교통시스템(ITS), 홈네트워킹, 원격의료, 재해방지, 환경오염관리 시스템 등을 도입할 방침이다.

(5) u-흥덕

용인시 기흥읍 영덕리 일원에 65만평 규모의 택지개발지구로 예정된 용인 흥덕지구는 개발사업 초기부터 디지털 시범도시로 선정되어 지역주민의 삶의 질 향상을 목표로 도시관리 자동화 측면에 중점을 둔 u-City 계획을 가지고 있다. 흥덕지구(전체 공동주택, 단독주택, 상업업무지역, 공원 등)를 초고속 광통신망으로 구축하여 도시 내 정보인프라 격차를 해소하고, 센터 내에 종합상황실을 설치 운영함으로써 도시 지하매설물 관리, 생활안전, 교통, 환경 등의 공공 정보서비스를 제공하기 위해 추진중이다. u-City 도시 건설을 위한 제공기술과 적용 서비스는 도시기반 시설물 관리, 원격검침, 생활안전 서비스가 있다. 도시기반 시설물 관리는 지하매설물에 탐착장치를 설치하여 매설물의 위치정보관리를 통하여 사업자의 시설물 보수, 교체 작업 또는 작업 후 지하매설물 정보를 공유함으로써 유지관리비를 절감한다. 원격검침은 매달마다 방문하여 검침하는 불편을 없애고 검침을 가장한 강도를 사전 예방할 수 있다. 생활안전 서비스는 취약지역 등 사업지구 내 주요지역에 설치된 CCTV 카메라를 통한 생활안전 서비스를 실시하고, 지역주민이 편안하게 거주할 수 있는 도시로 건설하고 있다. 첨단 디지털도시로 첫 선을 보이는 용인 흥덕의 사업지구는 [그림 7-49]에서 나타낸 바와 같다.

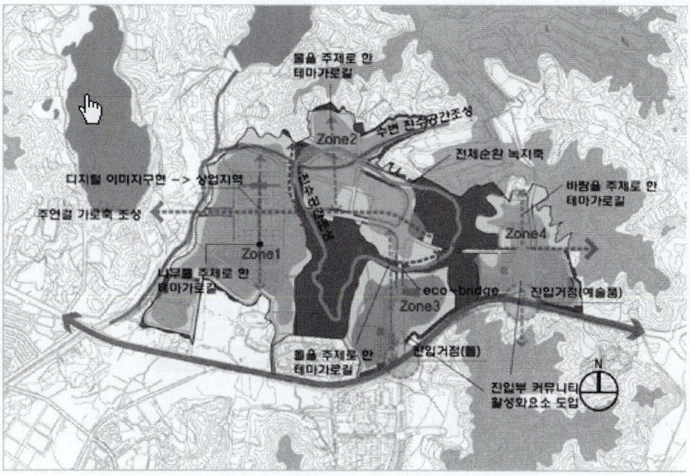

[그림 7-49] 용인 흥덕 사업지구

(6) u-광교

수원 광교지구는 수원 구시가지의 도시기능 재배치와 첨단지식 기반산업 위주의 자족형 복합기능을 갖는 수부도시를 조성함으로써 개발압력 고조에 따른 난개발 사전 차단과 주변지역 일원의 교통체계개선 및 중심생활권 기능을 유지하여 수도권 남부지역의 계획적·체계적인 재정비를 통한 균형개발과 서울에 집중되어 있는 주택수요 분산에 기여하고자 추진하게 되었다. 특히 광교지구는 2005년 8월 21일, 정부의 u-City 국가표준화정책을 적용받는 'u-City 시범모델 신도시'로 처음 선정되었다. 이에 따라 사업주체인 경기지방공사는 마스터플랜을 수립하여 2006년부터 u-City 공공정보 서비스 및 관제센터 구축을 비롯해 광역 행정과 업무 광역상업 및 테마관광, 첨단산업 및 연구 부문 등의 인프라 구축에 1000억원을 투자할 계획이다. 광교 테크노밸리에 적용한 u-City 연구결과는 이후 유사한 환경의 타 신도시 개발계획에 표준 모델로 적용된다. 특히, 2006년 초까지 추진되는 이번 전략수립은 일반적인 IT 정보화전략수립(ISP) 수준에서 벗어나 u-개념을 적용해 u-City에 대한 비전 및 기본구상, 구현방안에 대한 새로운 지침을 제공할 수 있는 '유비쿼터스전략수립(USP)' 도출을 목표로 하고 있다.

첨단지식과 상업, 업무, 주거, 행정이 어우러진 미래지향적인 자족형 복합 도시로 타 신도시보다 차별화되고 경쟁력 있는 정보화 전략과 인프라를 구축한 유비쿼터스 도시를 만들고, 친환경 계획이 적용된 국내 최초의 생태도시를 만들기 위해 개발을 추진중이다.

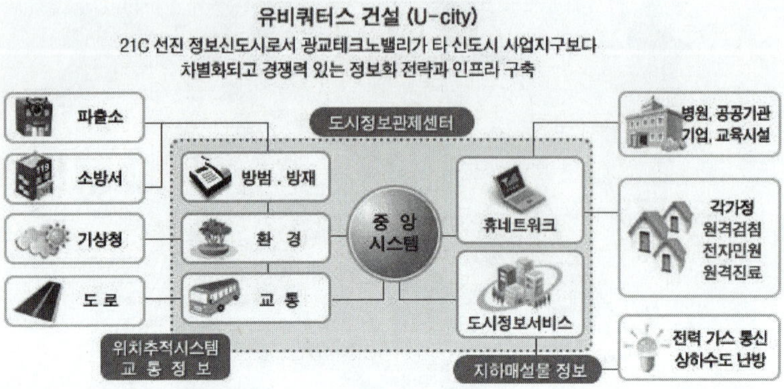

[그림 7-50] 광교 지구의 u-서비스 계획

[그림 7-50]과 같이 u-City 도시건설을 위한 제공기술과 적용 서비스로는 교통정보 서비스, 위치추적 시스템으로 환경(기상청), 교통(도로), 방범 · 방재(파출소, 소방서)에 적용한다. 도시정보 서비스로 지하매설물정보(전력, 가스, 통신, 상하수도, 난방)를 지원하고, 홈네트워크 구축으로 각 가정(원격검침, 전자민원, 원격진료), 병원, 공공기관, 기업, 교육시설에 도움을 주는 서비스를 보여준다.

(7) u-충남

충남지역은 제조업 중심의 공업화 진전으로 경제 규모에 비해 1인당 지역 내 총생산이 전국 2위를 기록할 정도로 성장하고 있다. 이에 충청남도는 전략산업인 디지털 디스플레이 산업, 자동차부품 산업, 첨단문화 산업, 농/축산 바이오 산업과 연계한 u-산업 발굴 및 육성을 추진 목표로 한다.

이를 위하여 2006년 아산시를 u-City 시범모델로 구축하고 2008년 u-전략 산업을 집중 육성하여 타 지역으로 u-City 모델을 확산시키고 있다. [그림 7-51]과 같이 천안-영상미디어 산업, 아산-디지털 산업, 당진-철강 및 물류 항만 산업, 금산-u헬스 산업, 탕정-디스플레이 산업, 배방-탕정 연계의 첨단주거형 배후도시 등의 u-City 클러스터 계획을 추진하고 있다.

안산 u-City에는 탕전지역에 u-디스플레이 산업혁신 기업도시를 조성하고 배방지역에 탕정과 연계된 첨단주거형 배후도시를 조성한다는 계획이다. 천안 u-City에는 천안밸리 일원에 디지털 미디어 연구단지를 조성하고 충남지역 문화유산의 디지털 체험 시범타운을 조성할 계획이다. 당진 u-City에는 당진 / 평택항 지역의 경제자유구역을 추진하여 동북아 u-경제 벨트의 핵심으로 서해안 중심의 항만도시를 건설하고 철강산업 배후의 신도

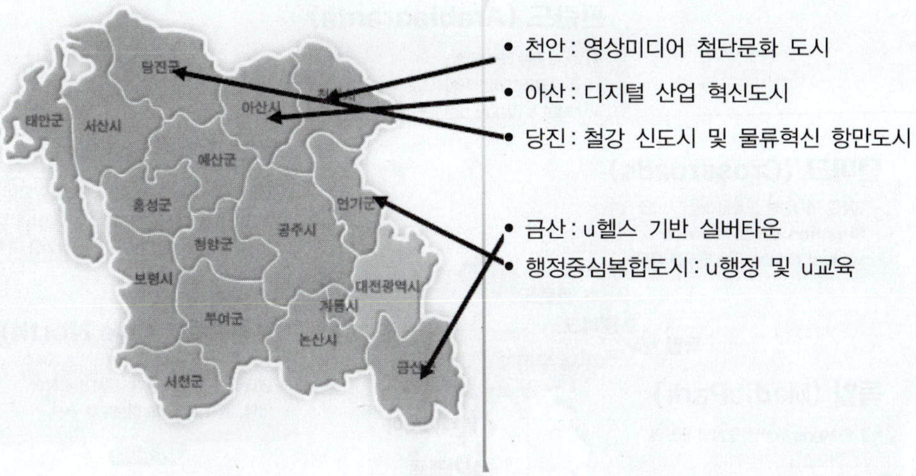

[그림 7-51] 충남 u-City 클러스터 추진현황

시를 건설할 계획을 갖고 있다. 금산 u-City에는 u-헬스케어 제공의 실버타운을 건설하여 금산을 실버산업의 메카로 육성할 계획을 갖고 있다. u-충남은 위의 클러스트 연계를 통한 디스플레이 산업, 자동차 부품산업, 물류산업, 문화산업, 농/축산 바이오산업의 특화산업 외에 u-City 도시건설을 위한 제공기술과 적용 서비스로 건강관리 서비스와 건강상태, 운동량 모니터링, 생활건강 정보의 제공을 계획하고 있다.

사업추진 단계로는 도입기에 아산지역 표준모델을 적용한 시범 u-City를 추진하고 최근 u-전략산업을 집중 육성하여 정립기인 2010년 이후 세계적인 u-City를 건설하기 위해 사업을 추진중이다.

3 해외 u-City 추진 사례

해외의 경우에도 IT기술과 각 지역의 특성을 결합시켜 클러스트를 조성하고 이에 대한 네트워크를 구축하는 등의 사업들이 진행중이다. 그러나 해외의 경우 국내에서 추진하고 있는 u-City의 개념이라기보다는 인터넷 중심의 통신 인프라를 구축하고 관련 산업의 클러스트를 구축하는 디지털 시티의 개념으로 추진되고 있다. 대표적인 국가 및 도시의 현황으로는 [그림 7-52]와 같이 홍콩, 싱가포르, 말레이시아, 두바이, 독일, 덴마크, 핀란드 등이 있는데, 유럽과 아시아로 구분하여 설명하고자 한다.

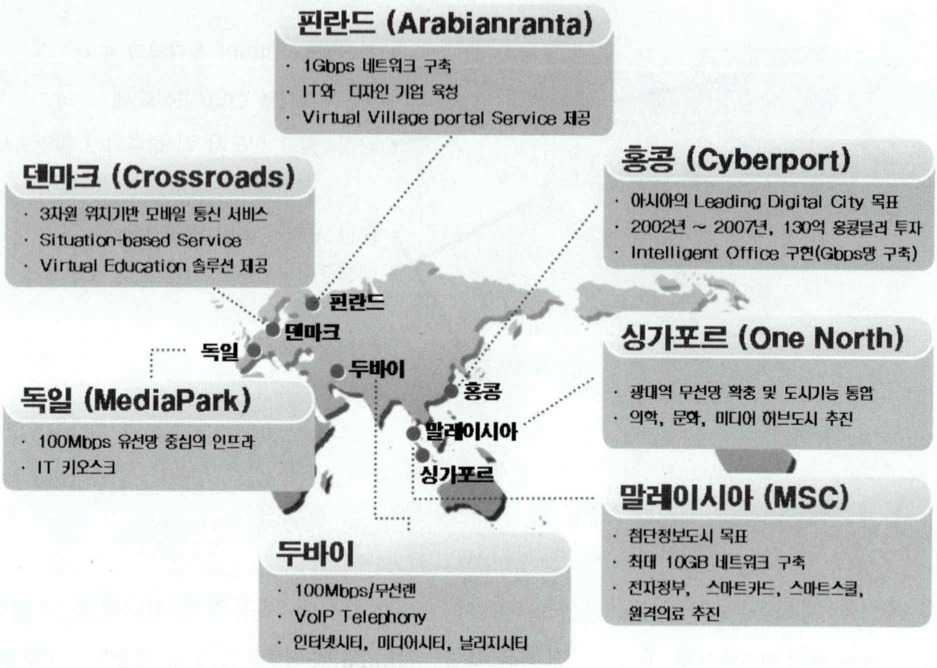

[그림 7-52] 해외 u-City 추진 현황

1) 유럽지역 사례

현재 유럽에서 계획되거나 개발이 진행되고 있는 u-City와 유사한 개념의 도시들 중에서 대표적인 곳으로는 핀란드 헬싱키의 아라비안란타(Arabianranta), 덴마크 코펜하겐의 크로스로드(Crosroads), 독일 퀼른의 미디어파크(MediaPark) 등이 있다. 이들 각 도시들의 구축 계획 및 개발현황은 다음과 같다.

(1) 핀란드

핀란드에서는 헬싱키의 공장지대인 아라비안란타(Arabianranta)를 2010년 이후 10,000명의 거주자, 8,000개의 일자리, 6,000명의 학생을 수용하는 핀란드 최고의 첨단, 업무, 교육, 거주단지로 조성하기 위하여 최첨단 디지털 도시로 재개발하고 있다. 즉, 기존의 공장지대와 주변 IT, 멀티미디어, 음악, 사진, 디자인 관련 대학들을 연계하여 디자인과 예술이 IT와 접목된 도시를 만들고 있는 것이다. 아라비안란타 개발의 주요 IT 계획의 일환으로 1Gbps의 백본망과 더불어 주요 업무 및 상업시설에 무선 네트워크(WLAN)를 구축하고 공동주택에 광케이블을 설치하여 VoIP 서비스를 제공하고 있는데 이러한 인터넷, IP Telephony, TV 네트워크는 LAN&WAN Service Center에 의해 운영되고 있다.

포털서비스로는 지도정보, 버스정류장 및 시간표, 회사접촉 정보, 주택건설 정보, 온라인 잡지 등의 공공 서비스가 제공되고 있으며 개인회원에게는 개인 · 비즈니스 카드, 구인구직정보, 토론방 등의 서비스가 제공되고, 아파트 거주자에게는 아파트 멤버쉽, extranet pages, 동호회, 공동시설 예약 등의 서비스가 제공되고 있다. 또한 아라비안란타 내의 회사들에게는 인터넷 홈페이지 작성 및 운영, 기술적 솔루션, 네트워킹 등의 서비스가 제공되고 있다.

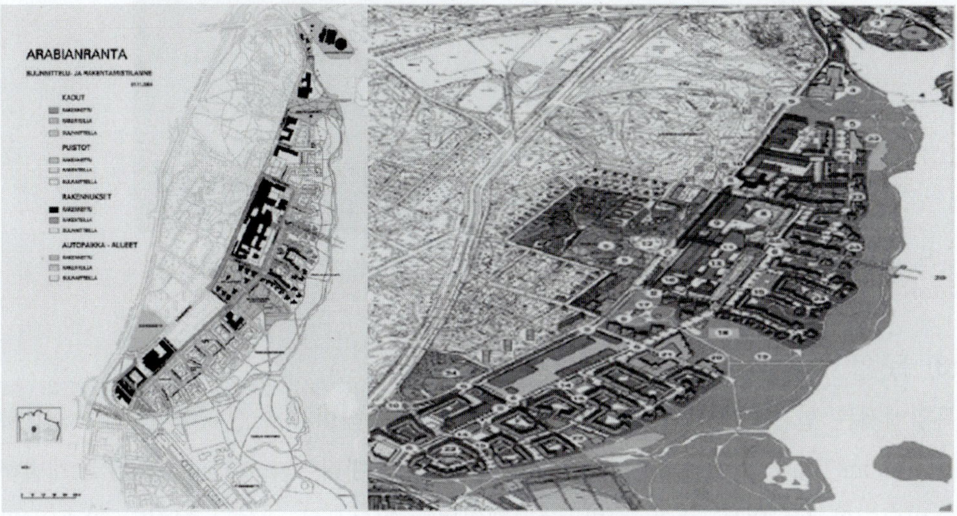

[그림 7-53] 헬싱키 아라비안란타

(2) 덴마크

덴마크에서는 코펜하겐의 오레스타드 지역에 위치한 크로스로드(Crossroads)를 네트워크 사회를 선도하는 문화, 미디어, 커뮤니케이션 기술개발 테스트베드로 개발하기 위하여 공공과 민간의 합자로 설립한 Crossroads Copenhagen을 통해 사업을 진행하고 있다. 크로스로드의 개발사업에는 사용자 중심의 IT / 미디어 기술개발을 목표로 하고 있는 3개의 대학, IT / 통신 / 건설 각 분야의 5개 민간기업, 행정기관 / 방송사 / 협회 등 5개의 공공기관이 컨소시엄 형태로 참여하고 있다. 이러한 공동연구를 통하여 모바일 중심의 위치기반 서비스, 상황인지 서비스, 개방형 및 범용 표준 프로토콜, 버츄얼 교육 등에 대한 연구를 진행 중이고, 디지털 미디어 기술의 적용성을 높이기 위한 윤리, 법 / 제도, 정보보호 등의 측면을 고려하여 서비스 및 기술을 개발하고 있다. 크로스로드의 IT 관련 계획으로는 100Mbps의 유선망을 기본으로 하되, 대학 및 공공시설 내에는 11Mbps 속도의 무선

LAN을 구축하고 곳곳에 IT 키오스크를 설치하여 건물 내 어디에서나 인터넷을 접속할 수 있게 하는 것을 중점을 하여 사업을 진행하고 있다.

[그림 7-54] 코펜하겐 크로스로드

(3) 독 일

독일에서는 민간출자를 통하여 미디어파크 퀼른 주식회사를 설립하여 퀼른시의 북서측 200,000m^2 면적의 지역을 미디어/IT 산업을 위한 미디어파크(MediaPark)로 개발하였다. 미디어파크는 업무, 주거, 숙박, 엔터테인먼트 기능으로 구성된 24시간 거주의 자족도시 구축을 목표로 추진되었으며 세계 유수의 205여개의 업체를 유치하고, 영화제 및 다양한 페스티벌의 개최를 통하여 도시경쟁력을 높이고 있다. 퀼른의 미디어파크는 유럽

[그림 7-55] 퀼른의 미디어파크

의 다른 첨단도시와 마찬가지로 주거시설보다는 업무시설 위주, 무선통신망 보다는 유선통신망 위주의 인프라를 구축하였다.

이밖에도 유럽의 첨단도시로 스페인의 정보화 도시 추진을 위한 Digital Mile 프로젝트, 북아일랜드의 지식기반 도시인 Science Park 등이 있으며, 이들 유럽의 첨단도시들의 특징으로는 정부주도가 아닌 민·관합작회사의 설립을 통한 개발 및 운영방식을 택하고 있다는 점, 기성도시와 첨단기술을 연계하여 도시문화를 가꾸고 주력 산업으로 키우는 문화산업에 주력한다는 점, 친환경적으로 IT를 활용하여 에너지 절감 및 환경을 보전하는 ECO & IT City 로 개발되고 있다는 점 등이 있다. 위에서 살펴본 유럽의 첨단도시들의 특징에 대한 비교표는 [표 7-7]과 같다.

[표 7-7] 유럽의 첨단도시 비교표

구분	아라비안란타(핀란드)	크로스로드(덴마크)	미디어파크(퀼른)
건설기간	2000~2010	2002~2007	1989~2004
건설규모	$850{,}000m^2$	$450{,}000m^2$	$200{,}000m^2$
개발방식	공공·민간 합자	공공·민간 합자	공공·민간 출자
개발목표	도시문화 보존, 디자인-교육 연계, 대학 기반의 IT/미디어/디자인 기술 및 제품 개발	IT & ECO 도시 대학 기반의 R&D 테스트베드	미디어/IT 도시 & 관광도시 미디어 산업 + 친수환경 + 건축계획
IT 계획	1G / Wi-Fi(일부) VoIP(10Mbps) Portal	100Mbps/무선 랜(11Mbps) IT 키오스크	100Mbps / - 유선망 중심 IT 키오스크

2) 아시아지역 사례

현재 아시아에서 계획되거나 개발이 진행되고 있는 u-City와 유사한 개념의 도시들 중에서 대표적인 곳으로는 홍콩의 사이버포트(Cyberport), 말레이시아의 MSC(Multimedia Super Corridor), 싱가포르의 one-North, 두바이의 Technology and Media Free Zone 등이 있다. 이들 각 도시들의 구축 계획 및 개발현황은 다음과 같다.

(1) 홍 콩

홍콩의 사이버포트는 2002년부터 시작하여 최근 아시아의 IT 허브 구축을 위한 Intelligent office 구현하고 있다. 이를 위하여 사이버포트를 4개동으로 구축하고 전략적 클러스트를 통해 금융, 통신, 무역 등의 업무를 위한 이상적인 환경을 구현하고 있다. 특

7장

히 홍콩정부가 사이버포트를 소유하며 건설과 운영도 정부 산하기관인 Hong Kong Cyberport Management Company Limited가 맡고 있다.

사이버포트의 서비스 제공을 위한 IT 계획으로는 1~10Gbps의 전송률을 제공하는 IPN(Internet Private Network), 모든 공공장소에 WLAN, 전화 / e-mai / fax 등을 통합 제공하는 UMS(Unified Messaging System), 120개 위성 채널을 제공하는 VSAT System과 SMATV(Satellite Master Antenna TV), 사이버포탈 등의 인프라를 구축하고 있다.

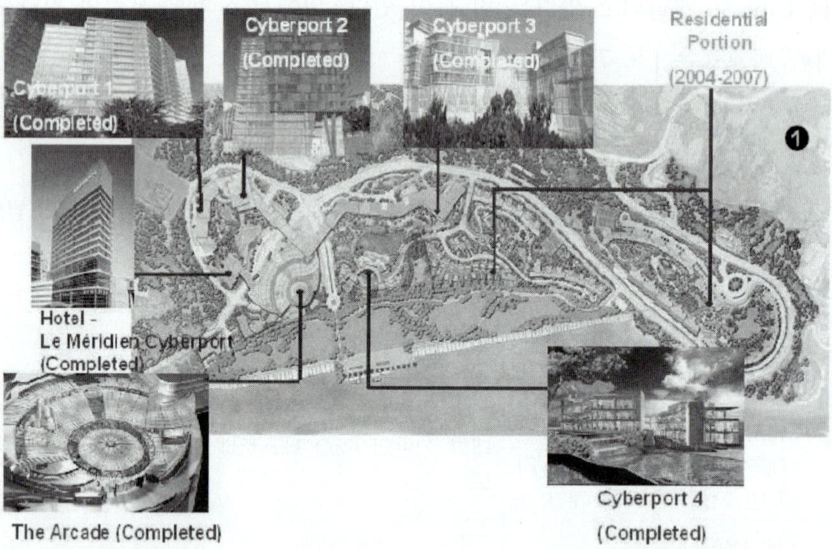

[그림 7-56] 홍콩 사이버포트

(2) 말레이시아

말레이시아의 MSC는 정부주도로 추진되고 있는 첨단 신도시로서 쿠알라룸푸 City에서 쿠알라룸푸 신공항에 이르는 지역을 스마트 프로젝트 멀티미디어 단지로 조성하는 것을 목표로 추진되고 있으며 쿠알라룸푸 국제공항, 기술공원, 정보산업단지인 사이버자야, IT 행정도시인 푸트라자야로 구성되어 있다. 사이버자야는 MSC의 핵심지역으로 IT 업체의 업무시설을 중심으로, 상업 및 주거시설이 계획되어있고, 도시관제센터를 통한 도시관리를 수행한다. 기술공원은 R&D 센터로서 12개의 인텔리전트 빌딩이 건설되어 4개의 빌딩은 MSC 서비스를 제공하는 지원시설로 사용되고 나머지는 R&D 기관에 의해 사용되어진다.

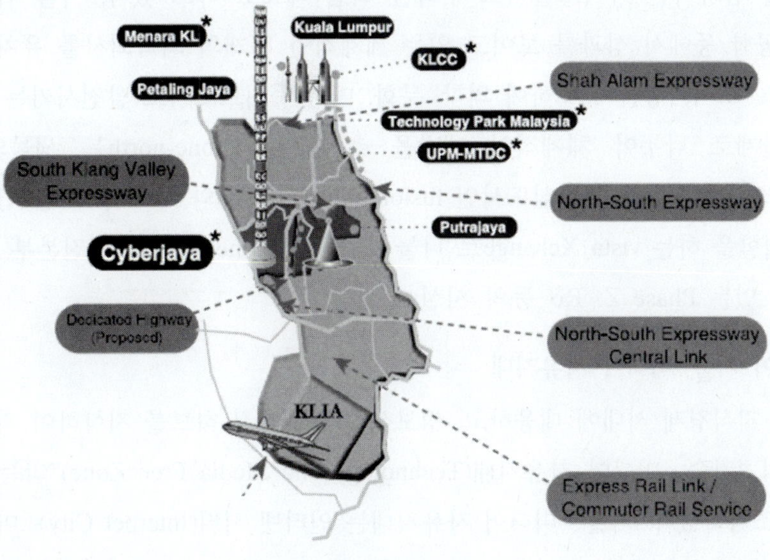

[그림 7-57] 말레이시아 MSC

(3) 싱가포르

싱가포르의 one-north는 정부주도로 고부가가치 첨단산업과 이에 대응하는 다국적 체류자의 라이프스타일에 맞춘 도시개발을 추진하고 있는 신도시로서 미래형 생물의학도

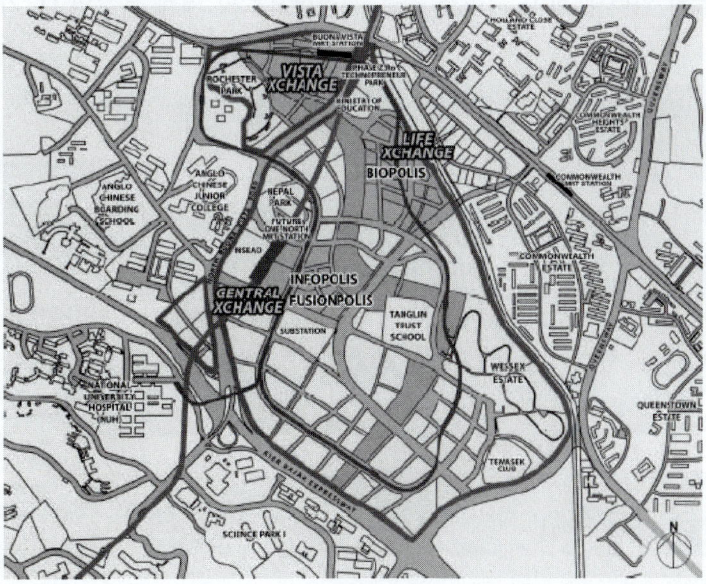

[그림 7-58] 싱가포르 one-north

7장

시의 역할을 담당하는 바이오폴리스 구축을 핵심 목표로 하고 있다. 이를 위하여 암과 면역, 세포공학 등에서 성과를 보이고 있는 세계적인 15개의 의학회사를 유치하고 광대역 무선망 및 도시기능을 통합하여 의학, 문화, 미디어 허브도시로 발전시키는 비전을 갖고, 총 3단계로 나누어 체계적인 개발을 추진중이다. one-north는 생물의학도시인 biopolis, IT와 미디어 산업 중심도시인 fusionpolis, biopolis와 fusionpolis를 연결하는 지원도시의 역할을 하는 vista Xchange로 나눌 수 있으며, one-north의 추진본부, IT업체 인큐베이터가 있는 Phase Z. Ro 등의 시설이 있다.

(4) 두바이 기술·미디어 자유지대

두바이는 지식경제 시대에 대응하고, 정보산업의 세계적 허브를 지향하여 최적의 비즈니스 여건의 "기술·미디어 자유지대(Technology and Media Free Zone)"라는 지식산업의 거점을 조성하였다. 기술·미디어 자유지대는 인터넷 시티(Internet City), 미디어 시티(Media City), 날리지 빌리지(Knowledge Village)로 구성되어 있으며, 각 3개 구역으로 구성된 인터넷 시티와 미디어 시티는 대부분 구역별로 대형 인공연못이나 광장을 중심으로 클러스터를 형성하고 있다. 인터넷 시티는 ICT 기업을 위한 친환경 디지털 시티로서 입주 기업들을 위한 일괄 서비스, 부동산 서비스, 이벤트 및 접객 서비스, 창업 서비스 등을 제공하고 있으며, 기술적 서비스로 VoIP 서비스, 전기 등의 기반 시스템과 출입/침입 관리, 화재경보 등의 호스팅 서비스, LAN 서비스, 64Kbps~2Mbps급의 WAN 서비스, 10/100Mbps급의 인터넷 접속 서비스 등을 제공함으로써 세계 유수의 IT 기업 700개사를

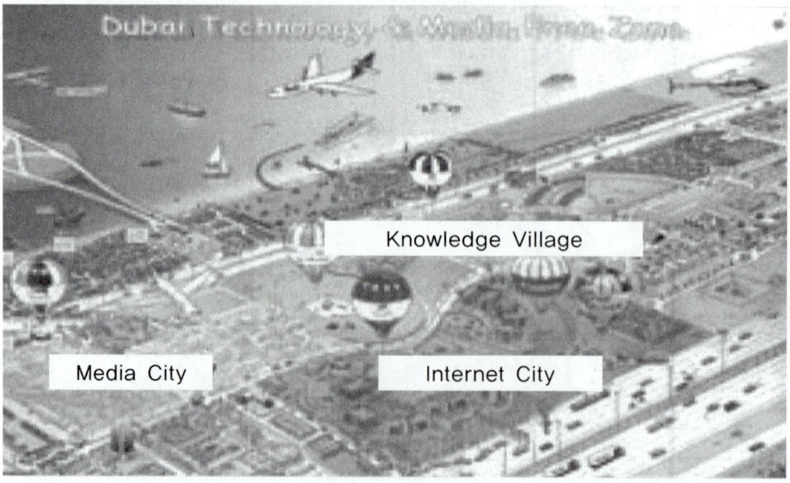

[그림 7-59] 두바이 기술·미디어 자유지대

유치하였다. 또한 미디어 씨티는 미디어 기업들의 자유롭고 효율적인 업무환경을 제공해 주는 것을 목표로 하며 미디어 비즈니스 센터, IT 서비스 제공, 정부 서비스 제공, 파트너 지원 서비스 등의 제공으로 850개의 미디어 관련 기업들을 유치하였다. 날리지 빌리지는 인터넷 시티와 미디어 시티의 기업들에게 양질의 인력을 제공하기 위하여 해외 유수의 대학 분교들을 유치하고 최적의 인프라와 기술을 구비하여 교육 및 비즈니스에 필요한 서비스를 제공하고 있다.

아시아 지역의 첨단도시들의 특징으로는 모두 정부 주도하에 개발되고 있으며 모두 친환경적 도시를 지향하여 IT를 이용한 환경보전에 힘쓰는 ECO & IT City로 개발된다는 것이다. 또한 첨단도시의 IT 인프라는 업무시설이나 상업시설에서 유선망을 중심으로 구축되고 있으며 일부 국한된 시설에만 무선망을 구축하고 있다. 또한 신축 공동주택의 경우에도 초고속 정보통신망이 설치하는 정도이며 대부분 홈네트워크는 구축되고 있지 않다. 아시아지역의 첨단도시들의 특징에 대한 비교표는 [표 7-8]과 같다.

[표 7-8] 아시아지역의 첨단도시 비교표

구분	말레이시아	싱가포르	두바이
건설기간	1996~2020	2001~2020	1999~2003
건설규모	15Km x 50Km	2,000,000㎡	4,000,000㎡
개발방식	정부주도	정부주도	정부주도
개발목표	ICT 글로벌 기업 유치 최첨단 의학, 문화, 미디어 디지털 시티 구축	의료공학적 미래형 디지털시티	정보산업의 세계적 허브 친환경 디지털시티 건설 IT 기업 유치
IT 계획	광대역 멀티미디어 서비스 성능보장 서비스 Access Network Management	광대역 통신망 확충 무선망 확충	100Mbps / 무선 LAN VoIP 데이터 센터

7.19 USN 응용 서비스의 u-City 적용

USN 응용 서비스의 시장 형성 또는 확장을 위해 u-City가 실제로 적합한 잠재 시장인지를 이들 서비스 사이의 상관관계를 통해 살펴볼 수 있다. [표 7-9]에서 분류한 USN 주요 응용 서비스에서 보여지는 다양한 분야의 u-City 구성 서비스들에 적용될 수 있다. 즉, [표 7-9]와 같이 USN 주요 응용 서비스는 u-City의 주요 활용 서비스로 재편될 수 있다.

행정 서비스의 경우 세부 서비스에 따라 USN 응용 서비스의 자동화·안전 분류와 생활·문화 분류에 모두 관련될 수 있다. 각 USN 응용 서비스 분류별로 가능한 u-City 활용 서비스 시나리오를 살펴보면 [표 7-10]과 같다.

[표 7-9] USN 응용 서비스와 u-City 활용 서비스 상관 관계

USN 응용 서비스	u-City 활용 서비스
설비·교통	설비 관리, 교통
유통·물류	자산관리 / 경영지원, 유통 / 물류
환경	환경
자동화·안전	주거관리, 행정
생활·문화	건강관리, 교육, 행정

[표 7-10] USN 응용 서비스 분류별 가능 u-City 활용 서비스 시나리오

USN 응용 서비스	u-City 활용 서비스 시나리오
설비·교통	도로에 부착된 센서가 매 시간 도로 통행량과 노면 상태를 센싱, 해당 지역 통행차량에 모바일 기기나 도로에 설치된 전광판을 통해 정보제공
유통·물류	전체 유통망상에서 가공식품의 상태를 지속적으로 센싱, 상품이 부적절한 환경에 있거나 사후 문제발생시 이력정보 조회를 통해 문제 해결
환경	대기 중의 오염도를 실외에 부착된 센서가 감지, 전광판을 통해 정보제공
자동화·안전	주차장에 설치된 센서를 통해 주차장의 비어 있는 공간과 현재 주차된 위치 및 체류 시간 등에 대한 정보제공
생활·문화	독거노인에게 부착된 센서를 통해 노인의 바이탈 정보와 움직임을 파악, 위급상황시 적절한 응급치료 제공

유비쿼터스 기술을 토대로 생활 전 분야에 걸쳐 다양한 서비스를 보다 편리하게 변화시키는 것이 목표인 u-City에 있어 USN 응용 서비스는 위에서 정리한 것처럼 적용 가능한 영역이 상당하다. 또한 국내에서 u-City 구축은 국가, 기업, 지방자치단체가 많은 관심을 보이는 분야로서 이에 적합한 세부 서비스를 제공하는 USN 응용 서비스는 높은 잠재시장을 확보하고 있다고 볼 수 있다.

7.20 USN 시범사업 현황

정부에서는 u-인프라 구축정책 비전 실현을 위하여 초고속 유·무선 인터넷 인프라를 기반으로 USN 구축을 위한 기반조성을 완료하고 USN 본격 활용을 위한 기술개발을 추진할 계획이다. 세계 1위의 u-Life를 실현하고 세계 USN 시장의 7%를 점유하기 위해 서비스 활성화 및 USN 인프라 구축을 적극적으로 추진하고 있다. 이에 초기 시장을 창출하기 위하여 2004년도부터 RFID 시범사업을 추진하고 있으며 RFID 성공 모델 창출 및 수요 확산을 위해 2006년부터 본 사업을 추진해 왔으며, USN 신기술의 현장검증을 위해 USN 현장시험 과제를 발굴하여 추진하고 있다.

[표 7-11]에 RFID / USN 시범사업, [표 7-12]와 [표 7-13]에 USN 현장시험 현황을 정리하였다.

위와 같이 정부주도에 의하여 다양한 사물과 다양한 환경에 USN 망과 기술을 적용하여 시범 서비스를 실시하고, 서비스 시장의 확대를 위한 비즈니스 모델 발굴과 더 나아가 공공 부분 서비스 도입을 기반으로 초기 수요창출 및 서비스 공급 기반 확립 등 수요 확대와 산업 경쟁력 강화 추진계획은 USN 서비스의 시장진입 및 육성에 크게 기여할 것으로 보인다.

[표 7-11] 2006년 RFID / USN 시범사업

사업명	관련기관	세부내용
식품안전 정보관리 공통 시스템 구축	한국식품공업협회	식품 원부자재 및 완제품에 RFID 태그를 부착해 생산 및 물류, 유통 등 전 과정을 추적 / 관리할 수 있는 RFID 기반의 식품안전 정보관리 공통 시스템 구축
u-의약품 공유 시스템 구축	보건복지부	의약품 생산 / 유통 / 소비 과정에서 발생하는 정보를 종합 관리하는 RFID 기반 의약품 정보 공유시스템을 구축
항공화물 공통 RFID 인프라 구축	인천국제공항공사	항공화물 및 운송수단에 RFID 태그를 부착하고 거점지역에 RFID 리더기를 설치하여 개별화물 출고부터 항공기재까지의 주요 물류 과정을 실시간 추적
양식지능화 시스템 (u-Fish Farm) 개발	제주도	USN 기반의 생산 모니터링 시스템 및 RFID 기반의 먹이공급체계, 생산이력관리 시스템을 구축하여 수산생물의 안전한 관리체계 마련
모바일 RFID 시범서비스	SKT / KTF	휴대폰에 RFID 리더를 장착하여 택시안심귀가 서비스, 와인정보 서비스, 대관령 한우정보 서비스 등 모바일 시범서비스 실시

7.21 USN 현장시험

앞에서 살펴본 다양한 USN 응용 서비스가 시장에 진입함에 있어 모든 시스템 공급자가 직면하게 될 피할 수 없는 문제점들이 존재하는데, 새로 출현하는 시장들이 대부분 이에 영향을 받을 수 있다.

[표 7-12] 2005년 USN 현장시험

사업명	관련기관	세부내용
USN 기반의 제주연안 해양환경 정보수집 시스템	시스네트, 제주지식정보 진흥원	제주 연안의 해양환경 정보를 실시간으로 수집·가공·분석하기 위해 용존산소량, 온도, pH 센서를 설치하여 기상변화에 따른 해양생태 환경 변화 모니터링
USN 기반의 콘크리트 구조물 양생 이력 관리 시스템	KMI, 건설기술 연구원	콘크리트 양생 과정 및 구조물의 변형 정도를 모니터링하기 위해 온도(콘크리트 거푸집내 설치), 습도, 변형률 센서를 설치하고 콘크리트 양생환경 정보수집 및 양생환경 제어
USN 기반의 농작물 재배환경 관리 시스템	동부정보기술, 동부한농육종 연구소	최적의 농작물 재배환경 관리를 위해 온도, 습도, 조도 센서를 이용하여 농작물 생장에 필요한 데이터 수집 및 재배환경 제어
USN 기반의 혈액 및 항암제 관리 시스템	연세대학교 산업협력단	혈액팩의 온도 및 항암제 보관실의 습도 모니터링을 위해 온도센서 부착 RFID 및 습도센서를 이용하여 혈액·항암제 보관상태 실시간 모니터링

[표 7-13] 2006년 USN 현장시험

사업명	관련기관	세부내용
USN 기반의 식수원 관리를 위한 수질 모니터링 시스템	현대정보기술, 인제군청	식수원 수질관리를 위해 암모늄, 용존산소량, 온도 센서 등을 이용하여 실시간 하천 오염발생 여부를 모니터링
USN 기반의 도시 기반시설 관제 시스템	KT, 인천경제자유구역청	도로노면 관리, 상·하수도 누수관리를 위해 도로 노면의 온·습도, 압력, 수질 센서를 이용하여 결빙 우천 등으로 인한 교통사고예방 및 상·하수도 누수 실시간 모니터링
USN 기반의 기상/해양 관측 시스템	KT 미래기술연구소, 기상청, 해양조사원	제주도 성산 지역의 기온, 기압, 습도, 풍향, 강우량 등 실시간 기상 정보수집을 위해 다양한 기상 센서 및 센서노드를 이용하여 기상정보 모니터링
USN 기반의 교량 안전 모니터링 시스템	KMI, 부산시	노후화된 교량의 위험관리를 위해 가속도(진동), 변형률, 풍향·풍속, 거리측정 센서 등을 이용하여 교량 안전 정보를 실시간 모니터링
USN 기반의 문화재관리 시스템	에스원, 불국사	산불 예방과 문화재 주변환경 정보 모니터링을 위해 불꽃감지(산불 모니터링), 온·습도 센서를 이용하여 실시간 산불발생 여부 감시 및 문화재 환경정보 모니터링

이는 기업이 자산을 추적하는 목적-자산의 손실이나 절도 감시, 공정 효율성 최적화, 기존의 자산추적 공정의 개선-에 따라 달라진다.

손실이나 절도 감시를 위한 자산 추적은 시스템 실행 전후에 장부에서 사라지는 자산 가치를 측정함으로써 개선 정도를 파악할 수 있다. 그러나, 공정효율성 개선을 위한 경우에는 손실된 자산가치에 대한 정보가 최선책은 아니다. 이 경우 자산은 병목현상이 발생하는 위치를 판단하기 위해 제조공정을 따라 추적된다. 병목현상의 개선이 손익에 직접적인 영향을 미치지 않을 수 있으나 전반적인 사업성과에 영향을 미칠 것이며, 자산추적 시스템을 통해 제조공정의 흐름을 모니터링할 수 있다고 가정하면 공정과정에서 병목 현상을 식별 및 교정하여 효율성과 손익을 개선시킬 수 있다. 자산의 손실이나 공정 효율성 최적화에 관심을 갖지 않는 기업들의 자산추적의 주요 목적은 효율적인 자산추적 과정을 통해 현재 수작업으로 자산추적을 수행하는 인력을 다른 주요 사업으로 재배치하는 것으로 이를 통해 손익을 개선시킬 수 있을 것이다.

두번째 문제는 ROI 분석을 통해 높은 초기 시스템 투자 비용을 어떻게 증명하느냐라는 것이다. 기업들은 극히 작은 이득으로 높은 지출을 감당할 수 없기 때문에 시스템 구매 후 긴 손익분기점이 예상된다면 고비용의 시스템 도입을 주저하게 된다. 시스템의 ROI를 판단할 수 있는 다양한 방법들이 있는 데 이는 응용 서비스에 따라 달라지며, 자산추적은 새로 부상하는 시장이라 아직 증명된 ROI 모델이 존재하지 않는다.

➡ ROI

투자수익률을 나타내는 지표로 재무적 의사결정과 긴밀히 연계되어 사업이나 프로젝트 등의 성과를 평가하고 미래가치를 예측하는 데 사용된다.

기업에서 자산의 손실이나 절도 감시를 위해 자산추적 시스템을 설치하는 경우 ROI는 시스템 구현비용에 대한 손실의 절감으로 인한 효과(이익)의 비율로 측정될 수 있다. 간단히 예를 들어 40만 달러의 시스템 설치 비용으로 100만 달러에서 50만 달러만큼 자산 손실을 절감하는 사업은 1년 이내에 10만 달러의 이익이 발생하며 25%의 ROI를 얻게된다. 즉, 모든 시스템 설치 비용이 운영 첫 해에 회수되며 매년 지속적으로 긍정적인 ROI를 얻게 된다. 이에 반해 공정의 효율성 개선이 목적인 경우 ROI를 판단하기는 훨씬 어렵다. 자산추적 시스템 설치를 통해 파악되는 각 물품이 제조 라인을 통과하면서 각 스테이션에서 머무르는 시간 정보는 생산관리자가 공정의 비효율성을 식별하고 운영을 최적화하도록 도와 준다. 그러나 모든 식별된 비효율성이 최적화된다 하더라도 시스템의 ROI는 부정적일 수 있다. 이 응용에서 시스템의 ROI를 결정하기 위해 어떤 성능 측정기준을 사용할 것인지를 결정하기는 쉽지 않다.

예를 들어, 매출액은 시스템 도입뿐만 아니라 다른 시장 요인에도 영향을 받기 때문에 단순히 매출액만으로 제조 공정의 최적화 정도를 판별하는 것은 적합하지 않다. 따라서 기업들에게 측정가능한 절감효과를 인식시키지 않고 단순히 제조공정 개선만을 제시한다면 기업들은 만족하지 못하기 때문에 시스템 공급업자 입장에서 시장에 진입하면서 시스템의 ROI를 측정할 수 있는 적절한 성능 측정기준을 결정하는 것은 중요하다.

인력 배치의 최적화를 위한 자산추적 시스템의 ROI를 측정하는 것 또한 어렵다. 자산추적에 필요한 인력을 줄일 수 있는 시스템 구축은 그 인력들이 다른 사업 영역으로 재배치 될 수 있는 가능성을 가지고 있어 비용 절감으로 직접적으로 이어지지 않는다. 대신 그 인력들은 중요한 사업 영역에 적절하게 배치되는 등 전체적인 사업성과에 긍정적인 영향을 미칠 수 있다.

따라서 ROI를 결정하기 위해서는 적절한 성능 측정기준이 결정되어야 하며 자산관리를 위한 인력 절감 및 자산추적 효율성 개선을 통한 손익 효과가 포함될 수 있다. 결국, 자산추적 시스템 시장이 성장함에 따라 시스템 효과가 즉시 손익에 반영되지 않는 자산추적 시스템의 ROI를 증명하는 것은 모든 공급업자가 해결해야 하는 과제로 남아 있다.

세번째 문제는 자산추적 시스템 비용이 시장 전체 규모를 제한할 수 있다는 것이다. 대규모의 시스템 비용은 수십만에서 수백만 달러에 이를 것으로 예측되는데, 이에 대한 미래 시장은 대규모 도매나 자산의 손실과 절도에 막대한 비용이 드는 사업광고가 상품을 판매하는 회사들로 한정될 것으로 여겨진다.

따라서 매년 몇 천 달러 상당의 자산을 잃는 것이 시스템 구축에 수십만 달러를 지불하는 것보다 비용이 덜 들기 때문에 저가의 자산 (예를 들어 컴퓨터, 모니터 등) 추적에 관심이 있거나 저가의 상품을 제조하는 기업들은 자산추적 솔루션 시장에서 밀려나게 된다.

반면에 자산추적에 대한 기술 표준화와 정부정책은 잠재적 시장 규모를 증대시키는 유리한 점으로 작용한다. 지난 십년간 Wi-Fi, Bluetooth 기술의 표준화는 컴퓨터와 휴대전화 등 모든 종류의 소비산업 상품에 두 기술이 광범위하게 적용되었다. 현재 UWB, ZigBee, WiBEEM 기술들이 표준화 과정에 있고, 이들 기술의 인증 상품이 점점 더 많이 출시되면서 시장의 성장에 추진력을 얻게 될 것이다.

또한 특정 산업에 자산추적을 요구하는 정부정책은 자산추적 시장을 더 성장시킬 수 있다. 정부규제의 강제성으로 인해 규제를 만족시키는 시스템에 대한 수요가 증가하게 되고, 시스템에 대한 수요증가는 공급업자로 하여금 더 많은 수익 창출의 기회와 함께 시장진입에 대한 강한 동기부여를 줄 것이다.

지금까지는 자산추적 시스템에 기반하여 고려되어야 할 사항을 다루었지만 자산추적 시스템 이외 USN 응용 서비스 시스템 공급업자들도 이와 유사한 문제에 직면하고 있다.

8장 유비쿼터스 센서 네트워크 구현

8.1 시스템 설정과 하드웨어 검증

Mote 센서 시스템은 호스트 PC에서 게이트웨이(MIB510, 610)에 시리얼 및 LAN 인터페이스를 통하여 Mote(MPR2400 : MICAz 등)에 연결하여 센서 네트워크가 이루어지는 환경설정 과정 실습과 각 하드웨어 기능이 제대로 동작하는지를 검증하는 과정이 필요하므로 본 과정에서 실습을 통하여 확인코자 한다.

1 MPR2400 / MIB510 하드웨어 검증 및 환경설정

1) 호스트 PC와 타깃보드를 연결한다.

① MIB510 인터페이스 보드(게이트웨이 보드)에 전원 어댑터와 시리얼(RS-232C) 케이블을 연결한다.

② 타깃보드에 외부전원 및 건전지를 사용하는 경우
첫 번째, 어댑터(power supply adapter)를 사용하는 경우 MIB510 보드에 J7인 +5V 커넥터에 입력하면 된다.

③ 어댑터 사양

- 입력 : 100~240V 교류 AC(0.5A) Max 50~60Hz
- 출력 : +5V 직류 DC(1.5A)
- 출력전력 : 8W Max
- L.P.S(Limited Power Source)

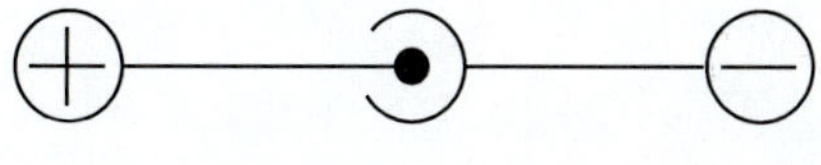

두 번째, 건전지(AA 1.5V) 2개를 Mica 보드에 장착하여 사용하는 경우이다.

> **주의사항** 반드시 Mica(MPR 시리즈 보드)의 스위치(SW2)가 OFF상태가 되어 있어야 한다. 만약 스위치(SW2)가 ON상태이면 MPR 보드에 치명적인 손상을 입게 된다. 그러면 MPR 보드를 사용할 수 없게 된다. 그러므로 선택은 MIB510에 어댑터를 끼워 사용할 때, MICAz에 배터리를 빼고 업로드를 하도록 하고, 반대로 MICAz에 배터리가 장착되었다면 어댑터의 연결은 해제해야 한다.

2) 게이트웨이 보드(MIB510)에 MPR2400 보드를 장착한다.

즉 (J1+J21)형태로 결합된다. MPR(Motes Processor Radio 2.4GHz)2400은 보통 Micaz로 칭한다. 앞으로 관련된 프로그램에서 플랫폼을 지칭할 때 사용된다.(ex ; make micaz reinstall mib510, / dev / ttyS0)

플랫폼의 명칭에서 MIB510의 커넥터(J1)는 51핀 female 커넥터이고, MPR2400의 커넥터(J21)는 51핀 Male 커넥터이다.

하드웨어 환경설정을 마쳤으면 전원을 넣고 바탕화면에 Cygwin이라는 터미널 프로그램을 보도록 하자. 소프트웨어 환경설정인 Cygwin을 클릭한다. 이를 실행해보고 명령어도 입력해보자(ls, cd, pwd, vi 등 리눅스에서 사용했던 명령어를 그대로 사용할 수 있다).

Cygwin은 일종의 터미널 윈도우이며 이것을 통해 TinyOS에 접근할 수 있고 이 곳에 담겨 있는 디렉토리 계층구조는 앞에서 자세히 설명하였다.

3) 터미널 윈도우인 Cygwin을 띄운다.

"ls" 명령어를 쳐서 무엇이 있는지 살펴본다.

```
~
남상엽@SYNAM ~
$ ls
avarice-2.0.20030825cvs-1w.cygwin.i386.rpm.log
avr-binutils-2.13.2.1-1w.cygwin.i386.rpm.log
avr-gcc-3.3tinyos-1w.cygwin.i386.rpm.log
avr-insight-pre6.0cvs.tinyos-1w.cygwin.i386.rpm.log
avr-libc-20030512cvs-1w.cygwin.i386.rpm.log
mate-asvm-2.2.1-1.noarch.rpm.log
mspgcc-win32tinyos-20041204-2.cygwin.i386.rpm.log
nesc-1.1.2-1.cygwin.i386.rpm.log
task-tinydb-1.1.3July2004cvs-1.cygwin.noarch.rpm.log
tinyos-1.1.11Feb2005cvs-3.cygwin.noarch.rpm.log
tinyos-contrib-1.1.3Mar2005cvs-1.cygwin.noarch.rpm.log
tinyos-tools-1.1.0-1.cygwin.i386.rpm.log
$ _
```

컴파일(Compile) 및 빌드(Build)에서 Install이 이상 없이 잘 수행되었다면 이제 nesc 파일을 compile하여 c 파일을 만들고, 생성된 c 파일로 mote에서 실행될 수 있는 실행 파일을 만들어보자.

일단 apps로 이동한다(c: / Program Files / UCB / cygwin / opt / TinyOS-1. x / apps).

MIB510과 MPR2400(MICAz)의 하드웨어 검증을 위해서는 간단한 응용 프로그램을 직접 구현하는 방법이 최선의 방법이므로 가장 간단하면서도 이해하기 편한 응용 프로그램인 "Blink" 응용 프로그램을 구현해 보도록 하겠다.

4) Blink 응용 프로그램이 있는 디렉토리를 찾아간다.

"cd" 명령을 사용하여 응용 프로그램이 있는 디렉토리인 "apps"를 찾는다.

- $cd / opt / TinyOS-1.x / apps

```
/opt/tinyos-1.x/apps
남상엽@SYNAM ~
$ cd /opt/tinyos-1.x/apps

남상엽@SYNAM /opt/tinyos-1.x/apps
$ ls
Blink                    Makerules          SenseTask       TestSnooze
BlinkTask                MicaHWVerify       SenseToLeds     TestTinyAlloc
CntToLeds                MicaSBVerify       SenseToRfm      TestTinySec
CntToLedsAndRfm          MicaWBVerify       SimpleCmd       TestTinyViz
CntToRfm                 Oscilloscope       Surge           TestUart
GenericBase              OscilloscopeRF     TASKApp         TestWDT
HighFrequencySampling    RfmToLeds          TOSBase         TinyDBApp
Ident                    SecureTOSBase      TestDeluge      TransparentBase
LittleGuySleep           Sense              TestEEPROM
Makefile                 SenseLightToLog    TestMatchbox

남상엽@SYNAM /opt/tinyos-1.x/apps
$
```

위 그림에서 보듯이 응용 프로그램인 Blink가 apps 디렉토리에 있음을 확인하였다. Blink 디렉토리로 이동을 하면 nsec 파일 및 makefile 등이 다음 그림과 같이 나타난다.

5) Blink 디렉토리로 들어가서 소스 파일을 찾는다.

- $cd Blink

```
/opt/tinyos-1.x/apps/Blink
$ cd Blink

남상열@SYNAM /opt/tinyos-1.x/apps/Blink
$ ls
Blink.nc   BlinkM.nc   Makefile   README   SingleTimer.nc   build

남상열@SYNAM /opt/tinyos-1.x/apps/Blink
$
```

위 그림에서 보듯이 Blink 디렉토리 안에는 여러 가지 파일이 있다. 이 파일 중 Blink.nc 파일이 Blink 응용 프로그램을 ncsC 언어로 작성한 소스 프로그램이다.

이 파일을 컴파일해보면 컴파일 명령인 "make"에 대상 플랫폼인 MPR2400이므로 앞에서 설명한 것처럼 응용 프로그램시에 플랫폼 이름을 쓰게 되어 있으므로 이는 micaz로 쓰게 된다. 만약 MPR410일 경우에는 mica2로 명기해야만 된다. 즉 make mica2로 해야 한다. 이는 항상 컴파일시에 플랫폼 명명에 대하여 주의할 점이다.

6) 컴파일해보자

- $make micaz

```
/opt/tinyos-1.x/apps/Blink

남상열@SYNAM /opt/tinyos-1.x/apps/Blink
$ make micaz
mkdir -p build/micaz
    compiling Blink to a micaz binary
ncc -o build/micaz/main.exe -Os -finline-limit=100000 -Wall -Wshadow -DDEF_TOS_A
M_GROUP=0x7d -Wnesc-all -target=micaz -fnesc-cfile=build/micaz/app.c -board=mica
sb -DIDENT_PROGRAM_NAME="Blink" -DIDENT_PROGRAM_NAME_BYTES="66,108,105,110,107,0
" -DIDENT_USER_ID="남상열" -DIDENT_USER_ID_BYTES="179,178,187,243,191,177,0" -DI
DENT_HOSTNAME="SYNAM" -DIDENT_HOSTNAME_BYTES="83,89,78,65,77,0" -DIDENT_USER_HAS
H=0xf4232553L -DIDENT_UNIX_TIME=0x433f6a79L -I/opt/tinyos-1.x/tos/lib/CC2420Radi
o Blink.nc -lm
    compiled Blink to build/micaz/main.exe
            1718 bytes in ROM
              48 bytes in RAM
avr-objcopy --output-target=srec build/micaz/main.exe build/micaz/main.srec
$
    writing TOS image
남상열@SYNAM /opt/tinyos-1.x/apps/Blink
$
```

컴파일을 시켜보면 앞 그림처럼 나타난다.

Blink를 micaz의 바이너리로 컴파일된 것을 확인할 수 있다.

그런데 정작 컴파일이 되었는지 확인하고 싶을 것이다. 이럴 때 하는 방법은 다음과 같다.

7) 컴파일 빌드된 것을 확인해보자.

- $cd Build

  $ls.

위에서 보듯이 Makefile이 apps 안에 있다. 이 Makefile은 각 디렉토리별로 플랫폼에 따른 compile을 한다. 예를 들어 'make mica2'라고 명령을 내린다면 각 디렉토리별로 build 디렉토리가 생성이 되고, 그 안에 다시 mica2라는 디렉토리가 생성이 된다. Mica2 디렉토리로 들어가면 app.c와 main.exe가 생성이 된 것을 볼 수 있을 것이다. micaz를 사용하기 위해선 'make micaz' 라고 입력하면 된다. 또한 mica2 및 micaz를 포함하여 mica2dot 등 모든 플랫폼을 compile하려면 'make all'하면 된다.

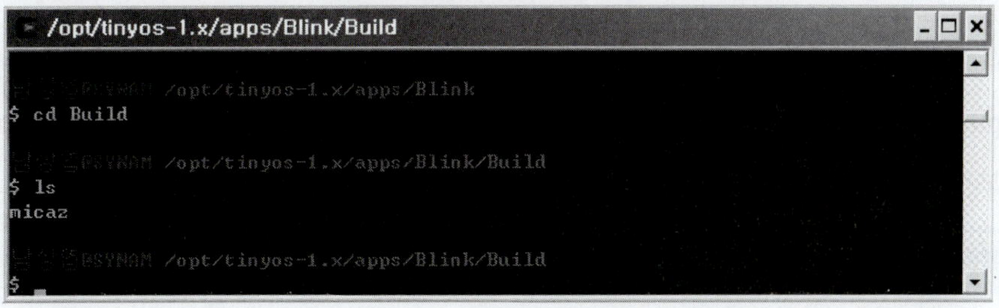

위 그림처럼 micaz로 컴파일된 것을 확인할 수 있다.

그러면 실행 파일이 생성된 것을 확인해보자.

8) 실행 파일을 확인해보자.

- $cd micaz

  $ls.

다음 그림처럼 실행 파일이 생성된 것(main.exe)을 확인할 수 있다.

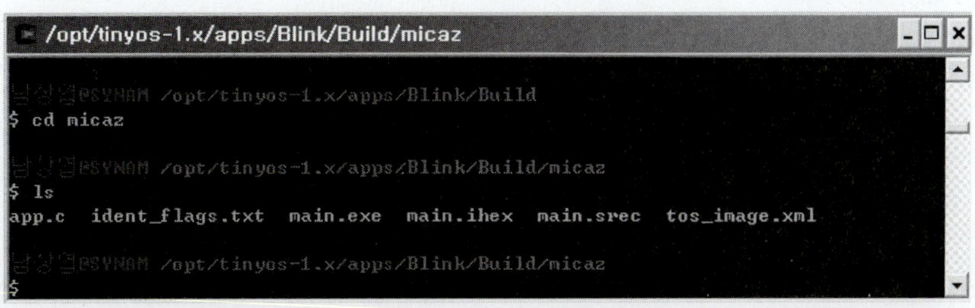

그러면 컴파일된 파일을 시리얼 포트를 통하여 인터페이스 포드에 업로딩을 해보자. 그러기 위해서 cd .. / .. 명령어를 이용하여 Blink까지 이동한다.

9) Blink 디렉토리까지 이동한다.

- $cd .. / ..

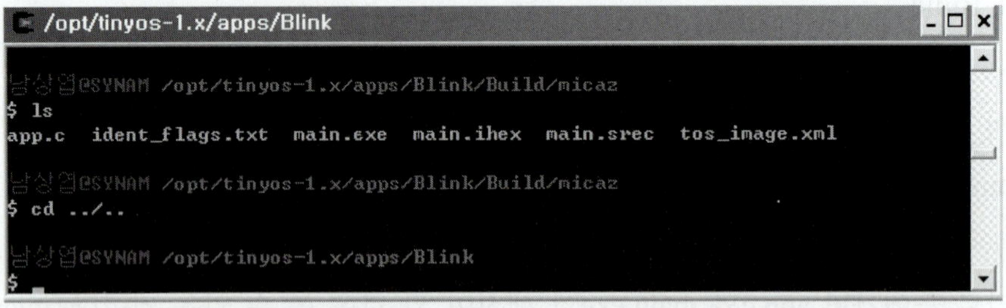

위 그림 결과는 Blink 디렉토리까지 이동하였다.

- Uploading Program MIB510

Compile된 실행파일을 업로딩해보자. 일단 Gateway Board(MIB510)와 Mote(micaz)를 연결해보자.

주의사항

1. MIB510과 micaz의 연결상태 확인(interface 부분이 틈이 있어선 안된다.)
2. MIB510과 시리얼 포트 연결 확인(COM 포트번호 확인)
3. 배터리 잔량 확인 및 어댑터 연결상태 확인

MIB510에 어댑터를 끼워 사용할 때에는 MICAz의 배터리를 빼고 업로드하도록 하고, 반대로 MICAz에 배터리가 장착되었다면 어댑터의 연결은 해제해야 한다. 그렇지 않으면 과전압이 흘러 Shortage가 날 수 있으니 주의하길 바란다.

연결이 다 되었다면 이제 본격적으로 업로딩을 해보자.

일단 test로서 apps의 Blink로 이동해 다음 명령어를 입력해보자.

10) 시리얼 포트(COM1)를 통하여 호스트 PC의 실행 파일을 인터페이스 보도(MIB510)로 업로드하여 하드웨어 검증을 해보자.

.make micaz reinstall mib510, / dev / ttyS0

(ttyS0에서 S가 대문자.)

다음과 같은 그림이 나오면 업로딩이 성공한 것이다.

- $ make micaz reinstall mib510, / dev / ttyS0

```
/opt/tinyos-1.x/apps/Blink

남상엽@SYNAM /opt/tinyos-1.x/apps/Blink
$ make micaz reinstall mib510,/dev/ttyS0
cp build/micaz/main.srec build/micaz/main.srec.out
    installing micaz binary using mib510
uisp -dprog=mib510 -dserial=/dev/ttyS0 --wr_fuse_h=0xd9 -dpart=ATmega128 --wr_fu
se_e=ff  --erase --upload if=build/micaz/main.srec.out
Firmware Version: 2.1
Atmel AVR ATmega128 is found.
Uploading: flash

Fuse High Byte set to 0xd9

Fuse Extended Byte set to 0xff
rm -f build/micaz/main.exe.out build/micaz/main.srec.out

남상엽@SYNAM /opt/tinyos-1.x/apps/Blink
$
```

공식은 $make 플랫폼 reinstall 게이트웨이보드, 포트 및 인터넷 IP이다.

플랫폼의 경우는 MPR2400이므로 micaz로 명명한다.

reinstall의 의미는 컴파일된 이미지를 업로딩(Uploading)하는 명령어이다. 만약 컴파일과 업로딩을 함께 실행하려면 install 명령어를 사용한다.

- 컴파일만 make micaz
- 업로딩만 mae micaz reinstall ...
- 컴파일+업로딩은 make micaz install ...

3가지 경우를 잘 구분하여 사용하길 바란다.

게이트웨이 보드의 경우는

- MIB510이므로 mib510으로 명명하는데 구분을 위하여
- 반드시 콤마(,)를 찍어야 한다. 주의하기 바란다.

통신방식에 따라 변경한다.

- 호스트 PC에서 COM1포트를 사용하는 경우 ; / dev / ttyS0
  - 주의 : (ttyS0에서 S는 대문자, 0은 숫자)
- 호스트 PC에서 COM2 포트를 사용하는 경우 ; / dev / ttyS1
  - 주의 : (ttyS1에서 S는 대문자, 1은 숫자)
- 호스트 PC에서 인터넷 포트를 사용하는 경우 ; eprb, 192.168.1.100

위 결과가 나오기 전에 다운로딩을 플래시 메모리에 하게 되므로 MIB510 보드의 ISP LED(D5)에 퓨징되는 동안 잠시 적색 LED가 ON 상태가 되는 것을 확인할 수 있다 이 적색 LED가 OFF상태가 되면 업로딩 상태가 끝나므로 결과로서 적색 LED(D2)가 ON / OFF상태로 1초 간격으로 토글된다(ON / OFF 상태가 무한대로 반복). 그러므로 하드웨어 상태의 양호 / 불량 상태를 검증할 수 있다.

이제 mote를 보면 빨간 led가 1초 간격으로 깜빡거리는 것을 보게 될 것이다. Blink는 nesc를 이용한 가장 기본적인 apps로서 c의 “Hello World”를 출력하는 수준의 기본 프로그램으로 보면 되겠다.

11) 응용 실습

위 과정을 반복 숙달을 위하여 기존 소스를 수정하여 컴파일 및 업로딩을 반복해보자.

(1) 응용 과제 1

기존의 LED의 토글상태의 주기를 기존 프로그램에서는 1초(1000ms) 간격을 100ms로 수정하여 보자.

해법은 다음과 같다.

기존 소스를 수정하기 위하여 Vi 에디터를 사용하여 수정하여 저장시킨 후 컴파일과 업로딩을 반복한다.

응용 프로그램인 Blink의 소스 파일은 BlinkM.nc에 있으므로 이 파일을 수정하여 저장한 후 컴파일을 해보자.

우선 Vi 에디터 모드로 들어가보자.

- Vi BlinkM.nc를 친 후

```
/opt/tinyos-1.x/apps/Blink
// $Id: BlinkM.nc,v 1.5 2003/10/07 21:44:45 idgay Exp $

/*            pe command to continue                              tab:4
 * "Copyright (c) 2000-2003 The Regents of the University  of California.
 * All rights reserved.
 *
 * Permission to use, copy, modify, and distribute this software and its
 * documentation for any purpose, without fee, and without written agreement is
 * hereby granted, provided that the above copyright notice, the following
 * two paragraphs and the author appear in all copies of this software.
 *
 * IN NO EVENT SHALL THE UNIVERSITY OF CALIFORNIA BE LIABLE TO ANY PARTY FOR
 * DIRECT, INDIRECT, SPECIAL, INCIDENTAL, OR CONSEQUENTIAL DAMAGES ARISING OUT
 * OF THE USE OF THIS SOFTWARE AND ITS DOCUMENTATION, EVEN IF THE UNIVERSITY OF
 * CALIFORNIA HAS BEEN ADVISED OF THE POSSIBILITY OF SUCH DAMAGE.
 *
 * THE UNIVERSITY OF CALIFORNIA SPECIFICALLY DISCLAIMS ANY WARRANTIES,
 * INCLUDING, BUT NOT LIMITED TO, THE IMPLIED WARRANTIES OF MERCHANTABILITY
 * AND FITNESS FOR A PARTICULAR PURPOSE.  THE SOFTWARE PROVIDED HEREUNDER IS
 * ON AN "AS IS" BASIS, AND THE UNIVERSITY OF CALIFORNIA HAS NO OBLIGATION TO
 * PROVIDE MAINTENANCE, SUPPORT, UPDATES, ENHANCEMENTS, OR MODIFICATIONS."
 *
 * Copyright (c) 2002-2003 Intel Corporation
 * All rights reserved.
 *
```

위 화면이 나타나면 소스 파일을 수정할 부분인

```
/opt/tinyos-1.x/apps/Blink
implementation {
}
implementation {

  /**
   * Initialize the component.
   *
   * @return Always returns <code>SUCCESS</code>
   **/
  command result_t StdControl.init() {
    call Leds.init();
    return SUCCESS;
  }


  /**
   * Start things up.  This just sets the rate for the clock component.
   *
   * @return Always returns <code>SUCCESS</code>
   **/
  command result_t StdControl.start() {
    // Start a repeating timer that fires every 1000ms
    return call Timer.start(TIMER_REPEAT, 1000);
  }
```

<TIMER_REPEATER, 1000> 부분의 1000ms를 100ms로 수정한 후 다시

- shift key + Z + Z를 하면 수정한 파일을 저장한 후 빠져나온다.
- 다시 컴파일하고 업로드하는 대신 한꺼번에 처리하는 install 명령을 쓰면 한꺼번에 실행된다. 즉 make micaz install mib510, / dev / ttyS0하면 된다.

(2) 응용 과제 2

기존의 LED의 토글 상태의 색깔(RED LED)을 GREEN 혹은 YELLOW로 수정하여 보자.

2 MIB600 하드웨어 검증 및 환경설정

MIB600은 호스트 PC와 이더넷 케이블로서 연결되는 게이트웨이 보드이다. 그래서 IP 설정을 해야 하는 등 MIB510과 사용법이 약간 다르다.

가장 처음에 해야 할 것은 Device Installer의 설치이다. Device Installer는 MIB600을 Detect하고 보드에 IP를 부여해주는 프로그램이다. Device Installer를 설치하고 나서 호스트 PC와 이더넷 케이블을 연결한 후 MIB600에 전원을 인가한다. 프로그램을 실행한 후 Search를 클릭하면 MIB600을 detect한다.

그 다음에는 IP 설정을 해야 하는데 IP는 보드와 호스트가 IP 대역이 같도록 맞춰야 한다. Assign IP를 눌러 IP를 할당한다. 그럼 직접 설치를 하고 실습을 하겠다.

1) DeviceInstaller 설치 및 설정

① 우선 인터넷으로 가서 Device Installer를 설치하는 과정을 실시한다.

ftp: / / ftp.lantronix.com / pub / DeviceInstaller / v3.6 / DeviceInstaller36.zip에서 DeviceInstaller36.zip을 다운로드한다.

zip 파일을 풀고 난 후 설치를 시작한다.

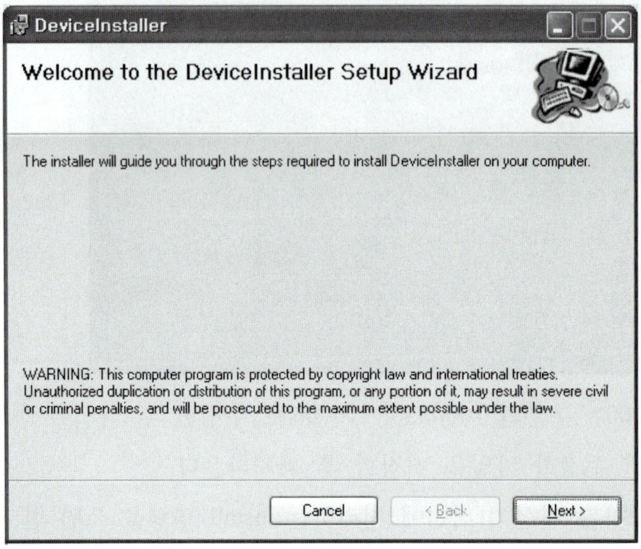

② 인스톨 홀더를 설정한다.

이때 DeviceInstaller의 실행권한을 사용자 계정설정을 통해 선택하는데 여기에서는 혼자 쓰는 경우(Just me)로 선택하겠다.

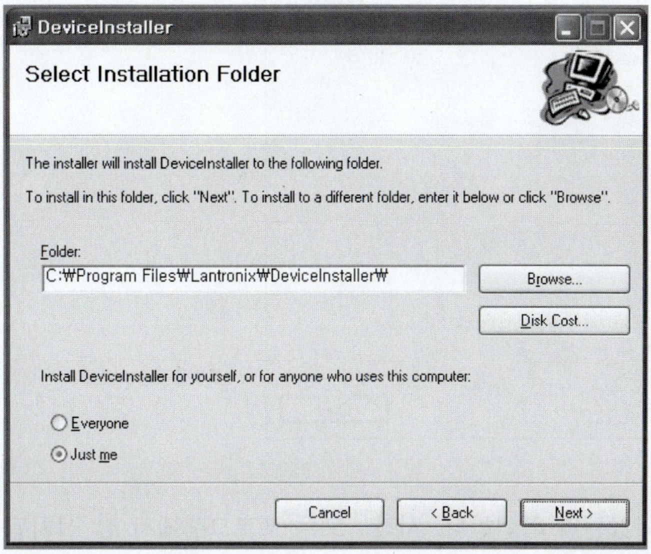

③ 인스톨 준비가 되어 있는지 확인하고 인스톨을 시작한다.

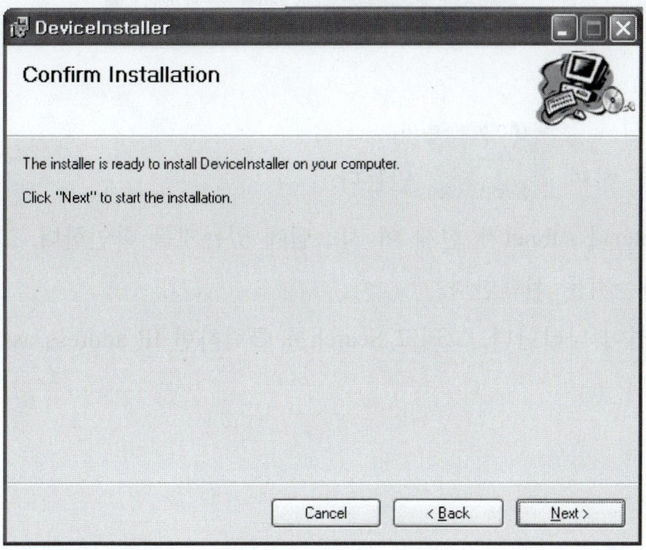

④ 인스톨이 완료되었다. 그러므로 "Close"를 클릭한다.

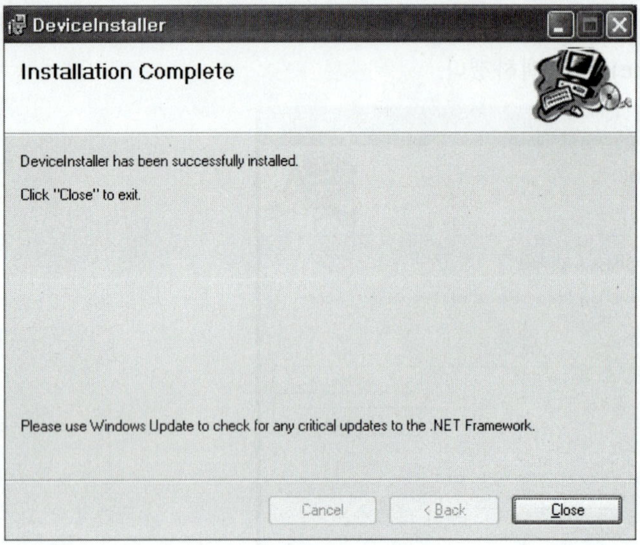

⑤ 그러면 인스톨이 잘 되었는지 확인한다. 시작－모든 프로그램에서 잘 설치됨을 다음처럼 확인한다.

⑥ 바탕화면으로 보내기를 하여  만든다.

⑦ Multiple network adapter나 subnet가 현재 이 시스템에 있는지를 확인한다. 그리고 어느 adapter를 사용하는지를 선택한다.

⑧ DeviceInstaller 3.5 화면이 나타난다. 그리고 Search를 클릭하면 IP address assign이 안되었다고 나타난다.

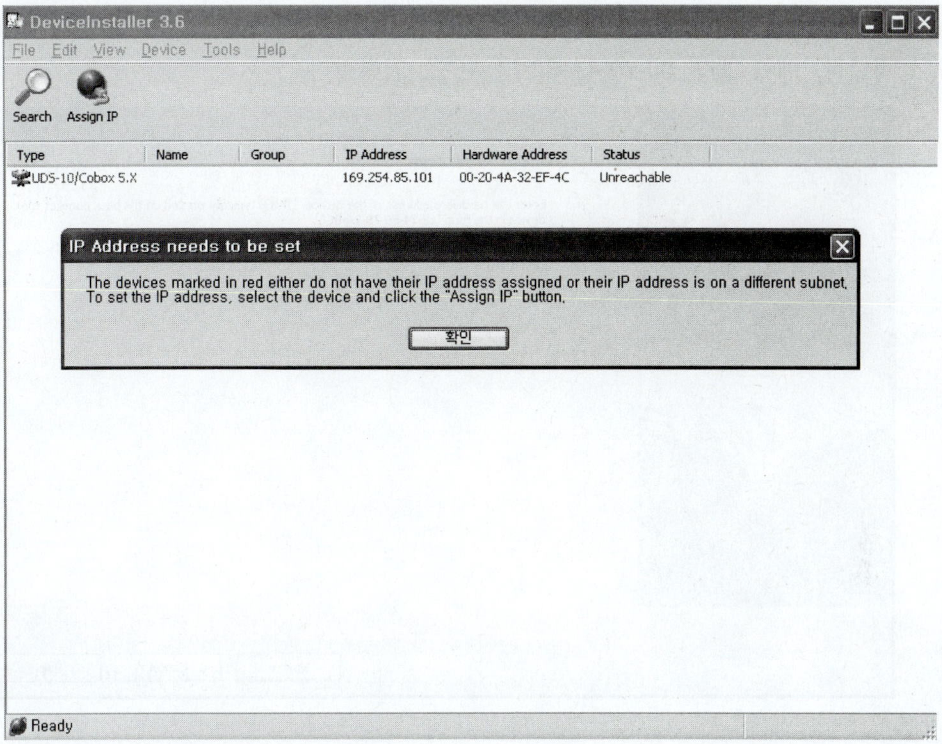

9 다음 Assign IP를 클릭하면 화면의 빈 칸에 Device ID를 입력한다.

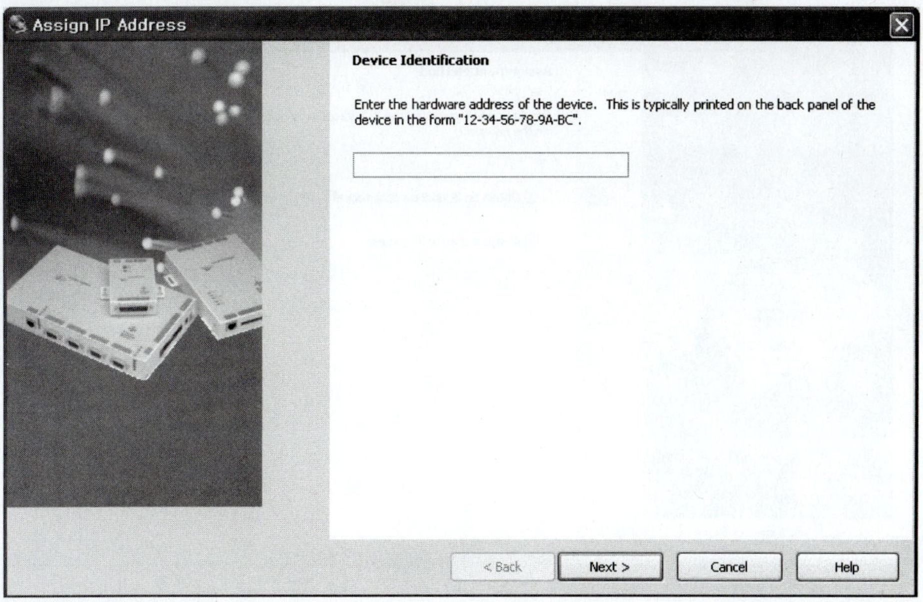

⑩ 입력할 디바이스 IP는 MIB600 보드에 알루미늄 캡슐판에 명기된 시리얼 번호를 입력한다. 예를 들면 00-20-4A-32-EF-4C를 입력한다.

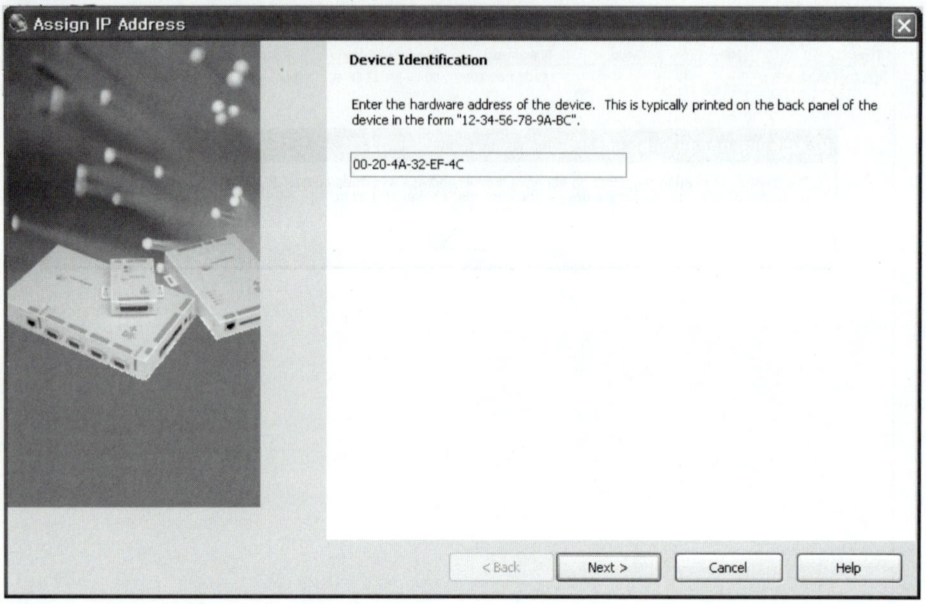

⑪ Assign 방법이 나타난다. 자동적으로 얻는 방법과 직접 입력하는 방법 중 여기에서는 직접 입력하는 방법으로 진행한다.

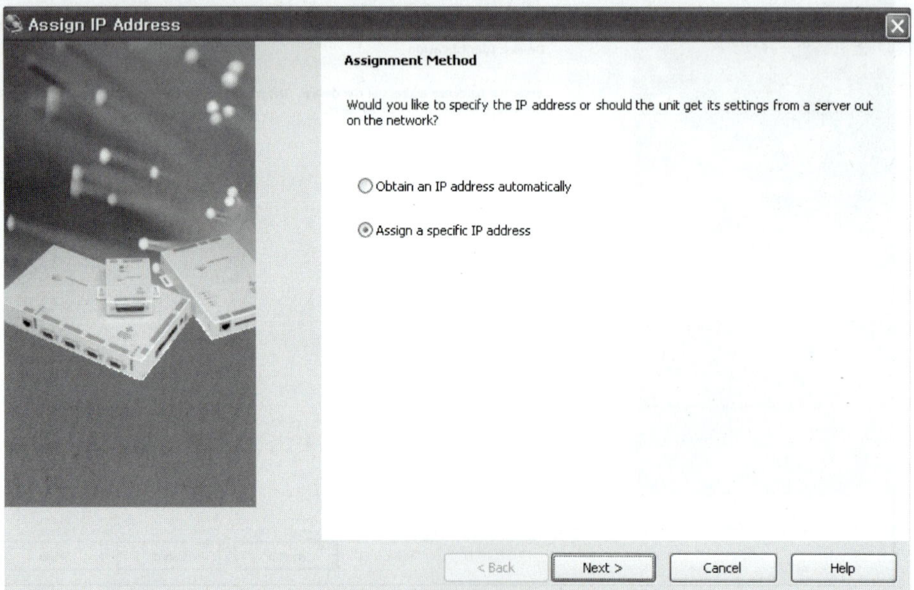

⑫ 직접 IP 어드레스를 설정한다. 만약 독립적으로 사용하면 subnet mask나 gateway 번호를 설정한다. 여기에서는 호스트 PC에 연결하기 때문에 IP 어드레스만 설정한다.

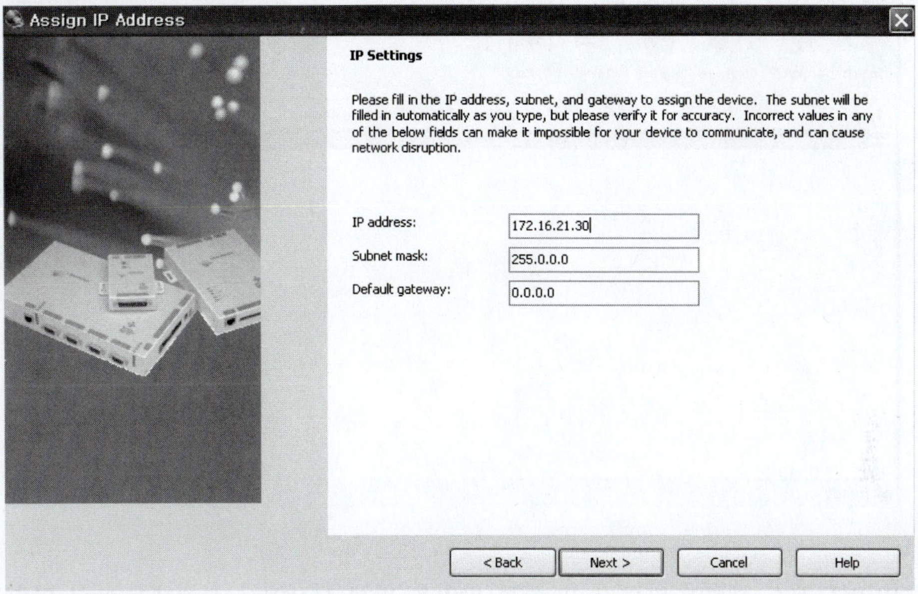

⑬ IP 설정이 완료된다.

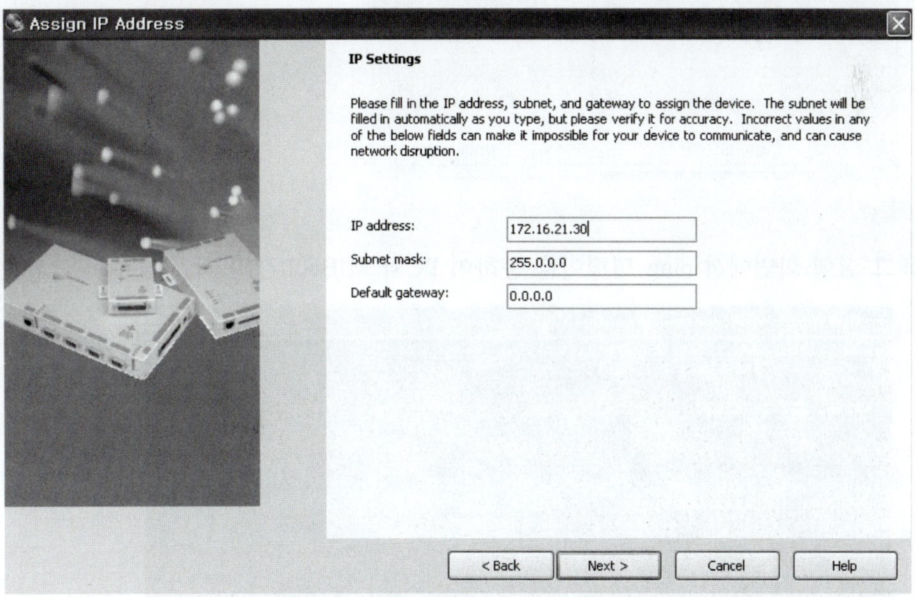

⑭ IP 설정이 완료된 후 다시 Serach를 클릭하면 IP 설정이 Online임을 확인할 수 있다.

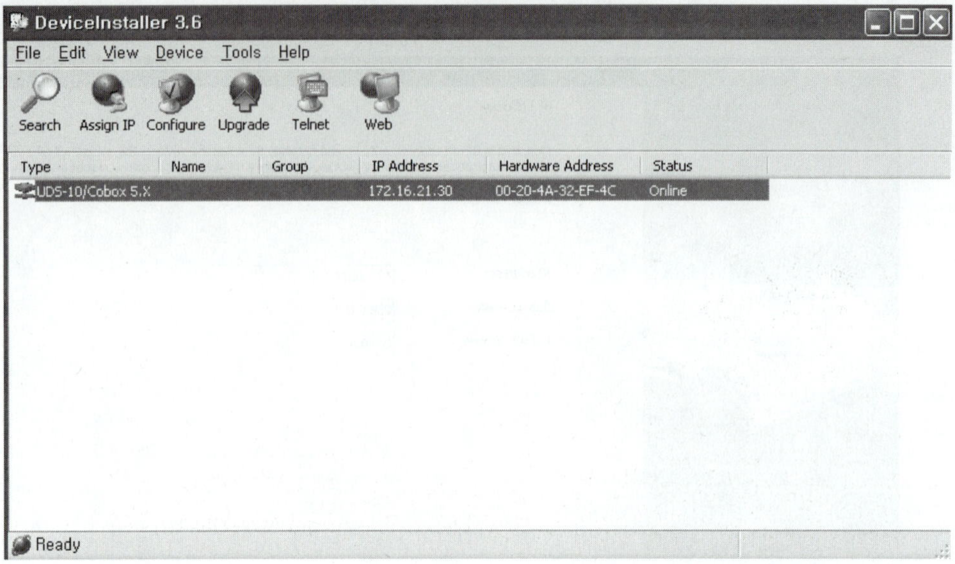

⑮ IP 어드레스 설정이 완료된 후 설정 확인을 위해 시작에서 실행에서 cmd 명령을 키인한다.

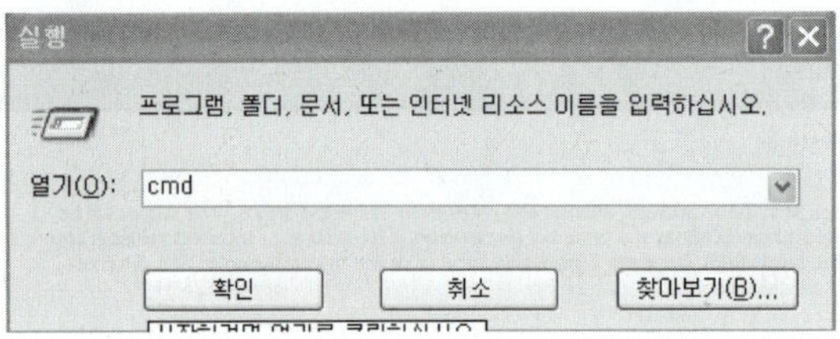

⑯ 그 실행 화면에서 ping 명령어를 통하여 PC와 MIB600간의 패킷 송수신을 확인한다.

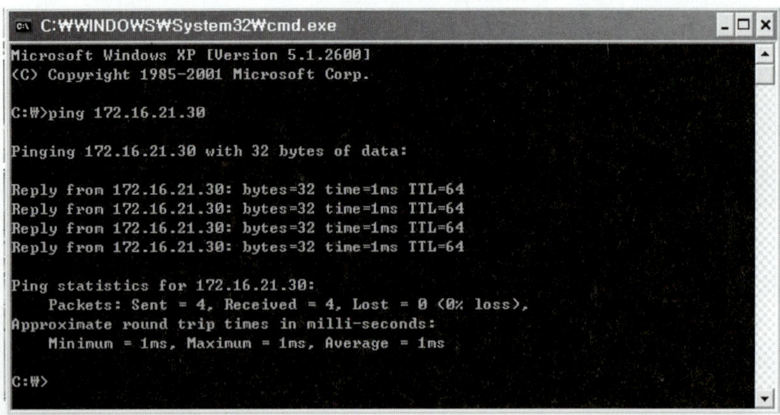

⑰ 이렇게 IP 어드레스 설정이 끝나면 Cygwin을 실행하여 테스트 프로그램을 설정(Blink)하여 컴파일과 업로드를 실행한다.
주의할 점은 업로드를 실행할 때 보드이름 대신(eprb)를 쓰고 IP 어드레스를 쓴다. 예를 들면 make micaz reinstall eprb,172.16.21.30를 작성하여 업로드를 실시한다(172.16.21.30=MIB600의 IP).

```
/opt/tinyos-1.x/apps/blink
남상열@SYNAM /opt/tinyos-1.x/apps/blink
$ make micaz reinstall eprb,172.16.21.30
cp build/micaz/main.srec build/micaz/main.srec.out
    installing micaz binary using eprb
uisp -dprog=stk500 -dhost=172.16.21.30 --wr_fuse_h=0xd9 -dpart=ATmega128 --wr_fu
se_e=ff  --erase --upload if=build/micaz/main.srec.out
Firmware Version: 1.7
Atmel AVR ATmega128 is found.
Uploading: flash

Fuse High Byte set to 0xd9

Fuse Extended Byte set to 0xff
rm -f build/micaz/main.exe.out build/micaz/main.srec.out

남상열@SYNAM /opt/tinyos-1.x/apps/blink
```

3 Radio 하드웨어 검증 및 환경설정

1) Network Simple Test

우선 응용 디렉토리로 이동한다.

- $cd / opt / TinyOS-1.x / apps

```
/opt/tinyos-1.x/apps
$ cd /opt/tinyos-1.x/apps

남상열@SYNAM /opt/tinyos-1.x/apps
$ ls
Blink                  Makerules          SenseTask       TestSnooze
BlinkTask              MicaHWVerify       SenseToLeds     TestTinyAlloc
CntToLeds              MicaSBVerify       SenseToRfm      TestTinySec
CntToLedsAndRfm        MicaWBVerify       SimpleCmd       TestTinyViz
CntToRfm               Oscilloscope       Surge           TestUart
GenericBase            OscilloscopeRF     TASKApp         TestWDT
HighFrequencySampling  RfmToLeds          TOSBase         TinyDBApp
Ident                  SecureTOSBase      TestDeluge      TransparentBase
LittleGuySleep         Sense              TestEEPROM
Makefile               SenseLightToLog    TestMatchbox

남상열@SYNAM /opt/tinyos-1.x/apps
$ _
```

위 화면에서 보여준 응용 프로그램 중에서 6개의 무선 네트워크 실습용으로 사용하겠다. 즉, RfmToLeds, CntToRfm, CntToLedsAndRfm, SenseToRfms, SenseToLeds이다.

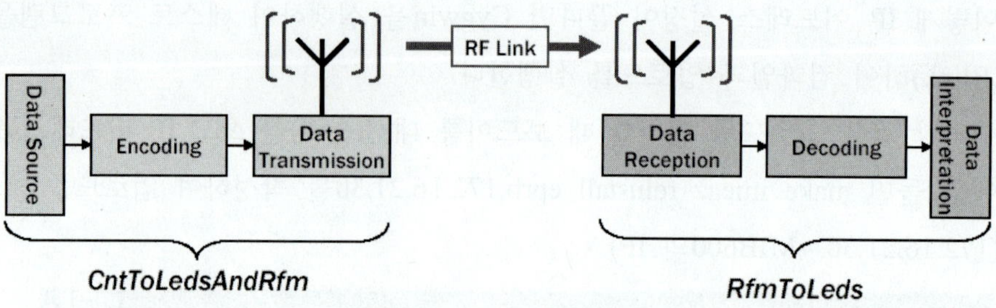

RfmToLeds는 다른 노드로부터 IntMsg 타입의 메시지를 받게 되면 LED를 깜빡이게 하는 응용 프로그램이다. 주로 네트워크 테스트에 쓰인다. RfmToLeds는 CntToRfm, CntToLedsAndRfm이나 SenseToRfms이 uploading되어 동작하고 있는 노드의 송신 메시지에 의해 작동을 한다.

(1) 다음은 각 응용 프로그램에 대한 설명이다.

LED(O) : LED 켜짐

LED(X) : LED 꺼짐

RF(O) : 전송되는 메시지가 있음

RF(X) : 전송되는 메시지가 없음

(2) 다음 프로그램을 동작했을 때의 결과 상태들이다.

CntTOLEDs :	LED(O)	RF(X)
CntToRfm :	LED(X)	RF(O)
CntTOLedAndRfm:	LED(0)	RF(O)
SenseToLeds	: 센싱 값이 변하면 LED가 깜빡임	
SenseToRfms	: 센싱 값이 변하면 데이터전송	

RfmtoLeds로 네트워크 테스트를 하려면 끝에 Rfm이 붙은 응용 프로그램과 통신을 해 보면 된다.

예를 들어 한 노드는 CntToRfm을 uploading하고, 한 노드는 RfmToLeds를 uploading 한다. RfmToLeds를 uploading한 노드의 LED가 깜빡거리게 되면 두 노드는 메시지를 송수신하고 있는 것이다.

2) 무선 응용 실습

(1) 실습 1

CntToLeds : 무선을 보내면 보내는 상태를 LED로서 표시한다.

① node 1을 컴파일과 업로드를 실시한다.

- $ cd / opt / TinyOS-1.x / apps / CntToLeds
- $ make micaz
- $ make micaz reinstall mib510, / dev / ttyS0

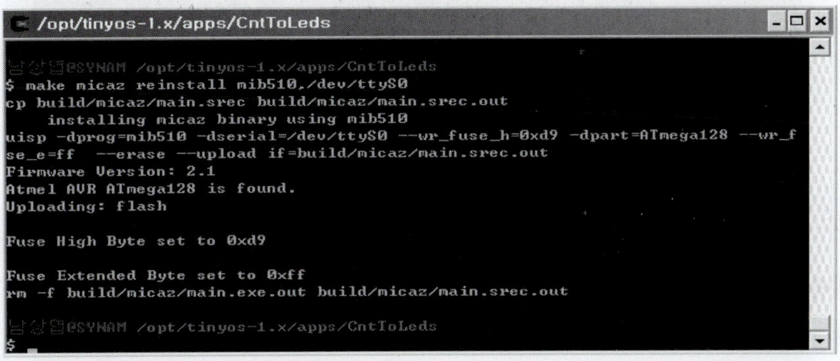

② 실행 결과 : 노드를 mib510에 장착한 후 업로드한 뒤 노드를 mib510에서 분리한 후 전원 SW를 "on"하면 LED가 "on" "off"로 토글한다.

(2) 실습 2

노드 1에 CntToLedsAndRfm 혹은 CntToRfm을 업로딩하고(단, CntToRfm은 LED(x)), 노드 2에 RfmtoLeds을 업로딩하고 결과를 확인하라.

① node 1을 컴파일과 업로드를 실시한다.

- $ cd / opt / TinyOS-1.x / apps / CntToLedsAndRfm
- $ make micaz
- $ make micaz reinstall mib510, / dev / ttyS0

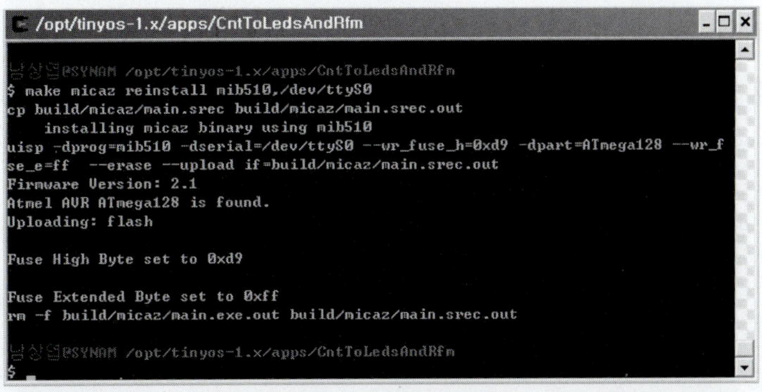

② node 2를 컴파일하고 업로드를 실시한다.

- $ cd / opt / TinyOS-1.x / apps / RfmtoLeds
- $ make micaz
- $ make micaz reinstall mib510, / dev / ttyS0

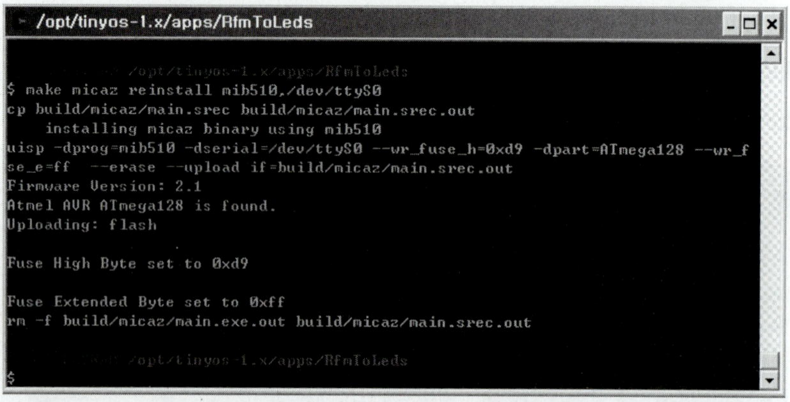

③ 실행 결과 : 노드 1과 노드 2가 각각 LED가 토글한다. 노드 1은 Rf로 보내면서 LED를 토글하고 노드 2는 Rf로 받으면 LED가 토글한다.

패킷이 가고 있는지를 확인하는 방법은 노드 1의 SW를 off하면 노드 2의 LED가 더 이상 토글하지 않는 것을 확인을 할 수 있다.

④ 응용실험 : 과연 패킷을 어느 거리까지 보내고 받는지를 각자 실험해 보길 바란다.

(3) 실습 3

노드 1에 SenseToLED을 업로딩하고 결과를 확인하라. 센싱의 결과를 확인하기 위해 광센서 보드를 장착하여 광센서 부분을 손으로 변화시켜 LED 상태를 확인하라.

① node 1을 컴파일과 업로드를 실시한다.

- $ cd / opt / TinyOS-1.x / apps / SenseToLeds
- $ make micaz
- $ make micaz reinstall mib510, / dev / ttyS0

② 실행 결과 : 광센서나 온도센서에 손가락을 대면 센싱 데이터에 따라 LED의 상태가 변화함을 알 수 있다.

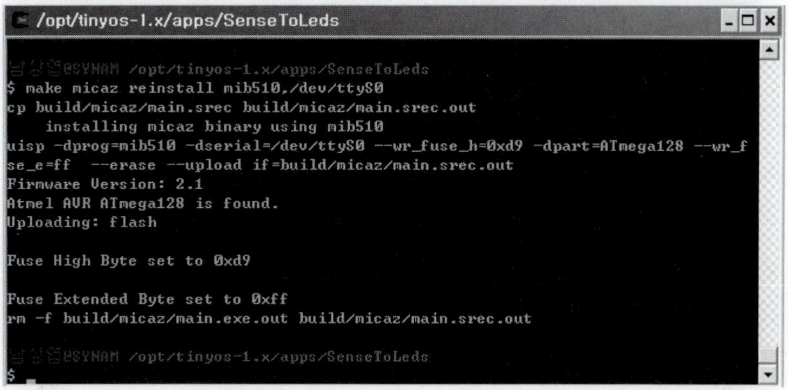

(4) 실습 4

노드 1에 SenseToRfm을 업로딩하고 노드 2에 RfmtoLeds을 업로딩하고 결과를 확인하라.

① node 1을 컴파일과 업로드를 실시한다.

- $ cd / opt / TinyOS-1.x / apps / SenseToRfm
- $ make micaz
- $ make micaz reinstall mib510, / dev / ttyS0

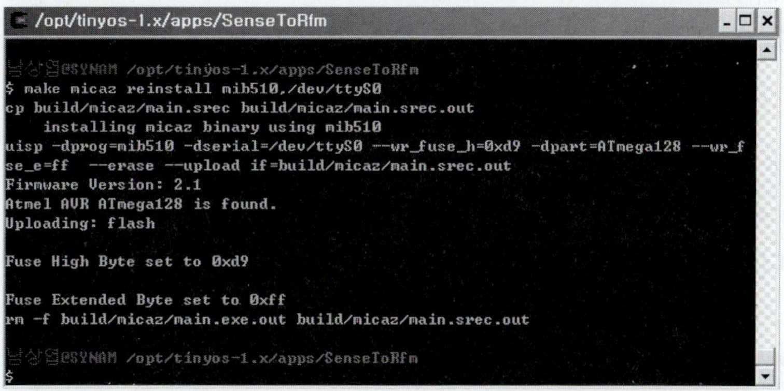

② node 2를 컴파일과 업로드를 실시한다.

- $ cd / opt / TinyOS-1.x / apps / RfmtoLeds
- $ make micaz
- $ make micaz reinstall mib510, / dev / ttyS0

```
/opt/tinyos-1.x/apps/RfmToLeds

남상엽@SYNAM /opt/tinyos-1.x/apps/RfmToLeds
$ make micaz reinstall mib510,/dev/ttyS0
cp build/micaz/main.srec build/micaz/main.srec.out
    installing micaz binary using mib510
uisp -dprog=mib510 -dserial=/dev/ttyS0 --wr_fuse_h=0xd9 -dpart=ATmega128 --wr_f
se_e=ff  --erase --upload if=build/micaz/main.srec.out
Firmware Version: 2.1
Atmel AVR ATmega128 is found.
Uploading: flash

Fuse High Byte set to 0xd9

Fuse Extended Byte set to 0xff
rm -f build/micaz/main.exe.out build/micaz/main.srec.out

남상엽@SYNAM /opt/tinyos-1.x/apps/RfmToLeds
$
```

② 실행 결과 : 노드 1에 업로딩을 마친 다음 센서보드를 장착하고 노드 2에 업로딩을 마친 상태에서 각 노드의 sw를 "on"한 다음 노드 1의 센서를 손가락으로 광센서나 온도센서에 변화를 주면 Rf의 데이터가 변화하여 노드 2의 LED가 "On" "Off"를 확인할 수 있다.

8.2 PC상의 데이터 표현

1 오실로스코프 응용

오실로스코프를 하는 이유는 센서에 의하여 발생되는 신호가 데이터로 보내지므로 이를 자바 응용 프로그램을 이용하여 그래프로 처리하는 방법이다.

1) 우선 디렉토리를 오실로스코프로 이동한다.

- cd / opt / TinyOS-1.x / apps / Oscilloscope(업로딩할 프로그램이 있는 디렉토리로 이동).

```
/opt/tinyos-1.x/apps/Oscilloscope

남상엽@SYNAM ~
$ cd /opt/tinyos-1.x/apps/Oscilloscope

남상엽@SYNAM /opt/tinyos-1.x/apps/Oscilloscope
$
```

2) make micaz install mib510, / dev / ttyS0

(컴파일 및 빌드한 이미지를 mib510에 부착된 노드의 flash에 write)

```
/opt/tinyos-1.x/apps/Oscilloscope
$ make micaz reinstall mib510,/dev/ttyS0
cp build/micaz/main.srec build/micaz/main.srec.out
    installing micaz binary using mib510
uisp -dprog=mib510 -dserial=/dev/ttyS0 --wr_fuse_h=0xd9 -dpart=ATmega128 --wr_fu
se_e=ff  --erase --upload if=build/micaz/main.srec.out
Firmware Version: 2.1
Atmel AVR ATmega128 is found.
Uploading: flash

Fuse High Byte set to 0xd9

Fuse Extended Byte set to 0xff
rm -f build/micaz/main.exe.out build/micaz/main.srec.out

/opt/tinyos-1.x/apps/Oscilloscope
$
```

보드상태는 컴파일 및 필드한 이미지를 mib510의 플래시 메모리에 퓨징을 할 때는 ISP(D5) 적색 LED가 퓨징되는 상태 동안 LED가 “ON”된 후 완료되면 “OFF”된다.

이 후 MIB510 보드의 yellow(황색) LED(D4)가 토글하기 시작한다. 이 프로그램에서는 황색 LED가 구동하게 만들었다.

3) 하드웨어 연결

mib510의 윗쪽에는 프로세서 보드(micaz 등)를, 아랫쪽에는 센서 보드(mts300 등)를 부착한다.

4) JAVA 응용 실행

실행 디렉토리로 이동한다.

```
/opt/tinyos-1.x/tools/java
$ cd /opt/tinyos-1.x/tools/java

/opt/tinyos-1.x/tools/java
$
```

(1) 환경설정

통신방법(serial or local host)과 port 및 baud rate를 설정한다(예 mib510으로 com1에 연결했을 때).

- export MOTECOM=serial@COM1:57600

화면에 환경설정 입력시 대문자/소문자/띄어쓰기에 주의해야만 설정이 된다.

```
/opt/tinyos-1.x/tools/java
남상엽@SYNAM /opt/tinyos-1.x/tools/java
$ export MOTECOM=serial@COM1:57600

남상엽@SYNAM /opt/tinyos-1.x/tools/java
$
```

(2) 자바 프로그램을 실행하여 OscopeMsg 형태의 패킷을 수신해보자.

- $ java net.TinyOS.tools.Listen

```
/opt/tinyos-1.x/tools/java
$

남상엽@SYNAM /opt/tinyos-1.x/tools/java
$ export MOTECOM=serial@COM1:57600

남상엽@SYNAM /opt/tinyos-1.x/tools/java
$

남상엽@SYNAM /opt/tinyos-1.x/tools/java
$ java net.tinyos.tools.Listen
serial@COM1:57600: resynchronising
7E 00 0A 7D 1A 01 00 3E 3A 01 00 27 01 27 01 26 01 26 01 26 01 25 01 26 01 26 0
 25 01 26 01
7E 00 0A 7D 1A 01 00 48 3A 01 00 25 01 24 01 25 01 25 01 23 01 26 01 26 01 25 0
 28 01 28 01
```

실행결과 위 그림처럼 MIB510 보드에서 황색 LED가 깜빡일 때마다 광센서에서 보내온 데이터가 계속됨을 볼 수 있다. 여기에서 광센서 데이터를 그래프로 나타내어 보자.

이 그래프가 자바 응용 프로그램인데 전자계측장비인 오실로스코프 모양이므로 오실로스코프라 칭한다.

(3) 계속되는 데이터를 멈춘다(ctrl−c).

```
/opt/tinyos-1.x/tools/java
 62 01 60 01
7E 00 0A 7D 1A 01 00 2E 4F 01 00 62 01 61 01 5F 01 61 01 60 01 61 01 62 01 62 01
 63 01 65 01
7E 00 0A 7D 1A 01 00 38 4F 01 00 64 01 64 01 64 01 61 01 62 01 61 01 5F 01 60 01
 60 01 5F 01
7E 00 0A 7D 1A 01 00 42 4F 01 00 61 01 61 01 61 01 61 01 5F 01 5E 01 5E 01 5C 01
 5D 01 5E 01
7E 00 0A 7D 1A 01 00 4C 4F 01 00 5E 01 60 01 62 01 62 01 65 01 66 01 64 01 66 01
 66 01 65 01
7E 00 0A 7D 1A 01 00 56 4F 01 00 68 01 68 01 67 01 69 01 68 01 69 01 6C 01 6C 0
 6E 01 6F 01


남상엽@SYNAM /opt/tinyos-1.x/tools/java
$
```

(4) 그래프로 표시하기 위해 자바 프로그램을 실행한다.

- $java net.TinyOS.oscope.oscilloscope을 실행하면

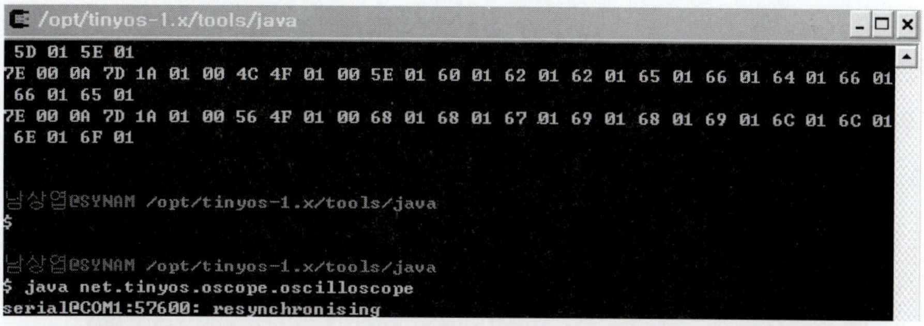

(5) 실행 결과

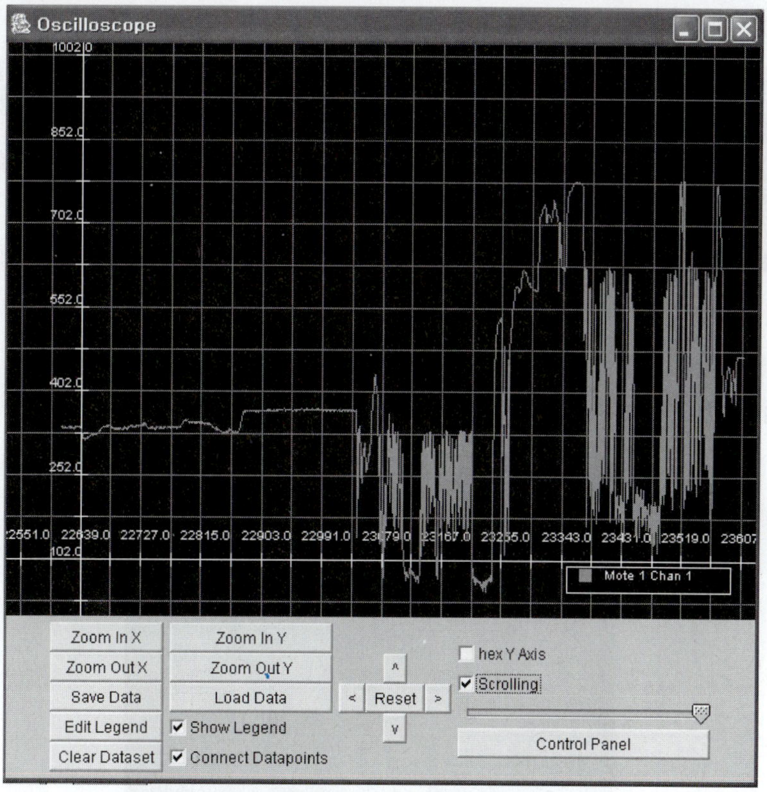

실행 결과가 오실로스코프상에 표시되지 않을 때는 Scrolling을 클릭하면 광센서의 데이터가 오실로스코프에 표시된다. 이때 광센서를 손가락으로 조작하면 광센서의 광량의 차이에 의한 변화를 관찰할 수 있다. 실행 결과가 오실로스코프상에 나타나지 않아도 오실로스코프에 이 표시가 나타나면 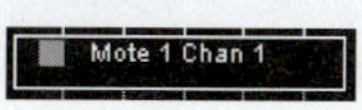 정상동작중이다.

5) 응용 실습

(1) 실습 1

오실로스코프상에 나타나는 타이머 주기가 125ms인데 이것을 25ms로 변환하고 황색 LED에서 녹색 LED로 표시를 변경하라. 해법은 다음과 같다.

① 우선 소스가 있는 디렉토리 오실로스코프로 이동한다.

$ cd / opt / tonyos-1.x / apps / Oscilloscope

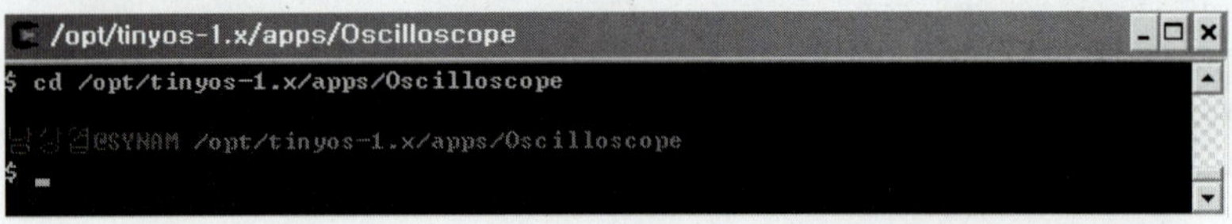

② 디렉토리 오실로스코프 밑에 소스파일인 OscilloscopeM.nc 파일을 수정한다.

$vi OscilloscopeM.nc

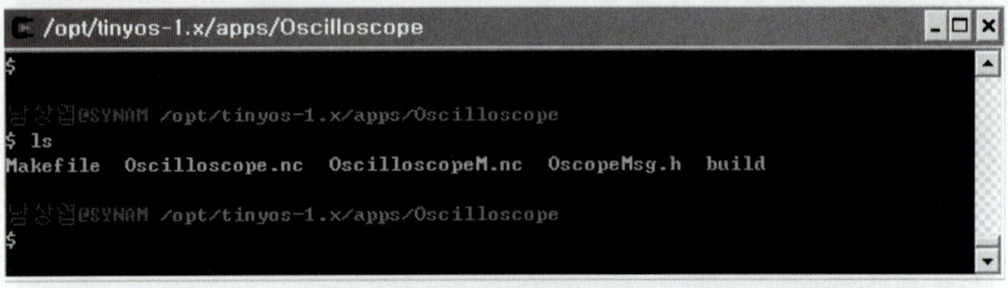

실행하면 옆의 화면처럼 소스를 볼 수 있다.

이 소스 중 TIMER_REPEAT, 125에서 125를 25로 수정하면 된다. 그리고 소스 중 맨 밑줄인 call LEDs. yellowToggle()에서 yellow를 green으로 수정하면 된다.

(2) 실습 2

센서 보드상에 기존의 광센서를 온도(Temp) 센서로 변경하라. 해법은 다음과 같다.

① 센서의 변경은 디렉토리 TOS / sensorboards / micasb / 에서 수정할 수 있으므로

$ cd / opt / TinyOS-1.x / TOS / Sensorboards / micasb / 로 이동한다.

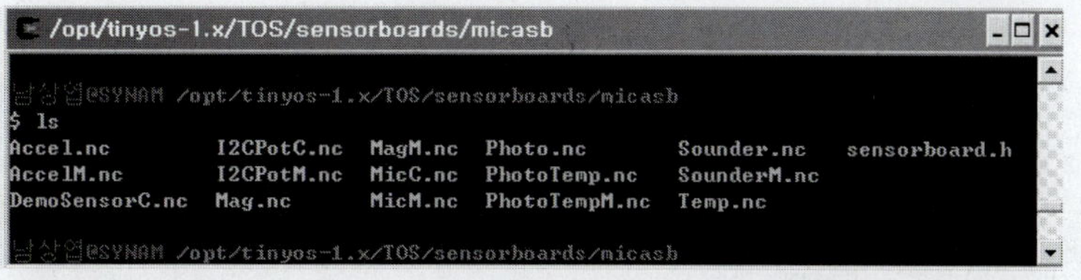

② 센서를 수정하기 위해서 소스 DemoSensorC.nc를 수정한다.

$vi DemoSensorC.nc

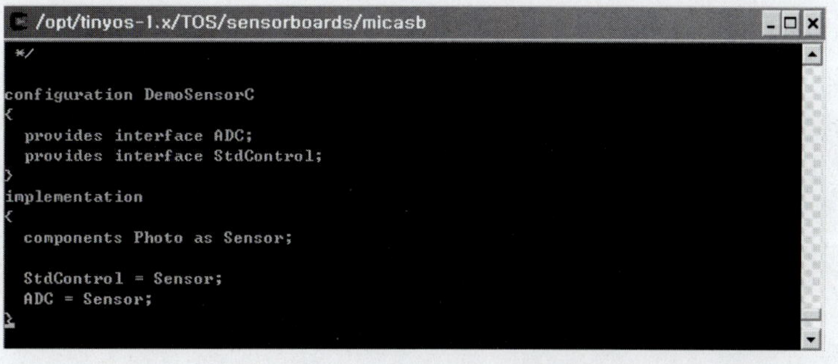

위 소스에서 components Photo as Sensor에서 Photo를 Temp로 변경하면 온도센서로 변경된다.

지금까지는 노드가 1개를 사용하는 경우의 오실로스코프 설정하는 방법이었다.

2 오실로스코프 RF 응용

1) Base Station은 디렉토리 TOSBase에서 처리한다.

- $cd / opt / TinyOS-1.x / apps / TOSBase로 이동

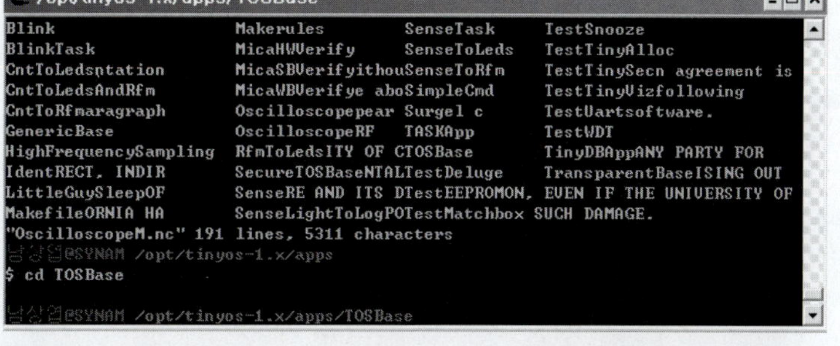

8장

2) mib510에 부착되는 노드(베이스 노드)에 업로딩 및 컴파일 수행

- $make micaz install mib510, / dev / ttyS0

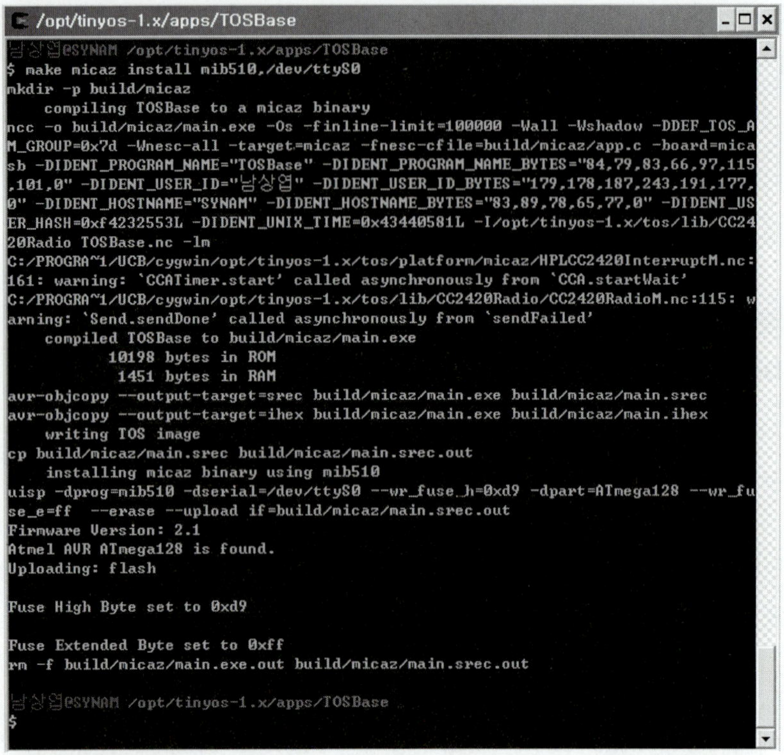

이처럼 컴파일과 업로딩을 한꺼번에 처리했다.

3) 무선으로 정보 수집할 노드들에 업로딩 및 컴파일을 위하여 디렉토리 오실로스코프 RF로 이동한다.

- $cd / opt / TinyOS-1.x / apps / OscilloscopeRF

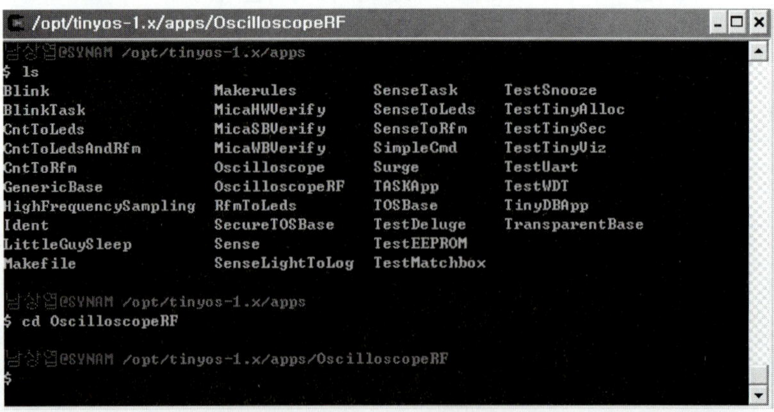

4) make micaz install.(n) mib510, / dev / ttyS0이므로 노드 1을 부여한다.

(install 뒤에 nodeid를 부여한다.)

- $make micaz install.1 mib510, / dev / ttyS0

이때 Base station에 있는 micaz 보드를 mib510에서 제거한다.

이유는 무선 로드 1번을 컴파일하고 보드에 업로딩하기 위해서이다.

> **주의사항** 대부분의 무선 로드는 배터리가 장착되어 있으므로 앞에서는 언급되었듯이 반드시 배터리를 제거하거나 micaz의 스위치를 "off"상태 확인 후 mib510에 장착하길 바란다.

다음 화면처럼 컴파일하고 업로딩을 동시에 실행한다.

다소 시간이 걸리지만 좀 편하게 진행할 수 있다. 그리고 이것도 마찬가지이지만 실행 결과는 적색 LED가 퓨징시 "on"하고 퓨징이 끝나면 "off"한다. 이 과정이 끝나면 앞에서 했던 것처럼 반복하여 다른 무선 로드를 장착하여 로드 ID를 2번으로 부여하여 업로딩하고 컴파일을 동시에 실행한다.

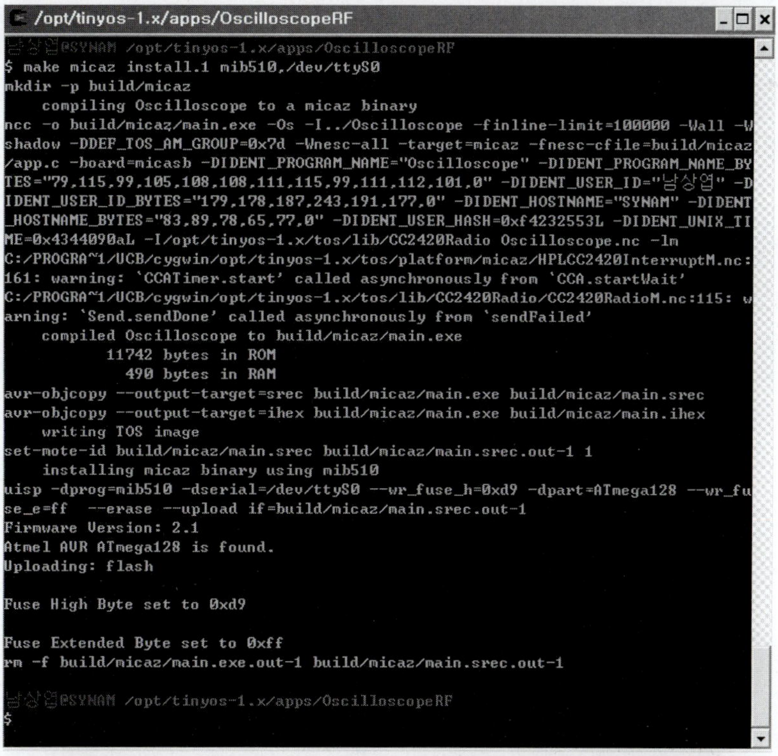

5) make micaz install.(n) mib510, / dev / ttyS0 이므로 노드 2를 부여한다.

(install 뒤에 node ID를 부여한다.)

- $make micaz install.2 mib510, / dev / ttyS0

이때 Base station에 있는 micaz 보드를 mib510에서 제거한다. 이유는 무선 로드 2번을 컴파일하고 보드에 업로딩하기 위해서이다.

> **주의사항** 대부분 무선 로드는 배터리가 장착되어 있으므로 앞에서는 언급되었듯이 반드시 배터리를 제거하든지 micaz의 스위치를 "off"상태 확인 후 mib510에 장착하길 바란다.

아래 화면처럼 컴파일하고 업로딩을 동시에 실행한다.

다소 시간이 걸리지만 좀 편하게 진행할 수 있다. 그리고 이것도 마찬가지이지만 실행결과는 적색 LED가 퓨징시 "on"하고 퓨징이 끝나면 "off "한다.

그리고 각 로드 1과 로드 2번에 센서보드를 다시 장착하고 스위치를 "on"하고 base station 보드도 mib510보드에 장착하면 녹색 LED가 "on" "off "로 토글이 로드 1개할 때보다 로드 2개할 때 반복속도가 2배로 빠름을 볼 수 있다. 그럼 자바 응용을 통하여 확인하자.

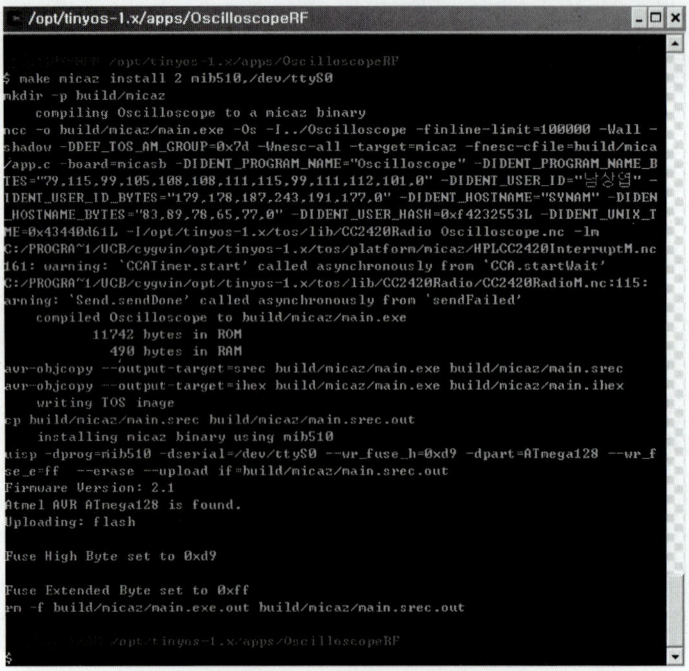

6) java application 수행 실시

(1) $java net.TinyOS.tools.Listen

(프로그램 테스트)

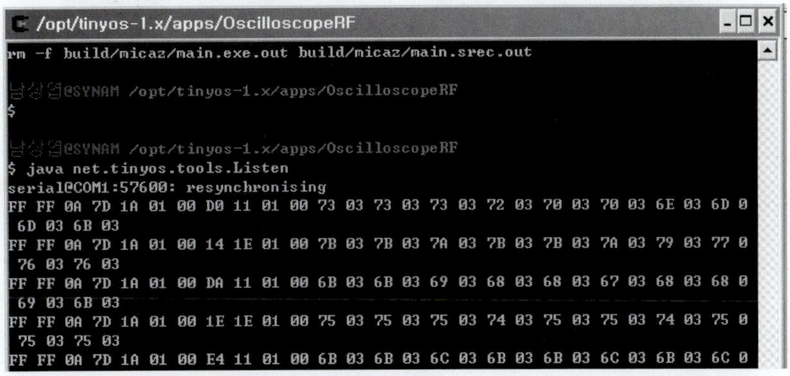

(2) $java net.TinyOS.oscope.oscilloscope

(java application 실행)

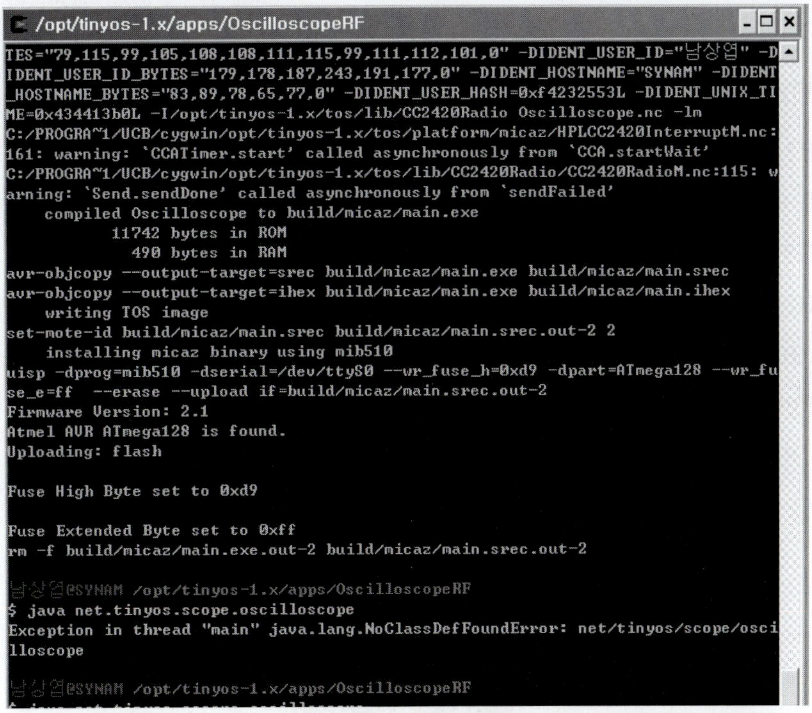

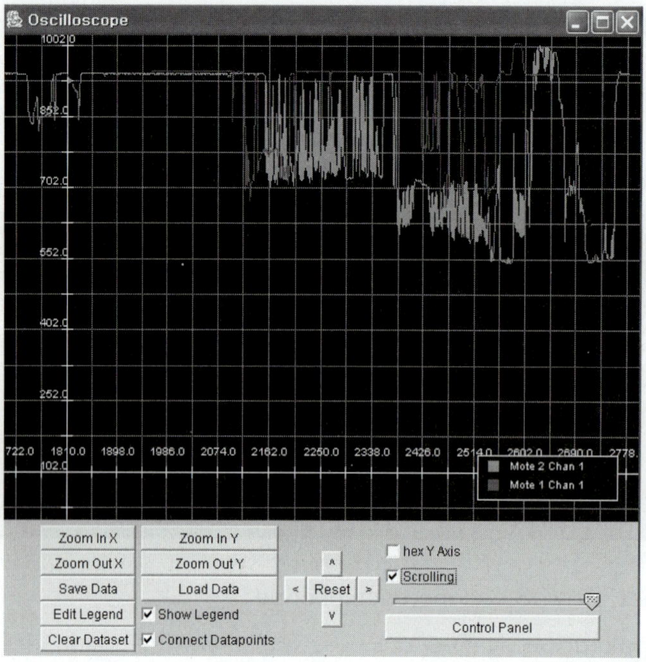

3 TinyDB 응용

TinyDB는 TinyOS 센서의 네트워크로부터 정보 발췌를 위한 검색처리 시스템이다. 원하는 추출 데이터를 나열하기 위해 SQL 같은 인터페이스를 제공한다. 이것은 센서 네트워크 소프트웨어와 자바 바탕의 클라이언트간의 인터페이스이다.

TinyDB는 환경 모니터링 같은 저비율 데이터 모집 같은 응용에 초점을 맞출 것이다.

이것은 100로드 이상 스케링할 것이고 크기는 임베디드 C 코드의 10K라인, Java의 5K라인, 768바이트의 heap를 가진 3.2kB RAM, 58kB compiled 코드를 가지고 있다.

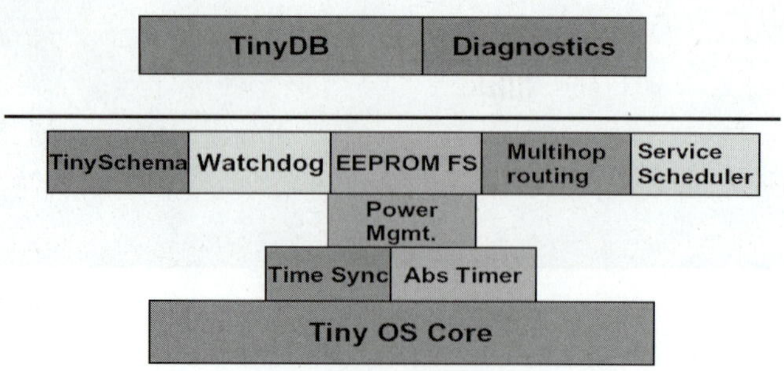

[그림 8-1] TinyDB의 구조

다음은 TinyDBApp의 Setup 및 실행 과정이다.

① TinyDBApp 디렉토리로 이동한다.

- $cd / opt / TinyOS-1.x / apps / TinyDBApp

```
/opt/tinyos-1.x/apps/TinyDBApp
$ cd TinyDBApp

남상엽@SYNAM /opt/tinyos-1.x/apps/TinyDBApp
$ _
```

② 컴파일과 업로딩한다. 각각 노드별로 실시한다.

- $ make micaz install.0 mib510, / dev / ttyS0 → 베이스노드
- $ make micaz reinstall.1 mib510, / dev / ttyS0
- $ make micaz reinstall.2 mib510, / dev / ttyS0

install은 reinstall과 컴파일을 동시에 실시한다. 각 노드별 컴파일과 업로드를 mib510에 차례로 장착하고 난 뒤 마지막으로 base station을 장착한다. base station은 노드 ID가 ①인 노드이다.

```
/opt/tinyos-1.x/apps/TinyDBApp
161: warning: `CCATimer.start' called asynchronously from `CCA.startWait'
C:/PROGRA~1/UCB/cygwin/opt/tinyos-1.x/tos/platform/micaz/HPLCC2420InterruptM.nc:
168: warning: `CCATimer.stop' called asynchronously from `CCA.disable'
C:/PROGRA~1/UCB/cygwin/opt/tinyos-1.x/tos/lib/CC2420Radio/CC2420RadioM.nc:115: w
arning: `Send.sendDone' called asynchronously from `sendFailed'
C:/PROGRA~1/UCB/cygwin/opt/tinyos-1.x/tos/system/RealMain.nc: In function `main'
:
C:/PROGRA~1/UCB/cygwin/opt/tinyos-1.x/tos/interfaces/StdControl.nc:63: warning:
`result' might be used uninitialized in this function
    compiled TinyDBApp to build/micaz/main.exe
           61716 bytes in ROM
            2825 bytes in RAM
avr-objcopy --output-target=srec build/micaz/main.exe build/micaz/main.srec
avr-objcopy --output-target=ihex build/micaz/main.exe build/micaz/main.ihex
    writing TOS image
set-mote-id build/micaz/main.srec build/micaz/main.srec.out-2 2
    installing micaz binary using mib510
uisp -dprog=mib510 -dserial=/dev/ttyS0 --wr_fuse_h=0xd9 -dpart=ATmega128 --wr_fu
se_e=ff  --erase --upload if=build/micaz/main.srec.out-2
Firmware Version: 2.1
Atmel AVR ATmega128 is found.
Uploading: flash

Fuse High Byte set to 0xd9

Fuse Extended Byte set to 0xff
rm -f build/micaz/main.exe.out-2 build/micaz/main.srec.out-2

남상엽@SYNAM /opt/tinyos-1.x/apps/TinyDBApp
$ _
```

③ 주의사항(mica2의 주파수 설정)

만약에 사용하는 mote가 mica2일 경우에는 주파수 설정을 해주어야만 한다.

- $cd / opt / TinyOS-1.x / TOS / platform / mica2

```
/opt/tinyos-1.x/TOS/platform/mica2

남상엽@SYNAM /opt/tinyos-1.x/TOS/platform/mica2
$ ls
ADCC.nc               HPLCC1000M.nc               MacControl.nc
ADCControl.nc         HPLFlash.nc                 RadioCRCPacket.nc
ADCREFM.nc            HPLMicC.nc                  SerialId.nc
CC1000Const.h         HPLPotC.nc                  SpiByteFifo.nc
CC1000Control.nc      HPLPowerManagementM.nc      SysTimeC.nc
CC1000ControlM.nc     HPLSpiM.nc                  SysTimeM.nc
CC1000RadioC.nc       HPLUART0M.nc                SysTimeStampingC.nc
CC1000RadioIntM.nc    HPLUART1M.nc                SysTimeStampingM.nc
HPLADCM.nc            HPLUARTC.nc                 TinySec
HPLCC1000.nc          MacBackoff.nc               hardware.h

남상엽@SYNAM /opt/tinyos-1.x/TOS/platform/mica2
$
```

- $vi cc1000Const.h

④ 222 line #define CC1K_DEF_PRESET(CC1K_915_998_MHZ)로 주파수를 세팅한다.

```
/opt/tinyos-1.x/TOS/platform/mica2
#define CC1K_315_178_MHZ        0x04

#ifdef CC1K_DEFAULT_FREQ
#define CC1K_DEF_PRESET (CC1K_DEFAULT_FREQ)
#endif
#ifdef CC1K_MANUAL_FREQ
#define CC1K_DEF_FREQ (CC1K_MANUAL_FREQ)
#endif

#ifndef CC1K_DEF_PRESET

//#define CC1K_DEF_PRESET       (CC1K_433_002_MHZ)
#define CC1k_DEF_PRESET <CC1k_915_998_MHZ>
#endif


//#define CC1K_SquelchInit        0x02F8 // 0.90V using the bandgap reference
#define CC1K_SquelchInit        0x138
#define CC1K_SquelchTableSize   9
#define CC1K_MaxRSSISamples     5
#define CC1K_Settling           1
#define CC1K_ValidPrecursor     2
```

vi 에디터를 통하여 RF 칩의 주파수 대역을 변경한다.

shif-:을 사용하여 : 222을 치면 그 라인을 쉽게 찾을 수 있고 위 그림과 같이 'CC1K_433_002_MHZ' 부분을 주석처리한 후 #define CC1k_DEF_PRESET <CC1k_915_998_MHZ>를 입력하고 난 뒤 shif−Z+Z로 저장 후 빠져 나온다.

micaz를 사용할 때에는 아무런 문제가 없다. 있는 그대로 사용하면 된다.

⑤ 통신방법(serial or local host)과 port 및 baud rate를 설정한다.

- export MOTECOM=serial@COM1:57600

⑥ java 설치(PC에서 java 프로그램으로 실행하므로 java를 먼저 설치)

- $ / opt / TinyOS-1.x / tools / java

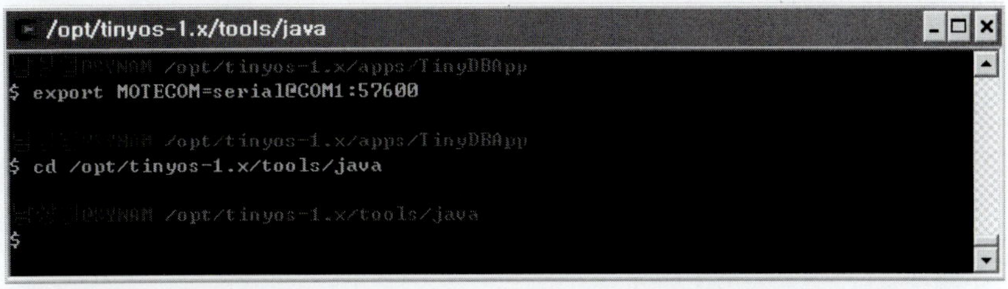

⑦ TinyDBMain을 실행한다.

그러면 java 프로그램이 실행된다.

- $ java net.TinyOS.tinydb.TinyDBMain

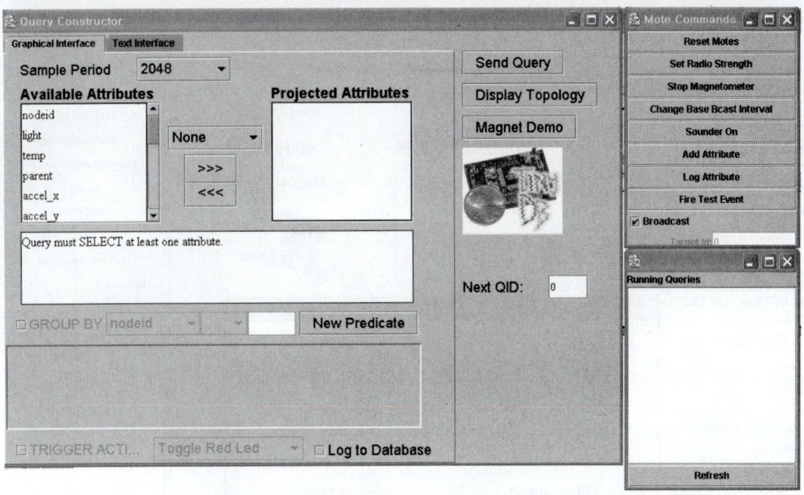

우선 노드 1, 2에 sounder 보드를 장착하고 mote command에서 sounder on을 클릭해본다. 각 노드에서 LED가 "on"되면서 사운드가 들린다. 이것의 의미는 호스트 PC에서 노드 0이 있는 base station이 sounder 센서를 작동하라는 신호를 보내 노드

8장

1, 2가 이를 수신했음을 나타낸다.

Available Attributes에서 해당 항목을 Projected Attributes로 보낸다. 여기서는 node id와 light, temp을 보내보자.

Display Topology를 하면 노드 0(base station), 노드 1, 노드 2의 토폴로지 연결 상태를 볼 수 있다.

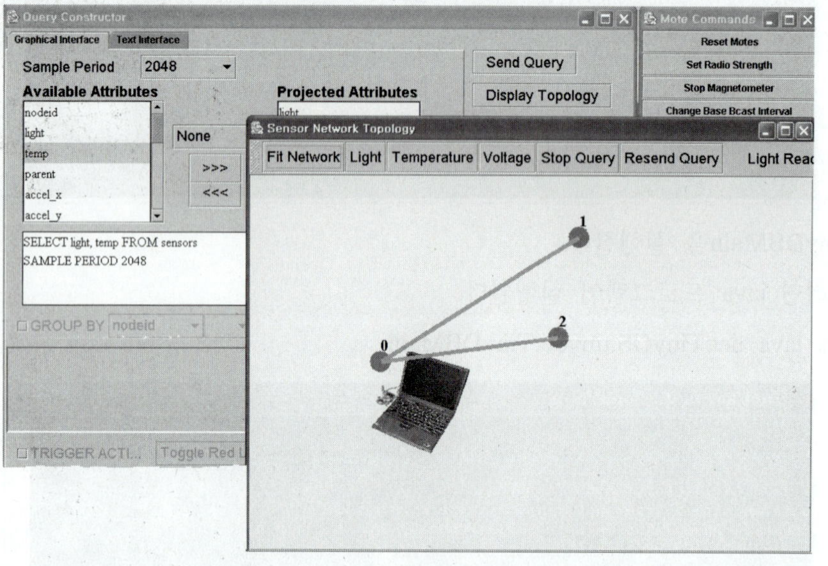

Send Query를 클릭하면 새 창이 떠서 데이터를 수집하는 것을 볼 수 있다. 각 노드 id별 수집하는 화면을 볼 수 있다.

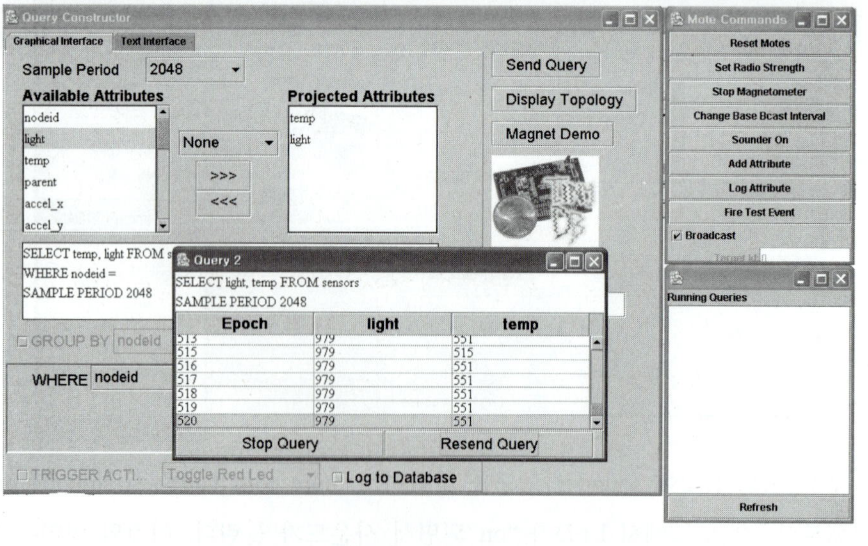

각 노드별 온도와 광센서의 변화를 데이터와 함께 그래프로 표현하였다.

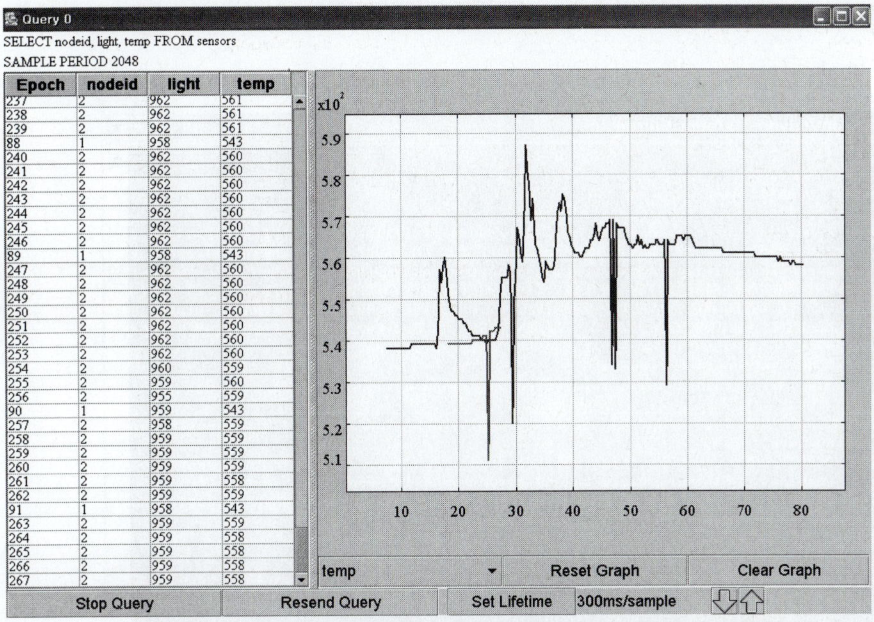

8.3 멀티홉 메쉬 네트워크 응용

1 Surge-View 응용

Surge는 개발 툴과 네트워크 모니터링을 향상하기 위한 것이다.

surge_Reliable와 Surge-Reliable_Dot, Surge_Low_Power, Surge_Time_ Sync가 있고 MICAz에서는 Surge_Low_Power, Surge_Time_Sync이 가능하지 않다.

Surge-View GUI(graphical user interface) 툴은 편리하게 .exe 파일의 실행 동작을 편리하게 그래프로 변화시켜 주는 툴이다.

① Surge 디렉토리로 이동한다.

② make를 사용하여 컴파일하자.

공식 ; make<platform>

- make micaz

```
/opt/tinyos-1.x/apps/Surge
남상엽@SYNAM /opt/tinyos-1.x/apps/Surge
$ make micaz
mkdir -p build/micaz
    compiling Surge to a micaz binary
ncc -o build/micaz/main.exe -Os -I%T/lib/Route -I%T/lib/Queue -I%T/lib/Broadcast
 -finline-limit=100000 -Wall -Wshadow -DDEF_TOS_AM_GROUP=0x7d -Wnesc-all -target
=micaz -fnesc-cfile=build/micaz/app.c -board=micasb -DIDENT_PROGRAM_NAME="Surge"
 -DIDENT_PROGRAM_NAME_BYTES="83,117,114,103,101,0" -DIDENT_USER_ID="남상엽" -DID
ENT_USER_ID_BYTES="179,178,187,243,191,177,0" -DIDENT_HOSTNAME="SYNAM" -DIDENT_H
OSTNAME_BYTES="83,89,78,65,77,0" -DIDENT_USER_HASH=0xf4232553L -DIDENT_UNIX_TIME
=0x4347c473L -I/opt/tinyos-1.x/tos/lib/CC2420Radio Surge.nc -lm
SurgeM.nc: In function `SendData':
SurgeM.nc:89: warning: suggest parentheses around assignment used as truth value

C:/PROGRA~1/UCB/cygwin/opt/tinyos-1.x/tos/platform/micaz/HPLCC2420InterruptM.nc:
 At top level:
C:/PROGRA~1/UCB/cygwin/opt/tinyos-1.x/tos/platform/micaz/HPLCC2420InterruptM.nc:
161: warning: `CCATimer.start' called asynchronously from `CCA.startWait'
C:/PROGRA~1/UCB/cygwin/opt/tinyos-1.x/tos/lib/CC2420Radio/CC2420RadioM.nc:115: w
arning: `Send.sendDone' called asynchronously from `sendFailed'
C:/PROGRA~1/UCB/cygwin/opt/tinyos-1.x/tos/system/RealMain.nc: In function `main'
:
C:/PROGRA~1/UCB/cygwin/opt/tinyos-1.x/tos/interfaces/StdControl.nc:63: warning:
`result' might be used uninitialized in this function
    compiled Surge to build/micaz/main.exe
           17390 bytes in ROM
            1949 bytes in RAM
avr-objcopy --output-target=srec build/micaz/main.exe build/micaz/main.srec
avr-objcopy --output-target=ihex build/micaz/main.exe build/micaz/main.ihex
    writing TOS image

남상엽@SYNAM /opt/tinyos-1.x/apps/Surge
$
```

③ Base station mote에 대하여 node ID 0으로 reinstall 한다.

공식 ; make<platform> reinstall.0 mib510, / dev / ttyS0

- make micaz reinstall.0 mib510, / dev / ttyS0

```
/opt/tinyos-1.x/apps/Surge
남상엽@SYNAM /opt/tinyos-1.x/apps/Surge
$ make micaz reinstall.o mib510,/dev/ttyS0
set-mote-id build/micaz/main.srec build/micaz/main.srec.out-o o
Argument "o" isn't numeric in pack at /usr/local/bin/set-mote-id line 89.
    installing micaz binary using mib510
uisp -dprog=mib510 -dserial=/dev/ttyS0 --wr_fuse_h=0xd9 -dpart=ATmega128 --wr_fu
se_e=ff  --erase --upload if=build/micaz/main.srec.out-o
Firmware Version: 2.1
Atmel AVR ATmega128 is found.
Uploading: flash

Fuse High Byte set to 0xd9

Fuse Extended Byte set to 0xff
rm -f build/micaz/main.exe.out-o build/micaz/main.srec.out-o

남상엽@SYNAM /opt/tinyos-1.x/apps/Surge
$
```

④ 다음 Mote를 위하여 mib510에 있는 Mote를 새 Mote로 교체하고 다음 Mote에 대하여 node ID 1, 2, 3 등으로 reinstall하고 각각 시리얼 포트를 통하여 Mote에 각각 업로딩한다.

공식 ; make<platform> reinstall.<#> mib510, / dev / ttyS0

- make micaz reinstall.1 mib510, / dev / ttyS0
- make micaz reinstall.2 mib510, / dev / ttyS0

```
/opt/tinyos-1.x/apps/Surge

@SYNAM /opt/tinyos-1.x/apps/Surge
$ make micaz reinstall.1 mib510,/dev/ttyS0
set-mote-id build/micaz/main.srec build/micaz/main.srec.out-1 1
    installing micaz binary using mib510
uisp -dprog=mib510 -dserial=/dev/ttyS0 --wr_fuse_h=0xd9 -dpart=ATmega128 --wr_fu
se_e=ff  --erase --upload if=build/micaz/main.srec.out-1
Firmware Version: 2.1
Atmel AVR ATmega128 is found.
Uploading: flash

Fuse High Byte set to 0xd9

Fuse Extended Byte set to 0xff
rm -f build/micaz/main.exe.out-1 build/micaz/main.srec.out-1

@SYNAM /opt/tinyos-1.x/apps/Surge
$ make micaz reinstall.2 mib510,/dev/ttyS0
set-mote-id build/micaz/main.srec build/micaz/main.srec.out-2 2
    installing micaz binary using mib510
uisp -dprog=mib510 -dserial=/dev/ttyS0 --wr_fuse_h=0xd9 -dpart=ATmega128 --wr_fu
se_e=ff  --erase --upload if=build/micaz/main.srec.out-2
Firmware Version: 2.1
Atmel AVR ATmega128 is found.
Uploading: flash

Fuse High Byte set to 0xd9

Fuse Extended Byte set to 0xff
rm -f build/micaz/main.exe.out-2 build/micaz/main.srec.out-2

@SYNAM /opt/tinyos-1.x/apps/Surge
$
```

⑤ 통신방법(serial or local host)과 port 및 baud rate를 설정한다.

- export MOTECOM=serial@COM1:57600

```
/opt/tinyos-1.x/apps/Surge

@SYNAM /opt/tinyos-1.x/apps/Surge
$

@SYNAM /opt/tinyos-1.x/apps/Surge
$ export MOTECOM=serial@COM1:57600

$
```

8장

⑥ serial Forwarder 프로그램을 실행한다.

- $cd / opt / TinyOS-1.x / tools / java
- $java net.TinyOS.sf.SerialForwarder

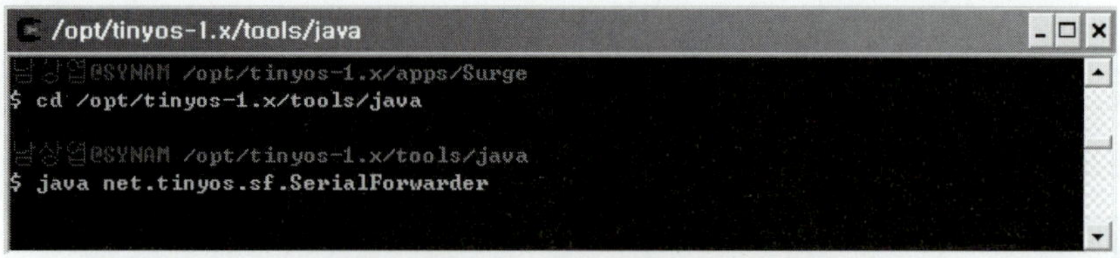

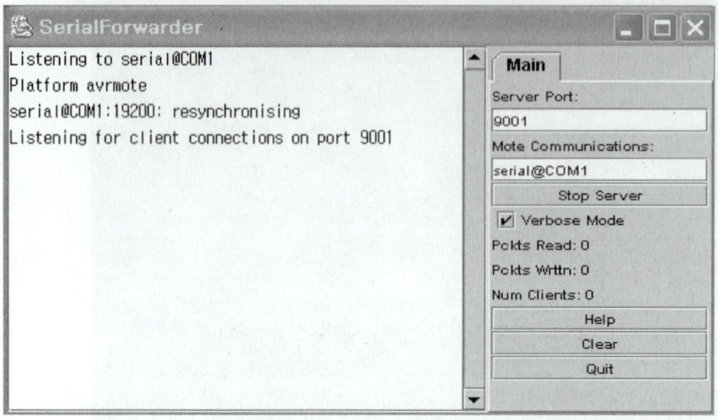

⑦ Surge 프로그램 실행

이 프로그램은 센서노드에 업로드하여 실행하는 프로그램이 아니라 PC상에서 실행되는 java로 만들어진 application이다. 다음 폴더에 Surge 프로그램이 존재한다. 이때 실행 파일이 surge.class가 아니라 MainClass.class 파일이라는 것을 주의하기 바란다.

/ opt / TinyOS-1.x / tools / java / net / TinyOS / surge

그리고 다른 application과 달리 surge 프로그램은 노드들의 그룹 아이디(Group ID)를 실행 파라미터로 받는다. 컴파일과 인스톨시 별도로 그룹 아이디를 정해주지 않을 경우 노드들의 그룹 아이디는 필수(default)로 125번을 사용한다.

- $ cd / opt / TinyOS-1.x / tools / java
- $ java net. / TinyOS / surge / MainClass 125 혹은 그냥 폴더에 든 $ java net.TinyOS.surge.MainClass 125

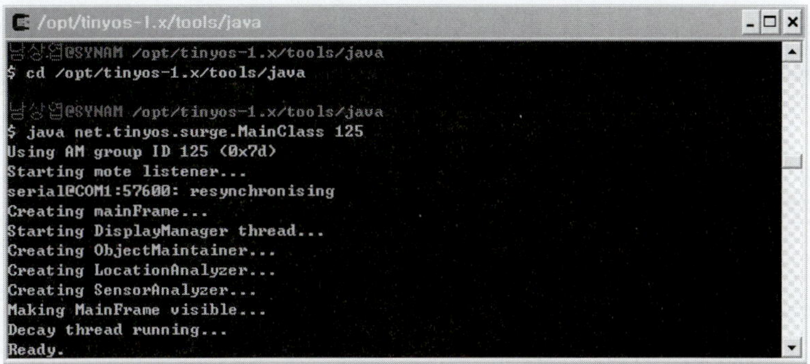

실행하면 GUI 환경이 실행된다. 만약 그룹 아이디를 별도로 설정하였을 경우 해당 그룹 아이디를 인수로 주고 실행하면 해당 그룹 아이디를 가진 노드만 출력된다.

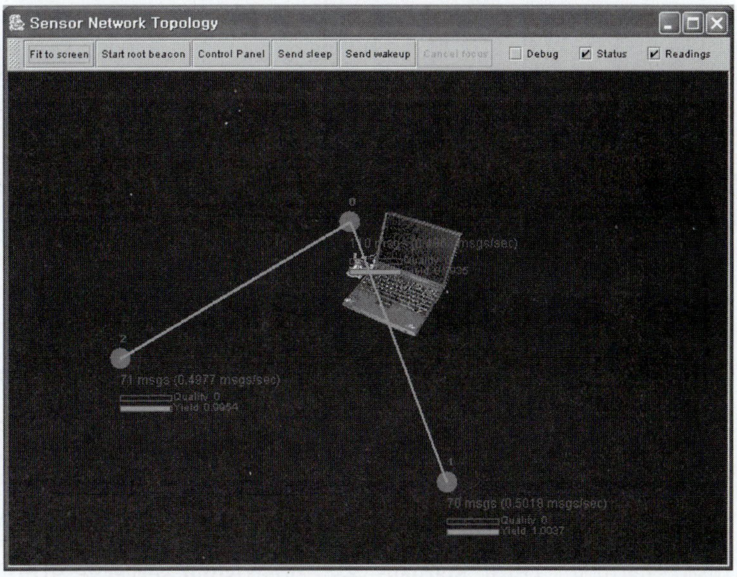

이 과정에서는 테스트 노드가 3개 밖에 없어서 정확히 보여줄 수 없지만 노드수가 많을 경우 네트워크 토폴로지를 보여준다.

다음 그림은 네트워크 토폴로지를 보여준 그림이다.

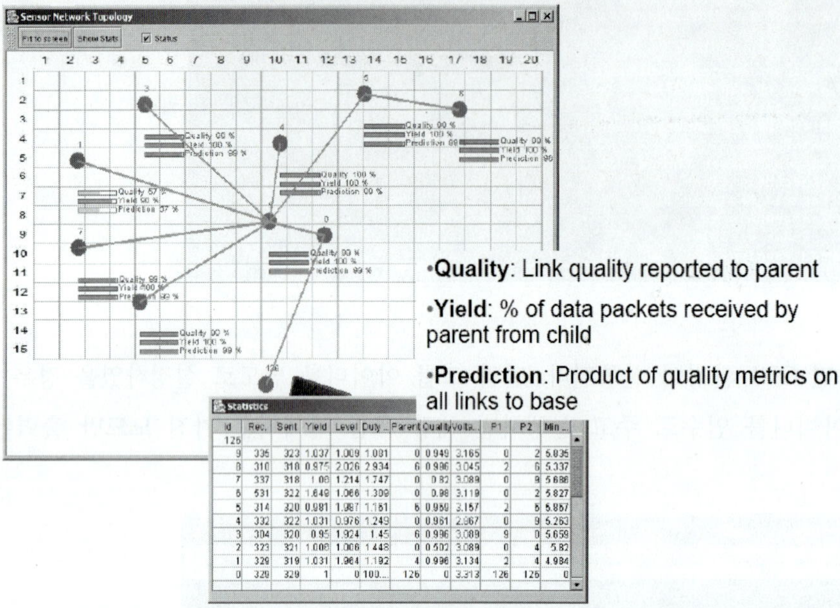

8.4 Mote-View 설정

Mote-View는 간단한 문제를 정의할 수 있다. 예를 들면 룸 안에서 광과 온도를 모니터할 수 있다. 소프트웨어 시스템으로 Mote층에서는 TinyOS의 코드가 동작하고 Server 층에서는 데이터베이스에서 읽기 위해 자료를 수집하고 클라이언트층에서는 Mote-View에서 데이터를 표시한다. Mote-View의 연결은 2가지 방법이 있다.

- 첫 번째 방법은 클라이언트만 연결하는 경우(Remote Logging)인데 이것은 존재하는 데이터베이스 서버에 연결하고 그리고 Stargate 혹은 preexisting server와 인터넷 접속을 요구한다.
- 두 번째 방법은 클라이언트 / 서버(local logging)의 경우 로컬 데이터베이스에 게이트웨이 데이터를 로그한다.

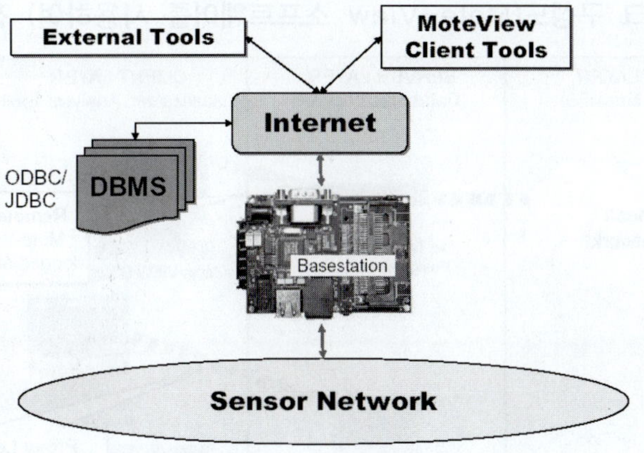

[그림 8-2] Mote-View 구조

1) Mote-View 메뉴창

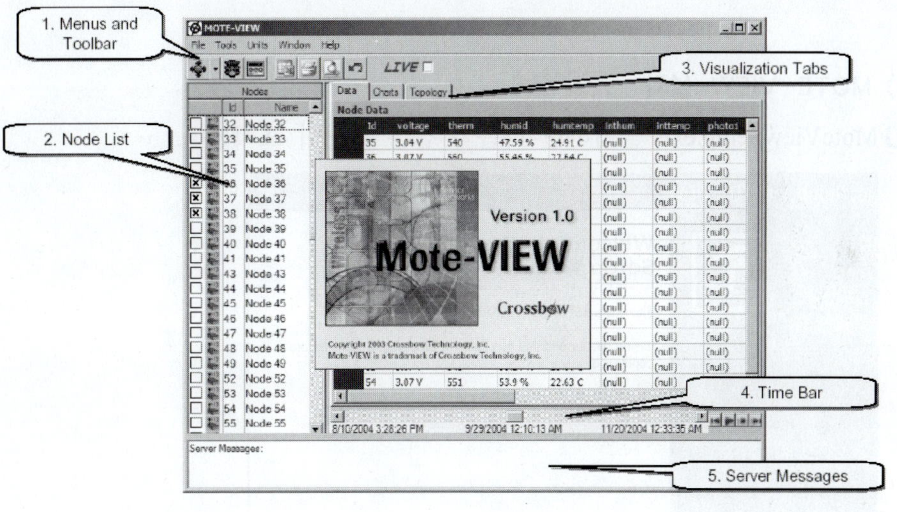

2) 센서 네트워크 구성도(Mote-View 소프트웨어를 사용하여) 전개구성 표시

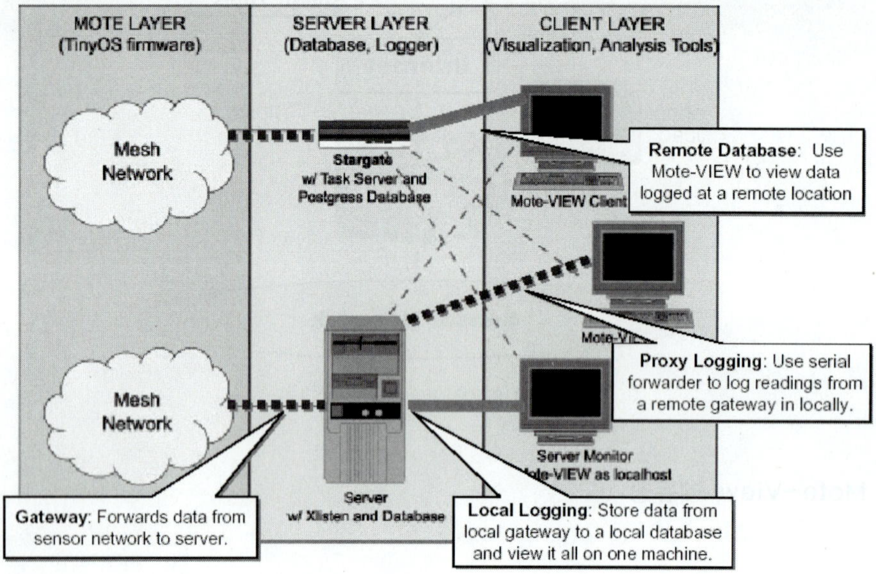

3) MOTE-VIEW 설치

① MoteViewSetup.exe 클릭하면 다음과 같은 화면이 표시된다.

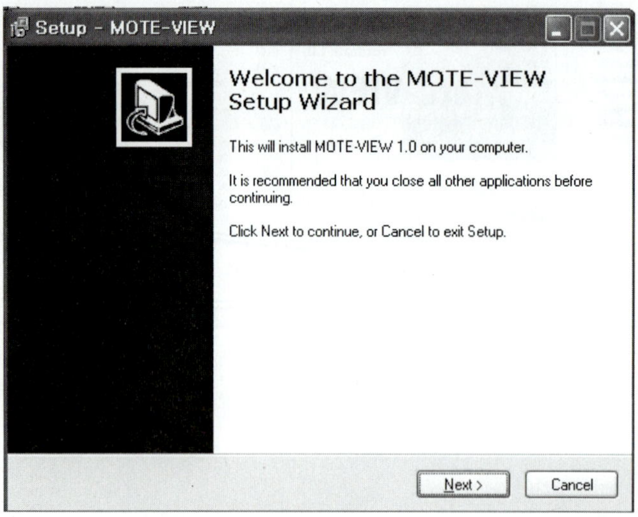

② 원하는 컴포넌트를 선택한다. 만약 MS.NET Framework가 설치되었으면 생략한다.

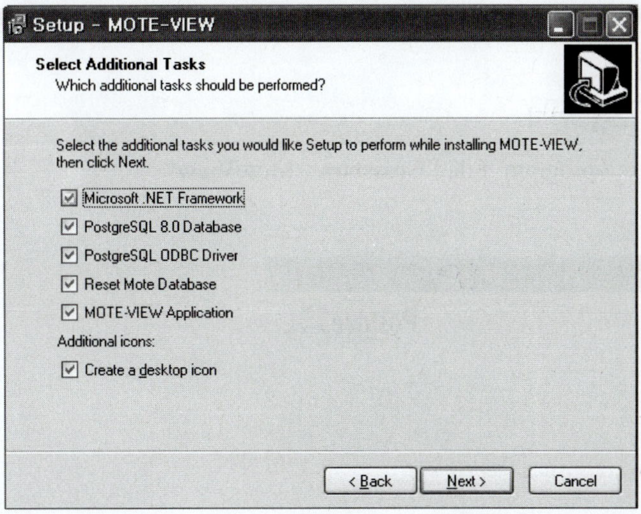

③ 설치 준비가 끝난 상태이고 모든 것은 default를 받아들이면 된다. 그리고 Install 버튼을 클릭하면 설치가 시작된다.

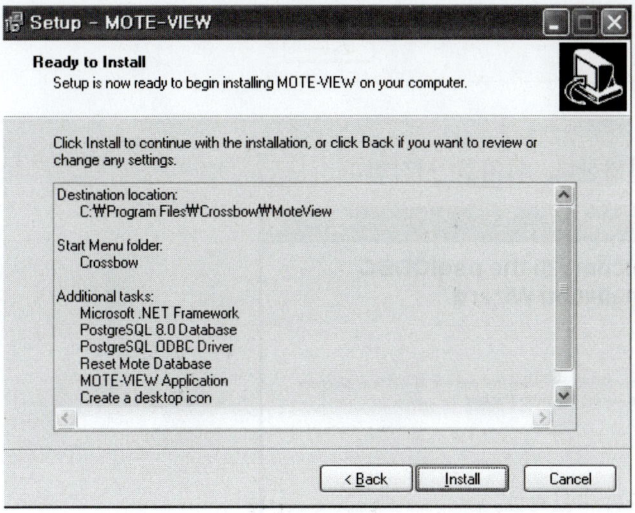

8장

④ 서버 setup을 위해 PostgreSQL 데이터베이스가 자동적으로 생성된다. MOTE-VIEW는 자동적으로 이것을 설치한다. 만약 시스템에 문제가 발생하면 database를 reset해야 한다.

- 윈도우의 DOS 커맨드를 연다.
- 디렉토리를 바꾼다. c: / program File / Crossbow / MoteView
- resetdb.com를 친다.

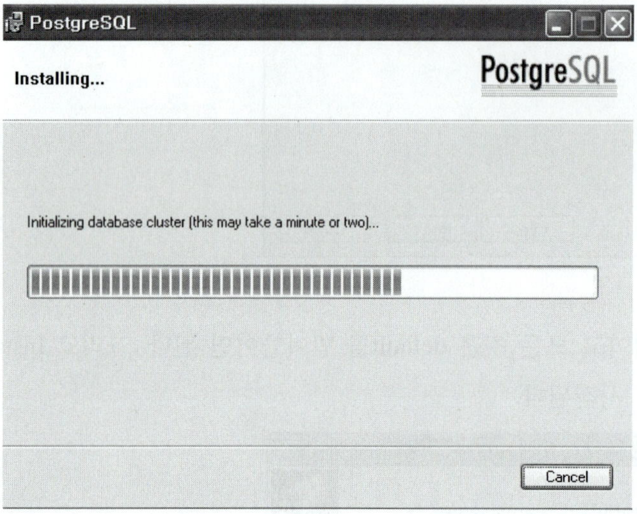

⑤ 문제가 없으면 계속 진행한다. 설치를 시작한다.

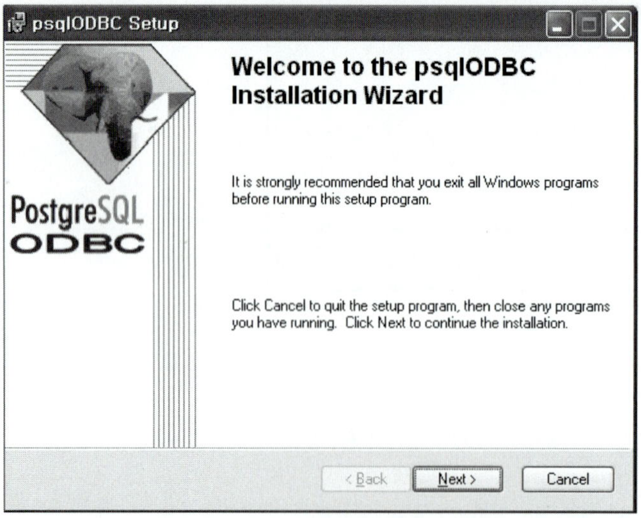

⑥ 라이센스에 동의를 하고 자동적으로 설치된다.

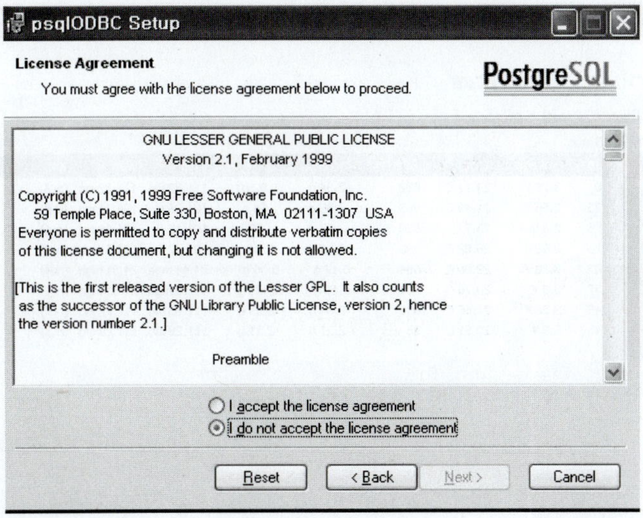

이렇게 해서 설치가 끝난다.

Mote-View는 설치하기가 매우 쉽다.

⑦ 컴퓨터 바탕 화면에 MOTE-VIEW를 클릭하면 로딩이 시작된다.

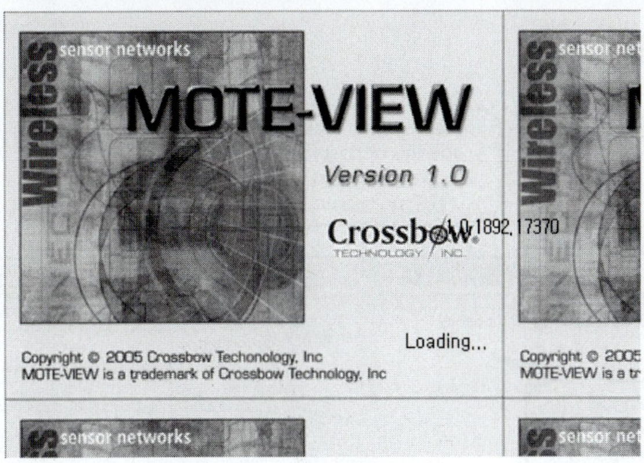

⑧ Mote-View 시작 화면이다.

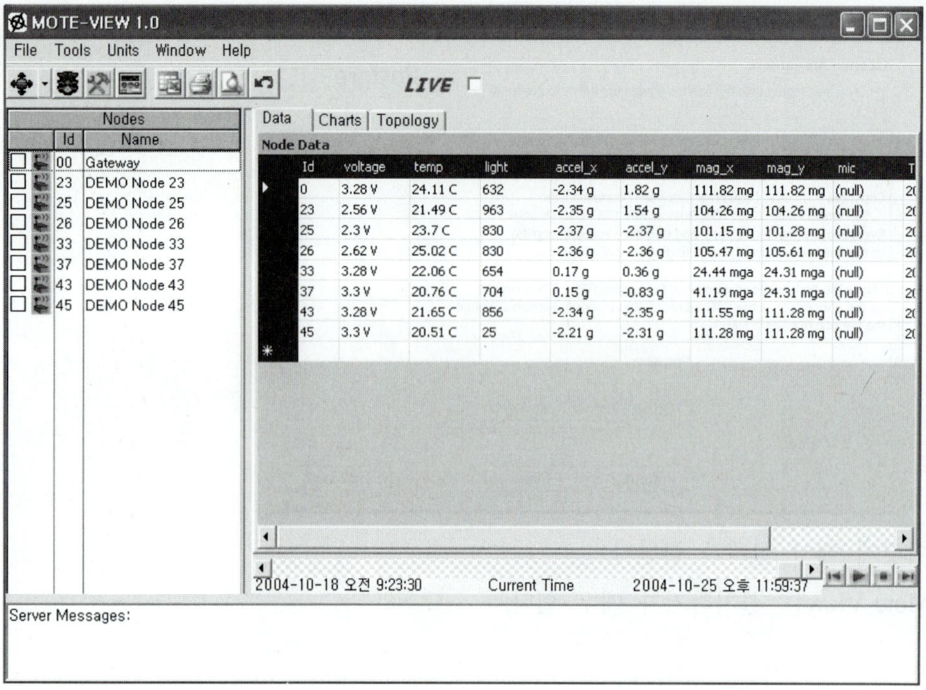

⑨ MOTE-VIEW 서버 선택을 한다.

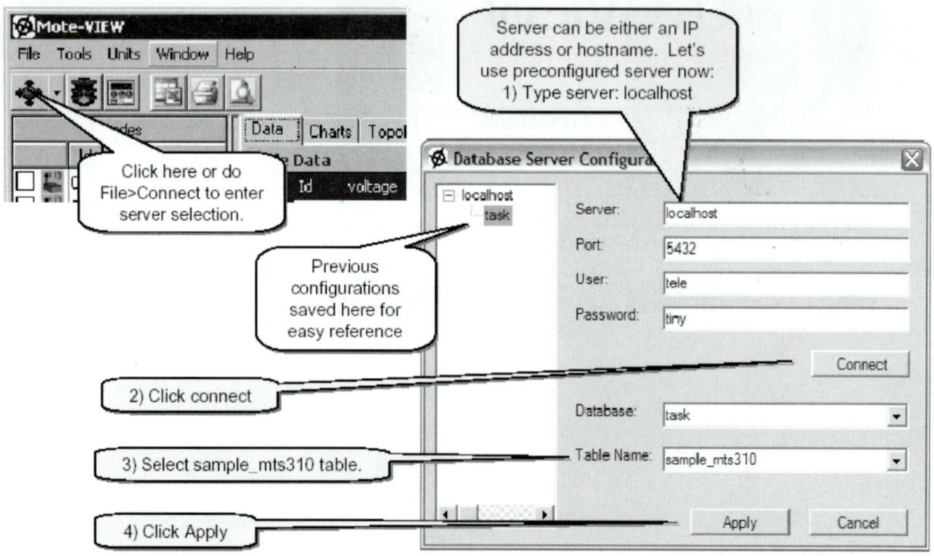

⑩ Mote-View Node 리스트

- Gray: No results received
- Green: Fresh results within last 20 minutes
- Moss: Results stale by >20 minutes
- Yellow: Results stale by >40 minutes
- Orange: Results stale by >60 minutes
- Red: Results stale by more than a day

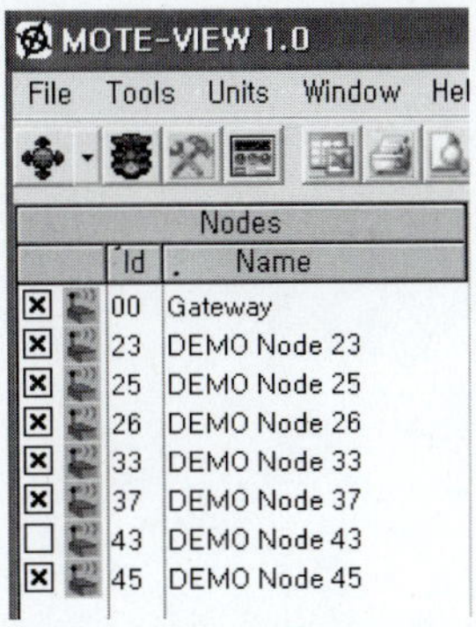

⑪ Mote-View의 view sensor data를 위한 3가지 방법이다.

- 데이터 view
- 차트 view
- 토폴로지 view

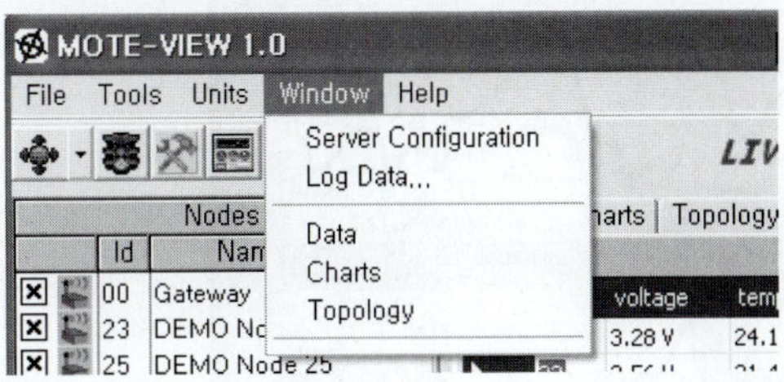

① 데이터 view

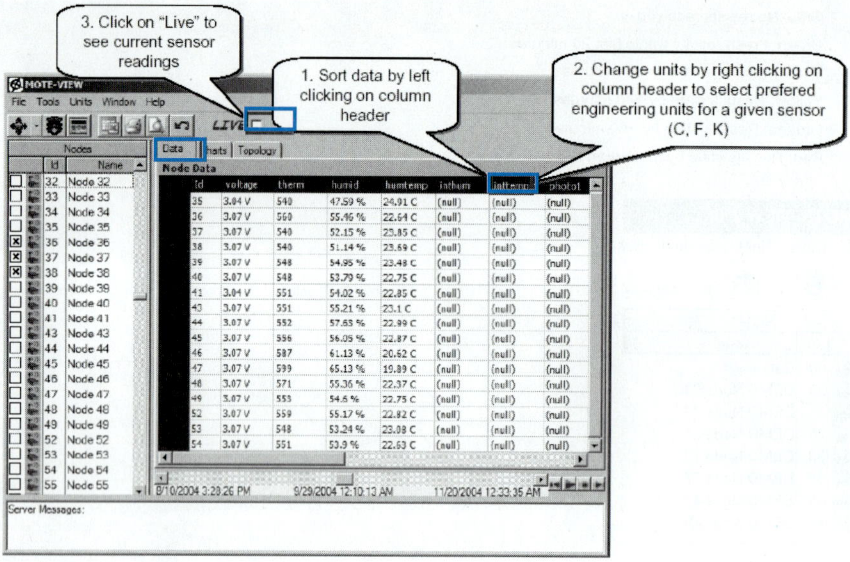

② 차트 view

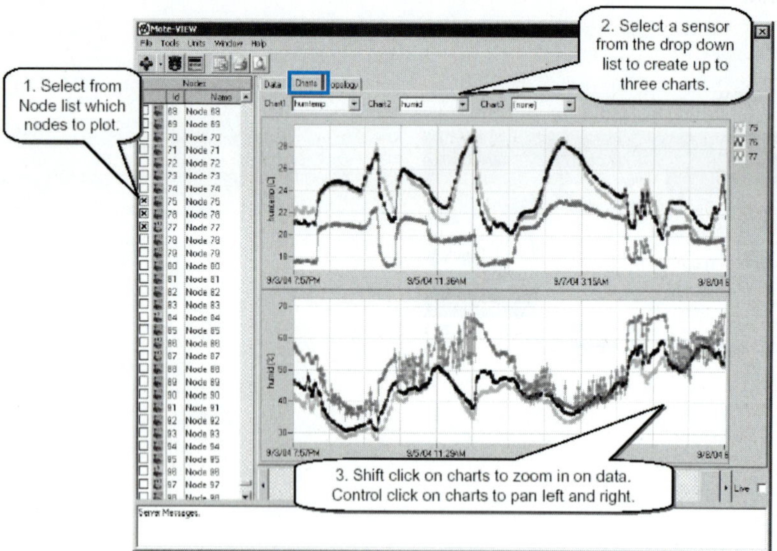

③ 토폴로지 view

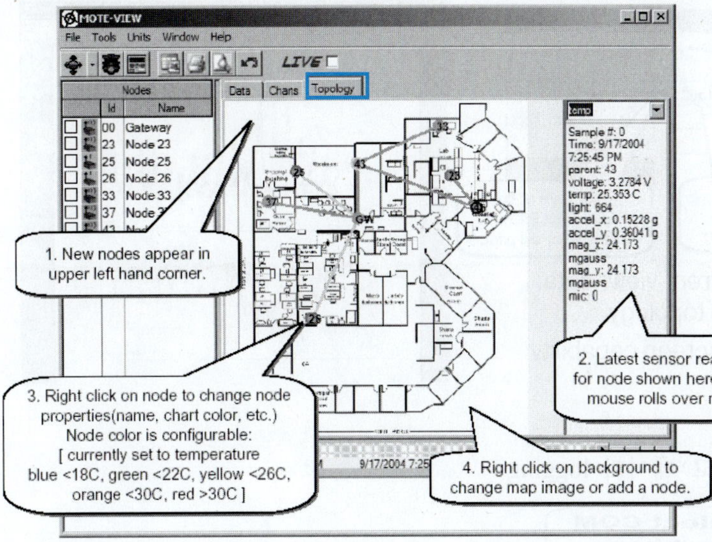

⑫ Mote-VIEW의 Time Bar

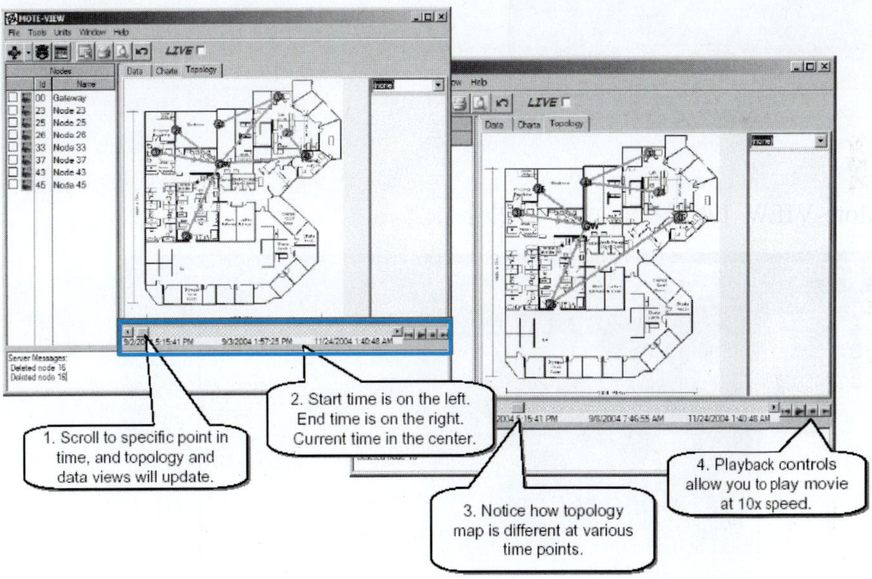

8장

⑬ Mote-VIEW의 Print와 Preview

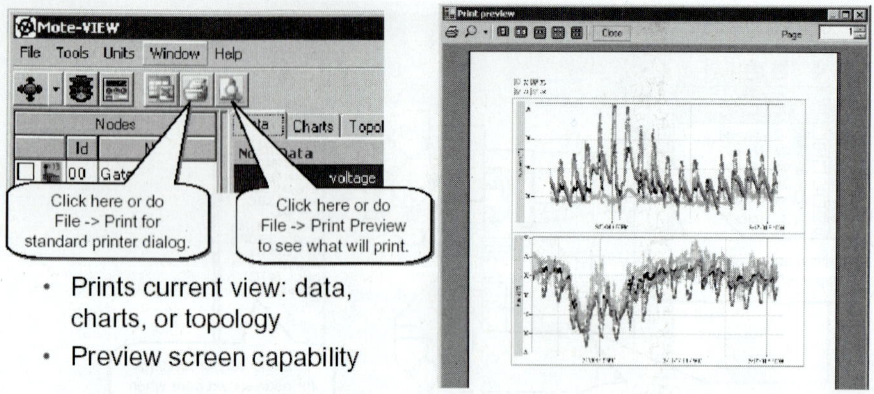

⑭ XListen을 가지고 데이터 logging

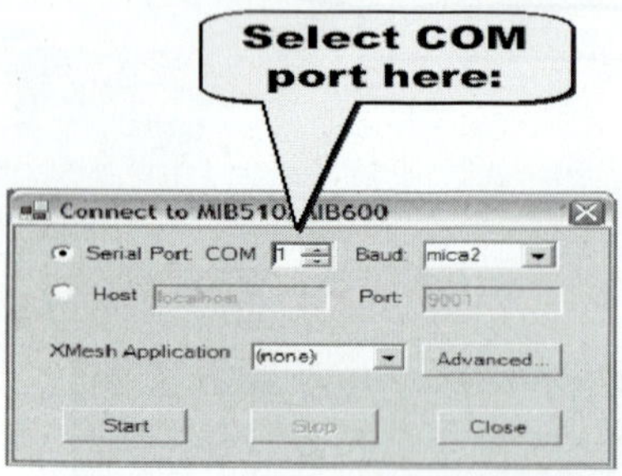

⑮ Mote-VIEW 1.0.에서의 데이터 영상

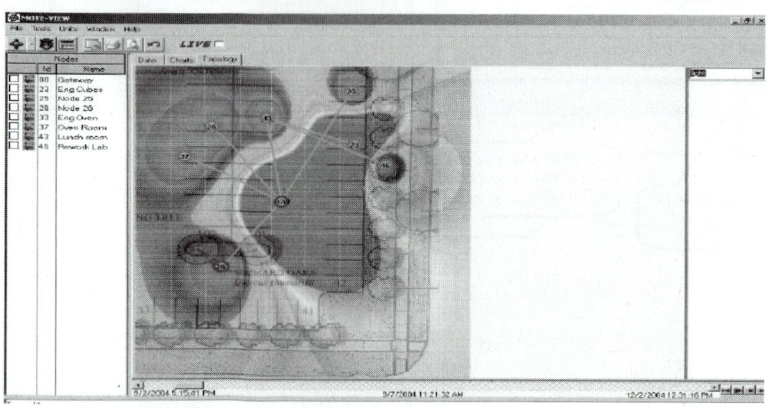

[10] T. Liu and M. Martonosi, “Impala : A Middleware System for Managing Autonomic,” Parallel Sensor Systems, Proc. ACM SIGPLAN Symp. Principles and Practice of Parallel Programming, 2003, pp.107~18.
[11] S.R. Madden, M.J. Franklin, and J.M. Hellerstein, “TinyDB : An Acquisitional Query Processing System for Sensor Networks,” ACM TODS, Vol.30, No.1, 2005, pp.122~73.
[12] Yong Yao and J.E. Gehrke, “The Cougar Approach to In-Network Query Processing in Sensor Networks,” SIGMOD RECORD, Vol.31, No.3, Sep. 2002.
[13] 김민수, 이은규, “유비쿼터스 환경에서의 센서 데이터베이스 기술,” IITA, 주간기술동향, 통권 1187호, 2005. 3.
[14] S. Madden, M.J. Franklin, and J.M. Hellerstein, “The Design of an Acquisitional Query Processor for Sensor Networks,” ACM Sensys, 2003.
[15] 이병길, 김호원, “센서노드 관리를 위한 보안 인터페이스 설계,” IPIU2008, 2008, p.184.
[16] 이신경, 이석준, 김호원, “센서 네트워크 관리를 위한 라우팅 공격 모델 설계,” IPIU2008, 2008, p.208.
[17] S.H. Lee, N.J. Park, and D.H. Choi, “Security Management for Sensor Network,” ICHIT2008, HanNam Univ., 2008.
[18] 신동윤, “보안기술의 변화 이끄는 네트워크컨버전스,” http://www.ionthenet.co.kr/newspaper/view.php?idx =12001, 2007. 4.
[19] Ganesan et al., “Analyzing and Modeling Encryption Overhead for Sensor Network Nodes,” WSNA’03,Sep. 2003.
[20] Chris Karlof et al., “TinySec : A Link Layer Security Architecture for Wireless Sensor Networks,” Sen-Sys’04, Nov. 2004.
[21] CC2420 DataSheet, “CC2420, 2.4GHz IEEE 802.15. 4/ZigBee-ready RF Transciever,” Chip-con, 2006.
[22] 김호원, 이석준, 오경희, “센서 네트워크 보안 기술개발 동향,” 정보보호학회지, 제18권 제2호, 2008. 4.
[23] Deukjo Hong et al., “HIGHT : A New Block Cipher Suitable for Low-Resource Device,” CHES’06, LNCS 4249, 2006.

참고문헌

[1] 김민수, 김광수, 이용준, "USN 미들웨어의 특징 및 기술개발 동향," I
동향, 통권 1284호, 2007. 2.

[2] Salem Hadim and Nader Mohamed, "Middleware Challenges and A
Wireless Sensor Networks," IEEE Distributed Systems Online, Vol.

[3] A. Mainwaring, J. Polastre, R. Szewczyk, and D. Culler, "Wireless Se
for Habitat Monitoring," ACM, Sensor Networks and Applicatior
pp.88~97.

[4] A. Baptista, T. Leen, Y. Zhang, A. Chawla, D. Maier, W. Feng
Walpole, C. Silva, and J. Freire, "Environmental Observation ar
Systems : Vision, Challenges and Successes of a Prototype," Er
Physical Science and Technology(R.A. Meyers, Ed.), Academic Press,
Vol.5, pp.565~581.

[5] N. Xu et al., "A Wireless Sensor Network for Structural Monitoring,'
Nov. 2004, pp.13~24.

[6] Aleksandar Milenković Chris Otto, and Emil Jovanov, "Wireless Se
for Personal Health Monitoring : Issues and an Implementation,
Computer Communications, In Press, Corrected Proof, Available onlin

[7] 김민수, 이은규, 장병태, "USN 기반 차세대 텔레매틱스 서비스 연구
주간기술동향, 통권 1207호, 2005. 8.

[8] W. Heinzelman, A. Murphy, H. Carvalho, and M. Perillo, "Middlew
Sensor Network Applications," IEEE Network Magazine Special Is
[9] Shuoqi Li, Sang H. Son, and John A. Stankovic, "Event Detection
Data Service Middleware in Distributed Sensor Networks," Inform
Sensor Networks, Apr. 2003, LNCS 2634, pp.502~517.

[24] M. Feldhofer, J. Wolkerstorfer, and V. Rijmen, "AES Implementation on a Grain of Sand," IEE Proc. on Information Security, Vol.152, Issue 1, 2005, pp.13~0.

[25] Gunnar Gaubatz et al., "Public Key Cryptography in Sensor Networks|Revisited," ESAS'04, 2004.

[26] TinyECC : A Configurable Library for Elliptic Curve Cryptography in Wiress Sensor Networks, Ver 1.0, http//discovery.csc.ncsu.edu/software/TinyECC, 2007. 2. 11.

[27] 한동국, 장상운, 윤기순, 장남수, 박영호, 김창한, "XTR을 가장 효율적으로 구성하는 확장체," 한국정보학회논문지, 제12권 제6호, 2002.

[28] 이재용, "RFID/USN," 표준기술동향, TTA 저널, 제100호, 2005. 8.

[29] 이수진, "국내외 USN 표준화 단체 동향," http://www.ionthenet.co.kr/newspaper/view.php?idx=12734, 2008. 2.

[30] 최용제, 김호원, "센서 네트워크용 타원곡선 암호 프로세서 구현," IEEK, 2007.

[31] 오경희, 김태성, 김호원, "공개 암호 키를 사용한 센서 네트워크에서의 키 분배 구현," 한국방송공학회, 2008, pp.95~98.

[32] 서운석, 신순자, 구자동, 임진수 "유비쿼터스 컴퓨팅 환경에서 보안 및 인증서비스 방향 연구," 한국전산원, 2004.

[33] R. Anderson, H. Chan, and A. Perrig, "Key Infection : Smart Trust for Smart Dust," In 12th IEEE International Conference on Network Protocols, 2004.

[34] H. Chan, A. Perrig, and D. Song, "Random Key Predistribution Schemes for Sensor Networks," IEEE Symposium on Security and Privacy, 2003.

[35] J. Deng, R. Han, and S. Mishra, "A performance evaluation of intrusion-tolerant routing in wireless sensor networks," IPSN, 2003.

[36] W. Du, J. Deng, Y.S. Han, and P.K. Varshney, "A Pairwise Key Pre-distribution Scheme for Wireless Sensor Networks," ACM CCS, 2003.

[37] W. Du, J. Deng, Y.S. Han, S. Chen, and P.K. Varshne, "A Key Management Scheme for Wireless Sensor Networks Using Deployment Knowledge," IEEE INFOCOM, 2004.

[38] L. Eschenauer and V. D. Gligor, "A Key-Management Scheme for Distributed Sensor Networks," ACM CCS, 2002.

[39] C. Karlof and D. Wagner, "Secure Routing in Wireless Sensor Networks : Attacks

and Countermeasures," SNPA, 2003.

[40] Y. Kim, M. Kim, D. Lee, and C. Kim, "A Key Management Scheme for Commodity Sensor Networks," ADHOC NOW, 2005.

[41] D. Liu and P. Ning, "Establishing Pairwise Keys in Distributed Sensor Networks," ACM CCS, 2003.

[42] A. Perrig, R. Szewczyk, V. Wen, D. Culler, and J. Tygar, "SPINS : Security protocols for sensor networks," Wireless Networks Journal, 2002.

[43] A. Perrig, D. Wagner, and J. Stankovic. "Security in Wireless Sensor Networks," In Communications of the ACM, 2004.

[44] A. Wood. J. Stankovic, and S. Son, "JAM : A mapping service for jammed regions in sensor networks," In Proceedings of the IEEE Real-Time Systems Symposium, 2003.

[45] 채동현, 한규호, 임경수, 안순신, "센서 네트워크의 개요 및 기술동향", 정보과학회지 제 22권 제 12호, 12. 2004.

[46] 윤명현, "IEEE 802.15.4 무선 PAN 기술", 전자부품연구원(KETI), 7. 2005.

[47] Bob Heile, "Emerging Standards : Where does ZigBee fit", ZigBee Alliance, 10. 2004.

[48] "ZigBee v1.0 Specification", ZigBee Alliance.

[49] "http://renewableenergyaccess.com/rea/news/story?id=2140 7", Renewable energy ACCESS, Solar Powered Wireless Tested in Japan, 25 Jan. 2005.

[50] "http://www.oki.com/en/press/2005/z04123e.html", Oki Elect ric Starts Experiment for ZigBee Sensor Network Using Solar Batteries at Kobe City, 24 Jan, 2005.

[51] Andrew Christian, Jamey Hicks, OST/HP Labs, "Fingertips of the Network : Featherweight Communicators and Sensors", HP TechCon 2005, 20-23 Mar. 2005.

[52] Brett Sheppard, CEO & Founder, Absolutely Inc. "Leading ZigBee Applications in 2005-2006 and Beyond", ZIGBEE OPENHOUSE, 14 Sep. 2005.

[53] "http://www.merl.com/projects/zigbeeipm/", ZigBee for Indu strial Plant Monitoring.

[54] "http://www.merl.com/projects/zigbeehvac/", ZigBee HVAC Application Profile Development.

[55] "http://www.merl.com/projects/scpzigbeebridge/", ZigBee/SCP for Home Automation.

[56] "http://www.nuritelecom.com", 누리텔레콤 홈페이지.

[57] "http://www.tscsystems.com", TSC시스템 홈페이지.

[58] "http://cse.ohio-state.edu/siefast/nest/nest_webpage/ALineIn TheSand.html", The Ohio State Univerwity NEST team.

[59] "http://wins.rockwellscientific.com/WST_Survey.html", Rock well Scientific Company LLC.

[60] "http://teams.gemstone.umd.edu/~chemsense/project/intro duction/", University of Maryland Chemsense Team.

[61] "http://teams.gemstone.umd.edu/~chemsense/project/galler y/", University of Maryland Chemsense Team.

[62] "http://robotics.eecs.berkeley.edu/~pister/29Palms0103", UCBerkeley and MLB Co.

[63] "http://sensorwebs.jpl.nasa.gov/resources/huntington_sw31. shtml", NASA의 Jet Propulsion Laboratory.

[64] "http://mediacup.teco.edu/overview/engl/overview.html", 독일 Karsruhe 대학교.

[65] "http://www.uk.research.att.com/bat/", An archive of AT&T Laboratories Cambridge.

[66] "http://eecs.harvard.edu/~mdw/proj/codeblue/", Division of Engineering and Applied Sciences in Harvard University.

[67] 전자신문, 연대 세브란스 '유비쿼터스 병원' 개원, 2005. 5.

[68] 연합뉴스, 세브란스 병원 '유비쿼터스 병원' 변모, 2005. 5.

[69] "http://www.severance.or.kr/hos_intro/main_building/ubiquitous/", 세브란스 병원.

[70] "http://www.citris.berkeley.edu/applications/disaster_response/smartbui ldings.html", UC Berkeley, CITRIS(Center for Infor mation Technology Research n the Interest of Society) program.

[71] "http://www.alanco.com/headcount-hitech.asp", Head count goes high-tech.

[72] "www.octacomm.net", 옥타컴사의 홈페이지.

[73] "www.hanback.co.kr", 한백전자사의 홈페이지.

[74] "www.korwin.co.kr", 코윈사의 홈페이지.

[75] "www.radiopulse.co.kr", 라디오펄스사의 홈페이지.

[76] "www.xbow.com", Crossbow사의 홈페이지.

[77] "www.moteiv.com" MoteIV사의 홈페이지.

[78] "www.chipcon.com" Chipcon사의 홈페이지.

[79] "http://www.Chipcon.com/files/CC2430_Data_Sheet_1_02.pdf",CC2430 block diagram.

[80] "http://www.helicomm.com/?page=2-35", 8051 based modules.

[81] Kang Lee, "IEEE 1451 : A Standard in Support of Smart Transducer Networking", IEEE Instrumentation and Measurement Technology Conference, May 1-4, 2000,

[82] Robert N. Johnson, "Defining the Core Features of Smart Sensors to Facilitate Brader Adoption", Sensors Expo, Chicago,June 3, 2003.

[83] "http://ieee1451.nist.gov/", NIST.

[84] Kang Lee, "Introduction to IEEE 1451 - Family of Standards ", Wireless Sensor Standard Workshop/Meeting Sensors Expo/Conference, June 7, 2004.

[85] Kang Lee, "A Synopsis of the IEEE P1451 - Standards for Smart Transducer Communication, National Institute of Standa rds and Technology, 1999.

[86] Stan P. Woods, Janusz Bryzek, "IEEE-P1451.2 Smart Trans ducer Interface Module", Proceeding Sensors Expo Philadelphia, October, 1996.

[87] Steven Chan, "Update on the IEEE 1451 Smart Transducer Interface Standard", AEPTEC Microsystems/3E Technologies.

[88] Michael R. Moore, "Wireless Interface Options for 1451", Wireless Sensing Workshop Sensors Expo/2001, June 4, 2001.

[89] William Stallings, "Data & Computer Communications"-Six Edition, Prentice Hall, 2000.

[90] http://www.zigbee.org, ZigBee Alliance web page.

[91] IEEE, "802.15.4 Wireless Medium Access Control(MAC) and Physical Layer(PHY) Specifications for Low-Rate Wireless Personal Area Networks(LR-WPANs)", IEEE Computer Society, 2003. 10.

[92] http://www.ietf.org, The Internet Engineering Task Force.

[93] http://www.ietf.org/html.charters/6lowpan-charter.html, IPv6 over Low power WPAN (6LoWPAN) Working Group.

[94] ZigBee Alliance, "ZigBee Specification v1.0", 2005. 6.

[95] N. Kushalnagar, G. Montenegro, "6LoWPAN : Overview, Assum ptions, Problem Statement and Goals", 2005. 7.(download ava ilable at http://tools.ietf.org/id/

draft-ietf-6lowpan-problem-00.txt)

[96] N. Kushalnagar, G. Montenegro, "Transmission of IPv6 Packets over IEEE 802.15.4 Networks", 2005. 7.(download available at http://tools.ietf.org/id/draft-ietf-6lowpan-format-00.txt)

[97] K. Kim, S. Yoo, H. Kim, S. Daniel Park, J. LEE, "Interoperability of 6LoWPAN", 2005. 7.(download available at http://www.ietf.org/internet-drafts/draft-daniel-6lowpan-interoperability-01.txt)

[98] K. Kim, S. Yoo, J. Park, S. Daniel Park, J. LEE, "Hierarchical Routing over 6LoWPAN(HiLow)", 2005. 7.(download available at http://www.ietf.org/internet-drafts/draft-daniel-6lowpan-hilow-hierarchical-routing-00.txt)

[99] K. Kim, S. Yoo, S. Daniel Park, G. Montenegro, "6LoWPAN Ad Hoc On-Demand Distance Vector Routing(LOAD)", 2005. 7.(download available at http://www.ietf.org/internet-drafts/draft-daniel-6lowpan-load-adhoc-routing-01.txt)

[100] C. Perkins, E. Belding-Royer, S. Das, "RFC 3561 : Ad hoc On-Demand Distance Vector(AODV) Routing", 2003. 7.

[101] Chalermek Intanagonwiwat, Ramesh Govindan, Deborah Estrin, "Directed Diffusion : A Scalable and Robust Communication Paradigm for Sensor Networks", MOBICOM 2000, 2000.

[102] Joanna Kulik, Wendi Rabiner Heinzelman, Hari Balakrishnan, "Negotiation-based Protocols for Disseminatin Information in Wireless Sensor Networks", Kluwer Academic Publishers, Wireless Networks 8, 169-185, 2002.

[103] Wendi B. Heinzelman, Anantha P. Chandrakasan, Hari Balakris hnan, "An Application-Specific Protocol Architecture for Wireless Microsensor Networks", IEEE Transaction on Wireless Commun ications, Vol 1, No 4, 2002. 10.

[104] Fan Ye, Haiyun Luo, Jerry Cheng, Songwu Lu, Lixia Zhang, "ATwo-Tier Data Dissemination Model for Large-scale Wireless Sensor Networks", MOBICOM 2002, 2002. 11.

[105] Yan Yu, Ramesh Govindan, Deborah Estrin, "Geographical and Energy Aware Routing : a recursive data dissemination protocol for wireless sensor networks."

[106] Yong Yao, Johannes Gehrke, "The Cougar Approach to Innetwork Query Processing

in Sensor Networks," Sigmod Record, Volume 31, Number 3. September 2002.

[107] http://www.cs.cornell.edu/database/cougar/

[108] http://www-rtsl.cs.uiuc.edu

[109] Chien-Chung Shen, "Sensor Information Networking Architec ture and Applications," IEEE Personal Communications, Augus t 2001.

[110] S. Li, S. Son, and J. Stankovic, "Event Detection Services Using Data Servcie Middleware in Distributed Sensor Networks," Int'l Workshop on Information Processing in Sensor Netwo rks(IPSN'03), Palo Alto, CA, Apr. 2003.

[111] A. Boulis, C.C. Han, and M. B. Srivastava, "Design and Im plementation of a Framework for Programmable and Efficient Sensor Networks," In The First International Conference on Mobile System, Applications, and Services(MobiSys), 2003.

[112] P. Levis and D. Culler. "Mate : A Virtual Machine for Tiny Networked Sensors," Proc. of ACM Conf. Architectural Support for Programming Languages and Operating Systems, Oct. 2002.

[113] T. Liu and M. Martonosi, "Impala : A Middleware System for Managing Autonomic, Parallel Sensor Systems," Proc. of ACM SIGPLAN symposium on Principles and practice of parallel programming, pp.107-118, 2003.

[114] W. Heinzelman, A. Murphy, H. Carvalho and M. Perillo,"Mid dleware to Support Sensor Network Applications," IEEE Network Magazine Special Issue. Jan. 2004.

[115] A. Murphy and W. Heinzelman, "MiLAN : Middleware Linking Applications and Networks," TR-795, University of Rochester,Computer Science, Nov. 2002.

[116] http://pads.east.isi.edu/

[117] 김영만, "센서 네트워크 미들웨어 구조 및 연구 현황," 한국정보과학회지, 제 22권 제 12호 통권 제 187호, 12. 2004.

[118] "Jini(tm) Architecture Specification," Sun Microsystems, June. 2003.

[119] http://www.upnp.org/standardizeddcps/default.asp

[120] K. Kim, S. Yoo, H. Lee, S. Daniel Park, J. LEE, "Simple Service Location Protocol(SSLP) for 6LoWPAN", 2005. 7.(download availab le at http://www.ietf.org/internet-drafts/draft-daniel-6lowpan-sslp-00.txt)

[121] 한국전산원 u-전략팀 김정미, 정필운 “U-City로 바라보는 미래도시의 모습과 전망”, 유비쿼터스 사회 연구 시리즈 제8호 2005. 10. 28.

[122] 박범준, 권준철 “RFID-USN과 Ubiquitous-City Information System” 한국통신학회지(정보통신 제2권7호2005. 7).

[123] IT 전략 이슈 05-전략 09/ 2005. 09 - 한국형 U-City 모델 제안.

[124] 임미숙 “해외 U-City 사례 2005. 11. 정보과학회지 제3권 제1호 pp.27-37.

[125] 정부만 “국내-City 추진현황 및 전략 U-City기술워크샵 발표자료 2005. 9. 5.

[126] 앨릭슨 U-City 응용 서비스 모델 연구 한국전산원 연구보고서 2005. 10.

[127] 최봉문 임영택 “최근의 U-City 건설동향 분석과 도시 계획적 대응 방안에 관한 연구”, 목원대 도시 공학과 한국 공간정보 시스템학회 ‘2005년 추계 학술대회’, 2005. 11. 18.

[128] 박종현 “u-City 핵심기술동향”, 한국정보산업연합회 정보산업지 2006. 7.

[129] 김기형 외6인 “USN 기술동향 분석 연구”, 한국전산원 연구 보고서 2005. 10.

[130] 신요안 양석철 오종옥 “IEEE 802.15 WPAN 기술 표준화 동향”, Telecommunications Review 87호 2003. 11.

[131] 이우용 “IEEE802.15 WPAN 표준화 동향”, WPAN 표준기술 워크샵 2006. 4.

[132] 임영희 “Bluetooth Protocol Stack”, IT Standard Weekly 76호 2001. 7.

[133] 박성수 현석봉 “무선 PAN 기술동향”, 한국통신학회지 19권5호 2002. 5.

[134] 김종원 “WiMedia 기반 무선 USB 기술”, WPAN 표준기술 워크샵 2006. 4.

[135] 최상성 “UWB 표준 MAC/PHY 네트워킹 기술”, WPAN 표준기술 워크샵 2006. 4.

[136] 원광호 김재호 유준재 “지그비(ZigBee)”, TTA 저널제4호 2004. 7.

[137] 한국전파진흥협회 “한국 UWB 표준화 포럼 운영에 관한 연구”, 한국정보통신기술협회 2005. 12.

[138] 오세원 표철식 채종석 “RFID 표준화 및 기술동향”, 전자통신동향분석 제20권 제3호, 2005년 6월.

[139] 표철식 채종석 김창주 “RFID 시스템 기술”, 헌국전자파학회지 Vol.15, No.2, 2004. 4.

[140] 한국정보통신기술협회 “IT 839 전략 표준화 로드맵 종합 보고서”, 2003년 12월.

[141] 정보통신부 “IT 신성장 동력 마스트 플랜”, 2004년 6월.

[142] 서운석, 신순자, 구자동, 임진수 “유비쿼터스 컴퓨팅 환경에서 보안 및 인증서비스 방향 연구,” 한국전산원, 2004.

[143] R. Anderson, H. Chan, and A. Perrig, "Key Infection : Smart Trust for Smart Dust," In 12th IEEE International Conference on Network Protocols, 2004.

[144] H. Chan, A. Perrig, and D. Song, "Random Key Predistribution Schemes for Sensor Networks," IEEE Symposium on Security and Privacy, 2003.

[145] J. Deng, R. Han, and S. Mishra, "A performance evaluation of intrusion-tolerant routing in wireless sensor networks," IPSN, 2003.

[146] W. Du, J. Deng, Y.S. Han, and P.K. Varshney, "A Pairwise Key Pre-distribution Scheme for Wireless Sensor Networks," ACM CCS, 2003.

[147] W. Du, J. Deng, Y.S. Han, S. Chen, and P.K. Varshne, "A Key Management Scheme for Wireless Sensor Networks Using Deployment Knowledge," IEEE INFOCOM, 2004.

[148] L. Eschenauer and V. D. Gligor, "A Key-Management Scheme for Distributed Sensor Networks," ACM CCS, 2002.

[149] C. Karlof and D. Wagner, "Secure Routing in Wireless Sensor Networks : Attacks and Countermeasures," SNPA, 2003.

[150] Y. Kim, M. Kim, D. Lee, and C. Kim, "A Key Management Scheme for Commodity Sensor Networks," ADHOC NOW, 2005.

[151] D. Liu and P. Ning, "Establishing Pairwise Keys in Distributed Sensor Networks," ACM CCS, 2003.

[152] A. Perrig, R. Szewczyk, V. Wen, D. Culler, and J. Tygar, "SPINS : Security protocols for sensor networks," Wireless Networks Journal, 2002.

[153] A. Perrig, D. Wagner, and J. Stankovic. "Security in Wireless Sensor Networks," In Communications of the ACM, 2004.

[154] A. Wood. J. Stankovic, and S. Son, "JAM : A mapping service for jammed regions in sensor networks," In Proceedings of the IEEE Real-Time Systems Symposium, 2003.

찾아보기

X

Z

X

Z

저자 약력

■ 남 상 엽

- 공학박사
- 삼성종합기술원 정보시스템연구소 근무
- 모토로라 반도체통신(주) 기술연구소 근무
- (현)국제대학 IT계열 교수

■ 이 경 근

- 서울대학교 전자공학과 졸업(B.S.)
- 한국과학기술원(KAIST) 전기 및 전자공학과 졸업(M.S.)
- 미국 Cornell University, School of Electrical Engineering 졸업(Ph.D.)
- 삼성전자정보통신본부 수석연구원(1981~1998)
- Samsung Network Labs, Gaithersburg, MD, Principal Engineer(1994~1995)
- 세종대학교 정보통신공학과 교수(1998~현재)
- University of Southern California, CA, Visiting Scholar(2004~2005)
- SOC Solution Group, Inc., Cerritos, CA, Consultant (2008~2009)
- IEEE, ACM, IEICE, 통신학회, 전자공학회, 정보과학회, 정보처리학회 회원
- 논문지 JCN 및 ICPADS, JCCI, HSN, ICOIN 등 국내외 학술대회 운영위원 역임
- 관심분야 : 차세대통신, 네트워크프로토콜, IPv6, 무선인터넷, 네트워크관리, 홈네트워크 등

■ 이 윤 덕

- 연세대학교 전기전자과 박사과정
- 연세대학교 전산학 석사(M.S.)
- 서울대학교 전자공학과 졸업(B.S.)
- 삼성전자통신연구소 연구원 근무
- 정보통신부 텔레매틱스, RFID/USN PM
- 정보통신연구진흥원 차세대컴퓨팅, 로봇 RFID/USN 전문위원
- (현)방송통신심의위원회 위원

■ 김 호 원

- 경북대학교 전자공학과 학사(1993)
- 포항공과대학교 전자전기공학과 석사(1995)
- 포항공과대학교 전자전기공학과 박사(1999)
- 독일 보훔대학교 Post-Doc. 연구원(2003년)
- 한국전자통신연구원 선임연구원/팀장(1998년)
- (현)부산대학교 정보컴퓨터공학부 교수

USN 개론

2009년 5월 1일 1판 1쇄 발행

저 자 남상엽 · 이경근 · 이윤덕 · 김호원
발행인 남 승 우

발행처 도서출판 상尙 학學 당堂
서울특별시 동작구 사당3동 220-43
TEL : 02) 595-1692~4
FAX : 02) 595-1394
E-mail : namdoo6@unitel.co.kr
신고 : 2-155호 (1968. 11. 29)

(CD 포함) **정가 29,000원**

ISBN 978-89-93383-40-9 93560